The New GAIA ATLAS of Planet Management

65億人の地球環境 図鑑
ガイア

監修
ノーマン・マイヤーズ／ジェニファー・ケント

まえがき
エドワード・O・ウィルソン

翻訳
竹田 悦子／藤本知代子／桑平 幸子

【本書について】

　本書はありふれた図鑑ではありません。誕生以来の危機にある生きたガイアの現状を詳細に描き出し、分析します。

　今、ひとつの種、つまり、私たち人類が、地球の生命維持システムを撹乱し、疲弊させています。

　本書は、人類という家族が、ますます分裂を深めている様も映し出します。しかし、本書を読めば、私たちには持続可能な将来に向けて方向転換し、自らの未来の管理人となるチャンスがあることもわかるでしょう。

　本書はこのやりがいある仕事への第一歩となります。

　大量の環境データ、統計的予測、しばしば対立する意見や解決法を整理して、シンプルで一貫した構成にまとめました。

GAIA® This is a Registered Trade Mark of Gaia Books

Copyright © 1984, 1993, 2005
Gaia Books is an imprint of Octopus Publishing Group
2–4 Heron Quays, London, E14 4JP

The right of Norman Myers and Jennifer Kent to be identified as the authors of this work has been asserted in accordance with Sections 77 and 78 of the Copyright, Designs and Patents Act 1988, United Kingdom.

All rights reserved including the right of reproduction in whole or in part in any form.

First published in the United Kingdom in 1985
by Pan Books Ltd, and in 1991and 1996 by Gaia Books Ltd.

全体を7つの話題——①大地、②海洋、③資源、④進化、⑤人類、⑥文明、⑦地球の管理——に分け、そのそれぞれに、『潜在的資源』『地球の危機』『代替的管理法』という3つの観点から検討を加えていきます。

　この構成は、私たちが重要な関心領域をつぶさに検討する助けとなるでしょう。

　まず、7つの領域が潜在的にどのような資源をもたらしうるか、次に明らかに良くないことが、どこで、どのように、なぜ起きているのか、最後に、それを正す仕事に、どうやって取りかかればよいのか、さまざまな代替的戦略も併せて示します。

　本の構成にとどまらず、この分析的な処方箋は、地球の管理法の一案となるでしょう。本書が人類の未来に関する全世界を巻き込んだ議論に拍車をかける存在であり続けることを願っています。

A GAIA ORIGINAL

Books from Gaia celebrate the vision of Gaia, the self-sustaining living Earth, and seek to help readers live in greater personal and planetary harmony.

Editorial	Pip Morgan
Design	Lucy Guenot
Illustrations for revised edition	Bill Donohoe
Production	Louise Hall
Picture research	Aruna Mathur
Text preparation, proofreading and index	Aardvark Editorial and Kelly Thompson
Direction	Patrick Nugent

目次

【まえがき】エドワード・O・ウィルソン

序論
こわれやすい奇跡・地球(ガイア) …………10
- ◎加速しすぎる進化 ………………12
- ◎新参者(人類)の果した進化 ……14
- ◎長く暗い人類の影 ………………16
- ◎変わる変化の意味 ………………18
- ◎これは危険か挑戦か ……………20

地球(ガイア)の大地

【序文】デビッド・ピメンテル ………22

大地に秘められた潜在的資源 ……24-37
- ◎肥沃な土壌のゆくえ ……………24
- ◎緑化面積の可能性 ………………26
- ◎木材資源としての森林 …………28
- ◎樹木の宝庫、熱帯林 ……………30
- ◎世界の産物と耕地 ………………32
- ◎世界の牧畜と牧草地 ……………34
- ◎地球の食料庫 ……………………36

大地の危機 ………………………38-51
- ◎消失していく土壌 ………………38
- ◎縮小し続ける森林 ………………40
- ◎森林破壊の被害 …………………42
- ◎広がりゆく砂漠化 ………………44
- ◎飢餓と飽食のアンバランス ……46
- ◎死を招く温室効果 ………………48
- ◎環境の安全保障 …………………50

大地の代替管理法 ………………52-73
- ◎商品作物の落し穴 ………………52
- ◎地球的規模のスーパーマーケット ……54
- ◎林産物の有効利用 ………………56
- ◎森林活用の道を開く ……………58
- ◎土地利用と土壌の活用 …………60
- ◎緑の革命は成功例となるか ……62
- ◎農業生産の功罪を天秤にかける …………64
- ◎食の安全《その1》………………66
- ◎新しい農業に光と希望が ………68
- ◎食の安全《その2》………………72

地球(ガイア)の海洋

【序文】カール・サフィナ ……………74

海洋に秘められた潜在的資源 ……76-87
- ◎世界の海 …………………………76
- ◎生きている海 ……………………78
- ◎生命の源泉 ………………………80
- ◎世界の魚場 ………………………82
- ◎海洋の開発技術 …………………84
- ◎北極と南極 ………………………86

海洋の危機 ………………………88-95
- ◎からっぽの魚網 …………………88
- ◎汚染されている海 ………………90
- ◎生物のすみかの破壊 ……………92
- ◎海はだれのものか ………………94

海洋の代替管理法 ………………96-107
- ◎海からの恵みと収穫 ……………96
- ◎海洋汚染の浄化 …………………98
- ◎世界各国の南極管理 ……………100
- ◎海の国際協定 ……………………102
- ◎未来の海のために ………………104
- ◎高熱にあえぐ地球 ………………106

地球(ガイア)の資源

【序文】ジェームズ・ラブロック ……108

地球に秘められた潜在的資源 ……110-119
- ◎地球のエネルギー源 ……………110
- ◎エネルギーの消費と蓄え ………112
- ◎気候の果たす大きな役割 ………114
- ◎水の利用と水資源 ………………116
- ◎鉱物の埋蔵量と各国の割合 ……118

資源の危機 ………………………120-139
- ◎石油の危機 ………………………120
- ◎薪の危機 …………………………122
- ◎温室効果と温暖化 ………………124
- ◎異常気象 …………………………126
- ◎オゾン層の穴 ……………………128
- ◎環境悪化の脅威 …………………130
- ◎人を殺す汚れた水 ………………132
- ◎広がる毒物の循環 ………………134
- ◎核は悪玉か善玉か ………………136
- ◎資源を巡る争い …………………138

資源の代替管理法 ………………140-153
- ◎新しいエネルギー資源への道 …140
- ◎将来はエネルギー効率化社会か …142
- ◎発展途上国のエネルギー管理 …144
- ◎大気の管理 ………………………146
- ◎地球上の水質管理 ………………148
- ◎すべての人々に清潔な水を ……150
- ◎廃棄物の経済的再利用へ ………152

地球の進化

【序文】ポール・エーリヒ …………………154

進化が秘める潜在的資源 ……156-167
- ◎多種多様な生命のプール …………156
- ◎ガイアの網 …………………………158
- ◎生命の生存に適した環境 …………160
- ◎食物改良と進化の立役者 …………162
- ◎遺伝子資源の利用と保存 …………164
- ◎野生の神秘を利用する ……………166

進化の危機 ……………………168-175
- ◎かけがえのない遺産 ………………168
- ◎多様性の破壊 ………………………170
- ◎遺伝子の侵食 ………………………172
- ◎進化の未来 …………………………174

進化の代替管理は可能か ……176-183
- ◎野生の保存 …………………………176
- ◎遺伝子資源の保存 …………………178
- ◎生物保護の法律と協定 ……………180
- ◎新たな保護に向けて ………………182

地球の人類

【序文】スニタ・ナライン ………………184

人類に秘められた潜在的資源 …186-191
- ◎人間の可能性 ………………………186
- ◎労働にみる世界 ……………………188
- ◎ホモ・サピエンス …………………190

参加できぬ多くの人々 ………192-201
- ◎人口数字ゲーム ……………………192
- ◎仕事の飢饉 …………………………194
- ◎病気とストレス ……………………196
- ◎読み書き能力の隔たり ……………198
- ◎漂流し続ける人類の世界 …………200

人類自身の管理のために ……202-209
- ◎人口増減の管理 ……………………202
- ◎女性の立場の向上 …………………204
- ◎健康管理と医療体制 ………………206
- ◎地域社会発展のためのツール ……208

地球の文明

【序文】クリスピン・ティッケル卿 ……210

文明のパワー ……………………212-223
- ◎世界の都市 …………………………212
- ◎新たな世界秩序 ……………………214
- ◎世界の工場 …………………………216
- ◎ICT技術の発達 ……………………218
- ◎世界の市場 …………………………220
- ◎世界の富 ……………………………222

分裂した世界 ……………………224-241
- ◎グローバル化 ………………………224
- ◎無秩序な都市の構図 ………………226
- ◎技術に脅かされる人権 ……………228
- ◎世界の貿易とシェアの変化 ………230
- ◎歪んだ補助金 ………………………232
- ◎消費：新しい消費者の登場 ………234
- ◎中国──新たな超大国 ……………236
- ◎環境と引き替え？ …………………238
- ◎貧困という名の爆弾 ………………240

文明の運営と管理 ………………242-255
- ◎都市の再生と活性化 ………………242
- ◎コミュニケーションと情報活用 …244
- ◎技術の移転と配分 …………………246
- ◎相互依存と共生の時代へ …………248
- ◎夢のギャップを埋める ……………250
- ◎真実の経済 …………………………252
- ◎ゲームの新しいルール ……………254

地球の管理

【序文】ジェームズ・ガスターヴ・スペス ……256

地球管理の可能性 ………………258-269
- ◎再生する国民国家 …………………258
- ◎国際主義者のためらい ……………260
- ◎組織の障壁 …………………………262
- ◎世界の声 ……………………………264
- ◎地域社会の声 ………………………266
- ◎個人の声 ……………………………268

戦争の危機 ………………………270-281
- ◎人類生存の分岐点 …………………270
- ◎予測不可能な展開 …………………272
- ◎暴力の惑星となるか ………………274
- ◎国際的なテロリズム ………………276
- ◎軍備拡張の代償 ……………………278
- ◎大量破壊兵器 ………………………280

地球の新しい代替管理法 ………282-291
- ◎地球統治（グローバル・ガバナンス） ……282
- ◎相乗作用 ……………………………284
- ◎待ったなしの大転換期 ……………286
- ◎修復の可能性は見えている ………288
- ◎必要な新しい倫理観 ………………291

エピローグ …………………………292

- ◎Appendices …………………………294
- ◎索引 …………………………………300

まえがき

エドワード・O・ウィルソン
ハーバード大学教授、学界における環境保護論の草分け的存在。
刺激的な著書の数々で、ピューリッツァー賞を2度受賞。

　このアトラスは、重大なテーマへの大いなる貢献です。この2つの点は、"人間生態学の根本原理"ともいうべきものを考えれば納得がいくでしょう。ホモ・サピエンスという種の占めるニッチは非常に限られているということです。私たちの精神は、外は宇宙のかなたを駆けめぐり、内は素粒子の構造にまで分け入りますが、身体は肉体的、生物学的な制約のもとで狭い範囲に封じ込められています。確かに人類は、地球上で最も苛酷な環境下でも過ごせる技術を手に入れましたが、それも人工環境にすっぽり包まれての話です。わずかな不具合でもあれば命にかかわり、長期滞在は心理的に耐えがたいことでしょう。

　幸い、地球には自動制御の生命維持カプセルが備わっており、そこでは私たちがあれこれ頭を悩まさなくても、無期限で生命が維持されます。そのカプセル内に、生物圏が、全生命の総体があり、人類が絶対的に依存している、地球の表面を取り巻く、壊れやすい膜があるのです。

　この考え方は、"人類進化の根本原理"と言ってよいものに基づいています。私たちは生物界における、ひとつの生物学的種である、ということです。私たちの肉体的・精神的特性には、ダーウィンの印象的な表現を借りるなら、人類の起源の決して消えない痕跡が見られます。私たちはこの生命圏に属し、ここに生まれ、その厳密な条件にぴったりと適応しています。ただし、その全体ではなく、地勢や気候条件から言って比較的豊かな部分のみです。

　これは、とりもなおさず、地球環境を乱しすぎないことが、私たちの最大利益につながるということです。このことは、この本のメッセージでもあり、言い換えれば、環境破壊とは人類の遺伝的要求に反する方向に環境を変えることだ、とも言えます。SFの描く夢と違い、人類は新しい何かに進化しつつあるわけではなく、予見しうる未来にそうなる見込みもまずないのです。科学の知は無限でも、人間の生物学的性質と感情は変わりません。複雑な真核生物である私たちは、バクテリアと違い、損なわれた環境に合わせて突然変異を起こすことはできません。ヒトゲノムが大胆な遺伝的修正を試みることは危険な賭けなのです。

　ヒトゲノムはヒトの本性を表わす暗号であり、損なわれる以前の地球環境に比類なく適合しています。文明の抱える問題の根源には、人類の遺伝的進化と文明の発展の不均衡があります。この不均衡ゆえに、人類は自らを滅ぼしかねないキメラとなりました。旧石器時代からの情緒と、時代遅れの政治体制を持ち、神のごとき科学技術を手に入れた怪物です。

　したがって、少なくとも、自分たちの置かれている状況が把握できるまでは、環境に関してきわめて慎重にふるまうに越したことはなさそうです。そして、私たちが地球に対して、ひいては自らに対してどれほどひどいことをしているのかを、今すぐ、正しく認識すべきです。人類は地球物理的な力を持ち、独力で地球の大気や気候を変えてしまった最初の種です。人類は、大規模な生態系の破壊と動植物種の消失によって、地質学史上、6度目の大量絶滅を引き起こしてしまったのです。

　この愚かな破壊行為は、不可避ではありません。その進行を鈍らせ、押し留め、（絶滅によって失われた生物多様性を別にすれば）元に戻すことは可能です。そのための出費は、世界経済が引き受けられないほどのものではありません。たとえば、最も深刻な危機に瀕する25の生態系（ホット・スポット）に、アマゾン、コンゴ盆地、ニューギニアの熱帯雨林の中核部分を加え、その保護に要する費用を一度に拠出したとすると、約300億ドルかかると推計されています。これは、年間の世界総生産の千分の一、すなわち、地球に今残された自然の生態系が、毎年無料で提供してくれている生態系サービスの価値の千分の一にすぎないのです。

　こうした投資や、これ以外のグリーン・エコノミーを生み出す動きは、エネルギーと資源の保全にただちに効果を及ぼすでしょう。それによって必要な新技術や新製品が生まれることも考えれば、その利益は地球環境を安定させるための出費をまかなって余りあるでしょう。未来の人々は、ようやく事態を収拾した世代として私たちに感謝を捧げるでしょう。私たちは、この惑星が難破する一歩手前で、自らの暴走に歯止めをかけた世代になろうとしているのです。

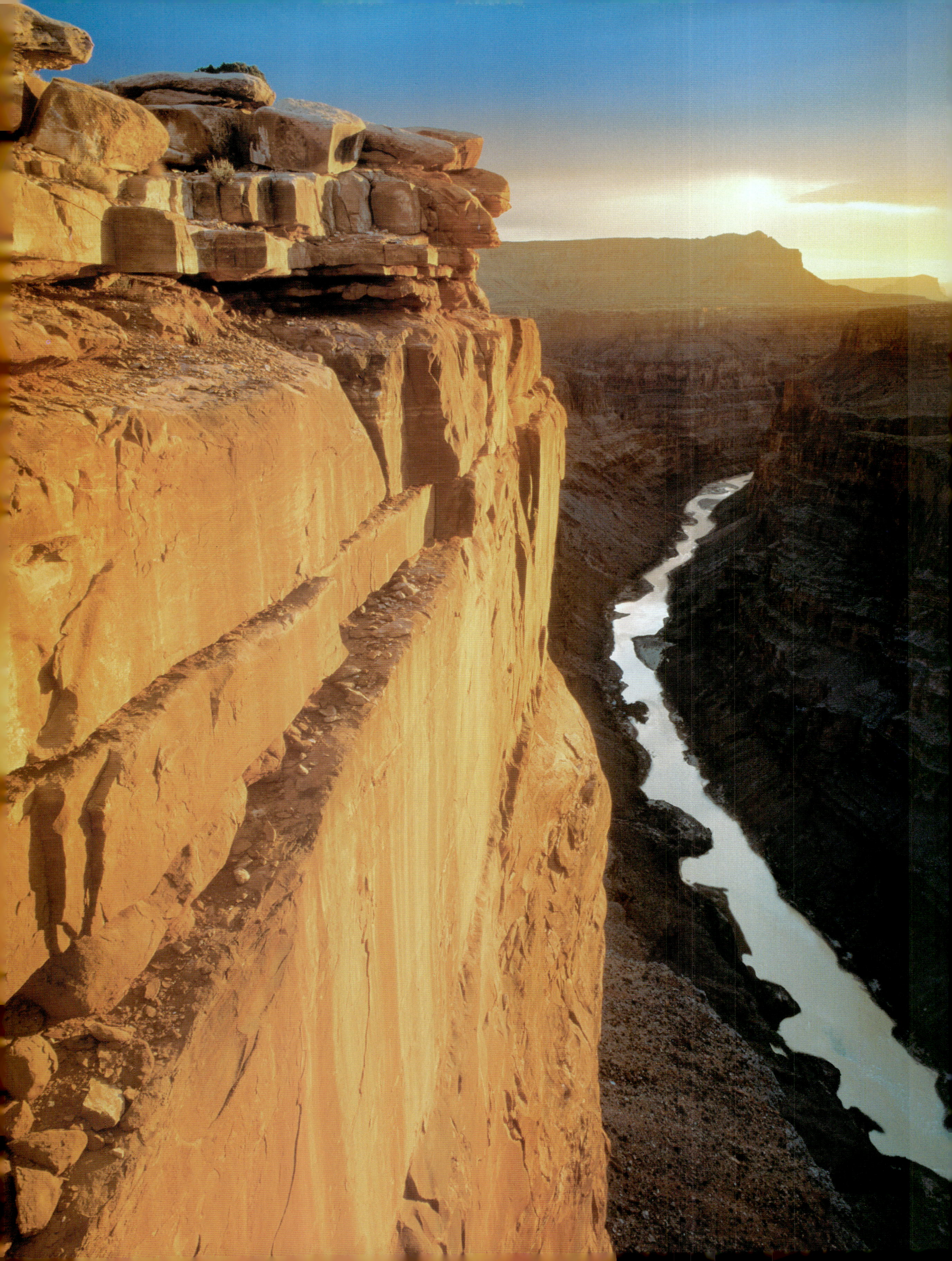

序論
こわれやすい奇跡・地球(ガイア)

　私たちは、太古の星くずが集まってできた岩石圏の上で生活しています。太陽という巨大な水素原子炉のまわりを軌道にのって回転し、放射エネルギーと太陽風を浴びているその球体の地殻の下は、白熱してどろどろの状態になっています。大陸は球の表面をゆっくり踊るように起伏し、海底が広がっています。そして、動的な球の表面と宇宙の真空との間に、思いも寄らないほど薄い膜状の生物圏というこわれやすい奇跡の被造物があるのです。

　最初の宇宙飛行士が地球のまわりを飛んだとき、何百万という世界中の人々は、彼らがこの惑星の美しさを「まるで宇宙に浮かぶ青い真珠のようだ」と表現するのを耳にし、かつてない人間の新体験を目のあたりにして、しばし酔いしれたものでした。それ以来、全人類がその限りある資源に依存している「宇宙船地球号」について、多くのことが書かれてきました。そして、太陽系の探査が進めば進むほど、私たちの世界がますますかけがえのないものだということがわかってきたのです。たとえば、大気中の気体の組成は、近くの惑星と違っているだけでなく、地球自身の化学組成から想定されるものともまったく異なっているのです。この「ありそうにない」事態は、生物の進化とともに生じたものと思われます。生物は、まさにその存在によって、みずからの生存に必要な特殊な条件をつくり出し、維持していくものなのでしょう。

　自立した生物圏という地球における現象を最初に偶然見つけたのは、他の惑星の生命探査計画を考案していた宇宙科学者のグループでした。そして、それを生きている惑星「ガイア」と名づけたのです。それ以来、私たちの生存を左右する地球の生命維持システムについて、より多くのことが知られるようになってきました。しかし、悲しいことに、それはおもにそのシステムを乱すことによってわかってきたのです。

　生物界では、それぞれの有機体が互いにつながりをもっています。微生物、植物、哺乳動物、地中の生物、海中の生物などすべてが、太陽、水、大気、大地からのエネルギーと栄養分のサイクルの中に組み込まれているのです。この地球規模の交換システムは、さまざまな伝達の仕組みを通じて伝わっていきます。また生殖作用によって遺伝子情報の蓄えが新しい世代へ受け継がれ、常に新しい生命を創造しています。そして生物界においては、変化と多様性、特殊化と複雑な相互依存があらゆる段階でみられます。

　この本は、このすばらしい惑星、地球について、また私たちが地球および自らに対して、いったい何を行っているのかについて書かれています。UFOはともかく、私たちが別のガイアを見つけ出す見込みはまずないのです。

保護膜としての大気
鳥の羽毛のように層を成している大気は、一定の地表温度を維持し、宇宙塵の"雨"から生物を保護し、死をきたす紫外線放射を遮る障壁となっています。

地球の生命維持装置
　生物の世界、つまり生物圏は、まるでリンゴについた露より薄いフィルム状で、地球のまわりに広がっています。私たちの足下100kmの場所では、地球はもう白熱したどろどろの状態で、その温度は3000℃にもなります。一方、頭上30kmの空気は、人類の生存には薄く冷たすぎる状態です。その中間に緑の世界が栄えており、氷河時代の氷河も到達しなかった熱帯地域は、最も豊かな場所になっています。熱帯では、熱帯林と日光の差し込む浅い海やサンゴ礁に、地球の生きている財産である生物の種が集中しているのです。

　地球の緑の覆いは、その他の生物にも必要不可欠です。植物だけが、光合成という錬金術によって、太陽エネルギーを利用しそれを化学エネルギーに変えることができるからです。大気中へ遊離酸素を初めて放出したのは、光合成を行う海中の藻類でした。それは当時の生命形態の大変革であったのと同時に、今日の生物の存在の前提条件でもあったのです。海中の微植物層は、いまも私たちの酸素の70%を供給しており、これが大気上部のオゾン保護層を維持しています。また海洋は、大気中の二酸化炭素の貯蔵庫としての働きがあります。

　植物被覆は、すべての食物連鎖の基礎となり、水の循環を調整し、微気候を安定させ、つまり生物圏の土台になっています。土壌中にいる多数の微生物と海底や沼沢地の浅い泥の中にすむ嫌気性の微生物は、絶えず朽ちた物質を栄養システムに戻して再生するよう働いています。

温度のフィードバック

　地球の生命維持装置の仕組みは、まだほとんど解明されていません。太陽の放射量の変化にもかかわらず、地表の温度は長い間、生命に適合するよう維持されてきました。温度支配のフィードバックシステムは、二酸化炭素濃度と水の大気への蒸発で、両者とも植物被覆の影響を受けます。二酸化炭素は絶縁体として働き、これは「温室効果」といわれています（P.124～125）。もうひとつが地球の「アルベド」(輝き)です。植物被覆の薄い地域における高いアルベドは、地球を冷やします。地球のアルベド値の多くは、雲の覆い（これは植生に影響されます）と氷帽と海洋から生じます。海中の微植物層と陸上の植物は、その場所の明るさを変えることができるため、アルベドも変化します。大気汚染は二酸化炭素濃度を上げ、森林伐採と砂漠化はアルベドを高めます。

特異な惑星

　生物の特徴のなかで最も顕著なのは、それがみずからを組織していることです。宇宙において明らかな、無秩序や混とんへ向かう傾向とは対照的に、生物は周囲の物質から秩序をつくり出し、その過程で廃物を放出するのです。このように生物は、その環境に影響を与える能力をもっているのです。

　宇宙科学者が地球外生命の発見の実験を考察しはじめたとき、あるグループは、もし生物の化学が作用しているとしたら、その生物を支える地球の大気中には思いがけない気体の混合物が存在するにちがいないと予測しました。この点から地球をみると、彼らの予測は正しく実証されました。地球の気体の組成と温度は、隣り合う惑星とも、生物がいない場合の地球を予測したものとも、まったく異なっているのです（上図）。これらの状態が生物とともに現れ、維持されたと思える事実がガイア仮説を導きました。これは、生物圏は生きている有機体のように、それ自身の長期的な利益のために、自然のフィードバック機構によってその生命維持装置を動かしている、という考えです。

加速しすぎる進化

　私たちは都市や郊外、政治や戦争など、おもに人間的な世界に生きていますが、私たち一人ひとりに、星の誕生や消滅、ガイアの長い繁栄の歴史が刻まれているのです。

　進化は一般に生命の出現にさかのぼることができますが、ジェームズ・ラブロックによれば、生命の出現は「起こりそうな機会が無限にあるようでいて、ほとんどまったくありえないできごと」です。しかしながら、このできごと自身は、約150億年前の大爆発（ビッグバン）が、目ざめつつある宇宙の中に純粋なエネルギーをふんだんに吹き込んだ、いわゆる時間の開始以来続いている過程の一段階にすぎないのです。

　このエネルギーが分散し、宇宙が冷えてくると、あるパターンの形成が始まり、新たな階層として安定した「エネルギー構造」、すなわち「物質」が現れました。その後、何十億年にもわたって、星の中心部で粒子や原子や元素という形の物質が形成されました。そして、構成と再構成が繰り返されたすえ、やがて、より高次の階層、「生命」が誕生したのです。

　宇宙探査によって、生命の化学的な兆し（前駆物質）が広範囲に分布していることがわかってきました。宇宙には組み立てに適した条件が整うのを待つばかりの「生命の部品」が散らばっているのです。原始の地球にはこの条件が整っていました。放射能や紫外線放射の猛烈なエネルギーと大量の水素、メタン、アンモニア、水があったのです。地球の海では、最初のDNAの「鎖」が、次いでみずからを複製する二重らせん構造が、数えきれないほどの形成と破壊を繰り返したに違いありません。しかし、こうして種はまかれ、生物圏誕生の幕が開きました。

　ほぼ40億年にわたって、さまざまな試みがなされ、多様性が増し、複雑化が進み、やがて地球の生命維持装置が安定したとき、いっそう高度に複雑化した階層が現れたのです。つまり知能と理性の出現です。

　150億年の間、宇宙の発達速度は加速しつづけてきました。新しい革新の波が次の波を招き、一連の飛躍がさらに高度な段階の多様性と変化を達成したのです。この想像を絶する時間をたった1日24時間の中に圧縮してみましょう。大爆発は1秒の1/100億以下で終わり、原子は約4秒で形成されます。それから数時間、夜明け前までは星も銀河系もできません。太陽系の成立には、夕方6時ごろまで待たなければなりません。地球の生命誕生は午後8時ごろで、夜10時半には最初の脊椎動物が地上をはい回っています。恐竜が歩きまわるのは、午後11時35分から夜中の12時4分前までです。人類の祖先が初めて直立して歩くのは12時の10秒前で、産業革命から現代に到るすべては最後の1秒の1/1000以下に相当します。しかも、この刹那の間に地球の表面は、有史以前のもっとも荒々しい変動の時代を除く、どの時代にも劣らぬほどの激しい変化を被ったのです。

ビッグバン（大爆発）

宇宙の進化　150億年

地球の寿命　45億年

地球の寿命の1/100
4,500万年

地球上の生命
太陽系は46億年前に、地球の海は44億年前に形成されました。自己複製する分子がその3億年後に出現しました。化石の細胞は少なくとも36億年前にさかのぼります。遊離酸素は20億年前から蓄積を始め、核をもつ複雑な細胞は約15億年前に現れました。そしてオゾン層が形成され、おなじみの陸上の生物は、地球の特異な歴史上、最近のわずか10％の間に出現したのです。

恐竜の後
恐竜は1億6,000万年間地球を支配し、陸上の生物は繁栄し、多様化していきました。恐竜の衰退が原始的な哺乳動物への道を開くことになりました。地球の歴史の1/100に当たる最後の4,500万年間に、私たちの知るほとんどの植物層と動物層が出現しました（2番目の球）。

人類の登場
地球の時間の最後のほんの0.01％に私たちの種が出現しました。3番目の球は、火の使用と、原始的な人類が地球環境を自分たちに合わせようとしたところからです。

加速しすぎる進化 13

進化の勢い

進化の過程における途方もない加速の様子が、5つの球によって示されています。時間は下に向かってらせん状に進んでいます。初めの球は地球の全歴史である45億年を示し、それはDNA初期の細胞の、そして後には核をもった細胞、有性生殖の進化をたどっています。光合成を行う藻類による酸素の豊富な大気の誕生は、徐々に濃くなる青色で表されています。つづく各球は、その前に描かれた時間の目盛りの最後の1/100を拡大したものです。2番目の球は4,500万年で3番目は45万年、4番目は4500年、そして5番目は最近のたった45年です。しかも、それぞれの球はこの1%の中に、それ以前の99%の時間内と同じくらい重要な変化を示しているのです。人類は3番目の球に現れて、進化の加速をさらに強める引き金となりました。

原子力時代

産業革命と人類の技術的な進化に支えられて、私たちは原子力を手に入れ、遺伝暗号を解き、宇宙に飛び出し、地球の表面を一変させたのです。

地球の寿命の1/1億
45年

主要な文明

世界の文明は人間の存在の最後の1%（4,500年）に現れ、動植物の家畜化、栽培化と主要な技術的発明がそれに続きました。

地球の寿命の1/1万
45万年

地球の寿命の1/100万
4,500年

新参者、人類の果たした進化

　ガイアは何十億年にもわたって創造を繰り返し、着実に多様性と複雑さを増し、実り多いものになりました。そして生命の「進化の1日」でいえば、最後の数秒でホモ・サピエンスが登場しました。この生き物は、何回かの氷河作用や他の地質学的大変動をあわせたほど大きな変化を現出したのです。しかもこのすべてを、進化の上からみればほんの一瞬の間に成し遂げたのです。ホモ・サピエンスの進化は、思考力のある生物をつくり出しました。つまり、意識を持ち、未来を思索し、未来に備えることさえできる生物です。

　また、進化は人類に、自分たち自身に合った型の地球の生態系を創造する力を与えました。自然淘汰の過程は、試行錯誤を経てあてもなくゆっくりと起こるのに対して、人類は進化の好ましい形を選択し、そうでなければ何百万年もかかったと思われる変化を成し遂げたのです。

　エネルギー転換の点からみて、進化による最も大きな自然の進歩は、20億年前の光合成の登場です。わずか5万年前、人類は火を利用するようになり、薪という形で植物に蓄積されたエネルギーを使いはじめました。数百年前には石炭、次いで石油の利用に進みました。しかし、いまや人類は、太陽電池による太陽エネルギーの広範な開発を行おうとしています。これはひょっとすると、地球の変化の過程において、光合成に匹敵する画期的な進歩かもしれません。同様の大きな進歩には野生種の家畜化・栽培化と遺伝子工学も含まれます。これらの飛躍の大きさは、有性生殖の進化に相当するものです。

　これらのなかでも最大の進歩は、人間が病気を制御する能力を備えたことで、これによって人口を増加させることができました。最近150年間の人口をみると、1830年代の10億人から1930年代の20億人、1975年の40億人、1987年には50億人へと増加し、2003年には60億人を優に超えました。これをみれば人口の指数関数的増加のようすがわかります。この過程は、人口数の増加だけではなく、エネルギーや資源の消費、知識の蓄積、通信手段の拡大をも示しています。

　指数関数的増加は、私たちが本書の中で出あうであろう最も重要な概念のひとつです。これは加法的な増加（2足す2は4、これに2を足すと6）ではなく、乗法的な増加（2掛ける2は4、これに2を掛けると8）です。人類が将来、地球上でどのような存在になるか、その意味合いを理解している人はほとんどいないでしょう。それは、たとえばアフリカで、2003年の2.4％という人口増加が2050年まで続けば、現在8億6千万の人口が3倍の26億人になるということなのです。

　私たちの思い込みをはるかに凌ぐ消費の指数関数的増加は、おそらく最も大きな進化上の飛躍と言ってよいでしょう。

地球形成以前の超新星の大爆発によって合成された最初の元素 — 新元素の最近の合成

最初の性的交配：30億年前 — 分子生物学

光合成：20億年前 — 太陽電池

イメージを形成する目：6億年前 — テレビ

陸生動物の登場：5億年前 — 宇宙旅行

進化：革命

私たちは、地球規模の変化がこれまでのどの時期よりも速く進んでいる、進化の特異点にいます。加速する成長の例が4つ右に示してあります。宇宙ロケットの発明により、私たちは生物圏を離れ、宇宙に旅することができるようになりました。これは5億年前に生物が水中から陸への一歩を踏み出したのと同じく、革命的な進化です。同様な大発展が左の枠内に示されています。

1500

2000年

新参者、人類の果たした進化 15

| 人口 | エネルギー消費 | 情報 | 交通 |

長く暗い人類の影

　今日、人口増加が地球に暗い影を投げています。2003年に、人類は約63億にも達し、明らかにこれらの多くの人々に基本的に満足のいく形で食料、住宅、教育、雇用などを供給することができなくなっています。さらに悪いことには、人口爆発が終息する今世紀末には、人間社会は少なくとも92億人に達していると推定されます。

　問題は人口の爆発的増加にだけあるのではなく、その消費主義の急速な高まりにもあります。先進国に住む10億以上の人々が享受する生活様式は、地球の生態系にまったく不均衡な大きすぎる負荷を与えています。さらに、近年、中流に達した途上国と移行国の10億人の人々が、ショッピング・センターに押し寄せ、消費を始めています。この消費活動は科学技術・知識の急速な発達に支えられて、常により多くの自然資源を利用あるいは乱用し、使い尽くしてしまうことさえ可能にしました。実際、「人口の危機」や「資源の危機」よりも重大なひとつの危機、つまり人類の危機について語らなければなりません。その影は私たちすべてから生じ、私たちすべての生命を暗く脅かすものとなるでしょう。

　陸地では、私たちは処女地を求め、多くはよくても耕作限界地にすぎない土地をすき起こしています。最も貴重な資源のひとつである土壌は、毎年、何十億tも洗い流されたり、吹き飛ばされたりしています。この悲劇に加えて、広大な肥沃な耕地が年々舗装されたり「開発」されたりしていきます。砂漠は拡大し、というより破壊された土地が砂漠に付け加えられ、その増加の割合は今後75年間に全耕地の1/3にも達するほどです。熱帯林は焼畑式の小規模農業に従事する何百万もの開拓者に道を譲りつつあり、今世紀半ばまでにはほとんど消失しそうな勢いです。森林がなくなれば、何百万という種が生息地を失い、多くは永久に失われます。

　海洋では、次々に漁場が破壊されています。私たちはイルカやアザラシや他の海生の哺乳動物も巨大なクジラ同様、悲しい運命に追い込んでいます。世界中いたるところの湖や川と同様、海洋も汚染しているのです。また、ときには有害物質も含むごみの山を増やして、景観を汚しています。大気中では二酸化炭素のバランスが崩れつつあり、これは人類のあらゆる生息地を撹乱し、世界中で人類のあらゆる営みを狂わせるほどの、気候変化をひき起こす引き金になるでしょう。

　当然、生態系にこうした無理を強いれば、別種の崩壊を招くことにもなります。より多くの人々が減少しつつある資源を少しでも多く求めるため、紛争が起こります。第2次世界大戦後に戦火で生命を失った人の数は、第2次大戦の兵士総数を上回っています。実際、最大の脅威は私たちの社会制度、経済構造、政治機構の崩壊です。地球を覆う影が最も深く濃くなるのは、キノコ雲によってそれがさらに拡大されるときでしょう。

長く暗い人類の影　17

森林破壊
砂漠化
人類の苦悩
大気汚染
海洋汚染
資源枯渇
気候の混乱
進化の危機
地球の破壊点
核爆発か嘆きか？

最後のテスト

　地球に大きな影響を与えた、この突然の新しい進化的発展である人類は、いまやそれ自身の生存に対してだけではなく、生物圏自体の多くの部分にも脅威を与えています。これは急速に明らかにされてきた地球の危機です。急成長する人類の姿が投げかける長い影は、私たちの生態系の心臓部まで広がりつつあります。流浪する初期の部族が森林を燃やしはじめて以来、この影は大地と海洋全体に広がり、大気、水、土壌から宇宙に、そして、進化の血脈そのものにまで広がっています。

　私たちは地球の危機を、脅威とも挑戦ともみなすことができます。人類は、種としての生存能力を問う、進化の最終試験に臨んでいます。ただし、タイムリミットは急速に迫っているのです。

変わる変化の意味

　私たちは変化のただ中にいます。それは誰もが知っています。あらゆる面の変化、史上比べるもののない変化、未来さえ不透明になるほどの変化です。とはいえ、変化を認識する能力自体は進歩していません。たとえば、大気がこのところ、ここ10万年の変化を上回るほど変化していること、あるいは、世界人口が昨日1日で25万人も増えたことを、私たちは感じ取ることができません。昨日1日で事実上、少なくとも50種の生物が失われたとしても気づきません。私たちには、変化を感じる目も鼻も舌もないのです。

　変化への認識力がないことの代償は、高いものにつくかもしれません。人は変化を見過ごし、注意を払わないようにできているようです。「30年もタバコを吸ってきたんだから、あと1年吸ったって何の害がある？」——しかし、遅かれ早かれ、その1年は致命的変化をもたらします。20階の窓から落ちた男が、10階あたりを通過しながら「とくに変わったことはないな」と言ったという話があります。人は進化の中で、先史時代の洞穴に突然現れた1頭のクマへの対処は覚えましたが、来週のいつ現われるかわからない5頭のクマを思い描くのは苦手です。ハイテクは使いこなせても、自分のやっていることがわかっていないのです。この惑星を、自分たちの生活様式を、願望を、自分たちがどれほど変化させているのか、いつか変化の嵐に茫然と息を呑む日まで全く気づかずにいるのです。

　1950年以降の変化（右）は、私たちに代償を求めました。人間は氷のない土地全体の半分近くを激しく変貌させ、耕地の1/3を荒廃させ、利用可能な淡水の半分以上を占有しました。窒素固定の速度を自然界の2倍にし、大規模な汚染を招き、熱帯林の半分を破壊しました。事実上、何十万種もの生物を絶滅に追い込みました。大気中の二酸化炭素濃度を1/3近くも高めました。これは、やがて地球の気候に深刻な変動をきたすでしょう。こうした変化は、毎年、何兆ドルにも相当する損害をもたらしています。

　ゆくてにある壮大な難問に立ち向かうことは、文明における最大の変化かもしれません。大丈夫、私たちは必ずや地球と、世界と、お互いと調和して生きる道を見いだすでしょう。それが、環境に優しい技術を生み出すことによってか、正しい政策や政治的なリーダーシップや世論によってかは別にして。最も価値ある、そして、最も不足している資源は、この限りある惑星でどう暮らすのが最善かという、私たち自らの考え方を変える覚悟なのかもしれません。

　この厳しい展望にひるんだ人は、問題は変化するかしないかではない、ということを心に留めてください。問題はむしろ、私たちが自分の未来のために自ら選びとる変化か、過去の行為の結果としてやむなく引き受ける変化か、ということです。

1950年以降の変化

世界の人口は2.5倍に、炭素の排出は4倍に、化石燃料の消費は5倍に、世界経済は7倍になりました。漁獲量は5倍に、肉の生産も5倍になりました。さらに、灌漑する耕地面積は2倍に、水の消費量は3倍になりました。

世界経済　7倍
肉の生産　5倍
化石燃料の消費　5倍
漁獲量　5倍
二酸化炭素の排出　4倍
水の消費量　3倍
人口　2.5倍

	1950年	2000年
人口	25億5,500万	60億8,000万
経済	6.7兆ドル	31兆ドル
炭素の排出	16億t	65億t
化石燃料の消費	17億toe*	79億toe*
肉の生産	4,400万t	2億3,200万t
漁獲量	1,900万t	9,500万t

*toe＝石油換算t

わずかな資源でより多くのことを

持続的な経済と社会を実現するには、思いきった省資源化が求められます。2050年までに、世界全体で天然資源の消費を50%削減する必要があります。途上国にはおそらく2050年までにこれをやる力も意志もないでしょう。これは、先進国が90%の削減を行なうことを意味しますが、ファクター10戦略によれば実行可能です。不可能に思えるも、1973年以来、多くの「ベスト・プラクティス」実践例ではエネルギー消費を3/4削減したことを思い起こしてください。一部の分野で先進国は、未来派エイモリ・ロビンスの表現を借りれば、ほとんど何も使わずにほとんどすべてのことをやることを学ばなければなりません。

選択のとき

認識と決意の時を迎えた今、私たちは自らの未来に向けて、どのような選択をするのでしょうか。

加速する変化

下の表は、1世紀前には想像もつかないほどの速度で、私たちが新技術を取り入れていることを示します。

技術という時の物差し

右側の数字は、新技術が米国人口の1/4に普及するのにかかった年数です。

1873年	電気の発見	46
1876年	電話	35
1886年	ガソリン自動車	55
1906年	ラジオ	22
1926年	テレビ	26
1953年	電子レンジ	30
1975年	パソコン	16
1983年	携帯電話	13
1991年	インターネット	7

エコロジカル・フットプリントの肥大

人間の「エコロジカル・フットプリント」——人間一人が消費する環境資源量——は、経済活動の拡大と、留まらない人口増加とともに拡大し続けています。

1961年には、人類全体のフットプリントは、70%にすぎませんでしたが、1999年には120%に達しました。人類の歴史上初めて、私たちは限界を"踏み越えた"のです。これは、まったく間違った種類の、壮大な移行です。

1960～1999年の人類の環境需要と最大能力

拡大する物質の流れ

私たちの生活様式を支えるために消費または浪費する原材料の量を考えてみましょう。工業国に住む人は、大量のレンガ、セメント、鉄、石油、化学物質、紙など、多くの物質を必要とします。これらは、また大量の汚染物質や廃棄物を生むだけでなく、価値ある金属を求めて膨大な原料を掘り起こし、運び出すことになります(「隠れた流れ」)。

たとえば、1キログラムの金を取り出すには、350トンの物質を運び出す必要があります。つまり、あなたの指にある指輪は、事実上3トンの重みがあるのです。米国では物質の物理的移動は、一人当たり年間80トンであり、これは標準的な米国人の体重の1,000倍です。米国の経済活動から出る物質の量は米国人一人当たり年間25トンに上り、これは日本人の優に2倍です。これに「隠れた流れ」を入れると80トンになります。すべての物質の量のうち、重量比で平均80%を二酸化炭素が占めます。

これは危機か挑戦か

　人類は、進化の過程の極致とも、最大の誤りともみなすことができるでしょう。これほど早熟な生物はほかにありません。世界について考え、よりよくしようと企て、可能な限りのよい夢を描くことができるのも人類だけです。一方、これほど邪悪な行動力を示す生物もいないでしょう。結果も考えず生息地をひどく荒らし、無謀に数を増やしたりするからです。ある意味で人類は、陰険に作用しながら広がり、潜伏しながら手のほどこしようのない危機をもたらす、惑星の表面にできたとんでもない悪性腫瘍になりつつあります。ガン細胞は、驚くべき勢いで増殖し、異常なほどの生命力がありますが、一方でみずからの生存をゆだねている主を殺すことでみずからも終局を迎える、非常に愚かな存在でもあります。しかし、ガン細胞と異なり、人類は自分たちが行っていることの本質を理解しはじめました。私たちは、手遅れにならないうちに気づき、間に合う速さで行動することができるでしょうか？

　地球社会が危機に遭遇したのはこれが初めてではありません。ガイアは周期的な大変動から、恩恵さえ受けてきました。もし恐竜の劇的な消滅がなければ、哺乳動物が優勢になる機会もなかったでしょう（哺乳動物といっても、最もすぐれたホモ・サピエンスを意味しているのですが）。変化の勢いがつきすぎて破局に陥ることがなければ、危機から進歩を生むことができます。過去には、生物圏の調整機能が新しいストレスを受けとめて対応するのに、何千年いや何百万年もかかりました。しかしこんどは、ほんの数十年とあまりにも期間が短いので、ガイアは人間の共生的な支持を得なければ、回復の過程をたどることができないのです。もし人類が危機を期待どおりに乗り切れば、ガイアはいまだかつてない発達の時代へと進んでいくでしょう。適切かつ広い意味で、この発達には、地球の資源の開発も、人間のより賢く生きる能力の開発も含まれています。失敗すれば、ホモ・サピエンスは結局進化の行きどまりだったとして永遠に見捨てられることになってしまうでしょう。

　大きな進歩を遂げるためには、私たちは厳しい教訓を学ばなければなりません。少しずつ手直しして、既存の道を「微調整」しながら改善していくことがよい場合も多くありますが、一方では「回れ右」をして、もっと抜本的に行動を正さねばならないときもあります。フランスの生徒が実験に使うカエルの話がためになります。子どもたちはカエルを捕らえ、沸騰した湯のなべに入れました。するとカエルはすぐにとび出しました。つまり、明らかに適応できない環境とわかると、すぐさま拒絶したのです。ところが、カエルを水のなべに入れ、ゆっくり温めると、カエルはぐるぐる回って泳ぎ、温度の上昇に適応しました。…しかし、最後には静かに沸騰した湯の中で死に至ったのです。

危機にはプラスの側面とマイナスの側面があります。現状への脅威を示すと同時に、異常を知らせてくれる兆候ともみられます。そして不均衡を正し、新たなレベルの秩序へと進む機会をも表しているのです。「機」という漢字(このページにあるものは中国の書家の筆による)は、「正念場」と「好機」の両方の意味を示しているのです。

「宇宙から撮影した地球の写真が見られる時代がくれば……史上かつてなかったほど新しく力強い考えが生まれてくるでしょう。」
——フレッド・ホイル 1948年

地球の大地(ガイア)

【序文】デビッド・ピメンテル
コーネル大学昆虫生態学および農業科学科　教授（米国ニューヨーク州イサカ）

　世界人口は1日25万人という速度で拡大を続けており、食糧供給は深刻な問題に直面しています。すでに、耕地、水、化石燃料は決定的に不足しています。こうした天然資源はいずれも、食糧生産をはじめ、あまたの人間活動に欠かせないものです。

　未来の人々が持続的な食糧供給を得られるようにするため、農業のゆくてには、とてつもない挑戦が待ち受けています。世界保健機関（WHO）によると、30億人超が栄養失調に苦しんでおり、その半数は微量栄養素の欠乏、残りの半数は食糧不足といいます。国連食糧農業機関（FAO）によると、一人当たりの主要穀物の供給量は、バイオテクノロジーや農業戦略の進歩にもかかわらず、過去20年間、減少の一途をたどっています。穀物は、人類の食糧の根幹であり、食糧供給の8割を占めるものです。その穀物の収量が1985年以降、1ha当たりでは徐々に増えているものの、一人当たりでみると減っているのです。

　私たちの食糧は、カロリーで見ると99.8％以上が大地に由来します。そして、わずか0.2％が海などの水系生態系に由来します。このことは、生産的な食糧システムを考える上での耕地の重要性を示しています。

　いま、急速に膨張する世界人口の需要を満たすべく食糧増産を図るべきときに、一人当たりの耕地面積がわずか過去10年間で20％も減っているのです。理想を言えば、栄養ある食事をするためには一人当たりの耕地は0.5haほしいところです。残念ながら人口増加と耕地劣化のおかげで、世界の耕地は一人当たりこの半分にも及びません。

　さらに、土壌が風と雨による浸食にさらされると、土壌の生産性が衰えます。土壌浸食を防ぐ適切な植生がなければなおさらです。これは、途上国で大きな問題になっています。土壌を守ってくれる収穫後の作物の根を、地元の貧しい人々が掘り起こして料理用の燃料に使ってしまうからです。浸食は、土壌の水分を奪うだけでなく、土壌の栄養も奪います。世界で毎年1,000万ha以上の耕地が、土壌浸食によって劣化し、消失しています。さらに、1,000万haの灌漑農地が塩害によって消滅しています。それと併行して、浸食と塩害で失われた耕地の代わりを求めて、世界の森林が伐採されています。

　作物生産には、肥沃な土壌とともに、水が必要です。ほとんどの作物栽培は最低、年間降水量1,000mmの水を要します（1kgの穀物や他の作物を作るには1,000ℓの水が必要です）。土壌と水の保全は、土壌を浸食から守ってくれる植生の維持にかかっています。すでに、世界各地で、深刻な水不足が起きていますが、世界全体の水の消費は、その70％が灌漑用なのです。

　現代の農業は、肥料、灌漑、農耕機械、殺虫剤などで、大量の化石燃料の使用に頼っています。1haのトウモロコシやコメを栽培するのに、石油に換算しておよそ1,000ℓ相当のエネルギーが使われます。石油や天然ガスは限りある資源であり、世界中で急速に枯渇しかかっており、価格上昇によって貧困層には特に大きな影響が出始めています。

　未来に目を向けるなら、農業に携わる人々は、土壌の、水の、エネルギーの、そして、生物資源の保全に務める責務を担っています。

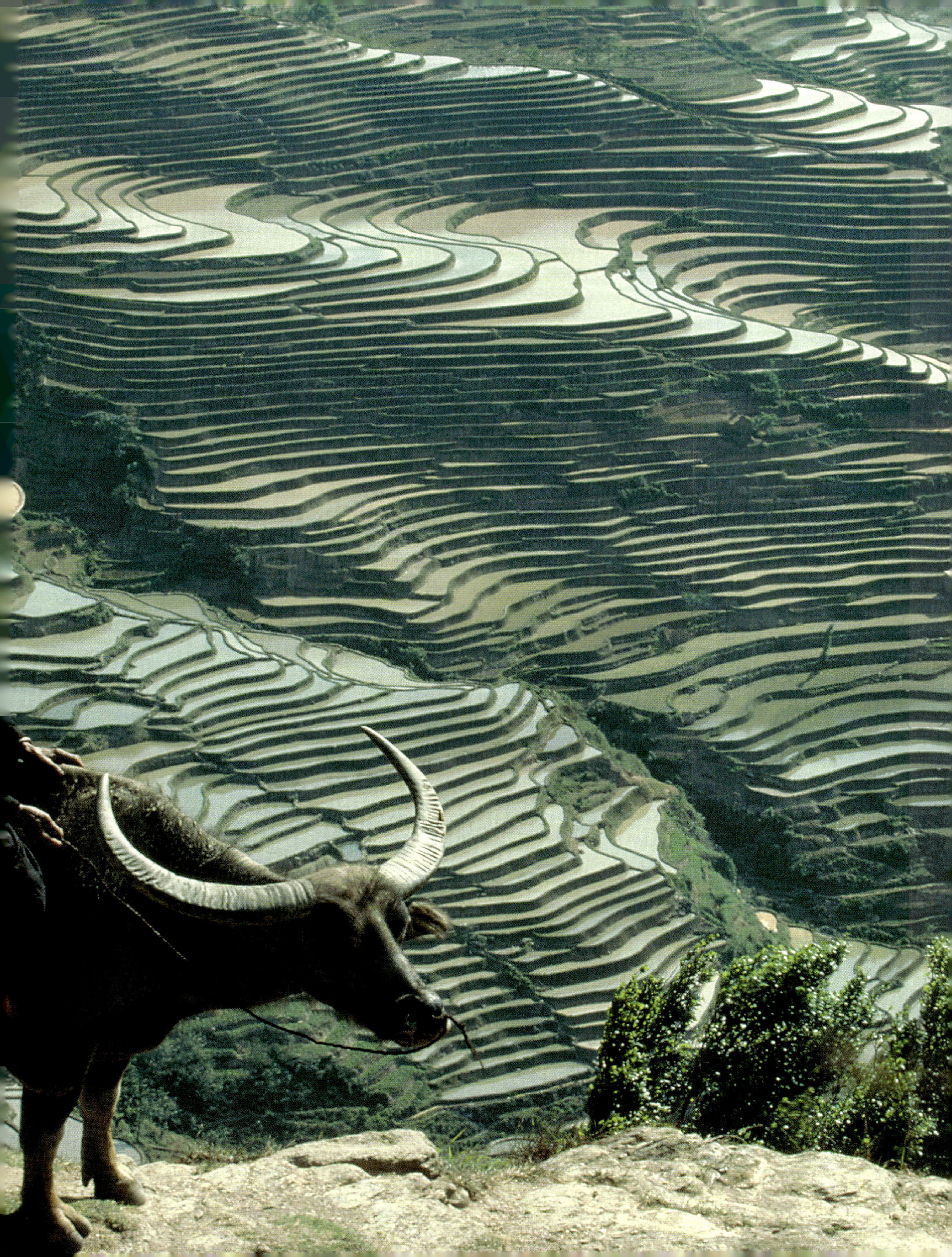

大地に秘められた潜在的資源

土は不思議な物質です。ただ泥んこで、なんの役にも立たない不毛な代物のようにみえますが、地表を覆っているこの薄い層は、生物圏の土台であり、私たちにとって基本的な資源でもあります。

土壌は、移動する野生動物の大群のように生命力がみなぎり、またフラミンゴの群れのように美しくさえあります。土壌の中には、さまざまな形の生命が満ちあふれており、土壌は実はそれ自身が生態系というよりはむしろ多数の生態系の集合と考えることができます。温帯の良質の土壌1haの中には、少なくとも3億の小さな無脊椎動物が生活しています。微生物に関していえば、わずか30gの土壌中に10万の酵母細胞、5万の菌糸体だけでなく、1つの種に限っても100万ものバクテリアが含まれています。このような微生物がなければ、土壌は、窒素、リン、硫黄を植物がすぐ利用できるような形に変えることができません。ハーバード大学のエドワード・O・ウィルソン教授によると、バージニア州のほんの一握りの土壌は、木星の全表面より生物学的にはるかに複雑なのだそうです。しかし私たちは、自分たちの生命をささえるこの基本的な仕組みが地球上でどのような働きをしているかを解明するよりも、惑星探査により多くの金額を費やしているのです。

この次、（コンクリートやアスファルトではなく）土を踏みしめるとき、その足の下にどのような物があるのか、気をつけてみてください。それは、半分は小さい粒子の塊から、半分は水と空気からなる、かなりもろい物質のようにみえるでしょう。この無機的成分の奇妙な集合体は、もともとは岩だったのです。岩が雨、大気、氷、植物の根などの働きによって風化し、徐々に崩れて、中で多くの生命体が息づきはじめます。そして、これらの生命体によって植物が根づくことができるようになるのです。こうして絶えずみずからを補強していく過程を通して、土の中には有機物の死骸がたまっていきます。このうちの一部は腐植と呼ばれており、土壌の肥沃化を助けています。

土壌がつくられる過程の進み方はゆっくりとしています。沈殿物が30cm堆積するのに、早くても50年はかかります。通常は母岩から1cmの厚さの新しい土壌がつくられるのに、100年から1,000年を要します。場合によっては、この頁の厚みくらいの土壌がつくられるのに、1万年も要することさえあるのです。しかも不幸なことに、土壌が形成される過程は、人間や自然の力によって乱されると、かなりの速さで逆戻りしてしまうのです。つまり、土壌はその形成にかかった長い年月のほんの何分の1かの時間で、浸食されてしまうこともありうるのです（P.39）。

緑の惑星

最終的には、というよりむしろ始まりにおいて、私たちすべては植物なのです。地球の表面は、種にしておよそ30万

肥沃な土壌のゆくえ

陸地（氷に覆われているところを除く）を覆っている土壌は、その全部が耕作に適しているわけではありません。実際、陸地面積約135億ha（地球の全面積の約1/4）のうち、農業にとくに支障のない土壌はわずか1/10にすぎないのです。残りは乾燥しすぎている、または水分が多すぎる、栄養分に乏しい（鉱物過剰）、傾斜がきつすぎる、厚さが不十分、気温が低すぎるなどの問題点をかかえています。

陸地の約30％は干ばつに苦しんでいます（サハラ砂漠が10億ha近くもあることを考えれば、そう驚くことではないでしょう）。鉱物過剰な土壌も陸地の23％を占め、十分な厚さのない土壌は陸地の22％、水分の多すぎる土壌は10％を占めています。氷久凍土は、氷に覆われた広大な大地である南極とグリーンランドを除いても陸地の6％を覆っています。

右図は世界の土壌資源の分布を示しています。球の各部分は地球上の各大陸が全陸地面積に占める割合と、各大陸における土壌の構成を表わしています。肥沃な土壌の分布がいかに不均等であるかに注意してください。たとえば、ヨーロッパは、その陸地面積に占める肥沃な土壌の割合が最も大きい場所です。円グラフは、各大陸の土地利用の状態——森林、放牧地、耕地、その他の目的（未開拓地、市街地など）——を示しています。

使用されている土地
- 耕地 11%
- 放牧地 10%
- 森林、乾燥地 14%

耕地化が可能な土地
- 熱帯林 8%
- 乾燥地 6%

放牧地化が可能な土地

使用不能な土地
- 氷、雪、砂漠、山岳 51%

北・中央アメリカ
- 12.5%
- 17.4%
- 39.4%
- 30.7%

耕作に適した土壌は25％を占めますが、実際に耕地化されているのはその半分以下です。米国では何百万haもの耕作適地が舗装や都市開発で失われました。

南アメリカ
- 6.6%
- 28.7%
- 53.1%
- 11.6%

農業の大きな障害は鉱物過剰な土壌（41％）で、そこは大森林になっています（熱帯林の土壌は栄養分に乏しいのです）。

凡例
- 永久凍土
- 水分過剰な土壌
- 表土が薄い土壌
- 乾燥した土壌
- 鉱物過剰な土壌（栄養分に乏しい土壌）
- とくに農業に支障のない土壌
- 耕作適地／永続的耕地
- 永続的放牧地
- 森林
- その他

どれだけの土地が耕せるか？

現在、全陸地面積の11％しか耕作していませんが、専門家のなかには、まだかなりの土地が耕地化できると考える人もいます。しかし、その大半は乾燥地や熱帯林にあり、乾燥しすぎか水分過剰で農耕に適しません。

落葉、腐植、表層の鉱物質土壌
有色鉱物質土壌層
土壌母材

肥沃な土壌とは何か

土壌の構造と組成は、その肥沃度を決定する重要な鍵になります。植物は、土中に容易に根を広げ、そこに溶けこんだ栄養分を吸収することができなければなりません。ロームは一般に肥沃な土壌です。粘土（粒径0.002mm以下）、シルト（粘土の10倍の大きさ）、砂（100倍の大きさ）からなり、気孔や割れ目が散在しているからです。

死んだ生物体は土壌の約1％の重量しか占めていません。しかし、これは不可欠な要素であり、スポンジとして、またミネラルの源としての役割を果たします。これに対し、生きた生物体の量は0.1％ですが、それでもこれはかなりの量といえます（1haにつき数t）。米国の平均的な1haの土壌には、6,400kgの生きた生物体が含まれており、一方、同じ1haに居住する人間の重量はわずか22kgにすぎません。

オセアニア
アフリカ同様、乾燥が農業のおもな妨げとなっています。肥沃な土地は15％ありますが、十分利用されておらず、7％が耕作されているにすぎません。

北・中央アジア
広大な地域の10％が耕地化されているだけで、生産力が低い土地です。北部の広大なツンドラ帯のように、その50％以上は寒すぎるか、表土が薄すぎる土壌です。

ヨーロッパ
このグラフにはロシアとウクライナが含まれます。ロシアの耕作可能／永続的耕地は10％未満ですが、ウクライナは60％、それ以外のヨーロッパは30％です。

南アジア
耕作適地は20％以下ですが、全面積の50％が耕地化されています。つまり、膨大な人口を養う必要から、耕作に適さない土地まで耕地化されているのです（灌漑の助けもありますが）。

東南アジア
肥沃な土壌は14％ありますが、16％が耕地化されています。60％近くの土壌が栄養分に乏しいため、他の熱帯地域同様ここでも森林の割合が大きいことに注意してください。

アフリカ
アフリカ大陸の半分以上が乾燥地です。20％が耕作適地と考えられますが、実際に耕作されているのは7％にすぎません。

の植物によって覆われていますが、この緑のマントがなければ、現在見られるような動物（人類も含めて）の進化はありえなかったでしょう。何百万年もの昔、地球上に植物が出現したからこそ、それまで大気中にわずかしかなかった酸素が大気の1/5を占めるまでに増加し、動物が爆発的に繁殖することができたのです。

植物は、太陽の光を化学エネルギーに変えて蓄積し、すべての動物は、食物という形でこの化学エネルギーに依存して生活しています（人間は燃料という形でもこのエネルギーを利用しています）。生物学者のなかには、もし植物の種が1つ姿を消せば、その生態学的な影響が食物連鎖に及び、最終的には20〜40種に及ぶ動物が絶滅してしまうだろうと考える者もいます。

植物の種類は非常に多様です。それは砂漠からツンドラにいたるまで、ありとあらゆる環境に適応した結果なのです。なかでも、熱帯地方がいちばん植物の種類が豊富なところです。そして、土壌の質や気候への間接的な影響から、食卓や工場、病院への直接的な物資の提供まで、私たちはすべての面でこの豊かな緑に依存しているのです。

地球にはどのくらい植物が存在しているのでしょうか。どこで植物は最もよく成長し、繁殖するのでしょうか。これに対する答えが、作物の栽培や繊維の生産を増やすためには地球上のどの場所に注目したらよいかを示しています。「フィトマス」とは乾燥させた植物体の重量を表す科学用語で（乾燥していない植物体は、乾燥したものより3〜4倍も重くなります）、1ha当りのトン数で示されます。動物体の場合は「ズーマス」の語が使われ、「フィトマス」と「ズーマス」を合わせて「バイオマス」といいます。（陸生と水生を合わせた）全バイオマスのうち99％は植物体です。

陸のフィトマスのかなりの部分、約1兆tが森林にあると

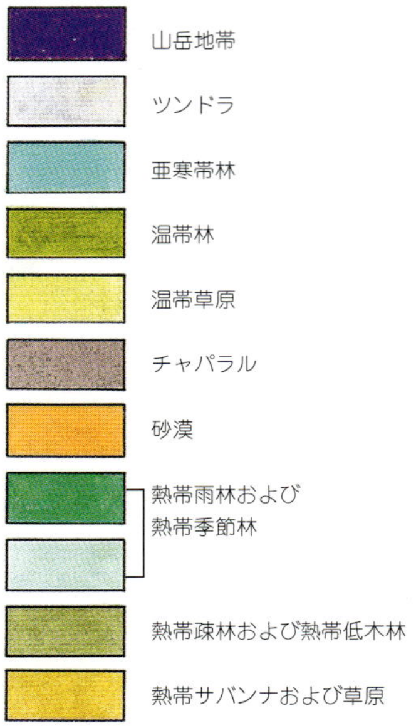

凡例：
- 山岳地帯
- ツンドラ
- 亜寒帯林
- 温帯林
- 温帯草原
- チャパラル
- 砂漠
- 熱帯雨林および熱帯季節林
- 熱帯疎林および熱帯低木林
- 熱帯サバンナおよび草原

緑化面積の可能性

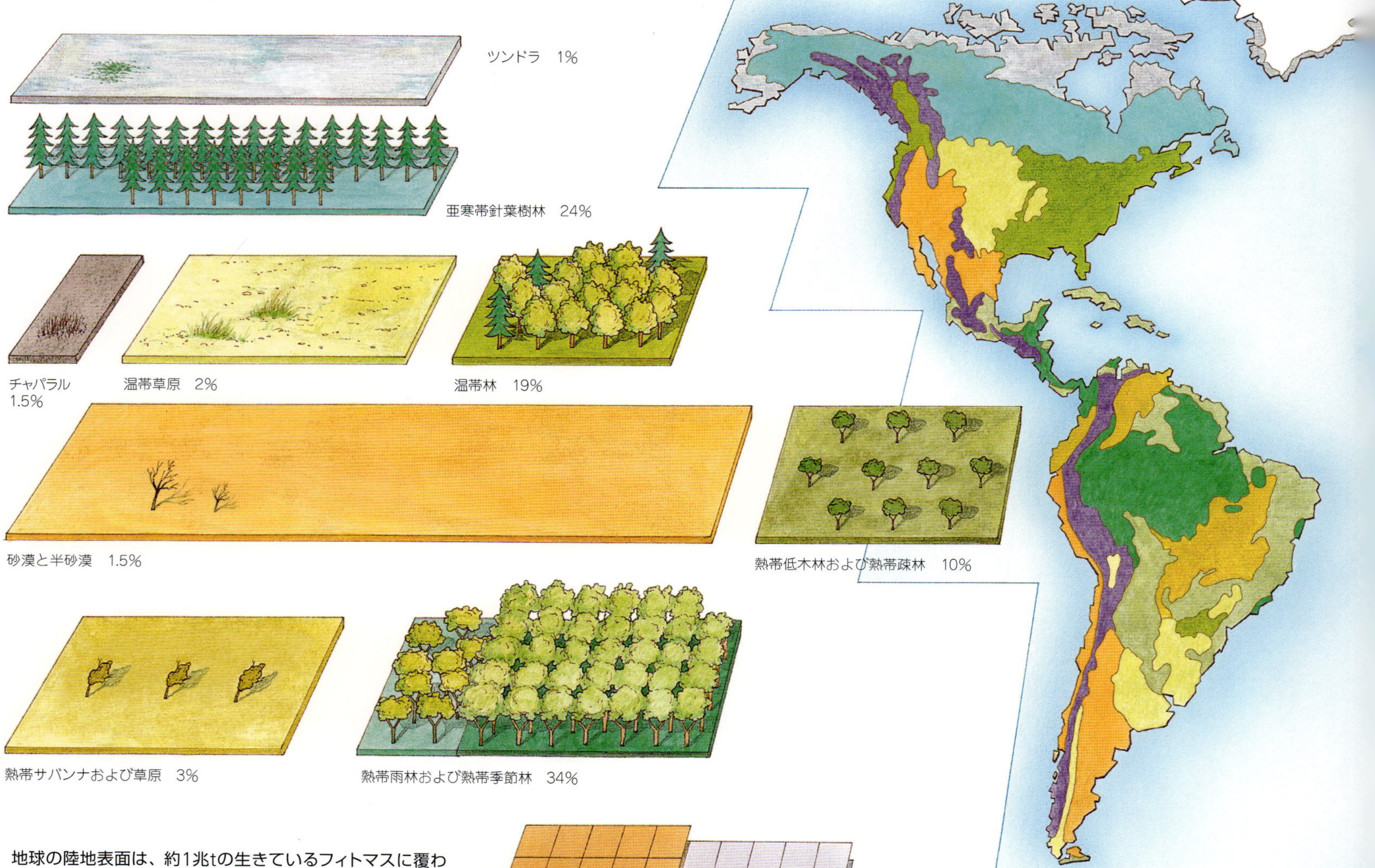

- ツンドラ 1%
- 亜寒帯針葉樹林 24%
- チャパラル 1.5%
- 温帯草原 2%
- 温帯林 19%
- 砂漠と半砂漠 1.5%
- 熱帯低木林および熱帯疎林 10%
- 熱帯サバンナおよび草原 3%
- 熱帯雨林および熱帯季節林 34%

地球の陸地表面は、約1兆tの生きているフィトマスに覆われています。上図は、この緑が世界のどこに多く存在するかを示したもので、全世界のフィトマスに占める各植生地域のフィトマスの割合を、面積の割合と比較して表わしています。熱帯に多くのフィトマスが分布しているのに対し、砂漠とツンドラは全陸地面積の1/4を占めているにもかかわらず、フィトマスの分布は3％にも達しません。図中には示されていませんが、人間の耕地に存在する収穫前のフィトマスはわずか0.5％で、砂漠よりさらに少ないのです。

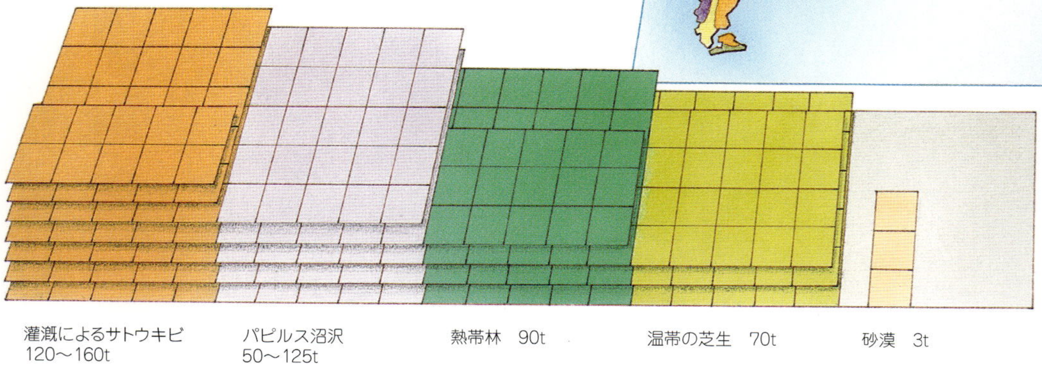

- 灌漑によるサトウキビ 120〜160t
- パピルス沼沢 50〜125t
- 熱帯林 90t
- 温帯の芝生 70t
- 砂漠 3t

いう事実は、とくに驚くことではないかもしれません。このうち2/3が、陸地の8％弱を占めるにすぎない熱帯林に存在しています。そして不思議なことに、人間によって耕地化されている土地の面積は、熱帯林より広いにもかかわらず、その収穫前のフィトマスは70億tにも満たず、地球上の全フィトマスのわずか0.5％しか占めていません。

さまざまな生態系や地域について植物の生育・繁殖の潜在的可能性を評価するためには、現に存在するフィトマスの量を比較するのもひとつの方法ですが、毎年の新たな植物産出量を考慮していく方法もあります。これによっても、優に1,000億tを超える年間の陸生植物産出量のほぼ半分を森林が占めており、植物にとっていちばん成育・繁殖しやすい場所は、やはり森林であることがわかります。1年中常に植物が成長する熱帯林では、毎年1ha当り90tもの植物体を生産することができ、これは温帯林で生産されるフィトマスのおよそ2倍に相当します（熱帯林は、少数の植林地、ホテイアオイのような水生植物、とくに湿潤なサバンナ、サトウキビのような高収量の作物の場合などを別にして、他のどんな植生よりも生産力が高いといえます）。しかし、人の手が加えられていない熱帯林では、有機物が分解されるのも速く、ふつう植物の年間純増加量はゼロになってしまいます。

これに対し、人類は集約的農業を行うことによって、毎年150億tものフィトマスを生産しているのです（これは地球全体のフィトマス生産量の11％に当たります）。米国のトウモロコシ栽培では、作柄がよければ年間1ha当り15～20t、ジャガイモ栽培では30t近くの植物体を産出できます。

一般的に、湿潤な気候のもとで毎年新たに産出されるフィトマスの量は、温帯は寒帯の2倍、熱帯は温帯の2倍以上になります。同様に、生態系の複雑さも、極地のほ

主要なバイオーム

バイオームとは、ある大きな自然地域に広がる、植物と動物の生態学的な共同社会のことです。10のおもなバイオームが地図上に示されています。ツンドラは気温の低い半砂漠、亜寒帯林は背の高い針葉樹、チャパラルは地中海型植生の低木からなるバイオームです。温帯草原はプレーリーとステップを含み、温帯林は常用樹と落葉樹の混合林です。砂漠はほとんど植生がなく、熱帯サバンナは木がまばらに生えた草原からなっています。熱帯疎林は森林の上部が枝葉で閉ざされていない森林ですが、これに対し熱帯落葉樹林（季節林またはモンスーン林）は森林上部が枝葉で閉ざされた森林です。熱帯雨林は世界中で最も多様で、生産力の大きいバイオームのひとつです。

植物の成長の可能性

植物の成長量あるいは「1次生産力」は、砂漠の事実上ゼロから熱帯林のばく大な量まで地域によって著しく異なっています。また、それは人間の干渉によって想像以上に変化するのです。たとえば、芝生を1週間に2回の割合で刈り込むと、それは最も成長が盛んな若い状態に保たれるので、新しい植物体を多量に生産します。ところが、刈らずに放置すると成長率はすぐにおちこみ、生産力もごく小さくなってしまうのです。左図は、砂漠、温帯の芝生、熱帯林、パピルス沼沢、灌漑によるサトウキビのプランテーションの5つの植物群落の生産力を比較したものです（年間1ha当りの湿潤重量による生産量）。

バイオームの予言

地上の任意の1点をとってみましょう。もしその地点の気温と降水量がわかれば（そして土壌と地形も考慮にいれれば）、かなり正確にそこの自然植生を予言することができます。左図は、おもなバイオームを気温、降水量との関連から簡単に分類したものです。

森林と生物圏

んの数種のごく単純な生態系から、赤道の非常に多種多様なものまで、熱帯に近づけば近づくほど複雑になっているのです。

森林と生物圏

この惑星を飾る植生の中でも、森林は大自然のもつ豊かさが最もよく表れている場所です。オレゴン州の巨大なアメリカトガサワラ、英国シャーウッドの森の年老いたカシの木、中央ヨーロッパの巨大なモミの森林、アマゾンやボルネオの多雨林——これらの中にいると、自分の存在がなんとちっぽけでとるに足りないもののように感じられることでしょう。地表面の1/4にわたって分布する森林は、他のどの生態系よりも多くのバイオマスを蓄え、より速く新たなバイオマスを生産し、より豊富な種（動物も植物も含めて）を抱えているのです。

森林は、光合成、生物の成長、腐植土の形成、エネルギーの転換など、生物圏における基本的作用に必要なエネルギーを生み出すだけでなく、生物圏に対してさらにさまざまな特別の役割を果たしています。たとえば、森林は地球上の炭素、窒素、酸素の循環の主役を演じ、気温や降雨その他さまざまな気象条件の決定にも影響を与えています。森林が河川の水源となっていることもしばしばです。また地球における生物界の遺伝子を保存する場となっており、おもに森林から新しい種が出現します。森林は他のバイオームをいくつか合わせたほど、種の進化に対して大きく貢献しているのです。

森林が私たちに供給してくれるものは数多くありますが、そのなかで最も重要なのは木材です。木材は多様な目的に利用されています。木材は現代の経済活動のなかで、他の物質に比べると利用される範囲が広く、ほとんどすべての主要産業がその生産工程の少なくとも一部分で、なんらかの木材製品を利用しています。木材はまた、ベニヤ板、化粧板、ハードボード、パーティクルボード、そしてチップボードとしてさまざまな形で用いられます。鋼鉄、アルミニウム、セメント、プラスチックなどの木材の代替品は、その製造過程で木材より多くのエネルギーを必要とするので、商品としての競争力が強いのも木材です。さらに、私たちは多くの木材を、文明の主要な媒体ともいうべき紙の原料として使っています。1965年から40％以上も増加した世界の産業用の木材消費量の合計は、いまや年間17億m³にまでなっています。平均的なアメリカ人は、1人当たり金属の2倍以上もの木材を使っているのです。

人類の立場からは、森林は私たちに多くの物を提供し、また私たちを守ってくれる偉大な存在とみなすことができます。すなわち、森林は私たちのために生態系の多様性を保ち、河川の流域を保護し土壌を浸食から守ってくれているのです。また森林は、世界中の約1/3の人々に燃料を供給しています。森林から得られた木材は、紙・パルプや工業用木材として利用されています。そして森林は、私たちの目の安らぎにもなってくれます。もし森林がなければ、私たちのすみかである地球は、ずっと貧しいものになっていたでしょう。それにもかかわらず、とくに熱帯地方の一部では、代々引き継いできた、このかけがえのない私たちの遺産が、恐るべき速さで失われているのです（P.40〜41）。

木材資源としての森林

凡例:
- 亜寒帯林
- 温帯林（広葉樹と針葉樹の混合林）
- 温帯林（広葉樹林）
- 熱帯林
- 熱帯疎林

世界の木材消費量（2000年） 33億6,000万

- 工業用木材 47%
  - 先進国 35%
  - 発展途上国 12%
- 燃料用木材 53%
  - 発展途上国 47%
  - 先進国 6%

凡例:
- 針葉樹林 2,000万ha
- 広葉樹林 2,000万ha
- 燃料用木材 2,000万m³
- 工業用木材 2,000万m³

樹冠（樹木の上部にある枝葉の集まり）が地域の30％以上を覆っている土地を閉鎖林といいます。世界の閉鎖林の半分以上は広葉樹から構成されています。これに対し、針葉樹林の3/5は旧ソ連、1/4は北アメリカに分布しています。

地図上の2種類の木の記号は、各大陸の閉鎖林の分布を、丸太と薪の記号は、各地域でどれだけの量の木が産業用または燃料用に切り出されたかを表しています。両者を合わせると、その地域の年間樹木伐採量を計算することができます。

世界の木材消費

現在、私たちは1年間に34億m³の木材を消費しています。これは、たとえばバーミンガム（英国）ほどの都市1個分の床面積をもった10階建てのビルの体積に相当する量です。私たちの消費する木材の64％は広葉樹（一般に堅木）であり、残り36％は針葉樹（軟材）です。左の円グラフからは、先進国と発展途上国における木材の用途の違いがはっきり分かります。

木材資源としての森林 29

東ヨーロッパおよび旧ソ連

東アジア

中近東

南アジアおよび東南アジア

アフリカ

オセアニア

森林の樹木の型

　森林は気候と樹木の種類によって、大きく3つの生態系に分類できます。北には広大な亜寒帯林が、アラスカからシベリアまで広範囲にわたって分布していますが、これはおもにマツ、エゾマツ、またポプラ、ハンノキ、カラマツなどの針葉樹林です。針葉樹林はヒマラヤ、ロッキー、アンデス、アルプスのような世界の大山脈にも分布しています。温帯林は亜寒帯林よりも多様で、閉鎖林も疎林もあり、常緑針葉樹も落葉広葉樹も含まれています。熱帯林は、これらのなかで最も樹木が密生していて豊かな森林で、植物の成長が速く、種も非常に豊富です。

亜寒帯林　　　温帯林　　　熱帯林

樹木の宝庫、熱帯林

熱帯の発電所

熱帯林は、赤道の南北に緯度約10°の幅で広がる緑の帯で、その面積は全陸地表面の8％か、ことによるともっとわずかな率を占めるにすぎません。しかし、熱帯林には地球上の樹木のざっと半分、動植物の種の少なくとも60％、ことによると80％が含まれており、農業、医学、工業などを通じて人類の繁栄にますます寄与する種の源といえます。また熱帯林は、地球上で最も複雑、多様な生態系を形づくってもいるのです。

1.5haの熱帯林中に存在する生物は、樹木だけでも200種を超えるでしょう。そして、それらは森林の内部に数多くの層をなして成長していきます。高木層の枝葉が連なって樹冠を形成し、ところどころで巨木がこれをつき抜け、さらに高くそびえるのです。つる植物が樹木の最上部の枝や幹に気根を巻きつけ、目につくところはすべて地衣類、コケ、藻類に覆われています。林床にはキノコ類が群をなし、樹木の枝という枝にはシダ、ラン、アナナスがかかり、その下では低木や灌木が光と場所を求めて争っています。このように森林には多様な植物複雑に入り混じって存在しており、この複雑な植物社会が、さらに多様な昆虫や動物社会を支えています。そして、大半の動物が、それに応じて特殊化したライフサイクルをもっているのです。

しかし、その本質的な重要性にもかかわらず、私たちは熱帯林についてほとんど何も知りません。科学の力をもってしても、熱帯林に存在する種のうち、1/5以下、ことによると1/50しか同定できないでしょう。あなたが捕虫網を持って熱帯林の中へ入っていくとすると、2、3時間もすればまだ科学者に知られていない（やがてあなたの名前がつけられる）昆虫を捕まえることができるでしょう。今では、アマゾン奥地の森林についてより、むしろ月の表面のある部分についてのほうがより詳しく知られるようになっています。これからも月は末長く私たちのまわりを回りつづけていくでしょうが、熱帯林の方は、時間とともに破壊され、消滅しつつあります。そして、森林のある区画が切り開かれるたびに、人類にとって貴重な可能性を秘めた種のいくつかが、地球上から永遠に姿を消しているのです。

多くの人々（開発者を含めて）は、最も豊かに植物が茂るこの熱帯林を支えている土壌の質が、一般には悪く、農業などには不向きであるということを知って驚きます。熱帯林の植物は、薄くやせた土壌からはほとんど栄養分を吸収できないので、代りに地上の植生の中に必要な無機栄養素を蓄えているのです。つまり、木の葉が落ちたり、木が倒れたりすると、2、3週間のうちにある種の生物がこれらの木の葉や幹の大部分を分解し、栄養分に再生してくれます。これと同じことが、温帯林では何ヵ月もかかってしまいます。このように熱帯林には、栄養分をその生きた植物体からほとんど逃がさず保持していく仕組みが備わっています。だからこそ、熱帯林では土壌の質が悪いにもかかわらず、植物がうっそうと茂ることができるのであり、土壌の質がよいからそうなっているのではないのです。

> 「暗黒と厳粛な静寂が一体となって、過去の時を、太古の時を――そしてほとんど無限といえるような感覚を生み出している。熱帯林の中では、人間は侵入者のようであり、森の中で働きつづける力によって見つめられ、圧倒されてしまうかのように感じられる。その力は大気を構成する簡単な成分から、大地にのしかかるかのように影を落とす植物の一群をつくり出すのである。」
>
> アルフレッド・ラッセル・ウォーレス、博物学者で探検家。1890年のアマゾンへの旅路にて。

熱帯林
熱帯林には、湿潤林、落葉樹林、乾燥疎林という、3つのおもなタイプがあります。地図では、最初の3タイプを湿潤林としてまとめ、乾燥疎林と区別しています。

森林が再生するパターン

森林の上部を覆う樹冠に大きな空白部が生じると（たとえば、焼畑農業、地すべり、台風などによって）、成熟段階の森林内部の微気候が消滅してしまいます。林床が日光の直射にさらされ、大気や土壌は乾燥し、昼夜の気温変化が激しくなるのです。そこに最初に定着する植物（先駆植物）は、このような諸条件を利用して生きるのに適しています。それらは、成長は速いのですが生命は短く、ほとんどが15年以内に死んでしまいます。また、その材木は、軽くてやわらかいのが特徴です。次に定着するのも、多くの日光を必要とする、成長の早い植物ですが、寿命は先駆植物より長く、1世紀かそれ以上生きるでしょう。この種の樹木が多量の窒素を固定することによって、森林中に栄養分が蓄積され、成熟段階の森林に繁茂していたような植物が再び定着できるようになるのです。これに対し、ブルドーザーですべての植生を切り払ってしまった場合は、その影響は深刻です。土壌は回復しようがないほど打撃を受けるかやせてしまい、かつて壮大な森林だったところも、わずかな低品位のやぶに取って代わる可能性が高いでしょう。

低品位のやぶが残る森林　　全体の破壊　　伐採されていない森林

熱帯湿潤林の年間降水量は少なくとも2,000mmで、100mm以下しか降水のない月が3ヵ月以下です。そのうち、年間降水量が少なくとも4,000mmある地域を、多雨林または常緑樹林と呼び、湿潤林全体の1/3を占めます。

常緑樹林は豊かに生い茂った植生が特徴で、複雑な生態系をもっています。樹冠は完全に枝葉で閉ざされ、それを突き抜ける巨木は高さ60mにも達することがあります。いくつかの異なる樹層は、森の上にまた森が重なっているような印象を与えます。

落葉樹林の年間降水量は1,500mmで、実質的に乾季といえるものが4ヵ月から6ヵ月あります。そのため森林はしばらくの間葉を落とすことになります。

乾燥疎林、つまり樹木がまばらに生えているサバンナでは、年間降水量が1,500mm以下で、長期間にわたる干ばつに見舞われることがあります。

乾燥疎林

熱帯湿潤林（常緑樹林および季節林）

生活必需品
- 薪と木炭
- 飼料、農業での利用
- 建材
- 製材
- 織物の原料と染料
- 果物と木の実
- 薬草
- 養蚕と養蜂

産業利用
- 板材
- 合板と化粧板
- パルプ材
- 木炭
- 工業用薬品類

遺伝子の宝庫
- 農作物の品種
- 薬
- ゴム、樹脂、油

生態学的利用
- 河川流域の保護
- 洪水、地滑りの防止
- 土壌浸食の防止
- 気候の調整

人類が熱帯林から受ける恩恵

人類は熱帯林から多くの恩恵に浴しています。熱帯林はその保水効果によって、言ってみればスポンジのような役割を果たし、雨水をいったん吸収した後、一定量をゆっくり川に流し込みます。また、熱帯林は貴重な表土層を保護しています。そして、なによりも熱帯林は、地域的なレベルであれ地球全体のレベルであれ、気候を調整しているのです。

右の樹状図には、すでに現在人々の生活に一定の貢献をしている熱帯林から得られる品物と恩恵のいくつかをまとめてあります。もし20年後にこの図が書き直されるとしたら、どれだけの新しい枠が加わっているでしょう？

伐採されていない森林 | 森林が伐採され焼き払われる | 畑としての利用（2～3年） | 2年後、先駆植物が定着 | 15年後、小規模な一次群落の登場 | 60年後、一次群落が卓越する | 100年後、もとの森林の状態に戻る

農業の成長

世界で、最初に農業が大きく発展したのは、ナイル川、チグリス・ユーフラテス川、揚子江(長江)、ガンジス(ガンガー)川・ブラフマプトラ川流域など河川流域で、約1万年前のことでした(P.162〜163)。これらの河川流域は、1年中温暖で川の水に恵まれており、人々はその肥沃な氾濫原を耕地として利用することによって、火の使用、文字の発明と並んで人類の一大進歩である農耕を始めることができたのです。それは基本的な人類の生存という点からみれば、むしろより重要な意味を持つでしょう。

こうして人類が最初に農耕を営むようになってから、陸地の相当な面積で耕地化が進み、現在の耕地面積は合計で1,500万km²に達しています(米国の面積が10億haを少し下回るくらいです)。これまで世界中でいちばん生産力の高い地域は、大抵、その温和な気候ゆえにそう呼ばれている温帯地域でした。1年中暖かい熱帯は作物の生育に適していますが、同時に雑草も成育しやすく、害虫や病気も発生しやすい場所です。また、熱帯には、温帯において強力な除草剤や殺虫剤としての役目を果たしてくれる、いわゆる冬というものがありません。さらに、温帯地域ではもともと土壌が肥沃であることが多いのに対し、熱帯地域の土壌は何千年もの間、熱帯性の豪雨で貴重なミネラル分が洗い流され、栄養分が失われている場合が多いのです。東アングリア(英国)やアイオワ州のわずか1haの肥沃な土地は、1年間にボリビアやザンビアのやせた土壌の10ha分の収穫をあげることができます。

また同時に、温帯の農民は経済的にも富裕な地域の一員であり、化学肥料を存分に投入したり、資本集約的な機械類やその他の投資を行ったりすることによって、土地の生産性を維持することができます。つまり、いまや温帯の農民は、第三世界では普通できないような「産業化された農業」を行うことができるのです。

ところで、20世紀の半ばころまでは地球全体の作物の収穫量は消費量とほぼつりあいがとれていました。しかし、その後人類の数とその欲望が増大し、私たちは食糧必要量の大部分を満たしてくれるような、一握りの高収量品種について真剣に考えざるをえなくなってきました。4大作物——小麦、米、トウモロコシ、ジャガイモ——は現在、その他の作物の生産量をすべて合わせたよりも多くの収穫量をあげています。

これらを育てる耕地も新しく開かれてきました。1950年から80年の間に穀物の耕地はこれまでの25%も拡大しましたが、1981年以降、世界の耕地面積は減少の一途をたどっています。新しく耕地化しても、おもに土壌浸食のせいで失われる土地も多いため、近い将来における有益な耕地増加の見込みは薄くなっています。20世紀最後の20年間で全地球の耕地面積を1/7増やす、という国連食料農業機関(FAO)の希望的観測については、何をかいわんやです。したがって、食糧生産高の増加は、土壌を保護し、灌漑の改善、などの努力を続けることによってしか得られません。また、半世紀前から食糧生産高に貢献してきたと同時に、非常に大きな代償を払うことにもなった、収穫量の多い穀物の品種や肥料の使用についても考え直しつつ、生産性の落ちた土地を回復させる必要があります。

世界の作物と耕地

生産力の高い地域

人間が手を加えれば耕地化が可能な地域

世界の各地の食糧生産が、地図に記号で示されています。それぞれが下にある作物に対応し、記号1個で1,000万トン分の年間生産量(2001年)を表しています。地図上の2つの色分けは、生産力の高い地域の分布を示しています。

南の国々には耕地化が可能な土地がたくさんありますが、現実には北半球とアジアに食糧生産が集中しています。南アメリカ、アフリカ、オセアニアでは、おもな作物の生産地が比較的まばらに分布しています。アジアは3大作物(小麦、米、サツマイモ)のおもな生産地で、あとの2つは世界の90%を生産しています。ヨーロッパはジャガイモ、大麦、ライ麦の最大の生産者です(ジャガイモは世界の生産量の46%を占めています)。米国では世界のトウモロコシの2/5以上が栽培されています。アフリカの主要産物はキャッサバです。これには体内で利用できるたんぱく質が0.9%しか含まれていません(ちなみに、小麦やジャガイモには6%近く含まれています)。

小麦 — **水稲** — **トウモロコシ** — **ジャガイモ**

麦は全人類の1/3以上の人々の主食となっており、世界の食料生産のうえで最も重要な穀類です。おもに温帯と亜熱帯の一部で栽培されています。タンパク質含有量は8%から15%です。

米はアジアの主要な熱帯性の作物です。水稲は二期作、三期作が可能なので、密度の高い人口を養うことができます。栄養的にもすぐれた食物であり、タンパク質含有量は8%から9%です。

トウモロコシ:世界最大のトウモロコシ生産国である米国では、その収穫のほとんどが家畜の餌となります。これに対し、南アメリカやアフリカでは人間の食糧として非常に重要な穀類となっています。タンパク質含有

世界の作物と耕地　33

肥料投入量と収穫量
いくつかの国について、穀類の収穫量と肥料の投入量を比較しました。円グラフは、各大陸における耕作適地の面積(p.24)と、そのうち実際にはどれだけ耕地化されているかを表しています。

穀類収穫量（耕地1ha当りトン数）
肥料投入量（耕地1ha当り20kg）

英国　ロシア　東アジア（ウラル以東）　日本　中国　インド　ナイジェリア　北アフリカおよび近東　アフリカ（サハラ以南）　アジア太平洋

大麦　サツマイモ　キャッサバ　モロコシ類（およびキビ）　エンバクおよびライ麦　豆類（大豆）

量は平均10%です。
ジャガイモは、冷涼・湿潤な温帯地方でよく育ち、多くの先進国の主要な炭水化物資源です。
大麦は4番目に重要な穀類であり、おもに家畜の餌やビール、ウィスキー用の麦芽として使われます。アジアやエチオピアの一部では依然として重要な食用作物です。
サツマイモはふつう、湿潤な熱帯地域で栽培されます。一般に主食としてより副食として用いられ、その栄養価はデンプンにあります。
キャッサバは、乾燥に非常に強く、アフリカの重要な食用作物です。タンパク質含有量は少ないため、他の高タンパク食品で補わなければなりません。
モロコシ類（およびキビ）：この熱帯性穀類はアフリカ、アジアの乾燥地域の主食です。グルテンを含まないのでパンづくりには向きません。
エンバクおよびライ麦は、両者とも冷涼・湿潤な気候を好みます。エンバクはおもに家畜の飼料用に栽培され、ライ麦はおもにパン用の粉になります。
豆類（大豆）：貧しい地域では豆類は主要なタンパク源でしょう。タンパク質含有量は30%から50%です。

食料のための動物

人類は、植物の栽培を始めたのとほぼ同時期から、家畜を飼育しはじめました。最初の家畜はおそらく犬で、毎日餌を与えるかわりに狩猟犬として使っていたのでしょう。そして、人類は農耕の技術を習得していくにつれ、野生の草食動物を集めて、居住地の近くに囲っておくほうが都合がよいことに気づきはじめました。このような初期の段階から、農耕と牧畜は並行して進歩してきたのです。

今日、私たちは牛や羊、ヤギ、豚、水牛、ニワトリ、アヒル、ガチョウ、七面鳥などさまざまな家畜を飼っています。これらの動物は、肉やミルクや卵という形で良質なタンパク質を供給し、また皮革、羊毛やその他の原料も供給してくれています。同じく重要なのは、車などを引く力です。発展途上国の多くの人々はいまだに牛や水牛に頼っているのです。インドの国内だけでも水牛が1億頭近くもいます。東アフリカのマサイ族のような遊牧民の間では、家畜は生きた財産であり、社会的地位をも表しています。

しかし、私たちが肉や乳をたくさん欲しているにもかかわらず、家畜化された動物の種の数は、農作物化された植物の種の数よりずっと少ないのです。このページの地図に示された9種類の動物から、私たちはほとんどすべての動物性タンパク質を摂取しています。これらのタンパク質を生産するには、農耕地の面積（15億ha）よりはるかに多い30億ha（米国の面積の3.5倍に相当）以上の牧草地が必要になります。しかし、あらゆる家畜が常に牧草を食べているわけではありません。ラクダやとくにヤギなどは、灌木の葉を多く食べています。

2000年に、人類は2億3,000万tの肉、1人当りにすると約38kgの肉を消費しました。しかし、世界の人口のわずか1/3にあたる人々が肉食中心の食生活を送っているにすぎません――そしてその大部分を消費しているのは先進諸国なのです。世界で最も多くの肉を消費する国、米国では、年間1人あたり122kgもの肉を消費しています。他に、ドイツでは85kg、英国とブラジルで77kg、中国で50kgの消費となっています。インドにおいては、年間1人あたりわずか5kgで、これは平均的な米国人が2週間弱で消費するのと同じ量です。

発展途上国は世界の人口の81%と家畜の74%を所有していますが、これらの国の人々は生産される肉や乳のたった56%分しか口にしていないのです。このかたよった分布は、家畜が発展途上国の人々の食料供給の幅を広げるための有効な方法となりうるだけに、非常に残念なことです。家畜は、草や木の葉や、人間が消化できないような他の繊維質の植物を食べるだけではなく、ある種の家畜、とくにニワトリ、豚や魚類は、農家から出るごみや台所の残り物など、あらゆる形のものを平らげます。

一方、家畜は少なからぬ環境問題を引き起こします。新しい放牧地への需要増大が、森林や野生生物の生息地を呑み込んで行くのです。反芻動物は世界全体のメタン排出量の1/6を出しており、この比率は肉の需要の伸びとともに高まる見込みです。家畜の糞は、水源の汚染、有毒な藻類の異常発生や、広範囲にわたる魚の死と深く関わっています。

世界の牧畜と牧草地

牛 4,000万
家禽 3,000万
1,000万
1,000万
豚 4,000万
ラバ／ロバ 1,000万
1,000万
500万
羊 4,000万
ヤギ 4,000万
1,000万
1,000万
馬 1,000万
ラクダ 1,000万
500万
500万
水牛 4,000万

世界中には人間の数倍の数の家畜がいます（人口64億人に対して家畜230億頭）。地球上にいるニワトリの数は人間のほぼ3倍に相当します。1960年以降、人間の数は倍増しましたが、家畜はその数を3倍に増やしました。反芻動物と呼ばれる家畜は30億頭いますが、それらはおもに牛、羊、ヤギ、水牛です。また、ラクダやラマも含まれます。豚はほぼ10億頭います。世界中の豚の半数は中国におり、インドには世界の16%にあたる数の牛がいます。

1km²当たりの家畜数
- 1〜10頭
- 11〜25
- 26〜50
- 51〜100
- +100
- 草原

北アメリカ
中央アメリカ
南アメリカ

フタコブラクダ
ヒトコブラクダ
アングロヌビアヤギ
放し飼いのニワトリ
アイルズベリーダック
スウェイルデイルシープ

質の悪い植物を食べる家畜
やせ地の草や木の葉などを食べ、使い道のないエネルギーを効率的に転換します。

世界の牧畜と牧草地 35

ヨーロッパ

アジア

アフリカ

オセアニア

ブラーマン牛

アカシカ

アフリカバッファロー

大型のホワイトピッグ

フリージア牛

デボンロングウールシープ

ウェールズコブ

ヘレフォード牛

中品位の植物を食べる家畜
牧草で飼われていますが、
ワラや刈株なども食料にしています。

良質な穀物で飼育される家畜
豚、ニワトリ、牛などの集約的な飼育は、非常に効率の悪いタンパク質の生産方式です。1kgの牛肉を生産するのに、7kgの穀物を必要とするのです。

自分自身を養う能力

だれもがおなかいっぱいで眠りにつくことができるだけの食糧を、私たちが生産していることは間違いありません。しかし、世界中では何千万という人々が飢え、さらに途上国では8億の人々が栄養不足に苦しんでいます（p.46〜47）。問題は、この地球が天然資源の分配という点で「公平」とはいえないことにあります。ある地域は他の地域よりはるかに肥沃な土壌に恵まれています。また非常に自然災害を受けやすい地域もあれば、人間が管理しやすい地域もあります。それと同時に私たち自身が地球に対して公平でなかったことも認識する必要があります。あまりに多くの場合において、人間は地球を虐待してきました。土壌を酷使して疲労させ、森林をむやみに伐採し、家畜を過放牧し、自然の恵みを誤った方法で扱ってきました。私たちは農業に対してお粗末な意識しかもっていなかったので、飢えを訴える人々の数が莫大な数になって、はじめて資源

地球の食糧庫

野菜とウリ類
2,000万t　1,000万t

12億1,100万t（2000年）
（81億3,000万t 1990年）

魚
1,000万t　200万t

1億2,400万t（2000年）
（9,800万t 1990年）

豆類
1,000万t　200万t

5,400万t（2000年）
（5,800万t 1990年）

肉
1,000万t　200万t

2億3,300万t（2000年）
（1億7,900万t 1990年）

穀類（食用）　穀類（飼料用）
2,000万t　200万t

18億6,200万t・6億6,100万t（2000年）
（17億7,900万t・6億4,200万t 1990年）

根菜類
1,000万t　200万t

7億200万t（2000年）
（5億7,300万t 1990年）

この食料庫は、2000年における6地域の食物の年間生産量を示しています。左の広い棚は世界の全生産量（1990年と比較）で、小さい棚はそれぞれの食物群に対する地域別の生産量を表しています。下の人間像は、全世界および各地域の人口を示しています。青で描かれているのは2000年における実際の人口、赤は1人当り1日2,740kcalを摂取したとして、各地域が維持可能な人口規模です。これは地域内での穀物と根菜の生産量を基準に出したものです（すべての穀物を、飼料用や加工用ではなく人間が食べると仮定しています）。世界の穀類の棚から家畜の棚へと向かっている茶色の矢印は、現在どれだけの穀類が家畜の餌として使われているかを表わしています。世界の穀物の生産量を示した棚にある色の濃い穀物袋は、家畜を育てるために必要な穀物の量を表します。

2000年の人口に占める栄養不足人口の割合
世界全体 14%

世界全体でみると、私たちは2000年に64億の人口を支えるだけの主食をもっていたことがわかります（2004年も同様）。アフリカとヨーロッパにはいずれも人口8億人ですが、適切に養えるのはアフリカでは人口の60%以下、ヨーロッパでは180%という差があります。

世界全体 64億3,400万人
（2000年の人口は60億5,700万人）

北アメリカ、日本、オセアニア

もし穀類と根菜が、動物の飼料でなく人間の食料に使われれば、（日本を除いた）この地域では、現在の3倍の人口を養うことができます。

0.2%
4億7,200万人　13億9,600万人

北アメリカ、日本、オセアニア

の基盤自身が危機的な荒廃に陥っていることに気づいたのです。しかし、私たちは確かに、すべての人々を地球の食卓の正当な席につかせることができるだけの、技術と経済的能力をもっています。欠けているのは、これを現実のものにしようとする実行力なのです。

しかし、これはただ単にもっと多くの土地を耕したり、もっと行き届いた農業技術を使っていけばよいということではありません。基本にある問題は、技術的・科学的なものではなく、むしろ政治的・経済的なものなのです。一般に貧しい人々が空腹を抱えているのは、彼らが十分な食物を育てたり買ったりする経済的な手だてをもっていないからです。先進国からの救援物資（とくに家畜の飼料用ではなく人間の食料としての穀物）は当座の飢えをいやすことの足しにはなるかもしれませんが、それは問題解決ではなく、対症療法にすぎません。貧しい人々も自分自身を養えるようになることが必要なのです。そして、それを実現するためには、彼らの生活様式全般にわたる水準の向上が不可欠なのです。

ラテンアメリカ
耕地の大半は十分に活用されていません。穀類の生産高の半分が家畜の飼料になりますが、5,000万人近くが栄養不足に陥っています。

4億8,100万人　4億4,600万人
10%

ヨーロッパ
あと約3億の人口を養うのに十分な食料がありますが、東欧（移行国）には今なお3,000万人の栄養不足の人々がいます。

7億9,400万人　14億3,600万人
ヨーロッパ（東欧）2%

アフリカ
世界の13%の人口が、6%の主食の生産によって生き延びようとしています。2億人が栄養不足です。

7億9,400万人　4億7,400万人
25%

アジア
高い食糧生産の割合にもかかわらず、この地域の人口の多さはまさに土地の限界を超えています。5億4,000万人が栄養不足です。

34億7,900万人　26億7,900万人
16%

大地の危機

人口は増加し、豊かさへの期待が高まって、天然資源からさらに多くのものを求めるようになっています。しかし、私たちは恐るべき速度で森林を傷つけ、草地を家畜に食べ尽くさせ、都市開発で土地を失い、そして表土を浸食によって失い続けています。あまり知られてはいませんが、土壌の消失ほど重要な資源問題はほかにないでしょう。毎年、何億tもの土が雨で流されたり、風に運び去られたりしています。

人間の活動は、自然な浸食速度を何倍にも進めています。適当な段々を作ることなく急な傾斜地を耕し、未熟な技術で平地耕作を行い、家畜に草地を食べ尽くさせる、というのはほんの一例にすぎません。豊穣な構成をもつ土壌がチリと化すまで酷使するうえ、さらに悪いことに、森林であれ、保護林や垣根であれ、樹木の覆いを消滅させてしまうため、農地から洗い流され、吹きとばされた土壌は、最終的に川や湖や海へたどりつきます。そして、深い水の底へ沈み、けっして戻ることはありません。この過程は私たちの文明の決定的な基礎を浸食しています。

土壌を元の場所に戻す方法はまだ知られていません。もし自然の経過に任せるならば、何千年とはいわないまでも、何百年かは待たなければならないでしょう。土壌を失うということは、まさに私たちが生きていくための手段そのものが脅かされていることと同じなのです。しかし、土壌の消失が目に見えないところで、「音も立てず」に進行しているために、その深刻さに十分な注意を払っている指導者はほとんどおらず、この問題に関する世論も盛り上がりません。米国は「先進」国とされていますが、土地の回復を進める速度より、土壌が耕地から失われていく速度のほうが何倍も速いのです。同様の悲しい現実は世界中に見られますが、とりわけ強い雷雨に見舞われる熱帯湿潤林は悲惨です。激しい降雨が斜面から表土をはぎ取り、大きな雨裂を刻む一方、暴風が作物の植えられた半乾燥地を破壊しているのです。

全耕地の半分が、許容限度を超える土壌浸食に悩まされています。耕地面積は減少しつつあり、切り開いた新しい耕地によるせっかくの増加分も、土壌浸食による減少分で帳消しになってしまいます。人口が増加し続けるにつれ、世界的にみた1人当たりの穀物生産地が減っています。1980年には0.16haでしたが、1999年には0.11haになり、このペースはこれからも続きそうです。

今日、すでに4億人の人々が、菜食で生きていくのに最低必要とされる1人当たりの耕地面積0.7haを下回る土地で暮らしていますが、そこでは化学肥料や農薬の助けもなく、表土は失われ、土地はやせ衰えていくのです。この数字は、低めに見積もっても2025年には6億に達する恐れがあります。土壌の消失に拍車をかけているのは主に、人口増加とその食欲を満たす必要性という2つの圧力です。全世界の農民が土地を酷使しています。今後50年間で、

消失していく土壌

米国における浸食

近年、米国の耕地の1/3において、表土形成を上回るスピードで土壌浸食が進行しています(地図参照)。グレートプレーンズの4,000万haの耕地がひどい被害を受けた、1930年代の悲惨な干ばつと土砂嵐の記憶はまだ薄れていないはずですが、米国ではその後も表土を犠牲にした生産過剰農業が促進されました。しかし、表土流出の影響と農業補助金計画に対する怒りが、世間の強い関心を呼んだため、1986年に米国議会は、最も浸食の被害を受けやすい耕地の土壌を守った農家に奨励金を与えるという資源保全事業に着手しました。年間1haにつき約120ドルの支払いを受ける代わりに、農家はそこを10年間、耕地を草地か森にして表土の回復を待つのです。この計画の最初の段階が終わるころ、つまり1990年には、約1,400万haの土地が事業に参加していました。しかしこの数字は、土壌浸食を受けやすく保護が必要な土地全体のわずか1/4にすぎません。この計画は、「保護耕作」の広がりと相まって、浸食の速度を遅らせていますが、表土は今も年間20億tも減り続けています。これによって米国が被る損害は、440億ドルと推定されています。下の地図は、米国における浸食の累積的な影響を示しています。

重度:表土の消失が75%以上
中度:表土の消失が25～75%

世界の土壌消失

人類は3,500万km²の土地を激しく劣化させました。これは米国の国土の4倍に匹敵する広さです。その1/3以上が、農業活動によるものです(下の表)。毎年約10万km²の耕地が、浸食、浸水、塩害によって失われています。さらに20万km²が深刻な劣化を被っています。

人間が招いた土地の劣化

	土地全体 (千km²)	重度/ 最重度の 土地劣化 (千km²)	農業による重度/ 最重度の 土地劣化 (千km²)
アフリカ(サハラ以南)	23,772	5,931	1,996
北アフリカおよび近東	12,379	4,260	759
東アジア(ウラル以東)	21,033	4,421	1,180
アジア太平洋	28,989	8,407	3,506
中南米	20,498	5,552	1,795
北米	19,237	3,158	2,427
ヨーロッパ	6,843	3,274	727
世界全体	134,907	35,003	12,390

消失していく土壌　39

土地劣化の原因

- 工業および都市化 1%
- 森林伐採／燃料消費 37%
- 誤った農業管理 27%
- 過放牧 35%

- 物理的劣化 4%
- 化学的劣化 12%
- 水食 56%
- 風食 28%

土地劣化のタイプ

土地劣化の主なタイプには水食と風食があり、この2つで世界全体の土地劣化面積2,000万k㎡の4/5を占める。

土地劣化の原因

過放牧と誤った農業管理は、世界全体で1,200万k㎡の土地を劣化させています。これまでに世界の放牧地の1/5が破壊されており、とくにアフリカとアジアでは事態が深刻です。広大な範囲の森林が、木材、燃料、農耕、その他の人間の目的のために、伐採されています。

土壌浸食の速度

多くの地域で、平均的な土壌浸食の速度は、1ha当たり年間1tという表土形成の速度を大幅に上回っています。土壌はアフリカ、ヨーロッパ、オーストラリアで年間1ha当たり5〜10t、北米、中南米で10〜20t、アジアで30t失われています。世界の年間750億tの土壌浸食のうち、およそ2/3は農耕地から失われます。この膨大な土壌消失は、栄養素と水の消失のほか、直接間接の影響を与え、世界に推定4,000億ドルの損失をもたらしています。

年間土壌損失：750億t
世界全体で4,000億ドルの損害

土壌の年譜

土壌のタイプにもよりますが、2.5cmの表土の形成にはおよそ100〜2500年もかかります。この過程の逆は実に速く、2.5cmの表土はたった10年ほどで破壊されてしまうのです。

表土　5mm

年数　10　20　30　40　50　60　70　80　90　100

浸食による消失

ベンガル湾の新しい島

森林を伐採されたネパールの山腹から、毎年約25万tの表土が洗い流されていきます。さらに大量の表土が、ガンジス川（ガンガー川）流域のインド部分のヒマラヤ山麓からも流れ出ています。その結果、1970年代初め、ベンガル湾に2,500㎡ほどの島が出現したのです。1990年代末にはこれが1万㎡に広がっており、あと10年か20年もすれば25〜30k㎡に達する可能性があります。これに対して、インドはニュー・ムーア島として、またバングラデシュはサウス・タルパティ島として権利を主張しています。この現象に最も大きく寄与しているネパールの利害は考慮されていません。

石油資源は枯渇し、食糧を生産する耕地の大半が失われるでしょう。石油の代替品は見つけられても、表土の代わりを見つけた人はまだ誰もいません。

熱帯林の衰退

毎年、17〜18万km²の熱帯林と熱帯疎林(ほぼワシントン州と同面積)が消滅しています。また、毎年、何千km²もの森林が荒廃状態になっています(荒廃した森林とは、全体的にひどく破壊され、本来の森林とは似ても似つかぬものをさします)。

熱帯雨林の破壊は非常に波及力が強く、またたいへん急速に進行しているので、このすばらしい自然の原型を完全な形で残す場所は、おそらく西アマゾン、ガイアナの奥地、コンゴ盆地、パプアニューギニアの一部分、そして公園や保護区の形で残されたいくつかの孤立した地域を除いて、25年以内には消失してしまうでしょう。

問題の一部は、地球上のいたるところでさらに多くの人がいまより多くの木材を求めており、伐採業者が比較的開発が進んでいない熱帯林を、木材資源としてますます当てにしていることにあります。熱帯林の伐採によって、少なくとも年間約3万5,000km²もの森林が荒廃しています。商業目的であれば選択的な伐採が原則ですが、現実には残された木まで傷つけられるため、回復不可能なほどに破壊されてしまうのです。

何十年後かに、大量に伐採された地域の森林の生態系が回復することも稀にはあります。しかし普通は、その機会は訪れません。伐採業者による最大のダメージは、知らず知らすのうちになされたものなのです。彼らは、木材運搬のための軌道を網の目のように敷きつめました。その結果、土地に飢えた農民が、それまで彼らに扉を閉ざしていた奥地まで入り込むのを容易にしてしまいました。伝統的な焼畑農業は、以前は(低い人口密度という

燃料用木材の消費 2億m³

産業用木材の消費 2億m³

縮小し続ける森林

農地の需要は、それが計画的なものであろうがなかろうが、熱帯の森林破壊のおもな原因になっています。無計画な農業、すなわち焼畑農業従事者たちの自然的な入植の過程は、計画的農業(商品作物栽培や牧畜、あるいは小農民組織による耕作など)よりも、その正確な面積がつかみにくくなっています。いちばん下のグラフは、熱帯地方における農地の需要の増加を表しています。

中央のグラフは、熱帯湿潤林が消失していく速度を示しています。1950年から75年の間に、少なくとも120万km²の湿潤林が破壊されました。そして、1980年代、90年代には、さらに150万km²以上が消失したのです。

木材消費:産業用対燃料用

1955年には、産業用木材の消費が燃料用の消費を上回っていましたが、第三世界の増え続ける人口が生みだした需要を反映して、1975年までにはこの関係が逆転しています。事実、1975年には燃料用木材の大幅な不足が起こったのです。この供給不足は深刻な影響を及ぼしました。第三世界の人々は、家畜のふんや、わらなど農作物の残りくずの部分を、肥料として使うかわりに燃料として使用しました。その結果、地力が落ち、穀物の生産が落ちているのです。アフリカやアジアでは、少なくとも毎年4億トンの動物のふんを燃料にしています。もしこの自然な肥料が耕作地に使用されれば、穀物生産量をあと2,000万t増やせるでしょう。これは5億人の栄養失調の人々の食糧をまかなってくれます。2000年から2015年の間に、燃料用木材の需要は、約1/3増加するものと予測されます(p.122〜23)。

消えゆく緑の覆い

8,000年前には、陸地のおよそ半分が森林に覆われていました。2000年までに熱帯林による被覆は相当減少し、2015年までにさらに大幅に減少する見込みです。この激減は、(植林のおかげで)常に一定の値を保っている温帯林と対照的です。

8,000年前
温帯/亜寒帯林 21%
熱帯林 27%

2000年
14%
11%
25%

2015年
13%
8%
21%

条件下で)森林の持続的な利用法でしたが、今では森林の脅威として群を抜くものとなっています。森林破壊や森が荒廃してしまった原因の半分以上が、こうした2億人から5億人といわれる農民たちにあるのです。これらの人々は、不平等な土地の分配や農村開発の不備などの理由で、もといた農場からはじき出されてしまいました。このような農業形態のほかに、生きるすべを持っていないのです。

同様なことが、燃料として木材を利用する人々にもあてはまります。彼らは、「木の農園」か村の林かによって需要が満たされなければ、現在の過剰な伐採を続ける以外仕方がないのです。薪を得るための伐採は、少なくとも8,000km²の熱帯雨林を毎年枯渇させ、さらに少なくともその2倍の面積の森林や灌木の茂みを荒廃させています。

そこまで困窮してはいないのが牧畜業者です。彼らは中央アメリカやアマゾン地域の少なくとも8,000km²の森林を毎年切り開き、おもに利益の多い先進諸国向け輸出用肉牛を育てています。もし牧畜業者がもっと効率的に牧場経営を行えば、いまと同じ土地から2倍の生産量をあげることができるはずです。しかし、政府が、集約的牧畜より粗放的牧畜を奨励してきたのです。牧場の土壌がその残りの栄養分を数年のうちに失い、雑草がその土地を覆うと、牧場主は別の区画に移り、同じことを繰り返すだけです。幸いなことに、ブラジル政府はアマゾン地域の牧畜業者を太らせてきた補助金制度を廃止しました。

それぞれの意味で、私たちはみな熱帯林の荒廃に手を貸しています。特殊な堅木を非現実的な安値で欲しがり、また以前は森林だった牧場で生産される安い牛肉を要求しているのです。つまり、だれもが、自分の手がなんらかの間接的な形で、熱帯雨林で働いているチェーンソーやなたの上に置かれていないとは言いきれないのです。それのみならず、もし熱帯雨林がこのまま消滅しつづけるなら、私たち人類すべてがその痛手を被ることになるでしょう。

消費者の要求にあえぐアマゾン

BSEや口蹄病の発生で、ブラジル産牛肉に対するヨーロッパの需要が高まったこと、加えて、大豆生産が伸びたことが、間接的にせよ、おそらく大きな要因となって、2002年と2003年にさらに大規模な森林破壊が進み、アマゾンで5万km²(ベルギーの面積の2倍)の森林が姿を消しました。アマゾン地域のウシの数は1990年から2002年の間に2倍の5,700万頭に増え、同時期にヨーロッパが輸入した加工肉のうち、ブラジル産の占める割合は40%から74%に増えました。同様に、大豆の生産も急速に伸びています。マト・グロッソ州の大豆作付け面積は、米国の主要な大豆生産地であるイリノイ州やアイオア州を上回るほどです。

森林破壊の被害

森林開発の影響

「人類はすでに月にまで到達しています。しかし、私たちは花の咲き誇る木や鳥の歌をどのようにしてつくり出すかは知りません。未来において私たちが美しい木々や鳥たちを渇望するようなことがないよう、取返しのつかない過ちから、この愛する母国を守ろうではないですか。」
国土の森林の90％を失った国、
コートジボアールの大統領ウフェ・ボアニー

河川流域で森林による被覆が失われると、その影響は非常に広範囲に及びます。森林のスポンジ効果が失われるため、雨水の流れが不規則になります。とくにこの被害を受けやすいのは、南アジアの大河流域に住む農民です。ガンジス、ブラフマプトラ、イラワジ、サルウィン、メコンなどの河川は、もはや定まった量の灌漑用水を供給することがありません。そのため緑の革命（P.62〜63）は、期待されていたほどの効果をあげることができませんでした。

都市住民にもその被害は及びます。マニラ市やパナマ市の後背地では、森林の破壊が保水機能に大きな損害を与えたために、都市の水の供給が危うくなり、水の汚染や伝染病の発生の危険が生じました。エクアドルやケニア、タイでは、山地の森林消失によってひき起こされた「電力削減」を経験している都市があります。これは山から洗い流された土砂が、水力発電用のダムを埋めてしまったため起こりました。

熱帯林の消失は、世界の気候にも深刻な影響を与えかねません。アマゾン地方では、生態系を通じて循環する水分量の半分以上が森林に保持されています。降水は大気中に「吐き出される」前に、植物にいったん吸収されます。もし森林の多くが消失してしまえば、残りの部分をいかに厳重に保護しても、それほど多くの水分を保持することはできなくなり、その影響はさらに広がって、南ブラジルの耕作地域の気候まで乾燥させてしまうでしょう。

さらに重要なことには、熱帯林は多くの太陽光線を吸収することによって、世界の気候の安定に役立っています。森林はまさに日光を「吸い取っている」のです。森林がなくなると、地球表面の光度が増し、太陽エネルギーをより多く宇宙空間に反射するようになります（アルベド効果）。反射率の上昇は、熱帯から遠く離れた場所の大気の対流や風の流れ、降雨にまで影響を与えるのです。

熱帯林は地球の酸素のバランスにはあまり重要な作用をしていませんが、二酸化炭素の収支には大きな役割を演じています。森林が燃えると、大気中に大量の二酸化炭素が放出されます。大気中の二酸化炭素の増加は「温室効果」をひき起こす引き金となり、それはいくつかの国、とくに米国に、より乾燥した気候をもたらします）。もしこれによって北アメリカ大陸の大穀倉地帯がゆるぎはじめたら、北アメリカ住民のみならず、そこから穀物を輸入している数十の国々の食糧不足はいったいどうなるのでしょうか。

砂漠の拡大

世界中のいくつかの乾燥地域において、砂漠は警戒すべき速度で広がっています。その過程が自然のものであるごく小数の地域では、それは「砂漠拡張（desertization）」

森林の覆いが完全な形である限り、川には澄んだ水が1年中規則的に流れます。森林がなくなると、下流では洪水とそれに続く干ばつに悩まされるようになります。洗い流された土砂は、川床を埋めるだけでなく、水力発電用のダムや沿岸の養魚場をも窒息させてしまいます。

ガンジス平野での洪水は、バングラデシュの場合と同様、森林破壊の影響を鮮明にみせてくれます。ヒマラヤ山麓の森林が農業のために伐り払われるにしたがって、流域で生活する5億もの人々が洪水の危険にさらされていくのです。同様のことが中国の揚子江にも当てはまります。1998年に揚子江で大氾濫を起こし、流域5万km²の農作物、3,600頭の家畜、2億4,000万人の人々の生活を直撃し、360億ドルの経済的損害をもたらしました。中国政府はいまや、保水と治水の効果から、立ち木は切り倒された木材の3倍の価値をもつと見ています。

森林の覆いが伐り払われ、
表土が流出する
氾濫原
堆積した川

追い立てられる森の居住者

　熱帯の森林では、数百万の人々が現在も伝統的な生活様式を守って暮らしています。彼らは一般に、外の世界からは無視されており、彼らがブルドーザーに弓矢を放ったときに初めて、私たちがその存在を知る場合も多くあります。フィリピンの森林で外側から15kmの道が切り開かれ、タサダイ族が発見されたのは、1970年代初めのごく最近のことでした。彼らは熱帯雨林の中で孤立し、新石器時代同様の生活を送っていた種族です。

　このようなグループは、急速にその存在を脅かされています。ブラジルのアマゾン地方では、近年まで230の部族、1,200万の人々がいたと推定されていますが、現在ではその半数の部族と全体で5万足らずの人々が生活するにすぎなくなってしまいました。たとえば、カヤポ族は、不法入植者たちによって何千という仲間を殺され、強制的に彼らの土地から移動させられてきました。上の写真は、みずから見捨てることを拒否している焼き払われた森の中を、黙々と歩いているインディオのメグクロノティス族（カヤポ族）です。

燃料を探し求めて

　多くの農村住民たちは、いま、夕飯の鍋を満たすこと同様、それを煮炊きするための燃料探しに苦労しています。地面に落ちている木が乏しくなると、彼らは枝を折り、木を倒し、切株さえ根こそぎにするのです。すべてを取り去ることによって地中の栄養分は奪われ、灌木が払われることで土壌浸食が加速されて、不毛の景観があとに残されることになります。途上国に住む20億人以上の人々が、木材、木炭、家畜のふんに燃料を頼っています。

と呼ばれていますが、砂漠が人間の手によって広げられている地域では、私たちはそれを「砂漠化（desertification）」と呼んでいます。「砂漠化」——これは醜い過程を指す醜い言葉です。実際には、砂漠が拡大している、あるいは前進しているというのは正確ではありません。むしろ、一片の新たな砂漠が、もともとの砂漠に「縫いつけられる」とでもいうほうがふさわしいでしょう。真の砂漠地帯の辺縁よりはるかに離れた場所でも、砂漠のような状態にまで土地が悪化しているのです。

　地球の全陸地表面の1/3は、乾燥あるいは半乾燥地帯ですが、最も深刻な影響を受けているのは、その土壌に生活のすべてを頼る貧しい人々です。2億5,000万人以上が砂漠化の影響を直接的に被り、110ヵ国10億人に脅威が迫っています。後のほうの数字は2025年までに、ほぼ倍増する恐れがあります。砂漠化、土地の劣化、生産減少に伴って、年間約420億ドル（1990年のドル価で）の収入と15万km²の生産的な土地が失われます。繰り返しますが、砂漠化は人間の不適切な土地利用や土地の酷使、主に家畜の過放牧と燃料のための森林伐採によって引き起こされているのです。

　20年間にわたって砂漠の拡張を食い止め、劣悪化した土地の回復を図るために必要な費用は、わずか100〜120億ドルという見積もりがあります。それではなぜ先進国の政府も発展途上国の政府も、経済的な常識にかなうこの問題に、必要な額を投資しないのでしょうか。最大の理由は、その影響を受けている人々の社会的地位が低いことにあります。彼らは2つの意味で「辺境」の人々です。つまり、地理的に辺境の地に住み、そしてその国の政治経済構造の辺境にいるのです。国の指導者たちは、これらの農民たちの要求を無視したところで、政治体制にはなんら脅威とならないことを知っているのです。

　政府が比較的多額の金を乾燥地帯に注ぎ込むのは、まったく違った次元での問題が起こったときです。たとえば1970年代にエチオピアとソマリアの間で起こった戦争ではこの地域がペルシア湾からのタンカーの航路にあまりにも近かったため、大国が軍事費の形で巨額の資金を投入したのです。これらの投資額は、両国の悪化した土地を回復させるためだけでなく、サハラ辺境地帯の多くの土地の砂漠化を食い止めるためにも十分なものでした。

私たちの中の飢えた世界

　世界には2種類の栄養不良があります。発展途上国の何千万という人々が、毎年文字どおり死ぬほど飢えている一方で、先進国では過食による病気が発生しています。平均的な発展途上国の国民は、平均的な先進国の国民の約4/5のカロリー、2/3のタンパク質、そして動物性タンパク質はわずか1/3しか摂取していません。もし家畜に与えられている穀物も計算に入れるならば、先進国の国民の多くは発展途上国の国民の数倍もの食物を食べていることになるのです。何よりもばかげているのは、地球上で8億4,000万人が栄養不良に苦しむ一方で、12億人が過食にふけっているという最近のニュースです。これはもはや、ウエストラインのスキャンダルです。金持ちの間ではウエストがふくらむ一方で、貧しい人たちのウエストはどんどん細くなっているのです。ヨーロッパや北アメリ

広がりゆく砂漠化

砂漠化の危険性
- すでにある乾燥地域
- 中程度
- 高い
- 非常に高い

北および中央アメリカ
牧畜は乾燥地域の土地に重い負担を課しています。

　世界には赤道の両側の2つの地帯に5つの大きな砂漠（過度に乾燥した地域）があります。砂漠化はこれらの自然の砂漠ではなく、乾燥地域や半乾燥地域で起こっています。

　砂漠化には、4つのおもな原因があり、それぞれ人口の過剰によってさらに深刻化します。4つの原因とは、過度の耕作、森林破壊、過放牧、不適切な灌漑です。耕作限界地の樹木を伐り払い、土地を耕します。木や潅木は燃料用に切られ、家畜が過放牧されて、植物を食べ尽くしてしまいます。そして不適当な灌漑が、塩とアルカリで土壌を不毛にするのです。

南アメリカ
原始的な農業に頼る人々の人口増が、生産限界地の土地を悪化させています。アタカマ砂漠の一部では雨を記録したことがありません。

全（不凍）陸地面積135億ha

砂漠化の危険性
- 中程度
- 高い
- 非常に高い
- 過度に乾燥した地域（砂漠）

外側へ広がる砂漠化
地球上の氷に覆われていない土地（外側の円で示してあります）のうち、1/3以上はすでに砂漠化しているか、あるいはすぐにもその影響を受けそうな地域です。内側の円が完全な砂漠（過度に乾燥した地域）です。これから外へ向かうごとに各円は、砂漠化の危険がそれぞれ、非常に高い、高い、中程度の地域を表します。

アジア
全面積の少なくとも40％は砂漠化の危険性が高く、約1/3は中程度です。これらのほとんどは旧ソ連領域内にありますが、かつて先進国とされたこの国は砂漠化の進行を食い止める努力をほとんどしてきませんでした。

アフリカ
危険なのはサヘル地方だけではありません。他の数ヵ所の地域が不適切な農法によって、危険に瀕しています。

オーストラリア
危険度の非常に高い地域はほとんどありませんが、実質的にはほとんど全土が、不適当な牧畜方法によって脅かされています。

サヘル地方の大災害

砂漠化が世界の注目を集めるきっかけとなったのは、1970年代初めに起こったサヘル地方の災害でした。この大惨事の表面上の原因は、サヘルの半乾燥地域の住民を突然襲った干ばつでした。しかし、本当の問題はさらに過去にあったのです。それまでの20年間、この地域は平年より多くの降水によって潤っていましたが、その結果、はるか南方で行われていた商品作物の耕作が、土着の人々を巻き込みながら広がりはじめ、牧畜民や農民たちの群れが、サハラ砂漠の縁辺部を目ざして北進してきました。何世紀にもわたって掘り返されたことのなかった土地が耕され、家畜はより狭い放牧場に押し込められました（右の写真はニジェールの過放牧の結果です）。悲しいことに、これらの移住者たちは、彼らの部族の言い伝えによって、このような多雨季ははかないものでついには干ばつが起こる、しかもそれはこれまでにないほど厳しいものになることを知っていたのです──結局、70年代に少なくとも10万人の人間と350万頭の家畜が死に、1980年代前半から半ばにかけて大災害がこの地域を襲いました。

この危機は、サヘル地方ではいまも続いています。人間の活動が、疲弊し急速に悪化している土地の生産性をさらに低下させ続けているのです。

カでは飼いネコでさえも、発展途上国のほとんどの人よりたくさんの肉を毎日食べています。

世界中の飢えた人々の大半が発展途上国に住んでいます。途上国では、2000年の初頭に8億、すなわち人口の1/6の飢えた人々がおり、日常の活動に十分な食事をしていませんでした。この数字は、1980年から90年の間に1億人減ったものの、次の10年間ではわずか2,000万人減っただけでした。サハラ以南のアフリカでは1980年の1億2,500万人から1990年の1億6,600万人、2000年の2億人と大幅に増加しています。今日、アジアも、5億4,000万人の栄養不良の人口を抱え、目だっています。この中には、中国の1億2,000万人、インドの2億3,000万人が含まれていますが、いずれの国も一方で「新しい消費者」階層（P.234～35）が登場し、その肉食への嗜好から、より多くの穀物が飢えた人々の口に入らず家畜の飼料になることが予測されます。2003年に、1億500万tという世界的な穀物不足が生じました。記録された中で最大のもので、19億3,000万tの世界消費に少なからぬ衝撃を与えました。一番の問題は、世界人口に新たに加わった8億の人々への食糧供給です。2003年の初めの全世界の穀物備蓄は、わずか59日分でした。食糧の安全保障上は、最低でも70日分必要とされています。

「もし私たちが、1982年に飢えのために死亡した一人ひとりに対して1分間の黙祷をささげるとしたら、21世紀の到来を祝うことができないでしょう。なぜなら、そのときまだ黙祷していなければならないから。」
フィデル・カストロ
1983年3月

飢餓と飽食のアンバランス

3,400kcal/人/日

3,300
3,200
3,100
3,000
2,900
2,800　世界の平均摂取量
2,700　発展途上国の平均摂取量
2,600
2,500
2,400
2,300　健康な生活のための平均必要摂取量
2,200
2,100　最低限必要な基本的栄養
2,000
1,900
1,800
1,700
1,600
1,500　これ以下では栄養失調が予想される最低摂取量

先進国の平均摂取量

増えつづける飢餓
1日最低2,100kcalで基本的な栄養は満たしますが、活動の強度によって必要量は変わります。重労働につく農夫なら1日3,500kcalが必要です。逆に、小柄な女性ならもっと少なくていいでしょう。ただし、妊娠中の女性は300kcal、授乳中なら500kcal増やす必要があります。子どもなら1,000kcalで事足りるでしょう。しかし、成人なら1日1,500kcal以下のエネルギー摂取では、重い栄養失調か飢餓に陥る恐れがあります。

重大なニュース
発展途上国には、1億5,000万人の低体重の乳幼児がおり、毎年、600万の子どもが、飢えとそれに起因する病気で死亡しています。この数字は、毎日40機のジャンボジェット機が墜落し、全員が死亡するのに匹敵します。ほぼ同数の大人も飢えの犠牲になっています。

飢餓の地理的分布は、南北格差を最も際立たせる指標のひとつです。上の世界地図に見られるように、北側の平均カロリー摂取量は、必要摂取量をはるかに上回っています。それに対し、途上国（とくにサハラ以南のアフリカ）では、世界の平均摂取量に達しないだけでなく、しばしば健康どころか生存に必要な量さえ下回っているのです。栄養失調は多くの病気のかくれた原因になり、とくに子どもに大きな影響を与えています。ふくれあがった腹と落ちくぼんだ目の子どもたちは、急激に伝染病に感染しやすくなっていきます。おそらくさらに悪いことには、下痢が子どもたちの胃袋から、吸収された栄養分の大半を奪い、栄養失調をさらに悪化させていくのです。

毎年、栄養失調を直接間接の原因として、1,100万人の乳幼児が死んでいきます。もしこれが1/10だったとしても驚くべき数字ではないでしょうか。私たちは1人当りたかだか数ドルの費用で、母乳育児の推進、脱水症状の治療（下痢の治療）、予防接種や全般的な保育改善などを通じて、多くの子どもを救うことができるはずなのです。

先進国では、栄養不良は砂糖、脂肪、動物性食品の過剰な摂取という形であらわれ、肥満や心臓病、糖尿病の原因となっています。「スーパーサイズ」や「バリューセット」に慣らされた米国は、太りやすいジャンクフード漬けの国です。肥満に関連する病気には、心臓病から脳卒中、糖尿病、がんまであり、穀物飼育された肉の摂り過ぎにも1つの因子です。肥満関連の病気には、年間1,200億ドル（喫煙に関係するコストの2.5倍）が費やされ、さらに減量プログラムやダイエット薬品などに330億ドルが使われています。2つを合わせると、米国のファストフード産業の年間収益1,100億ドルを越えます。毎年、肥満関連の病気で30万人の米国人が死亡します。ちなみに、喫煙による40万人は減少傾向にあります。肥満は多くの途上国でも、所得が伸び、食事が肉中心になるにつれ、急速に問題化しています（P.234～35）。中国には今、外国資本による1,000を越えるファストフード店があり、心筋梗塞の危険因子である脂っこい肉を食べる習慣が急速に広まっています。2000年から2020年の間の心筋梗塞の増加率の予測では、中国が21%増、次いでロシアが26%、インドネシア33%、インド45%、メキシコ95%、サウジアラビア101%となっていますが、心筋梗塞は部分的に肥満とも関連しています。

飢餓と飽食のアンバランス 47

1つの像は栄養不良の人口500万人を、輪郭だけの像は、栄養不良人口の減少を示します。

1979～81年　1990～92年　1998～2000年

■ 2,600以上 kcal/人/日
■ 2,100～2,600
■ 2,100未満

飢餓の格差

健康な生活を送るためには1日およそ2,350kcalが必要とされていますが、先進世界では、これより40％多く摂取している一方、途上国の平均は2,700kcalですが、多くの人がはるかに少ない量で生活しています。エチオピアでは、平均摂取カロリーが1,900kcalに満たず、コンゴ共和国では1,600kcalに満たないのです。

穀物がすべて直接、人間の胃袋に入るわけではありません。それどころか、多くの先進国ではたった半分しか入らないのです。残りは、いったん豚、鶏、その他の家畜の胃袋を経て人々に届きます。2001年に、飼料になった穀物は6億8,500万tに上りました。このわずか5％があれば、8億4,000万の栄養不良の人々の食事がまかなえるのです。

飢餓と飽食の鋭い対照は、先進諸国と発展途上国間というような国と国との間でだけ起こるのではありません。それは多くの第三世界——人口の1/5の富裕層が、底辺の1/5の貧困層の10～20倍もの富を占有しているような国々——の内部でも起こっているのです。ケニアやフィリピンでは、平均カロリーだけ見れば、食糧事情は悪くなさそうに思えますが、それぞれ1,700万人ずつ栄養不良の人々を抱えているのです。サハラ以南のアフリカでは、少なくとも1億人が深刻な栄養不良に陥っており、飢餓すれすれの状態です。ソマリアやモザンビークでは、貧しい人々が最低必要とされる1日当たり2,100kcalと比べ、400～500kcalの不足に陥っています。典型的なイギリス人が昼食で摂る約1,500kcalの食物は、貧しい人の1日分より多いという非難を耳にしたら、上のことを思い出してみるべきでしょう。なんといっても、そのカロリーは午後の活動に必要なエネルギー源なのです。

世界的規模で行われる食料会議に出かけると、そこに集まった多くの第三世界諸国の政治指導者たちは（豊かな先進国の仲間と同様）、よく太っているのを目のあたりにするでしょう。そして彼らは、熱心な議論の題目となっている、多くの飢えた人々と同じく、長生きはできないでしょう。この種の会議の出席者には、それにふさわしい体形で出席することという条件が設けられるべきではないでしょうか。

飢餓の影響は肉体的な苦しみ以外にも及んでいます。人々は働く能力を失い、病気にかかりやすくなります。タンパク質の不足は子どもたちの肉体的・精神的な発育を遅らせてしまうでしょう。

それなら貧しい国の人々自身がもっとたくさんの食料を生産するべきだと主張する人もいるかもしれません。もちろん、彼らはそうすべきです。そして、もし彼らがこれほどまでに広い土地を輸出用の商品作物の栽培にあてていなければ、もっと積極的に食料生産が行われていたはずでしょう。いくつかの解決方法——どうしたら私たち全員の利益となるように、この私たちの問題を取り扱っていくことができるか——を考えるにあたって、商品作物の問題（P.52～53）をまず検討していくのが適当でしょう。

世界の飢餓

これは、世界の飢餓地図で、国ごとの1日の摂取カロリーを示しています。

ラテンアメリカ／カリブ海

アフリカ（サハラ以南）

中近東

アジアと極東

地球温暖化

　地球温暖化は、多くの主要作物にとって厄介な問題になるでしょう。夏の気温が34℃を超えると光合成の働きが鈍り、37℃を超えると、多くの作物では耐性の限界を完全に超えてしまいます。大まかに言って、栽培期間中の気温が最適条件より1℃上がるごとに、収穫が10％落ちる可能性があります。作物の不稔の問題もあります。たとえば、コメは34℃では完全に実りますが、40℃でまったく実らなくなります。

　さらに、温暖化は害虫や病気の発生を招き、食糧の減産に追い討ちをかけます。これまでは、害虫になるほど数が増えるのは昆虫の1％にも満たず、問題になっているのは数百種にすぎません。ハチやクモなどの天敵によって数が抑えられ、害虫にならずにすんでいる昆虫が、ほかに数百種います。将来、こうした天敵の一部が極端に減って絶滅に瀕し、その結果、潜在的な害虫が現実の害虫になる恐れもあります。同じことは雑草にも当てはまります。

　同様に著しく危険な状態にあるのが、作物の受粉を行なう多数の昆虫種です。ゾウ、トラ、クジラなどの哺乳類の半数が失われたとしたら、恐ろしい悲劇には違いありませんが、ほとんどの意味において人類はなんとかやっていけます。しかし、昆虫種の半数を失ったら、農業の大半は深刻な危機に陥ります。

　最後に、温暖化は広範囲の野生生物の生息域を崩壊させます。その中には、種の存続にとって決定的な生息域が含まれます。科学者たちは、固有種（そこにしか生息しない種）がきわめて高い密度で集中し、かつ、生息域破壊の危険性がきわめて高い25の地域を指定しました。これらの「生物多様性ホットスポット」には、植物種の44％、脊椎動物種（魚を除く）の35％の最後の生息地が含まれています。これによって、保全計画の立案者は、「銀の弾丸（決定打）」を撃ち込める可能性があります。たとえば、ホットスポットが年間20億ドルのコストで保全できるとしましょう。これは大きな出費ではありません。保全政策ではすでに年間100億ドル、主に「散弾」式の保全活動に使われているうえ、20億ドルという額は1日分の軍事費にも及びません。この出費は、大きな大量絶滅の進行を食い止める有効な一撃になるでしょう。しかし、ホットスポットの一部、たとえば、南アフリカ南端のケープ植物保護区は、あらゆる植生群と同様、温暖化を逃れるために赤道を避け、極地方向にすみかを移していくことになります。フロリダなどの植物種は北に広大な土地があるため、北上して逃げのびることも可能ですが、ケープ植物保護区の植物種の多くは南下しようとすれば、海にすみかを移すしかなくなります。

　ホットスポットを別にしても、多くの動植物種の生息域で、温暖化は種の生存能力を超える条件をもたらすでしょう。莫大な数の種が、突如、あるいは多くの場合、時間をかけて絶滅の道をたどります。最近、ある国際的な科学者チームが出した慎重な評価によると、少なくとも100万種、ことによると、数百万種が温暖化という要因のみによって滅ぶ可能性があります。

死を招く温室効果

地球温暖化と人間の健康

　2003年のアジアをみると、インド、バングラデシュ、パキスタンの熱波で気温が50℃に達しました。インドのアンドラ・プラデシュ州だけでも、その暑さで1,200人が死亡しました。中国では、淮（ホワイ）河と揚子江の流域の大洪水で、65万棟の家屋が流されました。ヨーロッパでは、記録的な熱波で3万5,000人の命が奪われました。温暖化が進むと、マラリア（下）やデング熱などの動物媒介性伝染病のほか、サルモネラ菌感染症など食物を介する感染症など、いずれも気温が上がれば蔓延していない拡大を見せるでしょう。さらに、現在はマラリアやデング熱の発生地域の外側に住む人々は、感染地域が地理的に拡大すると、もともと免疫がないため、余計に感染の危険が高まります。加えて、HIV／エイズ、ハンタウイルス、C型肝炎、SARSなど、多くの感染症の蔓延もあります。さらに重要なことに、温暖化による農業システムの大規模な撹乱は、食糧減産につながります。とくにすでに広範にわたる栄養不良が見られる地域では、栄養不良と病気が互いを増幅し合います。温暖化の進行によって、今後は、これまでになかった規模の感染症の世界的大流行が起きるようになるでしょう。

気温の移動

　気温が1度上昇するごとに、中緯度の気候帯は極地方向に100～150km移動します（山岳地帯では標高で150m高いところに移動します）。植生群が気候上の生息適地の移動に遅れずについていくには、移民のように、農地や都市といった「開発砂漠」をつき抜けて進まなければなりません。しかも、この大移動を、氷河期のあとの移動と比べ、10倍の速度でやってのける必要があります。予想に難くないのは、多くの作物や森林や野生種が、この挑戦に破れるということです。

小麦収穫高の減少

　ヨーロッパからイギリス、ウクライナまでを襲った2003年の熱波で、世界の小麦収穫高の減少は、米国の収穫高の半分に匹敵するほどでした。東欧はここ30年間で最低の収穫を記録しました。かつて「パンかご」と呼ばれたウクライナは、わずか500万tの収穫で、前年比マイナス75％の減産でした。その結果、世界中で小麦を原料とする食品（パン、パスタなど）の価格が上がりました。

マラリアの拡大

地図は、現在のマラリア感染地域と、気温上昇が現在のペースで続いた場合に予測される2055年の感染地域とを比較して示したものです。

- 現在のマラリア感染地域
- 2055年までに新たに加わる感染地域

南アフリカの生物多様性ホットスポット

現在

凡例：
- サバンナ
- 草原
- ナマ＝カルー
- フィンボス
- サキュレント・カルー

2050

南アフリカの生物多様性ホットスポット

南アフリカの誇る豊かな生物多様性は、温暖化によって壊滅的な打撃を受ける可能性があります。フィンボスの植生と、サキュレント・カルーの多肉植物乾燥林（赤と紫で示した地域）は、温暖化によって2050年までに広大な生息域と多くの種を失う恐れがあります。南アフリカのケープ植物保護区とサキュレント・カルーは7,600の植物種にとって地上最後の生息地であり、まさに「生物多様性の心臓部」と呼んでよいでしょう。

ブナの森の暗い未来

ブナの木は、今は米国東部のどこにでも見られますが、温暖化が進むと、限られた、ごく狭い地域にしか見られなくなるでしょう。上の地図は、1990年と2050年の間に二酸化炭素の排出量が2倍になっただけで何が起こるかを示しています。

米国のブナの分布域：
- 現在の分布域
- 将来の分布域
- 重なり

観光名所が消える？

地球温暖化が進むと、ニュー・イングランドの秋の気温が上がりすぎ、サトウカエデの見事な紅葉は見られなくなります。ほかの観光地も深刻な問題に陥ります。エバグレーズ湿地は水位が上がって消滅し、ロッキー山脈のスキー・リゾートではほとんど雪がなくなるでしょう。

今後50年間の気候変化による農業への潜在的影響

（全体的に見て、地球温暖化は人類の農業に重大な損害を与えるでしょう。）

気候要素	2050年代までに予測される変化	予測の確度	農業への影響
二酸化炭素	360ppmから450〜600ppmに増加	非常に高い	作物に良い。光合成の促進。水の消費量の減少
海面上昇	10〜15cmの上昇。南半球の上昇分は、北半球の低下とリバウンドで相殺される	非常に高い	土地の消失、海岸線の浸食、洪水、地下水の塩分増加
気温	1〜2度上昇。冬の気温上昇が夏より大きい。熱波の起こる頻度増加	高い	栽培時期が加速、短縮化、早期化。栽培地域が北上または高地化。高温ストレス。水分蒸散の増加
降水	季節によって±10％の変化	低い	旱魃の危険、土壌の耕作可能性、浸水、灌漑、蒸散に影響
嵐	風速の増大、とくに北半球	非常に低い	浸水。土壌の浸食。雨水の浸潤が減少
変動	ほとんどの点で気候変動の幅が広がる。気候予測は不確実になる	非常に低い	熱波、霜、旱魃、洪水など災害リスクの変動。作物と農作業の時期に影響

環境の安全保障

社会の新たな脅威になりうるもの

　環境の安全保障ということが浮上してきたのは新しい現象です。環境の安全を左右するのは、究極的に私たちの経済全体の基盤をなし、ひいては私たちの社会と政治的安定の基盤をなす、さまざまな環境因子です。そうした環境資源（水、石油、植生、気候、その他一国の環境の基盤をなす主な要素）が枯渇すると、私たちの安全も低下するのです。この問題はすぐさま紛争の引き金になるわけではありませんが、もともと不安定な世界において社会の一層の不安定化要因になります。今日の世界では、ますます多くの人々が衰退する環境に頼って生活の糧を得ようとするため、こうした不安定化のプロセスが常態となりがちなのです。

　たとえば、水は戦略的な資源であり、世界各地で将来容易に、緊張状態、紛争、暴力の種になりうるものです。表土、燃料用木材、堅木、魚など、他の資源も需要が高まり、ますます供給が不足してきています。最大の脅威は何より、地球温暖化によって気候パターンが変わり、農業や健康に被害が生じ、私たちの知る世界がすっかりかき乱されてしまうことでしょう。

　森林伐採を考えてみましょう。森林が流域に及ぼす恩恵を鮮明に描き出したのは、1988年の中国における洪水です。数週間に及ぶ、揚子江流域の記録的な洪水で、2億4,000万人の人々が影響を被り、360億ドル相当の被害がありました。中国政府は、上流域の森林伐採が直接的原因とは言わないまでも、この災害の悪化要因になったことを認めました（P.42）。政府は問題となる地域の樹木伐採を禁止し、多くの木材伐採会社を植林事業に転換させました。

　砂漠化の問題もあります。アフリカのサヘル地方では、1970年代、80年代の旱魃を生き延びた政府は一つもなく、2度崩壊したところもあり、中には3度目の崩壊に向かっているところもあります。砂漠化の進行が食い止められなければ、今後20年間に数千万の人々が難民となってサヘル地方を脱出する恐れがあり、受け入れ地域で緊張を招くことが予想されます。

　全体的に見て、国家の安全はもはや軍隊や武器だけにかかっているのではないことがわかります。ますますそれは、河川流域、耕地、森林、遺伝子資源、気候など、これまで軍事の専門家や政治指導者が考慮しなかった要因にかかっているのです。これらは全体として、一国の安全保障にとって軍事力に劣らぬほど重大なものと見なされてしかるべきです。この状況の縮図とも言えるのが、外国からの侵略に対しては1㎡たりとも領土を譲ろうとしない政治家が、毎年何百㎢もの表土消失を許しているという事実です。

　以上のことは、集団的な安全保障の必要性を浮かび上がらせます。気候変動は、すべての国が加担し、すべての国が影響を被り、どの国も無関係ではいられず、どの国も一国では有効な対策が講じられない問題です。したがって、環境の安全保障は、従来の外交や国際関係の枠組みを超えたところにあります。国際舞台における対立よりも協調が求められているのです。国民国家は、500年前の誕生以来、最大の変化を迫られていると言えるでしょう。

大気汚染の悪化、オゾン層の減少、地球温暖化

人口の増加

「今日の空からの脅威は、核ミサイルよりむしろ、オゾン層の減少と地球温暖化にある」
ミハイル・ゴルバチョフ、1988年

森林伐採
バングラデシュの沿海地方は、二重の脅威にさらされています。ガンジス川の源流、ネパールのヒマラヤ山麓地帯の森林伐採が原因で、しばしば季節的な洪水が起こるようになり、下流のインド、バングラデシュで作物、家畜、財産に被害が出るようになったこと。そして、世界的な気候変動による海面上昇の脅威です。

ネパールのヒマラヤ山麓での森林伐採の影響は、ガンジス川を下ったバングラデシュに表われます。

1.5mの海面上昇によるバングラデシュへの潜在的影響

現在
総人口　1億4,000万人
総面積　13万4,000㎢

1.5mの海面上昇
影響を受ける人口　2,600万人（19%）
影響を受ける面積　2万2,000km（16%）

環境の安全保障　51

森林の減少

水資源をめぐる紛争

砂漠化の進行

表土の浸食

亀裂を生む世界
人間の活動による環境負荷は、地球に大きな負担を強いています。いよいよ多くの人々が乏しい天然資源にすがって命をつなぎ、環境難民になっている今、緊張、紛争、戦争にさえつながりかねません。

> 「貧しい者の環境問題は遠くない将来、政治的な不安定や混乱を通して、富める者にも影響を与えるでしょう」
> 環境と開発に関する世界委員会（WCED）議長、グロ・ハーレム・ブルントラント（1986年）

> 「戦争とは軍事的な紛争やそれによる全滅に結びつけて捉えられがちだ。だが、環境の破局と大飢饉によって起こる無秩序には、それに劣らぬ危険が潜んでいる」
> 元西ドイツ首相、ウィリー・ブラント

環境難民

1990年代に世界人口に新たに加わった10億人の相当部分は、1日の現金収入が1ドル以下という集団に属していると思われます。それは、水分過剰、乾燥、急傾斜などで持続的な農耕が成り立たない環境で、なんとか生きている、あるいは生きかねている人々です。こうした環境下に生きる人がおそらく、サハラ以南のアフリカでは1990年代に1億5,000万人おり、インドでは1億6,500万人いました。この多くが、1990年代半ばで総数2,500万人と推定される環境難民の群れに加わることでしょう。この数は、他のすべての難民、つまり、政治的弾圧や迫害、民族紛争などを逃れてきた人々の合計より大きいのです（P.200～201）。しかし、これは、慎重な控えめな推定値です。1990年代半ばの発展途上世界全体では、1億3,500万人が深刻な砂漠化に脅かされ、6億5,000万人が水不足に悩まされていました。この人々のごく一部は2,500万人という数字に含まれているでしょうが、大半は環境難民として数に加えられることなく、故郷を追われて移住していたとしてもおかしくありません。地球温暖化が進めば、環境難民の最終的な総数は2億5,000万人と、爆発的に増える可能性もあります。海面上昇と沿岸の浸水、季節風その他の降水パターンの変化、かつてない厳しさと長さの早魃などは、相当範囲の人々を巻き込むことでしょう。影響を受ける地域としては、中国とインドの沿海地方の低地に広がる平野、ナイル川河口やバングラデシュ全土を含むデルタ地帯、早魃が起こりやすいサハラ以南のアフリカがあります。太平洋やインド洋の一部の島は、人口から言えばわずかですが、完全に消滅してしまいます。

要するに、多数の貧しい人々が近い将来、国際社会の安定に新たな脅威を投げかける可能性があるということです。とりわけ、庇護を求める難民の群れが先進国に向かったときが問題です。先進国に向かう理由の一つは、先進国なら（少なくとも原則としては）支援を受けられる見込みが高いからですが、もう一つは、先進国こそ地球温暖化を生んだ張本人なのだという正当な判断からです。

間接的なつながり

環境と紛争の関係は、多くの場合、はっきりしています。他方、影響がゆっくり拡散して表われる場合もあります。種の絶滅や遺伝子の減少によって、それまで遺伝子の恩恵を受けてきた農業、医学、産業分野が被る影響はその一例です。おそらく最もゆっくり拡散して表われる、しかも、あらゆる点から見て最も重大な影響は、気候変動によるものでしょう。二酸化炭素などの温室効果ガスが、予測される通りに大気中に蓄積し続けると、広域的な気温や降水パターンに影響を及ぼします。穀倉地帯の気温上昇と乾燥化が起こり、深刻な早魃が長期間続く恐れがあり、米国の大穀倉地帯は崩壊しかねません。逆に、ロシアとウクライナでは、国土の一部で降水量が増え、かなりの食糧増産が望めます。インドでは雨が増えて潤いますが、パキスタンでは逆に雨が減ります。これは、長年敵対してきた両国の関係に暗雲を投げるかもしれません。これ以外にも、温室効果の影響下にある世界では、多くの「勝者」と「敗者」が生まれるでしょう。それは、すでに他の環境的要因による混乱を抱えた世界に、あらゆる角度から波紋を投げかけ、不安定化を促すことでしょう。そうなったとき、結局、私たちの多くが直接的な敗者であると同時に、私たちすべてが間接的な敗者となっていることでしょう。

大地の
代替管理法

　私たちは、ますます深刻になっていく大地の危機に直面し、飢餓状態にある世界に住んでいます。さらに多くの土地を耕地化していくという、高くつくだけの「逃げ」の策は、この危機をますます悪化させるだけでしょう。このまま同じことを続けていったのでは、増えつづける人口を養うことはとうていできません。

　解決法は、私たちがどれだけ多くの土地をもっているかではなく、私たちのもっている土地をどのように利用していくかにあります。

商品作物貿易：きずなか束縛か？

　商品作物は発展途上国にとって、毒にも薬にもなり得ます。ある場合には、それは外貨をもたらして危機状態の経済を円滑にし、国の発展に大いに貢献します。しかし、ほとんどすべての場合、外国人向けのさして重要でない作物を栽培するより、その土地の飢えた人々のための食物を栽培するほうがより好ましい農地の利用法です。商品作物栽培は国の発展をおさえてしまいがちなのです。発展途上国の経済にとって、商品作物による束縛をふりきることはむずかしいことです。ほとんどの第三世界諸国にとって、「独り立ち」は不可能でしょう。その国内市場はあまりに小さく、資源の基盤も限られています。もし世界市場で貿易ができなければ、発展のために必要な道具や技術を買い入れることが不可能となります。また、自身の鉱物資源をもたない国々では、可能な限りの手段で外貨を獲得しなければなりません。彼らが西洋型の発展をなぞることを好まない場合でさえも、増えつづける一方の貧困と悪化する資源基盤に悩む発展途上国は、先進国からのより緊急な輸出品である穀物を買うために、現金が必要なのです。

　これに対する解決法はどこにあるのでしょうか？　まず第1に、発展途上国はその国のとるべき優先順位を正しく把握する必要があります。あまりに多くの第三世界諸国で、農業は都市開発や工業化の二の次にされているのです。選択して商品作物をとり入れるという施策により、単一輸出作物への過度の依存を避けることができます。そして、効率的な食糧生産に力を入れ、よりうまく農地を利用し、より公平に所得を分配することができるのです。

　第2に、国際機関は農業面における援助と開発の方法を変えていくことが可能でしょう。発展途上世界のいくつかの国々は、植民地時代の商品作物との縁を受け継いでおり、またある国々ははからずも手に負えない商品作物貿易の輪に組み入れられてしまっています。しかし、多くの国々は誤った援助計画によって、その泥沼に導かれ、押し込まれてしまったのです。これらの国々のほとんどの指導者は、国民を養うという最優先事項に無頓着で、援助をはねつける方法はおろか、その意志さえも持っていません。

商品作物の落し穴

主要穀物輸出国
北側の国で生産される穀物は、世界中に分配されます。100以上の国々がこれらの穀物の輸入に頼っています。ここ40年間に食品の国際的な取り引きは、金額にして3倍、重量にして4倍になりました。

1t以上の輸出入
- 小麦
- 雑穀
- 砂糖
- 大豆
- コーヒー
- 米
- 綿花
- ココア
- タバコ

1tの商品で買うことのできる原油（10バレル）

商品	1980	1990	2003
コーヒー	🛢🛢🛢🛢🛢🛢🛢🛢🛢🛢	🛢🛢🛢🛢🛢🛢🛢	🛢🛢🛢🛢
砂糖	🛢	🛢🛢	🛢

どんな商品が購買力があるか
　1980年に、1tのコーヒーは95バレルの原油と交換できました。しかし90年には67バレル、2003年にはわずか39バレルしか買うことができなくなりました。同様に、より価値の低い砂糖では、その購買力は1990年以来、3/5にまで減少しています。

商品作物の落し穴 53

東ヨーロッパの輸入
EU（15ヵ国）の輸入（域内を除く）
東ヨーロッパからの輸出
旧ソ連からの輸出
旧ソ連の輸入
EU（15ヵ国）からの輸出（域内を除く）
アジアからの輸出
アジアの輸入
アフリカからの輸出
アフリカの輸入
オーストラリア、ニュージーランドからの輸出

- 1人当りの食糧供給が健康に必要な量以下の国
- 純輸出地域
- 純輸入地域

南側からの輸出
コーヒー、ココア、タバコの3つの「副次的」作物はおもに北側の国へ輸出されます。

余剰と不足
商品作物貿易においては、純輸出地域と純輸入地域に分けることができます。

商品作物の拡大

　発展途上国の広大な土地が、輸出用の商品作物の栽培にあてられています。とくにカリブ海地域と中米のバナナ、ブラジルとコロンビアのコーヒー、アフリカ西岸のカカオ、東南アジアのゴム、西アフリカのサヘル地方の綿花とピーナッツです。

　モロッコ、コート・ジボアール、ジンバブエ、エクアドル、チリは、北米とヨーロッパにとって、季節外の野菜や果物の主要な供給源になっています。つまり、富める世界の住人が、冬の間も花やイチゴを楽しめるようにしているのです。輸出品は、少数の実業家、多くは外国人にとっては利益になります。たとえば、チリの貿易の半分は、わずか5社の多国籍企業に支配されています。さらに悪いことに、商品作物栽培によって、発展途上世界の何億人もの農民が、その地域で食べる食糧を生産するための耕地を失ってしまいます。1984年のエチオピアの飢饉の最中に、主な耕地では綿実、亜麻仁、菜種が栽培されていました。そして、1980年代半ばのサヘル地方の飢饉のときも、いくつかの国が輸出用作物の記録的な収穫を上げていたのです。

2種類の商品作物

　商品作物は世界市場における輸出価格によって生産国に資金をもたらします。これらの作物は大まかに2つに分類されます。1つは、穀類や豆類のような基本的な食用作物で、おもに先進諸国で生産され、全世界に輸出されています。もう1つは、コーヒー、綿花、タバコなどの副次的な作物で、おもに発展途上国で作られ、先進国に輸出されています（多くの場合、植民地時代からの貿易関係を反映しています）。地図は10の主要な商品作物の流れを示したものです（2000年）。

　後者の作物のうちいくつかは、世界市場で比較的高値で取引されます。そして「ほとんどの場合」これらの作物は、主食の生産によるよりも多くの金をその土地にもたらします。しかし、落とし穴は、この「ほとんどの場合」という言葉にあるのです。物価は気まぐれです。需要が多いときは、価格が高くなり、そこで、多くの農民が商品作物栽培にはしり、食糧生産から副次的な作物の生産に切り替えてしまいます。そして世界経済が再び不況になると、価格は暴落し、農民たちは手ひどい打撃をうけるのです。

　過去わずか40年間で、食品の国際貿易は、金額にして3倍、重量にして4倍になりました。

能率的に管理された食料供給

国際貿易が拡大し、世界経済の一体化が進んでくると、豊かな国に住む国民の食料は、「地球的規模の農場」から「地球的規模の市場」を経由して彼らに届くようになります。先進国の多くの主要な食料品店では、消費者は世界中から集められた産物を購入しています。同様に、何百万もの第三世界の人々と多くの旧ソ連の人々は、北アメリカ、オーストラリア、アルゼンチンなどから輸入した穀物を消費しているのです。実際のところは、栽培されているすべての食料の1/10が国際貿易で扱われているにすぎません。しかし、農業が「アグリビジネス」に道を譲るにつれ、個々の国の内部でも、同様の統合的な構図を見いだすことができます。

遠く離れた農地から多様な作物を豊富に得ることができ、また多くの食料を最も安く生産する農民から手に入れることができるという商業システムについて、言うべきことは多々あります。現在私たちは、地球上すべての人間を養うのに十分なだけの食料を生産しています（ただし、8億4,000万の人々が十分な食糧を得られないでいます。P.46〜47）。それはほんの100年前でも不可能だったであろう偉業です。

私たちがそのように多くの人々をどうにか養っていけるのは、食料システムを支配している巨大企業の存在に半ば頼っているからです。これらの企業は多くの場合、食料を販売するだけではなく、栽培、加工、その流通まで支配しています。そのことは、より多くの、より良質で、より安い食品を生み出す能率的な経営に役立ちます。しかし、そこには思わぬ問題点があるのです。私たちはいま、巨大企業が食料の取引の重要な部門において、事実上の独占力をふるいつつある状況に直面しています。1970年

地球的規模のスーパーマーケット

現代世界の農業システムは、巨大なスーパーマーケットに似ています。そこでは、大規模な農業関連企業が、種子や肥料の供給、農産物のマーケティングや消費者の嗜好の形成までを支配しています。したがって、何がどこで栽培され、何がだれに消費されるかに対して、企業はますます影響を強めているのです。北米の種トウモロコシ市場の70％は、たった4社に支配されています。

コーヒー――金のゆくえ

コーヒーは第三世界にとって重要な産業です。2000年の貿易額は110億ドルで、石油に次いで2位でした。しかし、この金額はコーヒーの貿易額全体のほんの一部でしかありません。残りは事実上みな先進国にいる運送業者、仲買人、加工業者、卸売業者や小売業者の収入になっているのです。

飲用されているコーヒーの多くはインスタントコーヒーであり、利ざやが最も大きいのはコーヒー豆を粉にする過程です。しかし、第三世界のコーヒー栽培国はその生産のごくわずかな率しか粉末コーヒーの形で輸出していません。これは、生産国に対し貿易条件を押しつけることができる、保護貿易主義的な政府に支援された少数の巨大企業に集中する力のためです。2000年には、たった5社が世界市場を支配していました。数年前、米国においてブラジルが自国のコーヒーの粉を米国市場に参入させはじめたとき、コーヒー貿易に関する協定全部を破棄し、米国による援助の削減さえも辞さない、と脅迫されました。このような敵意をあらわにした反応にあい、ブラジルは市場から撤退したのです。

西側諸国の大規模農家
大規模農家の多くが農産物の加工やマーケティングのみならず、種子や肥料の供給まで大規模な農業関連企業に頼っています。農地は広大で、高度に機械化が進んだ経営がなされ、必ずしもそれが持続可能ではないにしても、即刻最大の収益があげられるようになっています。

発展途上国の農民
世界的な食糧経済に取り込まれ、多くの小規模農民は輸出作物を栽培させられています。その結果、食糧生産に利用できる良好な土地が減少しました。上図の一連の農業関連業は、農民らの資力をはるかにこえています。

- 67%　消費国で加えられる価値
- 11%　小売業者へ
- 6%　輸送と損失
- 3%　コーヒー生産国で加えられる価値
- 13%　栽培者／農場労働者へ

以来、少数の巨大な石油企業が種子を扱う400以上もの小企業を吸収してきました。種子の生産過程を支配することにより、石油企業は将来の農業にとってより好ましい傾向（すなわち、石油の投入に依存しない傾向）を無視して、ばく大な量の合成肥料、農薬、その他石油からつくられる添加物を必要とする穀物を作り出すことができたのです。それでは、油田が枯れてしまったときにはどうなるのでしょううか？　企業の答えは、問題が生じたときに解決に努める、しかし、企業は私的な利潤追求の事業体であって、公共的な慈善団体ではない、というものです。

おそらく農業に対する究極的に有害な影響という点で、さらにいっそう油断のならないものは、先進国における「農民団体」に対する巨大企業の援助でしょう。EU15ヵ国の共通農業政策により、加盟国政府は2003年に500億ドルを支出して、農民たちに文字通り「バターの山とミルクの湖」をつくらせたのです。OECD諸国が2003年に支出した農業補助金は、合計3,500億ドル近くに上ります。この補助金は、実質的な競争を抑えながら発展途上国の製品の価格を下げるのに役立っています。同時に、米国や西欧諸国における過剰生産は、補助を受けた安価な製品の、貧しい国々へ向けたダンピングにつながり、地元の小農に重大な不利益を及ぼすことになるのです。

ある部分は巨大企業に支配されていますが、世界的規模のスーパーマーケットは、私たちすべてに食料を供給することができる可能性をもった、強力な手段でしょう。しかし、消費者の要求と株主の要求を同時に、最大限に満たそうとするならば、政府や消費者団体などの側に大いに工夫が必要です。おもに市民の活動家によって行われた7年にわたる国際的なボイコットで、ネスレ社は、赤ん坊用の粉ミルクを母乳に取って代わるものとしてではなく、1つの

西側諸国の小規模農家
小規模農家の多くは、経済規模が限られているため、農業経営を続けることが困難になってきました。米国では、家族農場が1950年代の600万から現在の200万に減りました。2002年には、7％の企業が76％の農産売上高を占めています。

農業関連企業
大規模な農業関連企業は農民に対し、農業、肥料、種子や機械の供給に関して大きな支配力をもっています。シンジェンタ、バイエル、モンサントを筆頭とする6社が、300億ドルの世界の農薬市場の3/4を供給しています。350億ドルの世界種子市場の相当部分も、この同じ3社が支配しています。同様に、食品の加工や製造、販売も数十社の企業に支配されています。巨大企業は、その商業上の地位を利用して農民に対しても消費者に対しても、価格に関して絶大な影響力を行使しているのです。

消費者
システムの終点が消費者です。農業関連企業の大きな影響力のために、消費者は食品の質や価格に対する支配力を失いつつあります。スーパーマーケットは、多くの種類の製品を提供しているようにみえるかもしれませんが、実際は、その源は少数の作物に限られているのです。

高価なポテトチップス（下図）
もとのジャガイモの値段がどのように高くなっているか見てください。

- ポテトチップス 12.0ポンド
- 乾燥ポテト 8.25ポンド
- 冷凍ポテト 1.50ポンド
- 缶入ポテト 0.95ポンド
- 生のポテト 0.88ポンド

米国の食品システムにおける加工
アメリカ人の加工食品消費は数倍に増え、それに伴って飽和脂肪酸と精製された炭水化物の摂取も大きく伸びました。アメリカ人が食べている食品の3/4以上が、ワックスを塗ったリンゴから冷凍のTVディナーにいたるまで、なんらかの形で加工されています。2000年に米国の消費者が食品に使った6,600億ドルのうち、農場で作られた食物の価値が占める割合は1/5以下です。

エネルギーの点からみても、加工には非常にコストがかかります。また食物が農場から食卓に並ぶまでにかかるエネルギーもあります。これらは、きわめて無駄であるばかりでなく、健康にもよくありません。アメリカ人が食べている野菜の1/5はフライドポテトとポテトチップです。食品会社は他のどの産業よりも多額の広告費（年間300億ドル）を費やしています。同様のことが、オーストリア、ベルギー、フランスにも言えます。5,000億ドルの巨大な食品加工産業を、50社にも満たない米国企業が支配しているのです。収入が上がると、消費者はしばしば値頃感のある、さまざまな輸入食品を求めます。加工食品と半加工食品は、すべての農作物の貿易額の2/3を占めています。

森林の商品作物

ますます多くの人々が、いたるところで、より多くの木材を欲しています。今日私たちは、年に約3.4億㎥の木材を消費しており、その半分を燃料として使っています。2015年までに、この木材需要は30％近く増加する恐れがあります（P.122〜23）。

ヨーロッパと北米では、大量の木材が紙をつくるパルプとして使われています。発展途上国は、独自のパルプ供給源を開発したいという強い動機をもっています。読み書きの能力が向上するにつれて、紙の需要は増大します。

工業用木材についてみると、先進諸国は建築用に、そしていささかぜいたくな目的のために（右側参照）特殊な堅木、とくに熱帯地方の堅木をますます求めています。それに対し、発展途上国では、材木の大部分が生活の上で不可欠な用途に消費されています。しかしながら、木材の価格は国際的に決定され、豊かな先進国の消費を基準に設定されがちなため、発展途上国は気づいてみると市場から締め出されているのです。先進諸国に住む人々、しゃれたベニヤ板や新聞が少し値上がりしただけで、物価高について不平をいうかもしれませんが、一般にそれが生活水準に影響を及ぼすことはありません。しかし、発展途上国に住む人々にとっての値上がりは、それなしですまさなければならないことを意味するのです。

このような不均衡は、いくつかの先進国の森林政策によって、いっそう悪化しています。たとえば、日本は世界の木材市場における自国の経済的安全に懸念を抱いています。そのため、日本は独自に森林資源を蓄えることに努め、伐採する以上に木を育てており、一方で海外の木材資源に大きく依存する「包囲策」をとっているのです。日本固有の必要という面からみる限り、この方法は道理にかなっているかもしれません。しかし、それは地球的規模でみれば、人類共通の悲劇であり、日本自身をますます窮地に追いこむことになるでしょう。

世界の木材の状況を改善するために、私たちには何をすることができるでしょうか？ 方法はいろいろありますが、私たちは人類全体の利益のために、国家共同体として行動しなければなりません。まず、年間を通して温暖湿潤で、樹木の栽培に理想的な場所である熱帯地方に、商業用の薪の農園を設立するため、十分な資金を与える必要があります。それによって、処女林に対する伐採の圧力を緩和させるのです。さらに先進諸国は、国産の木をより多く育てていくこと、紙の再生を促進することなどの点から、自国の森林政策を再検討する必要があるでしょう。地球が私たちに十分な木材を供給する能力をもっていることは違いありません。問題は私たちが持続的な森林政策に移行できるかどうかなのです。

明日の樹木の植林

北側先進諸国は、森林の管理方法について、多くのことを知っていると思っています。ヨーロッパにかつてあっ

林産物の有効利用

森林からの生産物は、最も貴重な商品作物の種類のひとつです。そのため、先進国と発展途上国の間の不平等な形にせよ、世界中で広く取引されています（2000年の1,450億ドル世界貿易額のうち、先進国が83％を占めています）。とくに2つの主要な消費地域である日本と西ヨーロッパ（スカンジナビア諸国を除く）が、多くの木を国内で育てられるにもかかわらず大量に木材を輸入しつづけようとしているため、木材の貿易は拡大傾向にあります（たとえば英国は木材需要の大半を輸入に頼っていますが、未利用地にもっと木を植えればその輸入を減らすことができます）。

世界全体で、紙の主な生産国（と消費国）は米国、日本、中国です。世界の紙消費量の3/4は、工業国が占めています。世界中のコンピューターだけでも、年間1,150億枚もの紙を使っていることを思えば、驚くにあたりません。1998年に、先進諸国の平均的な住民は1人1年当り160kg（米国では335kg）以上の紙を消費するのに対し、発展途上国の住民1人の1年当りの消費量は20kg以下にすぎません。生産された紙のわずか1割が長期的な用途の製品に使われ、9割が1回の使用で捨てられます。再生紙の使用を大幅に増やす必要があります。

先進国はまた、多くの建設用に、また寄木細工の床やりっぱな家具、装飾的なパネルや週末に乗るヨットなどさまざまなぜいたくな目的のために、専用の堅木を求めています。スイスでは、その森は広大でまだ利用されていないのに、極上の棺をつくるためにコートジボアールからアバチ材を輸入しています。

林産物の取引
産業用の丸太と板材が世界貿易額（1,380億ドル）のほぼ1/4を占めます。パルプと紙、厚紙が約2/3を占めます。

貴重な輸出
1961年には林産物は農産物輸出全体の16％を占めていました。2000年までにその割合は26％に増大しました。

先進諸国の林産物の需要
先進諸国は家や事務所ビルの建築、鉄道のまくら木、鉱山の支柱などの目的のために大量の木材を使います。また大量の紙製品（とくに包装紙）や堅木製のぜいたくな品々も消費しています。

発展途上国の需要
発展途上国も同様に大量の木材を消費します。しかし、その大部分は燃料用です。ほとんどの家に木が使われていますが、それは上等な建築材料としてではなく、簡単な支柱として使われます。紙製品は、平均的な住民はほとんど消費しません。これは教育やコミュニケーションの障害にもなっています。

世界貿易の流れ

軟木貿易(色の薄い矢印)の多くは先進諸国に起こり、その内部で行われています。これに対し、堅木貿易(色の濃い矢印)の多くは第三世界が起点になっています。

木材の生産

1996年以降、丸太生産に占める先進国の割合は一定して20億m³(全体の60%)を保っています。

発展途上国による貿易の割合

堅木
- 輸出: 56% / 44%
- 輸入: 66% / 34%

軟木
- 輸出: 98% / 2%
- 輸入: 85% / 15%

合板
- 輸出: 68% / 32%
- 輸入: 76% / 24%

パルプ
- 輸出: 81% / 19%
- 輸入: 73% / 27%

紙/厚紙
- 輸出: 88% / 12%
- 輸入: 74% / 26%

収入源

東南アジアの森林から大量の丸太が伐採されると(写真右上)、残された森林の少なくとも半分は回復できないほど損なわれます。しかも伐採業者は、それを気にかけようともしません。政府は、より害の少ない伐採技術をもっと強く強制することもできるはずです。しかし、現金収入が差し迫って必要なため、しばしば森林を将来の収入源とみなすことをできないのです。幸いなことに、木材加工の増加という形で部分的に問題が解決されつつあります。すなわち、化粧板(写真右下)は丸太そのままよりも数倍多くの外貨を稼ぎ出すので、すべての森林にかかる伐採の圧力を軽減できるのです。

た原生林はほぼ全て、徹底して管理された木立に置き換えられています。しかし、皮肉なことに発展途上国における森林破壊の問題は大部分、先進諸国で発達した伐採方法に起因します。熱帯地方で行われる機械化された伐採作業は、ふつうむだが多く、商業的価値のあるわずかな木を切り出すために、しばしば残りの3/4の木々を覆う樹冠が損なわれます。温帯の森林とは違い、熱帯の森林は生態的に複雑なため、そのような破壊には耐えられないのです。

ここ最近、北側先進諸国におけるおもな科学の進歩といえば、遺伝子工学があげられます。組織培養によって育てられた木々によって、伐採された広い土地をすばやく元どおりに植林しなおすことができます。また、木々に商業的価値のある特徴を「組み込む」こともできます。しかし、均一の遺伝子をもつ木々からなる産業的植林地は、一般に病害虫に対する抵抗力が強くありません。広範囲にわたる病気や害虫の発生は、米国、カナダ、中国、中央ヨーロッパにある針葉樹の植林地の至る所で起きています。

南側の発展途上国においては、熱帯林のなくてはならない重要な役割ゆえ、自然林を伐採するよりは、すでに切り払われた土地に「森林農園」をつくるほうが望ましい方法です。すでに伐採されてしまった森林の5％ほどの部分にこのような植林地をつくるだけで、現在、全熱帯林から収穫できる量のほぼ2倍の産業用木材を供給できるということです。

また、薪用の樹木の農園をつくることも自然林伐採の圧力を緩和するために必要です。薪用の木のために、とくに農場や村の周辺、植林地などでは現在の5倍の量の植林をめざす必要があります。これには年間10億ドルの経費が見込まれます。地域社会の森林育成は、その地域の人々の参加があってはじめて健全なものとなることも忘れてはなりません。最初のところから村の人々すべての意見を求めれば、みなが木を植え、大切に育て、その収穫を持続的に利用していくチャンスも高まるでしょう。同じような共同体の努力が、発展途上国の裸にされた河川流域の回復のためにも必要とされています。中国やインドの一部では、計画者と村の住民の緊密な協調によって大成功を収めています。

私たちは徐々にではありますが、熱帯林が温帯林に比べ、実に多様な利益をもたらすことを認めはじめています。その利益は、私たちが生態学的な見識をもって選択的に森林を管理するときにのみ得られるものでしょう。また、私たちは森林の重要な生態学的役割、とくに土壌の保全、水の流れの調節、降雨の発生、気候の緩和などにおける役割も認識しつつあります。

土壌浸食と砂漠化の防止

土壌の損失と砂漠の拡大は、けっして発展途上国に限って起こっているのではありません。20世紀の最後の25年間で失った300万km²近い耕地のかなりの部分は、先進国に属しているのです。

この問題と取り組む方法はいろいろあります。土壌の保護林をつくったり、もっとすぐれた方法の牧畜を行ったり、回復力のある草を植えて地面を覆うことができます。

森林活用の道を開く

熱帯林と温帯林は、生態学的構造が非常に異なっているため、その管理には2つのまったく違う方法が必要です。温帯の森林は再植林のおかげで、実際わずかずつではありますが、広がってきています。西ドイツ南部のような人口集中地域でも、今ではその1/4が森林に覆われています。

再生紙
紙の再生率を高めれば、先進国では紙パルプの需要を少なくとも1/4減らすことができます。それは、第2次世界大戦中に先進国が実現していた再生率の半分にすぎません。

紙製品／古紙回収／パルプ工場／製紙工場

南半球における森林管理
多くの発展途上国では、森林管理部門は人員・資金とも不足しています。林務官らは自分たちのおもな任務は、植林地や薪炭用材の農園の造成、その他村の林野計画の作成などを助けることよりもむしろ、人々を森林から締め出すことと考えています。国際機関は今、熱帯林の持続的な開発にかなり力を入れています。そして、森林管理を地方開発の重要な側面として推進しています。たとえば、世界銀行のもとでは地球環境ファシリティー（GEF）が実施され、途上国と移行国における6分野——生物多様性、気候変動、国際水域、土地劣化、オゾン層、残留性有機汚染物質（POP）——の活動を支援しています。

川の流域への再植林
各国政府は、河川の上流域に森林を復活させることが、流域の社会の誰にとっても利益となることを認識しつつあります。

コミュニティの森林管理
国際機関の援助を受けて、多くの国が市民に対し薪用の木の農園づくりに参加するよう奨励しています。インドのグジャラートでは、学童らが育てている苗木の数は、政府の役人に負けないほどです。

FSC森林認証制度

より適正な森林管理のための、その重要性が広く認められているにもかかわらず、地球全体の森林のわずか2％しかまだ認証されていません。認証森林には、ボリビア、ブラジル、グアテマラ、メキシコの熱帯林の1万8,000km²が含まれます。

持続的な土地利用システム

多くの可能性を秘めた方法は農業森林管理（下図）です。これは木と食用作物を互いに並行して栽培する方法です。こうして、通常は作物栽培に不適とされる森林地や栽培限界値が食糧生産に利用できるようになります。そして、ある種の木、とくにマメ科の木は大気中の窒素を土壌中に固定するため、地力の回復に役立つのです。

北側諸国の森林管理

破壊的な森林伐採は、必ずしも熱帯地方だけの問題ではありません。カナダや米国西部の原生林は、持続不可能なペースで伐採されています。当面の課題は、これらの森林における急速な伐採を止め、持続可能な2次的森林や植林地育成を強化することです。最近では、旧ソ連の林業従事者が年に約100万haの植林を行なう一方、それと同じくらいの面積の自然林を再生させました。同様に重要なのが、木材の利用効率を上げることです。ノコギリの刃を薄くする、コンピュータとスキャナを使って材木の欠陥の有無を調べるなどの技術を使えば、製材時の無駄を省けます。米国で日本並みの利用効率を達成すれば、4本に1本は伐採せずにすむほどの節約効果があります。

樹液の保護区

ブラジルのゴム採取者（上図）は、「樹液の保護区」を中心に開発の見通しを立てています。この保護区は、樹液の採取、果物や木の実の収穫など、森林の存続と両立できるような利用をするために、地元の共同体が管理している場所です。1990年以来、ブラジル政府は保護区が30を数え、面積にして5万km²にもなることを確認しています。

チプコ運動について

1974年に、インド北部レニ地方の女性たちが木の伐採をやめさせようと、単純ではありましたが効果的な行動を起こしました。女性たちは、製材業者らが伐採しようとする木に抱きついたのです。この抗議行動は、水源地の1万2,000km²の森を救いました。右の写真は、地元の多くの人々にとって、自分たちの森の問題がいかに強い関心事であるかを示しています。

また、やせた土地においてと同様、肥えた土地で、より行き届いた農業を行うこともできます。しかし、唯一の最善策は、あまりに数多くの農民が耕作に向かない土地に流入するのを食い止めることでしょう。本質的な問題は、土地を失い、国家社会の辺縁部へ押しやられた人々が、生態学的に損なわれやすい地域に向かうことにあるのです。つまり、私たちは社会の限界にいる人々を、耕作の限界地に入れないようにしなければならないのです。解決の鍵は、良好な農地をいままで以上に有効に利用することです。つまり、私たちは、将来さらに必要になるであろう食糧の3/4は、まだ耕地化されていない土地からではなく、現存の農地から生産するよう努めなければなりません。

いくつかの注目すべき例が示すように、それができることは確かです。もしジャワ島に住む農民のうち、もっと多くの人たちが、隣のバリ島（ここでは単位面積当りの人口はジャワ島と同じくらいか、しばしばそれ以上を示しています）ではあたりまえの集約的・持続的な農業を行えば、ジャワ島の荒廃した土地の大部分をバリ島のような田園の島に回復させることができます。もし似たように持続可能な農業システムを導入すれば、東南アジアの他の地域でもさらに生産力が向上するでしょう。アマゾン川流域において、もし新来者が、湿潤なラテンアメリカに長く定着してきた農民たちの伝統的な穀物栽培方法と、アマゾンの氾濫原における、毎年地味が増す肥沃な沖積土があれば、新たに開かれた土地は何百万もの小農を永久に養うことができるでしょう。ガンジス川やメコン川の氾濫原を舞台とした歴史時代の農耕文明に匹敵する繁栄を生み出すためには、熱帯林のほんの少しがあれば十分であったのです。

既存の農地で従来の2倍の食糧を生産しようとすれば、農業戦略の根本的な転換を図らねばなりません。緑の革命（P.62〜63）に、「常緑革命」を加えるのです。乏しい水は、たとえば点滴灌漑のような方法で（P.69）、もっと有効に使わなければなりません。輸出用商品作物への転作はやめ、地域社会のための食糧栽培を最優先にすべきです（P.52〜53）。もちろん、これらは輸出貿易から利潤を得ている地域のエリートのような、既得権益をもつ人々の

段々畑
肥沃な土壌をもつ小高い地域、とくに集約的に耕作された火山地域の斜面は、浸食の影響をとりわけ受けやすいところです。解決方法は、北フィリピンで2,000年の歴史をもつ稲の水田に見られるような段々畑をつくることです。

土地利用と土壌の活用

上の景観図は、良好な農地（左側）から砂漠（右側）へと移動するにつれて、どのように土地利用が変化するかを段階的に要約して表したものです。それぞれの土地に適した技術には、土壌保全策と高い生産可能性をもつ土地の集約的利用が含まれています。すなわち、耕地に対する過度の負担を軽減して表土の喪失を防ぎ、また、良好な土地と砂漠の中間の農地では穀物栽培と牧畜を持続的に混合させた農業を行っているのです。傷つきやすい乾燥地や山地を保護し、そして最後には砂漠化を防ぎ、すでに劣化した土地の回復を図ろうとするものです。

良好な土地：集約的利用
やせた土地を保護する最良の方法は、肥沃な土地を十分活用することです。おもな方法は多角的利用です。すなわち、作物を早い周期で栽培し、いくつかの作物を一度に植えるのです。この方法は、灌漑によってその効果が高まります。有機農業は作物の残りや、敷きわらなどを「緑肥」として使います。いくつかの「庭園農場」の農業生態系では、ほんの数haの土地に何十もの作物を植え、再生可能な土地の利用を促進しています。

中位の地味の土地
ある程度乾燥した土地では、長期にわたり雨の降らない期間に耐えられる作物が栽培されます。たとえば、キビ、モロコシ類、ヒユ類、ある種の豆類、成熟の速いトウモロコシなどです。しかし、土地を浸食から保護するために、農民はササゲやピーナッツのような、地味を回復させる作物をつくったり、定期的な休閑期を考慮したりしなければなりません。

心を動かすものではないでしょう。1970年代のサヘル地方の干ばつの際、600万ドルに及ぶ海外からの援助がうまく配分されなかった責任は、彼らにあります。援助金のうち、砂漠化を食い止めるための防風林帯の創設など山林管理計画にあてられたのはほんの1％であり、伝統的な穀物農業の援助にあてられたのは3〜4％にすぎなかったのです。

ほかの多くの土地でも、既存の耕地をより効率的に利用しようとすれば、開発計画の基本的な転換が必要となります。工業から地域のための農業へ、すなわち、上位10％の人々（経済成長の「機関車」となる企業家たち）から、貧しい者のなかでも最も貧しい底辺40％の人々へと、力点が置き換えられねばならないのです。これは開発に関する従来の考え方とは正反対のものですが、幸い、1970年代末以降に世界銀行が定め直した政策と一致するものです。

丈夫な動物
農耕の限界地に最も適した動物は、少量の飼料を食べて干ばつの中を生きぬく、病気に強い種類の牛や羊です。肉やミルクを大量に生み出すわけではありませんが、外来種ほど環境を損なうことはありません。

アフリカに植林を
サハラ以南のアフリカが必要な食糧をまかなうには、穀物を植えるより木を植えるほうが理にかなっています。樹木による風除けは、土壌水分を15〜25％も高め、農作物の生産性を5〜10％高めてくれます。樹木は裸になった高地の集水地を回復させ、川の水量を安定させるので、上流域からの水に頼っている発展途上国の40％の農民には役立ちます。ざっと控えめに見積もって、植林によって平均5〜10％の穀物増産が見込めます。家庭用に十分な質と量の水が供給されれば、病気も減ります。途上国の病気の90％は水の汚染に関係があるからです。ある人が下痢、マラリア、その他の汚れた水に起因する病気をわずらっているとすると、その人が摂取した栄養のうち、5〜20％は病気との闘いに費やされてしまいます。以上のように、穀物より木を植えることは、必要な食糧の15〜45％の供給につながるのですが、このような食糧確保への挑戦に注意を払う人はいないようです。

防風林
インドのラジャスターン州では風による浸食を防ぐため、道路沿いに並木が植えられています。丈の高い木は道路脇に、それより低い木が2列目に、小さな灌木が農地に最も近いところに植えられます。空気力学を考慮したこの3層式の防風林は、農地を風から守ることができます。

のぞましい樹木
野生の木や灌木の多くは、砂漠化の防止に役立ちます。マメ科の灌木は干ばつに強いだけでなく、そのさやはタンパク質に富み、家畜の良い飼料となります。モクマオウの木は砂地で早く伸びます。そして高くまっすぐな木であるためすばらしい防風林になります。ギンゴウカンの木は非常に早く成長し、薪に適しています。また窒素を固定する作用があるため、地味の回復に役立ちます。

放牧地
乾燥したサバンナや草原は、牛や羊やヤギの大群によって容易に傷つけられてしまいます。多すぎる数を減らさねばなりませんが、多くの地域では、家畜の所有者に対してその一部を売るよう説得するのは困難でしょう（家畜はしばしば富の集積と見なされるからです）。これをカバーするには放牧地を交替に順次使う放牧法があります。それによって、使いすぎた土地に回復のための時間を与えるのです。植生の衰えた土地は、地味の回復に役立つクローバやアルファルファなどマメ科の草を植えることによって改善できます。

作られる砂漠
自然の砂漠は元に戻すことができません。私たちが農業技術を使って守っていかねばならないのは、砂漠化の境界領域です。劣化して農業的に価値がなくなった土地が、自然の砂漠に組み入れられてしまうのを止めるのです。灌木や低木は砂丘の進行を抑える障壁として役立ちます。キク科やツゲ科の木のような植物はゴムや液状ロウを生産します。砂漠化防止に役立つ植物としては、ほかにも丈夫な低木類がさまざまあります。

高価な革命

緑の革命は、農業においてこれまでにみられた最も顕著な進歩のひとつです。それは先進国では1940年代に驚異的に働きはじめ、50年代以後、西ヨーロッパと北アメリカに記録的な収穫をもたらしました。時期が遅れはしましたが、発展途上国においても60年代の初めから、熱帯アジアやラテンアメリカのいくつかの場所で、それまでは例外的だった生産性があたりまえになりました。たとえばインドでは、1950年代初期には毎年穀類と関連作物をあわせてて5,000万t生産しているにすぎませんでした。しかし、緑の革命が始まってからは、1960年に1億2,000万tだった生産が、2001年には驚くべきことに3億6,500万tを生産するまでになったのです。インドの国民1人当たりの年間の食糧生産高はこの間に241kgから310kgへと増大し、食糧の輸入量は大幅に削減されました。とはいえ、1997年から2020年の間に、インドの穀物需要は8,000万t（40%）増加すると予測されています。

しかし、この成功物語には代償があったのです。緑の革命は、おもにばく大な収穫をもたらし、そしてときにはより早く成熟する「高収量」品種の米や小麦やトウモロコシを植えることから成り立っています。その結果、農民が1年に2度、あるいは3度も作物を栽培できるのです。しかし、そのような品種は高収量品種というよりも、むしろ高反応品種といえます。それは確かな農耕技術とともに、大量の肥料、農薬、灌漑水やその他の添加物が与えらることによってはじめて、それなりの収穫をあげることができるのです。この過程の重要な要素である、石油からつくられる肥料は、緑の革命の初期には安価でした。しかし、1973年にOPECが最初の原油価格の大幅値上げを行ってから、肥料価格は高騰したのです。作物がより多くの肥料を必要とするようになり、需要が増大したことによって、事態は悪化しました。高収量品種は1ha当り70kgから90kgの窒素肥料を必要としますが、大部分の発展途上国が得られる肥料の平均量は1ha当りわずか25kgにすぎませんでした。もしインドの農民たちがオランダの農民と同じ割合で肥料を使用したとすると、その必要量は世界中の肥料消費量に匹敵するでしょう。

最近は世界中の穀物収穫高の増加は横ばいになって

豊饒の角

高収量品種の実績は気候と技術によっています。小麦の平均生産高の最高値は、世界平均の2倍以上です。しかし、それは過去最高の生産高の半分をわずかに上回るにすぎず、理論上の最高値の1/4にしか達していません。緑の革命には、まだ多くの課題が残されているのです。

小麦生産高　kg/ha

- 20,000
- 9,454
- 7,283
- 2,737
- 2,719
- 2,699
- 400〜600

緑の革命は成功例か？

緑の革命の結果、多くの国が穀物、とくに米、小麦、トウモロコシの3つの主要穀類の生産高をめざましく増大させました。世界の平均穀類生産高を3,100kg/ha（2000年）とすると、現在ではかなりの国々の収穫がこの数字をはるかに上回っており、なかには2倍になっている国もあります。ひと足早くスタートを切った先進国では、英国、フランス、オランダ、日本が世界平均の倍の収穫を上げています。途上国の中では、エジプトと韓国がそれを達成しています。しかし、穀類の平均生産高は、緑の革命の最も劇的な成功物語を隠しているのです。たとえば、インドでは1961年から81年の間に小麦の収穫が、フィリピンでは米の収穫が倍増しました。インドとパキスタンでは小麦畑全体の半分以上に、フィリピンでは国の水田の半分に、緑の革命による改良品種が植えられています。その間にも、新種や新しい農業技術の研究は続きました。上の地図には、農業に関する国際的研究センターの場所が示されています。

- 1965年
- 1981年
- 2000年（%増加）

生産高改善の指標

生産高が世界平均（3,096kg/ha）を超える国

生産高が世界平均の2倍（6,192kg/ha）の国

● 農業研究のおもな国際センター

- ISNAR（オランダ、ハーグ）
- IFPRI（米国、ワシントンDC）
- CIMMYT（メキシコ、メキシコシティー）
- CIAT（コロンビア、カリ）
- CIP（ペルー、リマ）
- IPGRI（イタリア、ローマ）
- IITA（ナイジェリア、イバダン）
- WARDA（コートジボアール、ブアケ）
- ILRI（ケニア、ナイロビ）
- ICRAF（ケニア、ナイロビ）
- ICARDA（シリア・アラブ共和国、アレッポ）
- ICRISAT（インド、ラタンチェル）
- IWMI（スリランカ、コロンボ）
- ICLARM（マレーシア、ペナン）
- IRRI（フィリピン、ロスバノス）
- CIFOR（インドネシア、ボゴール）

投入量と生産高

1960年代初期の値を基準値とすると、2000年には穀類の世界全体の生産高は2倍を超えており、肥料の使用が4倍になったことと関連づけられます。穀類の生産高は1985年にピークに達し、その後、7%減少しています。緑の革命は、私たちにひと息つく暇を与えてくれたにすぎません。

- 世界の肥料使用の増加
- 世界の収穫面積の増加
- 世界の穀物生産高の増加

年 1961　1965　1970　1975　1980　1985　1990　1995　200

います。問題は「肥料効率」にあります。これは、肥料を追加することによって収穫が増大し、その結果生み出される収益のことです。世界的にみると、農民が新しい交配種の生物学的限界に達するにつれ、この効率が下がってきています。

また、経済的にも社会的にも有害な影響が現れてきました。高収量品種は、高価な添加物を買うことができる農民によって栽培される傾向にあります。そして、増大した収穫によってより多くの収入がもたらされ、それをさらに広い土地に投資することができるのです。ゆっくりではありますが、富裕な農民は、着実に貧農との格差を広げています。

要するに、緑の革命は著しい成功を収めましたが、多くの欠陥も生じ、明らかに力を失いつつあるのです。私たちが抱える課題は、かなり大きなものです。私たちは、1950年から80年の間に穀物供給を倍増させましたが、それに続く10年は1/4足らずの伸びでした。1人当たりの穀物生産高は1980年代半ばに342kgでピークに達し、その後は下がって2002年には300kgを割り込みました。それでも西暦2025年までに、79億人になると予想される人類の栄養レベルを現在の水準に保つためだけでも、穀物生産高を40%増加させる必要があります。緑の革命は、とめどもない人口増加と、土地と食糧のはなはだしい不平等な配分という、より大きな問題を解決するための数年の猶予を私たちに与えてくれましたが、私たちはこの時間を大いに浪費してしまったようです。

要するに、私たちには「常緑革命」にもとづく新しい農業の戦略が必要です。幸運にも私たちは、すでに「遺伝子革命」(P.70〜71)という、まさにその前進を遂げるための手段を持っているのです。

北側の農業モデル

米国の農民は驚くべき生産力をもっているようです。わずか1%足らずの農業人口で、その国民を養うたけでなく、国際市場における農業生産物全体の相当部分(2001年で約1/3)を供給しているのです。彼らは、世界中の全耕地のわずか11%の耕地から、世界の小麦の11%、モロコシの18%、トウモロコシの40%を生産しています。何

マレーシアのムダにおける緑の革命の前と後

多民族社会のさまざまな面を示す景観(上図)は、より大きな土地を有する者によって均質な景観に変えられてしまいました(下図)。土地をもたない者は、マレーシアの森の中で焼畑農業に頼っています。

緑の革命がムダに約束したこと
1. マレーシアの米の自給率を増大させる。
2. 農民の収入を増加させ、全員に公平に分配する。

約束と現実：ムダ川

たとえどんなに緑の革命が農業経済的見地から有効であるとしても、その経済的成功と社会的成功は別問題です。北マレーシアのムダ川流域は、それらがうまくいかなかった例を示しています。9,000万ドルかけてつくられたダムによって田が灌漑され、それまでの米に代わって高収量品種の二期作が可能になりました。1970年代初期までに生産量はほとんど3倍にも増加しました。計画前はマレーシアの稲作面積の30%を占めていたその地域は、マレーシアの米の30%を供給していました。しかし、この数字は急激に50%にはね上がったのです。以前は50%にすぎなかったマレーシアの米の自給率は、1974年までに90%になりました。しかし、あらゆる階層の農民の平均収入が増加した一方で、富裕な階層は150%もの増収を享受し、貧しい階層の農民はほんの50%しか増収がなかったのです。さらに悪いことに、収穫は1974年以後、「安定」効果によって増大しなくなったのです。つまり、農民が作物に肥料を多くやればやるほど収穫の伸びは減り、結果的に横ばいになってしまったのです。この第2段階で全農民の実質所得は減少しました。とくに貧しい農民の収入は減少し、1979年までに緑の革命前の水準以下になってしまいました。そのうえ可処分所得が増えた富裕な農民は、貧農から土地を買い占めはじめました。その結果、社会の底辺層は小作人として農業に従事するか、土地を完全に手放すかを余儀なくされたのです。

「持てる者はさらに与えられて豊かになるが、持たざる者は、持っているものまでも取り上げられる」といわれるように、富裕な階層と絶対的貧困階級の格差は、発展途上世界においても、先進国の間と同様に増大しています。この残念な構図は、例外的に平等主義的な社会を除いては、事実上、緑の革命を経験したすべての国で繰り返されているのです。

十年もの間、世界は米国の余剰食糧の恩恵を受けてきました。しかし、将来ともその成功がゆるぎないものであるという見込みは、幻想にすぎないでしょう。工業的な農業は非常に生産的である一方、きわめて破壊的にもなり得るからです。それも破壊はゆっくりと目だたずに進行するので、事態の深刻さが表面化しないうちに、既に危機的状況に陥っていることがあるのです。

この進歩した農業の代償は何でしょうか? まず第1にあげられる最も深刻なものは、土壌の喪失でしょう。米国は最良の表土の少なくとも1/3を失いました。土壌浸食をとくに受けやすい耕地を休ませる資源保全事業(CRP)と「保護耕作」の広がりで、いくらか状況は緩和されたものの、テキサス州とコロラド州の大平野の西の地域、アイオア州とミネソタ州のミシシッピ川とミズーリ川流域では、いまでも大規模な表土の喪失が続いています。第2に、合成肥料や農薬をふんだんに使用したことが、米国の水質汚染の大きな原因となっています。第3に、水使用の80%を占めるとみられるほど、灌漑が広まったことにより、地下水の蓄えが減り続けています。そして最後に、食糧が農場から食卓に届くまで2,400〜4,000kmも旅することがある今、食糧の流通にかかる輸送費はいまや1年に数十億ドルにまで達しています。

米国における農業の工業化によって、多くの農場がかなり大きな営利企業へと変化していったのは、驚くべきことではないでしょう。1950年以来、大規模農場指向の傾向が続き、今日までに農民数はわずか1/3になってしまいました。肥料、農薬、燃料や土地そのものの値段が上昇を重ねたため、農民の多くは多額の借金を負うようになりました。その利子の返済額は、1980年代と90年代には数千億ドルにのぼりました。それゆえ、農民は環境の損失についてはむとんちゃくになり、毎年さらに多くの収穫をあげることに汲々としてきたのです。幸い、米国の農場サービス局(FSA)が自然保護事業に乗り出し、環境に敏感な土地を守る農民を支援し始めました。土地使用料と経費補助を受ける代わりに、農民は長期的な、資源保全に役立つ作物を植え、それによって水質をよくし、土壌浸食を防ぎ、野生生物の生息域を守るのです。

言うなれば、米国の過去半世紀の農業は、世界中に広がった工業的農業の成功と失敗の縮図です。この農業モデルは、緑の革命の起こった地域において広く模倣され、適用されてきました。その成功は食糧生産の点から言えば自明の事実ですが、工業的農業のもたらした悪影響はあまりにも明白です。最近になって、米国および世界中の多くの農家は、今まで農業を営んでいた持続不可能な限界耕作地から手を引き、大量の肥料や農薬の使用を控える、新しい農業を始めています。この2つの傾向は、穀物生産高の全体的な頭打ちの状態につながりました。

食糧生産への補助金

富める国々の食品は実質的にこれまでより安価で、インフレの要因になっています。しかし、多くの隠れたコストがあるため、ほんとうは安くはないのです。それは主に環境面のコストですが、店のレジで払う価格には反映されません。一番大きな問題は世界中で支出されている、年間総額6,350億ドルという巨額の補助金で、うち5,100

農業生産の功罪を両天秤にかけると

毎年、養っていかねばならない人口は増え、その増加数は最低8,000万人にのぼります。これまで私たちがそれだけの人口をどうにか養ってきたのは、農業の成功のおかげです。穀物の生産は、1950年の6億2,400万tから2000年の18億6,200万tへと増大した。この大幅増の大部分は、西洋流の「ハイテク」な方法、すなわち石油から作られた肥料の使用や、新しい交配種の大規模な単一栽培によるものです。しかし50年間の成功物語はその勢いの衰退を隠しています。1984年以来、年間の人口増加率が1.7%であるのに対して、世界の穀物生産高の伸びは約1%にすぎません。その結果、1984年には1人当たり342kgであった生産高が、2000年には1人当たり302kgに落ちました。2002年と2003年の世界の穀物収穫高は、消費に対して9,000万トンの不足でした。天秤は失敗のほうへ傾きつつあるのでしょうか?

1袋が5,000万tの穀物を示しています。

石油を食べる
1950年以来、人口増加と環境破壊によって1人当りの穀物耕地面積は半減しましたが、肥料使用量は4倍に増えました。1人当り穀物生産量は1984年が最高でしたが、以後、14%減少しました。

人口 1人当りの肥料(5kg) 1人当りの穀物収穫面積 1人当りの食用穀物生産量 1人当りの飼料用穀物生産量

25億人 89kg 135kg 5.5kg 0.23ha 1950年
48億人 159kg 129kg 28kg 0.15ha 1984年
53億人 160kg 123kg 27kg 0.13ha 1990年
61億人 155kg 110kg 23kg 0.11ha 2000年

農業生産の功罪を両天秤にかけると　65

先進的農業の代価

今日の多くの農民は「赤字財政」型の農業を営んでいます。食糧から借金の利息まで、緊急の必要を満たすために、農民は将来の土地の基盤を枯渇させているのです。たとえば、野生種と栽培品種の両方の遺伝子の遺産を破壊し、石油エネルギーや地下水を使い果たし、農地に有害な化学薬品を投入する、というように。私たちは害虫や、貯蔵の悪さのために作物の半分近くを失う一方で、処理しきれないほどの「ミルクの湖」をつくり、また家畜の餌を貴重な土地で育てて不健康な肉の多い食生活を支えています。その間に、貧しい国々では、食糧が不足しており、そのうえ、研究施設も不十分なのです。

単一栽培の広がり
広大な地域に、同一の系統の作物が植えられるため、すべてが同じ病原菌に弱いことになります。そして、すべてが遺伝的な多様化を妨げています（P.172〜73）。

自然との競争
集中的な農薬散布も、単一栽培につきものの、収穫の1/3を奪う害虫を根絶できないことがしばしばです。しぶとい種や突然変異種が常に先をいくからです。

石油づけ農業
産業化した農業は、肥料、農薬、灌漑、機械などの形で石油に深く依存しています。現代農業は「石油を食べる」のに近いのです。

消滅した種
伝統的な作物の種はブルドーザーで一掃され、新しい交配種に取って代わられました。しかし古い種は重要な遺伝的物質をもっているのです。

新たな干ばつや土砂嵐
森材破壊、過度の耕作、過放牧によって土地が荒廃します。

水を渇望する作物
灌漑は穀物にきわめて重要で、農業用水はいまや世界の水消費の70%を占めています。

むだな肉食
世界の穀物のほぼ36%が家畜の餌となり、新旧の消費国での肉食中心の食生活を支えています。

余剰とむだ
富める国の補助金が農家に莫大な穀物と肉の余剰を生ませ、ワインとミルクの湖を作らせます。

取り残される貧しい人々
世界の農業生産が頂点に達する前から、既に多くの低所得国では、1人当りの食糧生産高が下がっていました。

穀物輸入への依存
ナイルの肥沃な氾濫原をもつエジプトは、かつて穀物を自給していましたが、いまでは多くを輸入に頼っています。

土地の集中
富が富を生み出します。上図に見るように、大規模農場は小規模な農民をますます押しのけてしまいます。

ゆがんだ研究と開発
緑の革命の研究は、ラテンアメリカやアフリカの小農によって栽培されるキャッサバ、モロコシ、キビなどの作物を無視しがちでした。

食の安全その1

億ドルは経済にも環境にも害を及ぼすという意味で「歪んだ」ものと言えます（P.232～33）。このような補助金は、環境と水の深刻な汚染をもたらす農薬や化学肥料の利用に拍車をかけます。短周期の連作、休閑期の減少によって土壌浸食を悪化させます。高収量品種の単一栽培を奨励し、古くからある食用作物の多様な品種を遺伝的に駆逐してしまいます。耕地を得るために開墾を加速させ、とくに熱帯では森林伐採の唯一最大の原因をつくります。また、こうした補助金は、温室効果ガスを出す多くの農業活動を経済的に支えています。

ヨーロッパの牛1頭は1日の補助金で、途上国の13億の人々よりも多くの現金収入を稼ぎます。しかも、EU諸国の補助金9割が、最も規模の大きい1/4の農場主、つまり、最も助けを必要としないところに行きます――まさに「持てる者には与えられる」のです。さらにばかげているのが、多くの富裕国の補助金のおかげで、輸出食品が生産にかかる原価より2～5割も安く売られていることです。これは、発展途上国の苦戦する農民とその農業に追い討ちをかけます。国連開発計画によると、米国の農業補助金だけで、失われた農業輸出で年間約500億ドルの損失を、貧しい途上国に負わせています。明らかに補助金は、生産から持続可能な農業への方針転換を図らねばなりません。そうなれば補助金は、健全な景観と快適な環境、澄んだ水、娯楽とスポーツ、洪水の防止、炭素の受け皿の支援に役立つでしょう。田園には食糧生産のみに留まらない数々の役割があるのです。

これだけの莫大な補助を受けていても、農場で生産される食糧が食べて安全なものとは限りません。2001年に英国で口蹄病が発生して500万頭の家畜が殺処分され、国全体の損失額は160億ドル（観光収入の減少を含む）にのぼりました。しかし、これよりはるかに人間の健康を脅かすのはBSE（"狂牛病"）で、英国では100万頭もの牛が感染しました。BSEは、家畜処理の副産物（屑肉、骨、毛までも）を家畜の飼料にするレンダリングの過程で起こりました。牛を肉食獣にすることなど誰が想像したでしょう？ 感染牛肉を介してBSEにさらされたことが人間のクロイツフェルト・ヤコブ病（vCJD）と強く関連づけられています。この病気は2004年初めまでに英国で139人の死者を出しました。

牛肉ばかりではなく、他の肉も健康に害を及ぼします。英国の消費者雑誌「ホィッチWhich？」によれば、スーパーマーケットで売られている鶏肉の3割は「人間の食用に適さない」とする必要があるといいます。ヨーロッパでは毎年1億3,000万人が、そして、米国では7,600万人が、食品が原因でおこる病気にかかっています。米国北東部では毎日2万3,000羽の鶏、七面鳥、その他の家禽が売られていますが、その4割は鳥インフルエンザウイルスをもっているとされます。飼育され、輸送され、屠殺され、加工される家畜の数だけでも、危険な病原体にとって絶好の条件を生み出しているのです。

生または加熱不十分な家禽肉、豚肉、卵のサルモネラ菌
加工食品のリステリア菌
鶏肉、七面鳥肉、豚肉のカンピロバクター菌
牛肉の大腸菌

食品が原因で起こる病気
WHOによると、富裕国の住人の3人に1人が、食品が原因で起こる病気にかかっています。医療費と労働生産性の低下による財政負担は、年間340億～1,100億ドルとされます。英国では、過去15年間に食中毒が600%増えて、500万人にのぼりました。

ファストフードは死への近道
肉の消費はステーキだけではありません。ファストフード産業――ハンバーガーやホットドックの類――は、アメリカ料理の基本になりました。米国の全成人の1/4が毎日ファストフード店を訪れます。ファストフード産業はその触手を遠く広く伸ばし、今やマクドナルドの広告費の大半は巨大な潜在的市場である発展途上国に向けられています。巨大食品産業はロビー活動、啓蒙資料、学校への食品納入契約によって若者の食習慣に影響を与えています。広告と販促キャンペーンによって、穀物飼育された牛肉と発展途上国の威信はいとも簡単に結び付けられました。「動物性蛋白質のはしご」を登ることが物質的成功のあかしになる限り、肉食文化は熱心な顧客を確保し続けるでしょう。「ハンバーガーを食べて、西洋の仲間入りをしよう」というわけです。この頁のタイトル「食の安全（We are what we eat）」は角度を変えれば、食は人なり、ということになります。

食品の真実の価格

消費者は食品に3回お金を払います。最初はレジで。2回目は補助金をまかなう税金として。そして、3回目は集約的農業が生み出したもののツケを払うのです。

レジで
EU共通農業政策（CAP）は、消費者に2000年に約480億ユーロという高い食費を課しています。

補助金で
補助金によって輸出食品は生産原価より2〜5割安で売られます。農家の所得は、2000年にEU域内で400億ドルという補助金に支えられています。

後始末に
英国農業の外部コスト（汚染、自然資本の損失、医療費など）は年間20億ポンドを超えます。

SARS

中国南部の野生鳥獣を供する料理店で珍味とされるハクビシンが、SARS（重症急性呼吸器症候群）に関連するとされています。世界全体で8,000人が感染し、800人近くが死亡しました。

遺伝子組み換え（GM）作物

食品のGM汚染に対する懸念が広がっています（P.70〜71）。2002年に世界全体で植えられたGM作物の作付け面積の62%を大豆が占めています。その大半は家畜飼料の主な蛋白源となります。

肉と穀物の関係

週に1回肉料理をやめて肉の消費を抑えるだけで、1年で穀物30kgと水4万ガロンが節約できます。すべてのアメリカ人がこれを実行したら、3,000万人分の食糧に当たる、900万tの穀物が節約できます。しかし、1990年以降、アメリカ人の肉消費はほぼ1割増えました。対照的にヨーロッパでは、週に1回肉料理が減り、肉の消費は1990年から1/7減少しています。

肥満

世界では、やせすぎより太りすぎの人が増えています（P.46〜47）。このばかげた事態の筆頭に挙がる米国では、国民の半数以上が臨床的に肥満です。ダイエット人口も過去最高なら、肥満の人もそれに輪をかけて増えています。肥満関連の病気と死は、かなりの部分大量のファストフードと飲み物の摂りすぎによってもたらされ、米国経済の重い足枷になっています。一部の国々ではやがてAIDSよりも脂肪過多の食事が、寿命を縮める原因として上位を占める可能性があります。

肉が増えればメタンも増える

家畜は、世界のメタンの16%を排出しています。メタンは二酸化炭素に次いで第二位の温室効果ガスです。

世界のBSE

右の地図は、1989年から2004年1月までの間に1件以上BSEが確認された国の地理的分布を示しています。下の棒グラフは、2001年から2003年の間に世界で確認されたBSEの件数を示します。棒グラフの数字は3年間の合計です。

BSE確認例が報告された国

国	件数
オーストリア	1
フィンランド	1
ギリシア	1
イスラエル	1
ルクセンブルグ	1
カナダ	2
スロベニア	3
チェコ共和国	8
ポーランド	9
日本	9
デンマーク	11
スロバキア	13
オランダ	63
スイス	87
ベルギー	99
イタリア	115
ドイツ	285
ポルトガル	329
スペイン	376
フランス	650
アイルランド	762
英国	2,958

新しい農業革命

いまや政治的にも科学的にも、新しい農業革命が必要です。幸いなことに、科学的な革命の芽生えはすでに存在しています。しかし、その兆候を適用していく政治的意志や手段は、まだ形成半ばなのです。従来の私たちの方法は、穀物に適するように環境を従わせるものでした。いまや品種改良と遺伝子工学のおかげで、環境を植物に従わせるのでなく、植物を環境に従わせることができるようになりました。こうして、穀物が環境を無視してではなく、環境と調和して繁茂するよう操作することができるようになったのです。肥料、水、除草剤、農薬などを投入する代りに、何も与えなくても成長する植物を育てることも可能になりました。

たとえば、ホホバのように砂漠で生育する植物や、モロマ豆やバッファロー瓜のような乾燥地域の新しい主要産物は、極端な温度に耐えることができます。さらに海水による灌漑の可能な小麦、大麦、トマトの品種さえあります。

すでに私たちは、根に共生している窒素固定作用をもつバクテリアを通じて、みずから肥料をつくり出すマメ科植物を利用しています。まもなく、私たちはマメ科植物のこの能力を他の植物に移すことができるかもしれません。そうなれば、農民は合成肥料の価格上昇を心配する必要がなくなるのです。また、穀物の品種改良では病気に強い野生種を利用して、病害虫への耐性を備えた穀物が開発されつつあります。

さらに研究を

多額の資金と新しい研究機関が、とくに低所得地域で必要とされます。地域に合った作物の種類を開発し、小農にも大農にも適切な耕作技術を発展させるためです。

新しい農業に光と希望が

生態学は、土地の保護とエネルギー効率の改善のために、総合的害虫管理、節水型の灌漑、新しい有機肥料、作物の残り屑や緑の敷きわらの新しい利用法を具体化しました。保護耕作は、土壌の損失を防ぎます。いまや米国では、4,400万haで保護耕作が行われ、その面積は急速に増加しています。保護耕作は、熱帯地域でいっそう大きな価値があります。将来の作物は、環境に見合った、自給的で高収量をもたらすものでしょう。しかし、研究の援助は不十分です。将来の農場には、より多くの研究の他に、遺伝子革命の原料を供給することになる遺伝子資源の保護が必要となるでしょう。

害虫管理

総合的害虫管理（IPM）は、大いに成果を挙げています。その目的は害虫を一掃することではなく、一連の「自然の」抑制によって、害虫を許容範囲内に抑えることです。それには作物の混合栽培、よどんだ水たまりなど害虫の巣の除去、害虫の天敵の導入、餌を置く、去勢した雄を放す、さらには成熟を妨げるホルモンを使うなどの方法があります。

保護耕作

必要なだけしか土を掘り返さない耕作法は、エネルギーを節約し、土壌を保護します。穀物の残り屑や耕地に残された刈株は、養分を保持し、浸食を防止します。次の年の作物の種子は浅く、限られた溝に、また土壌を掘り返さずに穴をあけてまかれます。

将来性のある植物

きびしい環境に適応した食用の植物は、農業革命の新しい可能性を示しています。

ソマリアのイェヘブ：この乾燥地で生育する低木は、ピーナッツほどの大きさの、栄養分を含む種子をつけます。これは砂漠での主要作物になり得ます。

野生のヘアリーポテト：この野生の植物は、アブラムシの苦手なにおいを発し、それを寄せつけないようにします。この防虫作用は、将来、農作物に取り入れられる可能性があります。

南側では食糧第一に

南側を養うには、新しい農業は本当に革命的でなければなりません。それには明確な転換が必要です。つまり、工業偏重から農業重視へ、同じく商品作物から国内の食糧供給へ、営利的な土地所有者から小農へ、といったものです。食糧供給を十分なものとするためには、小農は地域的な協力による支えが必要です。なぜなら、どんなに意欲的で生産力をもっていても、農民が成功するには一連の便宜が与えられねばならないからです。それには信用、より適切な価格、改善された市場、運搬、各種の助言、適当な研究、土地所有の保障と良い土地の入手などがあります。「食糧第一」の好例は、世界の耕地の7％で世界の人口の20％を養っている中国です。しかし、中国の農業は今、深い混迷に向かっています。農地は縮小され、都市や向上、道路などに姿を変えています。灌漑用の水もかつてなく不足しています。同時に、中国は人口増加によって毎年新たに養うべき8,000万人の人口をつけ加えているのです。

新しい農業に光と希望が　69

混合農業
多種の作物の同時栽培や輪作は、土壌のバランスを保つとともに、害虫の侵入を妨げます。地表を緑で二重に覆うと、下の層が水分の蒸発や土壌侵食を防止します。窒素を固定するマメ類は、トウモロコシなどの間に植えると地味を回復します。

このような躍進は、来るべき遺伝子革命の中心をなすものです。この革命は、今ある主要な作物の種の生産性を目覚ましく改善するものです。これを成功させるためには、今までよりもさらに研究に重きを置くことと、農業を「シンデレラ」の状態から救い出すための一連の新しい経済戦略をとることが必要となるでしょう。しかし、緑の革命のテクノロジーとは違って、遺伝子革命の研究やマーケティングは、おもに私企業によって行われるものです。このことが遺伝子革命の広まる速さを物語っているでしょう。

遺伝子革命が何よりも必要とするのは、政治的な変化です。というのも、この革命による影響は重大で、個人レベルにまでその影響が及ぶからです。富裕な世界の国民が肉食にかたよった食事によって、不公平な肉と穀物の関係を支えつづける限り、土地は疲弊し、人々は飢えていくでしょう。また、発展途上国の数ヵ国が、十分な食糧供給や零細農民を犠牲にしてでも工業化や都市化、商品作物の輸出に重点を置いている限り、同じことが起こってしまうでしょう。

適当な援助が与えられれば、零細農民（彼らは今日、10億人にのぼる貧しい人々の半分以上を占めている）は自分自身で食べていけます。適切な助言が与えられれば、富裕な国の国民は、日常の食事を改善することができます。新しい科学の知識を適用していけば、大地は私たちを養うだけの収穫を持続的にもたらしてくれるのです。それは、

遺伝子銀行
低温保存で作物の多様性を保ち（P.162〜163）、地域的な種子の保管庫を運営することで、農民は耕作上の問題解決の選択ができます。

温室
ガラスまたはプラスチック製の巨大な温室内で、農耕には不向きな土地から貴重な商品作物を収穫できますが、これはエネルギー集約的です。イスラエルは、この方法で砂漠を耕作して商品作物を輸出し、主食を輸入しています。

スピルリナ：乾燥地の塩水湖で繁茂する、タンパク質に富んだ小さな藻です。メキシコやチャドで収穫されます。

ウィングドビーン：もともとニューギニアの森林に住む原住民が育てていたものです。タンパク質とビタミンを豊富に含むため、現在では50ヵ国以上もの場所で栽培されています。

ポメロ：この大きなミカンは食料としての価値が高いものです。

点滴灌漑技術
穴のあいたパイプによって調節する灌漑で、水を節約し、また水分蒸発による土中の塩分蓄積を減少させます。

先進諸国は肉食の減少を
発達した農業によって病んでしまった土壌に対する明白な処方箋は、一見すると受け入れがたいものです。休耕期を延長し、ひどく浸食された土地は完全に休めなければなりません。これでは、どうやって飢えた世界を養っていけるのでしょうか？　このジレンマに対する答えは驚くべきものです。今日、米国の平均的な国民は1年に700kgの穀物を消費しますが、そのほとんどを食肉として間接的に消費しているのです。1960年以来の消費量の増大は、飢えていないアフリカ人の消費量に相当します。20年前の食事形態に戻りさえすれば、富裕な国民は健康状態を改善し、大量の穀物を放出し、かなりの土地を使わずにすむのです。ノルウェー政府は、農場を動かし、公教育を行ってこれを他国に先駆けて実行しました。個人レベルでも、多くの富裕な国民は肉の少ない食事へと向かいはじめています。

常緑革命
緑の革命は肥料、農薬、灌漑の水などの資源に依存してきました。今、緑の革命を補完する常緑革命が必要とされています。常緑革命は、最新の育種技術という形で、おもに科学の力を生かす革命です。

私たちがただ何がいちばん重要であるかという優先順位を、正しくつけるという問題にすぎないのです。

遺伝子組み換え食品

　遺伝的な修正を加えた食品（GM食品）は、ヨーロッパでも北米でも、さらにその他の地域でも、すさまじい政治的論争を巻き起こしています。農業がなし遂げた最大の前進を記すものか、あるいは、あらゆる生態学的反動と健康被害の引き金か、どちらにもなりえます。いずれについても科学的証拠は完全とは言いがたく、実際に何シーズンも栽培を繰り返してみないことには結論も出せません。世論は深く、ときには鋭く対立しています。極端な意見も盛んに聞かれます。巨大アグロビジネスが多額の投資をしており、大きな利害がからんでいます。事実と創作、意見と偏見が混じって興奮に火をつけ、各国政府はここ数十年間で最も熾烈な政策論争を繰り広げています。

　GM食品の推進派の旗手は米国、懐疑派はヨーロッパです。米国の農民はトウモロコシ、キャノーラ（ナタネ）、大豆、カボチャ、パパイヤ、綿花などのGM作物を長く栽培してきており、GM食品の輸出では世界で群を抜いています。対照的に、ヨーロッパではGM作物がごくわずか作られただけで大規模な抵抗を呼びました。世界全体では、今やブラジル、南アフリカ、米国、アルゼンチン、カナダ、中国をはじめ18ヵ国で、数千万の農民が70万km²のGM作物を栽培しています。その作付け面積は2003年だけで15％も拡大しました。

　なぜ、GM食品はこれほどの拒否反応を生むのでしょうか？　GM作物は害虫に強い、塩分の多い土壌でも育つ、食品としての栄養価が高い、貯蔵時の安定性にすぐれているなどの利点があります。そして、今後20年間に15億も人口が増える見込みが高いとなれば、大幅に収量を上げる農法が緊急に必要とされていることも疑いがありません。残念ながら、最もお腹をすかせている人々は、最も貧しい人々でもあるので、新しいバイオテクノロジーの恩恵を受けることができません。

　なぜ、多くのヨーロッパ人は彼らの言う「フランケンフード」に、そこまで重大な懸念を持つのでしょうか？　科学者の大半はGM農業に対して慎重な支持、少なくとも中立の立場をとっています。しかし、彼らの意見は厳密な条件付きです。環境と公衆衛生の両方の面から安全だという結論を下すには、どれほど長い時間がかかったとしても、十分に広範囲の野外試験を繰り返し行わなければならないというのです。決定的な答えが出るには、まだ何シーズンもかかることでしょう。

　表面的な議論の中身はともかく、ヨーロッパの市民の間には深い懸念があります。それは大部分、厳密な意味での科学とはほとんど無関係な懸念です。ヨーロッパの消費者は英国での"狂牛病"騒ぎ以来、食糧分野における科学技術というものにいまだに不信感をもっているのです。狂牛病と遺伝子工学とは何の関係もないにもかかわらずです。逆に、アメリカ人は自国の食品安全基準は世界一であり、自分達は過去何年間も大量の遺伝子組み換え食品を食べてきたが、何も悪い兆候は見られないと主張しています。

　以上のような反論に答え、リスクを上回る利点があるこ

遺伝子革命

カフェイン抜きコーヒー

　現在、世界で飲まれているコーヒーの10杯に1杯がカフェイン抜きです。街のコーヒー店で注文できるのは人工的にカフェインを抜いたものなので、香りも若干劣ります。カフェインは血圧上昇、動悸、睡眠障害などをもたらすため、カフェイン抜きコーヒーの需要は大きいのです。ブラジルの農園で、ほとんどカフェインを含まず、香りはそのままという天然のコーヒー豆の品種が見つかりました。興奮作用が一般に売られているコーヒーの1/15という性質がわずか3株にだけ現われたのです。しかし、この遺伝子の「所有者」、つまり、画期的な新品種による利益を手にするべきは誰なのでしょう？　もとのコーヒーの木は、かなり以前にエチオピアからブラジルに導入されたものだったため、今、2国はこの貴重な遺伝子からの利益を誰が手にするかをめぐって争っています。利害は小さくありません。世界のコーヒーの売上は年間700億ドルにのぼるのです。

DNAのクローニング

　生殖クローニングを使えば、特別な性質をもった動物をつくることができます。たとえば、特定の動物を遺伝的に修正して大量につくれば、ヒトの病気の研究のモデルとして役立ちます。治療的クローニングではやがて、人間の1個の細胞から臓器をつくったり、パーキンソン病、アルツハイマー病のような退行性疾患で病変した細胞を健康な細胞に置き換えたりすることが可能になるかもしれません。クローニングの技術は絶滅の恐れのある種を救うのにも使えます。2001年に、イタリアの科学者はクローン技術によって、絶滅が心配されている野生の羊、ムフロンの健康な赤ちゃんをつくりました。この「試験管」技術は、絶滅が危惧されながら、人を惹きつけてやまない、ジャイアント・パンダ、スマトラトラなどの野生動物に生かせる可能性があります。

ターミネーター遺伝子

　これは、翌年まけば実るような種を作物につくらせない技術です。これによって種子会社は、農家に毎年新しい種を買わせることで新品種にかけた投資を守れます。ただ、この方法は、農家が収穫の一部をとっておいて翌年まくという長年の伝統とは相容れません。したがって、ターミネーターは農業の改良ではなく、種子と育種を農家の手からもぎ取るものです。幸い、巨大バイオ科学企業、モンサント社はターミネーター遺伝子の開発をやめることに同意しました。

オオカバマダラ

北米のオオカバマダラは、その美しさだけでなく受粉作用でも知られています。またこの蝶は、トウワタについたBTトウモロコシ（遺伝子組み換え）の花粉への敏感さでも注目を集めるようになりました。ばく大な数のオオカバマダラが、春から夏にかけて北米のコーンベルトを越えてカナダからメキシコの森林まで渡っていきます。

遺伝子汚染

　メキシコはGM作物の輸入は認めていますが、従来の品種を保護するため、1998年にGMトウモロコシの植付けを禁止しました。2001年には主要作物の原産地であり多様性の中心でもあるオアハカでも、遺伝子汚染が報告されています。

トマトのDNAに成熟を遅らせる遺伝子が組み込まれています（「フレーバーセーバー」という品種）。また、セロリの日持ちをよくするためのGM実験も行なわれています。

問題をはらむ主要穀物

ナタネは、小麦と大麦に次いで、ヨーロッパで3番目によく栽培されている作物です。ナタネ油はパンやピザから、ビスケットやアイスクリームまで、加工食品の実に60％に使われています。ヨーロッパでは何世紀も前から商業的に重要な作物でしたが、米国では（キャノーラと呼ばれます）ようやく第二次大戦のときに潤滑油用に栽培されて一般化しました。ヨーロッパにはナタネと近縁の野生種がいくつかあります。野生の大根やカブの仲間です。GM植物は除草剤に耐性があるので、こぼれ種が近縁の野生種と交雑すれば、除草剤に耐性のある雑草が生まれ、私たちは絶対に枯れないスーパー雑草の出現に立ち会うことになるかもしれません。野生生物には、現実のものであれ潜在的なものであれ、無数の脅威が待ち受けているのです。

パパイヤには、パパイヤ輪紋病ウイルスへの耐性をもたらす遺伝子が組み込まれました。1999年に米国で、組み換え後、初の果実が販売されました。

大豆には、グリホサートを含む除草剤への耐性をもたらす遺伝子を組み込むことが可能です。サトウダイコン、ナタネ（キャノーラ）、トウモロコシでも同様の研究が進んでいます。

世界のバイテク（生体工学）を使った作物の作付け面積の増加（単位100万ha）

1996年	2002年	2003年	2010年の予測
1.74	58.68（18ヵ国で栽培）	67.66（25ヵ国以上で栽培）	100

土壌細菌バチルスチューリンゲンシス Bacillus thuringiensis (Bt) は、殺虫効果のある毒素を生み出す遺伝子をもっています。この遺伝子をトマトなどの植物に組み込むと、その葉は幼虫に食べられません。

世界のバイテク

2003年に、世界のバイテク作物の99％が6ヵ国で作られました。中国と南アフリカは2002年に比べ、作付け面積を1/3増やしました。地図上の数字はバイテク作物の作付け面積（単位100万ha）を示します。

カナダ 4.4
米国 43
中国 2.8
ブラジル 3
アルゼンチン 14
南アフリカ 0.4

とを世論に納得させようとするなら、GM擁護派はコミュニケーションの質を改善する必要があるでしょう。世論に向かって、話すだけでなく、耳を傾けることが肝心です。人々が抱いている不安の一部は、根拠のないものではありません。とくに巨大企業の政治的な影響力に対する懸念はもっともなものです。これは一般大衆による科学に対する理解だけが問題なのではなく、科学者による一般大衆に対する理解の問題でもあるのです。

有機農業の高まり

従来の農業は主に石油を食べてきたと言えます。石油は、肥料や農薬のほか、機械の燃料として、農業の基本をなしてきたからです。私たちは今、もっと破壊的でなく、もっと持続可能な形の農業に適応していく必要があります。では、有機農業はどうでしょうか?

ワールド・ウォッチ研究所が述べるように、有機農業は「合成殺虫剤や人工肥料の使用を禁じ、その代わりに生態学的な相互作用を利用して作物を育て、害虫を減らし、地力を回復させる」ものです。農民は、多種類の作物の輪作を行ない、栄養素を土に還すため堆肥を入れ、有用昆虫によって病害虫の大発生を抑えます。「工業的」な農業よりは収穫は多少落ちるかもしれませんが、健康上の利点は多々あります。農薬を使わずに育てた食物は、抗酸化物質などの健康増進に役立つ化合物を普通よりずっと豊富に含み、ガン、脳卒中、心臓病、その他の主な病気のリスクも軽減します。

さらに、有機農業は一般に、家畜に成長ホルモンや抗生物質を使うことも認めず、すべてのGM（遺伝子組み換え）作物も拒否します。それによって、地下水の汚染を減らし、温室効果ガスをあまり出さず、土壌を健康にし、生物多様性を高めます。ヨーロッパの有機農園には、稀少な、絶滅が危惧される種も含めて野生植物は5倍、鳥の種類は少なくとも1/4多く、蝶は3倍多くいます。そして、ミミズなどの土壌生物相も格段に豊かです。

有機農産物の世界市場は、2002年には230億ドルを記録し、その51％、120億ドルを米国が占め、46％、100億ドルを西ヨーロッパが占めます。発展途上国向けの輸出市場も急速に伸びてきました。英国最大のスーパーマーケットチェーンのテスコは、生鮮野菜、肉、冷凍・加工食品、乳製品、パン、酒類、ベビーフード、ペットフードなど、700以上の有機商品を扱っています。また、ギャップ、リーバイス、パタゴニアなどの有力な衣料品ブランドが、オーガニック・コットンを販売しています。

ワールド・ウォッチ研究所が言うように、有機食品がこれほど熱狂的に支持されるのは、英国の"狂牛病"騒ぎに見られるような従来の食への反動というだけではなく、ホリスティックな農法が支持されたという側面もあるのです。さらに、「有機（オーガニック）」という言葉自体、発がん性のある農薬やその他の毒物を使わずに育てられた食物を意味するだけでなく、新鮮で健康的な食品、ファストフードではなく家で作る食事中心の生活様式をも意味しているのです。要するに、有機食品はもはやカウンターカルチャーの一要素ではなくなり、急速に主流になりつつあるのです。こうした生活様式上の特徴から考えて、有機食品は過食という病気の緩和にも有効な一手となるかもしれません。

食の安全その2

青空市場

米国では、青空市場が1970年代半ばのほぼ300から2002年の3,100以上へと成長しています。ざっと300万の人々が青空市場を毎週訪れ、年間10億ドルの買い物をします。半径56km以内の農民が都会の市場にやってきて、お客に直接作物を売るので、仲買人は不要になります。米国の食卓に上る食品は一般に1,600kmの旅をしてくるのに対して、青空市場ではほとんど輸送の必要はありません。2003年に英国では、450の青空市場が開かれ、1,500万人が訪れ、年間の売上が3億ドルに上りました。典型的な1回の土曜市場には、40人の売り手と4,000人のお客が訪れます。

米国と英国ではいずれも、こうした市場が有機農産物の生産者にとって作物を売る場所となっており、2003年に英国で初の「完全な有機農産物」の市場が開かれました。日本では、1,000の産直クラブ等のネットワークを通して有機農産物の6割を生産者が消費者に直接売っており、年間の売上が150億ドルに上ります。

> 「有機農業は、品質が一番高く、味も一番良く、化学肥料や遺伝子組み換えを使わない食品を提供し、動物の幸せと環境にも配慮するとともに、農村の景観と共同体の維持にも役立つ農法です」
>
> 英国土壌協会スポンサー、プリンス・オブ・ウェールズ殿下

EU内の有機農業

1999年に、ほぼ400万ha（全農地の3％）がEU域内で有機農業にあてられました。1985年以降、有機農業は年平均30％の勢いで成長しており、これは世界のどこよりも高い成長率です。

EU内で認定された有機農場面積（1985年～1999年）

英国の経験

英国の農地で有機農業が行なわれているところは、わずか4％です。それに対して、ドイツとスウェーデンは10％です。英国は、54億ドルの農業補助金のうち、有機もしくは環境にやさしい農業にはたった4％しか使っていません。残りはすべて、「工業的」農業に注がれますが、政府や企業が支払う後始末のためのコストは年間40億ドルに上ります（野生生物とその生息地の破壊、温室効果ガスやその他の汚染物質、土壌浸食、"狂牛病"のような動物の病気、食中毒）。英国の農業の半分を有機農業に転換したら、以上のコストは2/3削減できる可能性があります。しかも、農業が過去70年間で最悪の雇用危機に直面している今、有機栽培への転換は、何千という新しい雇用を生みます。有機農園の数がたった10％増えただけでも、1万7,000人の雇用が生み出されます。この数は、毎年離農していく人の数に等しいのです。

好ましい副次効果

有機農業はさまざまな好ましい影響をもたらし、それは3つの段階に分かれて現われます。最初は方法の変化が起こり、次に好ましい副次効果が表われ、最後に態度の変化が訪れますが、それは地球的な意味をもちます。

- 堆肥システムが、糞や廃棄物を有効利用し、栄養分を土に還す
- 作物の輪作
- 環境に良い水利用、リサイクルなど
- **第1段階──方法の変化**
- 土壌生物相（ミミズなど）と蝶などの昆虫の増加
- 水質改善、魚の増加など
- 温室効果ガス排出量の減少、地球温暖化の緩和、大気の浄化
- **第2段階──副次効果の発生**
- 3段階めには、食の安全保障、農業従事者の権利（フェアトレードなど）、資源の利用効率が含まれる
- 誰もが清潔な水を利用できる
- 安全な食品を、持続可能な方法で
- 誰もが広く環境に関心を持つ
- **第3段階──態度の変化と、より広い地球的な意味**

食品の安全

有機農業の農民は、健康で肥沃な土作りと、作物の輪作に頼ります。家畜に定期的に抗生物質その他の薬剤を与えるのは工業的農業では普通ですが、有機農業では行いません。人工化学肥料や農薬には頼りません。さらに、有機食品基準で、ぜんそくと心臓病に関係のある添加物の使用が禁じられています。また、GM（遺伝子組み換え）の大豆、トウモロコシ、その他の作物は、人間の食用はもちろん、家畜の飼料用にも使うことが禁止されています。

環境の利益

英国の従来の農業では、350の化学物質が慣習的に使われ、それを水から取り除くために毎年1億2,000万ポンド使われています。有機農業で認められているのは4つの殺虫剤だけなので、有機農場では鳥、蝶、植物の多様性が豊かです。

貧しい農民の利益

インド、ケニア、ブラジル、グアテマラ、ホンジュラスの農民は、有機または半有機農業を取り入れることで収穫を2倍、ときには3倍にしてきました。今、多くのアフリカの国々が有機の果物、野菜、油脂作物、ハーブ、スパイス、茶、コーヒーを生産しています。

有機農業の広がり

2004年、有機農業は88ヵ国、24万km²にまで広がりました。これはほぼ英国の国土面積に匹敵する広さです。最も進んでいるのはオーストラリアのほぼ300万haです。1996年以来、英国の有機農場は5万haから72万4,523haへと急拡大しました。英国の家庭の8割は有機食品を購入し、10億ポンドを使っており、ドイツに次いで欧州第2位を占めます。英国は2010年までに有機食品の自給率を7割にまで高めることを目指しています。全体では、ヨーロッパには17万の農場と5万5,000km²の面積があります。イタリア、スウェーデン、フィンランド、スイスを含む数ヵ国では、農地全体の5〜10％が現在、有機農場であり、オーストラリアではその数字が13％に達しています。

- 11 カナダ 478,700
- 4 米国 950,000
- 7 英国 724,523
- 8 ドイツ 696,978
- フランス 509,000
- 10 スペイン 665,055
- 9 イタリア 1,168,212
- 5 ブラジル 841,769
- 12 ボリビア 364,100
- 6 ウルグアイ 760,000
- 2 アルゼンチン 2,960,000
- 1 オーストラリア 10,000,000

土地の有機的管理を行っている上位12ヵ国、完全に転換もしくは転換中を含む（単位ha）

地球の海洋
ガイア

【序文】カール・サフィナ
ブルー・オーシャン研究所所長、『ソング・フォー・ブルー・オーシャン』*の著者
(*『海の歌　人と魚の物語』のタイトルで邦訳も出ています。)

　とこしえに変化をつづける海のおもては、一定不変という皮肉な幻想を生み出します。しかし、海について言えることの中で、最も単純にして疑いようのない真実は、海は変わった、ということです。たいていの人の目には、その変化は見えません。永遠にたゆとう海の水は、汚染物質を運び、侵入種の定着を助けます。この同じ流動性によって、海は瞬く間にその覆いを閉じて航跡を消し、海底に負った傷跡を包み、かつてあれほど魚たちでにぎわった海域に、ぽっかりと静かに生じた空白を隠します。流れる水面は囲いを拒むがゆえに、あらゆるところに偉大なる人類共有の漁場を育んでくれますが、そこで私たちは大規模な商業的漁業を繰り広げ、野生の命を狩り尽すのです。人間の営みは総体として陸地に重みを置いていますが、私たちは海に対しても重圧をかけているのです。

　最近まで、人口爆発の未来に食糧をどうするかということが問題になるたびに、人は海に目を向けてきました。陸に未踏の地がなくなった今や、海は富を求める無法の「ゴールドラッシュ」に残された最後の未開拓地だったのです。各国政府の補助金がつぎ込まれた漁船の群れには、海がはじめて経験する、超高性能の魚群探知機が載っていました。かつての外国漁船とその乱獲は、国内漁業の飛躍的能力向上に取って代わられましたが、単に国産の技術だというだけで、破壊的であることには何の変わりもありません。それらの漁船が私たちのタラを、私たちのマグロを、私たちのサメを、私たちの若き日々を、私たちの無垢なるものを奪っていきます。

　1970年代に、各国は自国の沿岸から200カイリの範囲内を「排他的経済水域」と定め、外国の開発から守り始めました。それから20年かかって、ようやくはっきりしてきました。海は網と釣り針のみによって収奪しうるものであって、それを誰がしかけたかは無関係だ、ということが。もはや、疑いの余地はありません。新しい海洋研究の波が、乱獲の程度、海洋管理の失敗、養魚場の汚染、侵略的外来種、新しい病気、死の海域、沿岸の航行過密化と汚染、サンゴ礁の死滅について報告し、こうした問題の緩和のために何をなしうるかを提案しています。

　悪い知らせに打ちのめされますが、気を取り直してください。よい知らせもあります。ウミガメの溺死は、トロール網に逃げ口を設けたり、大きな輪型の釣り針を使ったりすることで減らせます。海鳥の混獲（偶発的な捕獲）は、延縄に鳥除けをつけたり、夜間に漁を行なったり、網を深いところに仕掛けたりすることで防げます。国連は1990年代に40マイルの「死のカーテン」流し網の全面禁止に成功しました。一部のクジラの数は、ホエール・ウォッチングが可能なほど回復しました。魚の中にも、漁業規制の強化によって回復しつつあるものもあります。深刻な問題に関するこのような真の成果は、希望を湧かせます。それは海洋管理の一つの新しい倫理を生み出すものであり、可能性のある方法をもっと精力的に広範囲に適用していくことへとつながります。そして、それは、実際に効果を挙げているのです。

　まだまだ、道ははるかです。開拓精神は、世の信頼、未来のニーズ、他の生物に対する私たちの道義的責任に道を譲らねばなりません。海洋回復という課題に対するいくつかの答えになるのが、魚の繁殖よりゆっくりしたスピードで魚を捕ること、より破壊的でないやり方で養殖を行なうこと、混獲による海洋生物の死を減らすこと、人間活動の制限区域を設けること、法的規制によって未開の海を閉じることです。これらを実行すれば、成果は明確です。生物は回復し、生息域の環境は改善されます。私たちは多くの枯渇と衰微を目にしてきましたが、保全意識と一つの倫理観の高まりをも目にしました。それは、回復する者と捕獲する者を結びつけ、程度の差こそあれ、私たちすべてを等しく縛る倫理観なのです。

　だから、そう、希望はあります。私たちがそれに向かって努力をつづけていくならば。

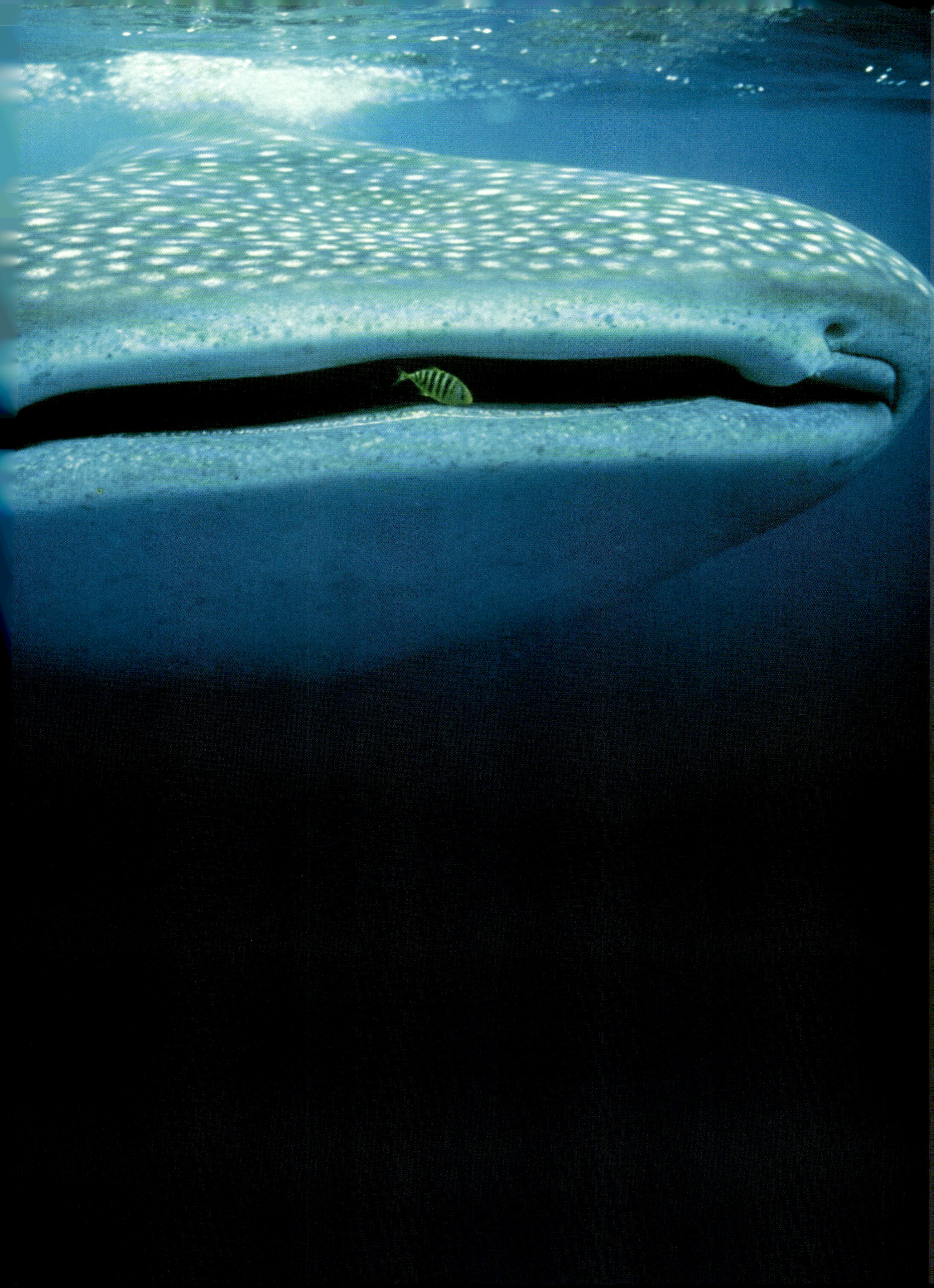

海洋に秘められた潜在的資源

私たちの住む惑星は、「地球」ではなく「水球」と呼んだほうがふさわしいかもしれません。その表面の少なくとも70％は、海に覆われているのですから。この水の惑星についてはほとんど何もわかっていません。海は陸地と同様に多彩で、しかも人類の歴史と深くかかわってきました。それにもかかわらず、海をただ障害物であるとか、自分たちとは無縁の空間であるなどと考えてしまいがちです。しかし、実際には海の生態系は連続的であって、むしろひとつの海洋からなる、ひとつの生態系というべきものなのです。つまり、温度や塩分濃度の差によって多くの海域に分けられてはいますが、陸地こそがまさに障害物なのであって、世界の海はひとつながりのものなのです。

地球の営みのなかで、海が必要不可欠な役割を果たしていることを理解するには、「想像力の飛躍」が必要でしょう。海洋と大気の相互に依存し合う循環系によって、地球をとりまく大気の流れが規定されると同時に、膨大な量の海水は海面下でほぼ一定状態を保って気候を安定させる主因となっています。まさにその大量の海水が「はずみ車」の効果、すなわち、もし海がなかったら、地球の気象に生じるであろう激しい動揺を緩和しているのです。海は大量の気体を海水中に溶かし、蓄積することで、私たちが呼吸する大気の組成を調整する働きを助けています。

地球の大きさに比べると、海はちょうどフットボールの表面が薄く濡れているような状態にすぎません。しかし、海は驚くほど深く広大です。たとえばエベレスト山をマリアナ海溝に沈めると、完全に姿を消してしまうほどなのです。また、海面下の景観も多様で、その地質、地形のありさまは実に壮観です。陸地の周辺部には、非常に傾斜の緩やかな大陸が広がり、海の面積の8％を占めています。ここは陸地から洗い流されてきた沈殿物が流れ込むため、栄養分に富み、多くの漁場をはぐくんでいます。これに続く大陸斜面は大陸棚の2倍の面積を占め、傾斜も4〜10倍で、水深は500mにも及んでいます。そこからこの斜面は急激に落ち込んで水深3,000m、あるいはそれ以上の深さに達し、やがて深海底の丘陵地帯と出合うのです。この深海底は、広大な平坦地で、何千kmにもわたってほとんど凹凸のない所もあれば、地上の荒れ地のように無数の亀裂が走り、起伏に富んだ所もあります。そして、4つの大洋全体に広がる巨大な山脈、すなわち海嶺がこの深海底を中央で分断しています。また、これらと同規模の巨大な峡谷や長く幅の狭い溝、すなわち海溝が大陸の周縁や弧に沿って連なり、最も深い所では海面下1万1,000mにも達しています。

海についてはほとんど何も知られていないうえ、一見、人間から遠く隔たっているようにみえます。しかし、海は非常に豊かな資源の宝庫なのです。海についての理解が深まれば、その水産物や鉱物、エネルギー、また巨大な気象装置としての機能から持続的に恩恵を受けることができるようになるでしょう。海洋の生態圏は、科学研究にとってまさにすばらしい未

世界の海

海はひとつの運動体です。太陽の熱エネルギー（海水に最初の推進力を与えます）、地球の自転、太陽や月の潮汐などの影響を受けて、海水は休みなく動いています。海流という海の巨大なベルトコンベアに乗り、ばく大な量の海水が遠くに移動するので、熱帯の暖かい海水と極地方の冷たい海水が絶え間なく交換されています。そうした海流は、気候や海の生態系、および漁業などに絶大な影響を与えています。たとえば、メキシコ湾流という暖流は、どんな船よりも速く移動し、毎秒5,500万㎥の水──全世界の河川流量の50倍に当たる量──を運んでいます。もしメキシコ湾流がなかったら、現在温帯である北西ヨーロッパは、亜寒帯になってしまうでしょう。ペルー海流やアフリカ南西沖のベンゲラ海流は、沖からの風を受けて表層に出てきた栄養豊かな海水を運んで、大漁場を形成しています。そこには膨大なプランクトンや魚介類、海鳥類が群がってきます。地図には、主要な暖流と寒流、および人口分布を示してあります。大部分の人間は海岸地帯に住んでいることがわかるでしょう。

水の惑星

上のように地球を眺めると、海の広さがよくわかります。水半球は全域のほぼ90％以上が、そして陸半球でさえ、50％は水でおおわれているのです。

陸半球

水深(m)

■ 0〜4,000

■ 4,000〜5,000

■ 5,000〜7,000

人口分布

→ 暖流

→ 寒流

海底の富

雄大な海嶺や海溝は、海底の歴史、つまり海底は移動していることを示しています。ちょうど大陸のプレートが、高温で半ば液状になったマントル対流の上に浮かんでいるように、海底も移動するプレートで構成されています。海洋の中央を走る巨大な海嶺がプレートの割れ目に当り、そこではマントル対流が裂け目を押し分けて海嶺を形成しています。一方、海底は、海嶺の軸と垂直の方向にゆっくりと移動しつづけています。海洋の縁辺部では、海洋プレートと大陸プレートが衝突して、片方がもう片方の下にもぐり込み、海溝を形成しています。海底のプレートの相互作用がわかったために、科学者は今後開発できる有用鉱物がどこにあるかを予知できるようになりました。

水半球

暖流
1. アーミンガー海流
2. ノルウェー海流（北大西洋海流）
3. メキシコ湾流
4. 北赤道海流
5. 赤道反流
6. 南赤道海流
7. ブラジル海流
8. 黒潮（日本海流）
9. アラスカ海流
10. アガラス海流
11. 東オーストラリア海流

寒流
12. ラブラドル海流
13. カナリア海流
14. ベンゲラ海流
15. フォークランド海流
16. 西風海流
17. 西オーストラリア海流
18. 親潮（千島海流）
19. カリフォルニア海流
20. ペルー海流（フンボルト海流）

巨大な海のベルトコンベヤ

この深く壮大な規模の海水の循環は、熱帯から北欧などの寒い地域に熱を運びます。

温かい表層の海流

冷たく塩分の多い深層の海流

生きている海

海は生命が誕生した場所です。ほぼ40億年も前に、単純な単細胞の藻類や細菌類が進化しましたが、それらは現在も海中の生物の基礎をなすものと非常によく似ています。植物プランクトン（ギリシア語で「漂流する植物」という意味）と総称されるこの微小植物は、太陽エネルギーと海水中の栄養分を利用して、生体組織を構成する複雑な分子をつくり出しており、海の食物連鎖の土台をなしています（右図）。

陸上と同じく海中でも生物の分布は一様ではありません。海の世界にも砂漠のような所もあれば、熱帯雨林のような所もあります。海底のある部分は広大な砂層に覆われており、サハラ砂漠と同じように生物があまり存在せず、明らかに他の海域と比べて著しく不毛な場所になっています。これとはまったく対照的に、とくに海岸湿地帯、入江、湧昇流地帯の岩礁などは、熱帯雨林地域のように生物が繁殖しています。たとえば、オーストラリア北東部のグレート・バリア・リーフには400種類のサンゴ、1,500種の魚、4,000種以上の軟体動物が生息しています。

そして、深海があります。ここは墨を流したように真っ暗で、凍てつくように冷たい場所ですが、生物が存在しないわけではなく、このはるかな深海領域の予備探査では、2,000種以上の魚類と、少なくともこれと同数程度の無脊椎動物が発見されました。その多くはきびしい環境に適応した結果、グロテスクで原始的な形をしていますが、そのような条件下でも生きのび、繁栄している点からみて、未発達の生物でないことは明らかです。

海は3次元の空間です。海中の植物も固定されているわけではなく、植物プランクトンは遠くへ漂流し広がっていき、年間200億tの植物体を新しく作り出します。したがって、海は基本的に陸上とは異質の生態圏なのです。しかし、ここは非常に豊かで、ばく大な量のバイオマスがはぐくまれているのです。

植物性プランクトンは、陸生植物のバイオマスに比べればわずかの量しかありませんが、生物圏全体の正味の光合成量の約半分を占めています。個々に見れば微々たるものでも、全体として見れば地球で有数の有機体を構成しています。「一次的な生産者」として、植物プランクトンは海の食物連鎖の土台をなします。死ぬと、吸収した炭素が海底に積もり、海の堆積物として残ります。しかも、植物プランクトンは、大量の二酸化炭素を大気から吸収します。人間が毎年大気中に排出する80億t（8ギガt）のうち、少なくとも30億tを植物プランクトンが、ざっと同じ量を陸生生態系が吸収します。このように、植物プランクトンは地球温暖化の進行を遅らせる重大な役割を担っているのです。しかし、2つの関連する要因に注意しなければなりません。第一に、植物プランクトンがすでに二酸化炭素の飽和を迎えているか、近い将来、迎える可能性があり、その場合、増え続ける大気中の二酸化炭素の吸収率が落ち、間接的に地球温暖化を早めます。第二に、オゾン層の減少が、植物プラントンによる二酸化炭素の吸収能力を衰えさせます。このように、複数の点から、一見取るに足らない海の植物群が、私たちの気候問題の重要な鍵を握っているのです。

生きている海

0m
100m

2,500m

5,000m

透光層はせいぜい水深100mまでの生物圏で、光合成に十分な光がある表層海水

1. 沖に向かう風が吹くと、底層の栄養分に富む海水が表層に引き上げられます。植物プランクトンは、無機塩類と二酸化炭素の結合に太陽エネルギーを利用して繁殖します。海水1㎥当りには、植物プランクトンが20万も含まれており、とくにケイ藻類が多くなっています。

陸風

湧昇流

光

植物プランク

上の、食物連鎖を単純化した図を見ると、ちょうど陸上の生態系における陸上植物と同様に、海でも海洋植物が、第1次エネルギー転換器として他のすべての海洋生物の基盤となっているようすがわかります。食物連鎖の一段階ごとにエネルギーの90%が失われます。

豊かな海域

生物的にみて生産力が高い海域は、おもに沿岸部です。そこでは陸地から栄養分が流れ込み、また風と海流が一体となって、栄養分に富んだ堆積物を海底から表層に持ち上げています。この湧昇流は、たとえばカナダ沖のグレート・ニューファンドランド・バンクで見られます。そこでは暖流と寒流が衝突して15万k㎡の海中高原の上に大きな還流を形成し、他に例をみないほど大量の植物プランクトンが繁殖しています。この植物プランクトンを食べるのが、イワシに似たキャペリン（カラフトシシャモ）の巨大な群れで、それは次に何百万のタラや、カツオドリ、ミツユビカモメ、オオハシウミガラスなどの鳥、またアザラシやザトウクジラなどの海獣類の餌となるのです。残念ながら、この漁場は最終捕食動物である人類によってひどく乱獲されてきました（P.82～83）。魚のバイオマス、つまり、集中的に採り尽くされてきた漁場に残る魚の総量は、50年前の約1割になっています。

硫黄をエネルギー源とする生態系

1977年に新しい深海の生態系が発見されました。奇妙な形をした線虫、二枚貝、目が退化した白いカニなどが海底の熱水孔の周囲に群がり、硫化水素の分解でエネルギーを得るという独特な能力をもつバクテリアを餌にしています。

2. 動物プランクトンのつくる多様な社会には、植物プランクトンを餌とするものや、お互いを餌とするものもあります。放散虫、ヤムシ、テマリクラゲ、ケンミジンコが多く、線虫やカニや棘皮動物など、海岸や海底にすむ動物の浮遊幼生もこれに含まれます。

3. 小さな動物プランクトンが、こんどはイカ、クラゲ、ニシン、アンチョビーなど群れをなす魚類の餌となります。ヒゲクジラや世界最大の魚類ウバザメの仲間も、ケンミジンコやオキアミなどのプランクトンをおもな餌にしています。

4. 食物連鎖の次の段階では、群れをなす小型魚類がマグロなど中型魚類の餌となり、さらにこれらがカジキマグロやサメに食べられます。同様に、多くのアザラシ類は、小型の魚を食べる一方、大型のヒョウアザラシやサメの餌となります。

南極収束帯

南緯50°から60°の間の南氷洋は、南極収束帯と呼ばれています。北へ向かう冷たい南極周辺の海水は、互いに向きが逆の循環流(東風還流と西風環流)を形成し、この水域で底層にもぐり込んで、亜熱帯から南下した暖かい海水と接しています。この結果、乱流が起きて栄養分に富む海水が表層に出現し、ここを非常に生産力の高い水域にしています。そこでは、オキアミとして知られる大量の甲殻類が、ペンギン、アザラシ、イカ、クジラの主食となっています。

5. 生物の死体は海底に降り積もって、カイメン、カニ、ウニなど多くの底生動物をはぐくみます。ケイ酸質でできた放散虫類の精巧な骨格は、深海の軟泥の主成分となっています。

海の牧場

広大な海域に植物プランクトンが繁殖し、牧草地のように、大量の海洋生物を養っています。プランクトンが最も多い水域は、海水中の無機塩分が多いところです。地図が示すように、この高い生産力をもつ海域の大部分は、国家がさまざまな権利を主張している水域で、全海面の40%を占めています。

海岸、サンゴ礁、島

　世界の海のなかでも沿岸部の狭い水域は、最も生産力が大きいと同時に、最も破壊されやすい場所です。この浅い海域は、日光がさし込み、栄養分にも富んでいて、私たちの漁業の存立基盤となっています。海岸部や島の生態系は、陸地と海の巨大な出あいの場としての役割を果たしており、伝統的な漁村であれ都市であれ、多くの人々がここで生活しています。この沿岸地域の富を開発して、人類は多様な生活を営んできたのです。

　人類や海の生物にとって、きわめて大切な生態系が4つあります。それは、塩性沼沢、マングローブ林、入江、サンゴ礁です。塩性沼沢は、温帯地方の潮の干満のある干潟で、マングローブ林は熱帯のそれに当たります。この沖合の主要な植物は海草類で、本当に海中で花を咲かせる顕花植物です。海草の牧場は、熱帯地方ではウミガメ、ジュゴン、マナティーなどの餌場となっており、また温帯ではカモやガンの仲間たちの冬場の食料貯蔵庫になっています。どちらの地方でも、この植生がエビなどの甲殻類や貝類、数多くの魚類の餌場にもなっています。さらに、これらの海中の植物は、汚染物質をろ過し、激しい波や潮流をやわらげ、海岸線の侵食を防ぐ働きももっています。

　入江は、川から栄養分豊かな砂泥が流入する所で、塩性沼沢やマングローブ林の2倍の面積があります。この河口や潮だまりは、海水と淡水の生物が混じり合って非常

生命の源泉

　沿岸水域の生態系は非常に価値のある資源です。だからこそ、人間の利害関係がこの資源をますます脅かすようになっているのです(P.92〜93)。この豊かさは、高い水準の第1次生産力、つまりすべての食物連鎖の原動力となる植物性物質の産出力に支えられています。植物プランクトンと海草類が海の第1次生産者ですが、その絶対量や増加率は各水域ごとにまったく異なっています。下の円グラフは、公海、大陸棚、沿岸水域の面積の比率を表したもので、棒グラフは、単位小域当りの第1次生産力を比較したものです。これを見ると、海の富は海の縁に当たる沿岸水域に極端に集中していることがよくわかります。海草繁殖地、サンゴ礁、入江などは公海の16〜18倍、マングローブ林は20倍以上も生産性が高くなっています。

高い生産力の生態系

円グラフ(上)から、沿岸水域の生態系の割合が非常に小さい(1%未満)ことがわかります。棒グラフは、湧昇流水域や沿岸の生態系の「平均第1次総生産力」を海水1㎡当りの年間炭素産出量(g)で示しています。

マングローブ林の富

マングローブ林は、熱帯地方の海岸の半分以上を縁どり、膨大な量の魚介類、とくにクルマエビやカキなどをはぐくんでいます。インドネシアでは、15世紀からマングローブ林で養殖が行われてきました。最も簡単なクルマエビ養殖法は、マングローブ林から沖の産卵場へ向かう成熟したクルマエビを網で捕る方法(右の写真)です。マングローブ林と乾燥した陸地の間には、有用な湿地帯が広がっていることが多く、たとえばマレー半島では、そこにニッパヤシが生育し、地元の人々にその実や糖分、酢、アルコール、繊維などを提供しています。

に生産力が高く、ばく大な量の環形動物、甲殻類、軟体動物が生息しています。カニ、カキ、ムール貝、エビといった魚貝類の料理を前にするときはいつも、入江の豊かな生産力に感謝するとよいでしょう。さらに、ここはトウゴロウイワシ、アンチョビー、キンポなど大洋の魚の産卵場にもなっています。北アメリカ東部の大陸棚は、世界で最も優秀な漁場のひとつですが、少なくともここの魚類の4分の3は、生涯のひとときを入江で過ごします。

熱帯のサンゴ礁は、あらゆる生態系の中で最も多彩であり、2億年前に登場した世界最古の生態系の一つでもあります。サンゴ礁には、他の生態系より数多くの生物分類学でいう「門」（動植物分類の最高区分）があります。9万種が記録されていますが、総数は100〜200万種に及ぶかもしれません。また、他のどんな生物社会よりも生物間の互助関係、つまり共生が多くみられます。

これ以外の沿岸生態系も、私たちの物質的繁栄のために多量の生産物を供給してくれます。岩礁地帯には、さまざまな形や大きさの藻類が繁茂しています。この藻類からしか得ることができないアルジネート化合物は、プラスチック、ロウ、光沢剤、防臭剤、セッケン、合成洗剤、シャンプー、化粧品、顔料、染料、潤滑剤、食品安定剤など、何百種類もの消費財の原料となっているのです。

- 塩性沼沢
- マングローブ林
- サンゴ礁
- 大陸棚
- 湧昇流水域
- 公海

塩性沼沢

塩性沼沢は、数々の生態学的機能をもっています。その護岸機能は貴重です。塩性沼沢の草や入江の植物は浸食を防ぐと同時に、汚染も抑えてくれます。上流からの水が淡水性や塩性の湿地を通り抜けると、堆積物や汚染物質の大半がろ過されるのです。ここはまた、家畜の放牧地や水鳥の生息地にもなります。魚、カニ、エビも、捕食者を避けて塩性沼沢に棲みます。

入江

入江（河口域）は部分的に閉じた水域で、川からの淡水が流れ込んで海水と混じり合うところです。米国のサンフランシスコ湾、チェサピーク湾、タンパ湾などがその例です。入江とその周辺には多様な生態環境があります。浅瀬、淡水および塩性湿地、泥湿地や砂湿地、カキ礁、マングローブ林、河口デルタ、潮溜まり、海草や海藻の藻場などです。海辺の鳥と海鳥、魚、カニ、ロブスター、貝類、海洋哺乳類、爬虫類もすべて、生息し、餌を食べ、繁殖し、移動の途中に休むために入江に依存しています。メキシコ湾の沿岸湿地は、米国の水辺の渡り鳥の3/4に欠かせません。さらに、米国の商業的漁獲の3/4、レジャーとしての釣果の4/5は、入江をそのすみかとする魚です。

サンゴから採れる医薬品

サンゴ礁は、そこに群がる生物間の食物と空間をめぐるきびしい闘いの場です（参照→紅海の写真）。サンゴ礁に生きる生物は、自分の領域を守るため、人間にとって有用な化学物質、たとえばヒスタミン、ホルモン、抗生物質などを生産しています。

網の中身

　人間は、太古の昔から沖合の豊かな海域で魚を捕ってきました。そこでは大洋の湧昇流や魚群の季節的移動によって、海の富が人間の手もとへ運ばれてきたのです。海から得られる漁獲は、世界の全漁獲量の実に70％以上を占めています。遠洋漁船の機械化が進み、国ごとの管轄水域がきびしく決められるようになってきた今日でさえも、地球上の魚介類は世界各国が分かち合い、共同で利用すべき再生可能な資源です。なぜなら、個々の魚類も、漁業の基盤である海の生態系全体も、人間が引いた境界線とは無関係だからです。

　1950年には海からの水揚量はおよそ2,000万tでした。それから30年間、漁獲量は驚異的な伸びを見せ、1980年には6,700万tに達しました。この劇的な増加は、これまでに捕ってきた魚種の漁獲量の増加、新しい魚種の発見、そして漁獲技術の発達によるものでした。しかしこれにも限りがあり、1980年代と90年代には、いよいよ多くの魚種が捕り尽くされ、年間の漁獲量の伸びはわずか1％に落ち込みました。2001年の世界の漁獲量は9,200万tで、2000年の9,500万tから減少しています。

　ここ50年の間に漁獲量は5倍を記録し、持続可能な「天然魚」の漁獲の限界に達しました。幸い、養殖が急速に伸びて減少分を補っています（P.96～97）。「持続可能な漁獲」とは、理論的に、現在捕っている魚種から総資源量を減少させずに永続的に得ることができる最適年間漁獲量です。海洋生物学者によれば、いままで捕っていなかった魚種を捕りはじめると、餌が余るために繁殖が活発化して資源を復元する力が働くと言います。しかし一方では、そもそも最初の総資源量が明らかでない場合も多いとの指摘もあります。こうした知識の不足に加え、きわめて効率的な漁業技術、金融市場の事情があいまって、漁業経営者はわずか数年で投資分を取り戻そうと必死になり、漁業資源の回復に何年かかろうがおかまいなしです。結局、私たちが「持続的な漁獲」だろうと考える量が、実は真の値とかけはなれているということになりかねません。

　現在、大きく分けて5系統の海洋生物が漁業の対象となっています。北の先進国は深層魚（おもに底魚）を好んで漁獲しており、タラ、ハドック、カレイ、ガンギエイ、メルルーサ、ヒラメ類がこれに含まれます。遠洋回遊魚（浮き魚）／遠海魚（漂泳魚）には、ニシン、サバ、アンチョビー、マグロが含まれます。この2大グループを合わせた水揚は、年間4,000万tを越えます。さらにロブスター、カニ、エビ、オキアミなどの甲殻類と貝類が700万t以上（うち150万tは養殖）、そしてタコ、イカなどの頭足類が340万t捕獲されています。

　海獣類については、とくにクジラは乱獲がたたり、将来が危ぶまれているほどで、合理的な管理がなされていた場合の捕獲可能数をはるかに下回る最低限まで落ち込んでいます。

世界の魚場

　この地図は、1990年代末の海域ごとの漁獲量と投棄量を、1970年～2000年の傾向とともに示したものです。漁場のなかには、すでに持続可能漁獲量の限界に達している漁場や、それを超えてしまった漁場もあります。地図上の記号は、クジラの分布と捕獲、南極海に大量に生息する小エビに似たオキアミの分布も示します。オキアミはバイオマスにして5～6億tに達します。現在の漁獲量は12万5,000tですが、適切な資源管理がなされ、海洋生態系にとって欠かせないその役割さえ正しく理解されるなら、そして、南極海洋生物資源保存条約の定める捕獲量の制限を守るなら、南極海のオキアミは世界の重要なタンパク源となり得るものです。水産物は現在、人数の食糧の1％（世界平均）しか占めていませんが、動物タンパク源としての重要性は非常に高く、必要不可欠な食品です。ただし、先進国では、養殖魚や家畜に与える魚粉として、あるいは肥料として用いられる割合のほうがかなり大きくなっています。

混獲

毎年、2,000万tもの「不要な」海洋生物が投棄されるか、海に戻されています。小さすぎるか、「対象外」の種であるか、単に「割当量超過」といった理由です。一部は他の魚の餌になりますが、多くが死んだか死にかけで投棄されます。投棄は現在の個体数に影響を与えるだけでなく、回復の機会を奪うことで将来の個体数にも影響を与えるのです。

世界の魚場 83

おもな漁場

1	北西大西洋	7	地中海
2	北東大西洋	8	インド洋
3	大西洋中西部	9	北西大西洋
4	大西洋中東部	10	北東太平洋
5	南西大西洋	11	太平洋中西部
6	南東大西洋	12	太平洋中東部
		13	南西太平洋
		14	南東太平洋
		15	南極海

海の哺乳動物
この仲間は、油脂や食肉用に大量に捕獲されてきました。シロナガス、ザトウ、ナガスなど大型ヒゲクジラ類が減り、採算が合わなくなってから、ミンク、セミなど、より小型のヒゲクジラ類が捕獲されています。イルカの仲間は、熱帯の島々など特定の地方で捕獲されています。

シロナガスクジラ
マッコウクジラ

底魚
タラやハドックなど海底や海の底層にすむ魚は、広大な大陸棚に多く、とくに北大西洋は有名です。

カレイ
タラ
ガンギエイ
メルルーサ

回遊魚
漁獲の主流を占めるのは、ニシン、サバ、マグロ、アンチョビーなど、海の表層を泳ぐ回遊魚群です。

ニシン
サバ
マグロ
アンチョビー

甲殻類
甲殻類は多くの国にとって重要で、多量のロブスター、カニ、エビ類が捕獲されています。オーストラリア以南の海域のオキアミは、膨大な未開発のタンパク源です。

ロブスター
カニ
エビ
オキアミ

頭足類
この仲間には、さまざまな種類のタコ、イカ類が含まれます。日本と韓国は年間50万t近くの頭足類を捕獲しており、世界の漁獲量の約2/5を占めます。また地中海沿岸諸国や多くの発展途上国も、これを重要なタンパク源としています。

タコ
イカ

新しい技術革新

　海洋開発技術は、まだ未発達な分野です。しかし近々、この技術によって、私たちに不可欠な鉱物やエネルギーが大量に供給されるようになるかもしれません。ただし、ここでいう「私たち」とは、おそらくごく一握りの国々——この新しい産業を先頭を切って興すのに必要な資本と技術をもった国々——に限られてしまうでしょう。海がどれほど豊かであるかについては、疑う余地などありません。大陸棚には地球上の石油、天然ガス資源の約半分が眠っています。また、海水自体には70種以上の元素が含まれており、中には非常に重要なものもあります。海水1㎦には約2億3,000万tの塩の他に、約100万tのマグネシウムと6万5,000tの臭素も含有されています。人間は4000年来、海水を蒸発させて塩を採取してきましたが、現在は化学処理によってマグネシウムや臭素も取り出しているのです。

　まだ未開発ではありますが、より重大なものが海底のマンガン団塊です。このジャガイモの形をした物体は、金属含有率が高く、主成分はマンガン（25～30％）ですが、ほかにニッケル（1.3％）、銅（1.1％）、コバルト（0.25％）、そしてモリブデン、バナジウムなど鉄合金に使われる貴重な金属が含まれています。マンガン鉱の大部分は、薄く広い範囲にわたって分布し、しかもしばしば深い海底に広がっていますが、分布密度の高い地域では、将来商業的採取が可能になるかもしれません。最も豊富で多量の堆積は、太平洋の北部、中部、南部の広い海域にあります。

　これよりも手に入れやすいのは、紅海の海底の泥に含まれる銀、銅、亜鉛鉱です。さらに、すぐ利用できそうなのが海水中のウランで、陸上のそれをはるかに上回る量があります。日本は原子力エネルギーの利用に熱心ですが、国内ではほとんどウランを産出しないため、海水から採収しようとしています。現在は年間6,000tにすぎませんが、将来的には国内需要のすべてを、年間500万tのウランを運ぶ黒潮の流れからまかなえるかもしれません。

　海洋から得られるエネルギーについては、潮力、波力、温度差のいずれのエネルギー開発事業も将来性があり、3分野ともモデルとなる発電所がすでに稼働しています。

　海洋の鉱物資源の多くは、国家のさまざまな形の管轄権の及ばないところに存在しており、人類共有の遺産の一部と考えなくてはなりません（P.102～103）。ある種の技術は、複数の国家間あるいは国際資本（石油産業が好例である）によって、すでに共有されています。しかし、それでも海洋資源の獲得競争には勝者と敗者が出るでしょう。なぜなら、ほんの一握りの国々以外は、開発技術をそもそももっていないからです。

海洋の開発技術

浚渫船
砂や砂利からダイヤモンドまで、さまざまな物質の採取に利用されます。また航路の拡幅、補修にも用いられます。技術進歩により一段と深い所でも稼働が可能になりました。位置測定システムで監視能力と精度が増し、環境にデリケートな幅広い用途に使えます。しかし、浚渫は海底から有害な汚染物質を掻きたてるため水質汚染につながる恐れがあります。また、魚の生息地を撹乱もしくは破壊し、摂食や生殖に影響を与える恐れもあります。

波力エネルギー
波力エネルギーは大きな可能性を秘めています。初期の試みはいずれも技術的な課題が多く、実用に至りませんでしたが、1990年代半ばに復活し、現在世界各地で複数のプロジェクトが進行中です。沖合の石油や天然ガスのプラットホームでは20年の経験の蓄積があり、相応に技術移転の見込みもあります。地球全体の波力エネルギーが秘める可能性は、推定2テラワット（TW）です。

波の回転力の利用
米国の構想による環状ダムは、流出した石油を除去し、波の浸食力を緩和します。また海水の淡水化や発電も行えます。

CONDEEP®（コンクリート重力方式プラットホーム）
この巨大な海中建造物は、海底のコンクリートタンクに何千トンもの原油を蓄えています。北海のストラトフォードB型プラットホームは、排水時の重量が90万t以上もあり、水深140m以上の大陸棚の縁辺部で稼動できました。ブレントB型プラットホームは、互いに連結された高さ61mの円筒19本からなり、うち3本は上に伸びて海底から170m上のデッキを支えています。

　海洋開発は、安全性、採算効率、海の管轄権などの課題に挑みながら技術革新を重ね、緊要な資源を求めてより深海へと着々と手を伸ばしています。図は、沿岸から深海底に至るまでの現代の海洋開発技術を示したものですが、なかでも沿岸や大陸棚の開発が最も進んでいます。たとえば浚渫船は大規模に使われ、建築業のセメント用に砂泥や砂利、貝殻などの採取を行っています。北米大西洋岸の大陸棚では、砂利だけでも5,000億tの採取が見込まれています。石油や天然ガスの採掘は、沿岸水域の鉱物資源のなかでも先端をいくもので、1891年にカリフォルニア沖で始められました。1960年代はさらに深海底油田の開発が始まり、70年代に陸上の原油と天然ガスの価格が暴騰したため急速に発展しました。ここにあげた深海底用の油田タワーは水深300mまで利用でき、300～500mの範囲では、通称「テンション・レッグ・プラットホーム」という別の方式が用いられます。最も深い所に眠っているのがマンガン団塊です。これは高コストと共有資源の問題でいまのところ採取されていません。海中テレビシステムをはじめ新技術を使えば、水深4,000～5,000mの海底での探査が可能ですが、マンガン団塊の商業開発が経済的・技術的に実現可能なものとなるには、21世紀に入ってからかなり待たねばならないでしょう。

海の富と資本投下

この地図には金属含有率の高い団塊や沈泥の分布、稼働中の海中鉱物採取工場、OTEC（温度差発電）が可能な水域が示されています。費用がかさむ一方、利潤が保証されていないため、多くの国々で海の富に対する投資が鈍っていますが、日本は海水中のウラン採取、マンガン団塊採取、OTEC等への投資を増やしました。他の国々による海底調査には、米国のオレゴン沖断層帯の硫化金属鉱（米国が主張する排他的経済水域内にある唯一の大規模鉱床）の調査や、タヒチ沖のフランス管轄水域でのマンガン団塊開発などがあります。過去にはOTEC／DOWAに関心を示さなかったであろう多くの国が、今、大陸棚の限界画定に関する国連海洋法条約（UNCLOS）第76条で、各国の権限の及ぶ範囲が広がる可能性が出てきたことを受け、これらの技術に目を向けるかもしれません。化石燃料によるエネルギー供給の経済的意味は、石油の値上がりと環境へのマイナス面から、またOTEC／DOWAなどの再生可能エネルギーとも関連して、変化しつつあります。

凡例：
- マンガン団塊のおもな分布地域
- 金属の豊富な堆積物
- 海中鉱物採取工場
- リン灰土の分布地域
- OTECが可能な地域（水温の差が22℃以上の水域）

テンション・レッグ・プラットホーム（TLP）

米国の最初のTLPは水深1,760フィートでしたが、メキシコ湾マグノリア油田の最新のものは水深4,700フィートで、こうした浮遊式の施設では世界最深です。

海水温度差エネルギー転換（OTEC）

熱帯や亜熱帯地方の海の暖かい表層水と冷たい底層の水の温度差を利用してエネルギーを取り出す技術です。この過程は巨大な冷蔵庫の逆で、熱媒体となる液を蒸発させ、圧縮してタービンを回し、発電します。OTECに最適の温度差は20℃で、島や多くの発展途上国に有利です。市場化の大きな可能性を秘めています。

マンガン団塊の採取

水深5,000mの海底から金属含有率の高いマンガン団塊を採取することは、試験採取では可能でしたが、費用が非常にかさみます。また、深海底の管轄権をめぐる問題の解決も持たなくてはなりません（P.103）。国連海洋法条約（UNCLOS）第76条によって、80ヵ国の管轄権の範囲が延伸される可能性があるのです。同条項は、「適用上、大陸縁辺部の外縁は、2,500m等深線、海底の地形、堆積岩の厚さ、領土の基線からの距離を含む規定によって測定される水深をもとに設定できる」としています。

油田タワー

この固定式の建造物は1980年代の海底油田用プラットホームです。メキシコ湾では300mの海底に設置されていますが、海底に支柱を深く立て、周囲に1本の長さが900m以上のケーブルを放射状に張って支えています。

深海底油田採掘

プラットホーム建設が経済的でない深海底から石油を採取するためのもので、動力源は天然ガスか原子力になるでしょう。

北極と南極

大地の果て

人々の住んでいる場所から遠く離れ、氷に閉ざされていたために、極地の環境は最も自然のまま乱されずに残されてきました。しかし、事態は変わりつつあります。この地独特の生態系を保護するか、それとも重要な資源の開発を進めるかという綱引きが始まったのです。

私たちは南極と北極は似かよった地域であると考えがちですが、実はまったく異なっています。北極は基本的には内海であり、大洋のなかでは最も小さく、ほぼ完全に陸地に囲まれています。これに対して南極は、氷で覆われた陸塊と、それをとり囲む広大な海面からなる地域です。南極は米国とメキシコを合わせたより広い1,400万km²の面積を持ち、表面の95%が氷で覆われており、地上で最も寒冷な気候です。北極の1/3は、そのまわりを囲む陸地に連なる大陸棚で、ここには世界で最も豊かな漁場のいくつかが形成されています。これに対し、南極では海面の多くが棚氷で覆われています。この地域には地球上の氷の9割が存在し、氷帽の厚さは平均2,300mにも達します。これは北極の数十メートルとは対照的です。

極地方は私たちが考えるような、生物のいない荒涼とした場所ではありません。毎夏、北極周辺ではみごとな花園が広がります。3,000種の植物が花を咲かせ、レミング、トナカイ、カリブーなどの草食動物が無数にたわむれています。そして、北極圏の内側では、50の部族からなる先住民族を含む400万もの人々が生活しているのです。南極大陸には、顕花植物は2種類しかなく（あとは数多くの地衣類、苔類が生えています）、大陸部には脊椎動物もいないし、（大陸の中では唯一）人間も住みついてはいません。科学研究基地には何千人もの研究者やスタッフがやってきます。多くは夏の間だけ滞在して去りますが、約900人が残って勇敢にも極寒と暗黒の冬を越します。一方、それを囲む南極海は、地球上で最も生産力の高い海域で、夏季には他に例をみないほど栄養豊かな湧昇流にはぐくまれて、海洋の植物プランクトンが大繁殖します。これを餌にばく大な量のオキアミが繁殖し、8種類のクジラとペンギン（鳥類のバイオマスの90％を占める）からアホウドリまで40種類の鳥類の主食になっています。

一方、北極の鉱物資源がばく大であることも知られており、すでに開発が始まっています。南極では、幅の狭い大陸棚に巨大な油田が眠っています。1998年、「科学的調査を除く、いかなる鉱物資源活動」をも禁止する南極環境保護条約が発効したことで、南極大陸の鉱物資源は今後半世紀の間、凍結状態に置かれたと見てよいでしょう。

海は、豊かな資源をもたらしてくれますが、いま、無知と無理解がこの富を危機に陥れています。多くの漁場を衰退させ、大型のクジラをほとんど絶滅に近い状態に追い込み、魚が豊富な海域を広範囲に汚染し、沿岸の多くの生態系や稚魚の生育域を破壊しているのです。

おもな分布地域

- タラ
- スケトウダラ
- キャペリン（ワカサギ科）
- オットセイ
- タテゴトアザラシおよびズキンアザラシ
- 炭田地帯
- 鉱山
- 油田および天然ガス田
- おもな流氷の動き

北極の資源

魚類：ベーリング海のスケトウダラは、1種だけの漁獲としては世界最大で、米国の年間漁獲量の相当部分を占めます。バレンツ海には世界に残されたタラの最大の漁場があり、世界のタラの水揚の半分を占めますが、乱獲、密漁、産業開発に脅かされています。2004年の漁獲割当はWWFによれば高すぎて持続不可能であるうえ、年間10万tにのぼる密漁がさらに資源を枯渇させています。カナダのタラ資源も同様の運命をたどる可能性があり、1990年代に崩壊してから回復していません。海運業の拡大と油田開発計画も脅威となっています。

アザラシ：毎年春になると、無数のタテゴトアザラシとズキンアザラシが、北大西洋や北極海の凍てつく海から上がって子を産みます。何世紀もの間、珍重される毛皮のコートを得るためにアザラシの幼獣が撲殺されてきました。1983年、ECによるアザラシの毛皮の禁輸措置によって、大規模な捕獲はなくなりました。IFAW（国際動物福祉基金）によると、カナダ政府は1995年に大西洋のアザラシ猟を復活させる意向を表明し、それ以来、100万頭を越えるアザラシが殺されました。アザラシの脂肪を餌とするホッキョクグマの存在や、魚の個体数の減少も脅威となっています。

鉱物：旧ソ連では、天然ガスのほぼ2/3が北極圏内に埋蔵され、また、アラスカの採掘量は全米の1/4をまかなっています。アラスカの石油採掘可能量は20〜120億バレルと推定され、油田開発への圧力が高まっています。北極圏には、世界最大級の石炭、鉄、銅、鉛、ウランの大鉱脈もあります。金、亜鉛、ダイアモンドをはじめとするアラスカの鉱業は、1995年〜2000年の間に10億ドルの価値を生み出しました。

環境：ワールドウォッチ研究所の報告によると、北極の環境は、農薬、産業化学物質、廃棄物などの残留性有機汚染物質（POP）にさらされています。1979年から2002年の間に北極海の氷は、平均で10年ごとに36万km²溶けました。今後50〜100年でツンドラのかなりの部分が消失する恐れがあります。

南極の資源

野生生物の保護：南極海洋生物資源保存協定（CCAMLR）は、急速に広がるオキアミ漁の影響から南極の生態系を守り、大型のクジラやその他、オキアミを餌とする生物と、他の乱獲されている魚の回復を助けることを目的に締結されました。

魚類：南極周辺の水域の100種以上の魚類のうち、南極タラやパタゴニアヘイク（タラの仲間）などごく数種類が盛んに捕獲されています。1970年から98年の間に、南極海で900万t近いオキアミと魚が採られました。パタゴニアヘイクの密漁（適法の漁獲の2〜5倍と推定される）では、数十万羽の海鳥が延縄にかかって死んでいます。CCAMLRの推定によれば、少なくともアホウドリが14万4,000羽、ウミツバメが40万羽にのぼります。パタゴニアヘイクの漁獲はすでに、持続不可能な水準に達しています。この魚は成長が遅く、繁殖を始めるまでに10年かかるのです。

クジラ：南極海の大部分は、クジラの保護区とされてきました。シロナガスクジラ、ザトウクジラは1960年代に全面保護されました。これは1970年代にヒゲクジラとイワシクジラにも拡大されました。1986年には、国際捕鯨委員会（IWC）が一切の商業捕鯨を停止しましたが、一部の国、すなわち、日本、ノルウェー、アイスランドは規制の抜け穴を使って、今なお、クジラを「科学調査」目的で捕獲しつづけています。

アザラシ：6種のアザラシ（世界全体の2/3）が生息しています。南極のアザラシ猟には厳格な国際協定（南極のアザラシの保存に関する条約、CCAS）があります。わずかな数のアザラシが科学目的で捕獲されています。

鉱物：地質学者によれば、おそらく900以上の大鉱脈が存在するはずだと言います。ただし、そのほとんどすべてが氷に閉ざされています。また、世界最大の石炭鉱脈が南極横断山地に眠っているのではないかと考えられます。米国の研究者の説によると、大陸棚には石油もあると言います。ただし、環境保護条約（1991）の議定書により、50年間は「科学調査を除いて、鉱物資源に関連するいかなる活動も禁止」されています。

環境：南極のけがれなき環境には、地球の進化、環境、気候を研究する科学者らが深い関心を寄せています。氷に穴をあけて採取したコア（円筒形試料）からは、何百年、時には何千年にわたる気温や二酸化炭素量の変化に関するデータが、また1945年以降の放射能その他の汚染物質による大気汚染のデータも得られます。

おもな分布地域

- タラ
- トゥース・フィッシュ
- オキアミの集中している水域
- オキアミの分布水域
- 石炭の埋蔵地域
- 石油・天然ガスの埋蔵の可能性がある地域
- 鉱物の存在地区

オキアミ

オキアミは、人間を含めた地球上のあらゆる多細胞生物の中で、最大のバイオマスをなすと推定されています。オキアミは、南極のクジラ（クジラの回遊はオキアミの生活史と関連があります）、アザラシ、イカ、ペンギンその他の海鳥の主食です。また、人間の食用、養殖用飼料、釣りの餌として採られます。南極海に膨大な群れの生息するオキアミですが、1976年から漁が始まり、1981年には50万tに達しました。その後、CCAMLRによって270万tという漁獲可能限が設けられました。現在は主に日本、米国、韓国、ポーランド、ウクライナといった国々が、年間約12万tの漁獲を上げていますが、優に持続可能な範囲内です。しかし、これは、養殖が1990年代から2000年にかけて倍の4,500万t（天然魚の漁獲は9,600万t）へと急拡大していることで変わってくる恐れがあります。世界の養殖業は、魚油の70％、魚肉の34％を消費しています。後者は2010年までに50％に達する可能性があり、将来の需要を満たすため、また、サケの色を自然に出すためにも南極海のオキアミに目が向けられています。バイテク産業も同様の負荷をオキアミにかける恐れがあります。

海洋の危機

魚類資源の減少

1970年代と80年代には、政府の補助金がつぎ込まれたこともあって、漁業船団に大規模な投資がなされ（P.96〜97、P.232〜33）、漁獲量が飛躍的に伸びました。あまりのも多くの漁師と漁船がわずかな魚を追い回し、多くの漁場を枯渇させました。被害が大きかったのは、ハドック、キャペリン、大西洋のタラ、大西洋のニシン、南アフリカのマイワシです。この減少分を補うように、他の多くの漁業品目の水揚が増加しました。多くの漁場では、推定される持続可能な漁獲量に達したか、あるいはそれを越えてしまっています。

原因の一部は、私たちが海の生態系に無知である点です。また、技術の進歩もあります。巨大な遠洋漁船が、巾着網や目が細かい網など、海をすっかり空にしてしまうような魚網をはじめとする新技術を導入しました。漁業における技術革新はさまざまな問題をもたらしました。それが特に顕著なのは発展途上国の沿岸水域です。外国漁船による無差別的操業は減りましたが、地域経済の支援を意図した国内漁業の確立のための援助資金が誤って使われて同様の乱獲を招き、漁業資源を枯渇させ、貧しい沿岸住民の生活の糧を奪ったのです。資本集約型漁業と沿岸の漁村との対立は、何百万もの人々を巻き込んでいます。今日の商業的漁師は、衛星位置測定システム、音波探知機、巨大な網、偵察用飛行機、漁獲を船上で冷凍できる加工船などを利用します。

しかし、いちばんの原因は水産物や水産加工品への需要が拡大したことです。人々が食べる肉が増えるにつれ、魚粉を含む家畜用飼料の需要が増大してきました。現在水揚げされる世界中の水産物のうち、実に1/4は魚粉や油になっています。また、魚そのものを求める国もあります。たとえば、日本は動物性タンパク質の45%を海に依存しています（世界平均は15%）。

世界全体の漁獲量はすでに、FAOの推定した持続可能な漁獲量である年間1億tの上限に達しています。2002年の世界全体の漁獲量は7,000万tで、減少分を埋めるように養殖が増加しています。ただし、それには天然魚が養殖用の餌になるという落し穴があります。また、化学物質による汚染や稚魚の生育域の破壊などの環境負荷が漁獲量に与える打撃も大きくなっています。気候変化も漁業に深刻な影響を与えかねません。海面の温度上昇によって海流が乱れ、プランクトンの分布に影響が出る恐れがあるのです。

からっぽの魚網

北海のニシン
1960年代から70年代の漁業の工業化が原因で、ニシンの漁獲量は急激に落ち込みました。1978年から82年まで漁場を閉鎖して資源回復を待ちましたが、80年代後半に再び漁獲が落ちました。90年代半ばからさらに回復が図られ、2003年にはここ40年で最高レベルの資源量を記録しました。

大西洋北西部の乱獲
大西洋北西部のタラ、ヘイク、ハドックの総漁獲量は、1980年の84万tから2001年の14万8,000tへと落ちました。

南アフリカ沖のマイワシ
地元（南アフリカ、アンゴラ）の漁船と外国（ポーランド）の遠洋漁船が乱獲を行った結果、1970年以降マイワシ漁は衰退してきました。しかし、1995年から2001年の間に、漁獲は15万8,000tから20万tに上がりました。

2001年の漁獲量が上位の国（単位100万t）

中国	14
ペルー	8
米国、日本	5
インドネシア、チリ	4
ロシア、インド、ノルウェー、タイ	3
韓国、アイスランド	1.5〜2
フィリピン、デンマーク	1.5〜2
ベトナム	1〜1.5
メキシコ、マレーシア	1〜1.5
モロッコ、スペイン、カナダ	1〜1.5

世界の漁業を支配しているのは、高性能の漁船をもつ一握りの国々です。漁獲の推移を調べると、漁業の崩壊がますます深刻でしかも頻繁になってきていることがわかります。図中の国旗の大きさは、おもな漁業国の2001年の漁獲量を表しています。この20ヵ国は、世界の全漁獲量の80%を占めます。1位の中国は1,400万tで、800万tのペルーが続きます。他の8ヵ国もそれぞれ年に300万t以上の漁獲をあげています。

図中の船の絵は、国別の大規模遠洋漁船上位5隻の総トン数を示しています。世界全体の漁業船団は、甲板があるものとないものを合わせて400万の、多くは動力のない漁船からなっています。

消えゆくタラ

WWFによると、世界のタラ漁場は、1970年の340万tから2000年の100万tへと急速に枯渇しつつあります。とくに残された世界最大の漁場バレンツ海は深刻です。北米の漁獲量は1980年代初めから9割も落ち込み、ヨーロッパの水域では、北海のタラが20年前のわずか1/4になっています。乱獲と密漁に油田開発の負荷が加わり、「2020年までにタラはすっかり姿を消す」恐れがあるといいます。

年間の水産物消費（単位kg）

- 20〜30kg
- 30〜40kg
- 40kg以上

1位　アンティグア
2　ドミニカ
3　バルバドス
4　セイシェル
5　モルジブ
6　ソロモン諸島
7　キリバス
8　仏領ポリネシア

漁獲割当

漁獲割当は「違法、無報告、無規制（IUU）の漁業」の問題を悪化させてきました。FAOによれば、IUU漁業は「範囲も程度もひどくなっている」といい、商業的に貴重な魚種が適法の範囲を300%越える乱獲がなされている水域もあるといいます。

大型漁船上位5隻の総トン数

太平洋のスズキ

1965年には50万t近くあった太平洋のスズキの水揚は、乱獲によって年々減少し、1979年には1万3,000tにまで落ち込みました。それから10年経っても漁獲はわずか3万3,000tとほとんど回復していません。

漁獲物の利用

世界の海面漁業の総水揚げのうち、1/4近くが油脂、飼料や肥料など食用以外の用途に利用されています。2001年の利用の内訳は以下の通りです。

缶詰	10%
冷凍	19%
鮮魚	40%
保存食（塩漬、薫製）	8%
食用以外	23%

サバ

太平洋、大西洋の広い海域で捕獲されていますが、乱獲の結果、水揚量は1997年から2001年の間に240万tから180万tに減少してしまいました。

カリフォルニアのイワシ

1930年代には水揚が年50万tを超え、モンテレーにはイワシ成金が出現、スタインベックの小説『缶詰工場』で一躍有名になりました。50年代には乱獲によって資源が枯渇し、ようやく80年代に少しずつ回復してきました。1998年から2001年の間に、漁獲は38万tから68万5,000tに増えました。

個体数の減少

米国、ニューイングランド沖のジョージ堆は、かつて世界有数の漁場でした。カレイ、ハドック、タラの数があまりにも少なくなったため、1994年にこれらの魚種は捕獲が禁止されました。

インドサバ

タイ湾では、伝統漁法から近代的トロール漁法への転換が1960年代に行われ、インドサバやその他の魚種の水揚が増大しました。しかし、その後、漁獲は急激に落ち、世界全体でも減り続け、1997年の30万4,000tから、2001年の18万4,000tにまで下がりました。

インド洋のエビ

沿岸の浅い水域で操業するエビ加工船は、貴重なエビを大量に捕獲し、伝統的な漁民から生計の道を奪いました。繁殖地が失われ、沿岸の汚染が進み、状況は悪化しています。

アンチョビーの危機

1972年まで、ばく大な漁獲量を誇るペルー沖のアンチョビー漁は世界最大でした。それが突如崩壊したのです。原因は、長年の乱獲とその年の強いエルニーニョ海流でした。この漁業を支えている冷たく栄養分に富んだペルー海流に、エルニーニョの暖水塊が割り込んだのです。漁獲はその後変動を続け、1997年に770万tに達し、98年にはわずか170万t、99年には870万t、2000年には1,130万tとなりました。2001年には再び720万tに下がっています。

西アフリカ沖の加工漁業

アフリカ沖では大規模な漁業が行われています。この一帯を開発したのは、アフリカ諸国ではなく、進んだ漁法と冷凍施設を誇る先進国の遠洋魚肉加工船でした。1960年代半ばには、西アフリカ諸国は自国沖の漁獲の半分を先進国に持っていかれていました。70年代半ばまでに、関連アフリカ22ヵ国は、漁獲の絶対量を伸ばしてきましたが、周辺水域の総漁獲量に占める割合は1/3に減少してしまいました。つまり漁獲の大半は、ソ連、スペイン、フランス、ポーランド、日本など14ヵ国の先進諸国によって水揚されたのです。ヨーロッパで1tの魚肉が飼料に使われた場合、生産される豚、鶏肉は1/2tにもならず、またこれが飼料作物用の肥料として使用された場合、生産量はさらに少なくなります。もし西アフリカの水産資源が西アフリカの人々に直接消費されたとすれば、動物性タンパク質の摂取量は1人当り年に12kg増えたはずです。これはそこに住む多くの人々にとって、これまでの摂取量の50%増に相当するのです。

養殖

海洋資源への負荷が高まる中、海と内陸の養殖も増えてきました。それは私たちの魚介類への食欲を満たしてくれる一方、養殖用の飼料需要が天然魚をも圧迫しています。養殖のサケ1ポンドをつくるのに、2ポンドの天然魚が必要になります（サーモンの餌になるのは、イワシ、アンチョビ、サバ、ニシンなどの魚です）。2010年までに、世界の養殖産業は、世界で生産される水産物の半分を必要とするかもしれません（2001年には1/3でした）。

世界の海での養殖で先頭を切るのは中国で、2001年に世界全体の1,800万tのうち、1,000万tを生産しました。その他に養殖が盛んな国は日本（70万t）、チリとノルウェー（50万t）、スペインと韓国（ほぼ30万t）と続きます。内陸の養殖は世界全体で2,200万tで、ここでも中国が1,600万tと圧倒的な割合を占めています。

養殖は沿岸の生態系、とくにマングローブ林に悪影響を与えています。

海洋汚染の原因

海はまるで汚水だめのようです。これまでも海は絶えず陸上から流し出される大量の泥や鉱物をのみ込んできました。ところが、現在、私たちは増えつづける一方の大量の人工的な物質をも、同じように海に受け入れさせようとしているのです。それは下水の沈泥や産業廃棄物（放射性廃棄物を含む）・農業廃棄物などで、いずれも化学汚染物質を含んでいます。

海は人間のために巨大な廃棄物処理場として働いています。鍵となるのは、どの程度の廃棄物ならそこで安全に処理できるかということです。つまり、どの種類の物質なら海が受け入れることができ、それには海のどこが最適であるか、自然分解にはどれくらいの時間がかかり、どの程度の悪い結果を覚悟しなくてはならないか、というような問題です。

このような決定的な要因に、十分な注意がはらわれているとはいえません。海にはすでにたくさんの化学物質が流入していますが、私たちは毎年さらに多くの新しい化学物質を、将来それからどんな影響を被ることになるのかも考えずに棄てているのです。人工の毒性物質は、深い海溝からも、また南極のように遠くの海からも検出されています。これは地球的規模の循環の結果であり、その過程はまだほとんど解明されていません。

人間による化学物質の海への流出は、自然によるそれをはるかに上回っています。水銀で2.5倍、マンガンで4倍、

人間活動が原因で海に入る汚染物質
- 大気 33%
- 海上輸送 12%
- 投棄 10%
- 漏出（陸上）44%
- 海底油田 1%

汚染されている海

少なくとも海洋汚染の75%は陸上の活動によるものです。下の図は、この汚染物質のおもな運び屋である、農地や工場のそばを流れる河川を表したもので、工業化された北側先進国でよくみられる光景です。河川が汚染されると、廃棄物の相当部分が流れを下って、生物学的な生産力の高い入江や沿岸の水域に沈積します。そして毒物は食物連鎖の中に入り込み、高度な生物に進むにつれてその濃度が高くなります。この生物学的な被害の拡大過程は、1950年代初期の日本の水俣病に典型的にみられます。これは、体内組織中に高濃度の水銀を含む魚を食べたことによる有機水銀中毒症で、沿岸の工場の廃棄物が原因でした。1975年までに認定された患者は3,500人にのぼっています。

海のごみ

1980年代末に法的に禁止されるまで、船舶は毎年600万tのごみを海に投棄していました。それ以外にも陸からもごみがやってきます。多くは海によって分解されますが、それには何ヵ月、ときには何年もかかります。ウールの布は1年、スチール缶は100年、プラスチック・ボトルはなんと450年もかかります。こうした残骸は海洋生物にきわめて有害です。たとえば、6本パックの缶ビールをつなぐプラスチックの輪が、アザラシやアシカの鼻先にひっかかると、餌をとることや呼吸さえ妨げることがあります。

農業
容易に自然分解されない殺虫剤や除草剤が、汚染物質として残留し、海の食物連鎖を通じて毒性が濃縮されます。また、肥料のなかの硝酸塩は水質を富栄養化し、藻類を大量発生させて酸欠状態をひき起こします。

都市の中心部
都市の下水システムを通じて、家庭や工場から有毒な化合物、重金属、石油、有機物質などを含む排水が流出します。建設工事の現場からは、大量の砂泥が河川に棄てられます。

工業
工業廃棄物に含まれる多量の混合物が海に流入しています。このなかには自然分解されるもの以外に、分解されにくい化学物質や重金属もあります。しばしば犠牲者が出てはじめて、その汚染源が世間の注目を集めます。

原子炉
低レベル放射性廃棄物の海洋投棄は世界全体で禁止されていますが、核再処理工場から出た放射性廃棄物が今でも沿岸の水域に流れ出すことがあります。

石油精製
1980年代初めには、沿岸の精製工場からの石油漏出事故のため、年に約10万tの石油が海を汚染していました。米国科学アカデミーによると、毎年2億ガロン以上の石油が世界の海に流れています。さらに1億8,000万ガロンが海底から自然に染み出しています。

沿岸の「デッドゾーン」

水生生態系内で富栄養化が起きると、高濃度の栄養が藻類を増殖させます。そうなると、水が濁り、太陽の光が遮られます。藻類が死ぬとバクテリアのごちそうになって酸素濃度が低下し、海洋生物はよそへ行くか死ぬしかありません。こうした沿岸の「デッドゾーン」は、ほぼ例外なく人間活動によって引き起こされますが、ますます頻繁になり、世界中で推定150箇所も生じています。メキシコ湾には2万2,000km²に及ぶ季節的なデッドゾーンが発生し、幸い毎年冬になると消滅しますが、バルト海には恒久的なデッドゾーンがあり、10万km²に及びます。

亜鉛・銅・鉛は12倍、アンチモンで30倍、リンで80倍にも達します。石油についていえば、海に流入する石油総量の4/5以上、絶対量で年に約600万tにも及んでいます。これは不注意によるものも多いのですが、故意の投棄もあります。石油汚染によって死んだ海鳥や他の海洋生物についての報道も多くありますが、幸いこれらの動物は2～3年で数を回復します。これよりはるかに深刻な被害は目に見えない汚染物質によって起こります。たとえば、石油のある種の成分には毒性があり、なかには発がん性物質もあって、長い年月にわたり分解されることなく残留するのです。さらに、水銀、鉛、カドミウム、ヒ素などの重金属、DDTやPCBなどの化合物があり、これは汚染物質のなかでも危険性が高いものです。すでに水銀の害の恐ろしさは日本の水俣病（P.90）や、最近では、死者を出したインドネシアの公害の例で知られています。また、猛禽類や他の野生動物の生殖作用の減退により、DDTやPCBの影響を知りましたが、それは既に手遅れでした。

汚染の実態がいちばんよくわかる指標をあげてみましょう。海洋汚染の少なくとも75％は、海上ではなく陸上における人間の活動によって発生し、汚染物質の90％は海のなかでも最も生物学的な生産力が高い沿岸水域に残留しています。これらの、生物にとって重要な水域が破壊されると、人類の繁栄のみならず、海の自然界全体の繁栄にも深刻な影響が出るでしょう。

世界の海洋汚染

海流は地球を循環しており、海の生物界はつながっているので、海のなかで汚染を免れている場所はどこにもありません。その典型的な例は、汚染源から何千kmも隔たった南極にすむペンギンの脂肪からDDTが検出されたことです。左の地図は、汚染が集中している海域、すなわち北海沿岸などの工業地帯周辺や、ブラジルのリオ・デ・ジャネイロ沖、インドネシアのジャワ海など、人口稠密地帯周辺の海域と石油タンカーの航路を示しています。タンカーの往来が最も激しいのは中東からヨーロッパへ行くルートで、タンカー事故の多くは海岸に近い混雑した航路で起きています。1998年には世界で215件の事故が起き、10万tを越える石油が海と陸の環境に流出しました。

海上で発生する汚染

石油タンカーは平均的な1日に1億tの石油を輸送しています。衝突事故はめったに起こりませんが、まったくないわけではありません。起これば、大惨事を招きます。1989年に起きたエクソン社「バルディーズ号」の石油流出事故は野生生物に大きな被害をもたらし、300頭のゴマフアザラシ、3,000頭のラッコ、25万羽の海鳥が死にました。1999年のエリカ号の事故では、1万4,000tの石油が漏れ、大西洋の海岸線を100マイルにわたって汚染しました。2002年にはプレステージ号が6万tをスペイン沖で流しました。石油は英国の南岸とカナリア諸島に広がり、30万羽の海鳥が死にました。また、沿岸900kmの漁場が閉鎖されました。除去作業のコストと失われた漁業収入は直後の影響で60億ドルにのぼりました。こうした事故が、2003年から2015年にかけての単胴船タンカーの段階的廃止につながっています。

汚染されている地中海

地中海は海洋汚染のひどい海として知られています。海岸沿いの1億6,000万の人口と、年間に訪れるほぼ同数の観光客が、多量の下水——5億tを越える——を海へ流出させており、それを浄化することは容易ではありません。その他の汚染物質には、12万tの鉱物油、6万tの洗剤、100tの水銀、3,800tの鉛、3,600tのリンなどがあります。石油タンカーは地中海を定期的に航行しており、世界の石油流出事故の1/3はこの海域で起こっています。WWFによれば、毎日2,500tの石油が船舶から地中海に流されているということです。年間だとほぼ100万tになり、2002年のプレステージ号の事故の15倍の規模です。

生物のすみかの破壊

破壊されやすい沿岸水域

海の生物のすみかの破壊が最も深刻なのは、沿岸水域です。塩性沼沢、入江、マングローブ林、サンゴ礁など、生態学的に複雑精妙で、人類の繁栄にも欠くことのできないこれらの水域は、人間の破壊行為に対してとくにもろい場所です（P.80〜81）。たとえば、石油ターミナルは沿岸に置かれる傾向があり、とくに損なわれやすい塩性沼沢や入江の周辺に建設されることが多いのです。

海岸地帯の都市は、付近の湿地帯を安価なごみ捨て場とみなし、産業廃棄物も家庭のごみもそこに捨てています。また、同様に有害なのが、海岸の泥や砂利の浚渫工事で、これは魚類の産卵場所を破壊しています。米国では、貴重な沿岸湿地帯の多くが消滅してしまいました。カリフォルニア、フロリダ、ルイジアナはいずれも沿岸州ですが、その湿地の大半（カリフォルニアでは実に9割以上）を失ってしまいました。

とくに破壊されやすい場所が入江です。ここは陸上の生態系と海の生態系が出あう十字路であるため、多くの人間の活動の場になってきました。魚の生活においても入江の水域はきわめて大きな生産力をもちます。米国は入江に富んでいます。大西洋岸とメキシコ湾岸一帯の入江は、魚や貝類にとって非常に重要です。この一帯で商業的に捕獲される魚種の実に95〜98％が、その生活史のはじめのときを、この豊かで温かく外界から守られた入江の水域で過ごすのです。しかし、急増した工業団地が海岸湿地帯に立地し、その廃棄物が豊かな水域にまき散らされる今日、入江はその生産力をいつまで維持していけるでしょうか。

この重要な魚類の生息環境は、チェサピーク湾（右）のように、そこに棲む魚類の群集が崩壊に至るほどに破壊されてきました。

熱帯地方でも同じような原因でマングローブ林やサンゴ礁が破壊されています。たとえば、フィリピンでは2万5,000km²のサンゴ礁の90％以上が、主に破壊的な漁法、森林破壊による堆積物、漂白によって脅かされています。同様にフィリピンのマングローブ林は、著しい環境の悪化によって減少し、1920年代の5,000km²から現在のわずか1,500km²へと縮小しています。この減少のかなりの部分が、魚やエビの養殖池をつくるための伐採によるものです。

下水や流入肥料による富栄養化（p.91）は、環境悪化のもうひとつの原因です。リン（リン酸）や窒素（硝酸塩）が増えると、藻類が異常繁殖します。それが死んで分解される際に、多量の有効酸素を消費するため、他の生物を窒息させるのです。

ラムサール条約（1971年イランのラムサールで調印された）で、「国際的に重要な湿地」と明言されているにもかかわらず、増えつづける人口の圧力と資源への需要は、このかけがえのない生態系を驚くべき速さで根こそぎに破壊しているのです。

人類の優に半分が、海岸から100km以内の地域に住んでいます。世界の大都市のうち、東京、サンパウロ、ニューヨーク、上海、コルカタ（カルカッタ）、ブエノス・アイレス、ソウル、ボンベイ、リオ・デ・ジャネイロの9都市が入江に立地しています。これらの巨大都市地域では、もとの海岸湿地帯がほとんど消滅してしまいましたが、そこは生物学的な生産性が高く、汚染のろ過装置としても、海と陸の緩衝地帯としても重要です。

汚染ほど目だちませんが、浚渫その他の土地開発の影響も、同じように有害です。たとえば、ルイジアナ南部では、水路の軟泥の浚渫によって、堤防というべきか、連続した土手がつくられ、湿地帯が囲い込まれています。自然の流路は寸断され、生物のすみかの広い破壊をひき起こしています。

チェサピーク湾

米国大西洋岸のチェサピーク湾は、世界で最も生産力の高い生態系のひとつで、長年カキやカニや魚を大量に供給してきました。それが工業の汚染や農業の肥料により、枯渇してきています。かつては年間1億tを越えた漁獲量が、2001年にはわずか150万tに落ち込みました。

マングローブ林とサンゴ礁の破壊の原因

- 生息地の破壊が起きやすい沿岸地域
- 伐採
- 農地転換
- 海岸開発
- 塩田
- 鉱業
- 廃棄物
- サンゴ礁の破壊

ミシシッピ川のデルタ

1901年に石油が発見されたため、広大な水路網が建設されました（下図参照）。この事業には干拓も伴い、メキシコ湾の小エビの繁殖地として、またメンバーデン（ニシン科）の漁場としても有名なこの湿地帯に打撃を与えました。

太平洋サンゴ礁の4〜9％が消滅

カリブ海と大西洋サンゴ礁の22％が消滅

メキシコ、パナマ マングローブの65〜70％が消滅

脅かされる海草

都市型汚染の筆頭は、外来侵入種の脅威です。フランス、イタリアのリビエラ周辺の地中海地域では、熱帯の藻類が海草に被害を与えています。

農業や養殖業への転換

アジアやアフリカでは、耕地の不足から、マングローブ林の農地転換（西アフリカにおける水田への転換など）が行われてきました。より古くから行われてきた養殖池への転換では、マングローブ林の価値が考慮されることはまずありません。養殖によって出る化学物質や廃棄物が、周辺の水域と生息環境を汚染し、破壊することも考慮されません。養殖の生産高は、1984年の700万tから2001年の3,800万t（560億ドル相当）に伸びており、その6割が内陸です。

石油による汚染

石油流出は、マングローブ林（上）を含めた植生や野生生物を脅かします。塩性沼沢には石油が溜まりやすく、回復には1、2年から、ことによると数十年を要します。

塩田開発

資源をめぐる古くからの対立例として、インド北西部、西アフリカ、マレーシアでみられるような、マングローブ林の塩田への転換があげられます。

嵐の脅威

嵐や洪水、ハリケーンによる沿岸地方の被害は、テレビ報道であまりにもなじみのあるものです。こうした気候関連の災害による経済的被害は急増しており、1990年代には年平均400億ドルを越えました。湿地の植生と土壌は、陸と海の自然の緩衝地帯として働き、洪水の水を吸収し、暴風を抑える作用をもっています。インドのオリッサ州では、エビ養殖のために沿岸のマングローブ林が伐採されました。1999年のサイクロンでは、多数の死者が出ました。

マングローブ林の破壊

1950年以来、広大なマングローブ林が消滅し、今では世界でわずか18万km²が残るのみです。もとあった面積の実に半分がすでに破壊された可能性があります。タイは、マングローブ林の4/5を失いましたが、その大半は1975年以降に消えました。パナマは1980年代だけで2/3を失いました。マングローブの植林も一部で行なわれていますが、全体で見ると、減少傾向に変わりはありません。左の地図は、マングローブ林とサンゴ礁が広い範囲にわたって消滅した地域を表しています。広大なマングローブ林が、木材、パルプ、燃料供給のため、あるいは農業や沿岸開発のために伐採されています。アジアでは、実に40万haのマングローブ林が、塩分を含んだ水を貯め、エビの養殖池に転換されているのです。これが発展途上国にとっては外貨を得る貴重な財源になっているのです。

廃棄物の投棄

ごみや固形廃棄物は、しばしばマングローブ林に棄てられます。その一方で、下水の流出や有毒な化学物質もマングローブ林を汚染しています。

鉱物の採掘

採掘による廃棄物もマングローブの根を窒息させてしまうことがあります。たとえば、プエルト・リコ北部では、砂利採取や空港建設のため、広大なマングローブ林が破壊されました。

海岸の開発

住宅建設や工業用地開発のためのマングローブ林伐採が、とくに所得水準の高い国で大きな問題となっています。オーストラリアのクイーンズランド南部では、広大なマングローブ林が破壊されました。米国にもとあった塩性沼沢の半分以上が、主に宅地、工業用地、農業用地の造成のために消滅しています。

サンゴ礁やラグーンの破壊

世界のサンゴ礁の10%は回復不能なほど破壊され、30%は危機的状況で、10年から20年のうちに失われる恐れがあり、さらに他の30%も脅威にさらされ、30年から40年のうちに絶滅する恐れがあります。安定した状態にあるものは1/3もありません。科学者によれば、人類が今後10年から20年のうちに世界のサンゴ礁の30%を失うと、サンゴ礁に棲む生物種の10%が絶滅する恐れがあります。破壊要因には以下のものがあります。すなわち、浚渫工事および建設工事のための除去、土壌浸食、下水・産業廃棄物・温排水・淡水の流入、石油汚染、観光、沿岸開発、鉱業と発破、石油や天然ガスの生産、魚の乱獲、気候変動（水位と水温の上昇）などです。

共有財産の悲劇

「人間は、最近になって自然環境というものの本当の価値を認識するようになりました。それを象徴しているのがクジラです。彼らは家族生活を営み、月光の下で戯れたり、互いに話をしたり、苦しんでいる仲間を助け合ったりします。クジラに対しては畏敬と神秘の念を抱かずにはいられません。人間が立ち入ることを許されない、冷たい水の中の世界で、クジラは繁栄を誇る完成された創造物なのです。クジラは食料としてではなく、人類に勇気を与えてくれる存在として保護に値するのです。」

アメリカのクジラの専門家　ビクトル・シェーファー

資源をめぐる人間同志の紛争から、海洋生物の絶滅まで、海洋ではさまざまな形の不幸な対立が生じています。これは漁民その他の「海に船を出す者たち」(詩篇107)が荒々しい性格をもっているためではなく、むしろ海の自然界が「人類共有の環境」という性格をもっているためです。

沿岸水域以外では、すべての人々が自分の望むように海の開発を行うことができます。そこで、個人個人や個々の国家は、海の資源を採取するのは自由だと考え、なんとか他を出し抜こうとしてきました。減少を続ける資源をめぐって競争がますます激化し、この自滅的な作用の結果、ほとんどの場合、最終的には開発によってその資源は枯渇してしまうのです。

この結果がいかに悲惨で無益であるかは、大型のクジラの仲間の歴史がよく物語っています。海を泳いでいるクジラは、本来だれのものでもありませんが、いったん殺されてしまうと捕鯨業者の私有財産とされ、それから生じる利益もその業者に独占されます。捕鯨が盛んになるに従って、捕鯨船は次の獲物を見つけるのに以前より多くの努力をしなくてはならなくなります。それだけでなく、捕鯨業者も含めて人類は、クジラの絶滅の危機に直面しているのです。

1900年以来、クジラが夏に餌を求めて集まる南極海に捕鯨も集中してきました。ここで最初に商業的捕鯨の対象となったのはザトウクジラで、年に7,000頭も捕獲されました。これが底をつくと、地球最大の哺乳動物であるシロナガスクジラが標的となり、30年代には捕獲数がやはり年7,000頭に達しました。次がナガスクジラでしたが、このときには捕鯨船の性能が向上したため、捕獲数も大幅に増え、40年にはこの種としては最高の2万6,000頭に達しました。ナガスクジラの次はイワシクジラがおもな対象となり、ピークの65年には2万頭が捕獲されました。そして最後に、より小さなミンククジラが対象となったのです。

海はだれのものか？

闘争が海の主題歌です。この「人類共有の環境」では、資源をめぐって制御のない開発や競争が行われ、もとからの居住者が敗者となるのは避けがたいことです。なかでもクジラほどの被害者はほかにいません。

持続不可能な捕鯨

人類が最初に目をつけたのはセミクジラでした。これは英語で「right whale」と呼ばれますが、まさしく捕鯨にうってつけで、捕らえやすく、油脂と鯨骨(ヒゲクジラ類のヒゲ)が多量にとれます。ビクトリア王朝時代には、美しい洋服姿を演出するため、鯨骨のコルセットの需要が急増し、セミクジラは絶滅寸前に追い込まれました。もうひとつの初期の被害者はセイヨウコククジラで、油脂と肉をとるため捕獲されました。しかし、これらの被害は悲劇の幕開けにすぎなかったのです。20世紀に入ると、捕鯨技術が発達し、また鯨製品の需要が増大したにもかかわらず、共通の管理政策がとられなかったため、次から次へと乱獲が行われました。ワシントン条約はミンククジラとその製品の国際取引を禁止していますが、日本、ノルウェー、アイスランドは免除されています。

大型鯨類：捕鯨か観光か

大型鯨類の一部は崩壊の危機にあり、中には個体数が500頭を切っているものもあります。他のクジラの個体数は若干持ち直していますが、捕鯨再開を求める圧力があり、とくに「調査捕鯨計画」で年間440頭のミンククジラを捕獲している日本で強まっています。2000年にノルウェーはほぼ500頭のクジラを殺しました。日本には5,000万ドルの鯨肉市場があります。クジラ1頭が卸値で3万ドルの価値を生むことさえあるため、日本が持続可能な捕獲割当をミンククジラ3,000頭に引き上げるよう求めるのも不思議はありません。捕獲しなくても、クジラは地域経済に多大な利益をもたらします。ホエール・ウォッチングは、1998年に世界87ヵ国で900万人の観光客から10億ドルを稼ぎ出しました。南アフリカの収入は1990年代後半には年間9,000万ドルに達しました。

イワシクジラ
体長12〜16m
体重20〜30t

ザトウクジラ
体長12〜15m
体重25〜40t

巨人の敗北

大型鯨類の捕鯨はもはや不可能となりました。クジラの頭数は、もし回復が可能だとしても、長い期間が必要なのです。下図の曲線は、20世紀のヒゲクジラ亜目の生息数です。13種の大型鯨類のうち、7種はいまだに存続が危ういか、明確に絶滅が危惧されています。開発以前のレベルまで個体数が回復したものはわずかです。

ナガスクジラ
体長18〜22m
体重30〜80t
12万3,000

シロナガスクジラ
体長21〜27m
体重100〜120t
9,000

5万5,000

1946年、捕鯨産業の規制を目的に国際捕鯨委員会（IWC）が組織されましたが、まったくの失敗に終わりました。捕獲頭数の制限は正当な科学的根拠を欠くものであり、しかもそれすらも守られなかったのです。70年代後半に入るとクジラに対する世界の関心が高まり、IWCに参加する非捕鯨国が増えたため捕鯨制限は厳しくなり、ようやく86年に商業捕鯨の全面停止が実現しました。とはいえ、IWCは規則を作ることはできても強制力はありません。商業捕鯨の全面再開はありそうにないものの、残念ながら、ある国々は今なお捕鯨を続けています。1991年のIWC総会で新たな「管理方式」、つまり、捕獲可能頭数の割当制が発表されると、アイスランドは自国の捕鯨業者の要求に合わない一切の管理方式を受け入れないことを表明しました。同国は1992年、IWCを脱退しています。ノルウェーはごく小規模ながら、1993年に捕鯨を再開しました。1986年から2000年の間に2万2,000頭ものクジラが殺されています。日本、ノルウェー、アイスランドは

漁業は風前の灯火

私たちがタラ、マグロ、オヒョウ、サバ、カジキなどの大型魚をほとんど絶滅させてしまったことに気づくのは、どれくらい先のことでしょうか？ カナダ沖のグランドバンクスのタラ漁場が1992年に崩壊すると、その海域にタラの餌であったエビとウニが大発生しました。そのウニが、今度は海藻のケルプ群落を食い尽くし、広大な海底がウニばかりの不毛な海になったのです。

混獲

マグロはイルカの群れの下に集まるため、漁師たちはマグロを採るためにイルカを目印にしてきました。たくさんのイルカが死んだか死にかけで投棄され、その数は1950年代後半以降、700万頭に及びます。マグロの消費者からの圧力によって、東太平洋のマグロ漁におけるイルカの死亡率は98％下がりました。

IWCの規制に「科学調査」目的の捕鯨を許すという抜け道を見出しました。この名目でこの3ヵ国は捕鯨を続けました。2003年にアイスランドは、年間250頭の「調査」捕鯨を再開する計画を明らかにしました。どちらも絶滅が危惧されるナガスクジラ100頭とイワシクジラ50頭、それにミンククジラ100頭です。

今日の海洋危機は中世イングランドに伝わる「共有放牧地」のたとえ話になぞらえることができます。当時、牛飼いは各自の牛を共同放牧地に放し飼いにしていました。ここで、1頭ずつ牛を所有する牛飼いが、10人で1区画を使用するとしましょう。そこへ1人の牛飼いがもう1頭牛を放つと、その結果、牛1頭当りの牧草は少し減ることになります。しかし、この商魂たくましい牛飼いは、2頭分の餌を得るため埋合せがつきます。ところが、他の牛飼いもこれをまねしはじめると、すぐに全員が過放牧のために貧しくなります。個々の利用者が、独自の計画を実行すると、全体的な結果として共有財産は崩壊するのです。

紛争の海

人間と海洋生物の対立は、常に熾烈でした。1970年代から80年代に使われた50kmもの巨大な流し網は、マグロやイカを採ることを意図したものですが、クジラ、イルカ、ウミガメ、サメなど、狙った獲物以外の種が何万とかかり、犠牲になりました。こうした「死の壁」は1990年代初め、200海里の排他的経済水域の外では禁止されました。しかし、これより小さい2kmまでの網が今でも深刻な脅威となっています。メキシコのカリフォルニア湾に生息する世界最小のイルカ、コガシラネズミイルカの個体数は、わずか500頭に減っています。ニュージーランドのマウイイルカは100頭を切り、フィリピンのカワゴンドウは70頭を残すのみです。およそ30万頭のクジラ目の個体が毎年、混獲によって死に、多数のクジラがからまった魚網で傷ついています。

ある海洋資源を他の生物も必要とする場合には、また違った対立が生じます。北大西洋では、人間がキャペリンというワカサギ科の小魚を飼料用などにとっていますが、これは重要な食用魚であるタラの餌にもなっています。

絶滅に瀕する海洋性哺乳類
- ウミガメ
- クジラ
- アザラシ
- アシカ

*訳注：ニホンアシカはすでに絶滅したものと見られています。

海洋の代替管理法

数多くの研究が行われてきたにもかかわらず、私たちは海洋資源を持続的な方法で開発していく思慮分別に欠けています。海は、生態学的および政治的な危機に囲まれており、長年にわたって海洋管理の試みがなされてきました。幸いにも希望の兆しがみえてきました。漁獲計画の精度が上がり、直接的に海洋環境の保護に関わる協定や条約の数が今や70を越えます。

新しい漁業戦略

これまで私たちは、めちゃくちゃな漁業をやってきました。主な漁場の実に3/5が、持続可能な漁獲量の限界にあるか限界を越えています。1/5は深刻な枯渇状態にあるか回復の途上にあり、かつての生産力には遠く及びません。残り1/5がほどほどに開発されています。

海から持続的に収穫を得るには、どのようにすればよいでしょうか。これまでの収穫の方法は、農業以前の狩猟採集民と似ていました。つまり、原始的な方法で野生動物を採り尽くしていくという、きっとお定まりの結果に陥るようなやり方だったのです。以前からやれば有効とわかっていて痛い目にも遭いつつ頑なにやらずにきた方策を、もしここで実行するならば、人類は直ちに長足の進歩を遂げるでしょう。たとえば、魚類資源の変動に関する正確な知識に基づいて、現実的な漁獲割当を成立させ、それを厳格に実施することも可能です。また、ペルーのアンチョビー漁や北海のニシン漁のように資源がなくなってしまわないうちに、漁獲の一時停止期間を設けることもできます。乱獲に拍車をかけ、その国の経済にも海洋環境にも有害な、年間250億ドルという歪んだ補助金を廃止することもできます。

しかし、可能な措置のなかで最も重要なものを2つあげるとすれば、それは海洋資源全体に対する人間の圧力

漁業委員会および諮問機関

Management

1 CCAMLR：
南極海洋生物資源保存協定
2 CEPTFA：
東太平洋マグロ漁業協議会協定
3 CCSBT：
みなみまぐろ保存委員会
4 GFCM：
地中海漁業一般委員会
5 IATTC：
全米熱帯マグロ類委員会
6 IBSFC：
バルト海国際漁業委員会
7 ICCAT：
大西洋まぐろ類保存国際委員会
8 IPHC：
国際太平洋オヒョウ委員会
9 IWC：
国際捕鯨委員会
10 NAFO：
北西大西洋漁業機構
11 NASCO：
北大西洋サケ類保護機構
12 NEAFC：
北東大西洋漁業委員会
13 NPAFC：
北太平洋溯河性魚類委員会

海からの恵みと収穫

海洋生物から得られるタンパク質への需要が増えつづけ、魚介類や海洋哺乳類がますます枯渇してくるようになると、漁業政策においてもこれ以上生態系の相互作用を無視することはできません。数多くの漁業機関ができたにもかかわらず、漁獲割当は科学的観点よりも政治的妥協を反映して非常に高く設定され、保護政策の効果もありませんでした。今後はもっと実際的な割当量を決定し、それを厳重に実施することが必要となるでしょう。また、漁業の管理面においても、食物連鎖のどの部分から、どんな魚をどれだけとるか、そしてどの種類を保護したらよいかなど、選択を迫られる局面が増えるでしょう。

1983年の共通漁業政策（CFP）は、1970年代にできた複数の漁業条約をひとつにまとめ、漁業の生物学的、社会的、経済的側面をつなぎました。これに続く改革は、危機的に衰退した漁場の回復を促す、長期的で持続可能なアプローチが中心になっています。同時に漁業船団の過剰な能力をも規制の対象としています。

世界の養殖
（淡水および海水）

漁業の管理

1930年代以降、漁場の漁獲割当てや捕鯨割当てなどの問題を扱う漁業委員会や諮問機関が増加してきました。そのなかには、審議を行うだけのものから、割当量を決め独自に研究事業を進めてきたものまであります。この種の機関で最初のものは、1911年に設立された北洋オットセイ委員会です。排他的経済水域（EEZs）内では現在、漁業委員会より沿岸国が、漁獲割当てと実際の漁業既制に当たっています。

養殖

海と内陸の養殖は、世界の魚のほぼ1/3を供給しています。生産量は1984年の700万tから2001年の3,800万tへと増え、この年に世界最大の生産国である中国は2,600万tに達しました。

ラッコ対二枚貝

1972年のカリフォルニア海のラッコ保護条令は、保護派の人々からは歓迎されましたが、いくつかの予期せぬ結果をもたらしました。
ラッコが増加するにしたがって、餌の二枚貝やウニが減少しました。ウニが減ると、こんどは海草が繁茂し、海草がさらに魚類のすみかとなったのです。伝統的な採貝業やウニ漁は、かつて沿岸の町の収入源になっていましたが、今日では観光業に一部とって代わられるようになりました。左の図は保護条令以前のラッコと他の海洋生物の比率を示し、下の図はその10年後の状況を示しています。

14 PSC:
　太平洋サケ類委員会
15 SEAFO:
　南東大西洋漁業機関

科学団体
16 ICES:
　国際海洋調査協議会
17 PICES:
　北太平洋海洋科学機関

諮問機関
18 APFIC:
　アジア太平洋漁業委員会
19 CECAF:
　中東大西洋漁業委員会
20 COREP:
　ギニア湾地域漁業委員会
21 CPPS:
　南太平洋常設委員会
22 COFREMAR:
　アルゼンチン・ウルグアイ
　臨海合同常設委員会
23 NAMMCO:
　北大西洋海産哺乳類委員会
24 WECAFC:
　中西大西洋漁業委員会
25 WIOTO:
　西インド洋マグロ機構

をやわらげることと、漁業に対して根本的に修正した戦略を採用することです。これまでは最大持続可能漁獲量という考え方に基づいて、個々の魚種のみを対象にしがちでしたが、今後は海の生態系全体の相互作用を考慮して、多種の魚に対する管理戦略を採る必要があります。

たとえば、南極海にはさまざまな種類のクジラやアザラシの仲間がばく大な数の海鳥の群れとともに生活していますが、これらのすべてが膨大なオキアミ資源に支えられています。シロナガスクジラの個体数は95％以上も減少してしまいました。また、ミンククジラを除けば、オキアミを餌とする他のクジラ類もすべて大幅に数が減ってしまっています。その結果、クジラの仲間によるオキアミの消費量は年間約1億5,000万tから約3,500万〜4,500万tにまで減少しました。これによって、海鳥やアザラシの仲間が大量のオキアミを食べられるようになりました。この食物連鎖は、オキアミ漁を計画する際に重大な意味をもちます。もし人間がオキアミ資源が不足する事態を起こしたとしたら、それは現在脅威にさらされていない海鳥やアザラシの仲間に打撃を与えることになるのでしょうか。それとも、少なくとも6種が絶滅の瀬戸際からなんとか逃れようと苦闘しているクジラの仲間に影響を与えるのでしょうか。

人間による狩猟は、長い年月にわたって海の哺乳動物の脅威となってきました。クジラ、イルカ、マナティ、ジュゴン、ウミガメ、カリフォルニアのラッコ、アシカ、アザラシ、ホッキョクグマなども非常に数が減ってきています。この100種余りの主要な動物の大部分が保護を必要としています。しかし、同時に彼らの餌となる生物の資源量も考慮しなければ、保護政策も十分な効果は発揮できません。そして、この餌となる生物の多くは、ますます人間の消費にもあてられるようになってきています。生態系全体として保護を行うことで、絶滅しかかった海獣類を救うだけでなく、人類をも含んだ海の自然界全体の長期的な繁栄が支えられるでしょう。

オキアミと食物連鎖
南極海は世界で最も生産力の高い海域ですが、その食物連鎖の要にあるのが、小エビに似たオキアミです。オキアミは、夏季に動植物プランクトンを食べ、体長約45mmから140mmに成長します。夏のオキアミの総重量は5〜6億tに達するとみられ、ただ1種だけの生物量としてはばく大なものです。

オキアミの需要の変化
捕鯨が始まる前は、オキアミ資源の相当部分がクジラ類に消費されており、同時にそれは多くの海鳥やアザラシの餌にもなっていました。そしてクジラが減少してくると、海鳥やアザラシのほうが主要な消費者となりました。人間はオキアミの全資源量の0.06％しか捕獲していません。しかし、ヒゲクジラの数の回復を図ろうとするならば、将来のヒゲクジラが必要とする分も考慮に入れておく必要があります。養殖用飼料の生産者も、サケやマスの色をよくするために餌に混ぜる人工色素カンタキサンチンに対する消費者の懸念を除くために、南極海のオキアミに目を向ける可能性があります。

汚染の規制

海は、廃棄物を処理する場としての役割をはたしてくれていますが、それには細心の注意がはらわれなければなりません。当然のことながら、汚染物質はその発生源で処理消滅されなくてはならないものです。複数地域にまたがる公害問題を扱うには、国際協定が有効です。船舶公害防止国際協定（MARPOL）のもとで、船舶が廃棄できる石油、有毒物質、下水、ごみの量について厳しい制限が設けられています。バルト海、地中海のような汚染されやすい水域では、石油廃棄を全面的に禁止しています。そればかりか、添加物から積荷の石油を特定し、汚染源の船を割り出すことも可能になり、この結果、石油タンカーの数が増えているにもかかわらず、海洋投棄される石油の量はかなり減少してきています。同様に重要なのが、海洋投棄を懸念し、放射性廃棄物を海に棄てることを禁止した1972年のロンドン海洋投棄規制条約です。

何よりこうした国際協定によって、微量なら廃棄が許可される物質のグレーリスト、特別の許可が必要な物質のブラックリストなど、法的拘束力のある合意や規則が生まれました。

国際的対策に応じるためには、個々の特定水域に関する協定も重要です。1969年のボン協約は、汚染がひどく船舶で混雑している北海海域の、石油による汚染の規制を目的としたものです。この協約により、加盟国はあらゆる浄化処理事業に協力して、汚染に弱い沿岸水域を石油流出事故から守ることになりました。

ヘルシンキ協定（1974）は、海上で発生する汚染だけでなく、より包括的に、陸上で発生する汚染といういっそう深刻な問題にも取り組んだ最初の協定です。これによって地域レベルでの総合的戦略の必要性が強調され、国連環境計画（UNEP）の原型となりました。UNEPはこの環境問題のボールを拾い上げ、めざましい前進を果たしました。UNEPの地域海洋計画には現在、140の国と地域が加わり、海洋環境の改善と海洋資源のより適切な管理のために協調しています。地域によっては、敵対する国々が同じテーブルにつき、共通の問題を共通の方法で解決しようとしています。この勇気ある方式は、「環境問題外交」におけるひとつの飛躍といえます。

海洋汚染問題は、まさに国際問題であるからこそ解決がむずかしいと思われてきました。しかし地域海洋計画は、複数国家の共同体が、みずからの手で非常に困難な問題に取り組むことができるということを教えてくれます。さらに、1995年の「陸上活動からの海洋環境の保護に関する世界行動計画（GPA）」は、地域や準地域レベル、国レベルの問題に対応し、個々の地域海洋計画が陸からの汚染に取り組むためのガイダンスを提供しています。

海洋汚染の浄化

海洋浄化の先陣をきったのは、UNEPの地域海洋計画における地域的保全策です。これは、いくつかの国際協定と科学技術の進歩が背景となっています。多くの地域ごとの前進があり（地図参照）、この問題に取り組むための国際協定が生まれました。一例を挙げると、船舶公害防止国際協定（MARPOL）（1973年、1978年）、廃棄物その他の物の投棄による海洋汚染の防止に関する条約（ロンドン条約、1972年）、船舶の有害防汚方法規制条約（AFS条約、2001年）、燃料油による汚染損害についての民事責任に関する国際条約（バンカー条約、2001年）などです。

地域行動計画

- カリブ海地域（カルタヘナ条約、1983年）
- 南西大西洋地域
- 西および中央アフリカ地域（アビジャン条約、1981年）
- 地中海地域（MAP、バルセロナ条約、1975年、1976年）
- 紅海およびアデン湾地域（ジェッダ条約、1982年）
- 東アフリカ地域（ナイロビ条約、1985年）
- クウェート事業計画地域（クウェート条約、1978年）
- 南アジア水域（南アジア地域海洋プログラム、1995年）
- 東アジア地域（東アジア地域海洋プログラム、1981年）
- 南太平洋地域（ヌメア条約、1986年）
- 南東太平洋地域（リマ条約、1981年）

黒海（ブカレスト条約、1992年）
北西太平洋（1994年）
北東太平洋（アンティグア協定、2002年）
バルト海（ヘルシンキ協定、1972年）
北海地域（ボン協約、1969年）

MARPOLの最初の議定書

これは、ごみ、下水、有毒廃棄物を投棄する場合、陸地から最低どれくらい離れねばならないかを定めたものです。

処理済みのごみ　処理済みの下水　400トン以上の船舶の航行　毒性廃棄物　未処理のごみ　未処理の下水　石油投棄

3　4　12　カイリ　50

原油洗浄法

この技術は、重大な汚染源のひとつである原油タンカーの海上での洗浄の代りに開発されました。これは、原油を高圧でふきつけて、タンク内の蝋質やアスファルト質の沈殿物を溶かし出し、石油積出しの際に船倉から排出する方法です。

予防原則

予防原則を適用するとは、たとえある行為が環境に与える影響について科学的な確証がなくても、疑わしい時は環境保護を優先するということです。この原則を北海の保護に適用するという決定（1987年に北海周辺諸国が合意）がなされたのは、かつての「放任原則」によって生じたさまざまな問題が表面化してきた頃でした。放任原則は化学物質の海洋投棄を許し、それが環境にどんな被害を与えようがおかまいなしでした。予防原則のもとでは、十分な科学的確証がないということは、環境被害を予防する措置を先延ばしにする口実になりません。この原則はその後、国連環境計画、地中海保全のためのバルセロナ協定、北欧会議でも採用されています。

MARPOL（1973年）（船舶公害防止国際協定）

1967年に、大型タンカー、トリー・キャニオン号がイギリス海峡の入口で座礁し、12万tの原油が流失しました。これは海上事故による大規模汚染の可能性から、今日ある多くの協定、中でもMARPOLが生まれる契機となりました。1989年のエクソン社「バルディーズ号」の事故では、アラスカのプリンス・ウィリアム湾に25万バレルの石油が流出しました。石油除去のための費用は30億ドルにのぼり、この事故は二重船殻構造の強制化と単殻船の段階的廃止につながりました。1978年、MARPOL協定は、石油タンカーの洗浄に関する新方式を導入しました。他にも、タンクの積載容量を制限し、爆発の危険を防ぐための不活性ガスの利用を強制しています。1997年、さらに大気汚染を防ぐための新たな附属書が付されました。国際海洋機構（IMO）は、バラスト水中の有害生物に関する新たな附属書の付加を検討しています。現在、MARPOLには100ヵ国が参加しています。

- MARPOL議定書を批准、受諾、加入、承認した国
- 石油処理施設をもつ国

海上での焼却

1980年代には、焼却用タンカーで約10万tの液体廃棄物が処理され、その大半は北海上で行われていました。直接の投棄に代わるこの方法には、排煙中に有毒物質が生成される危険性や、排煙が汚染に弱い海洋生物に与える影響など不安要素が多々あります。その後、北海におけるこの処理は禁止されました。

地中海行動計画

この計画は、国連環境計画（UNEP）の発意により、1975年に16の地中海沿岸諸国とECによって採用されたものです。地中海浄化という共同事業のために、従来の国家間の対立は持ち込まないことになりました。その法的枠組みとして、1976年に採用され、95年に修正されたバルセロナ条約と、以下の領域を含む6つの議定書があります。すなわち、陸上からの汚染（下水、産業廃棄物、農薬等）、船舶や航空機からの海上投棄、有害廃棄物の国際移動と処理、生物多様性のための環境保護です。1995年、持続可能な開発のための地中海委員会が、この地域の関係各国の参加を容易にする取り組みを始めました。

地中海汚染防止条約（バルセロナ条約）

批准、受諾、加入、承認した国

南極という遺産

南極という全人類共通の遺産は、1961年の南極条約によって保護されています。およそ27の加盟国（そのうち7ヵ国は南極大陸に領土を主張しています）が、この地域での全活動に関する唯一の意志決定権をもっています。さらに、条約の受け入れに合意した18の準加盟国が、会議の傍聴を認められています。これら45ヵ国は合わせて世界人口の約2/3を占めます。

確かに南極条約は国際協力の成功例といえます。米国、旧ソ連、英国、アルゼンチンといった対立する国々が一致して、地球上の陸地の1/10を占めるこの南極大陸を、非武装、非核に保ち、科学的研究にのみ利用することを決めたからです。しかし、南極条約の加盟国はごく少数で、会合も秘密裏に開かれ、最近まで他の国が新たに参加することは非常に困難でした。そのため、これは先進国の牛耳る排他的クラブであるとか、世界最大の不動産屋組合であるとか、植民地主義の最後のとりであるとか等非難されてきました。

南極条約以前から、発展途上国は南極の世界的な管理を主張していました。1950年代にインドが行った提案は、のちの南極条約加盟国の反対で否決されましたが、このような主張はくり返されています。1982～83年にマレーシアは、国連総会が南極問題をとり上げるよう望みました。これらの南極を独占しているという批判に対し、条約加盟国は準加盟国に傍聴権を認め、内部資料の公開に同意しました。

世界各国の南極管理

20世紀の初め、探査国は南極に領土権を主張しはじめ、1943年までにアルゼンチン、オーストラリア、チリ、フランス、ニュージーランド、ノルウェー、英国の7ヵ国が南極大陸に領土権を設定しました。それから30年が過ぎ、ようやく南極条約により国際管理への道が開かれたのです。この条約は、上記7ヵ国にさらに5ヵ国が加わって調印され、各国の間には領土論争があるにもかかわらず、59年以降、南極を平和利用のための領域として管理してきました。南極研究科学委員会（SCAR）が南極研究の調整を行っています。右の地図は、南極条約、CCAMLR、周囲の排他的経済水域の範囲を示しています。

南極条約加盟国はこれまでに200以上の勧告と5つの独立した国際条約を採択しました。それらを総称して、南極条約体制（ATS）と呼んでいます。5つの条約とは、1964年の「南極の動植物相保存に関する合意措置」、72年の「南極あざらし保存条約（CCAS）」、80年の「南極海洋生物資源保存協定（CCAMLR）」、88年の「南極鉱物資源活動規制条約（CRAMRA）」、91年採択、97年発効の「環境保護に関する南極条約議定書（マドリード議定書）」です。

南極条約の加盟国

左図の国旗の輪は2001年現在、南極条約の表決権をもつ27の加盟国を示しています。また、下の国旗の列は加盟年代順に準加盟国を示しています。これらの国々には表決権はありませんが、条約の規定に従うことを認め、今日では会議の傍聴権をもっています。

南極海洋生物資源保存協定

南極海洋生物資源保存協定（CCAMLR）は、1982年4月に発効しました。これは、おもに南極漁業、とくにオキアミ資源の管理を行って、この資源の枯渇を防ぎ、クジラやその他の生物種の数の回復を妨げないように漁獲水準を定めたものです。このように、生態系を考慮した新しい政策がとられているものの、環境保護派は同協定の効力はまだ不十分であり、オキアミへの負荷が高まっていると主張しています（P.87、P.97）。

70年代初め、深刻な石油危機と偶然、時を同じくして、南極に石油がある可能性が非常に高いという科学調査の結果が明らかになるや、南極大陸に対する各国の姿勢は一変しました。南極条約の加盟国の主張は、にわかに経済的に重要な意味を帯びてきたのです。一方、環境保護派は1970年代と80年代に南極の運命を懸念し、科学研究のためと原始の状態で保全するため、南極大陸の「世界公園ワールドパーク」化を要求しました。資源開発はどれほど慎重な管理のもとに行われようが、間違いなく南極の環境破壊につながると彼らは主張しました。

1982年から1988年にかけて南極条約の加盟国の間では、化石燃料やその他の資源の採掘を認める南極鉱物資源活動規制条約を採択すべきかどうかという議論が巻き起こりました。管理された採鉱を支持する者は、「開発の責務」を主張しました。地球の天然資源にますます限りが見えてきた今、南極の鉱物資源に手をつけてはいけないなどというのは人類の利益に反するというのです。

鉱物資源活動規制条約が採択に傾いた時、オーストラリアとフランスが自国内の政治的判断から調印拒否に回りました。他の加盟数ヵ国もこれにならったため、採鉱推進を強硬に主張していたアメリカ、日本、イギリスも態度を変え、1991年10月マドリード環境議定書に調印しました。97年にようやく批准されたこの画期的な議定書は、向こう50年間の鉱物資源開発を禁止し、南極大陸に依存する海洋生態系を含めた大陸全体を「平和及び科学に貢献する自然保護地域」として指定しています。ただし、表決権のある国家の75％が意見を変えれば、見直しまたは撤廃できるとされています。この合意は南極大陸の将来への堅固な土台となるものですが、さらなる方策が欠かせません。南極条約体制は、生き残りと変化へ

南極に秘められた富

南極にばく大な石油が埋蔵されているかもしれないという最初の直接的証拠は、1973年にロス海の大陸棚の掘削でガス状の炭化水素の痕跡が発見されたことです。これは石油や天然ガス存在の可能性を示す最初の徴候です。アメリカ政府が秘密裏に作らせたレポートによると、ロス海、ウェッデル海、ベリングスハウゼン海を合わせた推定埋蔵量は石油およそ450億バレル（うち採掘可能量150億バレル）、天然ガス30兆m³と見込まれています。アラスカのノーススロープ油田80億バレルなど、すでに知られている他地域の埋蔵量と比較しても相当な量です。半世紀の採鉱禁止があってもなお、一部の人々の目にこの大陸は未来の鉱物資源庫と映っているのです。

南極の科学

世界中の科学者たちが、南極の厳しい状況をものともせず、その他に類のない原始の環境の中で研究活動を行っています。南極の氷は大気の歴史の凝縮であり、地球の気象に関する私たちの知識を深めるためになくてはならないものです。1984年に初めて南極上に、米国ほどの広さに及ぶオゾンホールを発見したのは、イギリスの南極科学者、ジョー・ファーマンでした（P.128〜29）。現在、約60の研究観測基地があり、そこで科学者たちが南極の環境と、地球全体からこの地域にまで達する汚染の影響を調べています。

南極大陸への脅威

地球温暖化：南極の生物種の分布と構成に影響を与えるだけでなく、地球全体の海面水位の破滅的上昇を引き起こす恐れがあります。南極大陸の氷は、世界の気候と気象に影響しているので、これが溶ければ、重大な結果を招くかもしれません（p.102〜107）。

オゾン層の減少：紫外線B派（UV-B）の増加はオキアミにとって有害なため、南極海の食物連鎖に影響します。

観光ビジネス：2002年〜2003年に1万3,000人以上が2週間の船の旅で、夏の南極を訪れました。

乱獲：法の範囲内と違法なものと、両方の漁業が持続可能な漁獲への脅威となっています。

バイオプロスペクティング（有用遺伝子資源の発掘）

持続可能な範囲で行われるよう、国連の生物多様性条約の指針に沿ったものなど、何らかの法的規制が必要との指摘があります。

外来侵入種：氷点下の気温のため、過去2,500万年の間、南極に侵入した外来種はほとんどありません。大半が固有種（ここにしかない）です。予想される2℃の気温上昇によって、今後100年でこの自然の障壁も弱まることでしょう。

汚染：DDTが、アザラシ、ペンギンの卵と体、雪から検出されています。

自由な公海から管理された海へ

かつて国家が排他的支配を行うことができたのは、「領海」という沿岸3カイリ（およそ陸上から大砲の射程範囲）の狭い水域にすぎませんでした。その他の水域は「公海自由」の原則に従っていたのです。領海幅を12カイリ（国によっては200カイリ）に拡大するという多少の修正はあっても、この伝統は1960年代まで守られてきました。ところが最近では、科学技術の進歩によって特定の国々だけが海の富を不当に独占できるようになっていることが明らかになったのです。

60年代に入って、海洋は（少なくとも深海底だけは）人類共有の遺産として、国連のような国際機関に管理をゆだねるべきだという考え方が発表されました。この「世界主義」の精神の影響を受けて第3次国連海洋法会議（UNCLOS）が招集され、それは結局73年から82年まで続きました。その目的は、漁業、航海、大陸棚、深海底、科学的探査、海洋環境の汚染といったあらゆる問題を扱う包括的な1つの条約を制定することでした。そしてその成果として、海洋の利用に関する世界的な秩序を確立する一括取決めを行うことを目指しました。

国連海洋法会議のおかげで、私たちは1960年代の絶望的な混乱状態を収拾し、長足の進歩を遂げることができました。さらに、慣習法と既存の国際条約からなる大きな法体系を確立させる動きも活発になりました。また、それは現在機能している多くの国際協定や国際機構を補強する役目も果たし、そのうえ新しい法規、税制、実行を発展させる出発点ともなりました。今、個々の海洋問題に関して、多くの条約が機能しています。たとえば国際海洋機構（IMO）は、航海の問題や船舶がひき起こす汚染の規制についてはかなりうまく働いています。また、国連環境計画（UNEP）の地域海洋計画（P.98）は特定海域の浄化に着実に取り組みはじめています。

1994年、必要な60ヵ国めとなるギアナが批准を終えて1年後、海洋法条約はようやく発効しました。第3次海洋法会議では海洋面積の40％以上が沿岸国の管轄下におかれ、4段階の水域（右）に分けられました。伝統的な「海洋自由」の原則は、海洋の残り60％に残されました。しかし、このうち42％を占める深海底は「人類共有の遺産」とされ、国際海底機構（ISA）に管理されることになりました。

海洋法条約は、6つのおもな海洋汚染源を対象としています。すなわち、陸と沿岸の活動、大陸棚の掘削、潜在的な海底鉱山開発、海洋投棄、船舶による汚染、そして、大気から、あるいは大気を介した汚染です。

海の国際協定

海洋の法的位置づけについての見解は大きく変化してきました。かつて海は限りない2次元の広がりで、だれにも属さないものと考えられていました。しかし今日では、有限で3次元の広がりをもつ資源であり、全人類に属すべきものとみなされています。「海洋自由」の伝統は各国の権利の主張、漁業協定の締結、国際法と慣習法体系の拡充などにより、何世紀にもわたって侵害されてきました。

しかし、この50年間に新しい原則が生まれ、海洋法会議の支配的な見解になっています。つまり、「人類共有の遺産」という理念が第3次海洋法会議の長く続いた審議に一定の方向性を与えました。1994年に発効して以来、海洋法条約は、海洋と海洋法に関係するすべての行動の基盤として、ほぼ全世界の支持を得てきました。

1609年 海洋の自由
オランダのグロティウスが当時の探険精神にのっとり、「海洋の自由」を最初に宣言しました。領海は、陸より3カイリ以内に限られました。

19世紀の国際協定
1839年、ベルギーは、条約として認められるには多数の国家の支持が必要であると主張し、英仏カキ（牡蛎）条約を無視しました。1882年、北海の領海外での漁業に関し、最初の国際協定が調印されました。

開発の規制
1893年、米国はオットセイの狩猟を規制しようとしましたが、国際法廷はこれに対し違法判決を下しました。北洋オットセイ協定（1911）が、資源開発規制についての最初の国際協定です。

1930年 国際連盟会議
海洋法に関する最初の重要な国際会議の場で、以来50年間にわたって会議の争点となる領海幅と「人類共有の遺産」という2つの問題点が出されました。専門家の代表スアレス卿は、海洋の生物資源は人類共有の世襲財産とみなすべきだと提言しました。

1930、40年代の漁業委員会漁業規制
を目指す委員会が設置されましたが、政治的には無効とされ、科学的な勧告の実行も不可能でした。北東および北西大西洋における漁業委員会は、ここを利用する国々をカバーしきれず、大部分の国が漁獲割当ての重要性を評価しようとはしませんでした。

第1次から第3次海洋法会議
海洋法に関する第1次および第2次国連会議（UNCLOS ⅠとⅡ）では、4回の審議が行われ、世界の海洋を管理する包括的な公式を打ち出そうとしましたが、目標にまったく到達せずに終わりました。合理的な海洋管理を目標に、高まる期待のなかで開始された第3次海洋法会議（1973年から1982年）で、初めて海洋法が一個の「成文憲法」にまとめられました。

海の国際協定 103

凡例:
- 大陸棚
- 公海
- 排他的経済水域
- マンガン団塊の分布
- 新海洋法条約批准国（2002年）

1945年 トルーマン大統領の一方的宣言

大陸棚の石油と天然ガスの発見は、沿岸国の領海拡幅競争に火をつけました。その先頭に立ったのがトルーマン大統領の率いる米国で、1947年にチリとペルーはこれにならって、それぞれ領海200カイリを主張しました。

回遊魚および高度回遊魚資源の保護と管理に関する協定

この協定は、マグロ、メカジキ、タラなどの深層魚と回遊魚の漁獲量を規制し、急速に枯渇しつつある漁場の保全と管理のための予防的アプローチです。

第3次国連海洋法会議

第3次海洋法会議では海洋面積の40％以上が沿岸国の管轄下におかれ、幅の異なる4段階の水域に分けられました。①領海（陸より12カイリ）では主権が、②接続水域（24カイリ）ではいくつかの限られた活動に対する規制権が、③排他的経済水域（200カイリ）では経済活動、科学的探査、環境保護に関する機能的権利が保障され、④大陸棚では、その水域および上空の法的地位を犯さない限り、探査・開発できることになりました。

人類共有の遺産

1967年、マルタのパルド国連大使は、深海底の資源は「人類共有の遺産」であると主張しました。これは1930年のスアレス卿の提言にこたえたものですが、ただ前回と違うのは政治的権力に支持された点です。第1次UNCLOSから1973年までに、国連加盟国は倍増して140を超えましたが、その大部分は発展途上国でした。

排他的経済水域（EEZ）

EEZは、海洋資源の管理と保全に深い影響を与えます。これは沿岸国に3,800万平方カイリに及ぶ管轄権を与えるものだからです。沿岸国は、「領土の基線から200カイリ以内の水域、海底またはその下の、魚、石油、天然ガス、砂利、団塊、硫黄等、すべての資源を自由に利用、開発、管理、保全する」ことができます。現在存在が知られている、あるいは存在すると推定される海底の炭化水素のほぼ90％が、いずれかの国の管轄下に置かれるのです。沿岸200カイリに広がる豊かな植物プランクトンの牧場もまたしかりです。90近い沿岸国が200カイリの限度いっぱいの経済的管轄権をもち、世界の漁場の90％がいずれかの国の管轄下に置かれます。また、世界の石油と天然ガスの相当部分が沖にあります。

干潮線　領海　排他的経済水域　公海
12カイリ　　200カイリ

地球管理のための実験場

世界の海の状態は、地球管理技術の発展状態をみる、敏感なリトマス試験紙といえます。3億6,000万km²に及ぶ世界の海のどこをとっても、人間が存在し影響を与えた痕跡を何かしら認めることができ、主要な人口集中地域に目を向ければ、その痕跡は歴然としています。

人間が海に与える影響は年々広く浸透しています。新しい技術のおかげで海のすみずみにまで人間の力が及ぶようになり、人間のすむ場所から何千kmも離れた所で採取した資源からも産業廃棄物の複合汚染が検出されるようになりました。私たちの海の生態系に対する多面的な理解が深まるにつれ、それはときには陸上の生態系より頑健であるとしても、海洋管理の失敗は取返しがつかないほどひどくなっているという事実がますます明らかになってきています。

そこで、海洋資源を管理し、適切に開発するため、世界の人々が承認するような戦略が不可欠になります。国連の海洋法条約（UNCLOS）では、海面の60％を人類共有の資源として、昔ながらの海洋自由の原則がいまでも適用される水域に指定しました。また、深海底の資源も、人類共有の地球の遺産として認められました。

同時に海洋の40％は、沿岸200カイリの排他的経済水域（EEZ）という形で、その海底資源とともに個々の国家の管轄にゆだねられました。これは人類共有の遺産という価値観とは矛盾するかもしれませんが、個々の国家に所有者としての権利を認めれば、責任の自覚につながる場合もあります。

この方式は危険も伴います。なぜなら、海を巨大なパイのように簡単に切り分けることはできないからです。海はひとつの連続した生態系であり、その構成要素の多く、とくに海流は、人間の政治などには無頓着に水平線のかなたへと流れていくものです。要するに、海は分割不可能な資源なのです。ところが、国家は海を地球的規模で分割しようとしています。各国の需要にこたえるため、管理手段としてどのように巧みに分割を行ったとしても、当然個々の国家は、国際社会全体の必要に応じることはありえません。海は、人類が地球の管理者という新しい役割を果たせるかどうかの試練の場となるでしょう。

気候変動

世界の気温は上昇しつつあります。それと同様に、気候変動に関する論議も白熱してきました。この10年間、国連機関の気候変動に関する政府間パネル（IPCC）は、次々に報告書を出してきましたが、参加している世界有数の科学者たち2,000人の見解を反映して、回を追うごとに表現が強いものになってきています。IPCCは「過去50年間に観察された気温上昇の大半は、人間活動に起因するものであり、さらに人間が原因の変化が起こるのは避けられない。地球温暖化は、持続可能な発展の基盤そのものをゆるがすマイナス要因となるだろう」と述べています。

地球温暖化のいくつかの側面については、科学的に不確実な部分があります。しかし、全体的にみて、科学は喫煙とがんの関係に似ています。非常に疑いが強いが、決定的な（あるいは致命的な？）確実さに欠けるのです。気

未来の海のために

ホッキョクアザラシ、ザトウクジラ、太平洋と大西洋のサケなどの移動ルートをみれば、海の生物によって世界の海が隅から隅まで結ばれていることがよくわかります。右の地図は、海洋管理政策がすでに行われている水域を示したものです。たとえば、英仏海峡は船舶の往来が激しいので、通航のむだを省き、船舶による汚染を防ぐための交通管理計画が行われています。イデオロギー的に対立している国家間であっても、カリブ海に対して、またバルト海や地中海のように汚染されやすい海域に対しては、共同管理を行うようになっています。

サバのように再生可能な資源や、マンガン団塊のように再生不可能な資源を、人間が手に入れようと躍起となるにつれ、世界の海への圧力が増します。海の生態系は、国際保護水域に指定することも可能です。たとえば、オーストラリアのグレート・バリア・リーフ海洋公園、ハワイの北西ハワイ諸島サンゴ礁生態系保護区などです。その他の海域たとえば南極海などは、安定した収穫を望むのであれば、多種の生物に対する総合的な管理政策が必要でしょう。

カリブ海浄化計画

カリブ海は、まだ他の準内海ほど汚染が進んでいるとはいえませんが、東から西への海流が強いため、汚染物質は沿岸水域に蓄積されます。島々のバナナ、綿、サトウキビなどのプランテーションからは残留農薬が流されてくるほか、工場が廃水を海に直接たれ流しにしていることもあります。この地域では下水処理率がわずか2〜16％なのです。米国内では、ミシシッピ川から工業、都市、農業からの汚染物質が流れ込みます。クルーズ船は不要なゴミや汚水を棄てています。この問題は、最近設立された海洋資源保全観光協会が取り上げています（クルーズ船の目的地の70％は、カリブ海を含む、世界の生物多様性ホットスポットなのです）。その影響は、観光や漁業にはっきり現れてきています。

カリブ海計画は、離陸に少々手間取りました。しかし、カリブ海の危機を前にして、政治的見解を異にする28の国々が、カリブ海の広域的な海洋環境を保護しつつ開発する新条約を採択したのです。それらの条約の中には、1990年の特別な保護を要する地域と生物に関する条約、1999年の陸上および陸上活動起因の汚染に関わる条約があります。

北極海のアジサシの移動ルート
ザトウクジラの移動ルート
大西洋のサケの移動ルート
太平洋のサケの移動ルート

海洋エネルギー

海は、再生可能なエネルギーの主要な源となる可能性を秘めています。これには、藻類のバイオマスエネルギー、海流、潮力、波力エネルギーや、左図のOTEC技術によってとり出される温度差エネルギーがあります。このほか、マンガン団塊（太平洋）、金属泥（紅海）、海底油田などの開発もあり、それに対する環境アセスメントが海洋管理の鍵となるでしょう。

多種多様な生物の種の管理

　世界の海洋生物資源の持続的な開発は、南極海の漁業の場合のように（P.87）、ばく大な科学的情報の収集にかかっています。南極海の生産力は非常に高く、たとえば小エビに似たオキアミの常時資源量は5～6億tと見積もられています。その巨大な群れは、1つで何kmにも及び、総重量は何百万tにもなります。しかし、人間以外の生物にもオキアミ資源に依存しているものが多い（P.97）ので、多種の生物にわたる総合的管理が必要です。オキアミを乱獲すると、最近保護されるようになったクジラを絶滅に追い込むことになるかもしれません。一方で、社会の優先順位の移り変わりを示すように、「ホエールウォッチング」が今や年間10億ドルの産業に育っています。クジラを見る人の数は、1991年の100人から2000年には4万4,000人へと増えています。この収益は実に、アイスランド経済にとって、商業捕鯨に戻ることによって得られる利益を上回るほどです。

航路の取り締まり

　1990年に、英国の海域だけで60隻の船が衝突事故に遭っています。世界全体では、同じ年に175隻が失われました。イギリス海峡（上のレーダー写真参照）のような海難事故の頻発水域には、交通管理策が導入されていますが、それでも事故はなくなりません。海上での石油漏れは慢性的な問題ですが、ECの人工衛星の専門家によって、投棄したタンカーが現場から逃げてしまわないうちに空から石油漏れを探知できる方法が開発されました。衛星からのデータは、北海その他の汚染水域で石油漏れ以外にも有毒化学物質、放射性物質による汚染、未処理の下水汚泥がどこの国から出たかを知る手がかりになります。取り締まりだけではなく、海洋環境をよりよく理解するために欠かせないデータをもたらしてくれるのです。1991年に打ち上げられたヨーロッパの衛星ERS-1は海と海氷を探査し、気象モデルを作成したり、エルニーニョや海水の循環など海洋環境の相互作用に関する疑問を解くためのデータを送り続けてくれています。

グレート・バリア・リーフ

　1980年、オーストラリアは全世界に珍しい贈り物をしました。1万1,800km²に及ぶサンゴ礁、島々、周辺海域が保護区に指定されたのです。これは、グレート・バリア・リーフで最初の海洋公園でした。現在のグレート・バリア・リーフ世界遺産指定区域は、オーストラリアの北東沿岸に沿って2,300kmの長さに広がり、面積は34万8,000km²（英国とオランダとスイスを合わせたよりまだ広い）に及びます。そこには、世界最大の「海洋厳正保護地域」が含まれ、11万km²が厳格な保護下にあります。主に科学的研究の対象となる地域で、ここでは観光は引き続き許されますが、商業的漁業もレクリエーションとしての釣りも禁止されています。サンゴ礁はオーストラリアにとって最も貴重な観光資源です。このサンゴ礁には、約400種類のサンゴ、推定1,500種類の魚介類が生息しています。サンゴ礁へのおもな脅威には、農薬の流失（サトウキビ農園から）、富栄養化（P.91）、水質に影響を与える都市開発、船舶からの汚染、鉱業、工業、石油採掘、観光などがあります。地球全体の熱帯サンゴ礁の未来にとって、最大の脅威は気候変動です（P.93）。

候学者たちの意見が満場一致するまで待っていたら、地球温暖化について何をするにも手遅れでしょう。その頃には、温暖化の過程に勢いがついてきているからです。

記録をとり始めた1880年以来、最も気温の高かった16年は、すべて1980年以降に起きています。そして、2003年は1998年に次いで史上2番目に暑い年でした。紛れもない結果として、史上最高の旱魃、野火、洪水、ハリケーン、その他の「自然災害」が起こりました。世界中の氷は、これまでにない速度で溶け出しています。こうした現象は迫り来る気候変動の前触れに違いありません。

最悪の影響は、氷が溶けるのに加えて、熱による膨張で海面の水位が上昇することです。海面水位は今世紀中に0.09〜0.88m上昇するものと見られています。この後者の数字に近づくと、バングラデシュの水田の半分は海に浸かります。これが、1億5,000万人近い人口を抱え、地球上で最も人口密度の高い国で起こるのです。他にも同様に、低地を流れる河川の氾濫原や水田地帯——とくにインド、タイ、ベトナム、インドネシア、中国のそれ——は水没するでしょう。

多くの地域では、海岸線が1,500mも後退することでしょう。人類の半分は海岸線から100km以内に住んでいることを考えると、これは一層深刻さを増します。この何十億の人々すべての家が波にのまれるわけではありませんが、洪水はかなり内陸にまで及ぶため、ばく大な数の沿岸地域の住民をすでに過密な地帯にさらに押し込めることになります（P.206〜207）。何十もの小さな島々は完全に姿を消し、国全体が消滅するところもあります。人権は？　答えられる人はいますか？

疑いなく、私たちは史上初めて地球の気候を変える能力をもった世代です。重要な問いは、その能力があれば、そうする資格があるのかということです。懐疑的な人々は、人間は賢いからこうした大きな問題にもなんとか適応する道を見つけるだろうと言います。彼らは、地球温暖化の結果、米国が農業全体を失っても、たいしたことではない、なぜなら、農業は米国経済の2％を占めるにすぎないから、とさえ言います。それはまるで、心臓は人間の体の2％を占めるにすぎないと言うようなものでしょう。

環境問題の主導的存在、レスター・ブラウンが、京都議定書の交渉行き詰まりについて言った言葉を引用しましょう。「世界が溶けていくスピードで、外交の氷を溶かせるだろうか？」

高熱にあえぐ地球

溶ける氷

アルプス、アンデス、ヒマラヤ、グリーンランドの氷河は今、過去5000年のいつの時代よりも少なくなっています。地球全体の氷が溶ける速度は1988年以降、2倍になりました。氷の大半は極地方にあり、南極では氷山の崩落によってデラウェア州くらいのサイズの氷が消えていますが、さらに大規模な崩落が数年以内に起こるでしょう。北極の大半を覆っている氷帽は、このわずか20年間にその面積の1/5を失いました。北極海の氷は厚さが2/5になっており、容積は半分になっています。

南極の氷の層は、米国と同じくらいの面積です。厚さは平均2.6kmで、世界の淡水の9/10を貯える巨大な貯水槽でもあります。とくに脆いのが南極大陸から周辺の海域に伸びている棚氷で、これまでにない速度で崩落しています。2000年には、ほぼコネチカット州くらいのサイズの氷山が崩落して海に溶けました。

メキシコ湾流

数千年前に、温暖期が訪れて北大西洋コンベヤー（深海の「川」）が流れを変え、メキシコ湾流が海の真ん中から南に向かうようになり、北西ヨーロッパが今のアイスランドのような気候になって、農耕が難しくなりました。それがわずか数十年のうちに起こったため、人間の社会は適応することができませんでした。科学者たちは、この突然の変動を北大西洋の塩分濃度の減少によるものと見ています。そして、さらに今日、グリーンランドの氷山が急速に溶けつつあり、シベリアの大河から大量の淡水が北極海に注がれていることを指摘しています。

サンゴ礁の白化

1980年代初めから、白化現象が見られるようになってきました。白化が著しいのはカリブ海ですが、他にも台湾、モルジブ、オーストラリア、ハワイ、つまり、サンゴ礁の見られるほぼすべての熱帯海域で起こっています。白化現象はサンゴ群体の衰弱や死滅を招きます。原因は地球温暖化か、ホワイトバンド病、あるいはその2つが相乗的に働いていると見られます。サンゴ礁の優に1割がすでに死滅しました（P.93、P.103）。

フィードバック回路

太陽の光が氷や雪に当たると、約4/5の光が宇宙空間にはね返され、残りの1/5が熱として吸収されます。逆に、太陽光が陸地や水面に当たると、はね返されるのはわずか1/5で、4/5が熱に変換されます。すると、さらに気温が上がって「正のフィードバック回路」が生じ、気温上昇傾向が増幅されます。その結果、両極の氷がこれまでの科学者たちの予想より急速に失われる可能性があります。

高熱にあえぐ地球　107

北極海の氷は過去35年に1/3薄くなりました。

グリーンランドの氷層は1993年以来、年間1m以上の速度で薄くなっています。

アラスカのコロンビア氷河は1982年以来、ほぼ13km後退しました。

モンタナ氷河国立公園の氷河の数は、1850年以降、150から50以下へと減っています。

アルプスの氷河の容積は、1850年以来5割以上減少しています。

コーカサス山脈の氷河の容積は、過去100年間に5割減少しました。

中央アジアの天山山脈では、過去40年に氷河の容積が22％減少しました。

ニュージーランドのタスマニア氷河の先端は1982年以来、1.5km後退しました。

1998年に、南極半島の棚氷に亀裂が入り、200km²の氷山が切り離されました。1998年から99年の間に、さらに1,714km²が失われました。

1973年から93年の間に、南極半島の西側の氷は、約20％減少しました。

被害を受けやすい河川流域
1　ミズーリ川
2　ミシシッピ川
3　カウカ川
4　マグダレナ川
5　パラナ川
6　ライン川
7　ローヌ川
8　ポー川
9　ドナウ川
10　アムダリヤ川
11　インダス川
12　ガンジス川
13　ブラマプトラ川
14　チャオプラヤ（メナム）川
15　西江
16　長江（揚子江）
17　黄河

都市：ニューヨーク、ニューオーリンズ、マイアミ、ナッソー（バハマ）、ダカール（セネガル）、フリータウン（シエラレオネ）、モンロービア（リベリア）、アビジャン（コートジボワール）、アクラ（ガーナ）、ラゴス（ナイジェリア）、リーブルビル（ガボン）、アレキサンドリア、グアヤキル（エクアドル）、リオデジャネイロ、サンパウロ、ブエノスアイレス、カラチ、ボンベイ、マドラス、コルカタ、チッタゴン、バンコク、マレ（モルジブ）、マニラ、ジャカルタ、天津、ソウル、東京、大阪、上海

Mt.Kenya、Mt.Kilimanjaro

凡例
- 氷河と高山の冠雪
- 氷層または永久凍土層
- 氷山
- 棚氷
- 海面水位の上昇でとくに被害を受けやすい沿岸
- 海面水位の上昇でとくに被害を受けやすい都市
- 上流の雪や氷河の溶解でとくに被害を受けやすい河川流域

キリマンジャロの氷河
　東アフリカのキリマンジャロ山は、過去1世紀の間に冠雪の8割を失い、残りも2020年までに消えるものと見られています。そうなれば、その風景の魅力が大幅に損なわれ、観光資源としての価値も半減することでしょう。

永久凍土層とメタン
　メタンガスの温室効果は二酸化炭素の25倍です。メタンガスの単独の発生源として最大のものは天然の湿地ですが、水田や家畜の反芻動物からも放出されます。また、北半球の広大な永久凍土層が溶ける際、大量のメタンがクラスレート化合物から放出されています。

地球の資源（ガイア）

【序文】ジェームズ・ラブロック　ガイア説の創案者

　宇宙探査のもたらした顕著な副産物は、新しい科学技術の進歩ではなく、私たちが初めて地球を外から見ることができるようになり、それが刺激となって新たな問題が提起されるようになったということだろう、と私は考えています。

　生命の兆候を求めて火星の大気の研究に取り組んだ後、私は再び地球に関心を向け、私たちの地球の大気の性質を研究することに専念しました。この取組みから、私はガイア仮説を堤唱するようになったのですが、この仮説に従えば、地球はまさに生きています。すなわち、地球上のすべての生物とその環境を包含し、みずからの必要に合わせて状況を操ることのできる超個体なのです。

　巧妙に工夫された生命検出の実験から、地球の大気とその内部での物質の循環は生物圏によって支配され、活発に維持されているという仮説に到達するまでには、長い道のりがありました。しかし私たちは、大気の化学は化学の定常状態の法則に従わないことを発見したのです。私たちが観察した天びんの不均衡によって（P.11）、酸素がしばしばそうであるように、大気は単なる生物の生成物ではなく、むしろ生物学的な構造物、すなわち猫の毛皮や鳥の羽毛のように、ある選ばれた環境を保持するためにデザインされた生命体の延長のようなものであることがわかりました。私たちはガイアを地球の生物圏、大気、海洋、土壌のすべてを包摂する複合体、すなわちこの地球上の生命にとって最適の物理的・化学的環境を生み出そうとする、「フィードバック」あるいは「自動制御」システムを構成する全体、と定義しました。ガイアは依然として仮説でしかありませんが、このシステム内の多くの物質が仮説の予言どおりに動いていることは、多くの証拠によって示されています。

　一方、人類はみずからが育ててきた工業活動によって、地球の主要な化学的物質の循環に重大な変化を及ぼしてきました。炭素の循環を20％、窒素の循環を50％、さらには硫黄の循環を100％以上も増加させたのです。また、空気や水、食物連鎖のなかに流れ込む有害物質の量も増大させました。私たちが地球上の緑を減少させていく一方で、工場の排出物は大気の上層や海洋のはるかかなたにまで達しています。もし生物圏が確かに大気をコントロールしているのであれば、そのコントロールシステムが容易に乱されることはありえないでしょう。それにもかかわらず、私たちは正のフィードバックの暴走とか、2つあるいはそれ以上の不都合な状態間での持続的な振動など、自動制御のもたらす災害を避けるよう用心深く歩まねばなりません。

　私たちは、ガイアとよりいっそう調和する良識的で経済的な科学技術を獲得するでしょう。それを私は望んでいますし、また信じてもいます。この目標は、反動的な「自然にかえれ」という運動によるよりは、科学技術を保持しながら修正していくことによっておそらく達成されるでしょう。高度な科学技術が必ずしも常に大量のエネルギーに依存しているとは限りません。それは、自転車やハンググライダー、近代的な小型帆船、さらには電球以下の電力しか使わずに、人間には一生かかりそうな計算も瞬時に処理してしまう小型コンピューターなどを考えてみればわかることです。エネルギー、水、空気、そして気候というガイアの基本的な資源は、私たちを潜在的な大富豪にするくらい豊富で自己再生力をもっているのです。そして少なくとも可能性としては、私たちはガイアを徐々に食いつぶしていくのではなく、ともにつき合っていく術を学ぶ知性をもっているのです。

　上記の文章は1984年に書かれたもので、おそらく強調することを除き、訂正の必要な部分はないとわかってうれしく思います。1984年当時、地球を汚染する方法を変えるために人類に残された時間がいかに少ないか、をもっとよく理解していればよかった。そうすれば、人類が地球の財産管理人になりうると想像することなど、まったくの傲慢であるとそのときに力説していたでしょう。残念ながら、地球をいたわることは人類をいたわることよりもはるかに重要だということに、私たちはようやく気づくのかもしれません。

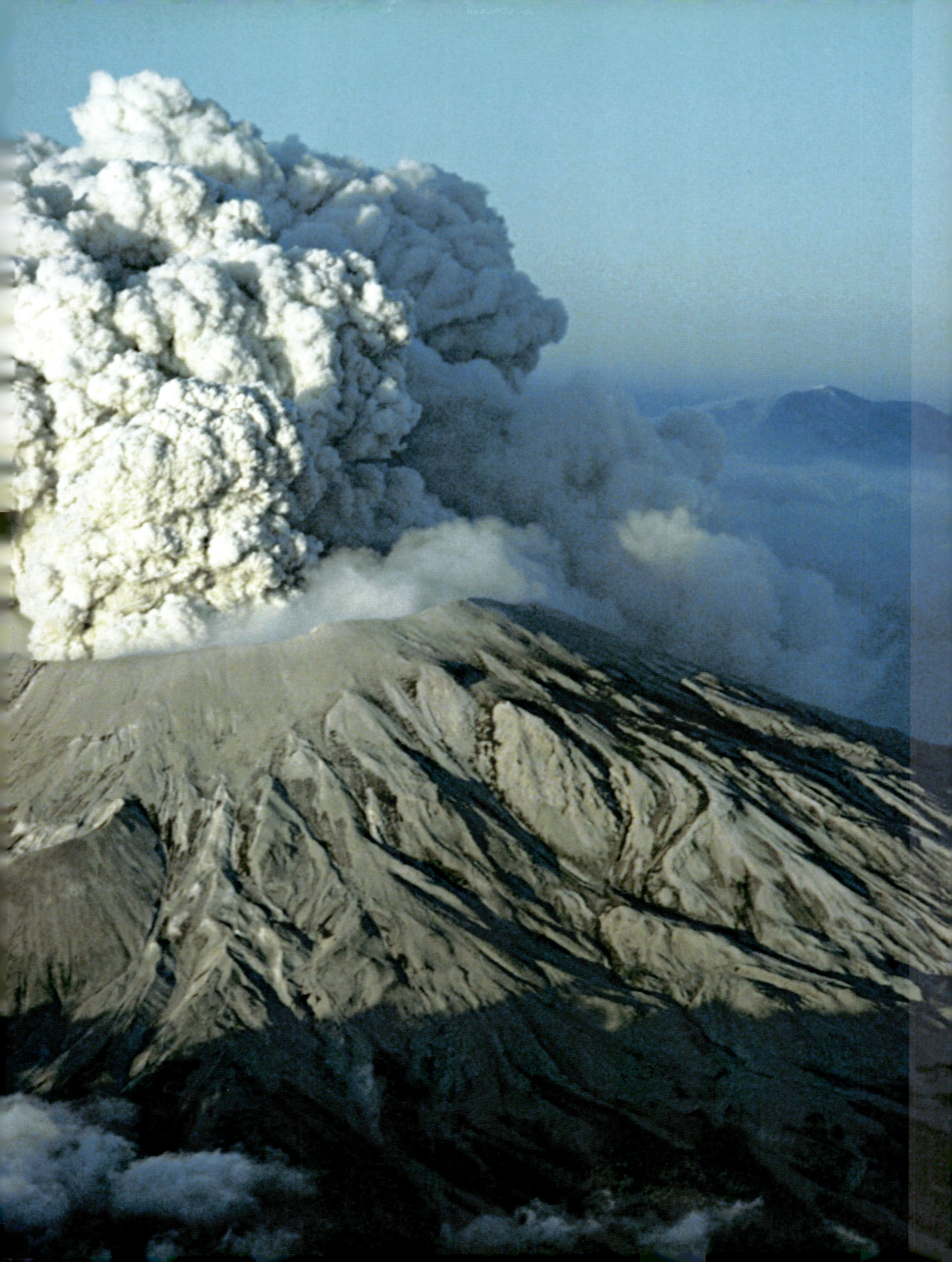

地球に秘められた潜在的資源

よく知られているように、エネルギーは私たちに熱と光を供給しています。人間が動きまわり、機械が動くのもエネルギーのおかげです。実際、エネルギーは私たちの経済システム全体を支えているのであり、このことはだれの目にも明らかでしょう。また、一見わかりにくいかもしれませんが、エネルギーは人間の生活をも支えています。食物を調理するときはもちろん、それを生産するときにもエネルギーを使っているのですから。肥料や農薬の形をとった多量のエネルギーの助けがなければ、農産物の生産性ははるかに低下してしまうでしょう。食事のときに私たちは、実は石油と石炭を食べているようなものなのです。

何千年もの間、生物の働きで蓄えられてきた太陽エネルギー、すなわち地球の化石燃料を利用することにより、人類は質の面でも規模の面でも、以前の文明とは根本的に異なる産業文明をつくり出し、盛んにすることができました。たった1tの石油から、660頭の馬が24時間以上かかって生産するのと同じ量のエネルギーを生み出すことが可能なのです。

しかし、この新しいエネルギーがもたらす富は、公平に分配されてはいません。平均的なアメリカ人は、平均的なエチオピア人の300倍ものエネルギーを直接的、間接的に消費しているのです。発展途上国にとって開発計画は基本的な課題ですが、それも十分なエネルギーが確保されていないと失敗に終わってしまうでしょう。化石燃料には限りがあります。また、原子力をめぐる問題が取りざたされるなかで（P.136〜P.137）、太陽系の最大の原子炉、つまり太陽をどう利用するかについて関心が高まっています。

太陽は、地球上で最大の商業用原子炉の、実に20万兆倍を超えるエネルギーを宇宙空間に放っていますが、地球が受け取っているのはそのごく一部にすぎません。それでも1年間に地球の受ける太陽エネルギーの量は約500兆バレルの石油、いいかえれば2002年の世界の確認石油埋蔵量の約440倍のエネルギーに匹敵します。一瞬ごとに地球の大気に達する太陽エネルギーは、私たちが現在消費している全エネルギーの1万倍に匹敵します。西暦2001年には、全世界の光電池（PV）の能力は、最大規模の石炭火力発電所とほとんど大差がなく、地球全体の電力のわずか1％以下を占めているだけでしたが、2002年はこの産業におけるエネルギー量が30％以上連続で増加した5年目の年となりました。植物によって吸収されるエネルギー（バイオマスエネルギー）の利用は、世界のエネルギー供給の少なくとも11％を担っており、将来これが利用されていく可能性は大です（P.144〜P.145）。

しばらくの間、主に化石燃料や原子力といった再生不可能なエネルギー源は、私たちのエネルギー需要を着実に満たしつづけていくでしょう。しかし、特に、化石燃料がCO_2の増加と気候変動の一因であることを考えると（P.124〜P.125）、私たちは以上に示されているような、多

地球のエネルギー源

太陽のエネルギーは、地球上のすべての生命の源です。これがなければ、海洋は凍りつき、地球表面の温度は、ほぼ絶対0度（−273℃）まで低下してしまうでしょう。生命を支える地球物理や地球化学上の大循環、つまり水の循環、酸素の循環、炭素の循環、それに気候などは、太陽エネルギーの働きによって生じます。太陽は光合成を通じて、私たちに食料や燃料の大部分を供給しています。化石燃料は、いうなれば蓄えられた太陽エネルギー、すなわち何百万年も昔の光合成の産物なのです。地表面を出入りするエネルギーの流れの99％以上は、太陽の放射によって生じています。そして、地球の核からの熱、太陽および月の引力がその残りを供給するのです。地球への太陽の放射は、1億7300万の大規模な発電所が毎日、1日中フル稼働して生み出す全エネルギーに匹敵します。しかし、このエネルギーの30％は反射して宇宙に戻ってしまいます。残りの大部分は空気や海や陸地を暖めたり（47％）、蒸発作用や水の循環のエネルギーとなります（23％）。

太陽エネルギー　17万3000×10¹²W

30％は宇宙空間へ反射されます

地球に達したすべての太陽エネルギーは、最終的には長波長放射として大気圏外へ戻ります

47％は大気に吸収されます

23％は水の循環のエネルギーになります

潮力エネルギー
月の引力は潮汐として0.004％という全エネルギーのごくわずかな量を生み出します

地熱エネルギー
地球内部からの伝導は、世界の電力のわずか約0.44％を作り出しています

光合成に利用されるのは0.02％にすぎません

1％以下が風や潮流のエネルギーになります

化石燃料は蓄えられた太陽エネルギーです

人類のエネルギー利用

産業革命前は、人類が広く利用できる唯一のエネルギー資源といえば太陽でした。太陽は筋肉に活力を与え、健康な人間は1日に、加熱棒1本の電気ストーブを1時間使ったのと等しいエネルギーを生み出しました。木材は先史時代から使われてきました。太陽がつくり出した風を利用した帆船は5000年前に、風車はその2000年後、水車はさらにその2000年後に登場しました。石炭が一般に使われるようになったのはわずか300年前で、石油やガスの利用はこの150年にすぎません。地熱や原子力など非太陽エネルギーの使用は20世紀になってからです。何千年もの間利用されてきたエネルギーの自然な流れは、再生可能なエネルギー源として知られています。これに対し、化石燃料が供給できるエネルギー量は最終的には地質構造によって限りがあり、このようなものは再生不可能なエネルギー源といわれます。下の円グラフは、西暦2000年と2030年における各エネルギー源の利用内訳の変化を示したものです。地球全体のエネルギー需要が増大して、再生不可能なエネルギーは欠乏しはじめるとともに、再生可能なエネルギーがますます注目を集めています。

石油

石油は世界最大のエネルギー源で、全体の35%を供給しています。2004年の石油価格は1バレル50ドル以上で、中東では政情不安定が続いているため、この比率は2030年まであまり変化しそうにありません。

石炭

石炭は最も豊富な化石燃料であり、わずか3ヵ国(中国、ロシア、米国)だけで全世界の埋蔵量の53%を占めています。世界のエネルギー供給のうち、石炭の比率はわずか23%で減少しています。酸性雨や温室効果ガス排出への懸念から成長が抑制されています。

天然ガス

天然ガスは現在、世界のエネルギー供給の21%を占めています。2030年までに26%に増加すると予想されています。石油への依存を減らして、他の化石燃料が引き起こす環境問題を緩和するために、多くの国が天然ガスを利用しようと計画しています。天然ガスを燃焼させても、同じ量の石炭を燃やした場合に生ずる二酸化炭素の半分しか発生しません。

世界のエネルギー供給源(%) 2000年と2030年

- 石油: 35.4 / 34.9
- 石炭: 22.2 / 23.4
- 天然ガス: 25.8 / 21.1
- 原子力: 4.3 / 6.8
- バイオマス、水力、その他の再生可能エネルギー: 12.3 / 13.8
- 水力、太陽、地熱、風力、潮力

バイオマス

バイオマスとは、燃料として利用できる動植物体のことです。現在、世界のエネルギーの約11%を占めており、30億の人々が、おもに薪の形で利用する主要燃料です。貧しい国では、薪が全燃料の90%を占めているところがあります。

原子力

かつて世界中のエネルギー問題に対する答えとして脚光を浴びた原子力が供給しているのは、世界のエネルギー供給量のわずか7%以下にすぎません。31ヵ国で440の原子力発電所が稼働中で、建設中のものも30近くありますが、急激なコスト上昇と社会的な信頼の喪失のせいで、新しい原子炉の建設はほとんど予定されていません。けれど、中国やインドのような発展途上国は、石炭への依存を減らして、ますます原子力に注目しています。

水力

落下する水は、世界の電力の17%を生み出していますが、全エネルギー供給のわずか2%にしかなりません。まだ開発途上のエネルギー源であり、特に発展途上国では大きなダムはしばしば環境や社会に多大な負担を課します。

太陽

太陽はすでに、窓や壁をとおして建物のエネルギー需要に大きく寄与しています。太陽光を電力に変化する太陽電池は、製造コストが安くなるにつれて、ますますエネルギー源として有力視されています。1998年〜2003年の間に、太陽電池の世界生産量は153メガワットから742メガワットへと約400%まで急増しました。この成長が続けば、太陽電池はやがて重要なエネルギー源となるかもしれません。

海から得られるエネルギー

海洋エネルギーは、おもに4つの形をとって現れます。波力、潮力、海流、海洋の熱エネルギー変換(表層部と深層部の温度差を利用したもの)です。最終的なエネルギーの潜在能力は膨大ですが、ごくわずかしか利用されそうにありません。

地熱

地中の温度は30m深くなるごとに1℃上昇しますが、地殻活動が活発な場所では、さらに高くなります。地熱エネルギーはこの熱を湯として直接に、または電力に換えて利用します。現在22ヵ国に地熱発電所があり、現在世界の電力の1%を生産しています。

風

風車は電力の生産、あるいは機械的な仕事をさせるために利用することができます。風力エネルギーは最も速く成長しているエネルギー源で、1998年〜2002年の間に能力は3倍になりました。地球全体の風力の約3/4はヨーロッパにありますが、発展途上国、特にインド、中国にはかなりの潜在能力があります。

112 　地球に秘められた潜在的資源

くのもっと有望で再生可能な新しいエネルギー源を開発する必要があります。そしてエネルギーの効率化を進めることが最良の道なのです。

エネルギーの偏在

世界の国々に受け継がれる再生不可能なエネルギー資源も再生可能なエネルギー資源も、その土地の地質構造、過去に存在した生物の歴史、地理的位置などによって、その分布はたいへん偏っています。この事実からみると、石油輸出国機構（OPEC）の工作によって生じた第1次石油危機以来のエネルギー問題は、ただ1種類のエネルギーを考慮するだけでは解決できません。たとえば、石炭はそれだけで石油の最良の代替品にはなりえませんし、核分裂はそれ以上に無理です。

OPECの石油戦略以後現れた、もっともらしいエネルギー対策の多くはまったく役に立ちません。大きいことがいつもよいとは限りません、かといって小さいことが一様にすばらしいというわけでもないのです。全体的なエネルギー計画から見積もった需要の内訳を考えるとともに、あらゆるエネルギー源の可能性を探ることが、問題解決への唯一の道である、という認識が高まっており、それと同時に化石燃料を超えて前へ

エネルギーの単位

エネルギーはジュール（J）や、石油のトン数に換算して測定します（つま先）。仕事率（ワットで測定）は単位時間当りに発揮されるエネルギー率です。1Wは1J/s。1キロワット時（1kWh）は1時間に1000W。1mtoe（石油換算100万トン）は約120億kWhで、150万tの石炭のエネルギーに匹敵します。

エネルギーの消費と蓄え

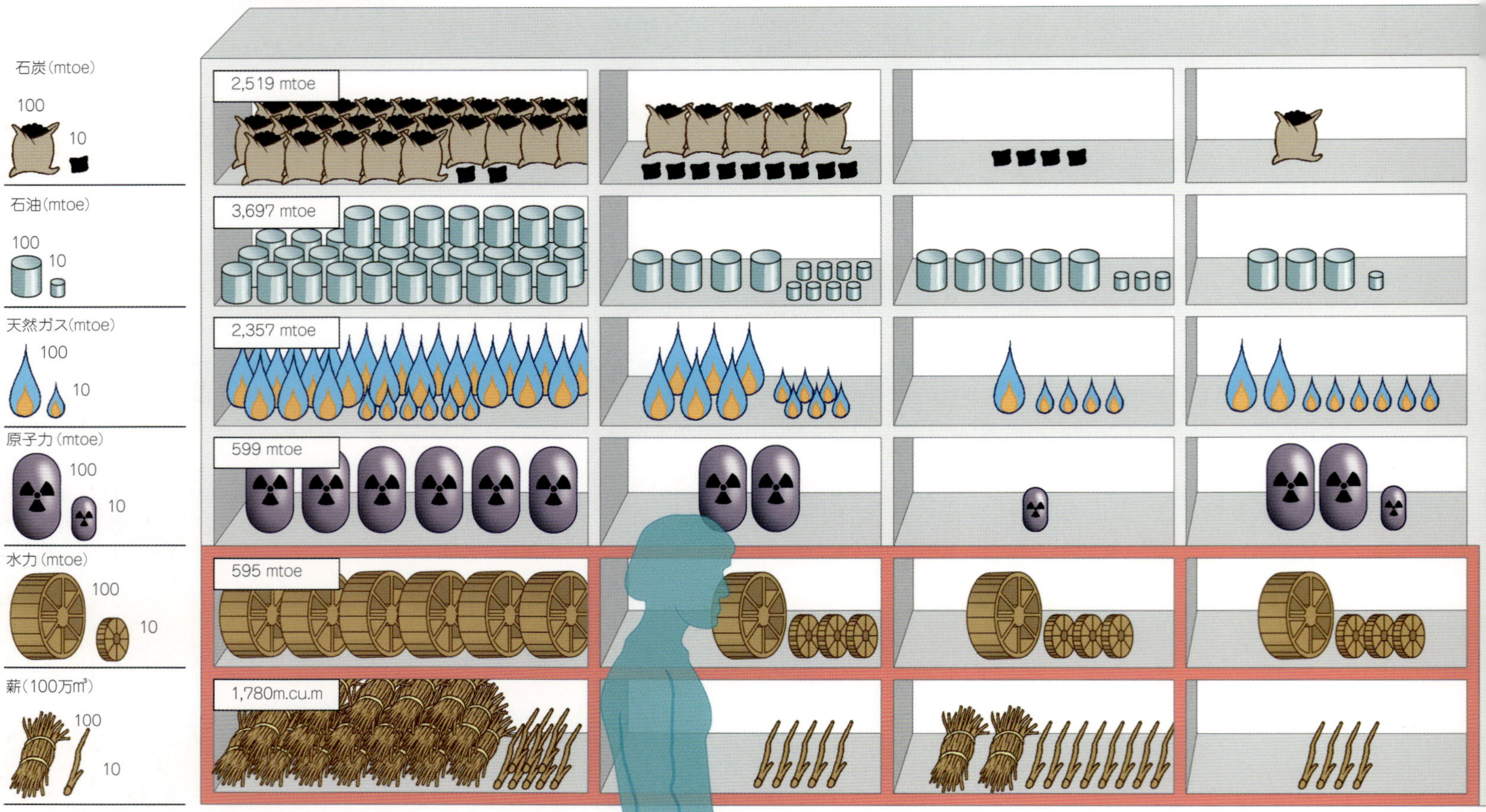

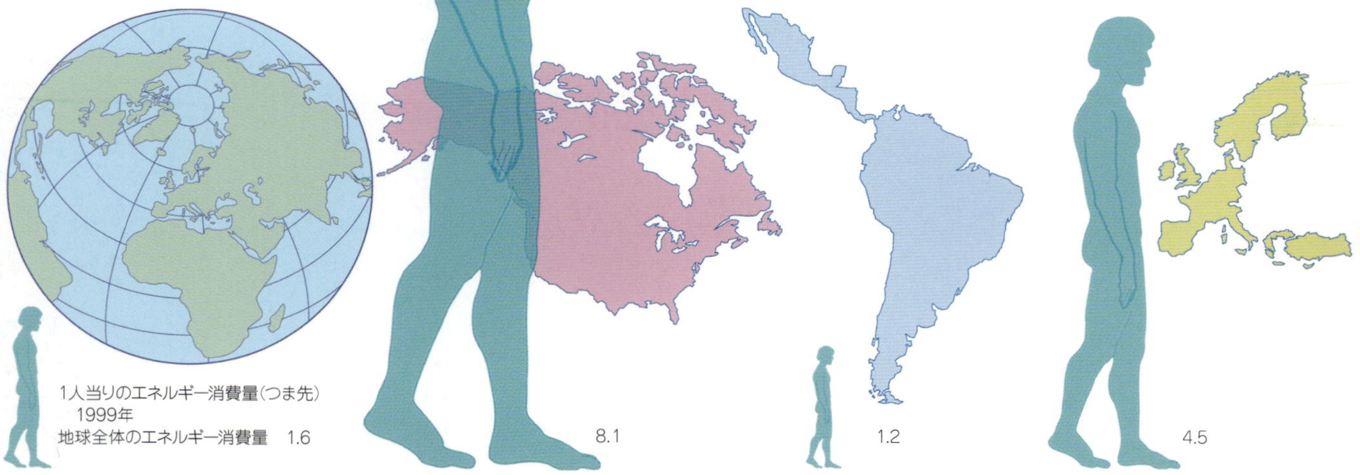

地質構造は一様でなく、利用できるエネルギー資源の分布も均等ではありません。むしろ少数の場所に集中する傾向があります。OECD諸国は世界人口の15％、世界の石油の確認埋蔵量の7.5％、石炭の45％、天然ガスの9％を占めています。ロシアは石油の埋蔵量の6％、石炭の16％、天然ガスの27％を占めています。上図では7つの地域（＋中国）における石炭、石油、天然ガスの2003年度の生産量を、上の3つの棚に示しています。再生可能な3つのエネルギー（原子力、水力と薪）は、消費量に基づいて示しています。アフリカ、ラテンアメリカなど資源の乏しい地域では、薪や高価な輸入石油に頼らざるをえません。人物の身長（右図）は、各地域の1人当りのエネルギー消費量を表しています。

1人当りのエネルギー消費量（つま先）
1999年
地球全体のエネルギー消費量　1.6

北アメリカ
8.1

米国には多くの石油埋蔵量があり、世界人口の5％以下でありながら、生産される主要な全エネルギー（石油、石炭、天然ガス、水力電気、原子力）の約1/4を使用しています。

ラテンアメリカ
1.2

資源に乏しい地域ですが、メキシコとベネズエラの油田のおかげで、差し引きではエネルギーの輸出地域になっており、消費量は世界の主要エネルギーのわずか6％です。なかには薪不足が深刻化している国もあります。

西ヨーロッパ
4.5

西ヨーロッパでは石油は依然として主要なエネルギー源です。天然ガスと原子力供給はそれぞれ26％と21％で、石炭は10％です。2001年にはヨーロッパは世界の風力発電量の70％を占めました。

エネルギーの消費と蓄え 113

進むことが絶対優先であることを強調しています。そこでいくつかの国では、将来どのくらいのエネルギーを必要とするか、そしてその需要にこたえるエネルギー源は何かという点について、より一層焦点をしぼっています。

エネルギー効率は、需要と供給の差を縮めるのに役立ちます。しかし多くの国々では、需要はもちろん、消費するだけのエネルギーとその生産、あるいは潜在的生産力との間には、依然として著しい不均衡が存在するでしょう。多くの先進諸国は（採り尽くしてしまわないまでも）、枯渇寸前にある国内の化石燃料資源のおかげで、その繁栄を誇ってきました。しかし、世界貿易によって、OECD諸国は地球全体の主要エネルギーの半分以上を消費しつづけているのです。発展途上中で成長するアジア経済におけるエネルギー需要は、2025年までに2倍以上になると予想されます。

化石燃料の首位の座を守っているのは依然として石油であり、全世界のエネルギー供給量の35％を占めていますが、そのなかで石油の占める割合は、価格の高騰と、政情不安定に直面して低下すると考えられています。その後は燃料としてより化学原料として使われることが多くなり、エネルギー源としての石油の比重はしだいに小さくなっていくでしょう。天然ガスも石油とほぼ同じ運命をたどると考えられます。これに対して、石炭の全世界埋蔵量は、私たちの1年間の消費量の

東ヨーロッパ
東ヨーロッパの旧ソ連はエネルギー資源が豊富です。2003年にはロシアは世界第2位の石油産出国となり、石炭埋蔵量は群を抜いて世界最大（地球全体の25％以上）です。

中東
世界の石油の確認埋蔵量の60％以上が中東に存在します（サウジアラビア23％、イラン11％、イラク10％）。世界の主要エネルギーの14％を生産していますが、この地域の消費量は現段階ではわずか4％です。

アフリカ
リビア、アルジェリア、ナイジェリアの石油、南ア共和国の石炭を除くと、アフリカは化石燃料に恵まれていません。バイオマスが、地域住民のエネルギー需要の80％を生み出しています。多くの場合、薪燃料は非能率的です。

中国
中国は世界最大の石炭産出国です（2003年には1/3以上のシェアを誇りました）。石炭が主要エネルギーの80％を生産しています。一方、原子力は現段階では1％未満ですが、2020年までには4倍になると予想されます。

極東／オセアニア
中国（左）とインドの石炭を除けば、極東はエネルギー資源が乏しく、オーストラリアは世界の石炭埋蔵量の8％を保有しています。日本の石炭産出量はごくわずかで、必要なエネルギーのほぼ全部を輸入しなければなりません。

200倍と見積もられており、豊富に手に入れることができます。しかし、どの化石燃料も環境を「汚染」します。

変化する気候

気候とは、大気と陸地と海洋の大規模な相互作用の表現です。ある地域では暑く乾燥した夏、乾燥して寒い冬、温暖で湿度が高い春と秋といった気候をもち、また別の地域では暑くじめじめした夏、穏やかで雨の多い冬、夏や冬よりさらに過ごしにくい春と秋といった気候が示されます。この気候に対し、天候は私たちが毎日経験しているもので、曇り空、快晴、雨、風、湿度などを用いて表されます。したがって、天候は1時間ごと、あるいは1週間ごとに変化していくものですが、気候は何年、何十年、あるいは何世紀にもわたって、平均的なパターンを繰り返しているのです。

非常に長い目でみると、気候も変化することがあります。そして、長期にわたって気温が1℃変化するだけで、17世紀末にピークに達した西ヨーロッパの小氷河期にみられたような、重大な影響を地球上に及ぼすのです。気温が4℃下がれば完全な氷河期に入り、その影響はすぐに生物の生活環境に現れるでしょう。約1万1000年前の最終氷期が始まったころには、大陸氷床の前進により、わずか数世紀の間に北半球の広大な森林地帯が消滅してしまいました。最近の変化をみると、私たちが現在「平常」と考えている状態は、実はここ1000年間における最暖期のひとつに相当しています。しかも今回の暖期はさらに進んで、現在の「良好な天候」の維持を

海洋の影響

風系、地球の自転、そして大陸の配置が大規模な海流をつくり出します。海流は、ある場合は冷たく、ある場合は暖かい、ばく大な量の水を移動させるので、気候にも影響を与えています。たとえば、フロリダからの北大西洋海流によって暖められているイギリスは、同緯度にありながら、北極海からの海流によって冷やされているラブラドルより、温和な気候になっています。

気候の果たす大きな役割

気候を形づくるおもな要素は、太陽エネルギー、大気、地球の形状と宇宙空間における位置、自転、海洋の5つです。地球は球体なので、空気は極より赤道でよく暖められます。暖かく湿った空気は上昇して極に向かって流れ出し、しだいに冷やされ乾燥していきます。緯度30°付近までくると空気は下降を始め、暖められ、再び赤道に向かって流れ出します。「ハドレーの室」と呼ばれる、この赤道の両側の空気の垂直な流れが、南北回帰線付近にみられる帯状の砂漠や乾燥地帯の成因になっています。空気は気温の上昇を伴いながら、風として高圧部から低圧部に向かって流れます。地球の自転のエネルギーは「コリオリの力」と呼ばれ、その風向に影響を与えて、右図に示されるような独特のパターンを生んでいます。下の図は、植生に対する降水量と気温の影響を示したものです。極からの冷たい風が中緯度の暖かい西風と出あう場所では、温帯地域に特徴的な変わりやすい天気が生じます。膨大な量の海水の動きもまた、気候に影響を与えています。なぜなら、わずかな温度の差によって、ばく大な量の熱を吸収したり、放出したりするからです。地図には7つの主要な気候型が示されており、円の大きさは平均の年間降水量を表しています。

緯度と気温

太陽が頭の真上にくる地点は、季節とともに北緯23°と南緯23°の間を移動します。このとき太陽光線は地表に垂直に当たります。高緯度になるほど地表の受ける太陽光線は少なくなり、平均気温が下がります。

熱帯多雨：アマゾンやザイール盆地、東南アジアなどの熱帯雨林地域の気候です。年間降水量は250cm以上で、平均気温は24℃を超えます。熱帯雨林は非常に生産力が高いところです。

熱帯乾燥：暑く湿潤な季節と、暖かく乾燥した季節が交互に訪れるので、「季節的乾燥」というほうが適切でしょう。食用としてキビ、トウモロコシ、ピーナッツ類、豆類が栽培されていますが、牧草地にしか適さない地域もあります。

危うくするのではないかとみられています。1990年以降、最も暖かい年は9回記録されています。

気候の変化は、私たちの食料生産の維持に深くかかわっています。世界中どこにおいても、気候は農業にとって決定的な要素です。たとえば、1960年代後半のサヘル地方の干ばつでは、その地域のすべての国々が大きな被害を受けました。また1972年に旧ソ連を襲った干ばつは、小麦の生産に大きな打撃を与え、その後2年間世界市場の小麦価格が4倍にもはね上がる一因となったほどです。1974年にはインドで時期はずれのモンスーンが何百万という人々に壊滅的な被害を与えました。また、1975年の数次にわたる寒波は、ブラジルのコーヒー生産に大打撃を与え、世界中のコーヒー価格の暴騰をひき起こしたのです。

2002年と2003年には、記録的ともいえる熱波が世界の穀物の収穫期を襲い、特にインドと米国が打撃を受けました。2003年には東ヨーロッパで小麦の収穫量が30年間で最低となりました(ウクライナでは2002年の2100万トンから500万トンに減少し、この小麦の最大輸出国が輸入を強いられました)。中国の穀物収穫量は2000万トンまで減少し、2004年には、5年連続で穀物の収穫量が不足しました。

この逆に、ゆっくりと予測どおりに変化する安定した気候は、私たちに大いに役立っています。気候もエネルギーや水と同様、人間の暮しを豊かにする基本的な役割を演じているのです。

地形の気候への影響

海岸山脈の雨陰効果はよく知られています。暖かく湿った風が風上斜面を上昇すると、空気が膨張し冷やされ、水蒸気を発生し、さらに凝結し、雨となって降ります。そして、乾燥した冷たい空気が反対側の斜面を下降し、その間に圧縮され、暖められるのです。このとき生じた、乾燥した暖かい風は、シエラ・ネバダ山脈にみられるように、海岸側とはまったく違った気候と植生をつくり出しています。

◨ **温暖湿潤**：米国南東部と中国の大部分にみられます。温暖な気温と規則的な降雨により一年中作物の生育が可能で、多様な作物栽培にはまさに理想的な気候といえます。

◨ **温暖乾燥**：長く乾燥した夏と温暖で湿潤な冬をもつ地中海沿岸の気候が人類の初期文明をはぐくみました。灌漑により多くの作物の栽培が可能ですが、管理を誤ると厳しい気候となります。

◨ **寒冷湿潤**：北ヨーロッパの優越的な立場の基盤は、寒冷で湿潤な気候です。少ない日射量、寒い冬、短く乾燥した夏が農業を制約しています。

◨ **寒冷乾燥**：大草原(ロシアのステップ、北アメリカのグレートプレーンズやプレーリー、南アメリカのパンパなど)の気候は、寒冷で乾燥しています。こうした地域は、小麦やトウモロコシの栽培と牛の放牧に適しています。夏にはわずかながら不規則な雨が降ります。

☐ **山岳地帯**：表層土壌が少なく気温の低い山岳地域は穀物全般の耕作には適しません。

生命を支える水

水はどこにでもありますが、人間が直接利用することができるのは驚くほどわずかな量にすぎません。私たちは、自然が循環させるわずかな量の水のおかげで生き延びており（右下図）、自然の循環によって、使った水は取り替えられてきれいになります。

世界中で利用できる水の量は、近い将来必要となるであろう量をはるかに上回っています。しかし、他の天然資源と同様に、水も地球上に均等に分布していないことが問題となっています。洪水対策に頭を悩ます多くの人々がいる一方で、干ばつに苦しむ人々もまた多くいるのです。

太陽は海から毎年約50万km³の水を蒸発させていますが、そのうち利用可能な水は最終的に地上に落下し、川や湖に流れ込む分です。その量は年間4万7000km³足らずで、最初に海から蒸発した水分の1/10にもなりません。しかも、この数字は平均にすぎず、季節的な相違やその他の要因による変動は考慮されていません。常に地表を流れる利用可能な水の量はさらに減少するものの、依然として驚くべき水量です。もちろん、人類の「進歩」に伴い、水の使用量はますます増えています。

人間の経済活動には多くの水を必要とする部門がありますが、なかでも農業用の灌漑が世界全体での水の年間消費量の約70％を占めており（わずか1トンの穀物を生産するために、1000トンの水が必要であることを考えれば当然と言えます）、産業が23％、家庭用水が8％です。アフリカでは農業が87％、産業が5％、家庭用水は7％です。ヨーロッパでは産業が54％を占め、農業が33％、家庭用水が13％となっています。

人間の生活において淡水が利用できるということは、人々が考えているよりはるかに重要なことです。1900年の平均的な地球の地表水は、1人当り約3万m³でしたが、1950年には1人当り1万7000m³に減少し、2000年には1人当りわずか7000m³になりました。これには地球全体の人口が16億5000万人から60億7000万人に増加した事実が影響しています。2025年には人口が80億人となり、1人当りわずか5000m³しかなくなる恐れがあります。どんな理由であれ、もし水道の蛇口から水が出なくなってしまったら、日常生活は崩壊し、健康は損なわれ、工場は停止し、農業は壊滅してしまいます。

淡水に頼っているのは私たち人間だけではないということも忘れてはいけません。危険にさらされている世界の734種の魚の4/5は淡水の環境に生息しているのです。社会組織全体が混乱してしまう恐れがあります。淡水をいつでも利用できることは、当然と思われているかもしれませんが、その考えは大きな危険を秘めているのです。それでも、水の獲得、貯蔵、供給、利用の方法を改善し、供給漏れと、歪んだ補助金（悪用、乱用を助長する）と、再利用技術の問題に取り組む努力をいますぐに始めれば、地球の水資源をほとんど無限に利用しつづけていくことができるはずなのです（P.148～P.149）。

水の利用と水資源

北アメリカと中央アメリカ

7,890km³/年

人口4億7,200万人（2000年）
年間1人当りの利用可能な水の量　1万7,400m³

米国

メキシコ

南アメリカ

1万2,030km³/年

人口3億4,500万人（2000年）
年間1人当りの利用可能な水の量　3万8,200m³

私たちは水の惑星に住んでいます。宇宙からみると、地球は水によって青くみえます。ところが、地球上では10億以上の人々が、生存に必要な1日5ℓの水さえ得ることができないでいるのです。私たちがすぐ利用できる水は、地球の水全体の0.01％にすぎませんが、それは川や湖から発生する「安定した流れ」や、ダムに蓄えられたわずかな水から得られるものです。これだけの水がすべて開発できれば、現在の何倍もの人口を養うことができるでしょう。しかし、水も世界の人口も、均等には分布していません。

右図の円筒形は、各大陸の利用可能な淡水量を示しています。蛇口の絵は、6つの国で1人当りの供給量がどのように使われているかを示しています。たとえば、米国では大部分を工業に使用し、インドでは現時点では工業にほとんど使用していません。

アジアは利用可能な水の量が最も多いものの、ぼく大な人口のために、1人当りの利用可能な水の量では最低となります。アフリカは利用可能な水の量が少なく、人口増加率が高くて急速であるという二重の問題を抱えており、この地域が今後数十年間で深刻な水不足に向かうことを意味しています。地域レベルでも、国家レベルでも同じように大きな格差が生まれています。メキシコの多くの地域では慢性的に水が不足して乾燥していますが、2000年の国家レベルで利用できる水の量は1人当り4000m³を超えています。コンゴの都市部に暮らす人々の3/4以上は安全な飲料水を得ていますが、農村部での比率はわずか17％です。ラオス人民民主共和国では状況がその逆です。

水の循環

地球上の水の97％以上は塩水です。淡水はわずか2.5％で、その大部分は氷冠、氷河、永久凍土層や地中深くに閉じ込められています。人類の主な水源は、川、湖や浅い貯水池ですが、使える水は全淡水の1％以下であり、地球上の全水量のわずか0.01％にすぎません。水は太陽エネルギーによって循環し、陸や海から蒸発した純粋な水は、雨や雪として再び落下します。陸上の蒸発（7万2000km³）と、降水（11万9000km³）の間の差が、地表水と地下水の再貯水分であり、つまり4万7000km³となります。

私たちはおもに、この水の「収入」に依存しているのです。地下水という「資本」は、量は多いかもしれませんが、開発に費用がかかるうえに、回復に時間を必要とします。

単位はすべて年間km³

蒸発　7万2,000
気流にのって内陸へ移動　4万7,000
降水　11万9,000
氷河および万年雪の淡水　2,406万4,000
湖および河川の淡水　9万3,120
蒸発　50万5,000
降水　45万8,000
淡水の地下水　1,053万
地表水　4万7,000
海洋　13億3,800万

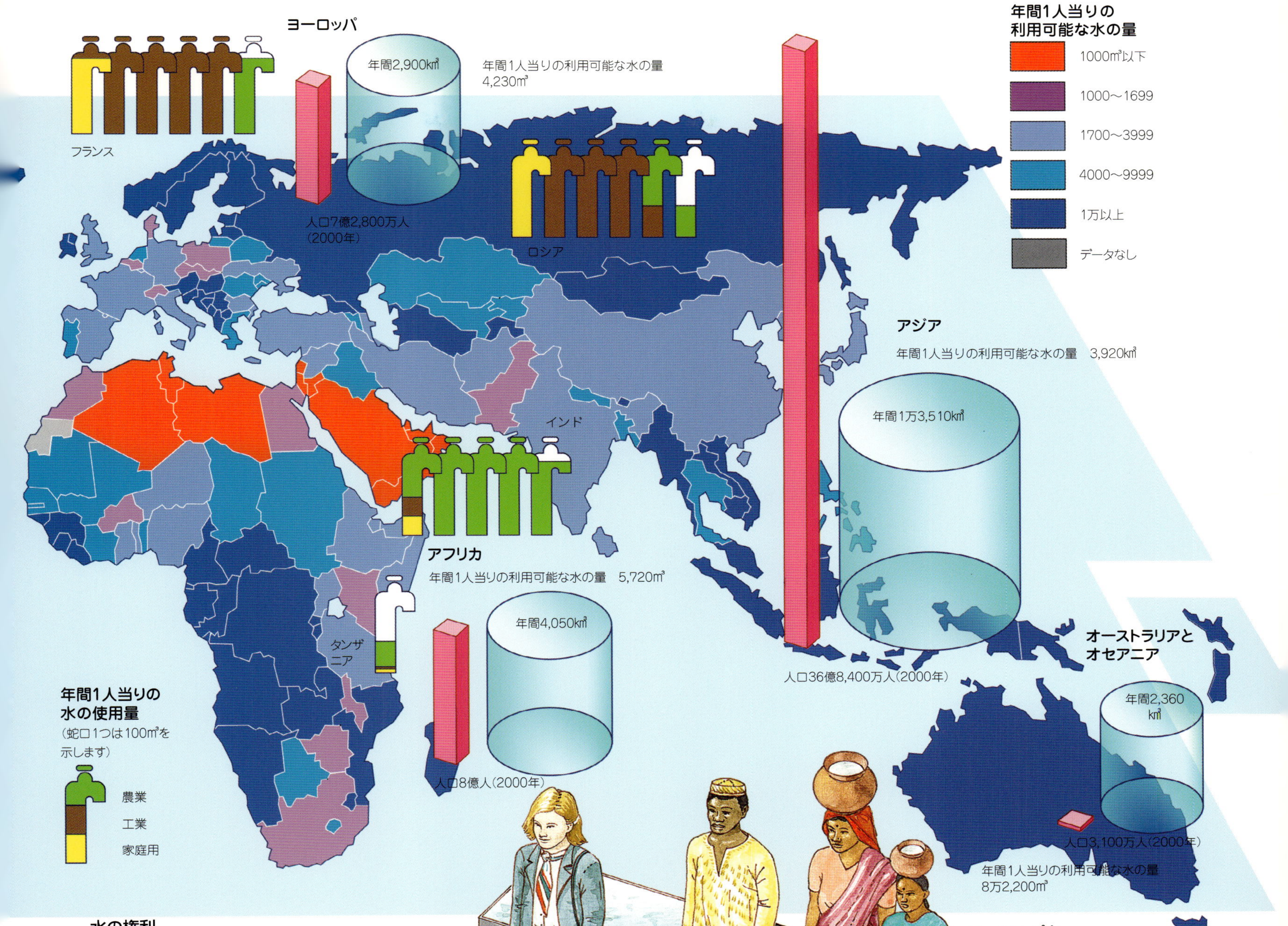

水の利用と水資源　117

年間1人当りの利用可能な水の量
- 1000㎥以下
- 1000～1699
- 1700～3999
- 4000～9999
- 1万以上
- データなし

ヨーロッパ
年間2,900km³
年間1人当りの利用可能な水の量 4,230㎥
フランス
人口7億2,800万人（2000年）

ロシア

アジア
年間1人当りの利用可能な水の量 3,920km³
年間1万3,510km³
人口36億8,400万人（2000年）

インド

アフリカ
年間1人当りの利用可能な水の量 5,720㎥
タンザニア
年間4,050km³
人口8億人（2000年）

オーストラリアとオセアニア
年間2,360km³
人口3,100万人（2000年）
年間1人当りの利用可能な水の量 8万2,200㎥

年間1人当りの水の使用量
（蛇口1つは100㎥を示します）
- 農業
- 工業
- 家庭用

米国 260ℓ/日　ウガンダ 65ℓ/日　インド 31ℓ/日

水の権利

普通の生活を維持するには、1人1日当り約80ℓの水が必要です。だれもが「権利」として十分な水を使用してよいのではないでしょうか？　しかし、淡水を供給して、現在水を得られない人々の比率を2015年までに半減させるという国連目標は実現しそうにありません。西暦2000年には、200万人以上——大半は5歳以下の子供たち——が水に関連する下痢で死亡した（P.132～P.133）という現実はさらに残念で痛ましいことです。世界人口の1/5が水に不自由している一方で（平均的なソマリ族が使う水の量は1日にたった9ℓで、なんとか生存している状態です）、ありあまるほどの水を使う人々も大勢います。米国の家庭での平均使用量は1日につき1人当り260ℓであり、英国では150ℓ、ケニアでは50ℓ以下となっています。

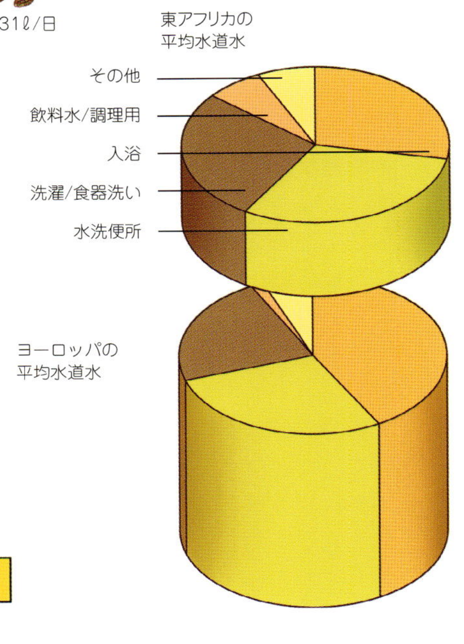

灌漑

灌漑は農業にとって欠くことができません。世界の耕地の18％が灌漑されています。しかし、灌漑耕地では一般に1年に2回以上収穫が行われることが多く、それらの耕地の、世界の収穫量に対する比重は40％以上です。灌漑耕地では世界の穀物の3/5と、世界の農作物の2/5を生産しています。

工業用水

安い水の提供なしには、工業は成立しません。水は冷却液、溶媒として、また付着物の洗浄や、汚れを薄めるために使われます。異なる製品を1トン生産するのに必要な水の量はまったく異なります（下図）。

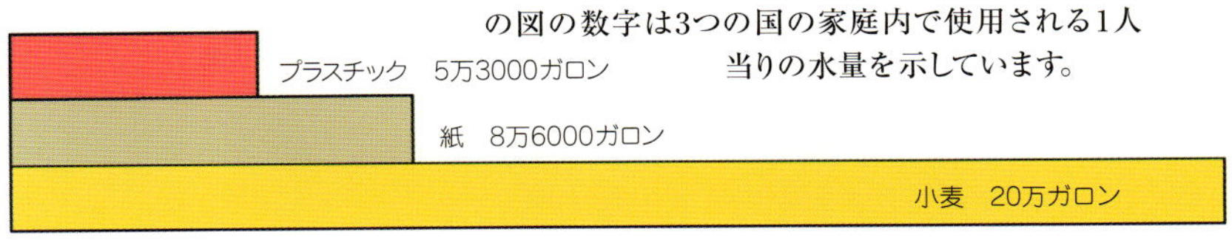

プラスチック　5万3000ガロン
紙　8万6000ガロン
小麦　20万ガロン

家庭用水

水の消費は、1人当りどれだけの水が得られるかだけでなく、水の獲得がいかに困難であるか、またいかに高価であるかを反映しています。世界中で10億以上の人々が安全な水を得られず、24億人に十分な下水設備がありません。水道がないために多くの女性たちが1日に6kmも歩いて水くみに行かなければならない発展途上国に比べ、当たり前のように水道のある国々の消費量は、はるかに多くなっています。これは所要時間の面でも（アフリカのある地域では水くみに1日に8時間もかかります）、健康面でも（発展途上国で発生するすべての病気の3/4は汚染された飲料水が原因です）高くつきます。人々が水の行商から水を買うと、値段が水道水や井戸水の4倍になることもよくあります。上の図の数字は3つの国の家庭内で使用される1人当りの水量を示しています。

ヨーロッパと東アフリカの比較

家庭用水の使用目的も大いに異なっています。下の円グラフは、ヨーロッパの人（1日150ℓの水道水）と東アフリカの人（62ℓ）の日常での家庭用水の用途を比較しています。

東アフリカの平均水道水
- その他
- 飲料水/調理用
- 入浴
- 洗濯/食器洗い
- 水洗便所

ヨーロッパの平均水道水

鉱物資源の採掘

地球の鉱物資源は、先史時代から採掘されてきたため、その採掘現場跡があちこちに残されています。かつてはシカの角のような簡単な道具で浅い穴を掘り、鉱物を手に入れていたにすぎませんでしたが、今日では、ダイナマイトや大型機械を用いて大量の鉱物を採掘しており、鉱物資源は、現在の人類の生活をさまざまな面で支えているのです。

幸運なことに私たちには今なお大部分の鉱物に十分な蓄えがあります。OPECによってひき起こされた第1次石油危機の後にいわれた「鉱物資源の枯渇」という問題は、いまではずっと将来の課題とみられています。もっとも、いつの日か鉱物資源が枯渇してしまう可能性のあることも疑いのない事実です。

工業はおよそ80の鉱物に大きく依存しており、そのなかにはアルミニウムのように比較的豊富に供給されているものもあります。確かに、いくつかの国々では国内のこのような鉱物を間もなく採り尽くしてしまうでしょう。しかし、他のどこかの地域には、世界中に行き渡るだけの資源が十分埋蔵されているのです。しかしながら、供給が比較的少ないにもかかわらず、工業にとっては不可欠なごく少数の鉱産物（クロム、マンガン、プルトニウム、コバルト）は、戦略的にも重要な産品と呼べます。

米国人は年間1人当り600kgの金属を使用します。この国の自動車製造業はアルミニウムの消費量の20％、鉄の14％、銅の10％を占めています。工業国では輸送産業全体で鉛の70％、鉄の37％、アルミニウムの33％、銅の27％を占めているのに対し、建設業は鉄の34％、銅の30％、鉛の17％、アルミニウムの19％を占めています。

80の鉱物の大部分は、今後予想される需要を十分に満たすだけの量があるか、もしないとしても他の代替物が簡単に手に入るものです。しかし、たとえば、鉛、硫黄、スズ、タングステン、亜鉛などのように、より大規模な再生利用が行われたとしても、供給にはかなり困難な問題を抱えているものもあります。

2000年には1人当り平均で約140kgの金属が生産されました。完成した鉄は総計で7億6300万トンとなり、2290億ドルに換算されます。次に多いのがアルミニウムの2400万トンで、360億ドルに換算されます。プルトニウムは最も高価で、1トン当り170億ドル、金は900万ドル、アルミニウムは1トン当り1500ドル以下であり、石炭はわずか40ドルです。

中国は世界第1位の鉄の生産国であり消費国にもなりました。1990年代には、中国が地球全体での銅の増加量の1/3、アルミニウムの2/5を占めました。これにはこの国の急速な工業化と新しい消費者数の増加が影響しています（P.234～P.235）。米国、EU、日本はいくつかの鉱物については大部分を輸入に頼っており、これから間違いなく主要鉱産物の価格上昇に直面するでしょう。しかし、一般に発展途上国の生産国では、これらの鉱産物の輸出が外国貿易を支えているという事情があるので、その輸出を制限することはまずありえないでしょう。たとえば、ザンビアでは、鉱産物が商業輸出額の2/3以上を占めています。一方で、米国のように重要性の高い鉱産物を備蓄している国もあります（P.119参照）。

鉱物の埋蔵量と各国の割合

重要な鉱物資源が枯渇してしまうことはないでしょうが、主要鉱物の中には埋蔵量が開発され尽くしてしまう恐れのあるものもいくつかあります。この明らかな矛盾は、埋蔵量と資源量の違いを理解することによって解決されます。地殻に含まれる鉱物の全体量が資源量で、地質学的に決定され、変化しません。これに対し、埋蔵量は経済的に採掘可能な鉱物量で、確認されたものと、また発見されていないものがあります。このように埋蔵量は固定されたものではなく、絶対的な有用性のみならず、採掘のコスト、市場価格、探査努力といった可変的な要因によっても変化するものなのです。

地図と円グラフは、5つの主要鉱物について、主な消費国と、西暦2000年の消費の割合を示しています。また、データがある場合は、1999年の消費水準の0％増、5％増での期待寿命を示しています。

採鉱探査

2001年には、20億ドル以上が採鉱探査に投じられましたが、これはピーク時の1997年に使われた52億ドルの半分以下の金額です。探査の比率は、ラテンアメリカが28％を占め、アフリカは14％で、オーストラリアとカナダはそれぞれ17％でした（米国はわずか8％）。

アルミニウム（202～48年）
米国では、平均消費量は1人当り22kgであり、アフリカでは1kg以下です。地球全体では、アルミニウムの29％が再生資源からできています。

銅（28～18年）
チリが世界最大の生産国であり、銅は輸出額の40％を占めています。台湾の平均消費量は1人当り29kgで、オーストラリアの平均消費量は9kgです。

再利用

現在、鉄鋼業では製品の1/3以上（工業国では半分以上）が廃品から作られます。北アメリカと西ヨーロッパがアルミニウムの約1/3を消費しています。再利用はおもなエネルギーの節約手段です。たとえば1tの二次アルミニウムを廃品から生産する場合、必要なエネルギーを95％削減でき、銅は7倍、鉄は3.5倍ものエネルギーを削減できます。廃品はいまや、金属の重要な原料供給源なのです。

代替物

アンチモン、カドミウム、セレン、テル、スズなどは他の物質で代用されやすい金属です。スズは缶・缶詰製造において、しだいにガラス、プラスチック、鉄、アルミニウムに置き換えられてきました。しかし代替物は万能ではありません。白金に代わる触媒はありませんし、ステンレス鋼はクロムに依存しています。

鉱物の埋蔵量と各国の割合　119

現在の埋蔵量（100万t/カラット）

鉱物	埋蔵量	鉱物	埋蔵量
アルミニウム鉱（ボーキサイト）	33,000	スズ	11
銅	940	ウラン	3.1
ダイヤモンド	1,250	亜鉛	460
金	0.09	アンチモン	3.9
鉄鉱石	150,000	カドミウム	1.8
鉛	140	クロム	1,800
マンガン	5,000	コバルト	13
ニッケル	140	水銀	0.24
白金	0.08	モリブデン	0.02
銀	0.6	チタン	0.15

金属の消費量
- 米国
- 西ヨーロッパ
- 他の工業国
- 移行国
- 中国とインド
- アフリカ
- ラテンアメリカ
- その他

鉛
26.6%、26.2%、7.3%、17.7%、11.5%、1.9%、6.5%、2.3%

鉛（21〜14年）
世界の鉛の1/4以上は中国産です。また、米国と西ヨーロッパが全消費量の53%を占めており、中国とインドが11.5%を占めています。

鉄
16.2%、20.2%、12.4%、19.4%、21.5%、2.1%、5.3%、2.9%

鉄
1人当り600kgというカナダの消費量も、台湾の1人当り1000kg以上という数字の前では小さく思えます。また、米国と西ヨーロッパが全消費量の36%を占めており、中国とインドが21.5%を占めています。

金
7.3%、22.2%、5.7%、21.7%、23.4%、12%、3.2%、4.5%

金
西ヨーロッパが全消費量の22%を占め、中国とインドは23%を占めています。

備蓄
鉱物は外交上不可欠な資源です。どの国もきわめて重要な国益、とくに防衛に影響を及ぼす鉱物資源を確保しようとしています。戦略的にみて重要な鉱物は、しばしば政治的な理由によって供給を妨害されやすくなります。これらの鉱物を国内で供給できない多くの西側諸国は、マンガン、クロム、コバルト、白金のような鉱物を大量に備蓄してきました。備蓄の副次的な効果のひとつとして、鉱物価格の変動を安定させる動きがあります。

米国の備蓄
戦略的鉱物の世界最大の消費国の1つである米国は、2003年にはマンガンの100%、クロムの70%以上をおもに発展途上国から輸入しており、とくに供給を妨害される危険が大です。

米国の備蓄　2003年4月

- クロム　80万トン
- アルミニウムとボーキサイト　4万2,000トン
- マンガン　125万トン
- スズ　3万5,000トン
- コバルト　2,700トン
- チタン　580トン
- パラジウム　1,820kg
- プルトニウム　650kg

資源の危機

30年以上も前から、世界は新しい危機に直面してきました。それは資源の危機です。いくつかの資源はますます供給が乏しくなってきました。また、汚染という形で思わぬところに顔を出し、とんでもない被害をまきちらしたものもありました。しかし、1973年から1974年の第1次石油危機ほど人々にこの新しい現実を気づかせたものはありませんでした。

1973年まで、世界中の石油消費者は、数百万年以上もかかって蓄積されてきたエネルギー資源を自分たちが消費しているという事実を、知識としてはもちろん知っていましたが、実際には忘れ去っていました。文字どおり自然の「かけがえのない恵み」を利用しているということを忘れていたのです。OPECが安心していた取引相手に打撃を与えたのは、彼らなりの理由によるのですが、おかげで石油の世界への供給が長続きするようになるという思わぬ効果もありました。

エネルギー危機の影響が最も深刻だったのは発展途上国でした。それは、1次産品で買うことのできる石油の量が減少の一途をたどっているからです。たとえば、1975年には1tの銅で石油115バレルを買うことができたのに、6年後にはその半分しか買えなくなりました。しかも、貧しい国では、石油への依存から脱することができず、第2次、第3次の石油危機によっても大きな痛手をこうむりました。1991年の湾岸危機の間、前例のないほどの石油価格の変動が世界経済を揺るがし、とりわけ発展途上国の経済にとっては、大きな打撃となりました。そのうえ、旧ソ連と米国、さらには北海の石油産出量も減っており、問題はますます深刻になっています。中東の石油市場に占める割合は、1990年には27％でしたが、2003年には30％近くまで増加しており、石油はもはや、かつてのように、安価で安定した資源ではないのです。

私たちが現在の調子で石油を消費していくと、約40年で確認埋蔵量を使い尽くしてしまいます。新しい採掘技術は油田からより多くの石油を掘り出すでしょう。しかし、石油の獲得に金をかければ、それだけ最終的な市場価格は高騰するうえ、市場には代替エネルギー源がいくつもあります。石油は物理的な条件よりコストの面から、急速に枯渇してしまうかもしれません。

新しい主要な石油消費国も需要と世界市場に影響を及ぼしています。1990年代初めには、中国は石油生産量と消費量が同じ水準でしたが、1993年には輸入に頼るようになりました。10年後には、中国の消費量は1日当り590万バレルとなり、1日当り340万バレルの生産量をはるかに超えてしまいました。他の発展途上国でも消費量が大幅に増加すると予想されており、2025年までには石油に対する地球全体の需要が、1日当り1億2,000万バレルに達する恐れがあります（2003年には7,800万バレル）。もしも平均的な中国人が、平均的な米国人と同量の石油を使えば、2003年には中国は全世界で1日に生産される石油の1/6以上の量を必要としていたでしょう。今後数十年間で、石油は（穀物と同様）中国の輸入品目の上位を占めるようになり、そうなると米国は過酷な競争に直面していることに気づくでしょう。

石油の危機

1800年代以降、9,000億バレル以上の石油が採掘され、今なお推定3兆バレルの資源量が残っており、その大部分が「発見されるのを待っている」状態です。現在の確認埋蔵量は全部で約1兆1,000億バレルです。埋蔵量と資源量の区別は重要なのでぜひ覚えておいてください。前者はその量がかなり正確に知られていますが、後者はさらに探査を進めなくては正確な量の推定ができません。新しい埋蔵量の発見は40年間で減少してきました。2000年には16ヵ所で大量の埋蔵量が発見されましたが、2001年に発見されたのは8ヵ所、2002年にはわずか3ヵ所でした。この年、世界の消費量は発見された石油量の4倍になりました。

アラスカの石油産出量は1988年にピークを迎えました。外国の石油への依存を減らすために、米国は約900万エーカーのアラスカの自然保護区を開放したい考えですが、北極圏野生生物保護区を含むこの地域の自然は環境変化に敏感なため、計画には賛否があります。南極は少なくとも50年間は採掘できないように保護されています（P.100～P.101）。

石油価格が上昇し、技術が進歩すれば、より多くの石油を採掘し利用できます。このように、利用できる石油がどれだけあるかは単に絶対的な存在量によるのではなく、価格と技術水準にも関係しているのです。どれだけの石油が利用できるかは、政治にも関係しています。なぜなら、資源の分布は非常に不均等だからです（右の円グラフ）。上の図は2002年における地域別の1人当りの石油消費量、確認埋蔵量の場所、現在の消費水準が維持された場合の埋蔵量の寿命、そして石油およびガスの有望地域を示しています。矢印は各国間の石油の取引関係を示したもので、タンカー航路の詳細を示すものではありません。

化石燃料の時代

2003年には化石燃料（石油、石炭、天然ガス）が世界の主要なエネルギー消費量の88％を占めました。今世紀の終わりになおも豊富に残っているのは石炭だけでしょう。第二次世界大戦以降に、それまでの人類史上で使用いたのと同量の石炭を使用したとしても、です。石油生産量は多くの石油産出国でピークを迎えており、その中には米国（1970年代）、英国（1990年代末）も含まれています。石油減少曲線は、従来からある資源だけを表しています。オイルサンドとオイルシェールは、利用可能な石油の全体量の2倍以上になるかもしれませんが、さらに生産コストがかかる恐れがあります。石油会社の中には、太陽電池や風力エネルギーに多額の資金を投資している会社もあります。

確認石油埋蔵量　2002年
- 中東 65.4%
- アジア/太平洋 3.7%
- 北アメリカ 3.6%
- アフリカ 7.4%
- ヨーロッパ/ユーラシア 9.3%
- ラテンアメリカ 10.6%

石油生産量　2002年
- 中東 28.5%
- アジア/太平洋 10.7%
- 北アメリカ 13.7%
- アフリカ 10.6%
- ラテンアメリカ 14.4%
- ヨーロッパ/ユーラシア 22.0%

石油消費量　2002年
- 中東 5.9%
- ラテンアメリカ 8.4%
- 北アメリカ 27.9%
- アジア/太平洋 28.1%
- ヨーロッパ/ユーラシア 26.3%
- アフリカ 3.4%

石油の危機　121

凡例：
- 原油の確認埋蔵地域
- 石油・ガスの有望地域
- 供給可能年数（ボウル1個で100年を示します）
- 輸出

地域別の石油消費量（1人当りトン）
- 0～0.75
- 0.75～1.5
- 1.5～2.25
- 2.25～3.0
- 3.0以上

世界の石油生産量と推定埋蔵量
- 実際の数値
- 予想数値

60年
33年

石油埋蔵量
世界の石油埋蔵量1兆2,000億バレルの2/3は中東にあります。

石油生産量
2002年には1日当り7,400万バレルに相当する約36億トンが産出されました。1992年以降、増加率は13％以下です。

石油消費量
1993年～2003年の間で世界の消費量は17％増加しました。2つの「新たな消費国」の増加が著しく、中国105％、インド85％となっています。米国は地球全体の石油消費量の25％（1日当り2,000万バレル）を占め、中国は7.6％、日本は6.8％を占めています。

その他のエネルギー危機

　全世界で約30億の人々は、木、木炭、その他のバイオマス（家畜の糞、作物のかす）をエネルギー源としています。多くの発展途上国では、特に人類の1/3を占めるごく貧しい人々の国では、薪を見つけて家に持ち帰るのにますます多くの時間と労力がかかるようになり、それにつれて薪は彼らの日々の生活を左右するものになってきました。彼らの伐採のペースは、森林の自然回復のペースを上回っており、人口と人口密度の増加によって、問題はいっそう広い地域に及んできました。その結果、これまでは豊かな自然に支えられてきた森林の伐採活動も、破壊的な側面が強くなり、ついには将来にわたって伐採を持続していくことが不可能になってしまうでしょう。

　実は、薪の問題は、発展途上国の貧しい人々が、その日の暮らしを守るために将来の生活を犠牲にせざるを得ない状況に置かれている典型的な例を示しています。彼らは決して無知ゆえに伐採しているのではありません。悲しいことにそうせざるを得ないのです。もしも薪を買わなければならないとしたら、その価格は家庭の現金収入の大部分を占める恐れがあります。今日では調理用の燃料代が食事の材料を調える費用と同じくらいかかるという家庭がたくさんあります。

　毎年、全世界で伐採される全森林の半分以上は、調理用、暖房用の燃料として使用されており、発展途上国では約90％を占めています。薪と木炭の生産量は、アフリカで伐採される木の90％以上を占め、アジアでは80％、ラテンアメリカでは70％を占めています。薪不足の影響は貧困地域で最も深刻で、そうした地域では代用燃料が利用できない、またはまったく手に入らないのです。全世界で20億人以上が今なお電気のない生活をしています（P.144～P.145）。

　薪と木炭の不足は、特に中央アメリカ、サハラ以南のアフリカ、アジアの一部で深刻です。そして発展途上国の多くの人々にとってエネルギー危機の問題は、いろいろな電気製品をそろえた家庭で、いかに電力消費を抑えるかというような議論とはまったく次元が異なっているのです。それは、彼らが生きていくための日々の闘いに、直接打撃を与えるものだからです。

　すでにみてきた通り、森林破壊は起こったそばからさまざまな問題をもたらします（P.42）。ますます深刻になっていくこのエネルギー危機という大きな問題を解決することができなければ、もうすでに乏しくなっている森林資源に斧を振るう人の数は、森林へますます圧力をかけるでしょう。薪が不足すると、さらにいくつかの問題が発生します。推定8億人の貧しい人々に家畜の糞のような代用品が必要となり、畑（自然肥料として使用）から家庭（燃料として使用）へ転用すると、作物の収穫量が減少します。また、人々は作物の残りかすを利用しますが、本来は天然肥料や家畜の飼料として使用されるものです。

　薪不足が環境や人間に与える影響はきわめて重大です。そして、深刻な事態が長びけば長びくほど、長期的な視野に立った解決策を見いだすことはますます困難になってしまうでしょう。

温室の中で

　地球は本来、二酸化炭素や水蒸気に代表される放射線吸収ガスによって守られています。これらのガスは太陽の

薪の危機

木の使用方法

消費量の比較水準（㎥）

■ 発展途上国
■ 先進国

必要量と供給量と、女性、健康、教育への影響

　薪不足はアフリカの乾燥・半乾燥地域で深刻です。サハラ以南のアフリカでは、多くの女性や子供たちが薪を探して長時間歩かなくてはならず、おまけに重い薪（時には20kgにもなります）を抱えて帰り、非能率的な料理用コンロで燃やすのです。換気が悪いと煙を吸い込むことになり、これが原因で呼吸器を患って、毎年全世界で250万人が若くして死亡しています。女性たちは重い荷物を運ぶので、脊髄と子宮の病気に悩まされます。少女たちの多くは薪集めを手伝うために学校に行けず、その結果、識字能力や仕事に就く機会が得られません。

泥沼の悪循環

　ワガドゥグ（サヘル地方にあるブルキナファソの首都）から半径70km以内の樹木は、事実上すべて薪として消費されてきました。薪不足は、生態学的に傷つきやすい乾燥地域や高地では最悪の事態で、これらの地域では大地を覆う植生が失われると、洪水や土壌侵食、沈泥の堆積による河床やダム底の上昇が起こります。薪に代わる燃料として本来土を再び肥沃にする家畜の糞を燃やすことも多くあります。こうして作物の収穫は減少し、農民は食糧供給を維持するため、新たに森林を切り開かなければならないのです。これがまた薪を得にくくします。そして泥沼の悪循環に陥るのです（右図）。

薪の危機 123

薪から得る
全エネルギー消費量の割合

- 10%以下
- 10〜25%
- 25〜50%
- 50〜75%
- 75%以上
- データ不完全

北アメリカ 4%
アフリカ 27%
アジア 50%
旧ソ連 3%
西ヨーロッパ 2%
南アメリカ 10%
中央アメリカとカリブ諸国 3%
東ヨーロッパ 1%

地球全体の薪の生産量　1998年

衰退する森林
森林が破壊される前に、枝葉が刈り取られ、若い木が失われ、森林の再生力は徐々に弱められます。

森林伐採の影響
土壌の流出は灌漑水路や水力発電用ダムに沈泥の堆積を招き、これは食糧生産とエネルギー供給に影響を与えます。

燃料として使われる家畜の糞
家畜の糞を肥料でなく燃料に使うと、穀物生産は大幅に減少します。

健康への影響
燃料不足と食料不足は、健康をむしばみ、貧困の度を深めます。貧しく不健康な人々は、家族計画に消極的でありがちなため、人口が増え、薪の需要も増大します。

人口の増加
薪の危機が最も深刻な熱帯の国々では、人口が年に2〜3%増加しています。これは直接薪に対する需要を増大させるだけでなく、農業に必要な土地が増加することによって、薪の供給を減少させます。

温かさを保つ働きをしており、この働きを一般に「温室効果」と呼びます。これらのガスがなかったら、地表の温度ははるかに低くなり、生物にとっては著しく厳しい環境になります。

初期の地球では、二酸化炭素が大気の70%以上を占めていました。さらに、太陽は現在の約1/4以下の熱量しかありませんでした。そこで、生命にとって十分な温かさを保ってくれていたのは、二酸化炭素をはじめとする「温室効果ガス」でした。何十億年もの月日をかけて、太陽はより熱くなりましたが、二酸化炭素の濃度が着実に減少したため、地球上は良好な温度に保たれました。したがって、産業革命が始まって以来、人間が大気中の二酸化炭素を増加させたことは、本質的に自然の流れに逆行しているのです。1750年には約280ppmvだった二酸化炭素の濃度が、現在では約375ppmvに増加し、このままいけば、2050年までには450〜550ppmvに達すると予想されます。そしてその結果、地球は確実に温められ、世界の生物相、農業、海水面に破壊的影響を与えるかもしれません(P.126〜P.127)。

毎年、地球の大気中に排出されている約64億tの二酸化炭素は化石燃料の燃焼によるものです。さらに16億tが、森林伐採や他の土地利用の変化、薪の燃焼により発生します。二酸化炭素を排出しているのは、主に化石燃料に依存する工業国です。他の国々の中で、中国やインドもまた主な二酸化炭素排出国となりつつあります。

温室効果と温暖化

大気中の二酸化炭素濃度
は、1750年から2002年までに約31%増加しました。今世紀に入るまで過去10万年にわたって二酸化炭素濃度が300ppmvを超えたことは一度もありませんでした。1960年〜2002年の間に二酸化炭素濃度は317ppmvから373ppmvに18%上昇しました。

2001年　373ppmv
1960年　317ppmv
1750年　280ppmv

二酸化炭素は、地球の気候を決定するうえでたいせつな役割を演じています。二酸化炭素は事実上入射してくる短波長の太陽エネルギーのすべてを通過させますが、地球が宇宙空間へと放射する長波長エネルギーの多くをとらえて保持します。その効果は、地球の表面の気温を、大気中に二酸化炭素が存在しない場合より高く保つことです。これは「温室効果」としてよく知られています。

地球は非常に安定した温度を保ってきました。これは何十億年にもわたって生命が繁栄するのに好都合でした。ガイア仮説を唱える研究者たちは、地球上の生命が環境を形成する一方で、環境の変化もまた、生命の成長を盛んに促すという形で生命の進化に影響を与えてきたと主張しています。二酸化炭素の循環は、この相互作用の最も重要な側面です。炭素は火山活動や呼吸、腐敗、さらに今日では人間の活動によっても、大気中に放出されています。植物は炭素を大気から取り出し、生きた細胞の中に「固定」します。死んだ生物が土に埋められると、その身体から炭素が離れます。二酸化炭素の二大「シンク(吸収源)」は海と特定の森林です。後者は、1km²の土地に対し年1〜2tの炭素を固定することができます。そのこともまた、森林伐採を減らし、森林の再生を加速しなければならない理由となっています。

太陽の放射
地球に入射する短波長の太陽放射のうち、直接地球表面に到達するのは24%にすぎません。そしてその3%はすぐに宇宙空間に戻ります。残りは地球の大気にとらえられ、宇宙空間に反射するか(25%)、地表に向けられるか(26%)、そのまま大気に吸収されます(25%)。

放出されるエネルギーの合計
3+25+67+5=100

入射する太陽光線
25%
100%

宇宙空間に放出される地球の放射
67%
3%
5%

24%
26%

大気に吸収されるエネルギー
25+109+29=163

大気から再放出されるエネルギー
96+67=163

地球の放射
太陽より表面温度の低い地球は、長波長(赤外線)エネルギーを放射します。大気はこのエネルギーをほとんど通さないので、それは地表と大気の間を行きつ戻りつしています。こうして太陽から入射するエネルギーの109%に当たる量が吸収され、67%が宇宙空間に再放出されます。

96%　109%
114%　29%

地表での吸収
24+26-3=47

地表からの放出
114+29-96=47

潜熱と顕熱

潜熱(24%)と顕熱(5%)は、大気に吸収される2つの重要なエネルギーの流れです。

これら二酸化炭素80億tのうち、約30億tは海や地球の生態系に吸収されます。このため1年間で大気中に残る実際の二酸化炭素増加量は年間20億tとなります。

二酸化炭素は厄介な汚染物質として特に懸念されています。どこにでも存在するため、大幅な削減策を取ることが政治的・経済的に難しいうえに、地球温暖化の主因となっているからです（64％）。その他にも、人間の活動が生み出した「温室効果ガス」には、地球温暖化の原因の約19％を占めるメタン、6％を占めるCFC（通称フロン）、5％を占める他の含ハロゲン炭素化合物、6％を占める亜酸化窒素があります。二酸化炭素は最も強力な温室効果ガスとみなされていますが、メタンは23倍、CFCは1万5,000～6,000倍以上の効率で放射線を吸収します（CFCは1996年に工業国で禁止され、発展途上国は2010年までにこれに追従しなければなりません）。

2001年～2025年の間に、地球全体の二酸化炭素排出量は半分以上まで上昇すると予想されており、予想される増加量の多くは、発展途上国で発生する見通しで、そうした国々では新生経済によって化石燃料の消費量が大量に増加する兆しがあります。このように今後も地球全体の二酸化炭素は実質的には増加しますが、一部の工業国では、自国の排出量を削減して二酸化炭素の取引を行う取り組みも増加しています。

温室効果ガスを排出する地域

国別にみた温室効果ガス排出の割合は激しい議論の的となっています。米国は明らかに最大の汚染国で、全CO₂排出量の25％近くを占め、13.5％の中国、6.2％のロシアが後に続きます。森林破壊の原因や、メタンが主な汚染物質となる米の生産に関しては、分析も容易ではありません。地球には温室効果ガスをある程度まで吸収する力がありますが、その吸収容量の分配については、発展途上国の多くが不満を抱いています。彼らの見解では、豊かな北側諸国は自国の工業化を通じてこの吸収能力を乱用してきました。南側諸国が排出しているガスは残された容量の範囲内に収まっており、自国の開発が軌道に乗るまで排出はやむをえないというのです。

温室効果ガス（GHG）

二酸化炭素は、主に、化石燃料の燃焼、薪の燃焼、森林伐採、土地利用の変化によって排出されます。メタンは畜牛などの反芻動物や水田などの湿地帯、天然ガスや石炭の採掘などが発生源となるため、管理が非常に困難です。CFCや他のハロゲン化合物は、たいてい冷却剤やフォーム製品、防火材料から生じます（現在ではCFCやハイドロクロロフルオロカーボン（HCFC）がオゾン層上で破壊的影響を与えるために、ハイドロフルオロカーボンにとって変わられつつあります）。亜酸化窒素は化石燃料の燃焼、化学肥料の使用、土地利用の変化（特に森林破壊）によって排出されます。対流圏オゾンは大気中の汚染物質、特に自動車の排気ガスや工場が排出した汚染物質に日光が作用して生成されます。右の円グラフは、これらのガスが温暖化を引き起こす割合を比較した結果を表しています。

地球温暖化を誘発するガスの割合 1997年

- CO₂ 二酸化炭素 64％
- メタン 19％
- その他の含ハロゲン炭素化合物 5％
- CFCグループ 6％
- 亜酸化窒素 6％

化石燃料からの二酸化炭素排出量（100万トン） 2002年

- アジア 8,578
- 北および中央アメリカ 6,918
- ヨーロッパおよび旧SU 6,869
- アフリカ 918
- 南アメリカ 793
- オセアニア 457

土地利用の変化から発生する二酸化炭素排出量（1,000トン）

150万 / 100万 / 50万 / 20万

地球温暖化の影響

1950年以降、世界の気温は0.65℃上昇しています。記録を取り始めた1800年代以降、最高気温を記録した16回のうち10回は1990年以降に発生しており、2003年は歴代2位の記録でした。科学者たちの予想では、気候変動に関する政府間パネル（IPCC）が示唆する地球温暖化の範囲が、2100年までに1.4℃〜5.8℃上昇するということをふまえて、2.5℃程度上昇すると考えるのが妥当です。氷河期前後の過去10万年以上も、地球の気温が3〜4℃以上変動したことはありません。

海水面の上昇については、2100年までに地球規模で9cm〜88cm上昇すると考えられています。そうなると、人口の密集している沿岸地域に影響が出て、早晩、モルディブ（島の2/3は海抜0m以下）や太平洋の環礁諸島などでは、島全体が氾濫に見舞われることも考えられます。特に影響が心配されるのは、沿岸の大都市や、南側諸国の河川の三角洲のような人口の多い農業地域です。バングラデシュでは少なくとも2,600万人、中国の沿岸部では7,000万人以上の人々が危険にさらされるでしょう。

農業の分野では、得をする国と損をする国が出てくるでしょう。平均気温の上昇は赤道付近よりも極地付近のほうが大きいと予想されるので、気候や農業地帯の変化は高緯度の地域で顕著になるでしょう。食物生産の地図が塗り替えられて、貿易パターンが大きく変化し、土地争いが起こる可能性もあります。農業生産高の乏しい南北の高緯度の地域では、生産性が上がるかもしれません。ある地域における生産高の増加が別の地域における生産高の減少を補ってくれるかもしれませんが、必ずしもそうなるとはかぎりません。特に、米国のような、主要食物輸出国の生産高が大きく落ち込んだ場合には、とうてい補いきれないでしょう。

人間の健康への影響も同様に深刻な問題になるかもしれません。地球温暖化によって、マラリアやその他の熱帯特有の病原菌が通常の生息地を越えて広がることが可能となり、たとえば病原菌が南ヨーロッパの人間社会を襲うと、長い間それらの菌に対する免疫をまったくもっていない「標的」と出会うのです。医療コストは上がり、結果として、医療福祉の未発達な貧しい国々は非常に苦しむことになるでしょう。

人間の活動が気候を変化させているとの見解に異論をさしはさむ科学者はいませんが、気候の変化がもたらす損害やそれを防ぐ政策に「値札」をつけることは困難です。地表の温度が予想どおりに上がるのなら、何十億もの人々が飢饉、旱魃、洪水など、さまざまな被害に今以上に苦しむことになるのは間違いないでしょう。現在、温暖化対策のために投じている資金は、そんな危機から身を守るための保険料とみなしてもよいかもしれません。

オゾン層の破壊

気候の変動とオゾン層の破壊とは化学的に深いつながりがあります。どちらも地球全体にわたっており、その影響から逃れられる場所は存在しません。過去数十年間の主な温室効果ガスのひとつとしてCFCグループ（通称フロン）が挙げられますが、冷蔵庫や空調機器に使用されるCFC11とCFC12はオゾン層を破壊する物質として最も活発です。

異常気象

海水面が上昇すると、沿岸都市や肥沃な低地が危険に見舞われるでしょう。気象パターンはもっと極端になるでしょう。気候帯がずれ、それによって農業や生物多様性のパターンも変化します。食物と水の配分が変われば、地方から都市地域へ、南から北への集団移住が増えるでしょう。貧しい国は対策の選択肢も少なく、特に苦しむことになりそうです。

海面上昇
2100年までに地球規模で9cm〜88cm上昇し、人口の密集している沿岸都市や農業地帯、島国に被害をもたらすと考えられています。天然水の塩化も深刻な問題となるでしょう。最悪の事態のシナリオを表す事例として、西南極大陸の氷床の急激な溶解、北極のツンドラ内に大量に埋蔵されている凍結メタン（強力な温室効果ガス）の放出、メキシコ湾流の逆流などの現象があげられます。

難民
もともと降水や気温の変化の影響を受けやすい地域が最大の被害をこうむり、おそらく最貧国では新たに爆発的な数の難民が生まれて、受け入れ国の社会的負担が増すでしょう。地球規模で温暖化の続く世界では、2億6,000万人の「環境難民」が生まれる恐れがあります（P.200〜P.201）。

生物多様性
気候帯が極地の方へ数百kmずれ、それに続いて、植物相や動物相も移動するかもしれません。気候の変化は、ありふれた順応性の強い種（害虫や雑草）には有利に働きますが、希少で適応性の乏しい種は生き残ることが難しいかもしれません。南アフリカのケープ植物保護区危険地域の一部の固有種のように、海に住みかを移すしかなくなるものもあります。

予測不能の気象
大気が温かくなることと気象の変動が極端になることの直接の関係は、容易には証明できませんが、気象の傾向がさらに極端になることは十分に推測できます。たとえば、カリブ海のハリケーンの季節には、嵐がマイアミを避けずに（一度はすでにかなり接近しています）、街を直撃する可能性はどのくらいあるでしょうか。ヨーロッパでは、2002年の2日間に及ぶ洪水により45万人が避難生活を強いられ、2003年には熱波に襲われて3万5,000人が死亡しました。これは9/11の同時多発テロによる死者数の10倍に当たります。1980年以降、約1万1,000件もの気象関連の災害が発生し、死者は57万5,000人、被害総額は1兆ドルに達します。

農業の変化
農業への影響は、気候の変化の速さと、それに対する作物や家畜の適応能力、水の確保の可否にかかっています。地域によっては適応が難しく、深刻な影響が出るかもしれません。国の安全保障という点では、穀物は石油と同じくらい重要な必需品となるでしょう。

影響を減らす
京都議定書は、最高水準の温室効果ガス排出（付属書Ⅰ）国に対して、2008年〜2012年に達成すべき明確な削減目標を設定しました。世界のCO_2の1/4を排出する米国は、現在批准を拒否しています。

異常気象　127

保険業界

異常気象現象（嵐、洪水、干魃など）が大幅に増加していることに注目して、1兆5,000億ドル（化石燃料産業以上）の資産を持つ世界の保険業界は、強力な防衛対策に追われています。1990年代には、異常気象による経済損失は年間平均430億ドルとなり、1980年代の3倍以上となりました。国連の予測では、現在の傾向が続けば、この10年間での年間の経済損失は1,500億ドルに達する見込みです。地球規模で温暖化が続く世界では、損失が毎年3,000億ドルに達する恐れがあります（より慎重な予想では、さらに数倍高くなる可能性があります）。米国保険協会会長の言葉を引用すると、人類に有害な気象がこのまま続けば、保険業界は「崩壊」し、経済界全体に恐ろしい影響を与える恐れがあります。

・　海面上昇の影響を受けそうな低地帯

土壌の湿気が変化する可能性のある地域
- さらに30〜60％乾燥
- さらに20％乾燥
- さらに10％乾燥
- 変化なし
- 20〜100％ 湿度上昇
- 算定不可

　現在、頻繁に暴風が発生している地域

小麦の生産に影響の出そうな地域
- 生産高の上がる地域
- 生産高の下がる地域

オゾン層は地表の約15～50km上空の成層圏にあり、地球を守る盾の役割を果たしています。生物に有害な高エネルギーの紫外線（UV-B）の放射を吸収するのです。

1970年代前半、大気中にフロンが蓄積していることを、ジェームズ・ラブロックが最初に確認しました。フロンは70年以上の大気中寿命を持つ合成化学物質です。ラブロックの報告以来、成層圏オゾンへの影響が案じられましたが、1984年になって初めて、オゾン層破壊が現実に起こっていることが明らかにされたのでした。イギリスの科学者たちが南極上空にオゾンをほとんど含まない米国ほどの大きさの領域を発見したのです。これが悪名高い「オゾンホール」で、ゆっくりとめぐる極渦の中で複雑な化学反応が起こった結果、生じたものです。化学物質と春の太陽光線と氷晶が相互に作用して、非常に強力なオゾン破壊源となるのです。

2003年9月、南極のオゾンホールの面積は2,800万km²であり、2000年9月の測定記録とほぼ同じでした。オゾン層の最も薄い水準の部分（すなわち、1964年～1976年のオゾンホールが発見される以前の期間よりも50％低い）は約1,800万km²に達し、オゾンホールの大きさの2/3に当ります。オゾンホールは南アメリカ南部、オーストラリア南部、南アフリカの先端にまで広がっています。フロンが成層圏内で安定してきており、より低い大気圏では減少傾向にある一方で、科学者たちの予測では、オゾンホールの形成を停止するのに数十年かかると考えられています。

北極上空で同じようなオゾンホールが形成されない主な理由は、北極が比較的温暖であるからですが、大きな火山噴火が起こればその影響で、わずか数十年以内に北極上空でもオゾン層が破壊される恐れがある、と指摘する科学者もいます。

皮肉なことに、オゾンは大気の表面を熱するため、オゾンの減少はフロンの地球温暖化効果を和らげる働きをします。しかし、それは相反する効果を中和するというような関係ではありません。紫外線を遮断する成層圏オゾンの減少の脅威は、大気を冷却する効果よりも重く受け止められているのです。UV-Bの放射量が多くなれば、皮膚病や白内障に罹る人が増えるでしょう。農業や水域の生態系に被害を及ぼし、気候の変化を加速するおそれすらあります。

大気汚染

先進国にとっても、発展途上国にとっても、大気汚染が危険であることに変わりはありません。最初に酸性雨への関心が高まったのは、スウェーデン、ノルウェー、中央ヨーロッパの一部、北アメリカの東部を含む北半球の一部で湖が死滅し、森林破壊が始まった1960年代でした。今では、何千という湖が死の湖になってしまっており、森林などの土壌の酸性化した地域では幾種類もの植物や鳥、昆虫が減少しています。森林の枯死が最も進んでいるのは、ベラルーシ、チェコスロバキア、イギリスの3ヵ国であり、ヨーロッパの森林がこうむった経済的損失は推定で年間約300億ドルにのぼりました。人体や建物に与えた影響なども考慮に入れれば、その数字は10倍にも膨れ上がるでしょう。

オゾン層の穴

地球の大気の上層に広がるオゾンの薄いベールは、太陽の紫外線放射から地球上の生命を守っています。それがなかったら、多くの生物は紫外線の被害をこうむることになるでしょう。放射量が増せば、動物や植物、環境はもちろん、人間の健康も脅かされる結果になります。このオゾンベールは、フロンや、かつてエアゾールスプレー、発泡プラスチック、冷却剤、消化装置によく使われていた他のオゾン層破壊化学物質が大気中に放出されたことにより破壊されてきました。1987年には、オゾン層破壊に関する科学協定に続いて、世界各国の政府がこれらのオゾン層破壊化学物質を排除する協定を即座に（わずか9ヵ月で）締結する運びとなりました。モントリオール議定書が締結された結果、180ヵ国以上が約100ものオゾン層破壊物質の使用を段階的に廃止することを受諾しました。2000年までには、これらの物質の消費量は85％まで減少しており、モントリオール議定書実施のための国際基金は、10億ドル以上を支出して、114ヵ国の発展途上国がオゾン層破壊物質を段階的に廃止する過程で支援してきました。段階的廃止は先進国では完了しており、発展途上国は2010年まで続きます。一方、発展途上国で第3次段階的廃止期間が始まるに伴い、これらの物質の闇取引が南アジアやその他の発展途上国で広がっています。

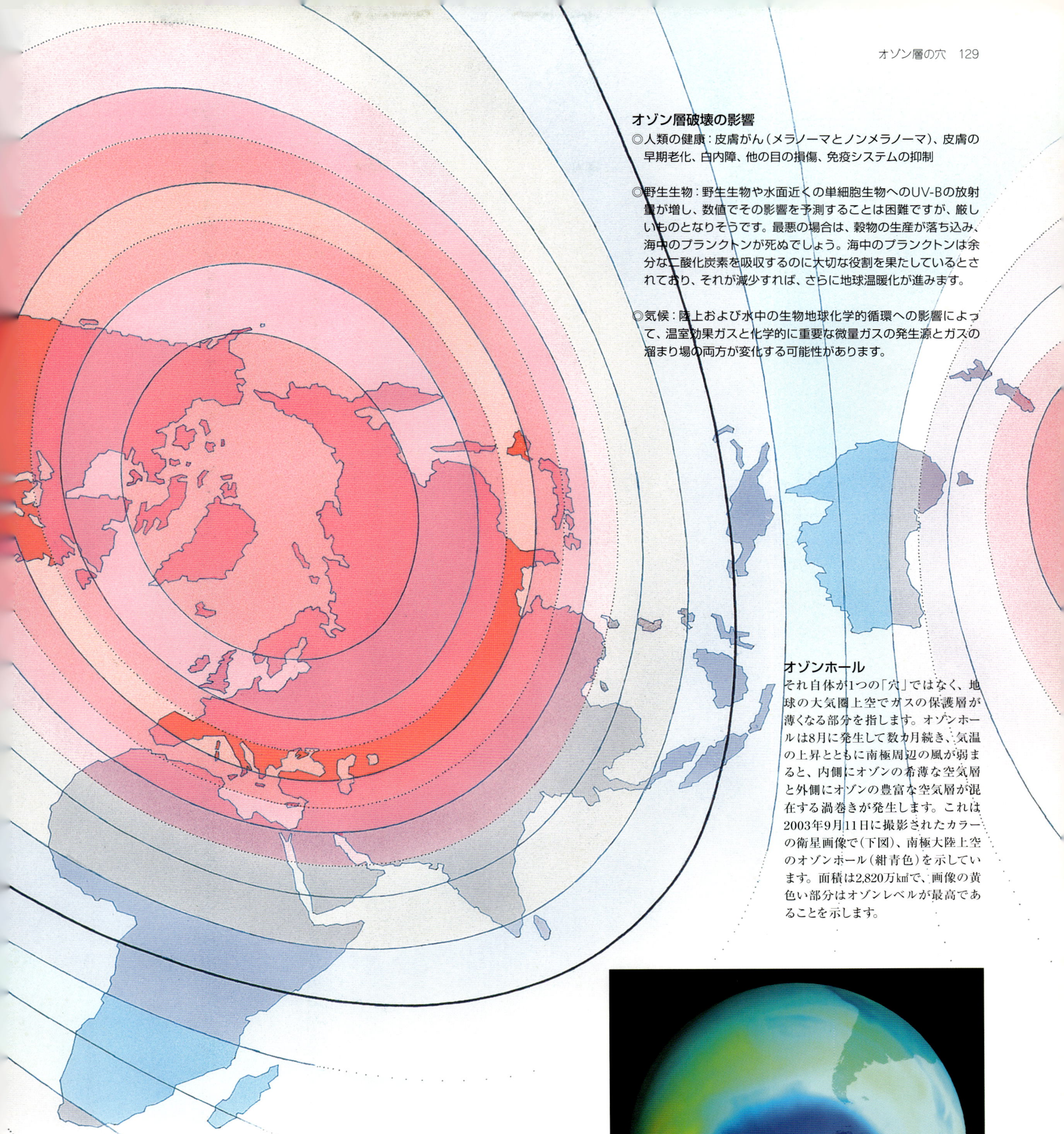

オゾン層破壊の影響

◎ 人類の健康：皮膚がん（メラノーマとノンメラノーマ）、皮膚の早期老化、白内障、他の目の損傷、免疫システムの抑制

◎ 野生生物：野生生物や水面近くの単細胞生物へのUV-Bの放射量が増し、数値でその影響を予測することは困難ですが、厳しいものとなりそうです。最悪の場合は、穀物の生産が落ち込み、海中のプランクトンが死ぬでしょう。海中のプランクトンは余分な二酸化炭素を吸収するのに大切な役割を果たしているとされており、それが減少すれば、さらに地球温暖化が進みます。

◎ 気候：陸上および水中の生物地球化学的循環への影響によって、温室効果ガスと化学的に重要な微量ガスの発生源とガスの溜まり場の両方が変化する可能性があります。

オゾンホール

それ自体が1つの「穴」ではなく、地球の大気圏上空でガスの保護層が薄くなる部分を指します。オゾンホールは8月に発生して数カ月続き、気温の上昇とともに南極周辺の風が弱まると、内側にオゾンの希薄な空気層と外側にオゾンの豊富な空気層が混在する渦巻きが発生します。これは2003年9月11日に撮影されたカラーの衛星画像で（下図）、南極大陸上空のオゾンホール（紺青色）を示しています。面積は2,820万km²で、画像の黄色い部分はオゾンレベルが最高であることを示します。

10年間のオゾン量の変化

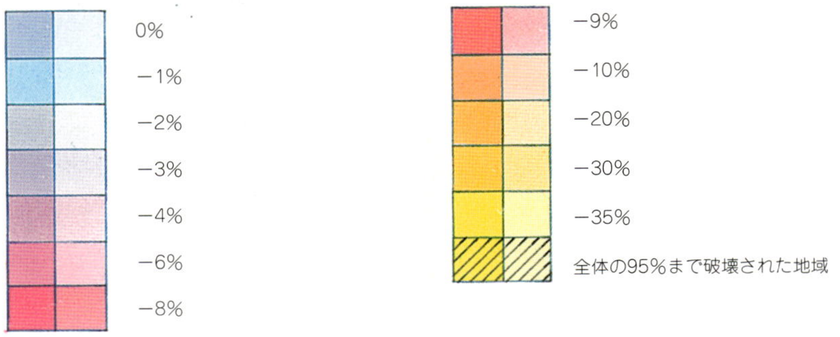

- 0%
- -1%
- -2%
- -3%
- -4%
- -6%
- -8%
- -9%
- -10%
- -20%
- -30%
- -35%

全体の95%まで破壊された地域

酸性雨は工業や自動車が大気中に放出する何百万トンもの二酸化硫黄（SO_2）と窒素酸化物（NOx）でできています。これらのガスが空気中で水と反応して酸性の雨、霧、雪となり、発生場所から遠く離れた地域の、多くの場合他の国の土地に降ります。この現象によって、カナダや米国、中央・北ヨーロッパで最悪の被害が発生しており、今日では中国、日本、ロシア、ナイジェリア、ベネズエラといった国々がこの静かな攻撃を受けています。

酸性雨は今や包括的な用語となり、他の大気汚染もこの語の中にくくられています。中でも重要なのは、自動車や化学工場から排出される揮発性有機化合物（VOC）と、アンモニア、そしてNOxとVOCに日光が作用して形成される対流圏オゾンなどです。オゾン汚染は人間の伝染病や呼吸器系の病気に対する抵抗力を衰えさせ、穀物の生産を減らし、自然の植生に被害を与えます。都市部の多くでは、オゾンと他の汚染物質が混ざってスモッグが発生し、世界中の都市を悩ませています。

大気汚染問題に取り組むために、さまざまな国際条約が施行されてきました。最初の条約は1979年の長距離越境大気汚染条約（CLRTAP）であり、ヨーロッパと北アメリカの49ヵ国によって批准されました（P.146～P.147）。これに続く8つの議定書では、二酸化硫黄排出物、NOx、VOC、大気汚染物質を測定するための国際的な費用分担、重金属、残留性有機汚染物質（POP）を扱っています。1999年の酸性化・富栄養化・光化学スモッグ軽減のための議定書（グーテンベルグ議定書）を除いて、すべての条約が発効されています。ヨーロッパではその他の発議が行われ、そのうちの1つ、特定有害物質の使用規制（RoHS）は、ヨーロッパで商品を流通させたい製造者には、鉛を使用しない製品の製造を要求しています。

1990年～1998年の間に、ヨーロッパの二酸化硫黄排出量は44％、NOxは21％、アンモニアは15％まで減少しましたが、過去の大気汚染に関連する問題がそれほど早く解消するわけではありません。先進国でさえも森林の再生には数十年かかる見込みであり、水は酸性雨でなくても、多数の他の汚染物質によって汚染され続けていくでしょう。この問題は先進国にも発展途上国にも同様に当てはまります。

汚染された水による死

水は生命の源と考えられていますが、毎年約500万人（1日当り1万3,700人）が、危険な飲料水、下水設備の不足、衛生用生活水の不足による病気で死亡しています。そしてこれらの病気の多くは防ぐことができるのです。毎年200万人以上の子供たちが下痢で死亡し、さらに多くの子供たちは体重が不足し、精神や肉体の発育を阻害されています。子供たちは死に至る病気の第1の標的になっており、学校へ通うというような日々の活動ができない状態です。カリフォルニア州オークランドのパシフィック・インスティテュート社を主宰する、水問題の権威ピーター・グリックによれば、「人間が生きていくうえで必要な水問題の解決に向けて何の行動も起こさなければ、2020年までにこれらの病気で1億3,500万人が死亡する」ということです。2015年までに「安全な飲料水と改良された下水設備を継続して利用できない人々の比率を半減させる」という（今では不可

環境悪化の脅威

みぞれと雪を含む酸性雨は、まずSO_2とNOxが大気中へ放出されて生成されます。こうした放出物の主要な発生源の多くは、発電所、工場のボイラー、大規模な精錬所などです。高い煙突から空気中に吐き出された気体は卓越風にのって運ばれ、その大陸の上を移動していく過程で硫酸と硝酸の希釈溶液に変化します。酸性雨として地表に降下し、生態系に恐ろしい影響を与えます。酸性の水は、植物にとって重要な栄養分を地面からこし取り、カドミウムや水銀のような重金属を活性化し、貯蔵されている水を汚染します。

硫黄と窒素の酸化物

← 夏の風
← 冬の風
●●● おもな工業地域
　　 酸性雨の被害を受けやすい地域

炭鉱と精錬

炭鉱はアフリカ最大の酸性汚染源の1つであり、東ヨーロッパでは、ロシアの精錬所から流出する酸性の排出物が北極のコラ半島を越えて、数百k㎡もの植生を死滅させています。メキシコ、カリブ諸島、インドでは、電池から鉛を再生する粗雑な精錬作業によって、すべての家族が重大な健康の危険にさらされています。1990年当初の米国林野部の試算では、国有林の中を流れる1万6,000kmもの川が酸性の排水によって深刻な被害を受けており、なかには100年前に閉鎖された炭鉱からの汚水が原因のものもありました。

発展途上国の都市部の大気汚染

多くの百万都市が高水準の大気汚染の被害を受けています。バンコクでは、年間平均44日も交通渋滞で車が立ち往生しており、大気汚染の影響で100万人が呼吸感染症を発症し、がん発症率はタイの他の地域よりも3倍高くなっています。インドのナムバイでは大気汚染の原因の半分以上は車であり、ブラジルのサンパウロではスモッグの90％が自動車の排気ガスによるものです。

ある種の藻が強い酸性の中で繁茂し湖底を覆う

酸性雨

酸性雨は、かつては北半球の環境に対する最も深刻な脅威でした。先進国のなかには酸性物質の排出量を制御して大きな進歩を遂げている国々もありますが、他の大多数の国々ではその脅威は依然として現実のものであり、特にアジアではSO_2排出量が1990年～2010年の間に3倍になる見込みです。

左の地図は、特に酸性雨の被害に遭いやすい北アメリカとヨーロッパの地域を表しており、やせて岩の多い表土が特徴です。酸性の沈着物は気流に乗って、たとえば米国のオハイオ渓谷からカナダ南東部へと、またヨーロッパの工業国である英国、ドイツ、ポーランドからスカンジナビア、スイス、オーストリア、オランダへと運ばれます。スウェーデンの8万5,000ヵ所の湖のうち、1万ヵ所は酸性度が高すぎて、敏感な生物はもはや生存できず、7,000ヵ所は生物が生息できるように石灰をまかなければなりません。国の南西部にある森林の土壌の大部分は酸性化しています。国土の約2/3を森林が占めるこの国では、これは深刻な問題であり、森が元の姿に戻るためにはかなりの時間が必要でしょう。

中国では

1980年代には酸性雨は170万km²に及ぶ地域で発生し、1990年代までにはその影響は300万km²以上に及びました。中国南部と南西部は、北ヨーロッパと北アメリカに次いで世界で3番目に広い酸性雨の降りやすい地域となりました。今日では中国の1/3が被害を受け、その経済損失は年間で少なくとも130億ドルに達します。

最悪の状態にある発展途上国

北側の圧力団体は、ガソリン中に含まれる鉛の削減運動を展開し、成功を収めました。鉛の段階的廃止に続いて、鉛の排出量は1980年代全般と1990年代初めに激減しました。2002年の排出量は1982年と比べて93%減少しました。しかし多くの発展途上国では、依然として大気中の鉛の濃度は非常に高い水準にあります。バンコク、メキシコシティ、ジャカルタでは、大部分は車の排気ガスが原因です。インドでは、触媒コンバータを備えた新型乗用車には無鉛ガソリンが使用できますが、国内を走る自動車の大多数は旧式で、車両の2/3(大半は2サイクルエンジン)は加鉛ガソリンで走ります。世界銀行の試算では、無鉛ガソリンへの転換のためのコストを1とすると、健康面と経済面の効果はその5～10倍に上ります。

鉛の排出量と鉛中毒

燃焼を良くするために、鉛をガソリンに入れて燃やすと、微粒子となって空気中に放出されます。鉛は水道管、コンピュータ・モニター、塗料、特定のポリ塩化ビニル(PVC)製品、鉛蓄電池の製造にも使用されています。現在、多くの工業国でガソリン添加剤からの鉛排出量がゼロへと減少している一方で、今日販売されているガソリンの1/5は加鉛ガソリンです。アフリカや西アジア、南アジアの多くの国々では、無鉛ガソリンはまだ少ない状態です。2005年2月現在で、加鉛ガソリンの段階的廃止を謳った1998年のオルフス議定書の調印国はわずか36ヵ国で、批准国はわずか24ヵ国です。鉛の最大摂取量は、平均体重70kgのおとなでは、1日に体重1kg当り約6μgですが、子どもは鉛を吸収しやすいので、1日に体重1kg当り1.2μgです。けれど、子どもには安全な水準などないため、世界中で1億3,000万～2億人が有毒な鉛中毒の被害を受けていると考えられます。

(地表レベルオゾン)

米国肺協会によると、米国人口の半数以上(1億6,000万人)がオゾンやすすの微粒子に重度に汚染された空気によって健康を脅かされています。汚染が深刻な上位10郡の多くはカリフォルニア州にあり、ロサンゼルスはつねにオゾン汚染リストの第1位です。オゾン汚染は炭化水素と窒素酸化物が熱と日光にさらされると発生します。この現象は地表レベルオゾン(対流圏オゾン)またはスモッグと呼ばれています。

ロサンゼルスのスモッグ

ロサンゼルスではその地形のせいでスモッグが発生しやすくなっています。風系と周囲の山脈が逆転層の出現しやすい状態をつくり出しており、暖かい空気層がより冷たい空気層の上に覆いかぶさると発生する逆転層によって、汚染された空気の逃げ道がなくなるのです。ロサンゼルスのスモッグは5月～10月に茶色がかったオレンジ色のもやとなって現れます。スモッグは多くの化学物質からなりますが、とくにオゾンとパーオキシアセチルナイトレート(PAN)の両者は、植物にとって非常に有害であり、南カリフォルニアの生態系に著しい影響を及ぼしています。また、スモッグが原因で呼吸器障害を誘発する恐れもあります。

能と思われている）ミレニアム開発目標を達成できても、「3,400万人～7,600万人が死亡する」でしょう。これらの恐ろしい数値を、毎朝歯を磨いたり、シャワーを浴びるときに思い出さなければなりません。何千マイルも離れた場所にいるだれかが、ほぼ一日中必死でやりくりしなければならないのと同じ量の水を、私たちは短時間で使用しているのです。

1980年代は、13億人に改良した水源と、7億5,000万人に下水設備をもたらすという前例のない努力が払われた「水の供給と下水設備の10年」を宣言した時代でした。しかしそうした努力は人口増加との戦いでもありました。1980年には、18億人が安全な飲料水を得られず、17億人に十分な下水設備がありませんでした。これらの数値は1990年には11億人と24億人になり、2000年になってもほとんど変化していません。

何度もいうように、発展途上国の地域社会には基本的に家庭で必要な水が十分にないため、同じ水を繰り返し使うことになります。最後に水は非常に汚くなり、病原菌を含む病原体が繁殖するには理想的な環境となるのです。

発展途上国では不十分な下水設備による人々の健康被害はあまりに大きく、水は次のような病気（右図）といろいろな過程で深くかかわっています。それらはトラコーマ、住血吸虫症、マラリア、象皮病、腸チフス、コレラ、伝染性の肝炎、ハンセン病、黄熱病、メジナチュウ病、灰白髄炎、トリパノソーマ症などですが、最悪なものは下痢でしょう。いまも1時間に230人の子どもたちが下痢を伴う病気で死亡しているのです。このような悲惨な事態が克服されれば、発展途上国で子供たちの死の半数以上と関連しており、他の多くの病気を誘発する原因ともなっている栄養失調の問題は、ほとんど解決されるでしょう。

以上のような汚水に関連した病気による死亡者に加え、その何倍もの患者が、ごく普通の日々の仕事もできないほど衰弱した状態に置かれています。他にもまだ損失があります。水の不足、あるいは危険な水が原因で数多くの子供たちの命が奪われてしまうと、出生率の増加につながり、永久に人口増加が続くことになるのです。

危険な化学薬品──深刻化する問題

私たちの気づかないところで、大量の有害な化学薬品や金属の拡散がひそかに進んできました。たとえば、DDT、ディルドリンなどの殺虫剤は、がんや出産障害、その他の弊害をひき起こす原因になるのではないかと考えられています。ポリ塩化ビフェニル（PCB）は、プラスチックや電気絶縁体に使われていますが、非常に有害なうえに分解しにくく、重金属のように私たちの生命を維持する諸器官に重大な影響を与えています。商業的には、わたしたちは10万種類もの合成化学薬品を使用し、毎年さらに1,000種類を追加しています。その大半は環境や人体の健康にほとんど危険を及ぼさないとされていますが、なかにはごく少量でも有害なものもあります。

ある種の汚染物質、なかでも殺虫剤とPCBは、生物の脂肪組織に蓄積されます。これらの物質は、水中の微生物から植物へ、次いで草食動物へ、最後に人間のように草食動物を食べる動物へとつながる食物連鎖を通じて

人を殺す汚れた水

1980年～2000年の間に、24億人が安全な水を得られ、6億人の下水設備が改良されました。こうした多大な努力にもかかわらず、サハラ以南のアフリカでは、安全な水を得られる確率がエチオピアの農村部で12％、コンゴ民主共和国で26％と低く、依然として遅れをとっているのです。下の地図は西暦2000年の水の供給率を示します。

水の供給率　2000年
- 0～25%
- 26～50%
- 51～75%
- 76～90%
- 91～100%
- データなし

清潔な水の十分な供給と、人間の排泄物、廃棄物の安全な処理は、今日、多くの発展途上国が直面する最も緊急な課題のひとつです。このような設備がないので、川や湖、それに池が集落に対する「きれいな」水の供給源になると同時に、人々の廃棄物の流し場にもなっているのです。

具体的にいえば、飲料水がないということは数百m以内に水を得る場所はないということであり、下水設備がないということは下水処理システムなどもちろんのこと、バケツ式便器や穴を掘って作った屋外便所すらないということです。そのため、池や川が飲料水の主な水源であり、同時に、間に合わせの主な便所でもあるのです。

発展途上国で発生する病気の3/4は汚染された飲料水が原因です。特に下痢が最も深刻な理由は、極度の栄養失調の子供たちは下痢によって死の危険が増すからです。栄養失調は子供の死の半分以上と関連があり、下痢による死の2/3は栄養失調と関連しているのです。砒素やフッ素に汚染された水が問題となっている国もあります。

水に関連する病気にはいくつかの型があります。水中で発生するものや、水によって感染が拡大するものもあります。水に関連する病気の主な型を右に分類し、そのわきに具体例を示しました。

危険な水飲み場

給水施設をもたない貧しい農村部の人々は、川、池、水たまり、井戸などから水をくんでくる以外に方法がありません。多くの場合、何百万という女性や子どもたちが1日に6～8時間も歩いて数ℓの汚れた水を持ち帰ります。

飲料水の化学汚染

汚染物質には自然の過程から発生するものや、産業や採掘など人間の活動から発生するものもあります。バングラデシュでは人口の97％が250万カ所の管井戸から飲料水を得ており、その多くには危険な水準の砒素が含まれています。2004年には、バングラデシュは砒素に汚染されている23カ国の第1位となり、8,500万人に皮膚がん、腎不全、肝不全、呼吸器障害の恐れがあり、死に至る場合もあります。2,400万人が重度の砒素中毒に苦しんでいます。インドでは2003年に、17銘柄の瓶入り飲料水から農薬が検出されました。1996年には、アジアで10億ℓもの瓶入り飲料水が販売されており、2006年には50億ℓに達すると予想されています。

飲料水に低濃度のフッ化物を入れると、虫歯を予防できますが、大量に摂取すると人体に有害となり、歯のエナメル質が虫食い状態になります。中国だけで3,000万人が、イングランドでは75万人が、慢性フッ素症に苦しんでいます。

1990年代には、下痢によって「第二次世界大戦以降に起きた武力闘争の全戦死者数よりも多い子どもたちが死亡」しました。2003年、国連開発計画、人類開発報告

安全な水と下水設備——だれに必要なのか？

先進諸国ではほとんどの人々が、豊富で清潔な水道の水と下水設備を享受していますが、発展途上国では4人に1人が安全な水を容易に得られず、適切な下水設備をもつのは2人に1人です。「飲料水の供給と下水設備の10年」である1980年代には、飲料水と下水設備の供給は大幅に増加しましたが、それでも今日(2004年)の状況は安全な水を得られない人々が12億人、十分な下水設備のない人々が24億人に達するという悲惨なものです。

地球全体の下水設備の供給率
- 都市部 1990: 81% / 2000: 86%
- 農村部 1990: 28% / 2000: 38%

地球全体の水の供給率
- 都市部 1990: 94% / 2000: 94%
- 農村部 1990: 64% / 2000: 71%

「人口1,000人当りの蛇口の数は、病院のベッド数よりも衛生状態を示すすぐれた指標です。」
　　国連世界保健機関

「世界の病院のベッドの半数には、水が原因の病気に苦しむ人々が寝ています。」
　　国連環境計画

感染者　1億人／年　　10万人／年
死者　1,000人／年　　100

水中で繁殖する昆虫：カはマラリア、フィラリア、黄熱病を媒介します。ブユがオンコセルカ症を広めます。

マラリアはカによって媒介され、毎年患者は3億人、死者は100万人以上に達します。サハラ以南のアフリカでは、全死者の90％がマラリアにかかっており、そのほとんどが5歳未満の子供たちです。世界人口の2/5がマラリアにかかっている恐れがあります。毎年4,000万日以上の就労日が失われ、経済損失は1,200億ドル以上となります。

水によって運ばれる病気：トラコーマ、ハンセン病、結膜炎などは衛生状態の悪い水によって広がります。

トラコーマは、まぶたの内側に起きる接触伝染性の炎症で、しばしば失明の原因になっています。患者数は1億5,000万人(600万人がすでに失明しています)、感染の恐れがあるのは5億人です。水質改善された水と下水設備があれば、感染率を1/4まで減らせます。

水のある場所で発生する病気は無脊椎動物によって運ばれます。住血吸虫症は巻貝の仲間が、メジナチュウはミジンコが媒体です。

住血吸虫症は、巻貝の主なすみかである灌漑水路やダムの普及と関連しています。70ヵ国で2億人が感染しており、2,000万人が深刻な状態です。少なくとも5億人に感染の恐れがあります。水質改善された水と下水設備があれば、感染率を3/4まで減らせます。

水が媒介する病気：汚染された水を飲んだり、洗濯したりすることによって広がります。下痢性の病気には腸チフス、赤痢、コレラが含まれます。

下痢：毎年40億人が感染しています。脱水症状を引き起こし、200万人以上が死亡しています(そのほとんどが5歳未満の子どもたちです)。下痢が繰り返されると食物摂取が減り、吸収力も弱まって栄養失調を悪化させます。たとえば、経口補液療法(ORT)のような適切な治療を施せば、年間180万人の命を救うことができます。

下水設備の不備は、回虫の繁殖を助けます。回虫は人間の排泄物に産卵するため、感染経路は卵を飲み込んだときに始まります。

十二指腸虫の幼虫は、ふつう足の裏に穴をあけて人間の身体に侵入します。子どもの場合、ひどく巣食われると死亡することもあります。腸の寄生虫は15億人を襲い、栄養失調、貧血、発育不良を引き起こす恐れがあります。

集積されていきます。そして、この生物連鎖の過程で、体内に入り込んだ化学物質の作用は、各段階ごとに10倍から100倍も強められます。これらの残留性有機汚染物質（POP）は1人1人の体内に痕跡を残します。世界のある場所で蒸発したり沈着したりしてひとたび解き放たれると、大気にのって発生源から遠く離れた場所へと運ばれていくのです。

農薬の効き目はとくに顕著です。農薬を使って（天然薬品、有機薬品、その他の「安全な」化学薬品を用いて）なんらかの防衛策をとらなければ、多くの穀物は害虫や病気の被害によって半分近くが死滅するおそれがあります。

世界中で毎年200万トン以上の農薬が使用され、その1/5が米国で使われています。1997年〜2000年の間に、米国は国内では禁止、厳重規制、または未認可対象の農

ポリ塩化ビニル（PVC）

年間最大3,000万トンのPVCが製造され、その中には二塩化エチレン、塩化ビニルモノマも含まれます。両方の化学物質とも発がん性が高く、臓器に損傷を与えます。

広がる毒物の循環

地球の環境は閉じたシステムです。空気中に排出されたり、川や海に捨てられたり、人目につかない埋立地に廃棄された分解しにくい物質が簡単に消え去ることはありません。そこで産業活動が生み出す廃棄物が、私たちの脅威になり、ときには国際的な脅威となることもあるのです。最近まで先進諸国は、自国ではその使用が非常に危険だと分類されている化学薬品を発展途上国へ定期的に輸出してきました。ところが皮肉なことに、この同じ化学薬品（とくに農薬）が、輸入されるバナナ、コーヒー豆、トマトやその他の食料品に付着して、発展途上国から先進国へ戻ってきている恐れがあるのです。

これらの化学薬品を数十年間使用（乱用？）してきた今日、有害化学物質にさらされた人体に蓄積する影響について関心が高まっています。健康への影響は取り返しがつかず、現在では「安全」と考えられている水準以下の数値でも影響が出る場合もあります。農薬やダイオキシンは免疫システムや生殖器官に、鉛や水銀などの重金属は認知発達や身体発育に影響を与える恐れがあります。加鉛ガソリンは多くの先進国で段階的に廃止されつつありますが、鉛は今なお大きな環境衛生問題です（P.130〜P.131）。ワールドウォッチ研究所によると、米国では幼児期の鉛中毒にかかる費用は推定で年間430億ドルです。

こうした有毒な化学物質はすべての人にあらゆる場所で影響を及ぼします。寒い北極でさえ、イヌイット族の人々の体内に地球上の産業化学物質や農薬が最高水準で集中しているのです。とくに子どもたちは体重1ポンドにつき、大人よりも多く食べ、多く呼吸し、多く水を飲むため、同じ環境でも毒素の影響を受けやすくなります。なによりも子どもたちの脳や神経系統はまだ発育途中なのです。

重金属と人体の影響

砒素、ベリリウム、カドミウム、コバルト、クロム、鉄、鉛、ニッケル、セレン、チタン、亜鉛には発がん性があります。水銀と鉛は中枢神経系を襲い、ニッケルとベリリウムは肺を損ない、アンチモンは心臓病を誘発する恐れがあり、カドミウムは腎臓を損ないます。

化学物質の時限爆弾

危険物の廃棄場は、化学物質の時限爆弾が仕掛けられているようなものです。1978年、ニューヨーク州ラブ・カナル地区の廃棄処理場はがんと異常出産の発生によって封鎖されました。この地区では、30年前にダイオキシン、リンデン、殺虫剤が投棄されていたのです。これらの物質は地下水を汚染します。2002年には禁止、劣化、または不要な農薬は世界全体で推定50万トンありました。アフリカでは、投棄された農薬20万トンの1/3はPOPだと考えられています。数字に表れない廃棄費用はばく大な金額になります。

問題の輸出

強まる環境規制によって、廃棄物処理業者のなかには問題の解決策を求めて南側諸国に向かわざるをえないところもあります。汚染物質の規制がそれほど厳しくないアジアには、世界全体の船舶解体業者や、電子部品廃棄処理業者が集中します（P.152〜P.153）。1990年代半ばに発展途上国へ輸出された有害廃棄物は、公式の発表では年間1,000トン以下でしたが、不法取引が深刻な問題を引き起こしています。

供給水の汚染

有毒廃棄物

有毒な埋立地

有毒な廃棄物集積場の近くに暮らす人々は、ある種のがん、先天性欠損症、低体重症になりやすく、埋立地から3km以内で暮らしていた母親は、3〜7km離れた場所に住んでいた人よりも先天性異常の赤ん坊を出産する危険性が30%程度高いと言われています。

薬3万トンを輸出し、その半数以上は直接発展途上国へ、残りの大半はヨーロッパの港経由で輸出し、最終的には発展途上国へ渡りました。しかし、2000年以降は、貿易を統括する2つの条約によって輸出が制限されています。

1990年代には、世界中で毎年3億〜5億トンもの有害廃棄物が発生しており、少なくともその4/5は工業国で排出されています。南アジアおよび南東アジアでは、工業国から廃棄される有害廃棄物によって重大な問題が発生しています。しかし、現在ではバーゼル条約のおかげで、国境を越える有害廃棄物は全体のわずかに約10%であり、その大半は工業国同士で往来しています。カナダは有害廃棄物を制限する法律がほとんどないため、1999年にはメキシコが米国から受け入れた量の2倍の有害廃棄物を受け入れました。

150ヵ国以上が、9種類の農薬、PCB、ダイオキシン、フランという「12の残留性有害物質」を段階的に廃止する条約を締結しています。2004年には、残留性有機汚染物質（POP）に関するストックホルム条約がようやく発効しました。

見ばえのよい農産物

先進国の人々は、輸入食物の外見に非常にこだわります。大部分の農薬が単に果物や野菜の見ばえをよくするために使われています。

発展途上国の毒物

最も危険な化学薬品はたいてい発展途上国へ輸出されています。害虫、雑草、齧歯動物、菌類、その他の生物を駆除するために作られたこうした化学薬品は、使用方法や保管方法を誤ると、人体に非常に有害となる恐れがあります。これらの化学薬品に関連して、がん、異常出産を誘発したり、神経系や内分泌系機能を損傷する危険があります。

化学薬品に耐性のある害虫

約500種の昆虫やダニ類、270種の雑草種、150種の植物の病気は、1種類以上の農薬に耐性ができており、それらを駆除するためにはより大量の、より毒性の強い有毒化学薬品が必要です。害虫に効き目があるということは、人間にとってもさらに有毒なのです。

農薬

地球全体での農薬（殺虫剤、除草剤、殺菌剤、殺鼠剤）の生産量は、1945年以降42倍に増加しており、現在では300億ドル以上の価値に相当する農薬が、耕作地、家庭の芝生、建物やマラリアのような昆虫が媒介する病気の治療に使用されています。とくに鳥類への影響が大きく、米国の農場では毎年6億7,000万羽の鳥の1/10が農薬の犠牲となり死んでいます。

DDT

DDTが大量に使われると、川を汚染し、生物の脂肪組織に蓄積されます。小魚が大きな魚に食べられ、大きな魚が鳥（や人間）に食べられる食物連鎖の過程で、体重に対するDDTの割合は増加します。たとえば、北極のタラやターボットの体内には、餌である動物性プランクトンよりも脂肪1g当り1000倍も高濃度のDDTが蓄積されています。DDTは今なおお母乳から検出される最も一般的な農薬の一つでもあります。60ヵ国以上で禁止されている一方で、多くの熱帯諸国ではマラリアを予防するために依然としてDDTに依存しています。

ポリ塩化ビフェニル（PCB）

PCBは、インク、塗料添加剤、冷却剤、潤滑油などの工業用材料に含まれる合成化学薬品です。ひとたびPCBが環境に入り込むと、生物による増幅の過程が始まります。たとえば、北海の海水中のPCB濃度は0.000002ppmでしたが、海洋に生息する哺乳動物では160ppmに達します。1970年代後半に北米では、PCBが健康や環境に与える影響を考慮して、PCBの製造と輸入を禁止しました。動物実験によって、PCBとがんの関連や、免疫システム、生殖系、神経系、内分泌系に対するマイナスの影響が明らかになりました。

外因性内分泌攪乱化学物質（環境ホルモン）（EDC）

1980年代〜1990年代には、五大湖の魚やベルーガから、がん、潰瘍、その他の奇形が見つかりました。フロリダでは奇形の生殖器官をもつワニが現れました。カモメ、ミンク、ワシやその他の動物に発生している同様の問題は、ホルモンを模倣して内分泌系を破壊する化学薬品が原因です。EDCは殺虫剤、除草剤、燻蒸剤、殺菌剤、合成洗剤、塗料、樹脂、特定の可塑剤から検出されます。1997年〜2000年の間に米国が輸出した環境ホルモンに関連する農薬は16万5,000トンに達しました。

この条約は、現在化学物質を環境の内部に浸出させて破壊している有害廃棄物の数十年分の分量を一掃する法案にも重点的に取り組んでいます。2004年にはロッテルダム条約も発効し、有害化学物質を取引する輸出業者は、輸出手続きを行う前にまず輸入業者から「事前の情報に基づく同意」(PIC)を得なければならなくなりました。

原子力エネルギーは見込みちがいか

原子力による安い電力の供給という夢は消えたのかもしれません。しかし多くの原子力推進論者は、1986年に起きたチェルノブイリでの大惨事にもかかわらず、将来の社会と環境の安定に対して、エネルギーの豊富な供給が不可欠と考え、それをおもに原子力が供給してくれるといまだに信じています。原子力産業を拡充すれば化石燃料の燃焼への依存が減り、その結果「温室効果」(P.124〜P.125)を減らすことができる、と推進論者は説いています。それには危険が伴うことも彼らは認めてはいますが、原子力のもたらす利益で危険が帳消しになるはずだと考えているのです。1960年代から1970年代にかけて、米国、英国、日本、フランス、旧ソ連、その他の国々は莫大な資金と頭脳を原子力開発計画につぎこみました。

20世紀の終わりまでには原子力が世界の電力の50%を供給するであろう、という当初の予測は、見当違いであることがわかりました。2002年までに31ヵ国にある440基の原子炉が供給した電力はわずかに16%でした(主要エネルギーの11%)。2015年までにこの比率は13%まで低下するかもしれませんが(同10.6%)、発展途上国は2001年〜2025年の間に原子力による電力が年間4%増

核は悪玉か善玉か

将来予測される世界の需要を十分に満たすだけ、安くて豊富なエネルギーを供給するどころか、原子力産業が私たちにもたらしたのは、解決しがたい技術的な問題と受け入れがたい環境と人体への危険をはらんだ、高価なエネルギー源でした。長期間影響をもたらす放射性廃棄物は、世代を超えてその影を投げかけています。しかし、原子力産業は下降しているものの、消滅するわけではありません(右図)。中国(汚染度の高い石炭への依存を減らして、2020年までに原子力発電能力の4倍増を計画中)、インド、ロシア、韓国を含む数ヵ国はなおも原子力を推進しようとしています。2004年には、世界全体の12ヵ国で30基の原子炉が建設中で、その中には中国の4基(他にも4基の建設を計画中)、インドの9基、ロシアの6基、韓国の1基(他にも8基の建設を計画中)が含まれます。自国に十分な天然資源をもたない日本は、2010年までに自国のエネルギーの40%を原子力で供給したいと考えています。日本には建設中の原子炉が3基、さらに13基が計画中ですが、近年の安全点検を取り巻く公的な信用問題が脅威となる可能性があります。米国、ベルギー、スウェーデン、フィンランド、スペイン、ドイツを含むその他の国々は現存する原子炉を改良しています。米国では1978年以降、新規の原子炉は発注されておらず、西ヨーロッパでは建設中の原子炉は1基もありません。イランや北朝鮮で建設計画されている原子炉については核兵器の拡散ではないかとの関心が高まっています。原子力産業は消滅しようとはしていませんが、当初期待されたエネルギーの万能薬ではなく、特に危険性が高い選択肢と考えられています。

核の終焉か

1974年に国際原子力機関(IAEA)は、2000年には世界全体の原子力による発電能力は4,450ギガワット(gw)になる、と推定しました。1986年のチェルノブイリ原発事故によって、この試算は1/9に下方修正されました。

2001年の実際の発電能力は350gwでした。2015年と2025年の試算は400gwと385gwです。電力会社は効率的なエネルギー使用を呼びかけて需要を減らすほうが、新たに供給能力を高めて増大する需要にこたえるよりも、安価で容易であると気づきはじめました。エネルギー効率の高い技術に投資される1ドルは、原子力に費やされる1ドルよりも数倍多くのエネルギーをうみだします。たとえば、小型蛍光灯の電球が使用する電力は従来の白熱電球の1/4以下です。核の時代は予想に反して短命に終わるのかもしれません。

31〜75%原子力発電の割合
11〜30%
0〜10%

加する見通しで、発展途上中のアジアが発展途上国全体での増加の95％を占める見込みです。

現在原子力は岐路に立っています。その先に待っているのは良い兆しではありません。原子力はさまざまな要因により、現在の閉塞状態に陥っています。まず、原子力発電所特有の環境と健康への危険性があり、嘆かわしい数々の事故が起こると表面化します。放射性排出物や放射性廃棄物の処理問題は、今日まで納得のいく方法で解決していません。政府の安全対策はより厳しくなっています。長期計画期間と大規模な投資の必要性が要求されています。原子力産業によるその意義の強引な売り込みや、核兵器やテロリズムの急増も問題視されており、一部の人々に深刻な疑念の声が広がっているものの、原子力産業の取り組みが不十分であり、そうした声を無視していることも問題です。

最後は、原子力産業が作り出している問題ではなく、清潔で再生可能なエネルギー源という難題と、効率性と保全の問題です。しかし、原子力の将来に関する議論は2つの重要な相反する要因という背景に対して起こっています。その2つの要因とは、世界で急増するより多くのエネルギー、特に電気（世界全体で20億人が今なお電気のない生活をしています）を求める声と、二酸化炭素排出量の削減という急務です。これらの2つの決定要因のどちらが優勢になるかによって、原子力が消滅するのか、発展するのかが決まります。

1989年　2004年

■　■　稼働中の原子炉10基
▪　▪　稼働中の原子炉1基

チェルノブイリ
多くの国々で原子力に対する国民感情を一挙に反対に傾けたのは、1986年にチェルノブイリで起きた史上最悪の原発事故でした。2日以内に放射能に汚染された雲が風にのって英国やスカンジナビアへ運ばれ、シベリアを越えて東方の中国、日本へ移動しました（左地図）。東ヨーロッパやスカンジナビアは最悪の被害を受けました。公式に発表された犠牲者数は約3,600人ですが、実際の犠牲者数は3万人以上に達しました。40万人が故郷を捨てざるをえず、16万km²が放射能によって今も汚染されたままです。放射能の3/4はベラルーシを襲い、この国の子供たちの甲状腺がんの比率は原発事故以前の水準よりも100倍高くなっています。ウクライナの人口の300万人以上が今でも影響を受けています。事故による被害額は推定3,500億ドル以上であり、おそらくはかつて旧ソ連で発電されていた原子力電力の価格以上となるでしょう。

放射能はどれだけの期間残るか
あらゆる放射性物質には、「半減期」があり、つまり、その物質の放射能が、半分になるのに要する時間の長さです。あるものは比較的早く安全な水準に達します。たとえばヨウ素131の半減期は8日で、50日後には放射能は90％以上消失します。原子炉はプルトニウム239を含む有害廃棄物を生み出しますが、その半減期は2万4,000年（上図）で、5万年後でも放射能の3/4が消えるにすぎず、依然として致死水準にあるのです。プルトニウム239の半減期はかなり長く思えますが、ウラン238の半減期は45億年です。

廃棄物の処理
最初の商業用原子炉が稼働しはじめてから50年たちますが、依然として放射性廃棄物の問題には満足な解答が得られていません（下図）。使用ずみの燃料棒を再利用し、ウランやプルトニウムを再度得ることは可能ですが、この過程ではさらに多くの貯蔵または処理すべき廃棄物が生まれています。原子力発電過程での副産物は幾何級数的に累積しており、地下または原子力発電所の水槽内に保管されており、2001年には総計25万トンでした。放射性廃棄物に関するその他の問題には、ウラン鉱山から出る選鉱くずや、古い施設をいかにして閉鎖するかといった新たな問題も含まれます。

環境を巡る争い

環境資源の荒廃が暴力に結びつく恐れがあります。近年の50を越える戦争やその他の武力闘争の約1/4については、環境資源が原因であるものが数字上で突出しています。1990年代に起きた資源に関連する紛争では500万人以上が死亡し、600万人が隣国へ逃れ、1,500万人が自国内で難民となりました。

ここで述べる最も重要な資源とは水であり、日常生活全般で十分な品質と量の水が使用できることを指します。水は多くの基本的な生活の営みには欠かすことができないため、だれもが人間の権利として真の意味で水を享受するべきです。

十分に水を得られない人々の総数12億人は現在も増加しており、2025年までには30億人に増加する恐れがあります。インドの課題を考えてみると、この「潤った」国のいくつかの地域ではすでに水が不足しています。インドは国際条約によって、ガンジス川の水の一部をバングラデシュに、インダス川の水をパキスタンに送ることが義務づけられています。状況があまりにも深刻であるため、インドの穀物収穫高の少なくとも1/4は、主な穀倉地帯の水不足により、事実上収穫できない恐れがあります。将来水を巡る戦争は起きるでしょうか？

世界全体では、全地球の収穫高の1/10に当る、少なくとも1億8,000万トンの穀物は水の供給を減らすことで生産されています。世界の平均的な穀物消費量は年間1人当り1/3トンであるため、5億人は非常識な方法で水を使用して生産した穀物を食べていることになります。この現象は世界人口の約3/5を占めるアジアでとくに顕著ですが、アジアには世界の再生可能な水のせいぜい1/3しかありません。

より広い意味では、毎年世界人口に加算される8000万人（2004年）の大半が、すでに水不足に瀕している国で暮らしています。同時に、地球全体の穀物需要は着実に増加しており、自国で消費する穀物のほとんどを輸入している100以上の国々は、事実上水を輸入しているのです。

他の多くの環境問題が原因で資源を巡る紛争が起こることもあります。表土の減少、広がる砂漠、縮小する森林、大規模な汚染、そして地球の温暖化。従来の方法では安全な暮らしを脅かすこれらの新しい脅威に対応することはできません。拡大する砂漠に戦車を送るだけでは対抗できないのです。爆撃によって土壌浸食をくいとめることもできなければ、歩兵隊によって酸性雨をとめることもできません。ミサイルを発射して地球温暖化を撃退することもできないのです。

人類の新しい世界には本来多くの相互依存の関係が備わっていますが、私たちはいまだ政治的に協力し合ってその関係を反映できていません。相互依存という厳然たる事実を認識していないのです。残念ながら、異なる展望は簡単には現れません。私たちの新しい世界には最も重要な特徴が2つあり、従来の政策や経済では対処できず、従来の軍事戦略はまったく役に立ちません。1つは、どんな国も無限に増え続ける人口を養い、ましてやそれに伴う資源消費の拡大を支えることなどできない点。二つめは、これに反し、世界の政府の主な政策はいずれも、それが可能との想定に立っているという点です。

資源を巡る争い

この50年間に起きた水に関連する1800以上もの国際紛争のうち、少なくとも1/4は敵意をむきだしにした争いであり、37の紛争では当事国同士が軍事力を行使しました。17の国際河川流域にある少なくとも51ヵ国はこの10年間のうちに水を巡る紛争に陥る危険があります。とくにイスラエルとパレスチナは、水の供給量を交渉の中心とみなしています。両国の要求をすべて満たす十分な量の水など全くありません。イスラエル人は1日1人当り350ℓを受け取っているのに対して、パレスチナ人はわずか70ℓしか受け取っていません。WHOが推奨しているのは1日当り最低100ℓです。

水を巡る紛争

約261の国際河川は2ヵ国以上で共有されています。川の分岐点は世界の淡水供給量の2/5を占めており、世界人口の2/5がそこに暮らしています。ドナウ川は17ヵ国が共有し、コンゴ川とニジェール川は11ヵ国が、ナイル川は10ヵ国が共有しています。5ヵ国以上が共有する国際河川は19あります。

「21世紀の戦争は、石油ではなく
水を巡って争われるでしょう…」
世界銀行副頭取、
イスマイル・セラゲルディン、1995年

資源を巡る戦争の費用

1990年代には、資源を巡る戦争によって約500万人が殺害され（そのうちの少なくとも半数はコンゴ民主共和国国民）、600万人の国際難民が生まれ、1,100万〜1,500万人が国内で難民となりました。

資源を巡る争い　139

紛争の火種となる価値の高い資源

資源の採掘権に依存度の高い発展途上国の多くでは、汚職が横行し、情勢が不安定になります。アンゴラでは豊富な石油とダイヤモンド埋蔵量の支配権をめぐる長期間の紛争が続き、1992年〜2001年の政府補助金は40億ドルになりました。アンゴラは世界第5位の非工業用ダイヤモンドの生産国であり、サハラ以南のアフリカでは第2位の石油産出国です。その他、シエラレオネとリベリア（ダイヤモンド）、コンゴ（銅とウラン）、ボルネオとカンボジア（材木）で紛争が勃発しました。イラクは世界第3位の確認石油埋蔵量を保有しています。

アラル海

中央アジアのアムダリア川は、上流にあるウズベキスタンとトルクメニスタンの綿花農家によって枯渇しかけています。1960年代後半以降、アラル海はその地域の半分と水量の3/4を失いました。水量の減ったシルダリア川のわずかな流れによって消滅せずに残っています。また24種類の魚のうち20種類が姿を消し、かつて年間総計4万4000トンあった漁獲量と、それを支える6万人の仕事がなくなりました。

ナイル川

植民地時代に、2つの条約によってエジプトとスーダンは大量の水を得る権利を獲得しました。エジプトには利用可能な740億m³の水の3/4、スーダンには1/4の使用権があります。しかし、青ナイル川と白ナイル川を含むナイル川の支流は他の8ヵ国、ケニヤ、ウガンダ、タンザニア、ブルンディ、ルワンダ、コンゴ、エチオピア、エリトリアを流れていますが、それらの国々は条約協議に含まれていませんでした。1959年以降、これら10ヵ国ではいずれも人口が大量に増加したため、1人当りの水の供給量が大幅に減少しています。2003年には7,200万人だったエジプトの人口は、2025年には1億人を突破する見込みであり、そのときにはナイル川流域全体の人口は2倍に達するでしょう。エジプトはナイル川から引き込む水を増やして増加した人々の要求に応じる必要があり、同時に、ナイル川上流の他の国は、より多量の安定した水の供給を要求するため、1959年の条約を破棄しなければ解決方法を見つけることは困難となるでしょう。タンザニアはヴィクトリア湖から168kmのパイプラインで水を引き込む計画をすでに発表していますが、エジプトはナイル川流域を脅かす計画をすべて拒否することができます。1980年代には、エジプト人政治家のブトロス・ブトロスガリが「この地域で次に起こる戦争は、政策ではなく、ナイル川の水を巡って起こるだろう」と宣言しました。国連によると、アフリカでは他の「火種」がニジェール川、ヴォルタ川、サンベジ川流域にあります。

不足する水

5人に1人は十分な飲料用、料理用、洗濯用、下水用の水を得られず、毎日使う水量は豊かな世界の人々が1回トイレを流すときに使う水の量にも満たないのです。

水を巡る争い

すでにガンジス川を巡ってインドとバングラデシュが、ラプラタ川を巡ってブラジルとアルゼンチンが争っています。水を巡る紛争は、国同士でも国内でも、1980年代の年間5ヵ所から2000年には22ヵ所に増加しました。23ヵ国で起きた農業用水に関連する紛争によって、1990年〜1997年の損害額は550億ドルになりました。人類が共同の精神で難局に対処することができなければ、さらに多くの紛争が続くことが予想されます。

水源の共有

多くの国々が地球全体の飲料水の半分と、工業用水の2/5、農業用水の1/5を供給する地下水の帯水層を共有しています。中国の黄河は工業用、家庭用として発生する大量需要のせいで600kmまで内陸に干上がっています。このため農家には灌漑用水がなく、漁師は魚がとれません。

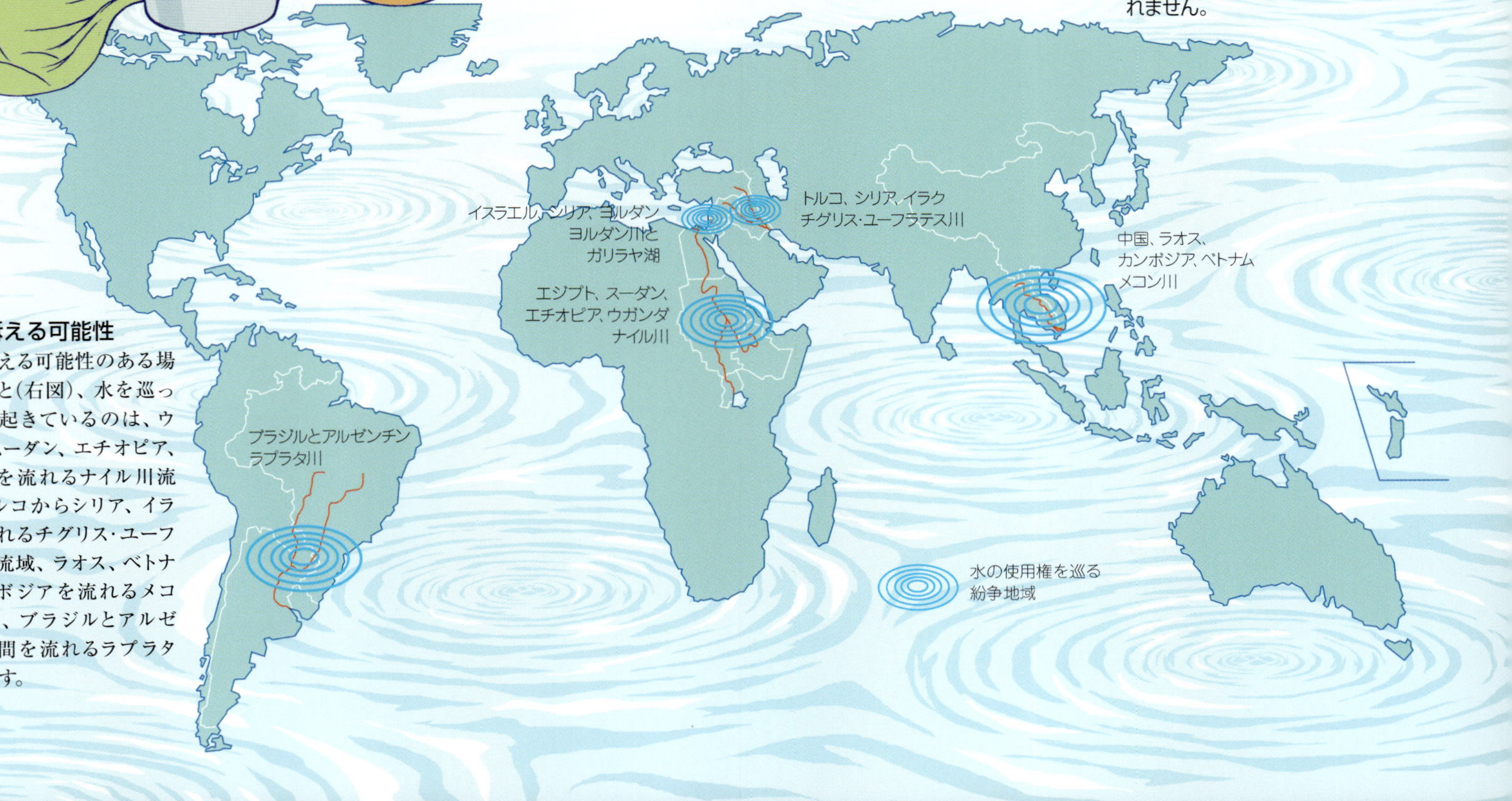

暴力に訴える可能性

暴力に訴える可能性のある場所を示すと（右図）、水を巡って紛争が起きているのは、ウガンダ、スーダン、エチオピア、エジプトを流れるナイル川流域や、トルコからシリア、イラクへと流れるチグリス・ユーフラテス川流域、ラオス、ベトナム、カンボジアを流れるメコン川流域、ブラジルとアルゼンチンの間を流れるラプラタ川流域です。

- イスラエル、シリア、ヨルダン　ヨルダン川とガリラヤ湖
- トルコ、シリア、イラク　チグリス・ユーフラテス川
- 中国、ラオス、カンボジア、ベトナム　メコン川
- エジプト、スーダン、エチオピア、ウガンダ　ナイル川
- ブラジルとアルゼンチン　ラプラタ川
- 水の使用権を巡る紛争地域

資源の代替管理法

トーマス・エジソンが最初に電気の有用性を発見したとき、彼が考えたことは電気そのものではなく照明を売ることでした。人々が欲しいのは電気、石油、ガスではなく、そうした燃料を利用して提供される暖房、照明、輸送、調理といったサービスです。新しいエネルギーの道が目指すのは、できるだけ効率良く環境を汚すことなくこの需要に応えることです。エネルギーの管理方法は、供給を増やすことから需要に応えることに変えていく必要があります。私たちが多大なエネルギーを使用するために、かつてないほど多くのガス田や油田が開通し、大量の資源が消費され、汚染の危険性が増大しています。人類が地球温暖化の脅威に対抗できるかどうかは、なによりもまず、とくに「清潔で再生可能な」エネルギーの効率化を求めて、これまでとは違うエネルギーの道を歩む準備をいかに迅速に行えるか、ということにかかっています。

再生可能エネルギーを活用することは新しいアイデアなどではありません。2500年前にはギリシャ人やペルシャ人が太陽エネルギーを利用した加熱装置の原理を開発しています。現代技術を用いて再生可能エネルギーを活用することで非常に効率が良くなりました。太陽が雲に隠れているときでも高温を維持できるように、太陽熱収集器には特殊コーティングが施されています。小規模の水力発電所には、電子遠隔制御で一定の出力を維持して水流を調整できる仕組みが採用されています。現代の風力タービンには最新合成材料やコンピュータ支援設計が採用されており、風向きの変化を予測することが可能です。

再生可能エネルギーは、必要な資本が小額で、労働力のニーズが多いため、既存のエネルギー産業よりも多くの雇用を生み出します。したがって、資本よりも余剰労働力の多い発展途上国では、再生可能エネルギー戦略は理にかなった選択となるはずです。これは経済を切り開くには最良のニュースです。現在バイオマス以外の再生可能エネルギーが満たしているのは、地球全体のエネルギー需要の3％以下ですが、これらの無限で清潔なエネルギー資源の技術的可能性は全エネルギー使用量をはるかに超えるものです。

エネルギーが不足している私たちの経済は、かつてないほど多量のエネルギーを必要としています。幸いにも、これによって次々と危機に陥る必要はありません。人類は多くの方法で今後の進むべき道を探すことができます。経済を疲弊させるのではなく、費用を節約できることも多いでしょう。しかし、最も生産的な方法でエネルギー需要を満たすためには、人類が持つエネルギーの使用方法を改良する必要があります。再生可能エネルギーの開発にせっかく費用と努力をつぎこんでも、建物からエネルギーが漏れていたり、器具や乗り物で効率の悪い使われ方をしていたり、というようなお粗末な技術では、何の意味もありません。経済のあらゆる分野にエネルギー効率の高い技術と行動の仕方を採り入れようと決意をもって臨むことこそが、新しいエネルギーの道を形成する最も重要な要素なのです。

新しいエネルギー資源への道

水素経済

水素燃料電池が水素を基本とした経済の到来を告げています。水素を電気や熱に変換する電気化学過程を経て、水素は燃料電池に動力を供給します。燃料電池は内燃機関の2倍効率的であり、水蒸気だけを排出します。水素は水の電気分解を含む多くの資源から発生し、あらゆる資源（風力、太陽エネルギー、水力電気など）から生じる電気を使用して水を電解します。すでに水素は、世界中の自動車メーカーが開発した新しい燃料電池エンジンに燃料として採用されています。ホンダとトヨタの両社は2002年末に最初の燃料電池自動車を製造しており、2003年にはダイムラー・クライスラーとフォードが追随しています。カリフォルニアには現在いくつかの水素スタンドがあります。ミュンヘン空港には水素スタンドが1ヵ所あり、水素燃焼エンジンを備えた15台のエアポートバスの燃料を補給しています。世界の最先端を進むアイスランド政府は、国のエネルギー経済全体を水素に変更する予定です。

「グリッド（格子型）」システム

新システムの形

設計から建設までに10年以上を要することもある大規模な中央制御型の火力または原子力発電所に比べると、再生可能エネルギー資源は小規模で、各地で短期間に開発することができ、しかも費用効果も高く柔軟に設計できます。さまざまな地方分散型の再生可能エネルギー資源を利用することによって、送電損や配電損を最小限に抑えることができ、電気グリッド全体の強化につながります。電気はますます確実に供給されるようになり、化石燃料への依存が減少します。

原子力はいらない

原子力は優れた再生可能な資源ですが、放射能の脅威が長期間（数千年）に及ぶため、全エネルギー資源のなかで最も汚れたエネルギーの1つとなる恐れがあります。事故を起こしやすく、テロリストたちの標的となりやすく、単純に考えても競争力はありません。米国では原子力産業は高額な補助金を投じてももはや維持できないため、この25年間で新しい発電所は建設されていません。

高エネルギー／供給側の展望

今日の主なエネルギー政策は供給側に傾いており、そのことが新しい発電所の建設、新しいガス田の開発、油田パイプラインの新設を正当化しています。人々の実際のニーズなどおかまいなしに、今後ますます増大すると供給サイドが考えるエネルギー需要に応えるため、高濃度の汚染をもたらす技術と複雑な集中型配電系統を介して供給をつづけています。

「セルラー（細胞状）」システム

再生可能な未来

太陽エネルギーと風力エネルギーは新しい「化石燃料を超える」エネルギーシステムの礎石となるでしょう。日光は他のどんな資源よりも大量に、しかも広い範囲で利用することができ、世界のエネルギー使用量のかなりの部分を占める水の加熱には最適です。日本は何万という屋根用ソーラーシステムに補助金を支給しています。また、太陽エネルギーを電気に変える方法もあります。水を加熱して発生した蒸気でタービンを回転させるか、太陽電池を使うのです。太陽電池の価格は、技術改良が進み需要が増すにつれて下がってきています。発展途上国の農村部の多くでは、太陽電池は最安価な電気資源です。

風力発電により生じる電気の価格は、過去20年間以上ですでに4/5以上下落しています。ついに現在では、多くの地域で新しい化石燃料発電所の電力価格よりも風力発電のほうが安くなりました。やがて風力は世界中で最も安価で大規模なエネルギーとなるかもしれません。たとえ今は風力発電によって生じる電気がわずか1%以下であったとしても、です。ヨーロッパは一歩先を進んでおり、2003年までに設置された風力発電の発電量は2万8,400MWであり、2010年には7万5,000MW、2020年には18万MWになる見込みです。これは2億人の家庭用電力需要を十分に満たせる数字です。ヨーロッパには地球全体の風力発電能力の約3/4があり、その2/5はドイツにあります。ドイツは2020年までに温室効果ガス（GHG）の排出量を40%削減することを目標としています。デンマークはすでに電力の21%を風力発電によってまかなっており、2030年までに50%を風力で発電することを目標としています。発展途上国の中では、インドが風力発電の先進国であり、発電能力は1,700MW以上です。インドは2012年までに電力の10%を再生可能エネルギーから供給することを目標としています。地球全体での太陽電池の発電量は2001年には36%まで上昇し（1990年から750%上昇）、風力発電能力は37%まで急上昇しました（同1,185%上昇）。これと対照的なのは石油や天然ガスであり、伸長率は同期間でそれぞれ12%と26%です。石炭の発電量は実際には2.5%減少しています。クリーンな再生可能エネルギー全体の市場価格は、2000年の70億ドル以下から、2010年には少なくとも820億ドルに増加する見込みです。よりクリーンな車両を求める市場は2000年の20億ドルから、2010年には480億ドルに成長する見通しです。

風を「収穫する」農家

風力について世界最大の潜在能力を秘めているのはおそらくアメリカ大平原でしょう。そこでは1/10haを占める風力タービンが年間10万ドル相当の電気を作り出すことが可能で、農場主は2,000ドルの権利金を得られるのです。アイオワでは、現在、トウモロコシの代わりに風力を収穫することで1ha当りではるかに多くの収入を得ている農場主たちもいますが、両者はりっぱに共存して効果をあげることもできます。

低エネルギー／需要側の展望

電気需要とは、熱いシャワー、清潔な衣服、データの蓄積／検索といった、電気が提供できるサービスへの需要を反映しています。こうしたサービス志向型の視点から見ると、エネルギーの需要と供給のバランスは需要側へ傾きます。その場合、電力の消費者はより優位にたち、供給側に自分たちのニーズを認識させ、最適な方法でそれに応じさせることができます。

よりクリーンな化石燃料

再生可能エネルギー社会へ移行するには、まだ時間がかかるため、当面は依然として化石燃料を使用する必要があります。石炭火力発電所から出る酸化物は、脱硫装置の設置である程度減少してきていますが、そのために効率が低下し、結果的に同量のエネルギーを得るためにさらに大量の石炭を燃焼させなければならないという事態を招いています。新しい発電所は、必要な石炭の量を減らすために、よりクリーンで効率のよい技術を採用できます。有効利用されているエネルギーは、化石燃料の燃焼で発生するエネルギーのわずか約40%であり、残りは廃熱として消失しています。この「廃」熱を利用して各家庭や産業用に直接パイプで送れば、現代の発電所の効率を80%まであげることができ、この熱電併給（コージェネレーション、CHP）計画は化石燃料の消費（ひいてはCO2の排出量）を削減します。CHPは多くの国々で定着しており、個々の工場や病院向けの小規模システムから、都市の広大な居住区を暖房する大規模な発電所にいたるまで広範囲にわたっています。

第5の燃料

再生可能エネルギー技術への移行にはまだ時間がかかるでしょうが、もうひとつのエネルギーへの道を選択すれば、すぐに着手することができます。エネルギーの効率化とは、より少ないエネルギーを利用して、照明、熱、輸送といった、エネルギーのもたらす同じサービスを提供することです。言い換えると、結果的に経済的コストの低下、発電所の立地をめぐる争いの減少につながり、また、多くの国々にとってはエネルギー資源の安定供給を外国に頼るための軍事的、政治的コストの軽減につながります。さらにエネルギーの効率化は、地球温暖化や大気汚染対策としても、最も直接的で費用効果の高い方法です。

ささやかな小型電球型蛍光灯を考えてみると、蛍光灯は従来の白熱電球に比べて1/4以下の電力しか使用しないため、非常に効率的です。その生産量は1988年～2001年の間に13倍増加しており、使用中の18億個の電球のおかげで必要電力量は、石炭火力発電所40ヵ所分低下しました。米国人が各家庭でわずか3個の白熱灯を蛍光灯に交換するだけで、年間約20億ドルを節約できます。

社会の安寧はエネルギー消費水準と必ずしも結びついているわけではありません。たしかに、第2次世界大戦後の30年間、エネルギー消費量は経済成長と比例するものと映りました。しかし、1973年と1979年の石油の実質的価格について多少なりとも学んで以来、私たちはあらゆる新しいエネルギー源を次々と生産して使用するのではなく、使用効率を高めることで「より多くのエネルギーを得て」きました。

米国は石油価格が高騰した1973年の水準と比較すると、年間2,000億ドル相当のエネルギーを節約していますが、依然として年間3,000億ドル以上を浪費し続けており、その総額は着実に増加しています。ブッシュ大統領は親子2代にわたり、米国経済を危機に陥れるという理由で京都議定書を拒否しました。明らかに、電力発電や自動車文化といった多くの経済活動を支える化石燃料を削減することになるからです。しかし、米国にとって自国のエネルギー需要を満たす最良の方法は、エネルギー効率を大幅に高めることです。幸いにも、米国はエネルギー問題に気づき始めています。エネルギースター計画の定める省エネルギー基準にはコンピュータとモニターの2/3、すべてのレーザープリンターが適合しています。一方、日本のエネルギー効率の高さは米国の（部門によって）2～3倍ですが、まだまだ大幅に効率を上げ、多額の費用を節約する余地があります。

現在の技術では、電気機器のエネルギー効率を少なくとも1/3は改良でき、2030年には産業界で予想されるエネルギー消費量の増加量を半分以上抑えることができるでしょう。発展途上国では、建物の断熱材、調理器具、暖房器具、照明器具、電気機器をある程度改良すれば、エネルギーの3/4を節約することができます。

南の国々へのエネルギー供給

発展途上国においても、近年、燃料用木材の危機に対処しはじめています。しかし、その挑戦を成功させるためには、発展途上世界全体において、これまでの5倍の速さで植樹していかなければなりません。しかも、事態が最も深刻な地域では、15倍から50倍の速さが必要です。

将来はエネルギー効率化社会か

省エネルギーvsエネルギーの増産

米国のエネルギー節約同盟によると、2002年～2020年の間に新規発電所800ヵ所の需要は200ヵ所以下に減少するかもしれません。初代ブッシュ政権とクリントン政権の両政権によって承認された家庭用機器の省エネルギー基準を採用すれば、127ヵ所の発電所は不要となります。空調設備の省エネルギー基準をより厳しくすれば、さらに43ヵ所が不要となり、商業用空調設備に対してより厳しい基準を採用すれば、さらに50ヵ所が不要となります。今後20年以上で新しい建物のエネルギー効率を高めると、さらに170ヵ所を減らすことができ、空調設備や宣伝用照明、商業用冷房を含む既存の建物のエネルギー効率を改善すれば210ヵ所を減らすことができます。つまり合計600ヵ所の発電所は不要となります。

IBMは1991年～2000年の間に、単純に省エネルギーに取り組むだけで、自社のエネルギー使用量を25％削減し、1年間で150万世帯の年間使用量に相当する電力を節約しました。これは5億3,000万ドルを削減したIBMにとってだけでなく、環境にも良いことです。IBMは約560万トンのCO_2を削減しましたが、これは140万台の車が1万6,000km走行する時の排出量に匹敵します。英国政府は省エネルギー製品のための減税措置、一定の過程の免除、燃料と排出量取引計画を通して、事業での省エネルギーを奨励しています。

家庭での省エネルギー

建物の気密性を高め、壁、屋根、床、窓に断熱材を使用し、暖房システムに最新電子制御を導入する計画を採用すれば、一般的な室内暖房で冬場に必要なエネルギーを半分に減らすことができます。新築の場合、設計や建築技術によって局所冷暖房の必要性が実質的になくなります。たとえば特殊コーティングを施した窓ガラスなどは、二重窓と比較して建物からの熱損失を1/7に抑えることができます。最も効率の良い大量生産の冷蔵庫や冷凍庫の消費電力は、旧モデルの商品よりも75％少なく、小型蛍光電球の消費電力は同じワット数の標準サイズの白熱球よりも70％～80％少ないのです。

家庭

省エネルギー照明
断熱材
ソーラーパネル
二重ガラス
マイクロプロセッサ暖房制御装置
太陽熱を利用した暖房設計

産業

企業は温室効果ガス（GHG）の排出に深く関わっているため、そうした企業の環境保護、省エネルギー、リサイクル、廃棄物管理に関する対策は、地球の健康状態に大きく影響します。長年、エネルギー集約産業では効率化を経費削減の一環としてとらえてきました。企業によっては、製品をリサイクルしたり廃棄物を燃料に利用する方法を開発したところもあります。エネルギーの大幅な節減は、効率の高い電気モーター、最新のセンサーや制御装置、「熱電併給」のような新型熱回復システムなどの利用によっても可能です。よりクリーンでより能率的な処理技術を駆使すれば、設備投資が増えたとしても、多くのエネルギーが節約できまます。

エネルギー効率と省エネルギー

もしも米国の消費者の5人に1人に、市販の冷蔵庫のうちで最も効率の良い機種を購入するよう推奨すれば、電力を節約でき、少なくとも4ヵ所の大規模な石炭火力発電所が不要になるでしょう。2020年までに中央空調システム用のエネルギー効率基準をより高く設定すれば、消費電気料金を年間11億ドル削減できるでしょう。

待機電力の浪費

コンピュータ、TV、ビデオ、電子レンジなどの家電機器を「スタンバイ」状態にすることで、米国の消費者は年間10億ドル以上を支払っています。こうした家庭用電化製品の新しい効率基準によって、待機用の電力需要を75％削減できます。

建物内でのエネルギー効率

ロッキーマウンテン研究所のエイモリー・ロビンスは、コロラドロッキーの標高6,500フィートの場所に暮らしています。そこでは冬の気温が、何ヵ月もということはなくても、何週間も氷点下を下回ることがよくありますが、エネルギー効率の優れた設備のおかげで、年間の暖房費は50ドル以下です。現在スウェーデンでは、建築家がオフィスビルの断熱性を非常に高く設計しているため、建物内は作業員の体温だけで十分暖かいのです。内部の空気は定期的に再循環させるため、いつも新鮮な状態です。

産業

輸送

省エネルギー自動車／「パーク・アンド・ライド」用駐車場

統合交通システム

徒歩または自転車を奨励する都市計画

輸送効率

急成長を遂げるエネルギー消費媒体である輸送部門の燃料使用量は、工業国で使用される全エネルギー消費量の1/5以上を占めており、発展途上国や移行国では自動車の需要が増加しているため、エネルギー消費量は急増しています（P.234〜P.245）。私たちは、ガソリン1ガロン当り100km走行するうえに同じ大きさのガソリン車よりもCO_2排出量が40％少ない、より効率的で低汚染のハイブリッド車やツイン燃料車に変更することもできますが、バス、電車、列車といった公共の交通機関を使えばはるかにエネルギー効率がよいのです。統合交通システムは、駅やバス停に「パーク・アンド・ライド」用駐車場を設置するなど、ニーズに合った交通網を提供します。このようなサービスは、通勤距離や交通の需要を減らす方向での土地利用計画とともに、新しいエネルギーの道にとって欠かせないものです。すでにオタワ、ピッツバーグ、ボゴダ、名古屋、クリティバにはバスを基本とした高速輸送システムが導入されています。上海は高速輸送システムに100億ドルを投資しており、さらにその先をいくシンガポールの例では、自動車登録を制限したり大型車に高額税金を課すなどして、自動車の所有を厳しく規制しています。カーシェアリングはヨーロッパ、北米、アジアで急速に広がりつつあります。車1台の共有で路上から4台の車を排除することができるのです。

やるべきことは予算を増やせばよいというような単純なことではありません。そこに住む人々が、自分たちが適切だと思う方法で課題に立ち向かえるような援助が必要なのです。しかし、一般に都会の役人が自分たちの計画を地方社会に押しつける、いわゆる「上意下達」式の取り組みがあまりにも多いのです。その結果、せっかく植樹しても手入れが十分されなかったり、荒らされたりしてしまいます。そこで、少なくともお金と同様に重要になるのが、地域の人々の自主的な意欲を動員した「草の根精神」なのです。このような方針に沿った、「地域森林管理」として知られる幅広い政策が進行中です。これは村の植林地を薪の供給地としてだけではなく、表土の保護手段、作物を守る防風林、そして食料の供給源として見直していこうというものです。同時に、より少ない薪でより多くの熱を生み出すような改良型料理用コンロという簡単な方法によって、多くの成果をあげることができるにちがいありません。

薪以外にも、とくに作物などの生物資源を別の形で利用することができます。大部分の発展途上国は熱帯にあり、そこでは植物が一般によく育ちます。サトウキビやキャッサバ、トウモロコシは、発酵させてアルコールを生産するのに十分な糖分またはデンプンを含んでいます。また、成長の速い水草や藻はメタンを生み出します。ブラジルでは、すでに多くの液体燃料を生物資源から獲得しており、年間2,700万トンの砂糖と、150億ℓのエタノールを生産しています。そして、その「石油プランテーション」の需要はけっして枯渇することはないでしょう。

もちろん、太陽エネルギーは光電池や太陽熱ポンプなど、他の方法でもとり入れることができます。この他の技術とし

良い知らせ
「地球村エネルギーパートナーシップ(GVEP)・イニシアチブ10年」は、2002年の「持続可能な開発に関する世界サミット」で始まったクリーンエネルギー・イニシアチブに基づく3つの計画の1つで、発展途上国に優れたエネルギーを供給して、経済的、社会的発展を促進し、貧困をなくすことが目的です。2004年現在、300以上の組織が参加しています。

発展途上国のエネルギー管理

発展途上諸国におけるエネルギー管理政策は、先進工業国よりはるかに複雑であり、工業国のエネルギー戦略はおもに大規模な、そしてしばしば独占的な、公共あるいは民間業者により供給される3つの主要燃料(石油、石炭、ガス)の価格競争によって決定されます。経済的基盤が大きいので、各消費者はエネルギー需要に見合った幅広い選択ができます。発展途上国、とくに貧しい国々では、バイオマス(糞、木材、木炭)が併用されており、これらは化石燃料よりはるかに大きな役割を果たしています。電力の普及は遅れており、大都市に限られます。世界中で20億人は電気のない生活をしており、照明、機械化、通信といった電気が提供するすべての恩恵を受けられません。彼らのうち、6億人以上がアフリカに暮らしています。化石燃料は、どうしても必要な場合に利用する以外は高価すぎます。

再植林
木材は南の発展途上国の主要な燃料であるため、再植林計画の成功が将来のエネルギー確保の鍵といえます。韓国では日本による占領時代(1910年〜1945年)と朝鮮戦争(1950年〜1953年)の間に、森林を大量に伐採して薪を製造したために、森林のほとんどが消滅してしまいました。1970年代以降の自然の再植林と保護プログラムによって、国中の山や丘陵に着実に植樹を行った結果、たとえば洪水制御や、水を蓄えて帯水層をふたたび満たす森林の能力といった、植樹がもたらす環境効果という新たな恩恵を受けられるようになりました。韓国の再植林への努力は、政府の強力な支援(費用の65%を負担)と、地元の参加を結びつけた新しい取り組みが試みられました。これは地元で選出されたリーダーたちから構成される村の委員会が、植林に最適な場所を選び、村民にも利益を得る機会を与えようとするものです。草の根運動が、再植林を効果的に行う基本的な条件です。現在では韓国の国土の3/4が植林されています。そしてこの国のほとんど残っていない原生林は自然保護区に保護されています。ケニアで大成功をおさめているグリーンベルト運動は2000年までに1,000万本を植林し、他のアフリカの30ヵ国で同様の計画があります。

サトウキビからとれる燃料
ブラジルでは、サトウキビからエタノールを製造しており、その原価はガソリンの半分です。ブラジルのエタノール燃料計画は大がかりで、短期間とはいえ、1980年代半ばには成功しました。当時は販売される新車の大半は純エタノールで走っていました。1990年代後半にはその割合が低下し、政府は、エタノール、ガソリン、またはその両方を組み合わせた燃料が動力となる柔軟な燃料自動車に対して、従来よりも税率の低い消費税を導入しました。ガソリン価格が急騰して大気汚染が深刻になるにつれて、世界の他の地域、とくにサトウキビ生産国では、これらの自動車は魅力のあるものとなりました。CDM(右ページ)に基づく協定によって、ブラジルのエタノール自動車の販売価格は下がるでしょうし、ドイツの自動車会社は、自国の京都議定書の目標に向けて、炭素クレジットを稼ぐことができます。

薪のプランテーション
ギンネムのような成長の速い樹木のプランテーションでは、年間1ha当り50tの木材を産出することができます。これはとくに、都市部の薪の需要を満たすのに有効ですが、始めるには資金が必要です。インドネシアでは、ジャワだけで3万ha以上の薪のプランテーションが設立されてきました。1990年代半ばには、発展途上国のプランテーションの約1/3が主に薪を生産しています。

村の植林地
これは再植林の新しい取り組みの一環で、「地域社会」あるいは「地域共同体」による森林管理として知られます。村有地や私有地に植えられた木からは商業用ではなく、村の利用のために薪やその他の製品を生産します。森林監督者は教育や助言を行いますが、村民が管理を行います。

ては、水力電力や地熱発電などすでに定着している方法から、先端技術を駆使した風車や潮力の利用などの新しい方法まで多岐にわたります。技術と資金が得られるとすれば、エネルギー規制という面から発展途上国を援助する方法はたくさんあります。相互依存の世界においては、南側諸国がエネルギー資源を持続的な基盤の上で利用していくために必要な資源を確実に持っていることが、大部分のエネルギーを利用し、かつ浪費している北の先進国にとっても、経済的・政治的意味を持つのです。

再生可能エネルギーの可能性は果てしなく大きく、ますます高額になる化石燃料の輸入に依存する国々や、中国のように環境を汚染する石炭からの切り替えを余儀なくされている国々には特に大きなものです。発展途上国のエネルギー需要は急速に増加し続けるでしょうし、特に「新しい消費国」の勢いはより強大により急速になります(P.234〜P.235)。地球全体の電力需要は2030年には2倍に、エネルギー消費量は全体で2/3になると予想されています。化石燃料に代わるエネルギー源を早急に生産して使用しなければ、このことが地球全体の気候に重大な影響を及ぼすでしょう。幸いにも、現在私たちには再生可能エネルギーを奨励する法律やメカニズムがあります。

大気を守るための地球規模の法令

気候変動のような地球的規模の自然問題によって、特に条約交渉中の政府間には新しい種類の協力関係が生まれてきています。私たちは、地球的規模の「大気を守るための法令」の誕生に立ちあっており、そのなかにはこれまで以上に生みの苦しみをもたらすものもあります。

クリーン開発メカニズム(CDM)
京都議定書の"クリーン開発メカニズム"のもとでは、発展途上国の再生可能エネルギー計画に投資する工業国は、GHG排出を回避したクレジットを請求することができます。発展途上国はCO_2を排出する石炭発電電力から転換することができ、工業国はその「クレジット」を使って自国の京都議定書の目標を達成することができるため、これは双方に有利な状況です(P.147参照)。

水力発電計画
小規模な水力発電所(10MW以下)の建設は、ダムや導水管、タービン、発電機を必要とする大規模な設備より安価で簡単です。電力が使用場所の近くで生産されるため、送電網に余分な投資をする必要もありません。農村工業の動力源に、また学校や病院への電力供給に理想的です。中国単独で推定6万ヵ所の小型水力発電所がありますが、その一方で巨大な三峡ダムがこの国の電力需要の約10%を供給すると期待されています。

風力
小型の効率的な風車が、灌漑用や家畜用の水をくみ上げるエネルギーを供給します。ごく普通の風でも、風力はディーゼルや畜力より安く水のくみ上げができます。大型の設備では、風力発電基地は発展途上国がどうしても必要としている化石燃料以外の電気を供給することができます。インドはすでに世界第5位の風力発電国であり、中国も大金を投資しています。

より効率的なコンロ
世界中で約30億人が、材木、木炭、その他のバイオマス(糞、野菜クズ)をエネルギー源として利用しています。人々はたいてい不潔で危険な開放型のコンロを使って料理をしており、発展途上国ではそうしたコンロが毎年160万人の死亡と関連しています。
インドには、世界最大の改良型料理用コンロ計画の1つがあり、1985年以降、3,000万台が設置されています。全インド女性会議(AIWC)では、金属の「煙突」がついた糞、泥、干し草でできた改良型の「調理器」を女性たちが普及させることを支援しています。インド政府はその費用5ドルの1/3を支払っています。こうしたコンロは燃料効率が良く(薪を節約し、長時間歩いて薪を探す必要がなくなります)、煙もでません(命を救います)。また、肥料になるバイオマスや牛糞を燃料用に使ってしまう量も減ります。

バイオ(生物)ガス
動物の糞や野菜クズなどを密閉した貯蔵施設(下図)で発酵させると、メタンに富むガス(バイオガス)が発生します。これがコンロを暖め、ランプをともし、機械を動かすのです。そして残りは食料用または樹木用肥料や動物のえさに使うことができます。バイオガス生産のために人間の排泄物を集める下水施設を整えることは、衛生改善の点からも好ましいことです。中国で600万台もあるバイオガス製造装置はわずか50ドル程度で設置できます。

太陽電池(PVs)
太陽電池によって発展途上国は現代の再生可能エネルギーサービスが得られる手ごろな方法を手にいれ、そのおかげで教育(照明)、健康(ワクチン用冷蔵庫)、収入(電動式送水ポンプ)、通信(コンピュータ)を手に入れました。中国は5年以上で太陽電池に12億ドルを投資する計画であり、南アフリカは農村地域の35万世帯と150万人のために太陽電池設備の設置を計画しています。

大気の管理

大気を守るための法令

地球を取りまく大気には海洋と同じく国境などありません。1つの国や地域で生じた問題は他国へ拡がります。酸性雨、オゾン層破壊、気候変動といった問題は、国際的な活動や合意がなければ対応できません。大気や気候に関する新しい条約、議定書が、国際的な外交への希望と肯定的モデルをもたらしています。1979年の長距離越境大気汚染条約(CLRTAP)は、1ヵ国が大気汚染によって他国に損害を与えてはならないという原理を認識する最初の条約となりました。この条約は、残留性有機汚染物質(POPs)や重金属が越境して移流するといった問題を扱うようになってきましたが、元来は酸性雨や地表面オゾンとともに、硫黄、NOx、揮発性有機化合物(VOC)のような「地域的な」越境大気汚染物質を管理するメカニズムでした。「オゾン層を破壊する物質に関するモントリオール議定書」は、国際協力があれば地球的規模の環境問題を阻止できることを証明しています。

オゾン層保護条約は環境外交における陸標として広く受け入れられています。1985年に最初の国際的な合意に至り、調査に関する相互協力のしくみが生まれました。地球の危機的状況を警告する科学的証拠が集められた後、1987年に「オゾン層を破壊する物質に関するモントリオール議定書」が調印され、調印国はオゾン層を破壊するCFC(フロン)やハロンの排出削減予定に従うことを約束しました(右図)。

国際外交が非常に緩慢なペースで進行することは周知の通りです。しかし、深刻な地球的規模の問題を前にしたとき、世界共同体はすばやく反応し、拘束力のない条約の段階から、強力な商業的利害から日用品に至るまで効果を及ぼす、拘束力のある条約の締結へと一歩を進めました。モントリオール議定書の成功の秘訣はなんでしょう？　世界の科学界や、国連環境計画(UNEP)や、そして地球の友やグリーンピースなどの非政府組織(NGO)に支持されて、民衆の関心が高まり行動を求める強力な世論を形成したのです。米国ではすでに厳しいオゾン層保護法を国内で制定し、腰の重いヨーロッパ各国、ロシア、日本に行動を起こすよう促しています。この条約が成功した1つの重大な要因はおそらく、CFCから代替物質へ切り替えるように中国を含む発展途上国を支援する基金を設立したことでしょう。発展途上国は、自分たちが引き起こしたわけでもない問題を解決するために、北側諸国が南側諸国に代替物質への切り替え費用を負担しろというのは不公平だと主張したのです。そうした南側諸国が参加しなければ、発展途上国で増加するCFC使用量がこの条約による削減量を大幅に上回ってしまうでしょう。

ほとんど成功をおさめなかったのは1992年の国連の「気候変動に関する枠組み条約」で、このときは(世界人口のわずか5％でありながら、世界のCO2の1/4を排出している)米国の頑なな態度が原因で、2000年までにCO2の排出量を1990年の水準に保つための拘束力のある目標はひとつも設定できませんでした。これは「気候変動に関する政府間パネル(IPCC)」の科学者たちから出された、地球の気候を安定させるにはCO2を少なくとも60％削減する必要がある、との声を大きく踏みにじる結果でした。その後に続く京都議定書を、温室効果ガスの最大排出国である2ヵ国(米国とロシア)とオーストラリアが拒絶したことによって、「1990年の二酸化炭素排出量の55％を占める」必要参加国が議定書を発効する妨げとなりました。しかし2004年末には、ロシア議会が賛成を決議し、その後プーチン大統領による裁可で、ロシアは、2008年〜2012年の間に1990年当時の水準の少なくとも5％以下とすることで、6つのGHG(CO2を含む)を削減することに同意する36番目の工業国となりました。1992年〜2002年の間には、米国のCO2排出量は約14％増加し、総増加量は人口が約4倍のインドの増加量の約2倍となりました。

増大する水の需要

水不足は、気候変動と並んで、今後数十年間で人類が直面する最大の難問の1つです。水は無限に再生可能な資源ですが、あまりにも多くの水が本来あるべき場所にありません。わずか6ヵ国(ブラジル、ロシア、カナダ、イ

30％クラブ

1985年のCLRTAP(ヘルシンキ)の「硫黄排出に関する議定書」では、1993年までに硫黄排出量を1980年の水準から30％削減するよう参加国に義務づけています。多くの国々は目標を達成し、さらに削減を進めました。1993年までには21ヵ国が排出量を50％以上削減し、11ヵ国が少なくとも60％削減を達成しました。その一方で、特に米国、英国といったその他の国々は、このクラブへの参加を拒否しています。

長距離越境大気汚染条約(CLRTAP)——1979年

長距離越境大気汚染条約(CLRTAP)は、大気汚染に関して全ヨーロッパと北米大陸の国々が調印した最初の条約となりました。その後の議定書によって、硫黄排出(1985年ヘルシンキ、1994年オスロ)、窒素酸化物(NOx)(1988年)、揮発性有機化合物(VOC)(1991年ジュネーブ)、大気汚染物質の監視費用の国際的な共有(欧州監視評価計画(EMEP)議定書、ジュネーブ)、重金属と残留性有機汚染物質(POPs)(1998年、発効はいずれも2003年)が対象となっています。最近では1999年の「酸性化、富栄養化、地表面オゾンを阻止する議定書」を31ヵ国が調印し、11ヵ国が批准しましたが、2004年半ばでも発効されていません。

モントリオール議定書——1989年

1985年のオゾン層保護のためのウィーン条約のもとに、モントリオール議定書は183ヵ国が批准しており、オゾン層の危機的状態を示す新たなデータが出されるごとに改正されています。1996年以降、先進国ではオゾン層を破壊するCFC(フロン)、四塩化炭素、メチルクロロホルム、ハロンの製造および消費が禁止されています。発展途上国では2010年まで使用が認められています。世界的なCFCの使用量は1980年〜1998年の間に86％低下しました。

地球全体の大気循環

赤道では太陽が完全に頭上にくるため、地球の両極よりも多量の太陽エネルギーを受けます。赤道での大気は熱せられ、膨張して、上空へのぼります。そしてこの大気は冷却されて、赤道両側の亜熱帯地方へ下降します。大気は低空で吹く風によって赤道方向へ押し戻され、ふたたび上昇気流となって大気の循環パターンが完成します。また、両極に近づくと大気の循環パターンはいっそう複雑となります。暖気は両極の方向へと運ばれると、これが冷えて赤道方面へと押し戻されます。地球は自転しているため、大気の循環はそれに引きずられて大きな螺旋を描きます。大気の循環システムは地球全体に水蒸気や熱を運ぶだけでなく、汚染物質をも運んでいくのです。

窒素酸化物（NOx）と揮発性有機化合物（VOC）

CLRTAPに基づく1988年のソフィア議定書では、1995年までに窒素酸化物（NOx）の排出量を1987年の数値に凍結するよう要求し、17ヵ国が同意しました。また、1991年のVOC議定書では21ヵ国に対して1999年までにスモッグの原因となる揮発性有機化合物（VOC）の排出量を30％削減するよう求めています。

北アメリカ（メキシコを含む）: 15.76 / 16.62 / 16.83
西ヨーロッパ: 9.07 / 8.83 / 9.01
東ヨーロッパと旧ソ連: 11.9 / 7.53 / 8.45
中東（トルコを含む）: 4.38 / 5.21 / 5.33
発展途上中のアジア: 1.43 / 1.79 / 2.09
アフリカ: 1.05 / 1.02 / 0.99
中央・南アメリカ: 1.96 / 2.28 / 2.48
工業国（オーストラリア、日本を含む）: 8.88 / 10.17 / 11.07
世界: 4.1 / 3.88 / 4.06

京都議定書調印国

- 議定書を批准した1990年の排出量の61.6％を占める付属書Iの30ヵ国
- 議定書を批准、受諾、加入、承認した付属書Iの3ヵ国と付属書Iではない95ヵ国
- 議定書を批准しない付属書Iの5ヵ国と、付属書I以外で調印段階に留まっている5ヵ国

地球全体での1人当りのCO_2排出量

1990 / 2000 / 2010
数値は1人当りのCO_2排出量（トン）

国連気候変動枠組み条約（UNFCCC）──1992年

国連気候変動枠組み条約は、1992年にリオ地球サミットで承認され、工業国は、西暦2000年までにCO_2の排出量を1990年の水準に凍結するという拘束力のない「ガイドライン」に合意しました。ほとんどの国々がこの目標を達成していません。この条約によって、排出量取引やクリーン開発メカニズム（CDM）といった手続きが導入されました。

現在はまだCO_2排出量の少ないそうした発展途上国や移行国にとって、排出量取引をすることでクリーンで再生可能な資源の開発資金を得る方法を切り開くことができるかもしれません。ロシアの排出量は1990年当時よりも低下しており、炭素取引によって年間で最大200億ドルを得ました。

CDMは、先進国には認証排出削減量（CER）を与える代わりに、主に発展途上国でGHG排出量を削減するという計画を実行させ、それによってホスト国における持続可能な開発運動を援助します。

二国間の合意

大気汚染の国際的な広がりは、ドイツ上空を汚染するチェコの発電所にたいして二酸化硫黄集塵器の費用を負担するというドイツ側の決定によく現われています。同様に、スウェーデンもポーランドを支援しています。これらの西ヨーロッパ諸国では、自国の産業に投資するよりもこうした費用を投入するほうがよりクリーンな空気を得られるのです。

CO_2排出量の削減

北アメリカはとび抜けてCO_2排出量の多い地域であり、2000年には670万トンを排出し、1人当りの排出量は平均16.6トンでした（地図上の棒グラフ参照）。これに対し、東ヨーロッパは7.5トン、西ヨーロッパは8.8トン、発展途上中のアジアは1.8トン、アフリカは1トンでした。

京都議定書　1997年

1997年の京都議定書は、工業国に2008年〜2012年の間に（1990年の水準から）平均5.2％のGHG排出量の削減に着手するように要求しました。発展途上国は経済の発展を考慮して、第1段階には含まれませんでした。議定書を批准から発効に至るには、1990年における排出量の55％を占める国々の参加が必要でした。2004年7月までの達成率はわずか44％であり、オーストラリア、ロシア、米国が議定書を批准しませんでした。ロシアは2004年11月にようやく批准しましたが、米国は自国の化石燃料を保護するために、断固として批准しない方針を採り続けています（米国は世界のCO_2排出量の1/4を占めています）。2005年2月16日に発効した議定書では、各国が持続可能な開発を成し遂げてUNFCCC目標を達成することを支援する目的で、GHG排出量取引と「クリーン開発メカニズム（CDM）」という形で2つの柔軟性をもつ「メカニズム」が誕生しました。

ンドネシア、中国、コロンビア)がすべての再生可能な淡水の半分を占めています。水不足は多国間で発生するのと同様に国内でも発生する恐れがあります。中国には7％の再生可能な淡水がありますが、その大半は国の南部にあります。2003年には1,200万人のエチオピア人が飢饉に直面しましたが、ナイル川の流れの4/5はエチオピア国内から発生しているのです(P.138〜P.139参照)。

20世紀には、地球全体の淡水消費量は6倍以上に増加しました。地下水面は地下水の過剰揚水のために低下しており、たとえば、米国のオガララ帯水層からの汲み上げ量は、帯水層に地下水が吸収される比率の3倍です。アムダリア川、コロラド川、ガンジス川、インダス川、リオグランデ川、黄河など、多くの川は年に数回は干上がります。湿地帯は、推定150兆ドルの価値があるとされる生態系の働き(貯水と浄水処理、帯水層の吸水、洪水や海岸浸食の制御、地域の天候調整、多くの種の保護)にとって非常に重要ですが、世界全体で激減しています。

私たちが「今まで通りの消費」を続けるならば、未来に待ち受けているのは深刻な問題だけかもしれません。しかし幸いなことに、私たちには採るべき道がたくさんあります。いちばん水を多量に必要とする灌漑という分野は、私たちの水の消費量の70％を占めていますが、地球全体の農作物の40％と、耕地の18％で地球全体の穀物の60％を生産しています。地球全体の灌漑効率は平均でわずか43％ですが、テキサス州の荒野では、低圧、低エネルギーの精密スプリンクラーシステムの効率化が80〜95％に達しており、同時に最大37％の節水に成功しています。

水不足のイスラエルで1960年代に開発された点滴灌漑は、水を最も必要とする作物が植えられている部分に、少量の水を直接与えてやるものです。この方法を使うと、これまでのたった半分の水でより多くの食料を得ることができ、塩害の危険も少なくなります。現在では耕地の約28万km²(全灌漑用地の1％)だけがこの「青の革命」の恩恵を受けています。将来この方法が導入されていく可能性が大きいことは明らかです。

2025年までに約30億人が、水を制限されたり水不足に苦しむとされる国々で暮らすようになるでしょう。そのときになっても、農業は依然として世界の水の(いくぶん減るとはいうものの)最大比率を消費しているでしょう。家庭内での水の需要は9.5％(1995年)から13.9％(71％増)に、家畜用では2.1％から3.1％(71％増)に、工業では8.7％から11.3％(50％増)に増加すると予想されています。けれど、工業は一般には農業のように大量の水を「消費」しないということを覚えておかなければなりません。

問題の一部は、乏しい水源の誤用、乱用を助長する農業、工業、家庭の分野での水に対する補助金制度にあります。エジプトのような水の乏しい国でも多くの場合、水の価格は供給コストの20％程度です。政府補助金だけでも(たとえば外部コストは別として)、世界全体で年間合計約700億ドルであり、こうした補助金の3/4は経済と環境の両方に有害であるとして「歪んだ補助金」と呼べるでしょう(P.232〜P.233)。こうした補助金が段階的に廃止されないかぎり、水は文字通り「枯渇への道を流れ落ちる」のです。

地球上の水質管理

予測される地球全体の水の需要が、長期的にみて、供給能力を上回ることはまずないでしょうが、農業、工業、家庭における需要の着実な増大により、年々水の重要性は高まっています。2025年までに約30億人が取水制限を経験する国に暮らしている恐れがあります。水の管理は、長期的に水資源を質・量ともに高める唯一の方法です。水管理のおもな内容は次の2点です。①水の循環を支配するダムなどの手段に投資し、供給を増やす。②需要の管理、つまり水を必要とする場所に確実に供給できるようにする。

水の多目的利用
川をせき止めることは、洪水の調節、水力発電、灌漑その他さまざまの用途に利用される水の貯蔵など、数多くの需要を一度に満たすうえで有用です。その結果生じるダム湖も、養殖やレジャーなど多目的な資源となります。大型ダムは1950年の5,000カ所から2000年には4万5,000カ所に増えました。その間ほとんど、立ち退かされる人々の社会的損失や、絶滅に瀕する種、生息地の破壊、土壌汚染などの生態学的な損失は認識されていませんでした。

観測のコンピュータ化
コンピュータが人工衛星に基づく観測システムとますます結びついて、ほぼ即時に汚染や洪水の危険に関する情報が得られるようになりました。

河川流域の管理
流域——ある河川とその支流によって水が集められる範囲——は、国境を越えた資源管理を考える際の1つの自然な単位となっています。たとえば、エジプトは大量の水をナイル川に頼っていますが、他の10カ国もナイル川を共有しており、1年のうちのある時期には水が地中海にほとんど、またはまったく到達しないほど乱用されています。同様に、メキシコと米国の6州がコロラド川を水源としていますが、メキシコやカリフォルニア湾に達する水はほとんどありません。より多くの人々がより多くの水を必要とするにつれて、地下水面は世界中のあちらこちらで低下しています。水を獲得するために、河川流域やその他の水源をめぐる紛争が激化する恐れがあります。流域のある一部での活動が、はるか遠くにまで影響を及ぼすからです。そこで、流域内での個々の事業や活動の影響を開発者に十分認識させることが肝要です。河川流域は他の大部分の天然資源と同じく共有の資源であり、共通の関心事として管理しなければなりません。しかし、流域が政治的な境界を越えて広がる場合には問題が起こりやすくなります。263の国際河川流域の1/3は2カ国以上にまたがっており、紛争発生の可能性が大きいのですが、一方では協力の余地も残されています。

灌漑方法
回転スプリンクラー灌漑システムは、砂漠の耕地化を可能にしますが、地下水からの供給に頼っています。点滴灌漑システムは、乏しい水資源の保護に役立つだけでなく、灌漑水路によって広がる寄生虫の病気の恐れをなくし、土壌の塩害をおさえます(灌漑耕地の1/5で産出量を削減しました)。

地球上の水質管理

凡例:
- 2000年に取水制限されて水が不足している国々
- 2025年までにさらに取水制限されて水が不足する国々
- データなし

淡水を利用できる世界人口 2000年と2025年

2000年: 90%、6%、4%
2025年: 62%、27%、11%

- 水不足である
- 水が制限されている
- 比較的十分な水がある

水の需要の傾向
西暦2000年までには、世界の60億人の10%が取水制限（年間1人当り1,000〜1,700㎥）または水不足（年間1人当り1,000㎥以下）に苦しみました。2025年には79億人の38%が水不足の影響を受けるでしょう。

水不足
明らかな水不足（年間1人当り1,000㎥以下）を経験している国（上図）の数は、1995年の15ヵ国から2025年には23ヵ国に増える見込みであり、その人口は2億4,500万人から8億5,200万人となるでしょう。

"水のビジネス"
水は未加工で取引されるにしても（大量）、付加価値をつけても（瓶入り）、大きなビジネスになっています。瓶入りの水の販売額は、1996年〜2006年の間に約600億ℓから1,440億ℓに増加すると予想されています。米国単独では、販売額は年間で10%増加しており、1990年代後半には50億ドルに達しました。

農業用水の需要
農業では川、湖、地下の帯水層から引いた水の約70%を使用しています。2025年には、水不足のために自国の灌漑に必要な水の量をまかなえず、輸送効率を高めて、耕地と水の消費量の比率を増やす方法を探さなければならなくなる国がでてくるでしょう。日常の食生活を変えることで（たとえば食べる肉の量を減らすなど）、人々はより少ない水の量で必要な栄養素を満たすことができるでしょう。米1kgを生産するためには1,600ℓの水が必要であり、鶏肉1kgにつき3,500ℓ、牛肉1kgにつき4万3,000ℓの水が必要になります。

都市部と家庭での需要
多くの都市では、多くの場合水の損失が総供給量の40%またはそれ以上を占めています。増加する需要を満たすには、都市は漏水している供給システムを新しく交換しなければなりません。水量の少ない水洗トイレ、水量の少ない花壇用のシャワーヘッドは年間で8,000ガロンの水と、205kgのCO_2と、家庭用の経費を節約することができ、すべてに有利な状況になります。水を計測すると保存を奨励し、さらに有利な状況になります。水処理を行えば循環する水の質を確実に改善します。中国最大の都市、上海は持続可能な水の使用計画に着手しており、目標は2020年までに市民に1日当りの使用量を180ℓに制限することです。ケープタウンでは、取水制限と水の価格を段階的に上げることで需要を調節しています。

工業用水の需要
工業用水の需要の80%までが冷却用です。この多量の水は再び水の循環に戻すことができますが、熱すぎると、川の生物を死滅させてしまいます。この熱水は（デンマークのカルンドボルグの産業エコパーク（P.153）で使用されているように）温室や養殖池の生産性向上に利用されています。

水の供給と下水設備

「国連飲料水供給と下水設備充実の10年、1981～90」は、私たちの誇れる推進力、すなわち、第三世界の10億を超える人々に生活上最低限の設備のいくつかを提供しようという、史上初めての強い意欲が込められていました。話が大きすぎるというだけではなく、そもそもこんな問題にかかわろうとする政治の指導者が世界のどこにもほとんどいなかったからです。それでも、1978年に各国が集まって水道や便所の問題について話し合い、それらを大規模に供給しようとする計画づくりが行われたのです。悲しいことに、それは国連の言葉でいうと「開発の失われた10年」となりました。世界経済の下降、長期負債の倍増、人口増加といった問題が重なって、すべての人々に水と下水設備を提供するという10年計画の目標は達成できませんでした。それでも実に初めて12億人が水の供給を受け、7億7,000万人が下水設備を手にいれました。

10年計画の最大の効果のひとつは、水の供給と下水設備の充実ということに関して国家レベル、国際レベルの優先順位が高まったことです。多くの発展途上国政府が気づいたのは、都市部に外観のりっぱな新しい病院を建てることを基本とした衛生計画など、最もニーズの高い農村部に清潔な水を供給するというような、真の優先課題から注意をそらす役割しか果たさない、ということです。それよりも、同じ「衛生予算」を使うなら、主にきれいな水を十分に供給するといった形で予防策に投資したほうが、得られるものは大きいでしょう。皮肉にも、政府や外部組織が安全な水と下水設備の充実に新たな方法で取り組むことになったきっかけは、財源と人材の不足でした。

開発および運営のあらゆる段階に、恩恵を受ける人々自身が参加するなら、今ある財源と人材でもさらに多くの施設を造ることができ、その利用や維持管理も改善されるわけです。外部組織は、女性、地域のリーダー、その他の人々が果たし得る重要な役割に対して敏感になりはじめました。

> 「国連の1日最低量で47億人を支えるのに必要な水の量は、1日に25億ガロンです。一方、世界のゴルフコースに水を引くために使用される水の量は、1日に25億ガロンです」
> ワールドウォッチ研究所 2004年

すべての人々に清潔な水を

「国連水と下水設備充実の10年」は壮大な視野をもつものでした。国連総会で1990年までに「すべての人々に水と下水設備を提供する」という目標が打ち出されたものの、完全に達成できる見込みは非常に薄いことが早々に判明しました。急激な人口増加、農村部から都市部への人口移動、戦争、飢饉、干ばつなどが、債務の問題や地球的規模の景気の低迷に加わり、10年計画の達成を阻んできました。しかし、10年計画は、とくに農村部での水の供給についてすばらしい業績を残しました。農村部で水道設備を手にいれた人々の数は240％増加し、下水設備を手にいれた人々の数は150％増加しました。西暦2000年のミレニアムサミットで、世界の指導者たちは「2015年までに安全な飲料水と基本的な下水設備を持続可能な形で得られない人々の数を半減させる」ことを誓約しました。その後、2003年末には、国連の提唱によって、2005年3月22日の世界水の日を、2005年～2015年の「生きるための水」の国際10年の始まりとするべきだと決定し、その間は「水に関連する問題に焦点をあて、女性の管理者を昇格させて、利害の関係する全ての国のあいだで国際協力を推し進めて、ミレニアム宣言の水に関連する目標を達成し…(そして)「行動を起こすための10年」となるようその答えを調整する」ことになるでしょう。

資金
確実で信頼できる資金は、必要とされる巨額の投資に不可欠です。これは地元の資金と、中央政府、海外からの援助、銀行などから得られる資金をあわせたものです。2025年までにすべての人々に安全な水と下水設備を提供する費用は、年間230億ドルに達します。

政策
2015年までに、1日に1人当り50ℓの水を普遍的に利用できるようにするために、政策は次のことを目的とすべきです。
「水の供給と下水設備充実をめざし事業を助成する。恵まれない人々に焦点を合わせ、自立的な計画を作成し、社会的に適切で、意義のある組織を発展させる。水の供給および下水整備を他の改善事項と結びつける。」

教育
清潔な水と下水設備の供給は、環境衛生教育計画と結びつけられなければなりません。

草の根
地域社会から選ばれた人々の訓練に村落レベルでとくに特別な注意を払わなければなりません。

地元の資金
施設への過大な投資を避け、地域的レベルで配慮や衛生教育に使われるべきです。

この10年計画はまた、掘削、水処理、下水にかかわる技術に大幅な改良をもたらしました。その結果、新しい技術を用いた設備は、10年計画開始当初に導入されていたものよりも安価で効率がよくなっています。

1980年代当初には、安全な飲料水を飲めない人々の数は18億人、十分な下水設備を持たない人々は17億人いました。1990年には、2000年までに安全な飲料水と下水設備をいつも得られることを目標とする「子供たちのための世界サミット」の呼びかけで、それらの数字は11億人と24億人になりました。2000年になり、国連ミレニアム開発目標（MDG）の「水と下水設備をよりよい状態で得られない人々の数を半減させる」という目標をもってしても、水と下水設備をもたない人々の数は1990年当時とほとんど変わっていません。

将来については、アフリカ、アジア、ラテンアメリカ、カリブ諸国でMDG目標を達成するために、2000年～2015年の間に、さらに16億人がもっときれいな水を（毎日29万2,000人）、22億人が下水設備を（毎日40万人）得る必要があります。地球全体の水準では、水と下水設備の普及に関する目標が達成されたとしても、依然として少なくとも6億人に水がなく、13億人に下水設備がないのです。

思い出してみてください。水は無限に再生可能な資源である一方で、水不足は来るべき数十年で人類が直面する最大の難題の1つであるということを。そして今私たちがしなければならないのは、水の悪用と乱用を防ぐことなのです。

今なお遅れる農村部の公共事業

アフリカの農村部では水と下水設備は、2000年には人口の半分以下にしか行きわたっていませんでしたが、都市部では普及率が85％に達しています。もちろん、地域の中にはさまざまなばらつきがあり、マラウイ、エチオピア、ナイジェリアのような国々は、1990年代にほとんど進歩が見られませんでした（左図）。アフリカでは飲料水を汲みに行かなければならないため、毎年400億労働時間が失われています。多くの子どもたち、とくに女の子はトイレが必要となるため、学校へ行くことができず、彼女たちの知的、経済的な潜在能力を無駄にしています。アジアの農村部では、下水設備があるのは人口のわずか1/3以下で、つまり16億人には下水設備がありませんでした。

「改良された」水と下水設備とは何を意味するのか？

現実問題として、飲料水がないということは、数百m以内に水源がないという意味です。下水設備がないということは、下水処理設備はおろか、バケツのトイレや穴を掘っただけの屋外便所さえもないということです。池や川は飲料水の主な水源であると同時に、即席のトイレにもなります。WHOによると：
水の供給とは：家庭の配管、公共の貯水塔、鑿井（さくせい）、保護井戸、保護泉、雨水の収集を指します。
下水設備とは：公共の下水設備や浄化設備、水洗式トイレ、簡単な穴を掘っただけのトイレ、換気のできる改良された汲み取り式トイレの設置を指します。

南アフリカ——水の問題に取り組む

南アフリカは増加する水の需要に真っ向から取り組んでいる乾燥した国です。この国には4,400万人の国民だけでなく、広大で豊かな生物学的に多様な生物が生息しており（P.152～P.153）、そのすべてが不足する水を求めて争っています。約160の陸上の外来種は「侵略者」となっており、その大半は水を大量に必要とする植物です。南アフリカ政府の「ワーキング・フォー・ウォーター・プログラム（水のための労働計画）」によって、300ヵ所以上の約100万haの土地から侵略的な外来植物が一掃され、少なくとも3万人の雇用が生まれ、同時に貧困をなくすことができました。各家庭は一定量の水を自由に使用し、その後、数段階の価格が決まります。

南アフリカの農村部に清潔な水を

南アフリカのカルーにある、電気がなく、飲用に適さない井戸水しかない小さな集落では、政府が資金提供した太陽蒸留器を使って水を得ています。ケルクプラスの集落の人々はトラックで輸送されてくる水を使うのではなく、太陽熱を利用して井戸の半塩水を蒸留することで、今では飲料水を自給することができます。

健康の改善
清潔な水の供給、下水設備の改良、衛生教育は、健康改善をもたらします。下水設備の改良費用1ドルにつき、3～34ドルの利益が生まれます。

子どもの死亡率
安全な水と下水設備がないため、毎日何千人もの子どもたちが死亡しています。清潔な水があれば、毎年下痢で死ぬ200万人の子どもたちの多くを救うことができます。

人口の安定
子どもの死亡率が低下すると、より効果的な中央での計画、資源の配分、出生率の低下をもたらします。

資源保護社会に向けて

エネルギー、水、その他の物質について検討を重ねることを通じ、私たちはいかに資源を有効に利用しなければならないかを考えてきました。いたずらに浪費しなければ、資源はあり余るほど十分にあります。幸いなことに、私たちには資源の管理について多くの改善の余地が残されています。それは、技術的な行き詰まりを打開しようとするより、自分たちを取り巻く世界に対する取組みの進め方にあります。これまで私たちは、地平線のかなたには必ず新しい牧野があることを前提として進む、どこか米国西部の開拓地経済のような活動を行ってきました。しかし、今日私たちは、探検や開発を行うことのできる新しい地平線がもはや存在しないことを知っています。私たちの地球は閉じた生態糸であり、いまや生物圏の境界につき当たっているのです。

そこで、地球をその内部で大部分の物質が再生利用されなくてはならない宇宙船にたとえるのは、なかなか適切です。使い捨て社会をやめ、資源保護社会へ向けて前進するとき、私たちはこの宇宙船の中で快適に生活を続けていくことができるでしょう。資源保護社会に生きる市民としての資格を得るには、これまでの固定的な態度や考え方を変えなくてはなりません。「廃物」などはめったに出るものではなく、それはまだ利用できるりっぱな原科が、たまたま間違った場所に置かれているにすぎないということを認識する必要があるのです。

社会の変化はもうすでに始まってきており、欧州連合の「使用済み電気・電子機器に関する指令（WEEE）」や「使用済み車両（ELV）指令」のような、さまざまな法律によって支えられています。2001年までには30ヵ国が「回収」法を施行しており、各産業が使用済み製品と包装資材の管理に、金銭的または物理的に責任を負わなければならなくなりました。

廃棄物を利用する大きな新しいビジネスが（それに伴う職業も！）生まれています。将来を先取りする製造者たちは、茶瓶から車にいたるまであらゆる製品を、最終的に解体、再生利用することを考えて設計しています。廃棄物を共有する「街」では、廃棄物の供給者とそれを必要とする人々が一致することが可能となります。

資源保護社会が成立していくか否かは、おもに個人の態度にかかっています。しかし、その自覚は政府の奨励策や罰則制度によって高めていくことができるでしょう。それらはとくに、産業・商業界に対して強く適用していくべきです。また、政府は「隠れたむだ」を省くよう率先して呼びかけたり、商品をすぐ流行遅れにしてしまうような生産方式を改めるよう勧告するなど、むだ使い反対のキャンペーンを進めていくこともできるはずです。デザインの改良、あるいは修理や再利用によって製品の寿命を延ばすことは、再生資材を加工する手間がかからない分、リサイクルよりも効果的です。再生利用可能エネルギー源としての廃棄物の役割も注目を集めています。米国では2003年に103ヵ所の施設が稼動し、この国の総エネルギー需要の1％弱を満たしました。

廃棄物の経済的再利用へ

あらゆる生物は原料を加工処理するためにエネルギーを使い、その際、多くの場合廃物を生み出します。自然界では、このような廃物はすぐにほかの生物によって利用され、この再利用のサイクルが永遠に続くのです。人間社会は大規模に原料を加工し、その際、ばく大な量のエネルギーやその他の資源を使用します。私たちは山のように廃物を生み出しますが（今日では、平均的な米国人は毎年1トン以上の廃物を生み出し、その2/3は埋立地に埋められます）、その大部分は加工システムをただ一度通過するだけです。発展途上国のなかには、廃物回収者の労働状況の改善に努めている国もあります。先進国においては依然として「使い捨て社会」が全盛ですが、新しくリサイクル産業が出現し、雇用をつくり出すと同時にエネルギーの効率化を推進しています。

再生プラスチック

暖かく、耐久性や耐候性があり、軽量で着心地のよいフリース繊維は再生ペットボトルから作られています。この繊維はほとんどが上着、ベスト、パンツ、軽い毛布、アクセサリーに使われており、絨毯、家庭用家具や繊維充填材にも使用されています。英国では、2003年に販売されたペットボトルのわずか6％以下しか再生されていません。ビニル袋は分解されるのに10～20年かかる恐れがありますが、英国人は2000年に80億枚ものビニル袋を使用しました。アイルランドは、これらビニル袋に課税しており、英国のスーパーマーケットの中にはビニル袋を再利用すれば報奨金を支払う店もあります。プラスチックカップは鉛筆、定規、その他の文房具に作り変えることができます。英国のリマーカブル・ペンシル社は1日当り鉛筆2万本を製造し、2万個のプラスチックカップを埋立地から救い出しました。毎年、米国人は250億個の発泡スチロールカップを捨てていますが、発泡スチロールカップを確実に再生する製品はありません。

廃品を生かす仕事

ある国際的な電子ビジネスは、ナイロビの最も貧しくて荒廃した地区の1つから広がりました。エコサンダルは、地域社会を支援することだけを目的とした、非営利で地域社会に根ざしたインターネットビジネスです。コロゴチョ（「希望のない」という意味）の貧民街出身の地元住民が、再生タイヤトレッドから作ったサンダルのデザイン、製造、マーケティングを担当しています。

廃物の世界

私たちは世界中で、毎年約20億tの都市ごみ（MSW）を生み出しており、その数字は2004年～2008年の間に1/3増加すると予想されたものです。多くの国々で、廃物は資源ではなく、やっかい者として、つまり、有用な産品に変えるものではなく、捨て去るものと考えられています。下の図が示すように、私たちはますます多くの廃物を再生利用することによって、素材を循環させはじめているのです。

再利用のための廃物の選別

カイロに6万人いるという廃品回収者のような「がらくた収集者」が行うにせよ、最近の自動選別機が行うにせよ、選別が原料の回収と再生利用の鍵になります。

選別されてない廃物の廃棄

ガラス
プラスチック
金属
タイヤ
生ごみ
再生品

「ゆりかごからゆりかごへ」製品

洗濯機、パソコン、ビデオデッキ、冷蔵庫など、現在人々が購入し、使用し、最終的には廃棄するほとんど全ての耐久消費財は、リースで借りることができます。リースなら製品をメーカーへ戻し、繰り返し修理、再利用、再生できるため、じきにスクラップにされる製品を次々に販売するよりもずっと良いでしょう。すでに再生に人気が集まっており、1996年の収益は530億ドルとなりました。

産業エコパーク：資源としての廃物

デンマークのカルンドボルグは、都市の資源とエネルギー交換計画をもつ「産業エコシステム」のための青写真となっています。ある石油精製所は発電所から出る廃熱を利用して、人造壁板製造会社へ硫黄を提供しています。同時に、発電所は養殖漁業用水を加熱する蒸気を供給し、温室や家庭を暖めます。こうした複合システムは、石油、石炭、水の使用量を大幅に削減するとともに、CO_2やSO_2の排出量も削減しています。中国の天津経済技術開発地区（TEDA）では、一企業から発生する廃物が他の企業の原材料になっています。企業間の循環と相互依存によって、廃物は排出されないことになります。同様の産業エコパークは現在スウェーデン、カナダ、米国で行われています。

鋼鉄の再生利用：世界で最も再生利用されている金属。地球全体での生産量の1/3以上が屑鉄から生まれます。米国の再生率は2002年で約70%で、鉄や鋼鉄を再生利用することで、年間で家庭用電力量の1/5に匹敵する電気を節約できます。英国では、2002年に再生利用されたスチール缶はわずか2/5で、ヨーロッパ平均の60%をかなり下回っています。鋼鉄を1トン再生利用するたびに、1.3トンの採掘廃物、1.5トンの鉄の廃物、0.5トンのコークス用炭の排出を抑えられ、それに加えて新しいスチールの生産に必要なエネルギーの75%を節約し（その結果発生する排出物を抑え）40%の水が節約できます。

アルミニウムの再生利用：缶以外にも、アルミホイル、窓枠、家具、自動車部品など、アルミニウム製の物であれば繰り返し再生利用することができます。定期的な収集・再生利用システムによって、使用済みの飲料用アルミ缶は6〜8週間もたてばスーパーマーケットの棚に再び陳列されます。アルミ缶を再生利用すれば、廃物が減り、大量のエネルギーが節約でき、天然資源が守られ、埋立地に送るごみの量が減り、さらに再生回収に当る慈善団体や地方政府などの収入源にもなります。

携帯電話の再生利用：発展途上国や移行国では、携帯電話を修理してから再利用という順序で再生利用することもあります。国際NGO組織であるオックスファムやアクションエイドのような慈善団体は、再生利用業者として活動することで資金を調達することができます。英国では毎年1,500万台の携帯電話が廃棄されており、この数字は電池や充電器を含む潜在的に有害な埋立地1,500トン分に匹敵します。同じような図式は印刷機のカートリッジにも当てはまり、2003年には世界中で推定7億個が廃棄されました。

家庭用廃物の再生利用：英国では毎年1人当り1/2トンの家庭用ごみが生まれますが、再生利用されたり堆肥にされるのはそのわずか12%で、78%は埋立地に運ばれ、9%が焼却されます。米国では1人当りで2倍のごみを出していますが、19%を再生利用し、66%が埋立地へ送られます。再生率はデンマークが19%、日本は40%以上です。

絨毯の再生利用：米国では毎年200万トンの絨毯が廃物となります。絨毯は埋立地で2万年も分解されずに残り、焼却してもPVCの裏地から有毒化学物質が発生します。インターフェイス社は床の敷物をリースしており、使い古した部分だけ新しいものと交換して引き取ることで、新しい素材の消費量を80%削減しています。再製造によって生まれる廃物はほとんどゼロに等しく、費用、素材、エネルギーを節約します。

電子機器廃棄物の再生利用：企業は毎年6,000万台のコンピュータを交換しており、2010年までにこの数字は2億5,000万台に達する可能性があります。専門的な再販売業者は、たいていはパソコンメーカー、ソフトウェア会社、非営利団体と協同で、不要なパソコンを世界中で生産的に使用できるようにしています。TV、ビデオデッキ、ステレオ、コピー機、ファックスも再利用、再製品、または再生利用することができます。しかし、電子機器廃棄物の再生利用には危険がつきものです（P.130〜P.131）。

紙の再生利用：1999年には、紙の消費量が米国では1人当り平均で350kgで、英国では200kg、中国では33kg、インドでは5kg以下です。私たちが使用する紙の多くは廃棄されており、工業国の中には紙がMSWの40%を占める国もあります。米国の再生率が46%ということは、毎年4,400万トンが今なお廃棄されていることを示します（これは中国で使用される紙の総重量よりも多いのです）。現在世界の紙の43%は再生されていますが、なぜこの数字が2倍にならないのか、その正当な技術的、経済的理由がありません。カナダやスウェーデンのような繊維の豊富な国は、紙の再生としては上位クラスではありません。ドイツの再生率は72%、韓国は66%であるのに対し、カナダは47%、スウェーデンは55%です。

ガラスの再生利用：平均的な英国の家庭では年間500個のガラス製のビンや壺を使用します。その多くは5万ヵ所の空き瓶回収ポストの1つで再生利用されますが、それでもなおガラスは8%のMSWを生み出します。再生利用による利益には、エネルギーの節約、排出量の削減、埋立地の減少、採石の減少などが含まれ、再生利用されるガラス1トンにつき、原材料1.2トンが保護されます。

地球の進化
ガイア

【序文】ポール・エーリヒ　スタンフォード大学人口学教授

　地球の人口は、60億になりました。これは本質的には、「資本の燃焼」によって達成されたのです。いいかえれば、人類は化石燃料、鉱物、厚い土壌、水、進化の過程で生まれたばく大な生物多様性などのかつて豊かであった資源を破壊し、消散させてきたのです。なかでも、いちばん深刻になりそうなのは生物の多様性を失ったことで、これは取返しがつきません。ホモ・サピエンスという存在は、何百万もの生物の種がもつ多様な遺伝子と、何十億もの個体群に依存して驚くほど多岐にわたる恩恵を受けており、これらの生物は、人類の文明の維持にも絶対欠かせないものが多いのです。

　人類は直接手を下して、サイ、ゾウ、ヒョウ、クジラからラン、サボテンにいたる、特定の種や個体群を乱獲し、あるいは度のすぎた採取をして、生物多様性の一部を消失させています。しかし大部分の危害は間接的にやってきます。つまり生息地の破壊が原因です。人類は、実に恐るべき速度で道路を開き、耕作し、伐採し、ダムをつくり、汚染し、その他いろいろな方法で生息地を痛めつけています。これはマウンテンゴリラやカリフォルニアコンドル、また名も知られていない生物にとっては根本的な脅威です。熱帯林の破壊だけでも、地球の生物の種類を、この先数十年のうちに容易に半減させることもありうるのです。

　生物の多様性が衰退するのを食い止めようとする試みは、もう始まっています。「絶滅のおそれのある野生動物の種の国際取引に関する条約」（別名、ワシントン条約）は、いくつかの有名な種の絶滅を延ばし、少なくとも紙の上では、「生物圏保存」のための世界組織が結成されようとしています。また、農村生物地理学という新しい学問分野の科学者たちが、すでに激しく撹乱された地域の環境を改善して、人類にとってきわめて重要な生物の個体群が生息しやすくする方法を懸命に探っているところです。しかし、私たちの努力はあまりにも小さく、あまりにも遅いのです。地図上で熱帯林の範囲を線で囲み、保護区だと宣言するのもひとつの方法ではありますが、それは、永久的に保存する意志と手段を見いだすということではないのです。

　当面の重要問題は、同一の種の内部で個体群と遺伝子の多様性が失われていることであるのに、いまもなお種の保存のほうに、もっぱら関心が集中しています。植物からとった化学物質は多くの医薬品や工業製品の原料を社会に供給していますが、植物の生化学的組成は、たとえば地理的要因で変化することは周知のとおりです。動植物の種は、絶滅のおそれがあると認識されたときには、もう人間が利用できるかどうか危ぶまれることが多いのです。すでに個体群が絶滅していたり、あまりにも減少しすぎて、重要な生態系の恩恵をもたらすには微々たる存在になったり、遺伝子のプールが枯渇して品種改良に支障をきたしたり、人類に有用な形質が消滅したりしているのです。

　人類はどうしたらよいのでしょう。答えは明らかです。先進国では、これ以上の土地の乱用を禁止すべきです。ゴルフ場、麦畑、植林などの形で新たな外来種の単一栽培をしないよう規制すべきです。何よりもまず、人類が変貌させた広大な地域の生態環境を改善し、比較的乱されていない土地や海域にもっと多くの保護区を設定し、絶え間ない大気汚染や、水質汚濁、とくに温室効果ガスや、天然のホルモンに類似して多数の生物の成長を阻害する恐れのある化合物を抑制することです。もしも気候が急速に変化し、汚染がさらに進行すれば、自然に近い生態系を保護再生する計画をたてても、結局失敗に終わる運命にあります。

　発展途上国では、事態はさらに深刻です。そのひどい人口増加と貧困をみれば、自然系の破壊が続くのは避けられず、さらに気候変動と有害化の影響を改善する資金もなさそうです。貧しい人間と同様、貧しい国は、いつも今すぐ必要なことに目を向けなければなりません。富める国が貧しい国の自然保護を支援していこうとするならば、彼らが必要とするものの供給を助けることしか方法はありません。しかも、こうすることが、長い目でみれば、富める国をも救うのです。というのも、人類の生存は多様な生物の生存とからみ合っており、それはまた、あらゆる自然系の運命ともからみ合っているからです。

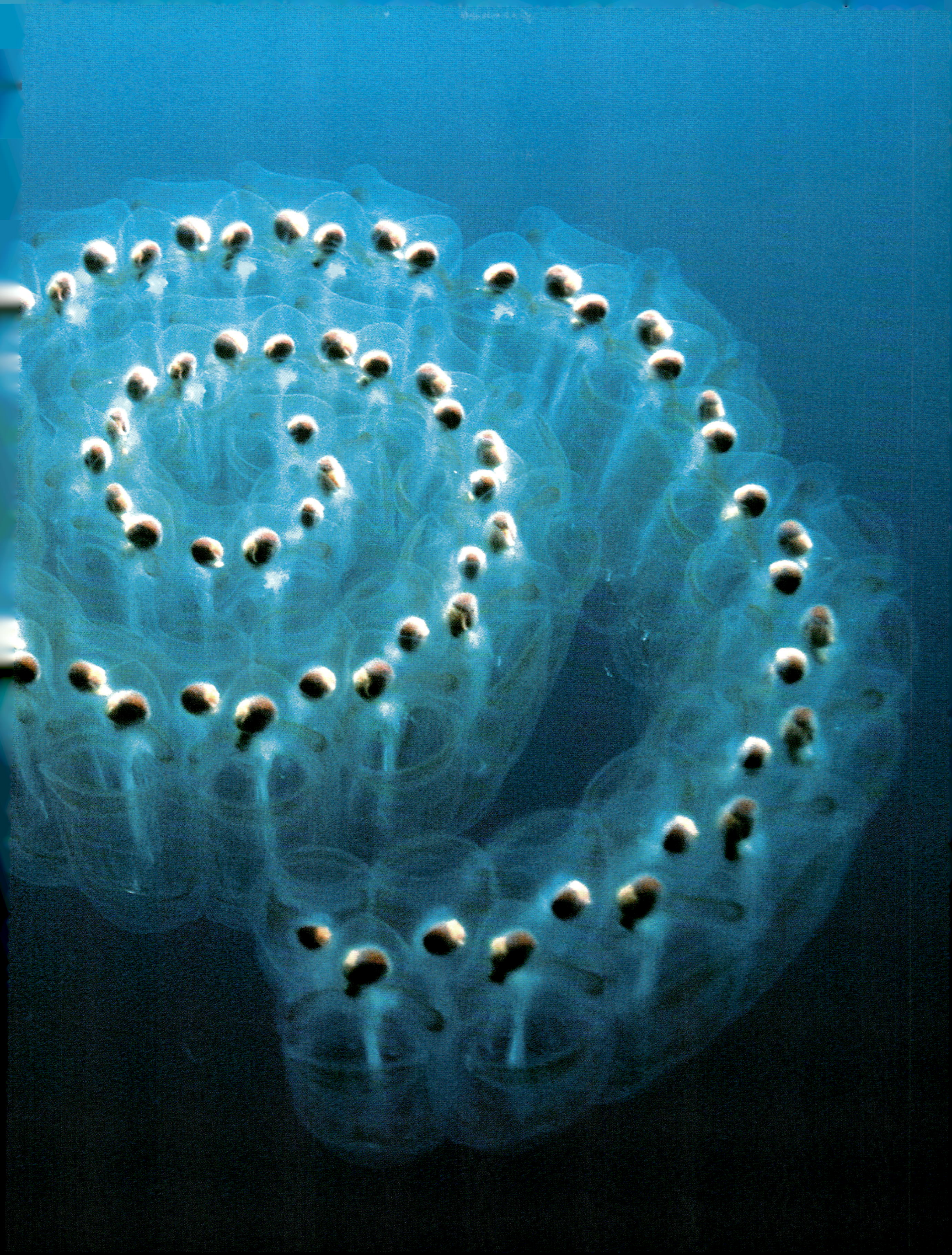

進化が秘める潜在的資源

生命の、最初の不安定な光が出現したのは約40億年前、地球が巨大なガスの渦巻から固体に凝集して間もないころでした。生命の「建築ブロック」ともいうべきDNAの衝撃的な発生から着実に流れを拡大した生物は、さらに進化して、動植物の種は絶えず増大する多種多様な流れになり、あふれんばかりです。しかし、この創造的な流れは、いつも一定だったのではありません。生命の出発はゆっくりと始まり、2億2500万年前の二畳紀後半になっても、種の数は約35万余り、しかもその大部分が海洋生物でした。しかしその後、陸上で拡大をはじめた生命は爆発的な進化を遂げて、ついには何百万もの種を生み出したのです。

先史時代以後も、生命の行進は単純に拡大したわけではありません。時代ごとに、ある生物種属が優勢となり、やがて傍流へと追いやられました。現代は哺乳類と鳥類が支配する世界だと思われがちですが、哺乳類と鳥類は今日の生物群集のわずか1/700を占めるにすぎず、その出現も比較的最近のことです。1億6,000万年続いた爬虫類時代の末期近くまでは、哺乳類は目だった存在ではなかったのです。

幾多の進化を経て、今日のような生命がついに勢ぞろいし、その広大な資源に自然淘汰が働いて、さらに複雑多様な生命がつくり出されました。しかし、現にある生命のプール(供給源)は、生命が素質としてもっているすばらしい道具立ての、ごく一部をあらわしているにすぎません。生命はますます着実に発展するでしょう。しかし、それには、その過程で生命の始まり以来働いてきた進化力を持続しつつ発展していくことを、新興の、支配的な種であるホモ・サピエンスがもし許すならば、という条件が付いているのです。

ほの暗い過去をじっと見ていると、生命の存在形態は、絶えず変化しながらも、1つの行列をなしていることが識別できます。古いものが舞台から去ると、新しいものが出現してきます。1つの種の平均寿命はわずかに数百万年で、それは、かつて5億種が現われ、そのほとんどが消滅していったことを意味しています。

現在の生命のプールを観察する際、それが、異なった種がそれぞれの道をばらばらにたどる単なる集合ではないことに思いを馳せてください。種は相互に依存して、さまざまな役に立っています。たとえば植物は、草食動物の餌になるだけではありません。特に酸素、窒素、二酸化炭素といった大気の組成を一定に保ち、事実上ありとあらゆる生物を養っています。最も下等な生命のあらわれであるバクテリアでさえ、植物の成長に欠かせない養分の循環に役だっているのです。要するに、生命のプールは、その部分部分の総計を超えたものなのです。それは、この地球の事象を1つに統合するものであり、この地球こそ、DNAという生命の遺伝子情報を特色にしている唯一の惑星なのです。

多種多様な生命のプール

あらゆる生命は1つです。これは単なる決り文句ではなく、生物学的な事実です。約40億年以上にわたり、バラエティ豊かな生命体が進化してきましたが、どんな細胞も、その生物の遺伝を符号化した核酸と、エネルギー供給を行うATP(アデノシン三リン酸)という共通の部分をもっています。どんな生物体も、ホルモンやそれに似た成分によって生命に関する化学的な信号を伝達します。また、各生物体は複雑な生態系のなかで相互に結びついています。1つの種に何か起これば、それは全体に影響を及ぼします。現在の生物圏は、原始の藻類や植物が光合成を始め、不可欠な酸素を大気中に放出するようになってから発達してきたものです。進化は非常な多様性を生み出しますが、同時にあらゆる生物を1つのプロセスのなかに結びつけています。

ホモ・サピエンスなる種の一員である私たちは、進化の過程を変化させる最初の生物体です。もっとも、いままで加えた変化の多くは無知と偶然の産物でした。種や生態的調和を維持する複雑な食物連鎖や、種のもつ遺伝情報の豊かな蓄えを、私たちはほとんど考慮していません。実際、科学者たちも、地球の生物体のわずか1/4、あるいは1/8ほどを同定し終わったにすぎません(下図)。

生物の体系は、生き残り戦略の図書館です。それは全体で文学、言語、伝統をつくり上げ、そのすべての特異な部分は他の部分に影響を及ぼしています。数十億年もの淘汰を経てつくり上げられたこの体系は、豊穣であるのと同時に、はかない一面も併せもっています。

種の数の統計
科学はこれまでに170万種の動物を同定しましたが、残りの数百万種は未分類で、コウモリのような哺乳類のなかにさえ、未分類の種があります。科学者たちは毎年何万もの新種の同定を続けています。

未発見の種 500万〜1100万種 (ほとんどが無脊椎動物)
知られている種 約170万種

無脊椎動物 120万種 (うち昆虫が100万種)
脊椎動物 5万2,000
高等植物 30万種
下等植物 10万種

鳥類
爬虫類
両生類
魚類
ヤツメウナギ
ホヤ
棘皮類
昆虫
ムカデ・ヤスデ
甲殻類
クモ・サソリ
環形動物
イカ・タコ
二枚貝:軟体動物
巻貝:軟体動物
腕足類
扁虫
クラゲ・サンゴ類
海綿
単細胞動物
バクテリア
藻類・地衣類・菌類

多種多様な生命のプール　157

食物連鎖・食物網

植物は日光と土壌から必要な物を得ます。光合成と栄養分がそれを支えています。次に植物は大小の草食動物を養い、草食動物は肉食動物の餌となります。肉食動物と、草食動物の残りが死ぬと、それは腐肉を食べる動物の食物となり、次に昆虫の幼虫の餌になります。最終的にはバクテリアが無機物にまで分解します。無機物は土壌から植物に吸収され、サイクルの維持を助けています。プランクトンに基づく同様の機構が海中にも存在します。これらすべては人間活動による混乱に影響を受けやすいのです。

凡例:
- 草食動物
- 肉食動物
- 腐肉を食べる動物
- 寄生虫
- 死んだ動植物
- 分解者

動物ラベル: クロワシ、タカ、ヤマネコ、トガリネズミ、ダニ、シラミ、アメリカヒタキ、ハタネズミ、ウサギ、アリ、死体、真菌類、ミミズ、ヤスデ、アオムシ、無機物、緑色植物

地質年代:
- 第三紀　6500万〜180万年前
- 白亜紀　1億4000万〜6500万
- ジュラ紀　1億9500万〜1億4000万
- 三畳紀　2億3000万〜1億9500万
- 二畳紀　2億8000万〜2億3000万
- 石炭紀　3億4500万〜2億8000万
- デボン紀　3億9500万〜3億4500万
- シルル紀　4億3500万〜3億9500万
- オルドビス紀　5億〜4億3500万
- カンブリア紀　5億4000万〜5億

植物: コケ、トクサ、ヒカゲノ、シダ、ソテツ、球果植物、顕花植物

食物連鎖のピラミッド

植物は太陽エネルギーを利用してグルコースを合成しますが、これはどんな動物にもできない仕事です。また動物の生存に不可欠な10種類のアミノ酸を供給します。植物の光合成がなければ、今ある生命は存在できません。地球上のどこでも、植物は事実上すべての食物連鎖の基礎となります。

（図中ラベル：肉食動物、草食動物、植物）

ニッチを見つける

生物体は、自分に最も適応した環境的条件、つまり生態的適所（ニッチ）を見つけます。時間が経つと修正を受けて、ニッチにおける適応性は強固になります。新しい種は、以前の基準からの分岐により形成されるので、それぞれ独自の生き残り戦略をもつ多くの個体が、同じ環境下でも共存できます。1本の木にすむ鳥は、同じ餌を食べるわけではありません。あるいは、同じ餌でも探し方は異なり、葉についた虫を捕らえたり、樹皮の下を探したり、空中で捕獲したりするのです。

（図中ラベル：キバシリ、タイランチョウ、ツバメ、アカメモズモドキ）

進化という共同作業

生命のプールは、何十億年にわたる進化の過程が作り上げたものです。私たち人類は、自分たちがこのプロセスの頂点に立っていると考えがちです。下等な生物と比べれば、特に人間から見てほとんど生きているとも思えない微生物などと比べれば、自分たちは格段に進歩し、重要で、何と言っても力強い存在だと思っています。

ところが、最近の科学はこの見方をくつがえし、私たちが自然の中に占める本当の位置について衝撃的な事実を突きつけたのです。アメリカの科学者リン・マーギュリスの言葉を借りれば、「進化の段階において私たちは微生物を引き離してなどおらず、むしろ微生物に取り巻かれ、微生物によって構成されている」のです。微生物はあらゆるところにいます。土壌に、すべての生命体の中に存在し、全生態系の基礎であり、構成要素です。微生物こそ、私たちの細胞と身体の支配者なのです。この世界はまさに「微生物が動かしている」のです。

生物を植物と動物に分けるおなじみの分類も、微生物を原核生物と真核生物というものしい名前で二分する根本的な分類と比べれば取るに足りません。微生物の進化は、地球上に生命が誕生した少なくとも37億年前にさかのぼります。最初の20億年は、バクテリアが唯一の生命体でした。しかし、この下等な生物が、光合成による太陽エネルギーの利用、醗酵による死んだ生物の体からのエネルギー解放、酸素呼吸というような生命にまつわる化学的方法のすべてを生み出したのです。それを行う中で、バクテリアは地球を、大気を、海を変化させてきました。世界を今日私たちが知る形に作り上げたもの、まさにそれは微生物なのです。

科学は、進化に関する目ざましい発見も行っています。遺伝子の突然変異、適者生存という古典的メカニズムに加え、今や遺伝子の交換、つまりバクテリアが周囲の環境に漂う遺伝物質の一部を借りてくるという習慣を付け加える必要があります。この方法により、バクテリアは約40億年にわたって常に急速な進化プロセスの先頭を走ってきたのです。

しかも、競争を進化の唯一の原動力とするダーウィニズム的な見方、つまり弱肉強食の自然観は今や素朴すぎると考えられています。相互利益のための協力も、競争に劣らず有効な進化戦略であることがすでにかなり証明されていますが、これも微生物から始まりました。大昔、異質で敵対し合っていたバクテリアの細胞同士が手を結び、内共生と呼ばれるプロセスを通じてその機能や遺伝子を交換しはじめたのです。現在の真核細胞はこうして生まれ、真核生物である植物や動物の生命もそこから進化しました。複雑な細胞構造や専門化の能力を生かし、さまざまな新しい結びつきによって多細胞の共同体もしくは生命体を生んだのです。私たちホモ・サピエンスは、微生物の相互作用と共同の産物であり、この共生による進化の過程は今日も続いています。最も手強い挑戦は、地球そのものの進化に対する新しい視点です。現在の科学は、地球の変転する地質と進化を続ける生物相を相互に独立の流れと見るのではなく、両者を何十億年にもわたってガイアという切れ目ないネットワークを紡いできたひとつの統一的過程として捉える視点を持ち始めています。

ガイアの網

私たち人類は「万物の長」ではなく自然の一部に過ぎず、ガイアという蜘蛛の糸から織られた存在なのです。私たちの身体は微生物の集合体、協力して働く細胞の共同社会です。私たち一人一人の体内には生命史の図書館が刻み込まれているのです。チャールズ・ダーウィンが言ったように、「すべての生物をミクロコスモス、すなわち小さな宇宙として見なければならない」のです。私たちは地球の地質学的な歴史と生命の歴史を、別個のものとする見方に慣れています。しかし、この見方が誤りであることが分かってきました。むしろ、生命の進化と環境は手を取り合って進んできたのであり、互いに影響を与え合ってきたのです。生命の基本的単位である細胞は、温度、湿度、化学的条件など、非常に限られた条件でしか生存できません。細胞は環境との間でエネルギーや物質を交換することにより、自らの内部状態を維持するだけでなく、周囲の条件に変化を与えているのです。

何十億年にもわたる細胞活動によって、こうして環境全体が形作られ、保たれているのです。大気の組成、土壌や水の性質、私たちの足の下にある岩石はみな、この長い相互作用の産んだものです。右の図は細胞からなる生命の進化を表したもので、約40億年前の誕生から、長いバクテリア時代を経て、現代の細胞を作る共生の始まりに至り、そこからさらに多細胞植物や動物を生み、今日のガイアを織りなす生態系に至る歴史を示しています。

バクテリアの長い支配

地球環境の歴史を刻んできたのは、その最初の20億年を単独で築いたバクテリアです。大昔のアルキバクテリア（古細菌）は地球の初期状態を映す鏡です。塩を好むもの、硫黄泉や高温の海底火山に棲むもの、酸素なしで生き、死んだ生き物を分解して醗酵させるものなどがいました。これより新しい「真正の」バクテリアも更なるドラマを展開しました。ラン藻は、光合成という大発明とその副産物である酸素を生み、そのことが世界を根底的に変化させ、また、酸素を呼吸する好気性バクテリアという最初の消費者を生み出したのです。

ガイアの網 159

内共生

協力と集合は生命の進化戦略の柱でした。すべての大型生物は、細胞の集合体です。今では、細胞自身もはるか昔に行われた共同生活の実験の結果生まれたと見られています。真核細胞中のいくつかの主な細胞器官はかつて独立して生きるバクテリアで、それが大昔に原初真核生物という他のバクテリアの内部に棲みつき、共生関係を結んだというのが定説になりつつあります。この共生説によれば、最初にそうして棲みついたのは好気性バクテリアの一種で、現在の細胞のすべてにあるミトコンドリアの祖先にあたるものです。後に、この宿主とミトコンドリアの関係に、葉緑体の祖先であるラン藻というもうひとつのパートナーが加わりました。この新しい協力関係から、すべての植物が進化してきたのです。この共生による進化の過程は今日もつづいているのです。

前核細胞と真核細胞

生命の単位は細胞であり、最も単純な生物はバクテリアです。バクテリアは壁に囲まれたたったひとつの細胞からなり、内部は細胞質で満たされており、膜で仕切られた核や細胞器官（細胞内で独立して働く器官）はありません。染色体が1本、中央に渦巻いているだけです。それとは対照的に、今日の植物や動物を構成するおびただしい数の細胞は、みな真核細胞です。細胞構造は複雑で、核膜で仕切られて独立した核を持ち、その中には多数の染色体がタンパク質でできた核を取り巻いており、ミトコンドリア（全細胞）や葉緑体（植物のみ）など、独自の機能を持つ細胞内器官が揃っています。

交換のシステム

生命と環境の化学は、バクテリアの編み出した光合成、酸素呼吸、醗酵という3つの基本的戦略によって成り立っています。植物と青緑の藻類は、光合成によって太陽エネルギーを直接利用することができ、二酸化炭素と水を、酸素と有機質に変換します。動物と微生物の消費者は、呼吸によってエネルギーを引き出します。彼らは酸素と有機質の大半を消費し、二酸化炭素（CO_2）を出します。醗酵者は土壌に含まれる死んだ生物の体を分解することによってエネルギーを得、CO_2とメタンガス（CH_4）を出します。

炭素の一部は地中深く貯えられ、火山から漏れて入ってくるCO_2の効率的な「受け皿」になります。この3つの交換システムは全体としてバランスを保っています。その影響は深く広く及ぶため、それはほとんどガイアというひとつの巨大な生きたシステムの代謝作用と見てよいほどです。

160　進化が秘める潜在的資源

自然のすみか

　地球、この青い惑星は、生命のきらめきを維持するただ1つの惑星であり、その生命の豊かさ、種類の多さは驚くばかりです。世界の最高峰から最も深い海溝まで、雨のない砂漠から雨のしたたり落ちる熱帯雨林まで、地球の表面のどんな片隅にでも、生命という主題の変奏が何かあらわれないところはありません。生命、この進化の多様な資源は、想像を絶しています。

　この進化のための資源は実に多様です。生命は、その根底にひそむ推進力にかられて、どこまでも分れ道を競うように走っていきます。私たちは行く先々でさまざまな環境の変化に出あいます。森林地帯、広大なサバンナ、湿地、山地などの生態系にも、それぞれ特有の動植物群があります。このような環境に取り組んで、生命はそれに対処する、明快な戦略をくりひろげてきました。その結果は、たとえば北アメリカの亜寒帯林のエゾマツとムース（オオシカ）の生物群系のような、植物と動物との共同生活にみられるのです。

　さらに、生命の戦略（生存のしかた）自身も、環境の変化に応じて絶えず流動し、生命の維持という主題に適応する新しい変化を絶えず展開してきたのです。生物の存在様式、ことに植生型の形成に影響する基本要因は気温と降水量ですが、それはまた緯度と高度という2つの要因にも密接に関連しています。

　ある環境が、どの程度暑いか、雨が多いか、また、どの程度寒いか、乾燥しているかを知れば、その位置を知ることによって、どんな植物がそこで優勢になりそうかを正しく推測することができます。むろん、土壌や地形などの他の要因も大きな影響を与えてはいます。しかし常識的な尺度として、私たちが、知っているように、赤道が年中高温多湿であることがわかれば、そこに常緑の多雨林がありそうだと予測できるのです。

　私たちが熱帯に向かって進んだとしましょう。進むにつれて、雨の降り方が季節的になります。そこで周期的な乾期に適応する落葉樹の存在が予測されます。平均降水量が減少するにつれ、疎らな森林に出あい、それは低木の茂みに、次いで草原に徐々に場所を譲っていきます。さまざまな形態の潅木林を通り過ぎると、そのあと大陸性の砂漠がみられます。他の種類の砂漠は一見意外な場所で発見されます。チリやナミビアの沿岸性の砂漠がその例で、そこでは沖合の海流が大気を冷やし、雨を降らすのに十分な空気の上昇を妨げているのです。

　熱帯地方から極地方へ移動すると、さまざまな森林の構成や草原の形態をうつし出している植生の様式を見いだすでしょう。気候条件は寒冷になり、冬の影響力が無視できなくなります。遭遇する生物群は、熱帯のそれと比べ、豊かさでも多様さでも劣っています。ここでは、季節の変化に適応するため、生存のしかたが細かく分かれています。カリブーはきびしい自然を避けて移動し、鳥は水平線のかなたに飛び去っていきます。クマやリスは地下で冬眠します。世界のある地域では、さまざまな生態系を通って山を登るときのように、きわめて短い距離を移動しただけで、とまどうほど次々に、生命の戦略が遷移するのに出あうのです。

生命の生存に適した環境

　気温と降水量の組合せは、さまざまな生命の戦略を生み出します。こうした生命の戦略を描き出すため、生物学者はモデル化された架空の超大陸を使います（右図）。北へ行くに従って大きくなるのは、ユーラシアと北アメリカという大地のかたよりを反映しているからです。赤道付近で細くなり、南半球に入って水滴のように広がりますが、これはアフリカと南アメリカを示しています。

　この超大陸を実際の世界地図と比較してみましょう。もしメキシコが北回帰線周辺であれほど細くならず、もっと膨らんでいれば、その付近にサハラ砂漠と対応した広大な砂漠があったでしょう。アフリカが赤道付近でもっと幅があったなら、アマゾン級の大熱帯雨林が存在したはずです。

　生命の戦略はバイオーム（生物群系）として知られる大きないくつかの領域に分類されます。バイオームは、おもにその地域の気候や地形条件に応じて進化した基本的な生物社会を反映しています。

淡水の生態系

　川から海へと向かう間には、多くの種類の生命の戦略に出会います。川幅が狭く、流れが速いと、水草は生えませんし、魚もほとんど繁殖できません。河床の傾斜がもっと緩やかになると、植物が河岸近くのちょっとしたよどみに根を下ろします。流れはまだかなり速いのですが、マスやハヤのような魚は生活できます。さらに下流では、傾斜はいっそう緩やかになり、水はもっとよどみ、河床は砂や砂利だらけになり、ブリーム（コイの一種）が繁栄します。最後に、より塩分が多くて泥の多い河口川辺にくると、ヒラメやキュウリウオが勢力を広げ、サケは産卵場と餌を求めて移動していきます。

生命の生存に適した環境 161

凡例:
- 氷原
- ツンドラ
- 亜寒帯林
- 温帯林
- 温帯草原
- 硬葉樹林
- 寒冷砂漠
- 熱砂漠
- 半砂漠
- 海岸砂漠
- 熱帯サバンナ
- 熱帯落葉樹林
- 熱帯雨林
- 湿潤な海岸地帯
- 島
- 山岳地帯

亜寒帯林
超大陸の10％を占める亜寒帯林は、北極地帯の周囲を縁どっています。ムース（オオシカ）がエゾマツやカバノキを食べ、一方でオオカミの餌食となります。

温帯林
温帯林の樹木は、時には亜寒帯の針葉樹と同じ程度の高さに達することもあり、超大陸の7％を占めています。落葉樹と針葉樹が混在しており、途方もない数の昆虫や鳥、動物のすみかとなっています。

サバンナ
超大陸の12％を占める広々としたサバンナでは、ウシカモシカやシマウマなどの草食動物が何百万とみられます。そしてライオン、チーター、ハイエナなどがこれを捕らえて食べます。

砂漠
砂漠は地球の全地表面の1/4近くを占めます（温暖な半砂漠18％、寒冷砂漠7％）。北アメリカの熱砂漠では、サボテンやミチバシリ、オオトカゲ（上図）などがみられます。

熱帯林
超大陸の10％未満は熱帯林に覆われています。熱帯雨林（湿性熱帯林の1/3未満）には、きわめて豊富な生物種がみられます。熱帯落葉樹林は熱帯雨林に及ばないまでも、かなりの多様性がみられます。

山岳の生態系
アフリカの山岳生態系では、最も低いサバンナから、最も高いケニア山やキリマンジャロ、ルウェンゾリ山地などの山頂をこれまで覆っていた氷原までの間に複雑な植生帯の連続的な変化がみられます。高度が上がるにつれ、ゾウの群れからイノシシ、サル、ブッシュバックへと変化していきますが、氷に近づくに従って動物の数は急速に減少します。

山岳図の凡例:
- 万年雪
- アフリカ山岳帯
- 準山岳荒地
- シャクナゲ帯
- 竹林帯
- 低山雨林
- サバンナ

動物: ハイラックス、ヒョウ、ダイカー、ブッシュバック、サル、キノボリハイラックス、ボンゴ、イノシシ、ゾウ

標高: 2,000 / 3,000 / 4,000 / 5,000 / 6,000

食糧の基礎づくりと人類

1万年前までは、人類の祖先がまわりの植物や動物に影響を与えることはほとんどありませんでした。それから、人類にとっても、野生のまま育っていたさまざまな種にとっても大きな飛躍が訪れました。これは生物多様性のうえで、それ以前の数百万年もの間にはとてもみられなかった、深い意味を持つ飛躍なのです。偶然がたびたび重なって、人類の先祖は動植物を育成し、種を選んで、その進化の過程に手をかすようになりました。これほどまでに進化の作用を操った生物は、人間のほかにはいませんでした。そして、その進歩が地球の表面を改造してきたのです。

運命の第一歩が踏み出されたのは、多くの食糧のとり入れを期待して、ある形態の野草、つまり穀類に人類の先祖が注目したときです。彼らが栽培したのは、個々の穀粒がより大きく、生育期間がより短く、そのうえ彼らに必要な特徴をそなえた品種でした。自然の進化の領域であった淘汰に、人類が圧力を加えはじめたのです。小麦を例にとると、穂先の種子が飛び散らず、成熟するまで地面に落ちない種類が、しばらくして開発されました。こうして初期の栽培者は、自家使用のための種子を好んで保存するようになりました。ということは、小麦という植物は、人間の力をかりなければ、もはや繁殖することができなくなってしまったのです。

同じような進化の形態が羊や牛や馬などの動物にも繰り返されました。家畜化された系統は、いろいろな特徴から柔順なものが選ばれたのですが、それはやがて自分自身で生き残っていく能力を失わなければならなかったのです。人間に飼いならされただけでなく、肉づきや乳房の重みにたえかねたのでした。現在の牛の飼育種は、野生状態では生き残っていくのが難しいでしょう。

人類の先祖は、利益の規模を拡大するために、動植物の群れを集め、次々に家畜化と栽培化を続けました。この初期の成功によって、全面的な農業が発展したのです。今日では、地上のかなりの部分が基幹作物と家畜の大群のためにあてられています。基本的食糧の供給源がこのように「地球化」した結果、世界の人口は増大する部分を含めて、この共通の器で食べていけるのです。

人類の祖先がたった一握りの動植物の育成で満足したのは、まったく不思議です。何百種の植物、何十種の動物を狩猟採集民は利用していました。それにもかかわらず、初期の農民の関心は主として、全部で50種以下の植物に限られていました。これらの基本的食糧源は、現在もなお人類の欲求を満たしています。私たちの栄養の95%はわずか30種の作物が供給しています。私たちの食事の3/4は、小麦、トウモロコシ、米をはじめとする、わずか8種の作物が供給しています。私たちが食べる肉や乳は、さらに少数の種からもたらされるものです。供給源に関するかぎり、現代の農業も、新石器時代の農業とあまり変わりがありません。もしも人類が進化のための協力関係をさらに発展させ、私たちの周囲にある遺伝子資源のもつ可能性をさらに実現できるなら、人類の進路には何が開けてくるでしょうか。

食物改良と進化の立役者

ホモ・サピエンスは、地球上の動植物との特別な協力関係から多くの利益を得てきました。少数の種の集約農業によって多くの人類は、食糧生産以外の作業に従事できるようになり、人口を1000倍にも増やすことができるようになりました。改良された品種を生産するための異種交配は最近になって発達したものです。かつては、農民はより収量の多い種を選択するだけで、あとは自然の異種交配によるかってな進化にまかせてあったのです。その結果、最初の作物化は右の世界地図に示されるいちばん種の多様性の大きい地域、つまり異種交配による品種改良の可能性が最も高い地域で起こりました。ただその地域は、まだ厳密にはわかっていません。なかには、同時に異なる場所で作物化された植物もあります。

動物農場

作物化された植物と同様に、人類は動物とも特別な協力関係を発達させてきました。効率のよい少数の動物が人類のすべての需要を満たしています。たとえば、乳牛は現在の飼育方式において、1回の泌乳期間に6,000ℓの乳を生産することができます。彼らは、コンピューターに制御された機械によって高エネルギー飼料を与えられています。このような高い生産性を得る代償として、こうした動物は、その所有者にほぼ完全に依存しなければ生きていけません。

北アメリカ
シチメンチョウ

中央アメリカ
トウモロコシ
トマト
キャッサバ
サツマイモ
シチメンチョウ

南アメリカ高地
ジャガイモ
ピーナツ

● 原産地：国内産の植物、家畜
→ トウモロコシの拡散コース

旅の道連れ
価値が最も高く適応性も高い作物は、昔から移住や侵略、探検、植民地化に伴って人類とともに旅をしてきました。その結果、ある作物は地球の隅々にまで広がり、またコーヒーのように、原産地からはるかに離れた場所で君臨しているものもあります。上図は、トウモロコシの旅の道筋を示しています。

牛の祖先
今日の肉牛と乳牛は、すでに絶滅したヨーロッパ産の野牛（オーロックス）とはまったくかけ離れたものです。

オーロックス
ヘレフォード
シャロレー
フリージアン／ホルスタイン
ジャージー

トウモロコシの物語
かつて原始的なトウモロコシの収量をあげるために畑に育っていたメキシコ産の野草テオシンテが、現代のトウモロコシの祖先となりました。右図は現在の栽培実験に基づくもので、テオシンテの「穂」の堅い外皮が徐々に軟らかくされていったようすを示しています。最後に、これは現在の巨大なトウモロコシ（実物大）にたどりつきます。穀粒は完全に熟しています。人間がこの粒をはずして植えてやらなければ、現在のトウモロコシは数世代のうちに滅亡してしまうでしょう。種子があまりに密に集中しているので、このままでは水や土、栄養素の奪い合いになり、成長にいたることができないからです。

テオシンテ

ごまかしの収穫

今日、世界のほとんどは、ほんの一握りの種に完全に依存しています。上の棒グラフは、2000年に生産高が57億t以上あった22種の作物を示しています。上位4作物が世界全体に占める割合は、残り16種を合計した割合をはるかに上回っています。また家畜についても、いかにわずかな種に頼っているかがよくわかります。なかでも、ブタの貢献が9,000万tで最も大きく、鶏肉の合計がそれに続いています。

現代のスーパーマーケットが提供している商品の多様性は、そういう意味ではまやかしにすぎません。包装を取り除いてみれば、全地球で必要とする栄養の95%はたった30種の作物から得られており、私たちの食生活の3/4はたった8種類の作物に支えられていることがわかります。一方で、食料とすることが可能な植物は3万種も存在しているのです。

多様性の開発

多様性こそ、地球の生命の特徴です。生物の種、種のなかの品種、種のなかの個体群、あるいは個体群に属する個体を見れば明らかです。生命の流れを形づくる種には、何百万という多様な種類があって、とても数えきれません。それと同じように、外見はまったく同一の生物でも、遺伝子の段階で注意深く観察すると、びっくりするほど多様な種類があるのです。

生物の1つの個体は何千という遺伝子をもっており、それぞれの遺伝子は、体長、体重、成長速度、病気に対する抵抗力などの遺伝形質に影響を与えています。たとえ、ある種に属する個体の数が何百万、いや何十億であったとしても、このような統計値は、個体がつくる遺伝子の組合せの数に比べれば、けた違いに少ないのです。遺伝子によって受けつがれるこの多様性こそ、どんな環境の圧力にも種が適応できるための鍵なのです。当然、ほとんどの生物は、子孫が繁殖するまでに死んでいくので、遺伝子の可能性は、そのごく一部しかこの世にあらわれません。それにしても、遺伝子の潜在能力はこの世で最も価値がある資源のひとつなのです。

遺伝子資源の利用と保存

地球の遺伝子資源は、驚くほど大がかりな図書館にたとえられます。それぞれの種は無数の本棚に並ぶ本の1冊で、その各ページは種の遺伝子プールの一片に対応します。

いまのところ、目先の利益にかかわる数冊を見ているだけで、私たちはこの図書館を実にわずかしか利用していません。しかし、その数冊だけでも、私たちにはかり知れない利益をもたらしてくれており、ここにあげたのは、そのごく一部でしかありません。

悲しいことに、このばく大で有益な、かけがえのない遺伝子の図書館は破壊されつつあります。何冊もの本が、ときには棚ごと、ひとしきりの生息地破壊によって失われつつあるのです。いまや、図書館の要となる部分さえ抜き去られようとしているのです。失われた遺伝情報や遺伝物質の重要性は想像もできません。

一度その図書館の価値が正しく認識されれば、それがもたらす利益によって保存も容易となるはずです。

ホホバ
長い間、砂漠の珍しい植物と考えられていたホホバはロウの原料となり、マッコウクジラから採れる鯨油の良い代用品で、化粧品や潤滑剤に広く使用されています。ホホバ油は1kg当たり22〜44ドルで販売されています。

ツルニチニチソウ
白血病に苦しむ世界の子どもたちの9/10が、ツルニチニチソウの薬効によって生き延びています。

ティラピア
東アフリカのティラピアは、他のほとんどの魚類よりはやく餌を肉に変えるため、ますます養殖漁業で利用されています。

遺伝子のプール
動植物の種はそれぞれ遺伝子のプールをもっており、その遺伝子を選択して多様な個体が現れます。その例として、野生のキャベツ（左図）、およびイヌ科（右図）の遺伝子から得られる多様性を示しました。たとえ、グレーハウンドの純血種以外のイヌが地上から消えたとしても、「犬」というものは残ることになりますが、たくさんの遺伝子は失われているのです。

遺伝子資源の利用と保存

私たちが毎日、いつも、なにげなく利用している産物は、遺伝子という富のおかげでたいへん入手しやすく、役にたつようになりました。主要な作物が毎年すばらしい生産をあげているのは、世界中の栽培農家が遺伝子を改良して、灌漑、肥料や殺虫剤によりなじむ品種をつくっているからです。

医薬の分野でも、同じような前進が日々なされています。私たちが買う薬品や調合薬で、野生種の遺伝子資源の恵みを受けているものといないものは、ほぼ半分の割合です。あなたがもし1950年に子どもであって、白血病かホジキン病、またはそれに関連するがんにおかされたとしたら、あなたが長期に生き延びる見込みはわずかに1/20でした。今日では、熱帯林のニチニチソウ属の植物から開発した2種の薬品のおかげで、生存率は4/5になっているのです。植物から抽出した抗がん剤によって、現在米国では毎年3万人の命が救われ、その経済効果は少なくとも3,700億ドルになります（1990年）。1990年代には、先進国での植物に由来する薬品の累積的な商業価値は少なくとも5,000億ドルでした。

同じように、工業でもこの遺伝子資源をさまざまな形で利用して有益な製品に加工しています。家具をみがく、ジョギングシューズをはく、ゴルフボールを打つ、ジェット機で空を飛ぶ。どの場合にも、遺伝子資源がひと役買っていて、私たちはその恩恵を受けられます。

遺伝子資源はいまも驚くばかりに豊かですが、それも氷山の一角にすぎません。いまのところ、科学者の仕事

グワユール
グワユールは砂漠の低木で、天然ゴムを産出します。この低木の遺伝子の多様性は驚異的です。

軟体動物
軟体動物は公害センサーとして一級品です。その他の海の生物はウイルスの研究に有用です。

サメ
サメは、がんに対する抵抗性をもつとされる唯一の脊椎動物です。したがって、人類のがん研究において非常に重要なモデルとなります。

アルマジロ
らい病にかかる唯一の動物として知られるアルマジロは、ワクチンづくりに役だっています。

マナティー
フロリダ産のマナティーの血液は、凝結が遅いという特徴があります。この特徴は、血友病の新たな光をもたらしました。

野生の価値
毎日、毎時間、ますます多くの動植物が私たちの生活の質を支えています。エチオピアからきたったひとつの遺伝子が、カリフォルニアの大麦生産を黄化矮小病から守っています。おそらく世界で最も広く使われている薬であるアスピリンは、ヤナギの樹皮から得られる化学物質から開発されたものです。避妊用ピルは、メキシコの野生のヤムイモに含まれるジオスゲニンから生まれたものです。しかし私たちは、その発見に劣らぬ速さでこの財産を破壊しつつあります。たとえば東アフリカのグレートリフトレイクでは、この地方特有の何百万というカワスズメを含む魚の捕りすぎが原因で、この野生の遺伝子プールは破壊され、より優れた魚を育てる人間の好機も減少してしまうでしょう（かつてヴィクトリア湖は500以上の異なる種類のハプロクロミス属カワスズメの生息場所でしたが、1950年代にナイルパーチが輸入されてからは、その半分が姿を消しました）。同様に、動作の鈍いフロリダ産マナティーは、血友病研究に非常に重要ですが、わずか2,000頭にまで減少してしまいました。いちばんいけないのは、その価値が十分調査されていない種をも私たちが滅ぼしていることでしょう。

遺伝子工学
遺伝子資源のもつ可能性を解き放つという意味で、遺伝子工学の研究者は、非常に有用な進歩を遂げるかもしれません。遺伝子操作の新技術は、品種改良計画を加速させ、自然のままではとうてい不可能と思われる遺伝子の組合せをつくり出すことができます。

右の例が示すように、私たちは加速された品種改良によって今なお多くの利益を得ています。組織培養と遺伝子操作の利用は、新時代への飛躍を約束するものです。もしも、豆の窒素固定能力を小麦にも移すことができれば、多くの高価な肥料は不要になるでしょう。農業のバイオテクノロジー産業は、1990年代後半には1,000億ドル以上の値打ちがあったはずですが、このまま世界の野生の遺伝子プールが減りつづけると、結局は非常に乏しい遺伝子でしか作業できなくなってしまいます。

野生のトマト (Lycopersicon pimpinellifoliym)
トマト
今日流通しているトマトの品種の多くは、野生のペルー産トマトがもたらしたフザリウム属凋枯病に対する耐性がなければ、生き残ってはいなかったでしょう。

野生のヒマワリ (Helianthus petiolaris)
ヒマワリ
健康な食生活のシンボルであるヒマワリは、世界で最も重要な油の原料のひとつであり、野生ヒマワリの遺伝子プールから恩恵を受けています。

野生のキャッサバ (Manihot glaziovii)
キャッサバ
この第一級の食用作物の収穫高は、実験的には18倍にも高められていますが、これは野生のいとこともいうべき Manihot glaziovii から得た耐病性のためです。

はほんの序の口で、30万種の高等植物のうち、わずか10％について調べただけですが、それでも相当数の植物がきわめて経済価値の高いことが証明されています。動物界の可能性については調査が始まったばかりです。

多雨林の「司書たち」

どうしたら、野生の神秘の鍵をあけることができるでしょうか。どうしたら、太古の「図書館」ともいうべき、この遺伝子資源の深い意味を読みとることができるでしょうか。

「ジャングルでは、インディオの知識は最良だ」という意味のことわざが、スリナムの人々の間にあります。大切な答えはここに、すなわち消えゆく伝統文化をもつ民族のなかにあります。伝統文化は、人類にとって「遺伝子図書館」の「司書たち」の役をしており、どの伝統文化も、何百年にも及ぶしんぼう強い試行錯誤のすえ、注意深く整理された、索引カードの積み重ねをもっています。

「野生の鍵をあける」方法はほかにも多数あります。科学者たちが植物の無作為抽出検査を試みることもできます。しかし、この方法は結局、何千もの選考テスト、多くの時間、巨額の金を伴います。また未刊の民族植物誌の資料を研究し、これに見本調査をあわせれば、さらに調査の価値がある植物を発見することができるのです。

しかし、いちばんよい方法は、民族植物学者が現地調査に専心することです。たとえば、2人のアメリカ人学者がアマゾン川流域の熱帯雨林を調査した結果、経済的利益の見込まれる植物を1,000種以上も確認しました。この研究計画は、熱帯雨林の原住民による森林植物の伝統的利用法の調査を目的にしていました。調査の結果、

野生の神秘を利用する

私たちが自然環境やその資原からますます遠ざかるにつれ、そうした自然環境と直接緊密な関係を保って暮らしている人々の知識や能力に、ことさら依存するようになってきました。私たちの食物や薬品の多くは、土着の人々が利用していることから知られるようになったものです。私たちは、こうした野生に対する「人間の鍵」ともいうべき存在をわきに押しやってしまうのではなく、保存しようとする生態系の重要で本質的な要素と考える必要があります。現在私たちは、動物や微生物、植物などを抽出・分析するための非常に精巧な設備をもっていますが、それでも根本的な問題は、要するにどこから手をつけるべきかを知ることです。新薬や新しい食糧その他の製品の研究を何にしぼるかに伝統的社会の助けがあった例は多くあります。こうした人間の多様性を尊重し保護していくことにより、保存された地域に隠れた財産を確実に探り出すことができるでしょう。

ガイアナの心臓を止める毒
ガイアナの熱帯雨林に住むインディオは、何世紀もの間、魚の行動を大きく変える特殊な毒を使って魚をとってきました。犠牲になった魚は、ピラニアなどの餌とはならず、水からとび出すようになります。コンラッド・コリンスキー博士は、この薬品を心臓手術に利用できる可能性を指摘しました。なぜなら、これは臓器を殺さずに心臓を停止させ、手術後に再始動させることができるからです。この毒をもつ植物は1774年、クリストフ・フシー・オーブレットにより発見されましたが、誤って非常に近いが不活性な同類の植物の特徴をもっているとして記載されました。この種の混同は珍しいことではありません。ガイアナのインディオにとっては、オーブレットの*Clibadium sylvestre*（Aubl.）と本物とはまったく別物であり、においと包葉の違いで区別できます。

野生の神秘を利用する　167

少なくとも6種の植物が、森林の住民によって、避妊薬として使われていることが判明しました。そのほかの発見では、ポリープ状の皮膚伝染病の治療薬、食糧や肥料に使われる高タンパク質のココナツの実、セッケンに使われている種子などがあります。

しかも森林の住民は、持続可能という基準でうまく森林を管理する、おそらく数少ない人間ですが、その彼ら自身が今危機に瀕しているのです。彼ら、森林の「司書たち」は、解雇が間近いように思われます。彼らの「図書館」は閉鎖のおそれがあるのです。経験によれば、幾千年もかかって進歩発展した文化も、消滅するのはびっくりするほど速いものです。アマゾン流域だけでも、90以上の部族が20世紀中に途絶えたと考えられます。さらに多くの森に住む人々が、固有の文化をもつ社会としては存在しなくなるでしょう。

この悲劇をくい止める道は、「遺伝子の司書たち」の世界に安定した経済的基盤を与えることです。すでに、アジアやアフリカのいくつかの国は、伝統的な医療の開発を奨励し、それを国民の健康管理計画の重要構成部分にしています。WHOの推定によると、世界の人々の80％が伝統的医療に依存しています。土着の医薬は、比較的安いうえに、現地の人々がためらいなく受け入れられます。

多くの発展途上国には薬の輸入に何百万ドルも支払うゆとりはありません。タイやネパールのような国々では、薬草を開発して外貨を獲得する手段にしており、ドイツでさえも、ジギタリス製剤の原料であるジギタリスの栽培を促進するため、森林のごく一部を管理しています。

呪術医と歯痛の本

土着の専門家、たとえば上に描いたような呪術医が、伝統的社会における植物の利用法に関する情報を収集しようという試みから、現在何百人もの相談を受けています。タンザニアでは、ある科学者が、現地人が歯痛を治すために使っている木を発見しました。この木はまったく新しい種であるばかりでなく、アフリカでは発見例のない属の植物でした。アマゾンでは、民族植物学者のチームが、南アメリカ熱帯雨林のインディオによって利用され、食糧や薬品、工業原料としての経済的可能性をもつ1,000種以上の植物を記載しました。たとえば、ツボクラリンは筋弛緩薬として使われていますが、これは南ブラジル、ペルー、コロンビア、パナマの熱帯雨林に自生するパレイラから抽出されます。

インディアン、ポドフィルム、がん

北米インディアンは、重要な自然の資源への一つの鍵を与えてくれました。ポドフィルムです。滅びつつある北米インディアンの部族が、何世紀も前にこのすばらしい植物の秘密を解き明かしたのです。ペノブスコット族がいぼの治療に使い、チェロキー族が難聴の治療や寄生虫駆除に使っていたポドフィルムの秘密の特性は入植者たちに伝えられました。現在では、化学者たちが詳細な研究を行っています。「VePesid」は、ポドフィロトキシン（ポドフィルムからの自然抽出物）の半合成誘導体ですが、睾丸がんの治療に使われます。ある例では、これを使った患者の治癒率は47％に達しています。ポドフィルムの物語はこれだけではありません。北米インディアンの助言により、ジャガイモの害虫駆除にも使用され、成功を収めています。さらに、ポドフィルムはヘルペス1、ヘルペス2、インフルエンザA、はしかなどの重要なウィルスに対し、興味深い効果を示しています。

進化の危機

進化を論じる時間の尺度でいえば、私たちの種（人類）は、やっとその名簿に登録されたばかりです。しかし、人類が地球の資源に与えた衝撃と、未来に生きる基盤としての遺伝の資源に与えた衝撃という点からみると、人類の短い歴史はあまりにも重大です。なぜなら、それは破壊の物語だからです。

生息地の破壊

私たちが知る限りでは、地球は宇宙でただ1つの緑の惑星です。しかしこの惑星の最も新しい住人である人類は、地質学的時間からいえば、まさに一瞬の速さで、地球をおおう緑をひどく不毛にし、豊かな遺産を台なしにしようとしています。

すでに述べたように、人類は驚異的な速さで砂漠を拡大させ、熱帯雨林を消滅させています（P.40～41、44～45）。サンゴ礁、マングローブ林、入江、湿地といった人類の相続財産は破壊寸前にあるかにみえます。人類は、草原の広大な地域を掘り返し、その他の土地でも、舗装、伐採、開墾、排水、汚染などの事業を進めるでしょう。いいかえれば、自然の潜在的可能性の特質をなくし、原形をとどめぬまで開発するでしょう。そして、そのすべてを人類の幸福の名において進めるでしょう。

人類の遺産の管理方針を思いきって転換しなければ、人口増加の波が寄せつづけ、原料に対する人類の欲望が強烈になるにつれ、破壊の進行は、今後、1世紀の間にさらに速度をあげるでしょう。しかし、飢えた家族を養うため、明日の暮しの基盤である自然の資源を破壊している自営農民を、だれが非難することができるでしょうか。非難されるべきは、豊かになりすぎた先進国の市民です。世界中から際限なく自然資源の流出を求める点で、彼らのほうがよりいっそう破壊的です。

私たちの曾孫の時代は、大氷河期よりもはるかにひどい、資源の枯渇に苦しむ地球に直面するかもしれません。そのときになって、地球の生命維持装置と調和する環境で生きるにはどうしたらよいかを勉強しても、人類が200年間におかした損失は、回復するのに何千年もかかることを思い知るだけなのです。

一度抹殺した熱帯林は容易に回復しないことを私たちは知っています。表土とともに重要な養分が消失して、森林が再生する見込みは事前に奪われているのです。砂漠化も、巨額の費用をかけなければ、取返しがつかなくなってしまいます。生物圏のある部分、熱帯雨林、サンゴ礁、湿地といった代表的な生態系は、その生命の豊かさ、その環境の複雑さのため、進化の「発電所」の役割を果たしていますが、人類はこうした生物圏の要所を破壊し、何百年にも及ぶ未来を台なしにしているのです。

かけがえのない遺産

現存する生物体は、約40億年にわたる進化の継承者です。この遺産の複雑さはほとんど考えも及ばないほどなので、その生物学的な相互関係のネットワークを人間がどれほどかき乱しているかは、容易には分析したり予想したりできません。しかも人間は、この遺産をひどく無頓着にみているように思われます。管理上の誤りは、いまや生物圏のすべての部分をまるごと破壊しようとしており、まさに私たち自身の生命維持システムにもひどい痛手が及びつつあります。

さまざまな圧力がこうした結果をひき起こします。世界のある地域での貧困は、他の地域での過度の消費に対応しています。しかし、これらのもたらす結果は不思議と共通しています。すなわち、周囲の環境の大規模で過度な収奪です。全生態系がその土台を侵食されています。過度の放牧と雑木林伐採が砂漠を拡大させつづけます。農業用に干拓された沿岸の湿地帯からは栄養分の代りに有毒薬物が海に流入し、工場排水や下水がそれをさらに悪化させています。また、熱帯林は毎分30haの割合で破壊されつつあり、何千という種の生息地が減少していきます。ヨーロッパでは集約農業により森林や生け垣がせばめられ、それとともに無数の生物も姿を消しています。

この地球の生命の過程そのものともいうべきバランスや結びつきが、現在、危機に瀕しています。それが完全に崩壊してしまったら、どうなるのでしょう？

縮小する森林
ブラジルではアマゾンの森林の約60万km²（フランスと同じ大きさの面積）がすでに消滅し、年間2万4,000km²の森林伐採が続いています。インドネシアでは原生林の70％以上が消滅しました。上のグラフは、熱帯林の面積の減少を示しています（P.40～P.41）。

拡大する砂漠
砂漠化の影響は地球の地表面の1/3以上に及び、10億人が110ヵ国で危機に直面しています（P.44～45参照）。毎年15万km²（ギリシャよりも大きい面積）が砂漠化しています。

英国の消えゆく田園
1984年から1990年の間に生垣が年間2万2,000kmの速度で消滅し、そこに生育していた動植物すべてが道連れとなりました。
スコットランド低地方のヒースは、1800年代以降4/5が減少しています。野生の草花が咲く草原と一緒に緑豊かな牧草地も耕地化されたり、開発されたりしています。

消えゆく土壌
これまでに2,000万km²（地球の地表面の15％）が耕地には不適格となる一方で、水と風による浸食によって合わせて約1,700万km²（地球の地表面の13％）が被害を受けています。今後25年でどうなるでしょうか。

かけがえのない遺産 169

脅かされるケープの植物相
ケープ植物保護区危険地域／ホットスポットに生息する生物多様性は、すでに主な原生植物の75％以上を失っており、ちょうど1万8,000km²だけが残っています。このホットスポットは、地球上で最も重要な植物相が集中する地域の1つであり、8,200種の植物種のうち5,682種は他では見られません（P.49参照）。

pH7：健全
pH6：ザリガニ以外の魚介類の許容範囲
pH5：危険 魚はほとんどいない
pH4：ウナギのみ生息可

スカンジナビアの酸性雨
pH5.5以下の湖では、ほとんどの魚が姿を消し、pH4で生態系は死滅します。pH値が低いほど酸性度は高くなります。スウェーデンにある9万ヵ所の湖のうち、およそ1万7,000は酸性度が高い状態です。そのうち1万は非常に深刻で、敏感な生物は生息できません。1977年以降、さらに7,000の湖には生物が生息できるように定期的に石灰をまいており、その費用は1998年までに2億7,000万ドルに達しました。スウェーデンは、国内で酸性雨の原因を減らすことでは大きな成果をあげていますが、他国から酸性化した二酸化硫黄が大量に流入しています。

落葉樹林　ツンドラ　山岳地帯　草原　サバンナ　川　湖　島　サンゴ礁　入江

消えうせた生物の種

かつて生存していた生物の種の90%以上が消滅してしまいました。自然の作用で滅び、たいていの場合、より適応力のある、すぐれた種がとって代わりました。人類が舞台にあらわれ、食糧や交易やスポーツのために動物の狩りをすることを覚えてからは、その過程で野生生物の生息地を破壊する場合が多くなり、種の絶滅の比率は急に高まって、20世紀の初めには、ついに1年に少なくとも数種が絶滅するという事態になりました。

自然環境の悪化と破壊が多方面で進んでいる現在、実際の絶滅の速度が1日に25～50種にものぼることは確かです。この絶滅の速度は「実質的」なものです。多くの種の絶滅は時間の問題なのです——これを生物学者は「生きる屍」と呼んでいます。というのも、生息地が極端に狭く点在していて長期間生きられないからです。今後数十年間で、これらの種を救うために人類がさらに努力しなければ、私たちは数百万という種の「実質的」な絶滅を目にすることになるでしょう。その数はおそらく、地球の種全体の半数にも達するでしょう。

その規模といい、短縮された期間といい、この大量絶滅は、生命の誕生以来経験したどれをも上回る最大の生物多様性の崩壊を意味します。数だけに関していえば、6500万年前、恐竜とそれに関係する生物の「大絶滅」があって、地球上の種の半分が死滅しましたが、これはそのときの大絶滅を超える大きなできごとになるでしょう。

科学者たちは約5万2,000種の脊椎動物、約30万種の高等植物、それに、概算で少なくとも10万種程度の下等植物が存在することを立証しています。現存する生物の種は全体で700万から1,300万種と思われますが、その大部分は無脊椎動物です。無脊椎動物の約80～90%は昆虫です。いま大量の絶滅が進行しているのは、主としてこの無脊椎動物、とくに昆虫です。

自然保護主義者は、「1年2～3種の死滅」ということをよく口にしますが、そのとき彼らが引合いに出しているのは植物、哺乳類と鳥類だけで、後者2グループは合計しても1万5,000種以下です。絶滅のおそれのある植物を植物学者たちがかなり詳細に計算したところ、総計5,611種に達しました。（植物学者の中にはその数倍の約3万種に達すると言う人もいます）。彼らの考えでは、大まかに言って、一つの植物に対しても、多くの場合、少なくとも20種の動物が、生存のためにその植物に頼っています。したがって、それぞれの植物が消滅すれば、さらに多くの動物の種が、最後には絶滅する結果となるでしょう。

種の蓄えこそ減りましたが、この絶滅の波を超えて生き残る種のなかには、皮肉なことに、御都合主義的な種が異常に大量に出現することになりそうです。御都合主義というのは、最近死滅した種によって空白になった生態的な適所に入り込んだり、人間の廃棄物を食べたりして、たくましく成長することができることからそうよばれています。このような御都合主義的な種には、ハエ、ウサギ、ネズミのほか、雑草と呼ばれる植物があります。人類は、こんなやっかいものが支配する世界をつくり上げているのです。

多様性の破壊

私たちは、先例のない絶滅の時代の初頭にいるようです。確かに絶滅は地球上の生命にはつねに現実に起こっていますが、それにしても現在の絶滅の波は、自然の状態や先史時代の「基底状態」で起こる速度の1,000～1万倍で進んでいます。実際、現在進行中のような大規模な生態系の衰退は、進化そのものをも崩壊させかねません。

生命の炎

約40億年前とみられる最初の火種から、生命の炎はますます明るく燃えつづけてきました。主要な絶滅期にはかげりを見せましたが、それが過ぎるとそれまで以上に大きな炎へ回復したのです。今日、生命の炎は激しい人類の圧迫によって脅かされています。生息地破壊は勢いを増しています。

単位＝100万年前

カンブリア紀 540～500	オルドビス紀 500～435	シルル紀 435～395	デボン紀 395～345	石炭紀 345～280

多様性の破壊　171

生命のタペストリーをほどく

巨大なタペストリーの糸を子どもがむしるように、人類は生命の網を破りつづけています。そして、その結果起こりうる影響については、限られた知識しかもっていません。たとえば、マレーシアのクアラ・ルンプール近郊の洞窟から石灰石を掘り出した後どうなったかを考えてみてください。その結果、あるコウモリ *Eonycteris spelaea* のねぐらや餌場を破壊したのです。このコウモリは東南アジアの最も優れた果物のひとつ、ドリアンの受粉を行って、年間1億2,000万ドルのドリアンを生産を助けていました。

今日のドド鳥

300年前に絶滅したドド鳥のことはだれでも知っていますが、いま危機に瀕している他の生物を知る人はほとんどいません。ドド鳥が絶滅したとき、それが発芽を助けていた少なくとも1種類の木も、絶滅に向かう長い坂道を下り始めました。

破壊のグラフ

　私たちは現存すると考えられる700万～1,300万の種のうち、1日に25～50種を事実上失いつづけています。人間の数が、かけがえのない地球という生息地で、環境面において均衡点に達するころには、少なくともすべての種の1/4、もしかすると1/2は消滅しているかもしれません。現在、種の消失のもっとも重要な原因は生息地破壊です。いまの傾向が続き、特に熱帯林の消失が止まらないなら、種の絶滅のスピードは今よりはるかに早くなるでしょう。

| 二畳紀 | 三畳紀 | ジュラ紀 | 白亜紀 | 第三紀 | 未来 |
| 280～230 | 230～195 | 195～140 | 140～65 | 65～1.8 | |

画一化の危機

絶滅という奈落の底に落とされる哺乳類、昆虫、植物などは、人間にとって価値があったかもしれないそれぞれの遺伝子も道連れにして滅びます。種の消滅は、遺伝子の供給源の消滅と同じことであり、また人類の未来の幸福を増進する遺伝子の利用の見込みが消滅することでもあります。絶滅によって失われたものは取返しがつきません。そして人類は、この遺伝子の資源の数々の経済的可能性について何も知らないのです。つまり、多くの場合、私たちは何を失ったかということにも、まったく気づいていないのです。

なお悪いことに、遺伝子の多様性がおかされると、種の数が消失するだけではすまなくなります。100万の個体をもった1つの種が1万の個体に減ったとします。これでもなお種として生き残ることはできますが、これは品種とか個体群とか、また他の発生学上の下位単位でいえば、少なくともその90％を失うことになるのです。この結果、遺伝子の多様性も少なくとも半分は同時に失われるのです。この侵食は、目に見えないので見過ごされやすいものです。しかしそれは、種そのものの消失にも匹敵する、容易ならぬ脅威を意味しているのです。

もっと端的にいえば、人類は野生と半野生の植物を消滅させていますが、実はこれらの遺伝子こそ、主要作物の栽培を続けるには常に欠かせないものなのです。食用植物は8万種と推定されていますが、そのうち大規模に栽培されているのは150種にすぎません。しかも、わずか30種の植物で人類の食糧の95％をまかなっているのです。この30種は、人類の要求を満たすためにますます虚弱になり、自分自身の遺伝子の供給源が減ったため、外部から遺伝子を注入しなければなりません。

家畜の系統にも、これと似た衰退がみられることが多くあります。牧畜業は限られた飼育種に集中する傾向があります。その結果、飼育の均一化が進み、非常事態に近づいています。ヨーロッパでは、20世紀の初めから国産動物の全種の半分は絶滅の危機にあります。残っているのはわずか800種以下で、その1/3はまもなく姿を消す恐れがあります。

ニワトリのコーニッシュ種の場合は、古い血統の死滅を許した誤りがよくわかる実例です。コーニッシュ種は、家禽のなかでも成育がはやい亜種でしたが、産卵が多く味のよい新品種にとって代わられました。業者は、鶏舎を奪ったこのニワトリの成長をはやめるため、コーニッシュ種の遺伝子の注入が必要であると判断しましたが、そのときはもうコーニッシュ種は消滅していたのです。

ときにはまた、ある植物や動物が、隠れた遺伝子の富を発見する手がかりになることがあります。たとえば、マダガスカル島の森林植物のニチニチソウから2種類の強力な抗がん剤が製造されています（P.164〜165参照）。ほとんどのニチニチソウは、必要なアルカロイド系化学物質が希薄なので、1kgの薬を抽出するために、500tの植物を原料にして製造しなければなりませんでした。やがてアルカロイドを10倍以上も含む、西インド諸島の変種が発見され、生産効率が高まったのです。

従来の品種
従来のトウモロコシは、小さいけれども幾重にも撚った太いロープ、つまり多くの植物の品種に支えられていました。遺伝子の多様性が、この個体群を害虫や病原菌から守っているのです。

新しい品種
現在のトウモロコシは、細いひもで危うくぶら下がっています。袋が大きくなると、落下の危険も増大します。米国では1970年、葉につく真菌が原因で全作物の15％が枯れ、20億ドル以上の損失となりました。いよいよ最期というときに、原産地メキシコからの耐性の強い品種の導入により「技術的解決」をみたのです。

遺伝子の侵食

"農業技術の産物によって、その技術の基づく源がとって代わられつつあります。これは、たとえていうなら、屋根の修理に家の基礎の石を取って使っているようなものです。"
マサチューセッツ大学、ギャリソン・ウィルキス教授

進化の過程を脅かすのは生息地破壊だけではありません。遺伝子の侵食が、多くの作物や家畜の遺伝子基盤を枯渇させているのです。豊かな多様性が危険な均一性にとって代わられると、将来の農業の発展の道は閉ざされていきます。

これによって、可能性としてどれほどの損失があるかを、Zea diploperennisという珍しい多年生のトウモロコシの歴史が示しています。1978年にメキシコのシエラ・デ・マナントランの数haの畑地で発見された新種は、発見時すでに2,000株に減っていました。しかも、この種の遺伝子は、トウモロコシの多年性生産と、トウモロコシの7つの重大な病気のうち少なくとも4つに対する耐性の増進の道を開くかもしれません。このなかのいずれか1つが実現しても、数十億ドルが節約できるのです。

エクアドルのリオ・パレンケ研究所のように、例はほかにもたくさんあります。面積はたった100haですが、その中には1,216もの植物種があり、地球上で最も多様な植物が集中する場所です。しかし、このエクアドルの沿岸湿潤林の最後の一画も、燃料と建築材を求めて森林を伐採する地元民によって、残念ながら侵食されつつあります。

1. 1840年アイルランドのジャガイモ疫病で200万人死亡。
2. 1860年ブドウの病気によりヨーロッパのブドウ酒産業が打撃を受ける。
3. 1870〜90年コーヒーの病気により、セイロンは貴重な輸出品を失う。
4. 1942年米作壊滅、数百万のベンガル人が死亡。
5. 1946年米国のエンバクが細菌性の病気により全滅。
6. 1950年小麦の茎銹病により米国の小麦収穫大被害。
7. 1970年トウモロコシの細菌性の病気が米国のトウモロコシ生産地の80％を脅かす。

人類の損失の算定

ますます多くの人間が、より少ない作物の品種に依存するようになるにつれ、単一栽培の崩壊が与えるであろう影響は増すばかりです。もしトウモロコシが全滅すると単に食糧や飼料供給が絶たれるだけではなく、アスピリンやペニシリン、タイヤ、プラスチックなど、トウモロコシがその生産にかかわっている多くの製品に影響が及ぶのです。

遺伝子の侵食 173

高収量は危険

同系交配の均質な株に重点をおく現在の植物栽培は、大規模な単一栽培化の傾向を進めてきました。従来の農業地帯の光景（左上図）は遺伝的に多様だったのに対し、現在広がりつつある農業風景（左下図）は、はるかに均質化されています。

同系交配による品種の多くは病原菌や害虫に非常に弱くなっています（現在、小麦の品種の平均寿命は5〜15年にすぎません）。この結果、植物の病気や害虫は、草原の火事のように単一栽培の畑をなめつくすことができるのです。2000年には、発展途上国で栽培されるすべての種子の2/3が同系交配の作物です。

1900年以降、米国は多くの品種を失ってきました。

リンゴ　　　　6,121種（85%）
ナシ　　　　　2,354種（88%）
キャベツ　　　 516種（95%）
トウモロコシ　 394種（91%）
マメ　　　　　 383種（94%）
トマト　　　　 329種（81%）
スウィートコーン 295種（96%）

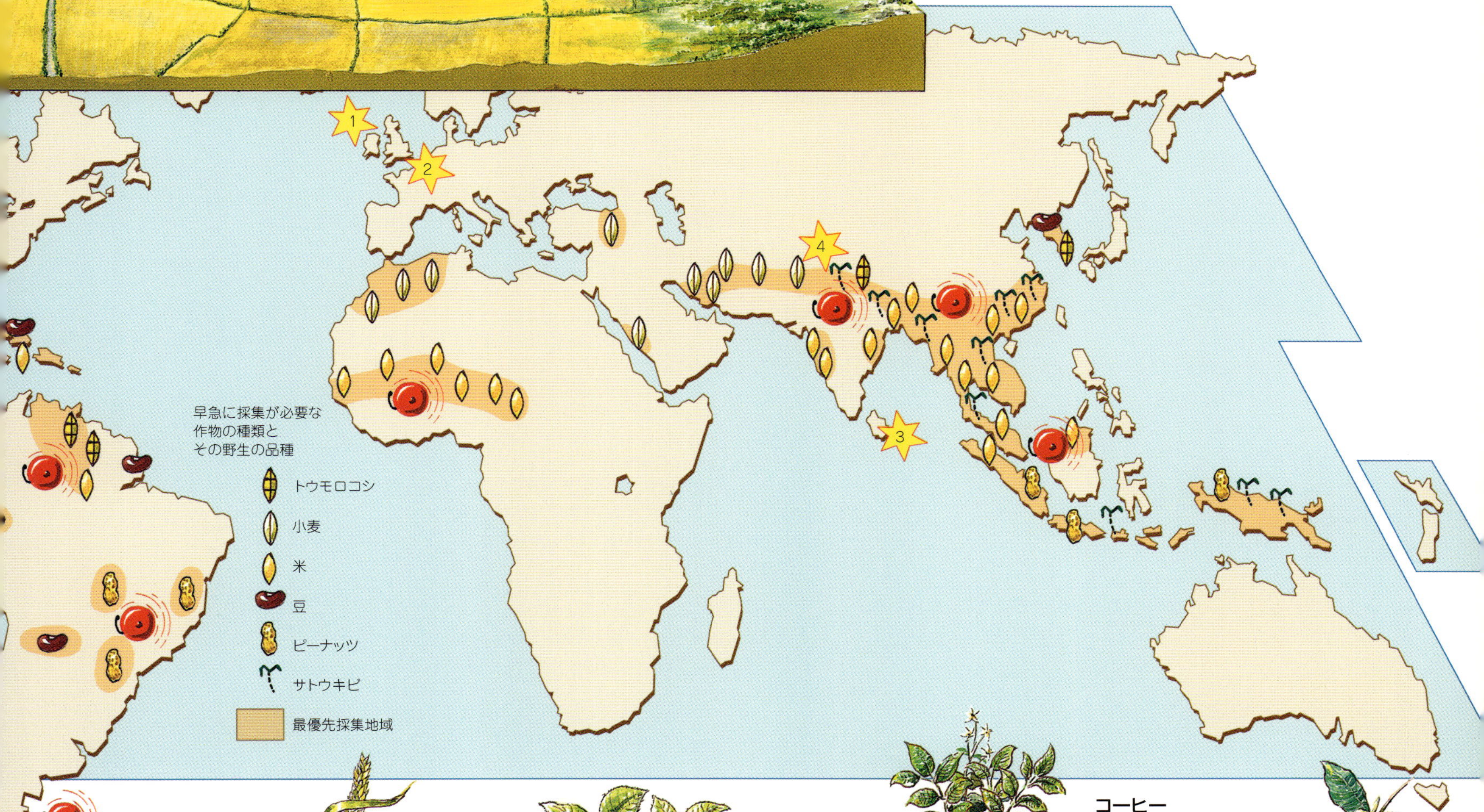

早急に採集が必要な作物の種類とその野生の品種

- トウモロコシ
- 小麦
- 米
- 豆
- ピーナッツ
- サトウキビ

最優先採集地域

警鐘

次々に病気が作物を襲うに従って、世界中に警鐘が鳴りわたります。作物の生産性を維持するため、新たな生殖質を求めて調査が行われています。上の地図は、植物遺伝子資源国際委員会が生殖質を採集している、危機に瀕した地域を示します。

小麦
英国では小麦の71%が4品種で栽培されています。

トウモロコシ
米国ではトウモロコシの生産地の71%が6品種で栽培されています。

大豆
米国の大豆は、すべてアジアの1地域で発見された、6種類の植物の遺伝子のカクテルです。

米
かつてインドでは3万品種の米を育てていました。やがて、わずか10品種が米の生産地の75%を占めるようになるでしょう。

コーヒー
ブラジルの大農園で栽培されているコーヒーの木の大部分は、単一のコーヒーの小個体群から生み出されたものです。

ジャガイモ
オランダではわずか1品種がジャガイモ生産地の80%を占めています。英国では早生ジャガイモの2/3が3品種から作られています。

確実に貧しくなる世界

"死は1つの事柄であり、誕生の終わりとは別のものである"
　　　　　　　　　　　米国の生物学者　マイケル・スーレ博士

　現在進行している生物の危機は、多数の種が消失するだけではありません。それによって、今後500万年間、代わりの種を生み出す進化能力が弱まるでしょう。これは先史時代の大量絶滅に続く「回復期」にあたります。今回の回復期は500万年よりもかなり長くなるかもしれません。このような深い喪失をもたらす現象は、過去の大量絶滅に続いて新種を生み出してきた熱帯林や湿地が現在破壊されていることが原因です。私たちはすでに熱帯林や湿地の半分を失っており、かなり広範囲の保全策を講じなければ、近い将来には残りの大半を失うことになりそうです。

　今後数十年以内に、人類が何をして何をしないのか。その行動が今後一定期間の地球の生命力を決定します。たとえその期間が「わずか」500万年であっても、人類が人類であった期間よりも20倍長いのです。どれほど多くの将来の人々が影響を受けるのでしょうか？　仮に地球全体の人口が、今日のように64億人ではなく、より持続可能な25億人であるとすれば、問題の総人口は500兆人、いいかえれば現在まで存在した人数よりも1万人多くなるでしょう。（たった1兆といっても大きな数字です。正確には、1兆秒がどのくらい長い期間を表すかを考えてみてください。）

　前述のとおり（P.170参照）、現代の大量絶滅に続く近未来には、おそらく新種の害虫、雑草、病気が次々と出現するでしょう。さらに多くの環境大変動が起こり、私たちの子孫は厳しい出費を強いられることになります。こうした実利的な結果以上に、道義的な問題があります。将来の世代に著しく退化した地球を残す権利など私たちにはありません。これは、将来の世代への公平に関する哲学者たちの思索をはるかに越えた問題です。世代間の公平について人類最高の専門家たちが考えているのはせいぜい50年先までの話ですが、ここで私たちが述べているのは何百万年も先の未来のことです。哲学者たちははるかな未来を考察してきませんでした。多くの肯定的な経験をふまえて、もしも子孫にいくつかの問題を残しても、社会は現在よりも豊かになり、子孫がそうした問題を解決できるだろうと考えてきたのです。しかし現状では、子孫は自分たちの暮らす世界が現代よりも明らかに貧しいとわかるはずです。

　もしも私たちが失敗すれば——そう、考えるのも耐えられないことです。けれど、もしもこのとてつもなく大きな課題に直面して勝利を収めれば、私たちはみずからを人類史上で重要な存在だと感じることでしょう。そして私たちの子孫は言うでしょう。「21世紀初めの人々のおかげだ。自分たちがいかに不安定な状態にあるのかを理解して、任に堪えて判断を下し、人類が洞窟から出てきて以来前例のない危機的状況で、地球とそこに生きる種を救ったのだ」と。これを違う文脈で述べたチャールズ・ディケンズの言葉を引用すれば、「今こそわれらの最悪のときであり、最高のとき」なのです。

進化の未来

　唯一、知性をもつ動物である人類は、周囲の生物を支配するとともに、それを自分と分離させてしまうような自己意識を得てきました。そして、自然界は自分たちのもので、収奪し、略奪してよいと思っているのです。地球の地下資源や生物資源は、かつて無尽蔵と考えられ、荒らされていきました。この過程で人間自身をも生み出した相互依存の網は崩壊を始めます。しかも、この盛んな繁栄のなかには、絶望の種子が存在していました。人類がみずからの周りの荒廃を広げていくに従って、汚された惑星上の孤独な生物と化す危険も増大していくのです。そのとき、ともに残るのはおびえた家畜と、攻撃を生き延びてきたネズミなどだけでしょう。現在の開発路線を突っ走る私たちは、そういった近視眼的な優先度に目がくらんでいない人々の発する危機への警告も、無視しています。

　生物の進化について確かなことが2つあります。第1に、進化は決して止まりません。第2に、何世代もかけてゆっくりと進化しながら、1つの種に重要な変化が起こります。

　歴史上では、種に自然淘汰の圧力がかかるのは、周囲をとりまく自然環境が原因ですが、世界の生物相のほとんどでそうした自然環境が失われて久しいのです。世界で少数派の種だけが、世界で最後の広大な原生林地帯のような、人類の影響によって急激に変化しない世界でいまなお進化しているのです。

　世界の種の多くを待ち受ける、今後千年間の長期的な運命は、ホモ・サピエンスというたった1種が支配する世界の、急激に変わる環境に適応できるかどうかにかかっています。多くの種、特に孤島に生息する種には、これまでの進化の速さはゆっくりとしたものでしたが、人間が引き起こす最近の変化があまりにも大きくて急速であるため、進化による適応が追いつかず絶滅の波に飲み込まれていくのです。たとえば、私たちが他の生物を滅ぼす外来種を制御できなければ、ニュージーランドや他の島に生息する飛べない鳥たちはすべて、敵への対応策を身につける前に、外界からやってきた哺乳類の肉食動物（イタチ、ネコ、イヌ）によって絶滅へ追いやられてしまうでしょう。

　一般に、体が大きくて寿命の長い種ほど、進化の速さは遅いものです。大型の脊椎動物の種には、変化する周囲の世界に遺伝子的に適応することは非常に困難です。生息環境が気候変動によって変化すると、こうした種が適応できるのは、現状に似た環境（ニッチ）に移住できる場合に限られます。けれど多くの種は、生息地が寸断され、孤立すると適応できません。世代間隔のより短い小型種には、人類の影響に適応できるという証拠があります。オシモフリエダシャク、Biston betulariaは工業国イングランドのすでに汚れた木に適応し、擬態能力を高めることで天敵の鳥たちから身を守っています。蚊を含む何百もの昆虫は進化して、DDTや他の殺虫剤に対する抵抗性を身につけてきています。

　けれど、人類に適応する種のこうした例はむしろ例外です。進化生物学者マイケル・ローゼンツバイクが「調和生態学」として提唱してきたことですが、人類が自然環境に与えている衝撃の大きさを劇的に変えられなければ、また、種の生態上のニッチを維持して再生する方法を見つける創意工夫を始めなければ、大半の種の進化に待っているのは貧弱な未来でしょう。

"樹木ほど美しい看板を見ることはけっしてないと思います。そして、その看板をはずさなければ、樹木を見ることはけっしてないでしょう。"
オグデン・ナッシュ

"人類が下等な生物の無慈悲な破壊者でありつづける限り、健康も平和も得ることができないでしょう。動物を虐殺しつづける限り、人間どうしの殺し合いも続くでしょう。実際、殺りくと苦痛の種をまく者は、喜びと愛を得ることはできないのです。"
ピタゴラス

"絶滅というのは、単に自然の図書館から本が1冊消えた、ということを意味するのではありません。それは、種が生きぬくために、各ページすべてが選択的な遺伝子の転移や他の種の改良に永久に利用しつづけられたはずのルーズリーフの本が失われてしまったことを意味するのです。"
コーネル大学教授　トマス・アイズナー

"起こりうる最悪の事態は、エネルギーの枯渇や経済の崩壊、限定核戦争、あるいは全体主義政府による占領ではありません。こういう破局は私たちにとって恐ろしいものですが、数世代のうちに修正することができます。現在進行しつつあり、修正に何百万年もかかる一つの過程は、自然の生息地破壊による遺伝子と種の多様性の損失です。これは私たちの後継者にとって最も許し難い愚行でしょう。"
ハーバード大学教授　エドワード・O・ウィルソン

"私は、私が存在することを可能にしてくれたこの惑星に対して、そして、この惑星上のあらゆる生命に対しても、友好的か否かを問わず忠誠を誓いましょう。さらに、自分やあなた方すべてがここにいることを可能にしてくれた、生命の55億年の歴史にも忠誠を誓います。私たちは、最も数多い個体群である、まだ生まれていない何兆もの人々に対する責任をもっています。まだ生まれてはいないが、生まれる権利があり、少なくともいまと同じくらい美しい世界を与えられるにふさわしく、そしてその遺伝子が現在、他の何者のものでもなく私たちの管理下にある人々に対して責任があるのです。"
「地球の友」議長(当時)デビット・R・ブラウアー

"ほとんどの場合はそれと気づかずに、しかし世界のあらゆる場所で、私たちは生命のよろいかぶとを消し去りつつあります。さまざまな種を惑星上から押し出し、自然の共同体すべてを住まわせることを拒んで、地球をわが物にしようとしているのです。空の鳥や海の魚に支配を及ぼそうという努力のなかで、そのエネルギーと工夫を増しながら、人類は幾度もみずからの力量以上の手腕をみせてきました。これらすべてを、私たちは人類の進歩のためという名目で行ってきたのです。しかも、すでに開発した土地のより有効な利用を考える代わりに、地球の隅から隅まで開発の手を広げる必要を力説しています。自然環境に対する人類の対応は何千年もの間、ほとんど変わっていません。つまり、自分の思いどおりにつくり変えるために掘り起こし、切り倒し、焼き払い、干上がらせ、舗装し、毒しています。こうして私たちは地球を均質化していくのです。最終的には、私たちは混み合った地球の生存空間を争うすべての「競争者」を消し去ることによって目的を達するかもしれません。最後の生物が仕留められたとき、私たちは本当の万物の霊長となるのでしょう。あたりを見まわしても、そのとき目に入るのは他の人間だけで、ついに孤高に立つわけです。"
ノーマン・マイヤーズ

進化の代替管理は可能か

人類にはさまざまな方法で地球を崩壊させる異例の力があることを、私たちはこれまでに見せつけてきました。いまや人類には、地球規模の衝撃に備えて、その同じ能力を大規模な仕事にふり向ける、またとない機会が与えられています。地球の生きている資源を管理し、限りない未来のためにその仕事を成し遂げなければなりません。

人類の遺産を守る

世界の野生生物と野生地域を守るために、自然公園や自然保護区が盛んに設立されてきました。タンザニアのセレンゲティ(国立公園)、オーストラリアのグレート・バリア・リーフ(保護地)は、野生動物とその生息地を守るために設立されました。そのほか、米国のヨセミテ、ネパールのエベレスト山自然公園は、壮大な風景を守っています。

保護区指定運動は130年前、米国のイエローストーン国立公園から始まりました。本格的な動きが開始されたのはわずかにこの30年間のことで、各国が次々に、もとのままの自然を守る必要を認識したからです。反対に、それでもまだ、もっと多くの保護区が必要です。現状は必要な総数の半分にも足りないのです。

一方、保護区運動も、批判勢力の増大に応じて変化しました。古い型の純粋主義者の運動は、なんとかして公園や保護地を設立して、人間の開発を全面的に禁止することでした。しかし保護主義者といえども、広大な土地に人間の利用や開発の「立入禁止」宣言をすることは、永久にできることではないと、しだいに知るようになりました。私たちは、自然公園を「何から」守るのかは知っています。今は、「何のために」守るのかということにもっと集中して考えてみなければなりません。新しく公園を設定するのはもちろん、

海洋生物多様性の保護

生物多様性のホットスポットの「上位10位」は海にもあり、絶滅の危機に最もさらされやすいサンゴ礁の種の36%は海域の0.02%に限られています。2002年の「持続可能な開発に関する世界サミット」と、2003年の世界国立公園会議では、海の健康状態を回復させて漁業を維持しようと、海洋保護地域の地球規模ネットワークの設立を提唱しました。世界の海の20〜30%を保護する83ヵ所の国立公園の維持費は概算で100億〜140億ドルに上ります(漁業分野での「歪んだ」補助金よりもはるかに少ない金額です—P.232〜P.233参照)。現在、海洋公園に指定されているのは海のわずか0.5%で、これに対して陸地は12%です。

野生の保存

原生林地域

いくつかの地域には平穏な未開の大自然が残っており、人間の影響をほとんど受けていない場所に、多数の種が保護されています。それら37ヵ所の面積はそれぞれ少なくとも1万km²はあり、原生植物の70%以上が現在も生育しています。その大半は郊外にあり、1km²当りの人口は5人以下であることが特徴です。5ヵ所の最優先原生林地域は広大で(75万km²以上)、水準の高い固有種が生育しています(1,500種以上の植物)。最優先原生林地域には、右の地図の3ヵ所の熱帯原生林に加えて、アフリカ南部のミオンボとテツボクの森と大草原や、メキシコ北部の北アメリカ砂漠とそれに隣接する米国南西部の地域が含まれます。

世界の土地のうち、野生種とその生態系の保護のために別にされた部分はごくわずかしかありません。そして困ったことに、そういった公園や保護地とされている場所も、生態系の主要な型の代表であるとは、とてもいい難いのです。アメリカ大陸は400万km²あり、その大半はグリーンランドやカナダ北極圏の亜寒帯林と半凍結地帯です。2003年には保護区の数は10万を超えましたが、私たちが必要とする広範囲な、戦略的に配置された保護地のネットワークには、まだほど遠いのです。そうした最も重要なひずみのいくつかをここに示します。生物地理学者はこのような地図を作ることで、環境保護者が優先順位を決め、保護される生態系に代表的な保護地をつくる手助けをしています。

生物多様性の豊かな国々

地球の種は均一に分布しているわけではありません。主に熱帯林があるわずか数ヵ国に膨大な数の種が集中しています。豊富な多様性を持つ17ヵ国には、すべての種の2/3以上が生息しています。その筆頭がブラジルで、インドネシア、コロンビアと続きます。

バイオーム(生物群系)

- 熱帯雨林
- 亜熱帯/温帯雨林/森林
- 温帯針葉樹林/森林
- 熱帯乾燥林/森林
- 温帯広葉樹林
- 常緑硬葉樹林
- 温暖砂漠/半砂漠
- 寒冷冬季砂漠
- ツンドラ群落
- 熱帯草原/サバンナ
- 温帯草原
- 山岳の混合植生
- 島の混合植生
- 湖沼系
- 南極大陸

100万ha以上の保護区

保護区の累積増加

- 保護区の面積
- 保護区の数

(1932〜2000年)

既設の公園を存続するにも、すべての人々の基本的な要求を満たしているかどうかを検討しなければならないのです。けっして、自然熱狂派の興味であってはなりません。このことは、どこよりも発展途上国で急がれることです。発展途上国は、総合的な自然公園制度の実現が最も必要なところですが、一方、保護区に対して、土地のない農民の圧力が最も強いところでもあります。

幸いなことに、自然公園も開発の役にたつという実例を挙げることができます。インドネシアのスラウェシ島北部に多雨林自然公園が設定されました。このことは、木材の伐採をやめるため、国は収入を失うことを意味します。しかし政府は、集水地域を保護することが、谷間の低地にいる数百万の米作農家に不可欠であるという理由でこれを率先して支援しました。アフリカのいくつかの自然公園では、野生の生物に水を供給するためにダムが建設されましたが、現地の人々は市場へ出すためにそこで魚を養殖しています。ほかの土地では、乾季に家畜の放牧は認められています。上記のすべてのところで、現地の住民から、公園を廃止せよという要求は出ていません。彼らはむしろ存続を支持しているのです。

生物多様性の危険地域（ホットスポット）

手厚い保護活動を行うことは、絶滅の危機にさらされている多くの種のためにさまざまな手を尽くす努力をするということです。しかし、十分な財源がないため、結局は多くの種にせいぜいいくつかの対策を実行してきただけです。より良い成果をあげるためには、次の2つの特性を持つ地域を特定する必要があります。つまり、固有種が例外的に集中していること（しかも他の場所ではまったく生息していないこと）と、生息地の破壊という例外的な脅威に直面していることです。ホットスポット25ヵ所（地図参照）は地球の地表面の1.4％の面積を有する、地球の植物種の44％と魚以外の脊椎動物の35％の最後の生息地です。ホットスポットのリストは2004年末に34ヵ所に増やされて地球の地表面積の2％になり、すべての植物の52％とすべての陸生脊椎動物の36％の生息地を示すようになりました。ホットスポットを保護する対策に、すでに8億5,000万ドルが投じられました。もしもホットスポットを保護できれば、人類は現在進行中の大量絶滅を減らす長い道のりを歩むことになるでしょう。

円グラフ：
- その他 17%
- ツンドラ群落 16%
- 熱帯雨林 15%
- 熱帯乾燥林/森林 13%
- 温帯針葉樹林および広葉樹林/森林 13%
- 温帯砂漠/半砂漠 15%
- 混合山岳生態系 11%
- 保護地の総計 12%
- 土地面積の総計（氷に覆われていない部分）135億ha

くさびの細い先端

不安定なほどに細い保護地を示すくさび（上図）をみると、熱帯草原や常緑森林、島の混合植生などの重要な生物群系では、危ういほど保護地が不足しています。

地球規模の生物多様性ホットスポット
1. 熱帯アンデス
2. 中央アメリカ
3. カリブ諸島
4. 大西洋森林地帯
5. チョコ—ダリアン—西エクアドル
6. ブラジルの熱帯草原（セラード）
7. 中央チリ
8. カリフォルニア植物相地区
9. マダガスカル
10. タンザニアとケニアの東部湾岸森林
11. 西アフリカ
12. ケープ植物保護区
13. カルー多肉植物林
14. 地中海沿岸
15. カフカス山脈
16. スンダランド
17. ウォーレセア
18. フィリピン
19. インド—ビルマ
20. 南中央中国山脈
21. 西ガーツとスリランカ
22. オーストラリア南西部
23. ニューカレドニア
24. ニュージーランド
25. ポリネシア/ミクロネシア

主な熱帯原生林地域
- A アマゾン川上流・ガイアナ川流域
- B コンゴ川流域
- C ニューギニア・メラネシア諸島

未知なるものの保存

絶滅のおそれがある遺伝子プールを保存するいちばん良い方法は、国立公園や禁猟区を指定して、生息地を守ることです。次の方法は、遺伝子プールをその生息地から、植物園か、植物標本館か、水族館か、動物園か、遺伝子銀行かに移して保存することです。この第2の方法は長所も多いのですが、欠点もあって危険です。現在の遺伝子銀行は、ほとんどすべて生息地から離れた場所にあり、生殖質貯蔵施設、クローン栽培場、種子果樹園、希少種農場がこれに含まれています。こうした施設は今後ますます重要な役割を演じることが予測されますが、多くの重要な問題があって、その働きには限界があるでしょう。まず、この仕事の絶対的な量です。野生の遺伝子資源は、非常にぼう大な多様性をもっているので、遠く離れた遺伝子銀行では、種全体のごく一部のほかは、ほとんど救うことは難しそうです。

さらに重要なことに、ある栽培種の種子と、これと近縁の野生種の種子には、その過程で死んでしまい、貯蔵する前に乾燥できないものがあります。遺伝子銀行では、たとえば種子植物は保存できない場合が多くあります。とくにジャガイモ、キャッサバ、ラン科の植物のように、無性生殖で繁殖する植物の大部分、ならびにリンゴやナシなどの、種子から純種が育たない樹木の種にこの傾向がみられます。カカオのような熱帯植物の種には、野生状態を離れて保存することがきわめて困難なものが多くあります。野生種のなかにも、栽培種よりも保存や再生がはるかに困難なものがあります。かなりの数のピーナッツやヒマワリの種がそれです。そのほか、大麦、豆、トウモロコシなどの種は、長期間保存している間に遺伝子が損傷を受けます。

おまけに、停電が長びいたり人間が怠慢であったりして、遺伝子銀行の蓄えがすべて破壊されることがあります。いちばん困るのは、遺伝子銀行に安全に冷凍されている間に、植物の進化も凍結される作用があることです。外界では進化が続いています。保存された植物が外に出たとき、野生の病原菌や害虫が新しい形態に変化していて、その攻撃に対してすっかり弱くなっているのです。

したがって遠隔地の遺伝子銀行は、遺伝子の消失に対する部分的な解決しかできません。結局、ただ1つの有効な長期的対策としては、遺伝子のプールを野生のまま保護することに踏み出さなければなりません。しかし現在、最も貴重な遺伝子資源が集中している、いわゆる「バビロフ・センター」と生息地保護区域が一致しているのは、ごく少数しかありません。仮に「遺伝子公園」のようなものをしかるべき所に設置したとしても、発展途上国のいたるところで、いまも小規模農民が栽培している伝統的作物の種を保護するには、また別の解決が必要とされます。

遺伝学的に改良した種子を販売する企業に課税するというのはどうでしょう? 世界中の種子産業から売上税を徴収すればその1%でも年間数億ドルになります。この収入を貧農の補助金に使うことができれば、高収穫品種と並んで、彼らはある程度、在来種の栽培を続けることができるのです。

遺伝子資源の保存

生息地や生態系を保存できない場合は、その種子や精子など生命体の一部を遺伝子銀行のような形で保存できます。あるいは、生命体をそのまま水族館、植物園、培養コレクション、農場、動物園など現地外で保存することもできます。これまでの最大の進歩は、最も重要な作物20以上を扱う「ベース・コレクション」の国際的なネットワークを通じて、作物の遺伝子資源を現地外で保存することで成果を上げてきました。

遺伝子銀行
多くの植物の種子、とくに小さく乾燥したものは、多くの場合、気温20℃、湿度5%において、長期間休眠状態で保存できます。小さな遺伝子銀行でも、何千という種を保存できます。米国の国立遺伝子資源プログラムは、8,000種45万の標本を貯蔵する種子銀行のネットワークを構成しています。英国のキュー王立植物園はミレニアム種子銀行計画を主動しており、これは2010年までに2万4,000種の植物を絶滅から救うことを目的とした国際的な植物の保護計画です。すでに英国に自生するすべての顕花植物の保護にほぼ成功しています。

植物園
全世界の1,600の植物園や樹木園は重要な役割を果たしていますが、収容力に問題を抱えています。8万種400万本の現存する植物を収容しています。英国のキュー王立植物園(世界遺産)は世界最大で、絶滅の危機にある2,700種を含む2万5,000種を収容しています。

動物園
動物園は、絶滅の危機にある種を捕獲、繁殖させることで、一定の成果をあげてきました。しかし大ざっぱにいって50個体以下の脊椎動物群は、近親交配の繰返しにより急速に蓄積される有害な遺伝子という、みずからの絶滅のタネをかかえることが多いのです。さらに、多くの種はとらわれの身では交配を行おうとしません。

希少種センター
英国の家畜の少なくとも20種が20世紀中に絶滅し、それらの遺伝子の多様性は消滅しました。この傾向をおさえるため希少種保存センターがいわば生きた博物館として設立されました。一般市民は、ここで自分たちの将来がかかっているかもしれない動物を見るために入場料を払うことによって、種の保存に協力できます。

現地での保護

現地での保護計画は、有名な種や絶滅寸前の種、特殊な生態系、ある特殊な生息地の型を代表するような生態系、あるいはこれらが幾つか組み合わさったものに焦点がおかれる傾向があります。しかし重要な目標は、できる限りの遺伝的多様性を保護することです。

現地での遺伝子銀行は、現地外での銀行に数々の理由で勝っています。とくに、現地での保護では種の進化が妨害されることなく進行し、品種改良家に病原菌や害虫への耐性を与えるダイナミックな種の貯蔵庫を提供します。

現地での保存はまた、品種改良家がその種の生態を観察するための、生きた実験室として役だつことになります。そして、他のやり方では見過ごされてしまうような貴重な情報をもたらすことができます。

実際、野生のトマトの重要な特性7つ、たとえば塩分を含んだ土地や高温・高湿に弱いこと、病気や害虫への耐性などは、そうして発見されたのです。

陸生種（ランド・レース）と野生の遺伝子

最も脅かされている遺伝子のプールは「陸生種」、つまり原始的・伝統的な栽培作物や家畜です。多くの野生種では、絶滅はかなり徐々に進行する傾向がありますが、農民の開発した陸生種は多くの場合、ほとんどその分布が広がることもなく、1回の生息地破壊だけで失われてしまうことさえあるのです。野生の遺伝子のプールはいまや、将来の動植物の品種改良にとって重要な資源であるとの認識がますます高まっています。多様性、少なくとも遺伝的な意味での多様性は生命の薬味ではありません。それは、未来へ生き延びるための鍵なのです。

多様性の保存

多くの保護計画は、ロシアの遺伝学者ニコライ・バビロフの理論を基礎としています。彼は、作物化された植物の発祥地は、その作物の野生の親類がいちばんよく適応している地域にある、と提唱しました。この「バビロフ・センター」が保護の最大の目標です（上図はセンターを多少大きめに示しています）。

遺伝子図書館

国際種子企業は、世界の遺伝子図書館（多くは発展途上国）からほとんど無料で遺伝子を借り、利益を得ています。野生種の価値が高まるにつれ、末端利用者は「借りた書物」に対し、「貸出し料」を払うべきだという強い主張が生まれました。野生資源に価値をもたせることは、発展途上国に野生生息地の保護に対する経済的誘因を与えるでしょう。

生命のための立法

野生生物の保護に法的基盤を与えるためには、優れた方法が3つあります。第1は、ビクーナのような個々の種のために、あるいは海の哺乳類のような小さなグループの種のために法律をつくることです。第2は、「ヨーロッパの野生生物と自然生息地の保護に関する協定」のように、地域的な条約をつくることです。第3は、「国際的に重要な湿地に関する条約」のように、世界的な規模の条約をつくることです。この3つの中で、最も簡単にできるのは最初の法律ですが、最大の効果があるのは最後の条約です。

複数の国家がからんでいる場合、条約の交渉は複雑になり、条約の実行には問題が起こりやすくなります。多くの生物の種は、同時に複数の国に存在します。たとえば、チーターはアフリカの20ヵ国に生息しています。彼らはまた国から国へ移動するので、いくつかの国がともに協力することが不可欠になります。

1世紀前までは、条約と協定に基づく国際法は、野生生物の保護に使われてはいませんでした。野生生物をめぐる初期の条約は、おもに経済的に重要な種、および有害と見なされた種の絶滅を扱っていました。ヨーロッパ初の野生生物条約が締結される2年前の1902年、アフリカの狩猟動物を、趣味の狩猟家や象牙業者のために保護しよう——そしてワニ、ライオン、ヒョウ、ハイエナ、毒ヘビ、猛禽など「有害」な動物を絶滅させよう——という会議が閉幕しました。それ以来、条約や協定は増大の一途をたどっていますが、なかでもとりわけ重要なのはCITES（右）です。野生生物製品を扱う正規の取引は年に少なくとも100億ドルの価値があります。CITESの効果によって不正取引は減少したものの、依然として概算で年間60～100億ドルという大きな商売なのです。

この間にも、野生生物はかつてない速さで消滅を続けています。銃やわなを手にした密猟者や法律破りは、そうたいした問題ではありません。むしろ問題なのは、開拓者や自給農民であり、何らかの悪意をもって野生生物に熱中する人々ではないのです。しかし、開拓者や自給農民が使う斧や鋤は、はるかに破壊的な道具になります。CITESの成功は疑いありませんが、そのうえに全地球規模の、危機に瀕した生息地を守る条約をつくることが必要です。この条約は、「絶滅の恐れのある野生動植物の保護に関する条約」、略してCOPESとしてはどうでしょうか。その考え方は、それぞれの国が、その領土の生物の種のすべてに責任を負うことです。代わりにその国は、この事業の効果を上げるために、加盟国の援助を要請することができます。発展途上国のなかには、膨大な数の種が集中的にひそんでいる国が多いのです。しかし発展途上国は、確実に種を保護する財政的・技術的材料に欠けているのです。

どこであれ、種が存在するところはすべて、万人の共有財産の一部です。ですから、種を保護する費用はみんなで分担しなければなりません。今までのところ、富める国がそれにふさわしい規模の援助をする機構は、十分に働いているとはいえないのです。

生物保護の法律と協定

生物多様性条約（CBD）

1992年にリオ地球サミットで採択された3つの国際協定の1つであるCBDは、その後世界のほぼすべての国が調印および/または批准していますが、依然として米国は批准もせず加盟もしていません。

CBDには3つの主要目的があります。生物多様性の保全、その構成要素の持続可能な利用、そして遺伝子資源の利用により発生する利益の公平な分配です。豊富な生物多様性を保有する発展途上国（ほとんどが南側にあります）は、南側の原生林を保存して持続可能な利用をするための財政支援と技術援助を受ける代わりに、これらの生物学的資源（たとえば野生植物種/動物種からの医薬化学品や遺伝子）を公正かつ公平に他国に与えることに同意しました。

CBDはその包括性、生態系へのアプローチの観点から、国際的な環境法における陸標となっています。たった1つの種に焦点をあてるのではなく、保護対象を生物学的安全性、知的所有権、伝統的知識、原住民といった問題に結びつけています。1992年以降、CBDから多くの成果が生まれてきましたが、残念なことに、生物多様性が確実に減少していることは歴然とした事実です。それは主にCBDには大きな力に対抗する強力な施行機構がないからです。その力こそが、人間の勢力拡大に伴う野生生物の生息地の破壊という損失を生み出しているのです。

成功の物語

- ワニ—1969年には23種すべてが絶滅または減少の危機にありました。2004年には、その1/3については規制して商業捕獲を継続できましたが、4種は重大な危機にあります。
- ゾウ—1989年にCITES調印国が象牙取引を禁止する以前は、タンザニアで年間1万頭が殺されていました。取引禁止以降、その数は100頭以下に減少し、象牙の平均価格は約4,000ドルから35ドルに下がりました。
- ネコ—地球全体でのネコの皮の取引は、米国やヨーロッパでファッションの流行が変化するに伴い、大幅に減少しました。
- オウム—1992年に米国が野生種の輸入を禁止して以来、生きたオウムの取引は減少しました。
- パンダ—中国ではパンダの密輸業者は終身刑に処せられるため、密漁の頻度は激減しました。

伝統薬（TM）

地球全体での伝統薬の市場は200億ドルに達し、絶滅の危機にある多数の種を脅かしています。アジアでは、トラの体のほぼすべての部分が癲癇から倦怠感までの軽度の病気に効くと信じられています。クマの胆嚢には1万5,000ドルの値段がつくこともあります。中国道教協会は4,000万人の信者に、伝統薬を作るために絶滅の恐れのある野生生物の使用停止を勧告しました。

湿地と移動動物の保護

「水鳥生息地として国際的に重要な湿地に関する協定（ラムサール協定）」には141ヵ国が加盟し、1億2,000万ha以上に及ぶ1,387ヵ所の湿地帯が、国際的に重要性をもつ湿地帯として協定のリストに登録されています。これは、特定の種や特定の地域のみに限定されない協定として、1970年代に調印された4つの協定のひとつです。他の3つはワシントン条約（CITES）、世界遺産協定、移動野生動物保護協定（CMS）です。

CMS（別名ボン会議）は、陸生、海生、鳥類などの移動動物を移動範囲内で保護することを目的としています。2004年半ばには、アフリカ、中南米、アジア、ヨーロッパ、オセアニアから86ヵ国が加盟しました。CMSのもとで、ヨーロッパのコウモリ、地中海、黒海、バルト海、北海のクジラ目動物、ワッデン海のアザラシ、アフリカ—ユーラシア大陸を渡る水鳥、アホウドリ、ウミツバメに適用されるいくつかの協定が締結されました。

1995年の「ストラドリング魚種および高度回遊性魚種の保存および管理に関する国連協定」が2001年に発効し、"関連する魚種を管理して保護するための協力方法や予防方法を提唱しています"。

生物保護の法律と協定　181

世界で最も需要がある10種
WWFによると、「最も需要がある」10種は次の通りです。

絶滅の危機に瀕している種
この地図は今なお不法に取引されている7つの保護生物を表しています。
1. アメリカチョウセンニンジンは薬効成分があるために珍重されています。
2. アマゾン流域に生息するスミレコンゴウインコは8ドル〜1万2,000ドルで取引されることもあります。
3. ナイル川のクロコダイルの密猟は減少してきましたが、依然として問題となっています。
4. 爬虫類は食用、皮製品、伝統薬に使用するために売買されています。
5. センザンコウのうろこは伝統薬に使用され、大半は中国へ運ばれます。
6. クマノミや他の外来種は、海洋観賞魚として地球全体で取引され、その価値は2億〜3億ドルに達します。
7. タツノオトシゴは今なお75ヵ国で取引されています。2002年には医療目的ということで、アジアだけで2,500万匹を輸入しました。

チベット・アンテロープ
アンテロープは保護されていますが、その皮は60ドル程度で売られており、シャトゥーシュ・ショールに加工されると中国では8,000ドルの高値で売れます。

1. ナポレオンフィッシュ — 高級食材
2. トラ — 骨と皮
3. イラワディのイルカ — 動物園や水族館
4. アジアのイチイ
5. アジアゾウ — 象牙と肉
6. スッポンモドキ — ペット取引と食用卵
7. コバタン — ペット取引
8. ラミン — 熱帯広葉樹
9. ヘラオヤモリ（マダガスカル固有種） — ペット取引
10. ホオジロザメ — あご、歯、皮、ひれ

■ CITES調印国

絶滅のおそれのある野生動植物の種の国際取引に関する条約（CITES）（通称：ワシントン条約）
CITESは166ヵ国が加盟して、3万種以上の動植物に対するさまざまな保護段階を定めています。CITESの付属書Ⅰは、絶滅の危機にある種の商取引を禁止しています。付属書Ⅱは野生での生存が危険にさらされる可能性のある種の取引を規制しています。付属書Ⅲは、不法な開発を防ぐために国際協力が必要であると加盟国の要請があった種を列挙しています。条約の発効は現在も継続している問題であり、CITESに調印して初めて、これまで閉ざしていた目を野生生物製品の違法取引に向け始める国もあります。

同種を求める人間の需要
毎年世界中で推定3億5,000万の動物が生きたまま取引されています。その約1/4が食用、薬用、ペット、好奇心の対象または土産物として違法に取引され、ユキヒョウ、オランウータン、象牙、南アメリカのオウム、アフリカのカメレオン、東南アジアのランが含まれます。中国ではクマが飼育され、カナダや南アフリカではアザラシが捕獲され、東南アジアやカリブ諸国では赤ん坊のカメが剥製にされています。

- CITES（絶滅のおそれのある野生動植物の種の国際取引に関する条約）
- CMS（移動野生動物保護協定）
- UNCLOS（国連海洋条約）が1994年に発効
- 1980年
- 1985年
- CBD（生物多様性条約）
- 1990年
- 1995年
- 2000年
- ITPGRFA（食糧・農業用植物遺伝子資源に関する国際条約）
- 2005年

食糧・農業用植物遺伝子資源に関する国際条約（ITPGRFA）
2004年6月に発効した通称「国際種子条約」は、食糧および農業用の植物の遺伝子資源を保全し、持続可能な使用をすること、そして、それにより発生する利益を均等かつ公平に分配することを保障します。164ヵ国が加盟し、現在50ヵ国以上の工業国と発展途上国が批准しているこの画期的な条約は、農業上の生物多様性の急激な損失を食い止めるために締結されました。20世紀には、食用穀物の種類の95%が農場から姿を消しました。この条約は年間5%が消滅する家畜の品種を同じように保護する道を開いています。

未来へ生き残るための戦略

人類の遺産である野生生物と遺伝子資源をどのように守るかについて、私たちにはよい考えがあります。その鍵は、自然公園や保護地域をもっと増やすことで、その面積はすでに陸地の12％に及びます。では、残りの88％はどうなるのでしょうか。跡形もなく開発されることになれば、遺伝子資源のかなりの部分が、再生力を根本からおかされてしまいます。同時に保護地域は、新たな耕地を求める人間の波に、おぼれてしまうでしょう。

私たちには、今までの関心以上に保護について視野を広げて生物圏全体に対しても、生命維持システムに対しても、より注意を払う必要があります。要するに、地球のすべての生命を喜んで抱き上げる、新たな保全戦略が必要なのです。「生態開発」という用語で総称される、すぐれた見解がいくつかあります。これは私たちの社会すべてを支える環境の土台を考慮に入れて開発することをさしています。1980年の世界自然資源保全戦略（WCS）とそれに続く1991年の文書『かけがえのない地球を大切に（右）』という2つの草分け的な宣言にはその原理が詳しく説明されていました。

保護と開発は、この戦略によれば、1つの硬貨の裏表です。持続可能な開発なくして保護は成功しませんし、保護なくして開発は持続しません。言葉はりっぱですが、どう行動に移せばいいのでしょう。1980年以来、すでにWCSは文字通り世界中で国別保護戦略の基礎として試されています。同時に、国連や世界銀行などの国際機関も、自然保護が必要とされ、今がその時機であるという認識を深めています。国連は国連環境特別委員会（通称ブルントラント委員会）を設立し、その1987年の報告『われらが共通の未来』は、持続的開発を世界に広く知らしめる役割を果たしました。

『かけがえのない地球を大切に』は、持続的な生き方をするための原則を柱に構成されました。政府、団体、個人に持続性という倫理に基づく努力を求め、地球の生物多様性の保全を持続的な生き方の中心に据えています。そして、2000年までにすべての国がそれぞれの生物多様性を守る包括的戦略と、主な生態地域の最低各10％を保護区とするシステムをすでに採用することを目標として掲げました。このすばらしい目標の大部分は達成されましたが、まだ多くの「穴」が残っています。

リオ地球サミットと1992年の「アジェンダ21」で明確に謳いあげられて以来、6つの主要な多国間条約が批准され、それ以前からあるいくつかの協定は議定書や補正条項を加えて強化されています。社会経済的慣習を大幅に変えなければならないため、条約に調印することを渋る多くの政府に対抗して、条約にはたいてい優遇措置（経済的、制度的）が盛り込まれており、協力と罰則を強化して足踏み状態を阻止しています。2000年までには240もの環境条約が順次できましたが、全体的に私たちが考えなければならないのは、今日の状況が1991年よりもはるかに悪化している、ということです。

新たな保護に向けて

1980年、IUCN、UNEP、WWFが初めて打ち出した『世界自然資源保全戦略』は当時としては革命的な文書で、環境問題に対するひとつの統合的なアプローチを示しました。この戦略は、3つの重要な提案に基づいています。まず初めに、動植物を問わず、種や個体群が自己再生能力を保持する必要があります。第2に気候や水の循環、土壌など、地球の基本的な生命維持装置をよりよい状態で保存しなければなりません。第3に、遺伝的な多様性は私たちの未来への重要な鍵です。WCSが発表されると各国は一様に賛同し、多くの国々でこれに基づいた国家単位の保護政策がとられました。持続性に向かって国家レベルの戦略で取り組むなら、右のネパールの例が示す通り、その効果は計り知れません。

1991年に上記3つの組織は、新しい保全戦略『かけがえのない地球を大切に』を発刊し、持続可能な生存のための戦略という、元からのメッセージをより幅広く強力なものにして、目標を設定し、戦略実行の方法を提案しました。1992年には「リオ地球サミット」に集まった世界のリーダーたちが包括的な「持続可能な開発」戦略に合意しました。すなわち、現在と将来の両世代の要求に応えるということです。リオで批准された鍵となる条約の1つ、生物多様性条約には3つの主な目標がありました。生物多様性の保全、その構成要素の持続可能な使用、遺伝子資源の使用により発生する利益の公正かつ公平な分配です。2002年の「持続可能な開発に関するヨハネスバーグ世界サミット」で、世界が直面する問題が複雑であることがさらに明確になり、行動を起こす必要性がいっそう差し迫った問題となっています。

進行中の国別保護戦路（NCS）

保護戦略は各国の必要に応じて計画されています。ニュージーランドでは、漁業資源の監視と開発の規制が優先されています。ザンビアでのNCSは、鉱業の悪影響を最小限に抑えようとしています。ネパールでは薪と土砂流出が最大のテーマになっています。ネパールの1988年のNCSは、環境計画の永続的な足がかりを得ることを目ざしており、新しい政府計画の設定が要求されます（P.183）。

保護の一体化

開発の影響を評価する多くの試みは、特定の事業だけに目を向けていましたが、重要な決定の多くは、決定の連鎖の上のほうで行われます（左図）。したがって、具体的な事業や計画となる前に、国の政策段階で保護目標を他の目標と結びつける必要があります。環境的要因が決定の連鎖の底辺だけで考慮されていても、その影響力は非常に制限されてしまいます。もしそれが政策決定の頂点で組み入れられれば、非常に決定的なよい影響をもつことができます。

進行中のNCS：ネパール

ネパールは自然資源に極度に依存しており、最初の国立公園ができた1970年代初期以降、優先的に保全を行っています。現在、国の約1/5は22ヵ所の公園や保護区として保護されています。これは1989年の2倍以上の面積に相当します。ネパールは地球の陸地面積の0.1%以下という小さな国ですが、生物多様性は非常に豊富です。その数は、鳥類844種（地球全体の9.3%）、哺乳類181種（4.5%）、蝶と蛾の種類2,893種（2.6%）、顕花植物5,856種（2.7%）です。ネパールの第10次5ヵ年計画（2002年〜2007年）は、人々の暮らしと貧困撲滅（地域社会の森林管理、保護地域周辺の緩衝地帯、保全地域への人々の関与など）を非常に重要視しています。64万6,000ha以上の森林の、主に山中にある地域社会の森林の端から端までを、約9,000の森林利用者グループに管理を委ねてきました。1997年には、生物多様性条約（CBD）を推進、実行するために、森林土壌保全省は国立生物多様性ユニットを設立しました。アンナプルナ保護地域プロジェクトは、面積7,600km²のネパール最大の保護地区であり、自然保護と地域社会の発展を統合するために、マヘンドラ国王自然保護トラストによる試験的計画として着手されました。また、ネパールが率先して国際山地統合開発センター（ICIMOD）を設立しました。これは山地での生物多様性管理に向けての重要な成果です。

再植林

正しく管理すれば、ネパールの森林は、薪を供給し、また大量の雨を吸収した後、インドやバングラデシュの下流地域へ徐々に放流することもできます。

UNESCOの人と生物圏（MAB）プログラム

30年以上も前に提唱されたもので、そこの動物、植物、微生物とともに世界の代表的な生態系の、「現地」における長期の保護を推進することから始まりました。このプログラムは、環境の科学的な研究と定期的な監視の必要性を強調することにより、それまでの保護の概念とは一線を画するものでした。何年かを経て、このプログラムは生物圏に広がる人間の影響を反映するように改訂されました。これには「生物多様性条約によって2000年5月に批准されたエコシステム・アプローチを実行する方法と手段」を提供する目的もあります。

国立公園の効能

ネパールの王立チトワン国立公園では、570種の顕花植物、40種の哺乳類、486種の鳥類、17種の爬虫類、68種の魚類を飼育しています。また、サイ、トラ、ゾウ、ガウア（バイソン）も保護しています。この公園は1983年に世界遺産に登録されました。年に1度、地域の住民は公園内に入って草を刈ることを許可され、シュロやカヤぶきの材料や動物の餌にするために、乾燥させて使用します。この公園は、とても人気のある観光スポットであり、重要な外貨収益をもたらします。

サガルマータ国立公園（エベレスト）は地域開発活動における収入の一部を再投資しており、こうした活動が保護プロジェクトの成功の一助となっています。観光はネパールのGDPの4%と雇用の8%に全面的に貢献しています。

地球の人類
ガイア

【序文】スニタ・ナライン
環境と科学センター　所長、ニューデリー

　私たちインド国民の多くは、人里離れたヒマラヤ山脈の村々で暮らす貧しい女性たちから環境の重要性を教えられました。これらの女性たちは一風変わった環境運動家でした。彼女たちは木々を抱きしめ、政府が森を切り倒せるのは自分たちの屍を踏み越えるときだけだ、と叫びました。彼女たちは木々を切り倒してはならないと信じていたからではなく、その決定権をまず自分たちが持つべきだと信じていたのです。女性たちにとって環境とは美しい森やトラたちよりもはるかに多くの意味がありました。彼女たちが守ろうとしたのは木ではありません。木々の存在は自分たちの生活と深く結びついていたため、自分たちの生活様式、文化、そして生存そのものをかけて闘ったのです。木々を抱いて行った抗議行動は、チプコ運動と呼ばれ、世界各地で行われる環境運動の良心のような存在となっています。事実、この運動は、インドのような貧しい国々にとっては環境が非常に重要であるという重大なメッセージを伝えています。

　こうした女性たちが私たちに教えているのは、環境と開発は同じコインの表裏であるということです。これは何億人もの人々にとって、大切なのは国民総生産（GNP）ではなく自然総生産（GNP）だからです。環境とは文字通り人々の生存そのものです。人々は生存するうえで最低限必要なものを、森や牧草地、そして湖、小川、泉から得られるからこそ生きていけるのです。環境の悪化は人々の生活を直撃します。暮らしを破壊し、人々を貧困に陥れます。

　だとすれば、環境管理のパラダイム（枠組み）がところによって違っても不思議はありません。多くの地域では、その枠組みが「保護主義による環境保全」であり、そこでは環境はそもそも開発から守られるべきものなのです。一方、チプコの女性たちの世界において環境運動が拠って立つところは「実利に根ざした環境保全」の考え方です。同時にそれは真に人道主義的であり、真の自然保護主義的な枠組みでもあるのです。

　このパラダイムでは、世界の文化的多様性は歴史の偶然ではないということが明らかです。文化的多様性は世界の生物多様性の直接の結果なのです。寒冷地砂漠（ツンドラ）、山あいの牧草地や熱砂漠から、熱帯林、川辺の平原、沿岸地域まで、異なる生態系に暮らす人々はすべて自分たちの環境とともに生きることを学んできており、自分たちの生産性を向上することでこのような環境を最大限有効に利用しているのです。このような目で自然界を眺めてみると、砂漠地で羊、ヤギ、牛とともに暮らす遊牧民族、広大で肥沃な平地で米、小麦、トウモロコシ、キビを作って生計をたてる何億もの農民たち、世界のさまざまな森林で暮らす原住民族、湿地、川、沿岸水域で暮らす漁師たちなど、実に多様な民族や種族がその地域の生態学的構成に応じて暮らしを営んでいる様子がわかってきます。

　このように、人類が持続可能で公平な未来へ向かう道を探し始めるならば、答えはこうした多様な人間と自然の相互作用の全体性、複雑性、美点、革新性や知性にあるということを私たちは理解し始めています。

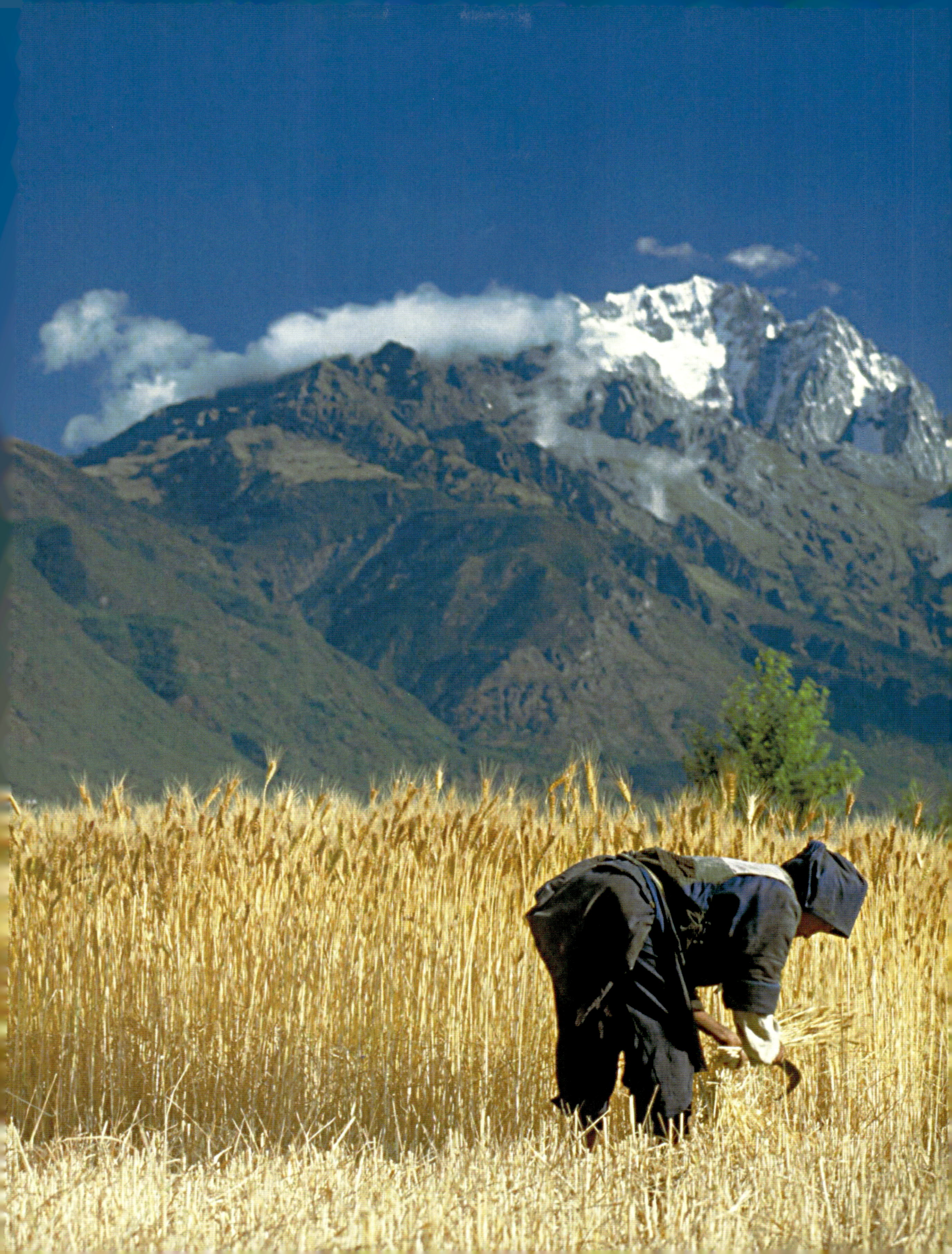

人類に秘められた潜在的資源

　中国人は、「万物のなかで、人間が最も価値がある」と言明しています。それは事実です。そして1人の人間がもう1人の人間といっしょになると、合計の能力は単純に2倍になるのではなく、2人は互いに励まし合い、ともに笑い、互いを愛し合うことができるのです。そこで、地球上のすべての人間がすべて仲間だと考えれば、彼らは計り知れない労働力、知識、創造性、理性的な理解力、幸福の可能性を示していることになります。しかし、多くの中国人は地球上の生命力の最もすばらしい表れが人間である、ということを喜びますが、彼らにしても、人間は多いほどいいはずだとはけっして信じていないのです。

　実際、中国ほど自国の人口を制限しようと努力している社会はありません。なぜなら、人口が増えると国民はそれだけ貧しくなるからです。どんな国でも人々の生活の質は、人の数とはまったく別のものです。デンマークの人口は540万人で、インドの人口は11億人ですが、それでインド人がデンマーク人より200倍裕福な暮し向きをしていると考えるのはばかげていることです。

　国や地方の人口が大きいと、その政治的影響力も大きくなり得ますが、けっして自動的にそうなるわけではありません。人口の増大によって富が制限されることのほうがはるかに重要です。1900年には、地球の人口の17％がヨーロッパに住んでいましたが、2004年までにその割合はわずか11％にまで下がりました。今日、地球上の人口の80％が発展途上国に住んでいますが、2050年までにその割合は86％に達する可能性があります。そして今後は、その人口の重みが、特に中国、インド、ブラジル、メキシコのような準大国の出現によって、世界の視点を南側の国々へ転換させていくのももっともなことでしょう。

　さらに、南側の人口は、全人口に対する若年層の割合が圧倒的に大きく、子どもの健康、教育活動に圧迫を与えています。これに対して北側の国々では、60歳以上の人口の占める割合が社会的、経済的に大きく、寿命が延びるにつれて、国は「老人の波」にさらされていくでしょう。そこで、私たちは世界の老人の保護に新しい道を切り開いていかなければなりません。彼ら老人は、熟練した技能と豊富な経験を蓄積した貴重な存在なのです。

　社会的・経済的な発展、技術の変化という点からみると、若者の可能性はさらに大きくなるはずです。一国における教育、訓練、創造に対する熱意などの水準は、人間の隠された資質がどの程度活用されるかに、大きな影響を与えうるのです。いくつかの発展途上国、とくに中国は、国民の教育、健康増進、平均余命の延長に、ほとんど奇跡に近い成功を収め、その結果、増大した国民の能力が社会に貢献しています。真の課題は、老若を問わずすべての人々が自分の可能性をもっと実現できるようにすることです。適時適切に発展への移行を図ることは私たちの抱く最大の希望ですが、それには人間の資質の発揮を妨げている障害を取り除く必要があります。

人的資源の可能性

　地球上で最大の天然資源は人類自身です。そして保護や管理の必要がたえず増大している世界では、すべての人々の全潜在能力を合わせてもその需要に対して多すぎるということはありませんでした。この全潜在能力を発揮することはけっして簡単ではありませんが、私たちが現在直面している課題は大きく、それがぜひ必要になっています。緊急の仕事は不足していません。人々が適切な技術によって増幅された政治的意志と、物理的エネルギーを働かせれば、それらすべての仕事は十分私たちの能力の範囲内にあるのです。しかし、食糧、水、燃料、住居のような基本的な必需品の不足、さらには社会的放置と、まったくの偏見が人的資源の多くの要素を隠しつづけています。その最もはなはだしい例は女性の能力を利用できなかったことであり、もう1つの例は若者や失業者を放置していることです。

　持続可能な都市とは、適応力のある都市です。要点は明らかで、持続可能な都市は社会資本を増やして、地域社会を結束させる「制度上の接着剤」を次々に生み出しています。百万都市に引き寄せられた新しい移住者には、こうした支援ネットワークが非常に役立つでしょう。彼らは過酷で不慣れな新しい生活様式に適応しようとする際、孤独感を感じやすいからです。

宗教的共同体
宗教的共同体には世界の人々の80％に目を配り、生活様式の変化に影響を与える大きな力があります。英国を拠点とする宗教自然保護同盟（ARC）によると、世界全体で20万もの宗教的共同体が環境活動を行っています。ローマ教皇やバーソロミュー総主教でさえも、より環境への害の少ない生活様式を訴える声明を出しました。

中国
中国は国民の潜在能力の開発に大きな進歩を遂げてきました。1990年の総人口は13億人で、GNI（国民総所得）はPPP（購買力平価）換算で国民1人当り4,500ドル（2004年）でした。大人の識字率は91％となり、保険衛生事業の普及により平均寿命は71歳に延び、民間分野は雇用を大幅に促進しています。1980～2000年の20年間での経済成長率は年間約10％で、これは7年ごとに1人当りの収入が2倍になる速度です。その結果、3億人以上の「新しい消費者」が生まれ、2010年には6億人以上になる見通しです（P.236～237参照）。中国は2020年までに世界の主要経済大国となるでしょう。

中国

1: 9%
2: 17%
3: 3.2%
4: 68%
5: 91%
6: 71
7: 0.741/na

1: 13%

地球的規模での供給

世界の全人口64億のうち（2004年）、基本的な必要が満たされている人の数を地球的規模で表す試みは、統計学に残された最後の課題です。しかし、測定法は大まかですが、最近の地球的規模の調査は多くのことを明らかにしています。たとえば、字の読める人の数、健康な人の数、まったく社会的に放置されている地域にいる人の数などがわかってきました。左図で、日が当たっている面での生活は人間のエネルギーが豊富にあり、陰の部分では、生存のための闘争に巻き込まれ、何百万という人的資源が失われています。

1. **栄養不良**：8億4,000万人が栄養不良で、その数は2000年の世界人口の13％に相当します。
2. **低所得者**：世界人口の19％に当る12億人が1日1ドル以下で生活しています。
3. **乳幼児死亡率**：1,000人のうち1歳未満で死ぬ子どもの数は、先進国で7人、発展途上国では62人です。
4. **就学率**：初等、中等、高等学校への就学率は全世界で64％ですが、就学率が最低の発展途上国ではわずかに43％で、OECD諸国では93％です。1999年には1億1,500万人の学齢児童が学校に通えませんでした。サハラ以南のアフリカでは、ほとんどの国で初等学校修了率が50％以下と低く、一方中国、メキシコ、ロシアでは就学率はほぼ100％となっています。
5. **成人識字率**：15歳以上の45億人（世界人口の70％）のうち、8億人が文盲です。発展途上国の大人の約4人に1人（7億9,000万人）は読み書きができません。先進国には900万人、移行国には100万人の成人文盲者がいます。世界の文盲者の2/3は女性です。
6. **寿命**：先進国の平均寿命は76歳で、発展途上国では65歳ですが、国別の平均寿命はシエラレオネとザンビアのわずか35歳から日本の82歳までさまざまです。
7. **ジェンダー開発指数（GDI）とジェンダー・エンパワーメント指数（GEM）**：男女不平等を示す指標として、GDIは平均寿命、識字率、就学率、所得を、GEMは経済的、政治的活動分野を基準とします。第1位はノルウェーでGDI、GEMがそれぞれ0.955と0.908です。米国はGDIが第8位、GEMが第14位であり、英国はそれぞれ9位と18位です。144ヵ国のうちGDI順位が最低なのはマリ、ブルキナ・ファソ、ニジェールで、数値は0.309～0.278です。78ヵ国のうちGEM順位が最低なのはエジプト、バングラデシュ、サウジアラビア、イエメンで、数値は0.266～0.123です。女性の経済活動は男性の比率の70％です。
8. **住宅**：スラム街で暮らす人の数は世界中で10億人、そのうち9億6,000万人が発展途上国に住んでいます。生活の保障がなく、粗末な住宅に住み、安全な飲料水と下水設備を満足に得られず、人口密度が高いのが特徴です。その総数は2030年には20億人に達する恐れがあります。
9. **基本的な設備**：世界人口の40％（26億人）には下水設備がなく、12億人（20％）には清潔な水が、20億人（31％）には電気がありません。
10. **雇用**：10億人（世界の労働力の少なくとも1/3）は、失業または不完全な雇用状態にあり、一方で、毎年400万人の新しい求職者が労働市場に参入します。

コスタリカ

しばしば「ラテンアメリカのスイス」といわれるこの小国は、政治的緊張と軍事衝突の激しいこの地域の平和のオアシスです。1949年には軍備が廃止されました。400万人のコスタリカ国民の生活水準は高く、2002年の1人当りのGNIは8,560PPPドルでした。平均寿命は79歳で、ラテンアメリカでは1番の長寿国です。国民の識字率は96％で、この地域ではアルゼンチンに次いで第2位です。過去20年間で貧困層は人口の40％から20％以下に減少し、極貧層は1990年以降半減しており、これはこの国がすでに第1回ミレニアム開発目標を達成し、他の目標も視野に入っていることを意味しています。環境保護は最優先事項となっていますが、2003年には国家負債が41億ドルにのぼり、経済の安定を揺るがすおそれがあります。

コスタリカ
- 1: 5%
- 2: 2%
- 3: 1%
- 4: 69%
- 5: 96%
- 6: 79
- 7: 0.823/0.664

ノルウェー

ノルウェーは、平均寿命、成人識字率、就学率、国民1人当りのGDP（PPP換算）を算出基準とした国連開発計画の人間開発指数（HDI）の第1位です。2002年のノルウェーのHDI値0.956は、0.936で12位の英国や0.926で21位のイタリアを上回っています。1990年に1位だったカナダと米国は、それぞれ4位と8位に順位を下げました。ノルウェーのHDI値はサハラ以南のアフリカの平均値の2倍の高さです。人口は500万人以下ですが、識字率は100％に達し、平均寿命は80歳で、2002年の国民1人当りのGNIは3万6,690PPPドルで、ルクセンブルグを引き離してヨーロッパで最高となりました。発展途上国への支援でも、ノルウェーはGNIに対する政府開発援助（ODA）費の比率が2003年には最高値の0.92に達し、外国支援費用であるGNIの0.7％という目標を達成または上回るわずか5ヵ国のなかに入りました。

ノルウェー
- 1: 0%
- 2: 0%
- 3: 0.3%
- 4: 98%
- 5: 100%
- 6: 80
- 7: 0.955/0.908

労働することの可能性

かつては「労働」と「活動」は、ほとんど同じことを意味していました。すなわち、学ぶことと教えること、食事を用意することとそのための狩猟、成長することと老いることは、すべて同じように重要だったのです。しかし、「先進」社会では、労働を仕事と、仕事を金と、金を人間の価値と結びつける方程式が長い間常識的に通用していました。そして、この考え方はまず北側の国々で、疑わしいと思われはじめたのです。しかし、南側の国々ではまだまったく問題にはなっていません。この価値観の変化にかかわっている重要な要因は、労働力の増加と労働の性質の変化の2つです。

私たちはいま、西暦2015年の労働力を計算することができます。なぜなら、その数は現在の人口に含まれているからです。それによると、最も増加数の多いのは南側の発展途上中の国々で、2005年には世界中の労働力が29億人いましたが、さらに約4億人が増加するでしょう。移行国では労働力が多かれ少なかれ一定となる見込みで、先進国では2015年の労働力の総計33億人に約1,000万人加算されるでしょう。これは発展途上国で毎年約4,000万人分の新たな仕事をつくり出す必要があることを意味しています。

一方、労働の性質についてみると、すでに工業化の進んでいる北側の国々では、大きな変容がありました。労働者に対する保護が強化されてきたのです。福祉国家は不景気や失業の影響も抑えることができるようになっています。先進国で賃金労働者に報酬が払われるのは、それが社会において正当であると考えられているからです。仕事は金を与えるだけではなく、心理的な報酬も与えているのです。これに対し、伝統的な農村社会では、家族

労働にみる世界

人間の技と力は永久に再生可能な資源です。しかし、この技と力の利用の方法が、いま大きく変化しようとしているのです。およそ300年前には、現在よりもはるかに少ない人口を養うために、当時の世界の労働力の90％以上が農業に従事しなければなりませんでした。それに対し、今日では、多くの先進国で農業人口の割合が10％を下回っており、たとえば米国の2％など、これよりかなり少ない国々さえいくつかみられます。情報革命と市場の変化は、産業の構造と技術的な基盤に大きな変化をもたらし、それによって多くの地域では、一方で余剰労働力が、他方で多くの技能に関して労働者の不足が生じました。グローバル化と経済統合によって、多くの人々が仕事を得られるようになりましたが、移住労働者が北側諸国で安い労働力として搾取されていることも事実です。

将来の労働力の予測
下の左右のヒストグラムは、世界の6地域における男女別労働力を、100万人を単位として示しています。この数字は経済的な活動人口で、すなわち特定の年齢（多くの国では15歳）以上の、仕事をして収入を得ている人と仕事を求めている人の数です。

M：男性
F：女性

1. 米国
伝統的な農業労働がこの国ほどはっきりと変化した国はないでしょう。それはすでに劇的に減少してしまいました。300万人以下（労働力1億4,800万人の2％）が農業に従事し、1950年の12％から1960年には7％、1990年には3％と減少しています。

2. ドイツ
ヨーロッパ最大の工業国ですが、失業率は10％に達します。米国と同様、近年の雇用形態は農業からサービス業に移行する傾向にあります。

3. ハンガリー
ハンガリーの労働力は農業から工業、サービス業へと移行しています。労働力の約45％は女性です。

産業別労働力の三角形（1960～1990年）
上図の7ヵ国の3つの主要な産業（農業、工業、サービス業）別労働力の動向（1960～90）は世界的な傾向を反映しています。下向きの矢印は、農業が減少し、工業とサービス業が増加したことを示しています。多くの発展途上国では、まだ農業に従事する労働者が多くいます。環境面で持続可能な経済へ移行するうえで、すでに1,400万人分の仕事が発生し、商品のリサイクルや再生、再生可能エネルギーの開発など、さらに多数の新規雇用の創出が見込めます。

労働にみる世界　189

全員がかなりの時間を、一般統計の数字からはもれているような非賃金労働に費やしています。労働力の統計では、発展途上国の農業従事者は今なお40％で（インドで70％、サハラ以南のアフリカ諸国の多くでは60〜80％）、GDPの20％に貢献しています。また、農業によって多くの女性の雇用も生まれています。

数字に表れるような正式の雇用は多くの非公式部門に支えられており、その比率は発展途上国では平均で雇用の40％に達します。時にはそれ以上となり、エチオピアの農村では50％、インドの農村では55％にもなります。農業に従事する13億もの男女、子どものうち、賃金を得ているのはわずか4億5,000万人です。

おそらく将来、労働の型は根本的に変化するでしょう。多くの新技術の重要な特徴としては、主として肉体を使うか、頭脳を使うかにかかわらず、労働者の生産性は高まるということが鍵となります。先進国経済では最終的に熟練を要しない労働が増えると考える人もいます。また将来は再教育、共同作業、自家経営の時代になると予想する人もいます。現在、南側の国々における問題は、先進国のそれとは異なっています。南側で必要なことは、仕事にありつけるだけでなく、その仕事で十分な収入力が確実に得られるよう保証することです。忘れてならないことは、新独立国の多くはすでにかなり発展してきているため、かつては単純作業労働者しか存在しませんでしたが、ここ20〜30年の間に、彼らが必要とする専門的な労働者や熟練した労働者を生み出すことができるようになってきています。

先進国
これらのグラフは、現役労働力で増加する女性の割合を示します。全体の労働力の伸びは次の2〜3年では小幅と予測され、2000年には全労働力6億人中、2億7,000万人（45％）でしたが、2010年には6億1,700万人中、2億8,000万人（46％）となる見込みです。

発展途上国
急激な労働力増加は、一方で政策立案者たちにとっての脅威ですが、他方でばく大な潜在的資源でもあります。失業者と不完全就業者を自国の経済に組み込む努力を続けている国はほとんどありませんが、中国を含む数ヵ国では、新しい雇用をつくり出す計画が非常にうまく進行中です。韓国でも資源再生計画によって雇用が増大しています。

小規模事業（ME）
多くの国々では、こうした地元資本の小規模事業が製造、職種の大きな割合を占めています。ラテンアメリカでは、約6,000万人の小規模起業家がおり、MEは地域のGDPの1/5を占めます。ガーナでは、女性たちがパーム、ココナツ、落花生から採れるオイルを商品化し、乾期には野菜を栽培し、ろうけつ染めの布地を作り、かごや敷物を編み、石鹸を作り、魚を燻製にして、キャッサバを加工し、陶芸も行います。

4. ブラジル
ブラジル経済は、急速な工業の成長によって変化してきました。現在の農業従事者は労働者の1/4以下で、工業も同様の比率です。一方、サービス業の比率は労働力の半分以上を占めています。

5. マリ
マリの労働力の86％は農業で、サービス業が12％、工業はわずか2％です。農業経済が活性化すれば、他の開発にも資源が回るでしょう。政府は失業者、不完全就業者、貧困層を対象とした産業部門別計画や小規模計画に資金を出しています。

6. 中国
2004年には人口13億のうち、72％が農業に従事していましたが、工業化に伴い農業人口は減少するでしょう。中国は世界の工場となり、世界第4位の輸出国です（シェア6％）。2020年までには世界最大のPPP経済国となるでしょう（P.236〜P.237）。

7. インド
世界第2位の人口をもつインドは、PPP経済力でも第4位に、工業力でも第8位にランクされています。労働力の2/3が農業に従事する一方で、IT、バイオテクノロジー、メディアといった新しい分野が経済成長を後押ししています。2008年までにはITが輸出の1/3以上を占めるでしょう。

働く子どもたち
現在、世界中の子どもたちの6人に1人、総計2億5,000万人が労働を強いられており、そのうちの7,000万人以上が10歳未満です。大半は農業に従事していますが、工場や路上で働く子どもたちも数多くいます。こうした子どもたち全員が教育を受けて、よりよい生活を送れてしかるべきです。80ヵ国以上の国々は子どもの労働をなくそうと取り組んでいます。

知識対知恵

人類がその科学と学識を誇るのはもっともです。ガリレオが天体における私たちの位置の由来をたどって以来数世紀のうちに、人類の創造力、想像力、不屈の精神は、この太陽系の詳細な探究調査を可能にしてきました。理解の飛躍が次々と続くに従って、新しい技術がその後に現れ、私たちの仕事をさらに有効に処理することができるようになったのです。ことわざの蓮の葉が池で繁殖するように、知識は知識を2乗、3乗の割合で生み出し、科学をより速やかに前進させてきたのです。

最近では、人類社会の隅々まで知識が先例のない広がりをみせています。機械印刷の出現は情報革命に火花を与え、集団教育の基礎をつくりました。印刷物、ラジオ、テレビはより多くの読者や視聴者を逐次獲得してきました。10年以内でインターネットのワールドワイドウェブ(WWW)は100億ページに達し、2004年には10億のホストコンピュータの1/4は約10億人の利用者を獲得しました。ウェブサイトの1/3は英語ですが、中国語、日本語、スペイン語、ドイツ語、フランス語、イタリア語、ポルトガル語、オランダ語も多く、これは人々がどこに住んでいても「オンライン社会」を形成できることを意味しています。電子会議では、地球のどこからでも議論に参加することができます。携帯電話は情報媒体としてサービスを提供し、最新の市況報告、天気やサッカー関連のニュースなども呼び出せます。年間の書籍発行数は新刊で約100万冊に上ります(中国の読者数も含めると、新刊、既刊合わせてさらに10万冊が加わります)。さらに、新聞、雑誌は16万5,000、電子ジャーナル(オンライン・ジャーナル)は約9,000あります。情報通信技術(ICT)のおかげで(P.218〜219参照)、世の中はかつてないほど自由に情報を収集、伝達できるようになりました。

学校教育システムと就学者数は急増していますが、発展途上国は今なお大きな課題を抱えており、学校がない、または学校に通えない子どもたちが大勢います(P.198参照)。しかし、学問と知識は必ずしも知恵とはいえません。新しい知識を得ることによって、伝統的な社会はそれに圧倒され、以前彼らを支えていたいくつかの知覚力を失ってきました。私たちの新しい技術のなかには、すべての伝統的な知恵に逆行するものがあります。いまやある国々は、原子力によって地球の大部分を雲散霧消させてしまうほどの力をもっているのです。

科学はすぐれたものですが、人間性とはますますかけ離れた存在になってきています。実際、西洋文明は学問、理解、行動への全体的な取り組みをほとんどやめてしまいました。「システム理論」は文明の全体像を統一的につかもうとする試みですが、これもまた専門化へ向かう傾向があります。しかし再統合へのてがかりは現われはじめています。多くの人々が、たとえば、グローバル・エコビレッジ・ネットワーク(P.208参照)のように、人類と環境のバランスを再構築していくことについて、伝統的な社会に指針を求めています。私たち人類は青年期にあり、多くの知識を吸収しながらもその生かし方を知りません。しかし、地球的規模の難題に直面している今こそ、私たちは新しい水準で物事を理解しなければなりません。

ホモ・サピエンス

ホモ・サピエンス以外のすべての生物種は、その形態と行動を環境の圧力に適応させています。それに対しホモ・サピエンスは、技術や文化の発達によって、逆に環境のほうを適応させるという著しい偉業を成し遂げ、多くの自然の制約を克服してきました。これによって無数の利益がもたらされましたが、知識の急速な増大が可能だったのは、専門化が高度に進んだ(P.191の右上図)からにほかなりません。私たちはガイアの生態系における人類の進んだ社会にふさわしい、新しい全体論をつくり出す必要があります。

初等学校就学率

	1990	2000
世界	81.8%	83.8%
移行国	88.3%	90.5%
先進国	96.9%	97.0%
発展途上国	79.8%	82.1%

世界のインターネット・ホスト・コンピュータ(百万人)

世界の学校

1960年代と70年代初期に教育熱が非常に高まりました。1980年までには発展途上国の初等学校就学率は70%に達し、中等学校就学率も32%になりました。1990年の「万人のための教育に関する世界会議」以降、発展途上国では1,000万人以上の子どもたちが学校に通うようになりましたが、まだ1億1,500万人の子どもたちが就学しておらず、その中にはサハラ以南のアフリカの3,800万人(10人に4人)も含まれています。1億1,500万人の約3/5は女子で、その多くは自分の時間を薪運びや水くみに費やさなくてはなりません。

オンライン学習の急増

電子会議、電子ジャーナル、電子新聞、電子書籍など、1990年代初め以降インターネットやウェブの急成長に伴い、その発行数と、情報へのアクセス方法に革命が起きています。電子ジャーナルは1994年には36種だったのが、1998年には6,000種以上、2003年には9,000種に成長し、その多くは「オープンアクセス」サイトを通じて自由に利用できます。

情報量の爆発的増加

新しい知識の生産は、知恵とではなく経済や社会の発展と密接な関係をもって増大しています。知識の増大を支えているのは、総額8,000億ドルまたは1兆2,000億PPPドル、または地球全体でGDP2.5%という研究開発(R&D)費用ですが、その多くは軍事用の研究・開発に使われています。新しい技術が発達してきたのは、ばく大な量のデータを蓄え、整理し、分析するためです。

ホモ・サピエンス 191

本の出版

世界の本の発行数は2003年には約100万冊に達しました。電子書籍は多くの人に有益ですが、従来の本に取って代わろうとはしていません。世界中で入手できる本のタイトルは今では総計1億冊になります。

世界の本の発行数

- 95万
- 84万2,000
- 78万9,500
- 71万5,500
- 57万2,000
- 52万1,000
- 42万6,000

1965 1970 1975 1980 1985 1990 1995 2000 2003年

西洋の知恵と伝統的な知識

先進国における知識の爆発的増加は、高度な訓練を受けた人々を何百万人も生み出しましたが、彼らは自分の専門分野の外で何が起こっているかはほとんど知りませんでした。

非常に複雑で、急速に変化する世界では、この知識の断片化が生じ、相互の理解を妨げています。知識を再統合したり、多面的な問題に対して多くの要素をより合わせた解決法を得たりするため、いくつかの専門分野にまたがったプロジェクトには多くの努力がはらわれてきました。たとえばビルの設計には、建築家や他の専門家、使用者間の討論がますます必要になりました。先進国の知識の新たな統合者は、より統一され全体化された文化に含まれている知恵を認識するようになってきています。

生命科学　物理学　科学技術
医学　社会学　歴史学
哲学・宗教　芸術　文学

神　歴史的な物語　秘伝の医学
美術・工芸　民間伝承　社会的知識
自然界の知識

参加できぬ多くの人々

地球社会の恩恵から締め出された人々に関する統計は、私たちをぞっとさせます。1億1,500万人の子どもたちが学校へ通えず、1億8,600万人の大人が失業中で、8億4,000万人が栄養失調で、10億人には十分な家がなく、12億人が絶対的貧困（1日1ドル以下の生活）に苦しんでいます。12億人が安全な水を得られず、20億人に電気がなく、26億人に十分な下水設備がありません。

毎年多くの人々が栄養失調や病気で亡くなっています。この悲劇は人間の潜在能力の浪費であり、予算をほんの少し調整して私たちが「優先すべきこと」に多額の費用を投入すれば、かなりの部分が避けられるはずです。避けることのできない問題は、とどまることを知らぬ世界の人口の増大であり、一部の地域では食糧供給と基本的な社会福祉事業を増やす努力をしていますが、それをはるかに上回る勢いです。

1950年代以降、世界の食糧生産量が大幅に増加し、1980年代半ばまでは地球上の穀物収穫量が地球人口よりも急増したため、常に鋤がコウノトリより優勢でした。しかし、1984年以降は、1人当りの穀物生産量は落ち込み、ピーク時の342kgから2003年には300kgとなりました。さらに30億人が1日2ドル以下の収入で、穀物を買う余裕もありません。悲しいことに、こうしたシナリオは今後も繰り返し起こりそうです。毎年増加する8,000万人を養うために、私たちは食料を探さなければなりません。一般に人口増加の傾向は貧しい国々で最も大きいために、現在の不均等な物資の供給や、人口と資源の間の地理的なアンバランスはさらに悪化するでしょう。課題：2030年までに新たに16億人に食料を供給し、人類全体の食糧事情を改善するには、2倍の食料を生産しなければなりません。しかし、私たちは現在、1950年に25億人分を収穫していた耕地で、つまり1人当り半分以下の穀物収穫面積で、64億人分の食料を供給しようと努力しているのです。

人口増加の重要な鍵は、年齢別の人口構成です。若年人口の占める割合が大きいほど、将来の人口増加の可能性も大きくなるからです。15歳以下の人口が全人口に占める割合は、アフリカでは約42％、ラテンアメリカでは32％、アジアでは30％であり、これらの地域は、人口問題における時限爆弾を抱えています。

人類は、妊娠を防ぐ人工的な手段を発達させてきたという点で特異な存在ですが、まだ多くの国々はこの手段を利用することができないでいます。貧困、高い子どもの死亡率、各種物資の社会的供給の不足の3つが重なって、多くの場合、親たちはより多くの子どもが必要であると思い込んでしまいます。これは、十分な数の子どもが危険な子ども時代を生き抜けば、家計を助け、親の老後の世話をすることを保証してくれると考えるからです。こうして略奪と環境悪化の循環が繰り返されるのです。

人口数字ゲーム

養うことのできる人数が有限な地球上で、人間の子孫を増やす能力が無限に近いということは、私たちにとって重大な問題です。20世紀には、世界の人口は15億人から61億人に増加しました。国連では、西暦2025年までに世界の人口は79億人を超え、西暦2050年までに89億、2075年頃には最高の92億人に達するだろうと予想しています。しかもこれらは中程度の予想値です。低い予測では、2050年に最高74億人に達する見通しですが、高い予想では人口は着実に増加し、2050年には106億人に、2075年には125億人に達するとしています。

これらの数字は、どういうことを警告しているのでしょうか。現在以上の化学肥料を使用しながらすべての耕作可能地を利用して作物をつくり、余剰の作物は自由に輸送できるとすれば、大部分の地域は現在以上の人口を養えるはずです。しかし、各国ごとの、より現実的な需要と供給のバランスの崩壊は将来の大きな危機を示唆しています。2000年には、耕地不足の国々（1人当り0.07ha以下）には4億2,500万人が、水不足の国々（年間1人当り1,000m³以下）には2億4,500万人が暮らしていました。2025年までにこれらの数字は6億4,000万人〜8億5,200万人、もしかするともっと増加するかもしれません。各国政府が人口の抑制策をとらなければ、飢饉や病気、高い乳幼児死亡率の解決がますます困難になるでしょう。

人口の折返し点

多くの野生動物の個体数は、規則正しく急増と激減を繰り返します。全体的な安定を保つために、出生数と死亡数がうまいぐあいにバランスをとる必要があります（下図）。大きなS字カーブ（右図）は、国連が発表した中程度の長期予測による、2300年までの複数の地域での最大人口を示しています。北アメリカは2300年まで徐々に増加を続けますが、ヨーロッパは反対に1億人強まで減少しています。出生率が下がると人口はすぐに安定すると考えるかもしれませんが、効果はすぐには現れません。若年人口の占める割合の高い国は、今後子どもを産むであろう人々が多いことを意味するのです。中国は、人口政策によって1980年代末の年間増加率1.4％から、2003年には0.6％に減少しましたが、人口規模が大きいため、2004年にはさらに800万人増加しました。同様にインドの人口増加率も2.1％から1.7％に減少していますが、2004年にはさらに1,800万人増加しました。インドは2000年〜2050年の間に人口がさらに5億1,500万人増加し、2040年には中国を抜いて世界の人口最多国になる見込みです。

正常出産1,000人当りの乳幼児死亡率（2001年）
- 100人以上
- 50人〜99人
- 25人〜49人
- 10人〜24人
- 10人未満

ラテンアメリカとカリブ諸国
1.6％／年
最大7億7,900万人
（2065年）

北アメリカ
1.1％／年
(移民を含む)

アジア
1.3％／年、
最大52億7,100万人
（2065年）

西暦6000 BC　　5000 BC　　4000 BC　　3000 B

人口密度
（人/k㎡）
500以上
100～500
5～100
0～5

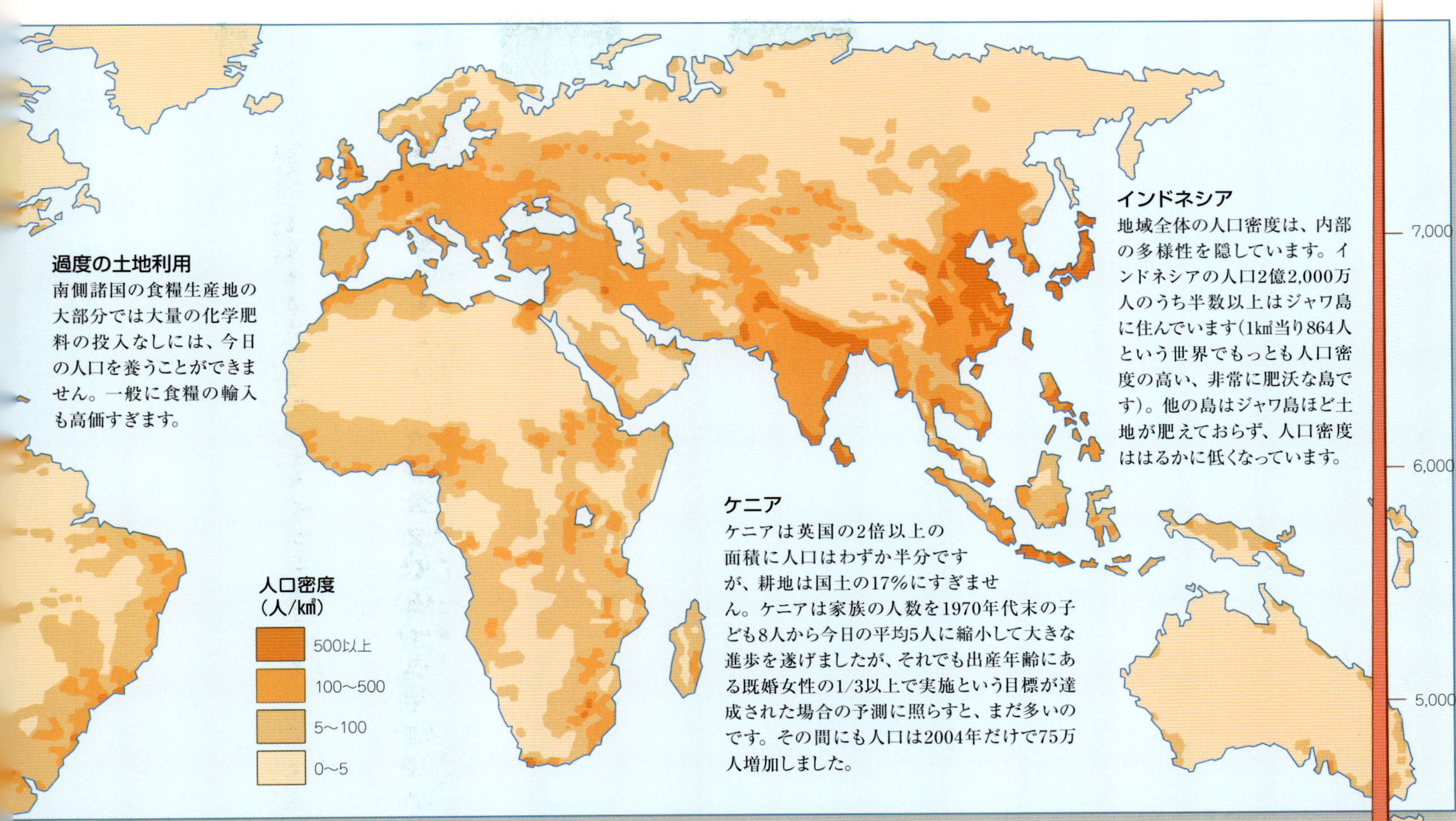

過度の土地利用

南側諸国の食糧生産地の大部分では大量の化学肥料の投入なしには、今日の人口を養うことができません。一般に食糧の輸入も高価すぎます。

インドネシア

地域全体の人口密度は、内部の多様性を隠しています。インドネシアの人口2億2,000万人のうち半数以上はジャワ島に住んでいます（1k㎡当り864人という世界でもっとも人口密度の高い、非常に肥沃な島です）。他の島はジャワ島ほど土地が肥えておらず、人口密度ははるかに低くなっています。

ケニア

ケニアは英国の2倍以上の面積に人口はわずか半分ですが、耕地は国土の17%にすぎません。ケニアは家族の人数を1970年代末の子ども8人から今日の平均5人に縮小して大きな進歩を遂げましたが、それでも出産年齢にある既婚女性の1/3以上で実施という目標が達成された場合の予測に照らすと、まだ多いのです。その間にも人口は2004年だけで75万人増加しました。

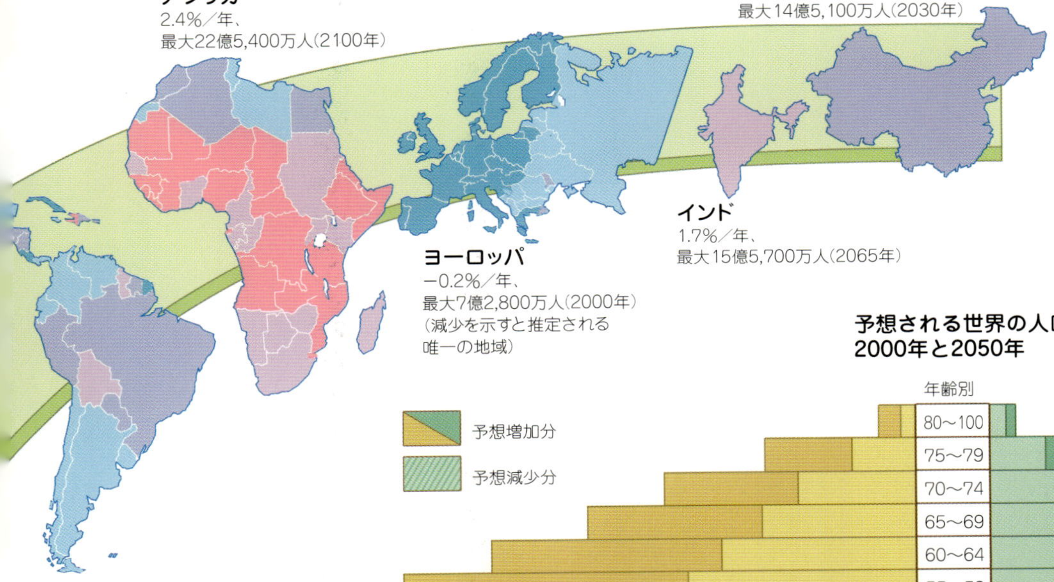

アフリカ
2.4%／年、
最大22億5,400万人（2100年）
中国
0.6%／年、
最大14億5,100万人（2030年）
ヨーロッパ
−0.2%／年、
最大7億2,800万人（2000年）
（減少を示すと推定される
唯一の地域）
インド
1.7%／年、
最大15億5,700万人（2065年）

人間の犠牲

多くの発展途上国では、人口爆発が食糧、健康、教育の改善を目的とする社会的･経済的プログラムの基礎を崩しています。各国の政府や開発機関が定める目標は、急増する人口と費用が原因で、あっという間に手の届かぬものになってしまいます。その間にも、出生率が高いうえに必要な物資が不足しているため、栄養失調や病気が原因で、多くの命がいとも簡単に失われているのです。

予想される世界の人口 2000年と2050年

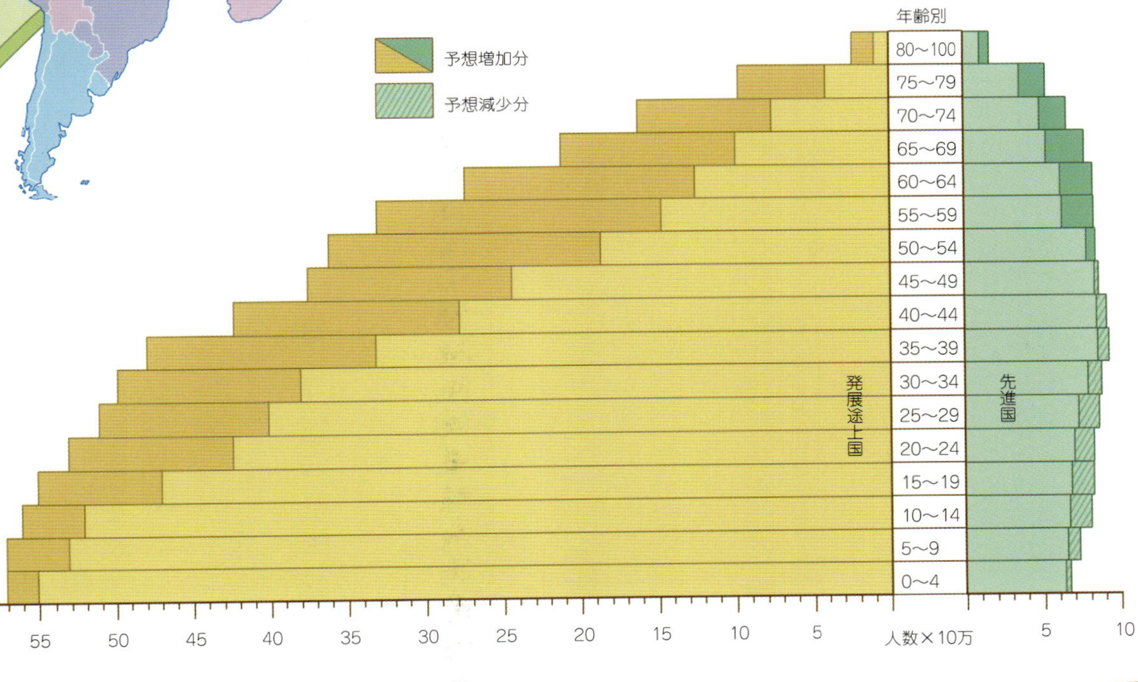

予想増加分
予想減少分
年齢別
80～100
75～79
70～74
65～69
60～64
55～59
50～54
45～49
40～44
35～39
30～34
25～29
20～24
15～19
10～14
5～9
0～4
発展途上国
先進国
55
50
45
40
35
30
25
20
15
10
5
人数×10万
5
10

人口ピラミッド

人口の年齢構成は、人口総数と同じくらい重要です。左図は、発展途上国と先進国の人口の年齢構成を示しています。ただし、帯の長さは割合であって実数ではありません。世界人口の81%を占める発展途上国は、高い出生率のために底辺の広い形になります。2004年には総数の1/3が15歳以下であり、彼らも数年後には親となって子どもを産むようになります。一方、先進国では生産年齢人口の割合が比較的大きく、また65歳以上の割合も大きくなっています。西暦2050年までには先進国の80歳以上の人口が1億1,300万人となり、人口の約10%を占めると思われますが、これはまた新たな問題をひき起こすでしょう。

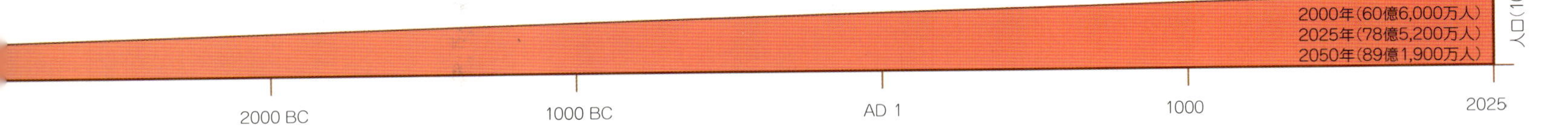

7,000
6,000
5,000
4,000
3,000
2,000
1,000
人口（100万人）
2000年（60億6,000万人）
2025年（78億5,200万人）
2050年（89億1,900万人）
2000 BC
1000 BC
AD 1
1000
2025

194　参加できぬ多くの人々

雇用の危機

2003年には1億8,600万人が失業中で、地球全体の労働力の6％に相当します。これは国際労働機関（ILO）が記録する最高値です。その約3/5は男性であり、最も打撃を受けたのは15～24歳のグループで、その数は14.4％に当る8,800万人に上ります。

サハラ以南のアフリカは、平均11％という高い公式失業率に喘いでいます（非公式失業率はその2～3倍にもなります）。その地域には2億3,000万人のいわゆる「貧しい労働者」が暮らしており、世界中で14億人の労働者（総労働力の約半数）は日給2ドル以下で、これでは貧困という蟻地獄から抜け出すことはできません。発展途上国全体では急速な人口増加によって、雇用不足はますます深刻になっています。こうした国々では、2005年～2015年の間に年間4,000万人分の新しい仕事が必要です。問題は、有効な有給の雇用分野が不足しているうえに、一般に極端に収入が少ないことです。分野別では、労働者の40％以上が農業に従事しています。世界中で絶対的に貧しい人々（日給1ドル以下）の多くは、零細農民や自分の土地を持たずに仕事を求めている農業従事者です。HIV/エイズが労働市場に大きな影響を与えている一方で、人々が海外により良い収入獲得のチャンスを求める「頭脳の流出」も同じく大きな問題となっています。

北側の先進国では、失業が社会、経済に同時に与える影響を政治で解決しようと取り組んでいますが、人口が「高齢化/老齢化」して、より多くの年金基金が必要です。OECD（経済協力開発機構）諸国では、2003年の失業者総数は4,000万人以下で、失業者の1/4を占める米国でも「貧しい労働者」とは無縁ではなく、就労家庭の約1/4が経済的に貧窮しています。ポーランドとスロバキアでは、労働力の約1/5が失業中です。

北側では、労働組合が減少して企業が労働者をいくぶん簡単に一時解雇するようになりました。英国には余剰人員と労働者の権利を守る雇用条例がありますが、多くの発展途上国にはそうした法律がないため、労働法の規制が緩く、子どもの就労、長時間労働など、従業員の権利はないに等しい状態です。2005年の労働力29億人は地球全体の人口の45％で、5歳未満と65歳以上の非生

貧しい労働者
50万人以上の人々が「日給1ドルの貧しい労働者」に分類され、「日給2ドルの貧しい労働者」は14億人います。

仕事の飢饉

北側でも南側でも、失業と不完全雇用の問題があり、後者は報酬がほとんどない非生産的な労働です。発展途上国では、今後10年以降に生産年齢に達する人々が適当な職を得られない恐れがあります。移行国では過去10年間で労働力が減少し、平均失業率は6.3％から9.2％に上昇しました。一方、工業国の失業率は、1993年の8％から2003年には6.8％に減少しました。OECD諸国全体では、2002年には3,600万人が失業中で、その内訳は米国で840万人、日本で360万人、ドイツとポーランドで340万人、フランス、イタリア、スペインでそれぞれ200万人以上です。

発展途上国の不完全雇用

南側では失業と同様に不完全雇用も最も差し迫った問題です。失業の際の補償金や社会保障の制度のない南側では、貧しい人々は生きようとするなら、とにかく働かねばなりません。元手をほとんど持たない彼らの仕事の多くは、労働者を守る法律などないため低賃金の長時間労働です。多くの人々が自営です。一方、政府や外国の援助で行う事業は、多くの場合、国の実情に適さない、高度な技術を用いた資本集約的なものです。また、それらは商品作物と工業製品の生産の増加を目ざしており、貧しい人々に仕事を与えて彼らが必要な食料を買えるようにすることには役だちません。結局、多くの人々が地方から都市へ移住するため、都市部の貧困と経済基盤への圧力が増える場合が多いのです。

若年層（15歳～24歳）の失業率2001年
- 40％以上
- 31～40％
- 21～30％
- 11～20％
- 10％以下

地球全体の失業者数と失業率 1993年～2003年

厳しい見通し
北側の産業の中で、繊維や造船、鉄鋼は、南側のより安い賃金とより高い生産性によって大きな打撃を受けています。

- 15歳以上の人口　32億6,900万人
- 15歳以上の生産活動人口　22億7,900万人（70％）
- 失業者　1億5,000万人
- 新規就業者（2005年～2015年）　3億8,900万人

発展の進まない国々 西暦2000年

産年齢者が37%を占めています。その他、無給の家庭内労働者やボランティア、ここに記載されていない失業者など、労働力人口に含まれない成人もいます。

女性や年少者、少数民族は、北側の国々でも南側の国々でもとくに不利な立場にあります。南側諸国では多くの女性が無報酬の家庭内労働システムのなかで搾取されています。うまく賃金の得られる仕事を見つけることができた女性も、景気が後退したときや、新しい機械が導入されたときは、真っ先に解雇されてしまう傾向にあります。しかし、なかでもいちばん不利な立場で苦しんでいるのは、多くの場合、移民と少数民族です。仕事があるという魅力は農村や発展途上地域の人々を都市や先進地域へひきつけますが、「黄金で敷かれた通り」などめったにあるものではありません。戦後の西ヨーロッパには好景気にひかれて1,500万人以上の移民や外国人労働者がやってきましたが、景気後退のときには多くの場合、彼らが犠牲にされるのです。

2015年には労働力は330万人に達する見通しですが、日給1ドルの貧しい労働者は4億3,000万人、日給2ドルの貧しい労働者は130万人となります。仕事の飢饉から抜け出す1つの道は、変化を受け入れる順応性が重要だと認識することです。私たちの経済はすでにその一歩を踏み出しており、技能や科学技術が向上して、少ない労働でより高い生産性を得られるようになっています。

また、経済全体を(1)求める者全員に仕事があり、(2)誰もが適正賃金以下で異常に長時間働かなくてもよい仕組みにする、と変化させることも可能です。20歳で就いた仕事を65歳まで続けることは常識ではなくなります。また、ワーク・シェアリングやフレックスタイムを導入すれば、新しい雇用形態を探る好機となるでしょう。

15歳以上の人口 9億7,300万人
15歳以上の生産活動人口 6億100万人(62%)
失業者 3,600万人
新規就業者(2005年〜2015年)1,000万人

発展の著しい国々 西暦2000年

失業と若者

15歳〜65歳の労働年齢人口の1/4を占めるのは15歳〜24歳の若者たちです。世界で5億5,000万人いる日給1ドルの貧しい労働者のうち、1億3,000万人は若者で、彼らは生活するのが精一杯です。世界の若者たちの約9,000万人が失業中で、全失業者数の半数に相当します。彼らは年配の大人たちの3倍失業しやすく、特に発展途上国では深刻な問題です。いざ就職活動を行っても、仕事の経験が浅い、専門技術やその教育を受けていないなどの大きな壁にぶつかるのです。工業国でも発展途上国でも、若者たちは正社員ではなく、一時的(短期、非常勤、臨時)労働や不安定な契約のもとで、より長時間働いており、生産性や賃金が低く、労働保護が限られています。仕事が不足すると、自分が世間から疎外された無能な存在だと思い始め、やがて違法行為に手を染める恐れがあります。

「世界の若者の失業率を半減させれば、世界のGDPが少なくとも2兆2,000億ドル加算され…国連ミレニアム開発目標を達成するためには、若者たちが適正な職を見つけて働き続けられる機会を増やすことが絶対条件である」
ILO、2004年

「見えない」労働力

発展途上国の男女別労働力の統計は、女性の全体に占める割合が半分以下であることを示しています。実際、彼女たちの労働は子どもたちのそれと同様、公式の統計には表れません。南側の女性たちは労働に関して二重の重荷を負っているのです。家事をきちんとこなしたうえに、畑で賃金なしの農作業をしなければならず、1日に15時間働くことも珍しくありません。農業で働く13億人の男女、子どもたちのうち、働いて賃金を得ているのはわずかに4億5,000万人です。生産性が最も低い児童労働では、劣悪な労働環境が子どもの発育を阻害しかねません。子どもの労働者数は約2億5,000万人で、その約1/3は10歳未満です。大多数は発展途上国の子どもたちですが、先進国や移行国にも250万人の働く子どもたちがいます。大半(1億2,700万人)はアジア—太平洋地域にいますが、サハラ以南のアフリカでも4,800万人の14歳未満の子どもたちが働いています。働く子どもたちの大多数は農業に従事していますが、世界中で800万人以上がだまされて奴隷のように重労働を強制され、売春やポルノを強要されています。そして、100万人が国際法下では違法である人身売買の支配下に置かれています。

北側に攻撃される南側

南側の雇用不足の原因は、少数者への富の偏在と北側の保護主義です。欧州連合は、発展途上国で生産するほうがより生育のよいテンサイを輸出する際に、1ユーロにつき3.3ユーロを支払っています。同様に、米国は綿花農家を支援して、綿の価格を非常に低く抑えているため、西アフリカでは1,000万人がもはや綿で生計を立てられない状況です(P.232〜P.233参照)。北側の資金の多くは、南側の人々の仕事を奪う機械化の導入に投じられてきました。

女性たち

2003年には、世界の労働力のうち11億人が女性で、過去10年以上で働く女性は2億人増えました。しかし、女性は今なお男性よりも高い失業率と低賃金に直面しています。世界に5億5,000万人いる日給1ドルの貧しい労働者の60%が女性です。少なくとも4億人分の適正な職があれば、7,800万人の女性失業者と、3億3,000万人の貧しい女性労働者を貧困から救い出せます。

健康の危機

病気で働けない人は、世界人口64億のうちの非常に大きな割合を占めています。考えてみてください。600万人がトラコーマにかかり、その一部は盲目になっています。1億4,600万人が失明の恐怖におびえ、3億人がマラリアで発汗、ふるえを起こしています(そして100万人のおもに子どもたちが毎年マラリアで死亡しています)。2億人が住血吸虫症で血尿を出しており、160万人が結核(TB)で死亡しています。

しかし、これは世界の病気がいかに広くひろがっているかを示すほんの一例にすぎません。エイズ感染者数は約4,000万人で、これはポーランドの人口に相当します。世界中で8億4,000万人が栄養失調ですが、世界の穀物の1/3以上は、裕福な人たちの肉中心の食卓を満たす家畜の餌になっています(P.234～P.235参照)。ステーキ、ハンバーガー、ホットドッグといった油っこくてカロリーの多い食物を含むそうした肉中心の食事が原因で、先進国でも発展途上国でも肥満が全国的に急増しており、世界中で11億人が肥満で、そのばく大な医療費は米国だけで1,200億ドルになります。

一方で、微生物は医学の知恵を上回る驚くべき巧妙さを示しつづけており、健康に対する新しい脅威が絶えず現れています。20世紀は、北側の国々の生活様式から生じる病気が流行しました。心臓病、がん、職業病、神経・精神の病気などがそれであり、交通事故やアルコール中毒、麻薬中毒による死傷者も増加しています。

発展途上国は二重の重荷に耐えなければなりません。彼らにとっての主要な戦場は今でも感染症ですが、彼ら

死を招く生活習慣
2000年の危険因子
上位10位
死者100万人単位

- 高血圧 7.1
- 喫煙 4.9
- 高コレステロール 4.4
- 体重不足 3.7(貧しい国々では体重不足の子どもの数は1億7,000万人)
- 危険な性生活 2.9(主な要因はエイズに関連)
- 果物、野菜の摂取不足 2.7
- 肥満 2.6
- 運動不足 1.9
- アルコール摂取 1.8
- 危険な水、下水設備、衛生状態 1.7 (その90%が子どもたち)
- 固形燃料による室内での煙の吸引 1.6

病気とストレス

世界全体でみると、各国のばく大な医療費は、いまだに病気の予防より病気の治療に多く使われています。高度な医療技術が非常に多くの予算を消費しているのに対し、プライマリー・ヘルスケアや地域の保健活動、予防医学に使われる資金は多くの場合非常に少なくなっています(P.206～P.207)。大規模な広報活動が行われているにもかかわらず、一般の人々は病気と食事や、タバコ、アルコールの摂取との関係について知らないことも多いのです。(2030年までには、喫煙による死亡者数は年間1,000万人に達する恐れがあります)

死者の総数

1977年～2000年の間に飢えによる死者数は、1945年以降の戦争での死者総数の6倍でした。注目すべきは世界の軍事費が2003年には8,800億ドルであるのに、2005年のエイズ撲滅用資金は120億ドルだということです。

北側諸国の健康問題

工業化が進んでいる北側では、一般に進歩の目印と考えられている状況そのものが深刻な健康問題の原因になっています。老人たちの多くが病気や孤独に苦しんでいます。最も深刻なのは「新しいタイプの死」です。つまり、現代の生活環境や生活様式によって増えているエイズ、がんや循環器系の病気です。ほかにもいくつかの病気が増加してきていますが、その多くは予防が可能です。

北側 年齢 男性 女性
10万人単位(2005年予想)

新たに見捨てられた人々

世界中の1/10は60歳以上で、2020年までにはその割合は1/8になります。発展途上国に4億2,000万人以上、先進国に2億4,500万人いる老人たちの多くが独りで、または老人ホームや病院で暮らしています。国連人口活動基金(UNFPA)によると、人口の老齢化は、特に施設、人的資源、財源が限られていて、社会的セーフティネットが存在しない場所で、ますます深刻な問題となっています。

HIV/エイズ

1981年以降、2,300万人が死亡し、1,500万人の子どもたちがこの病気で片親または両親を亡くしています。2004年には500万人が新たに感染し、300万人が死亡し、3,900万人が発症しています。2010年までにアフリカ南部の数ヵ国では、平均寿命が30歳～40歳まで下がる恐れがあります。

新しい死因

心臓血管病が全死因の約1/3を占め、心臓血管病の3/4は、高コレステロール、高血圧、果物や野菜の摂取不足、運動不足、喫煙という多数の危険因子が原因です。毎年、がんが死因の1/4を、エイズ、結核、マラリアが1/5を占めています。

ストレスによる病気

WHOによると、1億2,000万人以上の人々がうつ病で苦しんでいます。男性の約6%、女性の10%は、一生涯のうちにうつ性症状を経験しています。約4,000万人が痴呆を発症しており、その大半はアルツハイマー病が原因です。

「象牙の塔」の医学

北側では、大病院や高度な技術を重視するあまり、本来病気の予防に使われるべき資金が閉ざされている場合が多いのです。

北側と南側の医療費

米国の1人当り4,900ドルやスイスの3,300ドルから、コンゴ民主共和国の12ドル、エチオピアの14ドルまで医療保険費用には大きな格差があります(すべてPPP換算)。

516
181
190

は、衛生状態を向上させるために上下水道などの基盤設備を整備する必要があります。下痢を起こす微生物のように、単純で対応しやすい脅威でさえも、南側の国々では200万人以上という子どもたちの生命を奪っているのです。栄養不良はおそらく子ども、若い女性、妊婦にとって最も悲惨な病気で、授乳期の女性にはとくに危険が大きくなります。たとえば、ビタミンA欠乏症は子どもたちが盲目になる主な原因です（1億～1億4,000万人の子どもたちがビタミンA欠乏症です）が、盲目は予防することができ、一回数セントのビタミン剤で予防できます。

発展途上国では、少しの期間病気にかかるだけで一家が貧困のどん底に落ち込み、土地や家畜やその他の所有物を売らざるをえなくなることもあり、そうなると高金利のため二度と買い戻すことはできません。現在、このような問題が存在するために、発展途上国には北側の国々の生活様式に関係する病気が入り込む余地はほとんどありません。2030年には喫煙が死因の第1位となり、世界中の年間推定死亡者数1,000万人のうち700万人が低所得国と中所得国で死亡する恐れがあります。

また、世界中で老人の病気がますます大きな脅威になりつつあります。老齢化が最も進んでいる北側の国々でさえ、リウマチや関節炎のような慢性の病気に立ち向かう老人を手助けすることがほとんどできない状態です。さらに増加していく老人たちは、独りで生きるか、地域社会を追われて病院や養護施設に入るしか道がありません。

南側諸国の病気

全年齢層にわたって死亡率が高く、とくに乳幼児の死亡率が高いのが多くの発展途上国の厳しい現実です。左図の人口ピラミッドの1段目（0～4歳）では、11人に1人が死亡し、人口のかなりの部分は障害や病気に苦しんでいます。なかでも貧困と栄養不良という問題が南側に多いのです。サハラ以南のアフリカでは、人口の2/3が栄養不良で、1億人が特に深刻な状態です。医療従事者や薬に関する情報の不足、衛生状態の悪さが原因です。このような死亡原因の間には複雑な相互作用があり、一つの問題の解決だけでは追いつきません。衛生状態の悪さが下痢を生み、それが栄養不良を悪化させて、エネルギーと収入を得る能力を奪ってしまうのです。

数億の人々が、飲み水が原因の病気（住血吸虫症（ビルハルツ住血吸虫症）、オンコセルカ症（糸状虫症））にかかっています。飲み水の汚染（P.116～117、132～133）の解消は非常に困難であり、予算の使い方のまずさがそれに輪をかけています。早急に対策を講じなければ、3,400万人～7,600万人が、2020年までに水に関連する病気で死亡する恐れがあります。

アフリカでは5歳以下の死亡原因の第1位はマラリアで、マラリアによる死者の90%はこの地域に集中しています。マラリアが公共医療支出の40%を占め、マラリア感染率の高い地域では入院患者の30%～50%、外来診療の50%がマラリアによるものです。WHOの「ロールバック・マラリア・キャンペーン（マラリア撲滅キャンペーン）」は2010年までに被害を半減するのが目的です。

南側 年齢 男性 女性
10万人単位（2005年予想）

10万人当りの医師数

子どもの命を奪うもの
発展途上国では十分な世話と栄養と医療があれば救えたはずの何百万という子どもの命が失われています。子どもの死亡総数の半分以上は栄養不良が原因です。

下痢
発展途上国で死亡した子どもの1/5は、下痢が関連しています。最良の治療法である経口補液療法（ORT）は安価で簡単ですが、使い方の教育を行う必要があります。

輸入された薬
発展途上国では、個人の支出する医療費が国家のそれを3から4倍も上回ります。そして、その少なくとも1/3は、効きめがないか、有害な薬に使われているのです。製薬会社は、この種の薬の発展途上世界市場からの撤退に消極的です。

読み書き能力の隔たり

「教育は開発である。教育を受けた人々には選択と機会が生まれ、貧困と病気という二重の重荷が減り、社会的発言力が増す。国家にとっては、教育によって活発な労働力と、地球規模で競争し協力できる知識のある市民が生まれ、経済的、社会的繁栄への扉が開く」

世界銀行

進歩に対する障壁

病気の苦しみと教育の欠如を分離して考えることはできません。病気の多い地域を示す世界地図は、栄養状態の悪い地域、貧困な地域、文盲率の高い地域を示すそれと一致するはずです。文盲の人は、ただ単に読み書きができないだけでなく、貧しく、飢えていて、病気にかかったり搾取されたりしやすいのです。また、文盲は一般に男性より女性のほうが多くなっています。発展途上国では、人々の読み書き能力が先進国よりも遅れており、女性はとくに遅れをとっています（2004年の成人男性の識字率が83%、女性は69%）。

多くの発展途上国では識字率がかなり高くなってきてはいるものの、文盲者数を見れば、人口と教育機会に落差があることは明らかです。世界の成人文盲者数は今なお8億人存在し、そのうち5億1,500万人は女性です。アフリカだけで1億1,500万人を占めます。アフリカの成人女性の識字率は53%です（男性の識字率は70%）。成人文盲者数はアジアが最多（5億6,500万人）であり、アフリカに1億8,600万人、アメリカ大陸に4,200万人、ヨーロッパに600万人、オセアニアに100万人います。先進国および移行国の文盲者数は、わずか1,000万人というのが特徴です。

何を優先するかは財政上の要因に左右されます。多くの発展途上国は、社会資本を根こそぎにし、多数の子どもたちを孤児にした2004年の津波被害、HIV/エイズ危機、市民紛争など、予測できない地球変動に対処するため、教育以外の社会予算を増やさざるをえないと認識しています。1999年には、OECD諸国の教育費用はGDP平均で約5%だったのに対して、インドネシアではわずかに1%でした（フィリピンは6%、チリは7%）。

2000年には、就学年齢に達した発展途上国の子どもたちの80%以上が学校に入学しました（高所得国は97%）。しかし少なくとも1億1,500万人の子どもたちには、行くべき学校すらないのです。また、就学率が学校修了率と大きくかけ離れている場合もあります。マダガスカルでは国全体の就学率は68%ですが、80%の生徒は初等教育を修了しません。サハラ以南のアフリカの多くの国では、初等学校の修了率は50%以下です。もしも現状が続けば、発展途上国の少なくとも半分に暮らす子どもたちは、2015年になっても初等教育の全過程を修了できません。けれど、前進した部分もいくつかあります。1960年には、チリの成人人口の就学年数は平均でわずか6年でしたが、2000年までにその平均値は10年に増加しました。普通教育が受けられる年齢の間に、読み書きの基本的な技能を学べなかった者には、成人してからそれらを修得する機会はほとんどありません。

成文法によって統治され、書類や手紙など書かれたものによって動く現代国家では、読み書き能力がますます不可欠になっています。文盲ではいい仕事を得ることはできないし、実際、仕事につくこと自体できないかもしれません。文盲では法律で認められた権利がわかりにくく、その主張はなおさら困難でしょう。読み書き能力がなければ投票できない国もあります。文盲では悪賢い役人や詐欺師にだまされるかもしれません。残念なことに、最も恵まれない地域（田舎の村や都会のスラムなど）の人々は、国が費やす教育費から最低の恩恵しか受けられません。

教育のための財源

ユネスコによると、世界中の年間教育費は10億人の学生「市場」で1兆ドルです。先進国と発展途上国の両方で、民間教育は大きく進出してきており、OECDの平均12%に対して、チリ、ペルー、フィリピン、タイでは教育費の40%に達します。83ヵ国が、2015年までに「教育をすべての人に」（FEA）という2000年の世界教育フォーラムで設定した目標を実現させようとする一方で、70ヵ国以上は達成が難しく、後退している国もあります。目標を達成するには、新たに1,500万〜3,500万人の教師と、年間150億ドルの追加予算が必要です。

メディアの不均等

北側と南側の読み書き能力の隔たりは、受け取る情報量の差に反映されます。北側は、ラジオ、テレビ、インターネット利用者のほとんどを握っていますが、その数は中国やインドのような新たな消費国で急増しています（P.234〜P.235）。ラジオやテレビ、インターネットの情報にふれる機会がないことは、発展途上国では非常に不利で、多くの文盲の成人が最近のメディアやICTを基にした教育プログラムに参加できません。そのようなプログラムは消えゆく文化、特に豊富な口頭伝承に基づく文化の保護を助けることもできるのです。

世界の成人の文盲率 2000年
- 50%以上
- 30〜49%
- 10〜29%
- 10%未満
- データなし

失われた文化

世界中で話されている6,800言語の半分が、今世紀の終わりまでには消失する恐れがあります。その言語にかかわる個々の共同体にとっては死活問題ですが、その損失は人類の歴史にとっても地球規模の重要な意味をもっています。世界の言語の半分は、わずか8ヵ国で話されています。インドネシアだけで700言語以上、メキシコで300言語が使われています。

インターネット利用者 2002年
- 高所得/OECD諸国 1,000人当り450人
- 発展途上国 1,000人当り41人
- 世界 1,000人当り99人

ラジオの普及 1997年
- 高所得国 1,000人当り1,300人
- 発展途上国 1,000人当り245人

テレビの普及 2002年
- 発展途上国 1,000人当り194人
- 高所得国 1,000人当り750人

読み書き能力の隔たり 199

高等教育の不平等

1960年代以降、北側でも南側でも高等教育が急速に普及してきましたが、学習内容や生徒についても、いまだに狭い社会階級を反映しています。南側における多くの教育施設は、西洋のそれをモデルにつくられたものです。収入の低い国々は、自分の国の経済的繁栄に直結しない教育を行うというぜいたくはできません。

教育と職業

正式に教育を受けた人々が仕事に対して相当な期待を抱くのは当然ですが、それに見合う仕事にはなかなか就けません。その結果、重労働が何年も続くうえに、仕事が終わっても適正賃金を受けられる保証が何もない、ということがよくあります。

メディアの機会

南側では識字率がかなり低いため、メディア、TV、ICT（ウェブ上で仮想学校や仮想大学を配信する）が、機密情報や個人情報に対するライフラインの役割を果たし、地方の地域社会への教育プログラムを促進することも可能です。

イスラム国の学校教育

中東では、学校で教育を受ける少女や女性の数が1950年代以降、飛躍的に増えました（当時、いくつかの村では女子を学校に入れると犯罪になりました）。成人女性の識字率は現在70%です。

世界の文盲者

棒グラフ（左図）と一番左下のスーダンの図が示すように、文盲は男性より女性のほうがはるかに一般的です。ラテンアメリカとカリブ諸国の男女の識字率は現在同じくらいですが、アジアとサハラ以南のアフリカでは今なお格差があります。1990年の国際識字年には、世界の成人文盲者数は約9億人でした。今日、国連識字の10年（2003年～2012年）では少なくとも8億人であり、2015年までの「教育をすべての人に」（FEA）という目標に向けて、依然として力強い挑戦を続けています。世界の文盲者のほとんどがアジアにおり、中国だけで6,500万人います。

予想される世界の文盲率

（南アジア、アラブ諸国、サハラ以南のアフリカ、東アジア/オセアニア、ラテンアメリカ/カリブ諸国、先進国）
■ %男性　■ %女性

スーダンの読み書き能力

成人女性の識字率　49.1%
文盲者510万人　識字者560万人

成人男性の識字率　70.8%
文盲者290万人　識字者780万人

成人50万人

世界の読み書き能力（1990年～2004年）

2004年の世界　8億人（男性2億8,500万人、女性5億1,500万人）
- オセアニア: 140万人（男性60万人、女性80万人）
- アメリカ: 4,200万人（男性1,900万人、女性2,300万人）
- アジア: 5億6,500万人（男性1億9,300万人、女性3億7,200万人）
- ヨーロッパ: 600万人（男性200万人、女性400万人）
- アフリカ: 1億8,600万人（男性7,100万人、女性1億1,500万人）

1990年の世界　8億7,400万人（男性3億2,300万人、女性5億5,100万人）
- オセアニア: 100万人（男性50万人、女性50万人）
- アメリカ: 4,600万人（男性2,000万人、女性2,600万人）
- アフリカ: 1億7,400万人（男性6,700万人、女性1億700万人）
- アジア: 6億4,300万人（男性2億3,200万人、女性4億1,100万人）
- ヨーロッパ: 1,100万人（男性400万人、女性700万人）

人間の移住

世界人口はますます変動しやすくなっています。これはTV、映画、雑誌、その他のマスメディアのおかげで、隣の芝生がどのくらい青いかを、たとえその隣が地球のほぼ裏側であっても、人々が以前よりはるかによく知っているからです。持たざるものは持てる国に入りたがり、飛行機によって大勢の人々がこれまでにないほど簡単に移動できます。大勢の移民たちが違法に移住します。リオ・グランデ川を一晩中徒歩で渡ればメキシコから米国へ、また短時間ボートで旅をすれば、北アフリカからスペインへ、チュニジアからシシリーへ軽々と移動できると知ったのです。

移民者の総計は推定で1975年の8,400万人から2000年には1億7,500万人に増加しました。毎年200万人以上が発展途上国から先進国へ移住し、その移民者たちが先進国の人口増加の大きな割合を占めています。2050年には1億7,500万人が2億3,000万人になる可能性があり、地球温暖化によって移住を余儀なくされれば、さらに2倍になる恐れもあります。

移民者たちは種々雑多な一群です。宗教的迫害、政治的弾圧、民族紛争など過酷な状況で移住を余儀なくされた人々もいますが、現在ではその他の大多数が経済的機会に惹かれて移住しています。前者は恐ろしい生活から逃れたいと願い、後者はより裕福な生活に魅了されているのです。

1850年〜1913年は、最初の大量移民時代となりました。おもにヨーロッパから北アメリカ大陸への移住で、ピーク時には年間約100万人に達しました。1950年代、1960年代には、ドイツがトルコとの間でゲストワーカー計画を導入し、年間100万人以上を受け入れました。東南アジアから中東へ出稼ぎに行く労働者数は、1975年の年間10万人から、1991年には100万人に増加しました。1989年〜2000年の間には、100万人のユダヤ人が旧ソ連からイスラエルへ移住し、1990年代後半には、おもにインドや中国から毎年約20万人の移民者がカナダへ到着しました。現在では世界の移民者の大半が中国人、インド人、パキスタン人、バングラデシュ人、ベトナム人、フィリピン人で構成されています。インド人の国外移住者は2,000万人を越え、中国人は3,000万人です。

入国制限政策をとる国は25年前にはわずか6％でしたが、現在では40％に達しています。米国、カナダ、オーストラリア、ニュージーランド、イスラエルの5ヵ国だけが移民を奨励する政策を公式に表明しています。

地球全体では移住は実際に急増しており、私たちがそれを防ごうとするのは現代のカヌート王のように無謀でしょう。とにかく、豊かな世界に暮らす私たちは、いつでも吊り上げ橋を引き上げる準備をしておくべきなのでしょうか？　私たちは、移民たち、特に医師、看護士、財界指導者、金融業者、弁護士、作家、スポーツ界のスター選手が、国家の安寧に量的にも質的にも非常に貢献していることを認識すべきです。この問題でさらに大きな成果をあげるためには、先進国はやみくもに移住を禁止して根絶しようとせずに、移住を規制するほうが賢明でしょう。

漂流し続ける人類の世界

移住者たちはどこにいる？

もしも1億7,500万人が現在自国以外の場所で暮らしているとすれば（世界で約36人に1人で、その総数は1970年の2倍です）、その60％は先進国に、残りの40％は発展途上国にいます。ヨーロッパに住む移民は他の大陸よりも多く、その総数は5,600万人です。さらに5,000万人がアジアにいます。北アメリカ大陸では、4,100万人の移民が人口の12％を構成し（大半が米国在住）、オーストラリアでは470万人が25％を占めています。これに対して、アフリカはわずか2％、アジアとラテンアメリカは1％です。1990年代には北アメリカ大陸の移民が約50％まで増加しました。先進国では約10人に1人が移民ですが、発展途上国では70人にたった1人という状況です。

「難民受入れ」先進国は、1位が3,500万人の移民を抱える米国で、ロシアの1,300万人、ドイツの700万人と続きます。これに対して、移民の割合が最高である国は74％のアラブ首長国連邦で、クウェートの58％、ヨルダンの40％と続きます（初めの2ヵ国は石油労働者を惹きつけます）。2000年には、ヨルダン、ボスニア、ジャマイカでは外国からの送金額がGDPの1/10以上に達しました。

環境難民

環境難民とは、土壌浸食、水不足、砂漠化、森林破壊、薪燃料の不足といった環境上の理由や、人口圧力、広範囲に及ぶ貧困などの関連要因が原因で故郷を捨てざるをえない人々を指します。彼らはもはや故郷では安全な生活を送ることができず、絶望のどん底で、危険な挑戦と知りながら、他に安息の地を探す以外にとるべき道はないと決意するのです（P.50〜P.51）。難民全員が国を捨てるわけではなく、国内避難民も多数います。しかし、全員が永久ではなくとも、半永久的に故郷を捨てており、当面帰郷できる望みはほとんどありません。1990年代半ばの環境難民の総計は2,500万人ですが、地球温暖化が進めば、その数は10倍、もしかするとそれ以上に急増する恐れがあります。残念なことに、一部の政府、国際組織には、とにかく環境難民問題が存在するという公式の認識がありません。

亡命者と迫害

1951年国連条約と1967年議定書の定義では、難民とは「民族、宗教、国家、政治結社や社会集団の理由での迫害による正当な根拠のある恐怖」のために、自国に戻れない人を指します。こうして多くの難民が自然災害、政情不安、1945年以降に行われた宣戦布告なしの約160もの戦争によって発生しています。この「難民」という言葉が鳴らす警鐘は、すぐ隣に危機が迫っている感覚を呼び起こします。

2003年初めの難民総計は約2,100万人で、これは大ニューヨークの人口に匹敵します。このうち正式に「難民」と認定されたのは半数で、残りの人々は帰還民、庇護希望者、国内避難民、その他の「援助対象者」です。過去10年間で、世界の難民の86％は発展途上国から生まれました。現在も相当数の難民がいる国の中には増大する負担に耐えられない国もあります。

世界的に流行する病気

1919年にスペイン風邪が世界的に流行し、世界中で2,000万〜4,000万人が死亡しました。このような病気が今日流行すれば、1億人以上が死亡する恐れがあります。1997年に鳥インフルエンザが人類に重大な脅威をもたらした時は、世界的な流行が回避されました。発生地である香港では、さらに人間に感染しないように、すべての家禽類を処分しました。重症急性呼吸器症候群（SARS）は2002年に最初に中国南部で出現し、海外旅行の普及によって各地に急速に拡がりました。2003年にはWHOがその病原菌を人類には新種のコロナウィルスと認定しました。

水没するバングラデシュ

バングラデシュはガンジス川、ブラマプトラ川、メグナ川の巨大な三角州であり、低地にあるため、海水面の上昇の影響を非常に受けやすくなっています（P.50〜P.51）。2050年には確実視されていますが、実際に海水面が1.5m上昇すれば、国土の1/5と、水田の1/3は浸水してしまいます。浸水の危険がある他の三角州には、ナイル川、ニジェール川、ミシシッピ川があります。地球温暖化によって膨大な数の人々が国を捨てざるを得なくなるでしょう。

アフガン難民

2001年には、アフガニスタンで70万人が国内で難民生活を送り、20万人がパキスタンへ、その他20万人がイランへ逃れました。

異常降雨と渇水

2004年6月、ハイチ南東部で36時間に1.5mという雨が降りました（わずか5cmでも「異常」降雨です）。2004年12月にアジア南部と南東部で発生した津波によって、少なくとも30万人が死亡しました。毎年世界中で5億人以上が洪水の被害に遭っています。2050年にはその数字は20億人に増加する恐れがあります。洪水や他の気候関連の災害は、すでに地球全体で年間500億〜600億ドルの経済損失をもたらしています。被災地の多くは発展途上国であり、被害総額は開発目標総額とほぼ同額です（P.126〜P.127）。2002年にヨーロッパで発生した洪水による被害額は200億ドルに達しました。

漂流するスーダンの人々

2001年末には、400万人のスーダン人が国内で難民となり、約50万人が国外で難民または亡命希望者として暮らしました。

2003年1月 国連難民高等弁務官事務所（UNHCR）の保護下にある難民等の数（推定）

オセアニア	6万9,206人
ラテンアメリカとカリブ諸国	105万7,288人
北アメリカ大陸	106万1,199人
ヨーロッパ	440万3,921人
アフリカ	459万3,199人
アジア	937万8,917人

人類自身の管理のために

「でも、私たちの国だったら、さっきみたいに長いこと速く走ったら、たいていどこか別の土地にたどり着いてしまうわ」とアリスは言った。「のんびりした国ね」と女王は言った。「ここではご存知のように、同じ場所にとどまるためには精いっぱい、走らなければなりません。もしどこか別の所へ行きたければ、少なくともその2倍の速さで走らなければならないのですよ」

——ルイス・キャロルのこの言葉は、発展競争のなかにある多くの国々の状態を適切に表しています。彼らは人口の増大、戦争、病気や不公平など、不利な条件を背負っているため、一歩前進するために「2倍速く走ら」なければならないのです。それらを取り除くことが、それぞれの国にとって、そして地球全体にとっての緊急の責務です。幸いなことに現在、発展の兆しはそれぞれの地域社会全体に届きつつあり、女性、貧しい人々、文盲者、失業者、排斥されていた少数者たちを助けています。

人口の管理

人口動態を変化させることは容易ではありません。ある意味で政府は「ニワトリと卵」の状況に直面しています。産児制限は、医療が進歩し、雇用が増え、収入も増大している社会において最も有効です。ところが、産児制限がうまくいかないがために、このような社会状況をつくり出すのが非常にむずかしい場合が多いのです。女性の地位と教育の向上が、家族計画と並行して進行するときに

人間開発指数（HDI）
（P.203右上棒グラフ参照）

この数値は人間の発達を表す3つの基本的特性の達成度の平均値です。つまり、長く健康な人生（出生時の期待寿命）、知識（2/3は成人識字率を、1/3は初等、中等、高等学校の全就学率を基に算出）、標準的な生活（1人当たりのPPPドル換算のGDP）です。ノルウェーがHDI0.956で第1位、最下位はスリランカの0.273です。米国は0.939で8位、日本は0.938で9位、その後にアイルランド、スイス、英国が0.936で続きます。

人口増減の管理

出生率の低下を妨げている力は、何世代にもわたって続いてきた文化的、社会的そして経済的な状況に深く根ざしたものなのです。経済的に非常に貧しい発展途上国で出生率が最高であり、諸設備が充実し、豊かで教育の普及した社会で出生率が最低になるのはけっして偶然ではありません。大家族を欲する要因はいくつかあり、乳幼児の死亡率が高いこと（アフリカの乳幼児の死亡率は、ヨーロッパや北アメリカの乳幼児の13倍です）、生計の手段として多くの労働力が必要なこと、老人を扶養する必要があることなどがあげられます。平均出生率（1人の女性が一生涯に産む子どもの数）は多くの国では今なお高く、たとえばハイチでは4.7人、ケニアでは5.0人、ナイジェリアでは約5.7人、アフガニスタンでは6.8人、ニジェールでは8.0人です。発展過程のいくつかの側面、たとえば健康状態の改善、教育の充実、女性の労働の場への進出などは、家族計画とともに出生率を下げる働きをもっています。

エチオピア
エチオピア 増加率 2.4%

なんらかの形で避妊を行うエチオピアの夫婦は全体の10%にもなりません。産児制限に対する政府の援助もごく最近のことです。エチオピアの人口は2050年までに1億7,000万人以上に達する見込みで、2004年以降39%増加しています。

世界人口目標：77億人
この目標は人口増加を抑え、西暦2050年の世界人口を、国連の中位の予想値である91億人から、低い予想数値の77億人に引き下げるというものです。

家族計画と米国国際開発庁（AID）の削減

1995年末に米国議会が財政支援を1億9,100万ドル（35%）削減し、発展途上国の700万組の男女が避妊できなくなりました。その結果、推定でさらに400万人の望まない妊娠が発生し、190万人の望まれない子どもたちが誕生し、160万回の中絶が行われました。

インド
インド 増加率 1.7%

インドの人口は急増し、2004年には11億人に達しました。2040年までにこの国の人口は世界最大となるでしょう。乳幼児死亡率と文盲率は依然として高いままです。しかし、ケララ州では医療サービスと労働状況の改善により、子どもの死亡を減少させることに成功しました（州の歳出の1/3以上は保健事業と教育に当てられます）。家族の平均人数はインド平均の半分で、少女の90%以上は高等学校に通っています。

超大型の挑戦（2004年〜2050年に予想される人口増加）

中国	13億100万人〜14億3,700万人
インド	10億8,700万人〜16億2,800万人
他のアジア/オセアニア	15億2,000万人〜23億6,700万人
アフリカ	8億8,500万人〜19億4,100万人
ラテンアメリカ	5億4,900万人〜7億7,800万人
ヨーロッパ	7億2,800万人〜6億6,800万人
世界	63億9,600万人〜92億7,600万人

スリランカ
スリランカ 増加率 1.3%

政府が小規模家族を奨励したため、スリランカのTFRは1960年代初めの5.0から、1990年代末には2.1へ減少しました。同期間中に出産年齢の女性の数が2倍以上になっているにもかかわらず、です。政策には自発的な不妊手術を奨励する対策が含まれていました。

日々の生命の営み

- 妊娠（半分は予定外、1/4は望まれない妊娠） 925人
- 出生（10人に1人は5歳までに死亡） 377人
- 世界人口の増加 22万5,800人
- 中絶（1/3は発展途上国の裏通りで行われている） 15万人

世界中で性生活を送る人の数　25億人

最良の結果が得られることが確認されています。

多くの発展途上国では、家族計画は過去20年間以上で勢いよく広がっており、人口増加率が大幅に低下している国もあります。ブラジルでは76％の女性が何らかの形で避妊を行っており、年間の人口増加率はわずか1.3％です。マダガスカルと比較すると19％と3％です。インドのケララ州では、充実した公共医療サービス、女性の経済的地位の高さ、識字率の高さ、発達したコミュニケーションが家族計画の効果を高めています。インドネシアでは、東ジャワとバリ島の貧民に対して、政府が村の事業を援助することによって家族計画を導入しました。その他、キューバやコスタリカ、香港、韓国、モーリシャス、台湾でも家族計画は成功しています。しかし、女性について文化的伝統の影響が強いパキスタン（2004年の増加率は2.4％）のようなイスラム国では、あまり成功していません。また、文化的要因と保護医療制度が非常に遅れているため、サハラ以南のアフリカでは最も成果があがっていません。

過去50年以上の家族計画の結果として、大きな前進はありましたが（発展途上国では男女のカップルの半分が、今では近代的な避妊を行っています）、それでもやるべきことがまだたくさんあります。安全な避妊を早急に行うという発展途上国の1億2,000万人の女性たちの要求は満たされていません。毎年、世界中のすべての妊娠の約2/5は意図しないものであり、予定外の妊娠の3/5は中絶という結果に終わるのです。

コロンビア
コロンビアは劇的な人口の変化を成し遂げました。すなわち、年間人口増加率は1970年の3％から2004年の1.7％に減少しました。政府の多面的な社会政策が平均寿命を延ばし、一方、乳幼児の死亡率は2.6％に低下しました（インドは6.4％）。

シンガポール
シンガポールでは、2004年現在420万人が人口密度4万5,400人/km²の国土にひしめき、かつては人口の圧力が重大な懸念でしたが、出生率の激減によって、家族計画政策を転換し、さまざまな財政面・税金面での優遇措置で、人々にもっと多くの子どもをもつように奨励しています。3人目の子どもには税金面で優遇され、保育費の助成金が支給されます。

ドイツ
ドイツは世界中で人口増加率が最も低い国の1つですが、ある問題を抱えています。東西統一後のドイツの人口は7,760万人でしたが、2050年までには7,500万人に減少すると予想されます。そのときには労働者2人に対し、退職者1人の割合となります。ヨーロッパ全体と同様に、2050年までにはドイツの人口の28％が65歳以上となるでしょう。社会福祉への影響が懸念されます。

女性の立場の向上

「女性たちは家族や社会の幸福に絶大な影響力を持っています。しかし、差別的な社会規範、誘因、法的制度のせいで、その可能性は十分に開花していません。さらにここ数十年間で彼女たちの地位は向上してきましたが、男女不平等が依然として幅をきかせています」

世界銀行と世界開発目標3：男女平等を促進し、女性の地位を向上させる

女性にとっての平等とは

とくに発展途上国における今日の女性の問題を考えるならば、彼女たちの抑圧された状態に言及しないわけにはいきません。しかし、女性の社会への貢献は目ざましいものです。多くの国では、地方に住む女性たちは農業と家事労働の両方の責任を担って重労働に耐えています。農業技術や作業の習慣が変化し、生態系が衰退しているため、どの作業もますます辛く時間がかかることが多いのです（たとえば、料理用の薪燃料を探すのに長時間かかります）。考えてみてください。作物の収穫、家畜の世話、森林の管理、漁業に深く携わっているのは女性なのです。

これに対し、発展途上国では公式の労働力に女性が加わったことが、20世紀後半では最も重要な社会経済的傾向の1つとなっています。ノルウェー、スウェーデン、オーストラリア、デンマーク、米国、カナダでは60％の女性が働いています（OECD諸国の平均は52％）。急速に発展する発展途上国の中では、中国とタイで73％とさらに高くなっています（発展途上国の平均は56％）。

女性が家庭で行う無報酬の「見えない」労働は依然としてかなりの比重をもっています。2001年にカナダでは、女性の20％が週に30時間以上を無報酬の家事労働に費やしているのに対し、男性の割合は10％以下です。カナダ女性は無報酬の仕事の2/3を行っており、これは国の経済価値の3,200億ドルに匹敵し、何百万人分の常勤の仕事と同等の価値があります。賃金労働についてみると、北側、南側を問わず女性を安い労働力とみなす傾向が強く、女性は差別されています。問題は2つの方向をもっています。すなわち、女性は多くの場合、最も安い賃金の職に終わっています。また、女性固有の職という殻を破った場合も、まだ他の職と比較すると安い賃金しか払われていません。英国では2002年に女性が得た収入の平均は1万9,800PPPドルですが、男性の平均は約3万3,000PPPドルでした。

スウェーデンやキューバなど少数の国々では、トップレベルでの男女比率を均等にすることを目ざして、まず家事の平等な分担を奨励しています。男性中心の社会では、政治権力と一家の稼ぎ手の地位を分かち合うよう男性を啓蒙することは非常に困難かもしれません。しかし、女性は労働面でも政治運動でもイニシアチブをとり、社会進出を進めてきました。

出生率を低下させ、母親と子どもの健康を改善し、貧困と栄養失調をなくして、女性たちが自由に人生設計を行うためには、少女たちへの教育が鍵となります。世界の文盲成人8億人のうち5億1,500万人が女性であることを考えれば、発展途上国での男女不平等、とくに教育問題に取り組むことは最優先課題といえます。

現在ほんの一部の女性たちだけが政治の場で積極的に活動していますが、次第に多くの女性たちが自分の意見を述べるようになり、平和、自然保護、人道的価値を守ろうとする声もますます増えています。現代の女性運動が何百もの国際機構や何千もの圧力団体を構成しており、現代で最もグローバルな社会運動の1つと言えます。多数の自助集団があり、英国の「グリーナムコモン女性平和キャンプ」のような平和運動家たちや、インドのチプコ・アンドラン運動で木々を抱きしめる人々をはじめとする活動のうねりは、「国連女性のための10年（1975年～1985年）」で初めて国際舞台で脚光を浴びました。

女性運動の影響は増大していますが、依然として女性たちの声はあらゆる段階での意思決定に十分反映されていません。幸いにも、1945年以降状況は大きく前進しています。インドでは地方選挙の総議席の1/3を女性用に確保しており、ブラジルでは各政党の立候補者の少なくとも20％は女性でなければなりません。アルゼンチン、フィンランド、ドイツ、メキシコ、南アフリカ、スペインにも女性の定数があります。シスターフッドのような女性団体は地球全体で70ヵ国にあり、女性の権利を人々に教育しています。同じような団体はイスラム教の国々にさえもあります。1995年に北京で開催された第4回世界女性会議には189ヵ国と2,600のNGOが出席しました。

国連開発計画のジェンダー関連の開発指数（P.187）では、ノルウェーがGDI0.955で1位ですが、GDIが0.60以下の国が50ヵ国以上あり（ほとんどすべてがアフリカです）、ニジェールはわずか0.278です。

発展途上国の時間配分
男性は市場優先の生産活動に女性よりも多くの時間を費やします。

非市場活動（都市）：女性69％、男性31％

市場活動（都市）：女性21％、男性79％

女性の教育

発展途上国では初等教育を受けている女子の数は男子の数よりも少ないのが現状です。2003年には、少なくとも1億5,500万人の子どもたちが一度も学校に通っておらず、そのうちの6,600万人が女子です。しかし、女性教育は、貧困、栄養不良、広い意味での母子健康、HIV/エイズや他の病気など、多くの他の開発目標に貢献する戦略です。国連の「10年女子教育イニシアチブ　2001年～2010年」には「政治面・資金面の協力取り付け、男女間格差の廃止、教育における男女間の偏見と差別の廃止、危機・紛争・紛争後の状況にある女子教育の支援、女子教育の需要を制限する根深いジェンダーによる偏見の排除」という5つの目標があります。

- 90％未満
- 90～94％
- 95～99％
- 100～104％
- 資料なし

同じ労働で同じ収入か

女性が生産活動人口に占める割合は、発展途上国では40％、先進国では45％です。2003年には、世界の労働力の10億人以上は女性でした。過去10年間で2億人増えたわけですが、これほど女性が増加しても本当に社会経済上の権限が与えられてはいません。女性の労働時間や収入と資産の間には、今なお不均衡が存在します。これを解決するには、男女同賃金を定める法律をいっそう強化し、適用範囲を拡大しなければなりません。これらすべてをふまえたうえで家事の平等分担も重要な目標です。

ザンビアにおける女性の労働

播種期のザンビアの女性は、子どもの世話と家事のかたわら激しい農作業を行います。このような集中的な労働負担は若いころから始まっています。農繁期には女性が疲れすぎて食事の用意が十分できないため、家族の栄養状態が悪化するということです。食物は女性のほうがたくさん生産するのに、男性より栄養不良になりやすいのです。

議会における女性

1945年に、女性に投票権があったのはわずかに31ヵ国でした。今日、大半の国々では女性に投票権と被選挙権がありますが、女性がこの権利を行使するのは今なお困難です。2003年には国会議席のうち、女性が獲得したのはわずか15%で、1987年よりもわずか6%増加しただけです。地域的に見れば、女性の声がもっとも強いのは北欧諸国で、国民議会の約40%を女性が構成しています。発展途上国の中には、女性用に議席を確保している国もあります。ルワンダでは、上院下院80議席のうち39議席を女性が占めており（参考：イランでは290議席のうち9議席）、バーレーン、クウェート、アラブ首長国連邦のように、今なお女性の参政権を完全に禁止している国もあります。

国会における女性の割合　2004年
- 北欧諸国 39.7%
- ヨーロッパ：北欧諸国を含むOSCE参加国 18.4%
- アメリカ大陸 18.4%
- ヨーロッパ：北欧諸国を除くOSCE参加国 16.7%
- アジア 15%
- サハラ以南のアフリカ 14.2%
- 太平洋沿岸の諸国 12.8%
- アラブ諸国 7%

イスラム世界の女性

中東では、学校や大学に入学する女性の数が、1950年以降激増している一方で（当時、ある村では女子を学校に通わせることは犯罪とみなされました）、いくつかの伝統的なイスラム国家では、依然として女性に選挙権を与えていません。労働力では、男性100人に対して女性はわずか40人ですが、働く女性の増加に伴って、とくに非産油国では1000年の歴史をもつ習慣にも修正が加えられはじめました。ヨルダン、イラク、エジプトなどでは、より多くの女性を職場に引きつけるための政府による計画が徐々に進行しています。

非イスラム世界の女性

世界で14億人のイスラム教徒の中には、非イスラム教国に代々暮らす人々がおり、時にはこのことが大きな社会問題を引き起こしてきました。フランスでは人口6,000万人のうち、イスラム教徒はわずかに500万人ですが、イスラム教徒の女子学生は通学時にスカーフの着用を希望し、制服に関する規則に触れて摩擦を生じることもあります。

女性と環境

1970年代半ばに、インド北部のレニの女性たちは、木こりたちが切り倒そうとする木々に抱きついて伐採を中止させるという、単純ながら効果的な行動をとりました。ノーベル賞受賞者ワンガリ・マータイが始めたケニアのグリーンベルト運動では女性たちの力で2,000万本の植林を行いました。

初等および中等学校での男子に対する女子の割合　2000年

自営業女性協会（SEWA）

1972年にインドのグジャラートで設立されたSEWAは、インドの最も貧しい女性たちに新たな可能性を与えています。SEWAには少なくとも2万5,000人が特別な信用組織の恩恵を得て、計画された訓練を受け、福祉施設を利用し、最低賃金を得ることができます。参加者は職工から野菜売りまで多様ですが、彼女たちの目的は同じです。つまり経済的および社会的地位の向上です。SEWAは参加者を支援して70の協同組合を形成しており、最も成功しているのは自営業の女性が株主となっているSEWA銀行で、女性たち自身が選任した役員会が政策を決定しています。この銀行は主に文盲の女性参加者に貸付を行いますが、これは参加者たちが他では受けられなかったサービスで、現在の預金者数は約5万人です。他の協同組合には、保健医療、保育、職業訓練と読み書き能力、法律扶助が含まれます。その他、女性のための「キックスタート（始動方法）」として、西アフリカには「トンチン年金」や「パリ」、バングラデシュにはグラミン銀行があります（P.267参照）

女性の抗議行動

イギリスのグリーンハム共有地（下の写真）では、巡航ミサイルの配備に反対して、非暴力の24時間抗議行動を続けています。彼女たちはたび重なる当局の圧力にもめげずに行動しました。平和は世界中の女性運動の共通のテーマになりました。

「持てる者と持たざる者の格差が拡がっているため、基本的な公共サービスを利用できずに毎日約4,000人の子どもたちが死亡し、その結果毎年1,000万人以上が死亡しています。この格差をなくすために、今何かをしなければ、犠牲になる子どもたちの数は確実に増え続けるでしょう」
WHO、ユネスコ　2004年

全地球的な健康管理

プライマリー・ヘルスケア（地域の1次医療）、ワクチン、清潔な飲み水、下水設備だけが健康問題を解く鍵ではありません。保健と防衛のどちらを優先させるかという政治的決定や、雇用と安価な住宅、女性と差別されている人々の地位など、さまざまな事柄がこの問題には含まれているのです。

世界的な不平等に終りを告げるためにどうしても必要なことは、地域社会とそこに働く医療従事者との密接な連携に基づくプライマリー・ヘルスケアです。これを強化すれば孤立と無知という問題は軽減され、異常を早く発見することによって病気の予防が促進されるでしょう。北側の国々も、医療補助者や「はだしの医者」のネットワークを切り開いた中国やキューバのような南側の国々から、多くを学ぶことができるはずです。

発展途上国においては、健康を勝ちとるための闘いが広い分野で行われています。より安全な飲料水と下水設備が、これらの国々ではどうしても必要です。また家族計

健康管理と医療体制

北側諸国の医療

地域医療計画は、北側では最近の現象です。米国では、近隣保健センターの活動によって、とくに乳幼児の死亡が減少し、また全般的に病院への入院が減少しています。フィンランドのカレリア地方では、健康的な生活様式を推進する自発的なキャンペーンによって、心臓病の発生率が低下しています。アルコール中毒患者の集いのような自助集団も、なくてはならない役割を果たす場合があります。多数の国々では公教育に基づいて、たとえば、禁煙して規則正しく運動をするといった健康的な生活様式を取り入れるプログラムを実施しています。

病気の予防が鍵

安全な環境とバランスのとれた食事ときれいな水があり、住宅や仕事の獲得や教育を受けることができるならば、予防医学が最終的に成功するか否かは人々自身の手にかかっています。米国、ヨーロッパでは、健康を増進させる生活様式を、多数のメディアが伝達してきました。脂肪の多い食物や砂糖や塩を採るのは健康によくないという情報は、食習慣に影響を与えています。喫煙は北側では減少して、病気の発生を減らしていますが、ロシアでは増加しており、2002年の1人当りの喫煙本数は、世界平均の2倍に当る約2,000本に達し、年間500万人が喫煙で死亡しています。米国では喫煙の保健医療費が年間800億ドルに達し、さらに同額の労働者生産量が減少しています。

エイズ：治療か予防か？

2004年には3,900万人が感染しました。エイズ国連共同プログラム（UNAIDS）の予想では、HIVを予防するためには毎年120億個のコンドームが必要です。2003年には70億個が使用されましたが、病気の予防のために使用されたのはその半分以下でした。アフリカだけでは、毎年20億個のコンドームが不足しており、サハラ以南のアフリカでは、寄付計画で支給されるコンドームの数は、成人男性1人に年間わずか3個です。タイでは、売春宿地区で10年におよぶコンドーム使用推進キャンペーンを実施した結果、新たなHIV感染者数は年間14万3,000人から2万人に減少しました。ウガンダでは、1990年代初めには人口の30％が感染していましたが、「ABC」政策に基づく大々的な公教育キャンペーンを実施した結果、感染率は6％まで減少し、コンドームの使用は28倍に増えました。サハラ以南のアフリカでは、学校に通う子どもたちの半数はエイズ教育を受けています。マイナス面では発展途上国で症状が進行している感染者のうち、抗レトロウィルス剤を処方されている割合は、500～600万人中10％以下で（豊かな国々では95％）、こうした薬剤は新生児へのHIVの感染防止について即効性があるにもかかわらず、妊婦についてはわずかに5％です。発展途上国でエイズと効果的に闘うためには、財政支援を2004年の50億ドルから、2005年には120億ドル、2007年には200億ドルまで増やす必要があります。包括的な予防策をとれば、2010年までに予想される新しい感染者4,500万人のうち2,900万人の感染を予防できるでしょう。HIV/エイズは結核やマラリアのような病気の感染危険度を増加させます。2003年にはそれら3つの病気を併発した死者数は600万人でしたが、結核は予防や治療が可能で、HIVと違って治る病気なのです。こうした病気が与える経済的、社会的、政治的影響は大きく、地球規模の取り組みと行動が早急に必要であることは明らかです。「世界エイズ・結核・マラリア対策基金」はすばらしい一歩を踏み出しましたが、さらに多くの援助が必要です。

地域医療

自助集団

プライマリー・ヘルスケア

補完/代替療法（CAM）

北側の医師たちは、患者を1人の人間として治療することがほとんどできなくなっていますが、彼らの多くがいま、健康と病気に対する包括的なアプローチの効果を再発見しつつあります。英国では半数の医者が鍼療法を推奨しており、ドイツのペインクリニックでは3/4で鍼療法を利用できます。米国ではCAM費用が年間約30億ドルに達しています。ホメオパシー（同種療法：健康体に与えるとその病気に似た症状を起こす薬品を、患者に少量与えて治療する方法）や鍼療法、ヨーガのような東洋の治療法が広く認められつつあります。臨床研究の結果、多くの伝統療法や治療法が大変有効であることが判明しています。

健康的な食事

WHOの調査によると、死に直結する危険因子上位10位の1つに、果物や野菜の摂取不足が挙っており、毎年全世界で約300万人が死亡しています。専門家によれば、毎日果物や野菜を食べると、微量栄養素（ビタミン、ミネラル）不足、心臓血管病、ある種のがんを予防できます。

画の事業もすべての人々には行き渡っておらず、一方、医学教育、必要な薬、ヘルスケアの技術などのための資金も非常に不足しているのです。ワクチン接種、経口補液療法（ORT）などの重要な取り組みは非常に費用効率が高いことがわかっています。

南側諸国の大部分の政府が直面している問題を解決するためには、優先順位を都市集中、医師依存の医療運営から、地域医療の広いネットワークづくりへ転換することが必要です。プライマリー・ヘルスケアに必要な費用は少なくてすみ、また既存の多くの人的資源も利用でき、昔ながらの治療家や助産婦が基本的な衛生学や初歩の医術の訓練を施すことも可能です。最終的には健康問題を推し進めていくのは政府ではなく、個々の人々です。

健康増進と健康管理計画のおもな目的は、健康を増進し、貧困と不平等をなくし、教育を普及し、そして貧しい人々や社会的弱者が自己の権利を主張できるようにすることであるべきです。北側でも南側でも、プライマリー・ヘルスケアの広範囲に及ぶ利点を新たに認識してきています。

健康とは、病気にかからないというだけではなく、感情面でも精神面でも幸福であることを意味するのです。

地域病院
医療と病院業務の分散は、発展途上国では必要不可欠です。地域病院は地方と都会の間の健康水準の差を縮める手助けをします。

南側のすべての人々のための健康管理
発展途上国のなかには、地域社会の健康、平均寿命、風土病、子どもの死亡について、非常に大きな進歩を遂げた国もあります。経口補液療法（ORT）、つまり、糖と塩分と水の混合物を与える簡単な方法は、下痢に対する主要な治療法です。プライマリー・ヘルスケア計画の恩恵は、教育効果や労働者の生産性の向上にも及んでいます。中国が国民1人当りに使う医療費は年間に225PPPドルであり、ここでは、プライマリー・ヘルスケアと産児制限対策を優先することで大きな成功を収めてきました。これらの国々の成功の鍵となった目標には、母乳育児の推進や大規模なワクチン投与、安全な飲料水の供給などが含まれています。インドのケララ州には米国と同様の健康指標がありますが、1人当りの保健費用は30ドル以下です。キューバの乳幼児死亡率は、正常出産1,000人当り7人で、米国と同じですが、この国はHIV/エイズをもなんとか抑制しています。これらの成功した国々は、基本的な医療制度と初等教育に集中して費用を投じています。優れた教育を受けると、医療制度を求める人々が増加し、育児環境の改善につながります。

ワクチン接種の成功
1980年以降、主要な免疫病の予防接種を受けた世界の子どもたちの割合は大幅に増加しています。発展途上国の乳児の70%は麻疹の予防接種を受けており、結核の予防接種率は約80%です。

家族計画
多くの国々での経験により、家族計画事業は母親と子どもの健康を改善することが確認されました。出産と出産の間隔を調整することで、幼児の死亡が減少し、授乳期間が長くなります。成長の観察をすることは、子どもの病気の予防に効果的です。

伝統的な医療
南側の国々の公共医療サービスは、伝統的な治療師や助産婦の技術を利用することから始まりました。中国では、病院の95%に中医科があります。日本では、西洋医学の医者の72%が漢方薬を処方します。タンザニア、ウガンダ、ザンビアでは、伝統的治療家は人口200〜400人当り1人いますが、医師は人口2万人当り1人しかいません。

適切な食事
栄養状態の悪い8億4,000万人の食糧を世界全体で賄うことは容易ですが、多くの場合、適切な場所、適切な時間に十分に食糧がいきわたっていません。家畜の餌になる世界の穀物のわずか5%（3,400万トン）があれば、8億4,000万人分の食糧は十分賄えるのです。また、ビタミンやタンパク質の補充には、子ども1人当りに年間1ドルもかかりません。

村のヘルスケア
プライマリー・ヘルスケア（PHC）戦略の基本的な要素は、地域社会を巻き込むことです。これは、人や物や資金という資源を動員するために不可欠です。WHOの調査によると、訓練された地方の医療従事者は、15〜20種の薬だけで普通の病気の大部分を治すことができます。地域社会におけるプライマリー・ヘルスケアは、薬品から下水道の設置、適切な住宅まで多方面のアプローチに依存しています。

行動に伴う費用とその利益
2003年には、26億人以上が基本的な下水施設を利用できず、10億人が飲料用に危険な水源を使わざるをえませんでした。2015年までにこれらの数字を半減させるために必要な追加資金は年間でわずか13億ドルですが、その利益ははるか大なるものとなるでしょう。下水施設の目標を達成するだけで推定630億ドルの利益となります。

地域社会の構想、そのための道具と手段

地域社会に必要な血液ともいうべき地域経済が衰微していくのを、怒りをこめて見つめている地域社会が増えつつあります。北側の国々では、「斜陽」産業に暮しを依存しているすべての地域が、社会の構造的変化によって、その経済の核をはぎ取られているのです。南側の国々では、都市の人口爆発によって人の流れが激しくなり、若者を引き寄せるため、農村の地域社会がその基盤を失っています。

このような状況のなかで、私たちは何をすることができるでしょうか？　このような「地域社会の死」は避けられないようにみえますが、実際そうなのでしょうか？　たとえば、北イングランドの綿紡績工場の町のように、特に地域社会が、単一の不安定な資源や、ある特別な場所に特有な狭い経済基盤に依存して成立している場合は仕方がありません。その経済的単一生産が崩壊すると、危うい立場におかれることになってしまうのです。しかし、たいていの地域社会は、生計を立てる他の方法や、生存能力のある地域社会を再構築する他の方法を見い出します。

地域社会にとって、洪水や大規模な工場の事故というような明らかな災害を処理することは多くの場合、長い間続く衰退の過程に対処するより容易でしょう。しかし、経済的衰退に立ち向かい、絶望に屈することを拒んだ地域社会の例もたくさんあります。彼らは不十分な資源しかもたなかったにもかかわらず、共同社会の意志によって、どうにか復活することができたのです。政策決定者や立案者たちはこうしたすべての再生活動を支援しなければなりません。

北側の国々では、古くなった工場の建物が活気ある地域社会の仕事場に転用されています。都市の「緑化」プロジェクトには、地元住民の熱意とエネルギーと技量が活用されてきましたが、これは本当の意味での「地域社会のための道具」であるといえます。英国では、最も成功している再生計画の1つであるカーディフ・ベイ・エリアのように、多くの町や都市が新しい雇用を引きつけるため、見捨てられていた地域のレベルの向上を図りはじめています。カーディフ・ベイ・エリアでは、かつての波止場地区で寂れて放置されていた1,100haの土地を住宅、小売店、商業、レジャー用地に開発し、ふたたび活気がよみがえりました。

南側の国々では、地方での雇用機会の拡大は、協同組合やさまざまな形の適切な技術に基づく場合が多く、大都市の呼びかけに対抗できるような地方経済の形成を助けてきました。スリランカでは、サルボダヤ・シュラマダナ運動の理念は、「個人から個人へ、地域社会から地域社会へ伝えることができる人類発展の全体論的な展望」をもって、「ボランティアと賃金労働者の強力な組織的ネットワークが、草の根レベルで、そして村から発生して活動し、開発活動のために人員を再結集できる」ことです。

グローバル・エコビレッジ・ネットワーク（GEN）は、通信機器を介し、情報の流れを促進して、サルボダヤ・シュラマダナやロサンジェルス・エコビレッジのような世界規模の持続可能な共同社会を支援しています（P.267参照）。GENは、人々と地域社会が「さまざまな思想と出会って共有し、技術交流を行い、文化的、教育的交流を深め…そして自分たちが享受する以上のものを環境に還元することで、土地を復興させ、'持続可能以上'の生活を送ろうと努力する」ことで成り立っています。

地域社会発展のためのツール

失業や不完全雇用が、南北ともに、驚くべき数の地域社会の経済的基盤を崩しつつあります。技術の変化、絶えず変動する世界経済、爆発的に増加する世界の人口など、これらの要因がこのような状況をつくり出しているのです。仕事やよりよい施設を求めて都市に押し寄せてくる人々の流れを変えさせるためには、農村と小都市の経済が刺激され、教育や医療のサービスが分散されることが必要です。公共あるいは民間セクターによる開発プログラムを計画し実行するには、地域社会の参加が不可欠です。道具と他の資源を与えられて、地域社会はみずからのプログラムを実行してきました。ブルキナ・ファソでのナームは「地方の要求に応えて人々が自ら作り出した開発の一例であり、外側から伝統的な建築物を破壊するのではなく…その機能を変えて…まずは人々が何者であるか（アフリカ人のアイデンティティを正しく認識）、何を知っているか（伝統的な知識と価値に対する尊敬）、専門的知識（伝統的な技術の再発見）、それらを達成するために何を望むか（開発過程の真の目的を明らかにして、重要な草の根運動への参加を促す）を知ることから始まる」のです。いまでは何千という他の地域社会もいっしょに協力しています。

国際協同組合連盟（ICA）
世界規模で協同組合を結集させる独立した非政府組織。1895年にロンドンで設立され、国連の諮問資格を与えられた最初のNGOの1つであり、参加組合は農業、金融、エネルギー、産業、保険、漁業、住宅、旅行、消費者社会といったあらゆる活動分野から参加しています。ICAには100ヵ国から230の組合が参加し、世界中で7億6,000万人が加盟しています。

国際協同組合連盟（ICA）のメンバー（2002年）
- 通信機器/インターネット組合 7.8%
- 住宅組合 7.8%
- 労働者組合 6.1%
- 健康組合 2.6%
- 保険組合 23%
- 農業組合 17.8%
- 金融信用組合 19.6%
- 消費者社会組合 8.7%
- 旅行組合 2.6%
- 漁業組合 0.4%
- エネルギー組合 3.5%

仕事に対する考え方
方法を改良して低コストの技術を採用すると、既存の仕事が生まれ変わり、新しい産業をつくり出す手助けとなります。中間技術開発集団（ITDG）は、高価な技術が不適切なところでもシステムや適切な道具が使えるように援助しています。バングラデシュでは、女性たちが独自に設計したかごを使い、残飯や野菜くずを餌にして、地元の池で魚を「飼育」しています。スーダンでは、農民が鋤の使い方を習ってさらに広い土地を耕せるようになり、簡単な荷車をロバに引かせて市場へ農作物を1回で運べるようになりました。ケニアのカジアド地区では、ITDGが女性たちを支援して、室内の煙の濃度（死に至る主な原因）を80%まで削減する簡単な煙よけ頭巾を開発しています。

TV教育ネットワーク
中国の特別チャンネルには、1億人の学生を持つ世界最大の教育ネットワークがあります。1997年に湖南大学が国内初のオンライン大学となりました。2000年までにはオンライン大学は30校に、生徒数は20万人になりました。英国には遠隔地学習のための公開大学国際センターがあります。

地域社会の学校
教育は、労働や技術の変化と歩調を合わせなければなりません。学校や大学は、新しい必要に適応していく地域社会に欠くことのできない道具であり、大きな雇用者でもあります。北側でも南側でも、すぐれた農村の学校は、すべての地域社会で資源とみなされ、非常に混雑した都市へ向かう人の流れを食い止めるのに役だちます。

地域社会発展のためのツール 209

遠隔地教育
現在ではICTの普及で、遠隔地に住む多くの人々が郵便、テレビ、ラジオ、電話、インターネット、CD-ROMなどを通じて在宅で学習しています。

地域社会の協力
労働者の参加と利益の配分計画は、生産性を高め、技術革新を促進します。アジアではこれまでに、たとえば、インドのグジャラートの自営業女性協会（SEWA）（P.205）や、スリランカのサルボダヤ・シュラマダナなど多くの試みがなされました。後者は1万1,000の村を動員しました（P.266）。ICA（左図）のメンバーは、数多くの計画にかかわっています。

テレビとインターネットを通じての子どもの学習
「地球は1つの村」という概念の形成にマスコミが果たした役割は大きなものでした。「セサミ・ストリート」のような番組は、子どもたちが複合文化の世界を理解する手助けをしています。国連の「サイバースクールバス」は、教師だけでなく、5～18歳の生徒のための「グローバル教育学習計画」の一環です。

農村の改革
農村の貧困を解決しなければならない多くの発展途上国は、土地改革を実施しました。なかでも名高いのは、中国、キューバ、韓国、台湾です。新しい土地分配は、雇用と農村の発展を促進します。余剰労働力のあるところでは、大規模な改革計画によって生産性を大いに高めることができました。インドと韓国両国の再植林計画はその例です。

ソーシャル・エコノミー（社会的経済）
コミュニティー・ビジネス、協同組合、地域の自助／利益集団、住宅／財産管理、文化活動、スポーツ、製造、ケアサービス、芸術を含むNPOで構成される経済セクターを指します。ソーシャル・エコノミーには、地域の学校を支援する市民グループ、ユース・クラブ、PTA活動や、高齢者や身体障害者を支援するボランティアグループの活動も含まれます。また、遊び場の見守り、子どもたちや若者向けのスポーツやレクレーション活動、緑地または地域の庭園の手入れといった、多くの地域主導の活動も含まれます。

地球の文明
ガイア

【序文】クリスピン・ティッケル卿
ロンドン地質学会地球システム科学：ガイア専門部会代表

　文明はご存知のとおりもろいものです。気楽に過ごしていると、進化とは違い、文明がはかなく、不安定で、当てにならない偶発的なものであることを忘れてしまいがちです。

　最後の氷河期のあと、30あまりの都市文明が起こりました。狩猟採集時代にさかのぼり最初の共同体ができたときから、その発達には一定のパターンのようなものがありました。環境が良好であれば、人口は増加します。動植物資源の利用が増え、やがて枯渇します。スピニフィクスの群生のごとく、集落は資源基盤を超えて広がります。町は都市になります。労働が細分化され、階層が生まれます。文明は複雑になるほど、壊れやすくなります。このような社会は小さな災害には十分対応できますが、大きな変化は大惨事につながりかねません。食糧不足は体制への不信をまねき、ついには社会の崩壊にいたります。

　この250年の間に私たちの社会は1つの地球文明となりました。人類が地球とその資源に与える影響ははなはだしく増大しました。物的生産が増加し、物質的豊かさと長寿という点において、ほとんどの人々の生活水準は飛躍的に向上しました。相次ぐ技術的な変化、とりわけコミュニケーション分野の発達が、世界を1つにしました。しかし同時に、これらの変化は歴史上例のない問題を生みだしもしたのです。2001年7月、アムステルダムに集まった、4つの国際的研究機関から派遣された1,500人あまりの科学者によって「人間がもたらす急速な地球環境の変化は持続不可能である。従来の地球システムとの関わり方ではいけない」と明示されました。この考えをうけて、EU環境担当委員と3人の著名な科学者は、2004年1月、「地球の生命維持システムは危機的状況にある」と報告しました。

　総じて、環境問題はあまりにも大きな脅威であるため、政治家やさまざまな指導者を含むほとんどの人が向き合うのを避けています。多くは否認の状態に陥っています。活動の優先順位は人によって異なりますが、私の考えはシンプルです。まず国際的な枠組みのなかで、国の事情や利害の多様性を考慮した上で、共通の政治的意思に基づいて問題に取り組む必要があります。建前がさかんに語られ会議が重ねられているにもかかわらず、現状はまだまだ遅れています。

　次に経済に目を向け、富や幸福、人間の状態を測る方法を見直す必要があります。統制経済か市場経済のどちらか一方の言い分だけでは正しい枠組みはつくれません。政府には、人々の利益を見極め、それを促進する適切な手段を講じる責任があります。技術分野ではまさしくこのとおりのことが行われているのです。

　気候変化のような特別な問題もあります。エネルギー政策へのあらゆる側面から行動が求められます。生物多様性の保護には新しい考え方が必要です。金融投資部門はもちろん、広く一般社会に、問題解決に向けた世論の形成を促すためやるべきことがたくさんあります。また次世代の要求や考え方にも目を向けなければなりません。

　つまり私たちは加速する変化に取り組み、違う考え方をすることを学び、思い切って態度を修正しなければならないのです。私たちは、この恐るべき変化に対応しなければならない最初の世代なのですから。

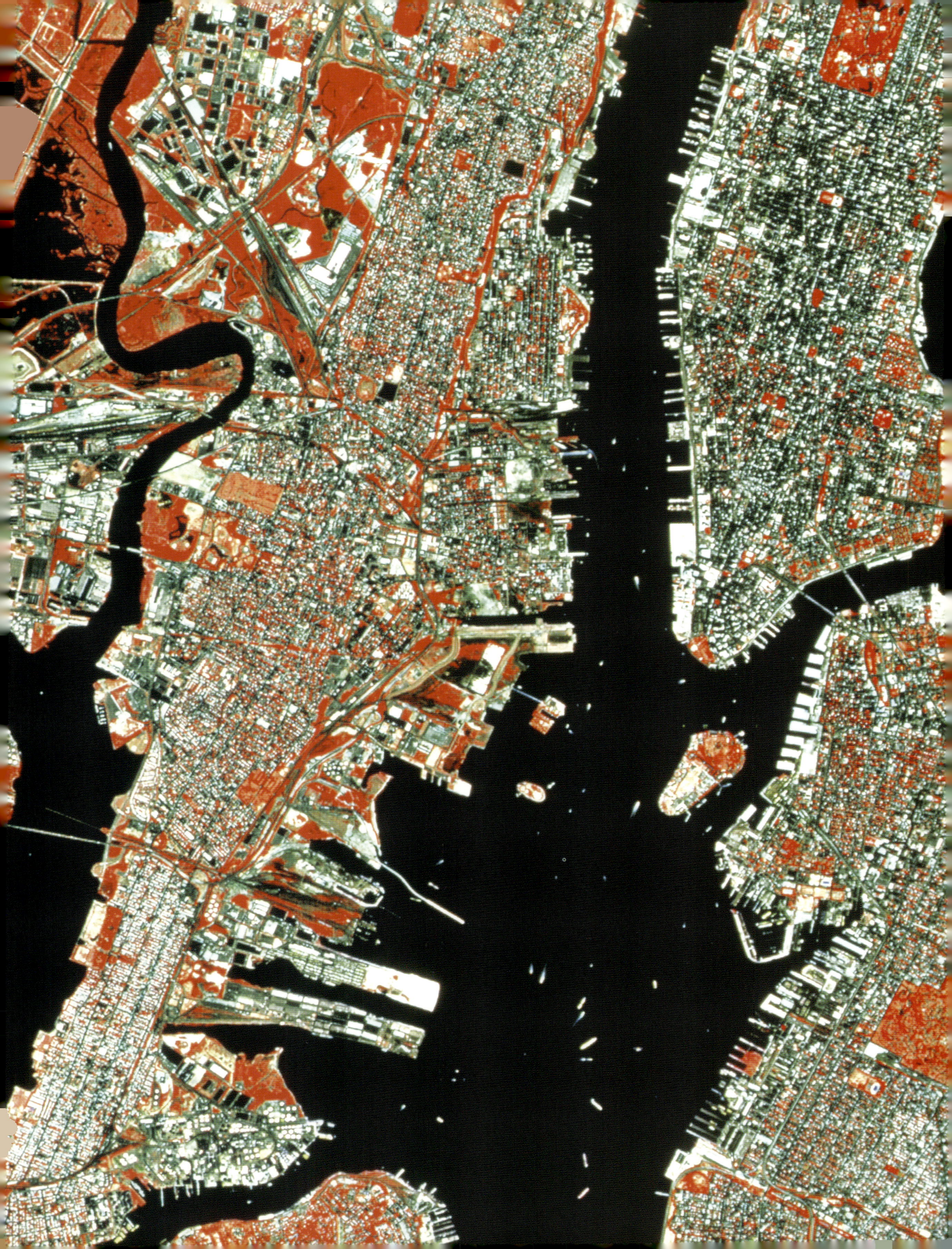

文明のパワー

5000年以上にわたって、地球は文明の栄枯盛衰の繰り返しを目撃してきました。それぞれの文明は、独自の技術、文化、および信仰を展開してきました。そして、それぞれが衰退を迎えたのですが、それは基礎となる資源や支配機構、あるいはその両者がともに乱用されて、内憂外患に陥ったときでした。これらの文化すべての背後にある、原動力というべきものが都市化の現象で、都市は文明の中心であり、善悪ともに人間の野心の反映だったのです。

人類が都市を建設したのは、排水技術を習いおぼえ、エジプトやメソポタミアや中国の肥沃な川の流域を有効に使うようになってからです。結果として生まれた農産物の余剰は労働の分業を可能にし、また思索や組織づくりの暇ができて、それらが都市文明の土台を固めました。これら大小の都市は、貿易の重要な接点に位置することが多く、幾世代にもわたって文化や人種のるつぼとなりました。全盛期には、芸術や文学、建築、科学的発見、社会的・政治的・倫理的概念の富があふれるばかりで、それらは先々まで引き継がれる人類の遺産となりました。

しかしながら、都市へ押し寄せる人口圧は、いつも大きな問題を生みました。富だけでなく、貧困も都市に集中したからです。正義といっしょに犯罪、医療といっしょに病気が集中しました。今日、発展途上国の多くの都市は、人間の不幸をたっぷり詰め込んだ、巨大な掘立て小屋の町によって環状に囲まれています。デリーのように住民の3分の1以上がスラムや不法居住地で暮らしている都市では、それは行政者にとって悪夢となっています。どこでも、場所というのはプレミア付きなのです。

発生しつつある都市は、都市文明の費用が高くつくことを別の形で示しています。都市は本質的に寄生的で、食物、エネルギー、原料、労働力に対して、飽くことを知らぬ欲望をもっているものです。昔の都市経済は、周辺の農村地域の生産性に直結していましたが、のちには植民政策と貿易のつながりが、膨れ上がる都市人口を支える助けになりました。現代の都市はこれとは対照的に、広域通信網の接点であり、その地方やより広い地域や世界の市場からの供給に依存しています。

産業革命までは、人口1万人以上の居住地に住んでいた人は5人に1人にすぎませんでした。ところが過去100年の間に、最初は北側諸国で、のちには発展途上国で、都市への大量の人口流入が始まったのです。南側の巨大都市は、新たに出現する21世紀文明の中心として、どのような可能性を秘めているのでしょうか。中心的な役割をそのときも保持しているでしょうか。コミュニケーションや新しい情報処理技術の高まりは、ますます都市機能の分散を可能にするでしょう。それはまた、世界を1つに結ぶ経済網によって、都市と地方とを統合するための扉を開くのです。

世界の都市

人口が都市に集中すると、そこには地方と比べてはるかに複雑な専門分化が生じます。現代都市のように、住民の役割が人間の体の一つひとつの細胞さながらに、独立してはいても相互に依存しているというくらい、都市が成長してくると、この専門分化はいっそう多様なものになります。

都市が比較的孤立していたころは、おのおのが異なった文化を発展させていました。宗教的な遺跡で知られる都市もあれば、大学や公共施設、織物・ガラス製品やさまざまな工芸品で有名な都市もありました。しかし今日では、大量の商品の売買とマスメディアによって、文化の多様性はこの世界から消えうせようとしています。世界中の大都市に住む中流階級の人々は、同じような服を着て、同じ流行歌を聞き、同じテレビ番組を見るようになりました。つまり、地球規模の「都市文化」が生まれてきたのです。

主要な都市集団は、輸送機関や長距離通信によってますます結びつきが深まり、1つの「世界都市」がつくられるのですが、個々の都市の機能はますます専門化していきます。地理的には遠く離れているにもかかわらず、協力し合って活動しているのです。たとえば、ロンドン、ニューヨーク、チューリヒ、東京は1つにつながった金融の中心として機能しています。また、ニューヨークに本部のある国際連合は、専門機関をパリ、ローマ、ナイロビに設置しています。

金融界の支配
長距離通信の発達は、経済力と政治力のつながりを希薄にしました。いまや、ニューヨーク、リオ・デ・ジャネイロ、フランクフルトなどの都市は、政治的でなく、金融の首都となりました。

持続可能な都市
都市問題には、環境と経済の両面で持続可能な解決策が必要です。UN-HABITATの持続可能な都市プログラム(SCP)は、「基本計画よりも関係住民を広く巻き込むことを目指し、また上意下達の意思決定よりも下意上達の問題解決を助長し、さらには地域資源を活用し、外部支援調整のための枠組みや、都市の計画や管理における環境への関心、そしてアジェンダ21を地域に適用する手段を示し」ました。SCPは世界20都市でモデル事業が行われています。

変わりゆく都市
都市はおよそ4000から5000年前に生まれました。当時は農業と技術の進歩が結びついて生産性が高まり、都市経済が一連の専門家集団を援助できるようになった時代でした。初期の都市は、防衛のために城壁をめぐらしており、城壁の内側では、後背地の農民に支えられながら手工業が盛んでした。都市が拡大し、周辺地域での生産だけでは間に合わなくなると、貿易が必要となり、発達しました。産業革命にいたるまでは、これが都市成長の原動力だったのです。貿易に伴って銀行業務や商業が必要となり、それにつれて裕福で力をもった商人階級が現れました。ローマ帝国の滅亡とともに、11、12世紀のヨーロッパの貿易が復興するまでは、都市も衰退しました。18世紀になると、農業や工業が機械化し、労働力が土地から解放され、逆に工場がある都市での労働力の需要が高まりました。鉄道やそれにつづく内燃機関の発達に伴い、都市の再建が進み、どんどん広がる郊外や新たに開発された町には、都市内部から人口が流出していきました。いまや新技術に根ざした新たな変化の波が起こり、世界の都市は「脱工業化社会」へと変貌しようとしています。

文学
ジョイスのダブリン、ディケンズのロンドン、サルトルのパリなくして世界文学は語れません。文学を高める社会的で知的で精神的な思想の流れは、いまだに都市に集まっています。

建築様式
ヨーロッパの多くの都市は、今もローマ文明の痕跡をとどめています。超高層ビルが立ち並ぶニューヨークは「20世紀の建築」を代表しています。

「鎖でつながれた」都市
上の円グラフは、理想的な都市の発達段階を示したもので、鎖は貿易依存度が高まることを表しています。問題となる項目は、金融、産業、防衛です。

紀元前3000年

紀元前200年

世界の都市 213

おもな航空路

エネルギー
機械や輸送機関に動力を供給するために、大量のエネルギー投入がなければ、都市は生存できません。化石燃料の利用が農業の生産性をあげ、これが都市の技術的発達には不可欠でした。

宗教
都市はいつの時代も信仰の中心でした。神殿やイスラム寺院、大聖堂は、人類にとって最も貴重な建物に数えられます。ローマ、メッカ、エルサレムは、世界三大宗教の宗教上の首都です。

法律
主要な貿易中心地は、必然的に法律の中心地になりました。ローマ、ロンドン、アムステルダム、パリなどは商品といっしょに法典も輸出しました。

食糧
都市が、初期の周辺後背地の生産性では間に合わなくなってから久しく、今日では、ますます増加する遠隔地との貿易に依存しています。そこで、この供給の中断に対して、よりもろくなっています。

国家権力
都市は、経済、軍事、政治の3大中心地です。しかし商業が発達すると、一般的に軍事機能は離散し、代わって官僚制を伴った国家権力が新たに首都に入ってくるものです。

芸術
都市の歴史をみると、芸術の点でも独特の貢献をしてきました。多くが後世の文化と遠隔地の文化に大きな影響を与えています。ペリクレスのアテネ、ミケランジェロのフィレンツェ、ナイジェリアのベニンなどです。

2015年の100万都市
世界の人口は、1日に22万5千人増えており、これから10年たたないうちに、さらに10億人が増加するでしょう。その人口を収容するためには、毎月ロンドン程度の都市をつくる必要がありますが、その代わりに現在の都市を拡張し、未来の100万都市をつくり出します。北側ではすでに都市の合併が行われていますが、南側のメキシコ市のような中心地はすぐに、シカゴでさえ小さく見えるような巨大都市になるでしょう。

1870年　2000年

凡例:
- 産業
- 食糧
- 輸送
- 行政
- 防衛
- 治安
- 金融
- 文化
- 富裕な住居
- 粗末な住居
- 両者入り混じった住宅

都市化した世界
2000年には世界人口の50%が都市に集中しました（1900年には14%）。2030年には60%になるでしょう。

1800年 1825 1850 1875 1900 1925 1950 1975 2000 2030

地球市民

私たちは今新しい世界秩序のはじまりにいます。古い秩序は時代遅れとなり、その秩序のままでは、この半世紀でそれ以前の4世紀に匹敵する変化が起きた今の世界のさまざまな問題に対処できなくなりました。さらにいえば、2005年の今の世界は、2050年の子孫たちにはほとんど理解しがたいものになっているでしょう。

たとえば国民国家について考えてみましょう。国家は何世紀ものあいだ重要視されてきましたが、今では時代に取り残されています。力と合法性は国際的または世界的な機関(国際連合、巨大企業、世界規模の通信網)に、権威と管理能力は市民団体(多くのNGO)に吸収されてきています。いかに政治指導者たちが主張しようと、国民国家はもはや最高位の独立した存在ではありません。これは、4世紀前に国家という制度が誕生して以来の地を揺るがすような転換といえます。

優勢な政治体制は民主主義、優勢な経済体制が市場資本主義の世界で、国家の崩れた体制の後を受けるものとして「1つの世界主義」が必要です。今欠けていて、1つの世界のなかの多様な要素——多くの文化、習慣、認識、希望、恐れ、見解など——を結合させる糊の働きをするのが、地球市民という考え方です。この空白につけこんで、何が世界を動かし、どうすれば世界を自分のイデオロギーに従わせることができるかという、極度に単純化した思想を持つ人々が出てくる恐れもあります。たとえば宗教や、絶対主義的えせ宗教のデマゴーグです(「私は根本的真理を知っている。納得するまで頭にたたきこんであげよう」)。新しい世界秩序の自称リーダーには、イスラム教を曲解している原理主義者、極端な中華思想をもつ者(「私たちはまったく正当であり、中国人でない者にはその正当さは理解できない」)、「モラル・マジョリティ」の夢想家(実際は道徳的でも多数派でもない)、極端なキリスト教否定論者(実は別物であるキリスト教世界を否定)が含まれます。

このようなイデオロギーによる脅威に立ち向かいながら、私たちは新しい世界秩序をつくらなければなりません。その秩序は差異を是とし、多様であるが故に栄え、確立されたもの以外の知恵をも受け入れます。たしかに2005年の世界は大半の読者が覚えている若い頃の世界とはすっかり様変わりしています。ソビエト連邦はその覇権への夢とともに崩壊し、それによって冷戦も歴史上のものとなりました。今、超大国は1国であり、それは理論上、地球社会に安定と安心をもたらすはずですが、現実には不和や分裂を生んでいるように思われます。私たちはまた古い体制の「先進」と「発展途上」両世界の終結を目にしています。後者では、今や10億人が中産階級と位置づけられるに十分な豊かさを得ています(P.234~35)。逆に、多くの先進世界の人々は誤った発達をした社会、または過度に発達した社会に暮らしていると感じています。

新たな世界秩序

国連は勢力を失った?

国際連合はよく分裂した状態を見せ、多くの現実政策家たちからは国連の影響力が明らかに失われつつあると指摘を受けています。それでもFAO(国連食糧農業機関)やWHO(世界保健機関)をはじめ、多くの国連開発機関は、アメリカの中都市程度の総予算で驚異的な成果をあげています。

新勢力出現

古い秩序はさまざまな面で崩れてきています。中国がこの20年の驚異的な経済成長をこのまま続け、2020年までに、あるいはそれ以前に世界一になったとしたらどうでしょう。インドやブラジルのような半超大国といえる国がほかにも現れたらどうでしょう。新しい世界秩序にはどのような変化が伴うのでしょう。大きく変化する未来がどのような形をとるのか見極めるのは困難です。人間がすべき仕事もまったく新しい局面を迎えるであろうことはいうまでもありません。

新超大国、ヨーロッパ

欧州連合は25ヵ国が加盟し、4億5,400万の人口(アメリカは2億9,500万人)と7兆4千億ドルの経済力(アメリカは10兆4千億ドル)を持ちます(2002年)。今のところ政治的団結がないため、真の超大国には位置づけられません。しかし、アメリカ合衆国の最初の13州が1800年、世界であれほど力を持つとは予想しなかったことを忘れてはいけません。

潜在的な強国

イスラム原理主義過激派は、独自の世界観を浸透させるほどの政治的影響力をもつ1つのまとまった組織になりうるでしょうか。信念に突き動かされた活動をするだけではなく、国境を越え価値観を主張する特別な共同体になりうるでしょうか。イスラムの多くの教派がイランやインドネシアなど広く異なる国に散らばっていることを考えれば、あり得ないでしょう。前者は「手に負えない問題児」で、後者はずっと平和的な国々です。潜在的な強国には中国、スラブ系諸国が含まれ、おそらくヒスパニックが何らかの形で主導権を握る場合もあるでしょう。

世界政府とは?

その考えは捨てましょう。いかに魅力的であり、確立困難な体制であろうと、人類にとって大きな脅威となるでしょう。もし世界政府ができれば、すぐに永久の政府組織であると発表し、事実上の独裁政権となります。対立組織が現れて権力奪回のために投票することなどできるでしょうか。混乱と効率の悪さがあっても民主主義を喜び、グローバル・ガバナンス(世界政府とはまったく違います)を生み出し、多様性とそれによる弾性を生かすことが大切です。

ビッグ・プレイヤーたち

2003年、PPP換算10兆9千億ドルのアメリカを筆頭に、上位10国が世界のGDPの2/3以上を占めました。20位までに、中国(PPP:6兆4千億ドル)、インド(PPP:3兆1千億ドル)、ロシア(PPP:1兆3千億ドル)を含む新秩序の国(P.240~41)20ヵ国のうちの10ヵ国が入っています。大部分が多国籍企業(P.220~21)によるもので、世界中の研究開発費の95%以上が北側先進諸国で使われています(P.216~17)。

ピースをはめる

古い世界秩序のジグソーパズル(上)は時代遅れになり、増え続ける世界の難問に対処できなくなりました。1950年から現代までの世界の変化は、1500年代から1950年までの世界の変化に匹敵します。私たちはきわめて難しいパズル(右)を目の前にしているのです。脱工業化社会の新しい世界に、新しいピースをどうすればはめられるでしょう。

世界の宗教

　世界のさまざまな宗教が平和共存できれば、新しい秩序を迎える希望ある兆しは宗教とともにあるはずです。キリスト教徒は20億人、イスラム教徒は14億人、ヒンドゥー教徒は約7億5千万人、仏教徒もほぼ同数といわれています。つまり、信仰の程度は違えど、大多数の人々がなんらかの宗教を信仰しているのです。

　先進国の多くでは、環境に関して特に、宗教団体が従来とは異なる方法で指導権を発揮しています。たとえば、フェアトレードのコーヒーのように環境保護を考えた製品を支持するよう信者に働きかけます。バーソロミュー総主教は科学者とジャーナリストを集め、宗教指導者たちと環境問題についての会議を開きます。発展途上国では、ワールドウォッチ研究所がタイの環境保護僧が国の森林を守るために宗教的権威を使ってきたことを取り上げ、インドでは環境保護支持者がヒンドゥーの世界観に訴えてガンジス川の汚染を防ごうとしています。スリランカでは仏教思想をうけた開発計画のなかに消費を抑える倫理観を取り入れています。パキスタンでは、政府がイスラム教ムスリムの聖職者から環境について学んでいます。

アメリカの宗教と環境

　米国では、環境保護のための全米宗教パートナーシップ発行の「北米の宗教団体における環境保護活動と資源の一覧」に何百もの宗教団体が名を連ねています。パートナーシップは宗教団体の活動を2千例あげ、2千人の聖職者に対して指導者研修を行い、読者に宗教と環境問題をいかに結びつけるかを伝えています。一覧によって、十万の教育・活動マニュアルが宗教団体に送られ、エネルギーの節約方法、リサイクル目標の定め方、カープールの方法、消費パターンの変え方、地元の環境保全グループとの提携の仕方、公共政策の擁護を活発に行う方法を伝えます。1億人のアメリカ人が毎週教会やシナゴーグ、あるいはその他の礼拝に足を運ぶのですから、その場はかなりの影響力があります。大まかに見れば、世界人口の半分以上にあたる35億人もが組織宗教の（ある程度）活発なメンバーだといえます。その人たちが毎週、嫌でも環境保護メッセージを耳にすることになるのです。

「人間が種を絶滅させ、神の創造物である生物の多種多様性を破壊すること、また人間が気候変化を引き起こし、地球から自然林を奪い、湿地帯をなくすことで、地球の完全な状態を傷つけること、人間が地球の土地、空気、生命を毒物によって汚染すること、これらはすべて罪である」

1997年
東方正教会のバーソロミュー総主教聖下

生産力のある世界

人類の歴史のなかで現代ほど、科学技術を手中にしている文明はありません。健康、富、権力、自由、幸福などの供給者として、これほどまでに威圧的な、ほとんど神秘的といってもよい役割を、科学に与えた例はほかにはありません。しかし、技術や大量生産は、はかり知れない恩恵をもたらすとともに、この「地球工場」は、両刃の剣の役割を果たしていることがわかってきました。

世界の生産組織が急速な、ますます徹底的な変化を経験したのは第2次世界大戦後の楽観的なにわか景気の時代でした。1950年代から60年代の基本的な技術の基礎は、鉄鋼、化学製品、石油に置かれていました。ブルドーザー、トラクター、チェーンソーは、化学肥料や農薬とともに、農業に革命をひき起こしました。新しい医薬品や外科手術は医療の姿を変えました。冷蔵庫からラジオにいたる耐久財の波また波が、オートメーション化された生産ラインからどんどんあふれ出るようになったのです。それから70年代の初めまで、たてつづけに起きた異変が、地球の経済組織を走りぬけました。石油価格の暴落、天然資源の枯渇、公害の拡散、健康の障害、ますます手がこみ際限なく拡大する軍拡戦争、そしてさらに悪化した世界的な貧困と飢餓が、科学技術に対する私たちの信仰に痛撃を加えたのでした。1980年代と1990年代、国家資産の民営化と世界市場の自由化はグローバル化を進め、特に貿易、財政、人の移動において顕著に現れました。結果、国家レベルと国際レベルの両方で、富の不均衡が進み、天然資源の入手をめぐって緊張感が高まり、化石燃料の利用はその結果生じる汚染物質とともに明らかに増えました。

現在、地球の人口は64億人を超し、中国やインドなどの急速に発展している国々には数億人の新しい中産階級の消費者が現れてきました。人間が引き起こした気候変化という事実がより効果的なグローバル・ガバナンスを求め、間接的に環境に関わる出費を価格と市場に求めるようになってきました。しかしながら、共産主義体制の崩壊、西側の政党の力の集中が自由市場による解決への信頼を促し、市場の流動性を高め、急激な株式の暴落を起こしました。

このような傾向は、発展途上国での製造業と金融サービス業の雇用をなくし、先進国における労働力の高齢化と減少もあわさり、多くの先進国家の戦後の社会契約に多大な圧力をかけます。それよりも建設的な意味があるのは、新しい科学技術の出現です。この技術は、なかにはたいへん気がかりなものもありますが、発展途上国に新たな希望を与えることになるでしょう。マイクロエレクトロニクス、情報処理技術、新素材、生命工学などの新しい科学技術は、まさに地方でも適用できる、低エネルギーの、低公害の技術にふさわしいものです。大部分の南側諸国にとっても、これらの技術は生産性を高める手段を供給するでしょう。

世界の工場

地球工場の出現は、豊かな使い捨て社会を生み出しました。それは、きらきら光る自動車、美しく着飾った人々、輝く都会の、誘惑するようなイメージが地球を支配する、浪費的で、人工的に欲望が高められた社会でした。しかし、それはまた、おもな伝染病の治療薬をつくり出し、食糧の生産を倍加し、大量輸送とマスコミュニケーション、マスメディアを提供しました。こうして、地球は事実上「地球村」に縮小されたのです。「地球工場」の動力となっているのは商取引であり、これには研究と行動力、そして革新的な発想が必要です。次から次へと起こる社会や技術の変化の波に揺られながらも、「地球工場」は、広告にさえ左右される需要の変動や、新技術がもたらす労働生産性や市場の変化に絶えず適応しています。「地球工場」は、多くの人々に幸福を与えるもののように思えますが、実際にはごく一部の者に権力をも与えているのです。研究も生産も北側が集中して行い、その多くは多国籍企業の手に握られています。このように権力が集中すると、問題解決にあたって公平な選択をして、主要工業国が推進した技術や取り組みに匹敵するものを開発するのは不可能に近くなります。しかし、社会や技術の大きな変化に直面して、いまやこの情勢は変わりつつあります。私たちは根本的に形を変えた「地球工場」の誕生を迎えようとしているのです。

技術——だれの利益のためか

新たな社会構造に対しては、大量の失業の不安や市民と政府の管理の域を越えるテクノクラシー（技術家政治）の出現といった不安が、当然のことながら反発という形で現れてくるかもしれません。実際には、その新しい技術は、おそらく仕事の選択の幅をはるかに広げて自由にし、消費者管理をさらに充実させることでしょう。新しいナノテクノロジーに使われている世界の研究開発費はおよそ40億ドルで、1997年から2002年までに先進諸国では公共投資が500％増加しました。2002年の研究開発費の総額は、富裕国でGDPの2.6％（6850億ドル）に、発展途上国で0.6％（370億ドル）に達しました。前者の多くは"問題国"の軍の研究開発の求めに応じて浪費されました。この投資は、経済や社会の進歩にはほとんど役に立ちません。

基礎としての製造業

もっといろいろな物がほしいと願う人類の変わらぬ欲望が、技術革新の大きな原動力です。さまざまな種類の機械や設備を供給する、製造業というしっかりした基盤があってはじめて、サービス部門は発達することができます。このように、製造業が世界に技術を送り出す中心的な役割を果たしているのです。製造業は、化学製品や鉄鋼などのように絶え間なく製品が流れ出る連続生産と、車や洋服など大量消費財を生産するときのように1個ずつ製品を完成させる個別生産からなります。

金融サービス業の重要性

金融サービス業は経済の大部分を占め、国境がなくなりつつある世界で機能する24時間市場に着実に組み込まれてきました。原価、利益、金利が世界規模で比較され、投資決定は影響をもっとも受ける国の外でなされるようになってきました。これにより、政府と金融機関とのあいだの勢力均衡に変化が起き、西側で賃金のいい仕事が脅かされはじめました。

技術の波
おもな技術革新は、しばしば集中的に起こり、これが波のように続いていきます。また経済の発展および後退とも一致しています。

世界の工場 217

地図ラベル（研究開発費支出上位10国 %対GDP）
- スウェーデン 4.6%
- アイスランド 3.0%
- フィンランド 3.4%
- ドイツ 2.5%
- ヨルダン 6.3%
- スイス 2.6%
- イスラエル 5.0%
- 中央・東ヨーロッパ 2,289人
- 韓国 3.0%
- 日本 3.4%
- アメリカ 2.8%
- OECD諸国 2,908人
- 東アジア・太平洋沿岸諸国 607人
- ラテンアメリカ・カリブ諸国 285人
- 南アジア 160人

輸出品における工業製品の割合
- 81〜100%
- 61〜80%
- 41〜60%
- 21〜40%
- 0〜20%

研究開発費 支出上位10国（%対GDP）

100万人中の研究開発者数 1990年〜2001年
- 2000人以上
- 501人〜1999人
- 500人以下

波におぼれた国

発展途上国は、「地球工場」のもたらす大きな進歩に立ち遅れました。農業がいまだに主産業で、研究開発業は発達していません。研究開発による所得はGDPの0.6%で、携わる科学者の数はアメリカの1/10にすぎません。とくにアフリカは新しい技術時代への躍進から遅れをとっています。国内の専門知識の不足が、国外の専門家に頼りすぎる結果を招きます。それは商機をつかめないこと、研究者不足のため健康、社会、環境に関する差し迫った問題に対処できないことでもあります。

景気の波に乗る

歴史の教科書は、いまだに科学技術が文明を形づくったり、つくり変えたりするものだという考えをとっています。しかし、いわゆる科学技術至上主義の考えは、文明の進化をきわめて単純にみたものだといえます。進化の成否が自然淘汰にかかっているように、どの技術が生産や就業形態にとって優れているかは、社会が選択するのです。経済学者がシュンペーターの「景気循環輪」を受け入れようが入れまいが、世界経済が技術革新や好況、景気後退などの数多くの大きな波をくぐり抜けてきたのは確かです。そして、いまや新たな波が打ち寄せてきました。波の一つひとつが、大きな社会動乱や産業の立直しをもたらしました。次の波では、おそらくナノテクノロジーやバイオテクノロジー、高性能セラミックスが誕生するでしょう。

図（景気循環と技術）
- 公害と廃棄物
- 権力と利益
- 政府取引
- 連続生産
- 定量生産
- 生産者
- 高い生活水準
- 幸福?
- サービス

不況 — 回復 — 好況 — 後退 — 不況 — 回復 — 好況 — 後退 — 不況

- 飛行機／テレビ／合成物質
- バイオテクノロジー／人工知能／マイクロエレクトロニクス／インターネット／遺伝子革命（PCR、遺伝子配列解明技術、遺伝子プロファイリング、ヒトゲノムプロジェクト、ゲノミクス）／再生可能エネルギー
- ナノテクノロジー／材料科学／先進バイオテクノロジー（ヒトクローン、デザイナーベビー、特異な難病の根絶、先進バイオ／合成補綴学、脳内インプラント）／非金属産業（主に金属の代替品となるハイテクセラミックス）

1925 — 1950 — 1975 — 2000 — 2025 — 2050

コミュニケーションの力

2004年、事業開始から12年で、グローバル・システム・フォー・モバイルコミュニケーションズ（GSM）は200を超す国で10億人以上に利用されるようになりました。これは世界人口のほぼ1/6にあたります。今日、インドやナイジェリア、またはブラジルの村落でも、サイバーカフェか通信センターを訪れれば、インターネットを通じてたちまち地球の反対側にいる人とつながることができます。最新技術と無線接続のおかげで、車や風呂やベッドの中でも通信が可能になりました。人口動態統計、戦争に関する最新ニュース、サッカーの試合のスコア、どんなことでも手の中で調べることができるのです。

情報通信技術（ICT）はますます強力な道具となり、人々の世界市場への参加を可能にしました。ICTは、基本的サービスの配達を改善し、地方レベルでの開発を国際レベルに引き上げます。前世紀、内燃機関が変化をもたらしたように、ICTは社会全体の構造を急速に変化させ、経済のしくみを作り変える可能性を持っています。我々の生活や仕事、考え方にまで大きな影響を及ぼしているのです。

とはいえ、今のところICTが普及しているのは主に裕福な国です。2004年のインターネット利用者9億3千万人のほとんどは北側先進国に住んでいます。ニューヨークだけでアフリカ全体よりも多くのインターネットサーバーがあります。しかし、ICTは発展途上国に対しても大きく貢献できるはずです。多くの革新なくては、最貧国を含む発展途上国は取り残されてしまうでしょう。すでにICTは農業に従事する人と市場情報、工芸品と顧客、患者と医者、そして生徒と教師をつなぎました。携帯電話によるインターネットやウェブサイトへのアクセス増加により、情報取得はさらに広がるでしょう。中国の携帯電話加入者数は、2003年だけで6,500万人増加し、2004年には3億3,500万人に達しました（固定回線加入者総数は3億1,500万人）。発展途上国の地域社会とインターネットをつなぐ無線技術は、教育や健康の促進と、貧困の減少に役立ちます。国際的NGO、ワールドリンクスは、アフリカ、アジア、中南米、中東の25の国々の何千人もの教師や生徒に対してeラーニングのトレーニングを行いました。

さらに重要なのは、ICT全般が革新を促進し、産業を起こし、社会的関係を再編成し、世界のしくみに対する伝統的な概念を覆し、よりよいしくみを探ることです。実際、ICTの出現は、産業革命に拍車をかけた電力と動力駆動機械の出現に匹敵するでしょう。あるいは、農業革命において大規模農業を可能にした鋤の発明にも相当するかもしれません。

利点はこれだけではありません。ICTが支える「インターネット経済」は、あらゆる経済部門の能率、特にエネルギー効率を上げています。実際、インターネット経済はエネルギー消費を抑えながら、より速い経済成長をもたらし、経済とエネルギーの関係を根底から覆すことができるのです。

ICT技術の発達

コミュニケーションの見地からいえば、世界は急速に縮小しています。今日では、『ブリタニカ百科事典』の12冊分の内容を、たった数秒間で地球の反対側に送り届けることができます。1997年の1ヵ月間に全インターネットを通じて送られたよりも多くの情報を、2001年にはたった1本のケーブルで1秒間に送ることが可能になりました。ボストンからロサンジェルスに1兆ビットの情報を伝える費用は、1970年には15万ドルでしたが、2001年には12セントになりました。1990年代半ばには片手の指で数えられた電子ジャーナルが今8千を超え、オンラインでの迅速な公表と、世界中からの最新情報へのアクセスを可能にしました。電子会議はアイディアや解決法のグローバル化をもたらしました。

インターネット経済

ICTは在宅勤務ブームを起こしています。米国の「ホームオフィス」は、1997年には1,200万件でしたが、2002年には3,000万件に増加しました。EUでの在宅勤務者は今のところ5％未満です。週に数日間自宅勤務があると、従業員の仕事への満足感と生産性は上昇します。たとえばAT&T社で、すべての在宅勤務者が1日1時間余計に働いた場合の生産性は1年で企業利益の6,500万ドルに相当します。エネルギーの利便性も見逃せません。1997年から2007年にかけて、インターネット普及により米国で毎年100万件のホームオフィスが増えると仮定しましょう。またこの半数をインターネット在宅勤務者、半数をインターネット企業家と仮定すると、平均でそれぞれ約14平方メートルと28平方メートルのオフィス空間を節約できます。すると2007年には1億8,600万平方メートル以上のオフィス空間を節約できることになり、それに伴って照明や冷暖房に費やされるはずだったエネルギーも不要になります。

インターネットの成長

1991年には100万未満だったインターネットサーバーの数は2004年には2億8千万に増加し、9億3千万（地球上の7人に1人）の人々が定期的に利用しています。そのうち1億8,500万人（20％）は米国に、1億人（11％）が中国、7,800万人（8％）が日本に住んでいます。イギリスでの利用者は3,300万人です。今後さらに増加が見込まれるのが、中国、インド、ブラジル、ロシア、インドネシア、ほか「新しい消費国」（P.188〜89）で、携帯電話を通じてインターネットへのアクセスが増えています。2007年までに、世界中の利用者数は13億5千万人に達すると予想されます。インドでは教養のある大学卒業者たちがICTを利用し、賃金の安い途上国の人々に多くの業務を委託している西側企業や政府機関で働くことができます。フォーチュン1000社の1/5がインドに外注をしています。外注は失業をもたらす反面、雇用も生みます。2003年、デルタ航空はコールセンターの1000人の職をインドに委託することで、2500万ドルの経費を削減し、米国で1,200の新しい雇用口をもうけました。マッキンゼー・グローバル・インスティテュート社は、利益は外注による損失を上回ると算出しました。

マイクロクレジット：
コミュニケーション・ギャップの橋渡し

バングラデシュのグラミン銀行は、電話サービス事業を運営する「テレフォンレディ」に、平均で年間300ドルを貸し付けています。最終的にはテレフォンレディを4万人に増やし、国の電気通信部門において重要な役割をになうサービスを提供することが目的です。グラミン銀行は情報格差を解消しようとしています。グラミン・サイバーネットはバングラデシュ最大のインターネット企業として、サイバーキオスクを設置し、農村部でのインターネット通信を可能にしました。グラミン・コミュニケーションズの目標は、インターネットを通じた医療、銀行、教育のシステムを各村々に届けることです。グラミン・ソフトウェア・リミテッド（GSL）は、雇用機会への道を提供しようと、IT技術に乏しい失業者を訓練するグラミン・スター・エデュケーション・プログラムを開発しています。

携帯電話

2004年に15億人だった加入者は、2005年末までに20億人に達する見込みです。アフリカは、ほかのどの大陸よりも高い比率で、携帯電話が固定電話回線数を上回っています。中国は世界最大の市場で3億3,500万人が利用していますが、それはまだ4人に1人にすぎません。イギリスでは国民6千万人に対して5千万台の携帯電話が使われています。1992年には、世界中の携帯電話利用者は237人に1人、インターネット利用者は778人に1人だけでしたが、2004年にはそれぞれ5人に1人、7人に1人となりました。最新のカメラつき携帯電話で、利用者はMMSでデジタル写真の交換をするようになり、市場に大きなシェアが生まれました。ショート・メッセージ・サービス(SMS)は、2005年、1兆2千億件のテキスト・メッセージの送信を見込んでいます。着信音のダウンロードでも、世界中で40億ドルの売り上げが予測されます。携帯電話は一大産業となりました。

無線ネットワーク

モバイルコンピューター技術により、ケーブル接続の必要性はなくなりました。ブルートゥース、Wi-Fi、WiMAXなどの無線ネットワークは、電波やマイクロ波シグナルを利用して、コンピューターをインターネットにつなぎ、仕事やコミュニケーションに革命を起こしました。コーヒーショップや大学が無料で無線アクセスを提供し、在宅勤務者や学生は新たな方法で協力し合い、世界各地であらゆることを学べるようになりました。太平洋諸国のいくつかは、無線ネットワークを利用し、電話ケーブルでは決してできなかった方法で、お互いや世界と結びついています。ツバルでは国のドメインである「.tv」の使用権を販売し、開発計画のための資金にしました。これらの新技術の利用で、貧しい国々も一足飛びに石器時代からテレコミュニケーション時代に追いつくことができるのです。

ブログとネットサーフィン

ウェブログ(略して「ブログ」)とは、インターネットを通じてどこからでも更新したり読んだりできるオンライン日記です。ブログを更新する利用者(ブロガー)に、技術的な知識はほとんど必要ありません。グーグルは多数ある検索エンジンのひとつですが、新しく適切な情報を集める効率を飛躍的に上昇させました。

半導体とチップ

現代のコンピューターの中枢部である半導体の、2002年の販売総額は1400億ドルでした。1990年代、この産業は世界経済の3倍近い速さで成長しました。2gのメモリーチップの製造には、チップ本体の630倍もの重さの化石燃料と化学製品が使用されます。

早期警報システム

ICTによって、悪天候に先手を打ち、洪水や干ばつによる食糧危機などを回避できます。2004年12月26日にインド洋で発生した津波は、対岸に到達するまで数時間かかりました。予防措置を取っていれば、スリランカとインドは被害を抑えられたかもしれません。

「インテリジェント」ハウス

暖房システムから冷蔵庫まで、大部分の電気機器が互いや外界と通じ合っている家です。これによって、エネルギーの利用を最大限に効率化し、住人はより環境に優しく暮らすことができます。冷蔵庫は、中の食料の把握だけでなく、地元で採れた旬のオーガニックフードを基本とするメニューの提案までプログラムされており、これによって二酸化炭素の放出も削減されます。

変化する貿易の流れ

第2次大戦以後、世界を舞台にした「取引所」の活動がたいへん活発になり、新しい世界経済に甚大な影響を与えました。2003年までに、世界の商品とサービスの生産額は36兆ドル（PPP：54兆ドル）を超えましたが、その2/3以上は7国で達成されました（アメリカ、イギリス、ドイツ、日本、フランス、イタリア、中国）。1960年の世界の製品輸出はGDPに対して10％でしたが、2003年には20％以上になりました。国と国とがいっそう互いに依存し合って、その商品とサービスを交換するようになりました。いいかえれば、ある地域の供給者は世界の他の地域の買手をたよりに生産し、消費者は外国製品によって選択が増えるのを楽しんでいるのです。

市場が広がるにつれ、ますます世界中で、商品の生産が細かく分業化しました。ある国から海を越えて運ばれてくる部品や原料は、組み立てられ加工されたうえで、もとの国に戻されたり、あるいは第三国に輸出されたりします。しかし、南側諸国に移転したのは、主として技術集約型と労働集約型の加工業でした。より利益のある先端（新興）サービス産業は北側の諸国にそのまま残っているのです。この国際的「流れ作業」化への動きに火をつけたのは、多国籍企業や超国家企業（MNC/TNC）の出現であり、韓国やブラジルなど、低賃金が西側諸国の投資をひきつけている新興工業国（NIC）でした。これら「新しい虎たち」は、ひじで押し分けるようにして取引所にあがり、得意な分野で先輩工業国に闘いをいどんでいるのです。

MNCとTNCは長年にわたって、発展途上国における鉱物をはじめ、コーヒー、ゴム、ヤシ油、バナナなどの一次産品の生産にかかわってきました。しかし、世界中の子会社を使って製造そのものにもかかわりを広げ、地球上の生産と貿易のかなり大きな部分を占めるようになったのは、もっと最近の現象です。地球上の大きな経済主体100をあげるとすると、49は国家で、残りの51が巨大企業です。

こうした傾向は論争の種になっています。ある人々が主張するのは、貿易の急速な伸びこそ経済成長のエンジンであったということです。また、市場の専門分化は効率性を促進するため、結局は万事うまくいくという意見もあります。他の人々は、相互依存という傾向全体に反対しています。これらの人々の考えでは、その利益は圧倒的に富める国に流れます。そして市場の専門分化とは、発展途上の国々を、低賃金と低技術の役割に閉じこめておくにすぎません。

発展途上国が自国の経済を世界市場につなぐか、つながないかの意志決定には、この議論が影響を与えてきました。輸出本位の成行きに従うことは、海外の需要を満たすための生産を行い、国内で必要な商品は輸入することを意味します。2つに1つで、輸入の代案は自給自足ですが、それには、国内の需要を満たすための生産をしなければなりません。自給自足を目ざす国には、問題をかかえながらも、うまく平均以上の経済成長を遂げている例が、少数ですがあります。輸出本位で成功している国もいくつかはありますが、変動する市場や価格（とくに原料の価格）に左右され、長期にわたる見通しは確実ではありません。

世界の市場

どの貿易業者も同じ立場に立って、世界市場で取引をしているわけではありません。貿易のシェアや輸出品の価格には、かなりの差がみられます。取引量の多くは巨大企業が扱います。その企業はおもに、富める北側諸国に拠点をおき、市場を支配しています。そして、そのすぐ後に迫ってきているのが、韓国のように新しく工業化してきた発展途上の国々です。OPEC（石油輸出国機構）の国々は、限りある高収益商品の石油を利用していますが、大半の発展途上国は、いまだに一次産品を低価格で輸出しています。発展途上国はまた北側先進諸国が輸出した工業製品を購入できないことがあります。世界中の商品輸入においてアフリカが占める割合はわずか2％です。世界市場が急速に成長して、すべての国々に繁栄をもたらすためには、貿易の流れを立て直し、「新しい虎たち」が市場に入り込む余地をつくり、大半の貧しい国々の増収を図ることが必要なのです。

製造業のブーム

1995年から2000年、世界の製造品輸出量は1年平均8％伸びました。製造品が輸出量全体に占める割合は、発展途上国で1990年の61％から2002年の73％に、富裕な国々で78％から81％に増えました。製造業産品は世界の輸出品の75％を占めていますが、サハラ以南のアフリカでは35％にすぎず、中央・東ヨーロッパとロシアでは55％です。ハイテク産業による輸出品は、発展途上国からの製造産品輸出の1/5にあたり、マレーシアとフィリピンでは60％かそれ以上になります。

超国家企業（TNC）

多くの大企業は海外での活動を広げ、多様化してきました。中国など、安く柔軟な労働力を得られ、市場が大きく伸びる可能性のある発展途上の国々に生産を外注したのです。科学者、広告者、商人を大量につぎこむこの大規模ビジネスがもたらした世界の生産業における変化によって、企業は利益と競争力を大いに伸ばすことができました。残念ながら、その影響は良いことばかりではなく、労働搾取と環境問題も含まれるでしょう。

移行経済

製品輸出額は1994年1560億ドルから、2003年4,010億ドルに伸びました。10年弱で157％の上昇です。ロシアは世界の輸出額のうち1,340億ドル（移行後総額の1/3）、輸入額の740億ドル（1/5）を占めました。

先進経済

2003年輸出額：4兆9千億ドル

世界有数の工業国は米国ですが、貿易では米国の製品輸出額7,240億ドル（総額の10％）はドイツの7,480億ドルを下回っています。4番目に位置する中国は米国に対して1,350億ドルの貿易収支黒字（他の国々はさらに4,470億ドル）を出しました。アジアは米国にとって最大の輸入先であり、2,020億ドルの輸出を受け入れています。中南米は1,490億ドル、カナダは1,690億ドル、西ヨーロッパは1,650億ドルです。

石油輸出国機構（OPEC）

2003年輸出額：3,800億ドル
世界の石油生産に占める割合：40％

大半の産油国は、産業にはみるべきものがありません。OPECは国際的な機関で、石油輸出を行っている11の発展途上国、5億2,500万人が属しています。11ヵ国はアルジェリア、インドネシア、イラン、イラク、クウェート、リビア、ナイジェリア、カタール、サウジアラビア、アラブ首長国連邦、ベネズエラです。1973年の第4次中東戦争後、世界の石油生産に占めるOPECの割合は78年までに76％にのぼり、全体で価格は10倍になりました。2003年に原油価格は20年間で最高値（名目値）を記録し、イラク戦争が始まった直後に急落し、また上昇を始め、2005年には1バレル50ドルに達しました。OPECが世界の石油生産に占める割合は40％で、石油輸出量は国際貿易されている石油量の約半分にあたります。2003年の輸出額は合計3740億ドルで、イラクからはおよそ80億ドルでした。

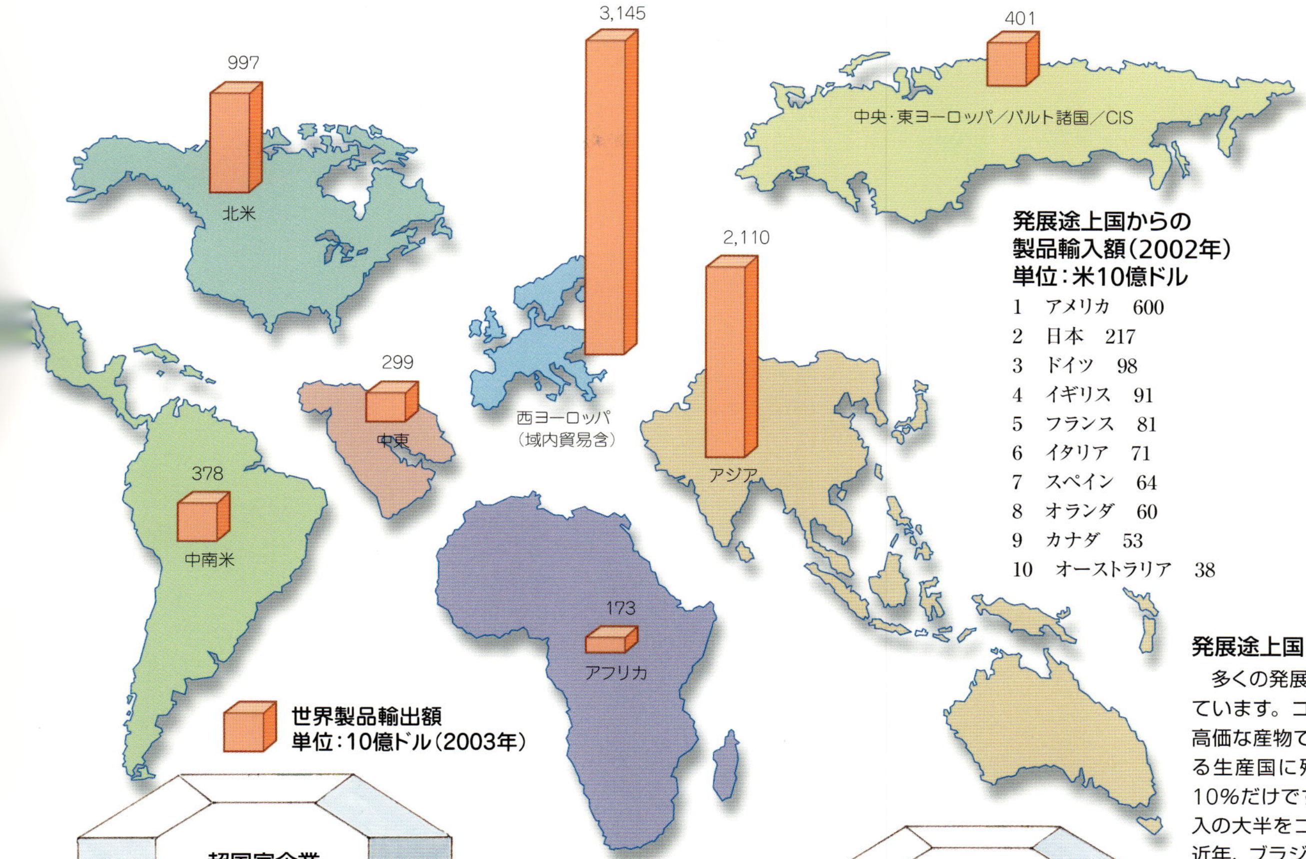

世界の市場 221

輸出国

左図は、世界の製品貿易に占める割合を地域別に示したものです。この図から、古い工業国が高い割合を占めることがわかります。2003年の総額7兆5千億ドルのうち、西ヨーロッパが43％、アジア28％、北米13％、中央・東ヨーロッパ5％、石油資源に恵まれた中東が4％にあたります。世界人口の14％が住むアフリカは、2％にすぎません。

世界製品輸出額
単位：10億ドル（2003年）

- 北米 997
- 西ヨーロッパ（域内貿易含）3,145
- 中央・東ヨーロッパ／バルト諸国／CIS 401
- アジア 2,110
- 中東 299
- 中南米 378
- アフリカ 173

発展途上国からの製品輸入額（2002年）
単位：米10億ドル

1. アメリカ 600
2. 日本 217
3. ドイツ 98
4. イギリス 91
5. フランス 81
6. イタリア 71
7. スペイン 64
8. オランダ 60
9. カナダ 53
10. オーストラリア 38

発展途上国における一次産品偏重

多くの発展途上国では1つの商品に強く依存しています。コーヒーは50ヵ国以上で栽培される高価な産物ですが、2千万人の農園労働者を抱える生産国に残るのは貿易の利益600億ドルの10％だけです。エチオピアは何年間も、輸出収入の大半をコーヒーに頼っていました。しかし、近年、ブラジルがインスタントコーヒーに使われる質の劣るロブスタコーヒー豆の生産に力を入れたため、コーヒー豆の供給過剰となり、その結果世界的に価格がかつての1/10まで下がり、エチオピアは5年にわたり8億3千万円の赤字を抱えることになりました。70億ドルに満たない経済力と1年に2百万人近く増加する人口7,200万のすでに貧しかった国にとって、これは大きな打撃でした。多くの発展途上国が他の換金作物に移行してきました。よく知られているのが、カリブ諸国と中央アメリカのバナナ、西アフリカのカカオ豆、東南アジアのゴム、西アフリカのサハラ地区の綿とピーナッツなどで、いずれも同じ打撃をうけました。大豆が貴重な換金作物となり、2003年には160億の生産高をあげました。

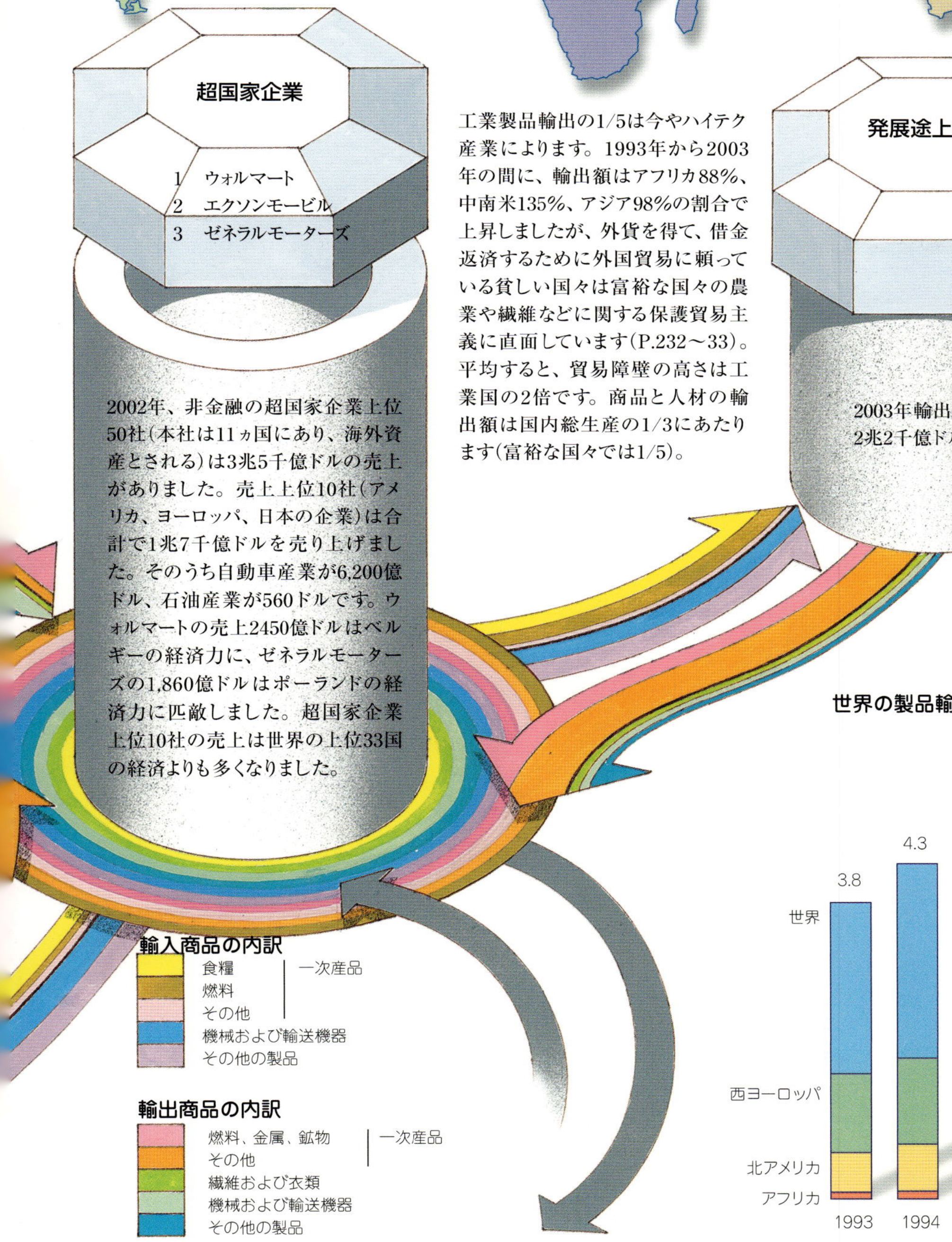

超国家企業

1. ウォルマート
2. エクソンモービル
3. ゼネラルモーターズ

2002年、非金融の超国家企業上位50社（本社は11ヵ国にあり、海外資産とされる）は3兆5千億ドルの売上がありました。売上上位10社（アメリカ、ヨーロッパ、日本の企業）は合計で1兆7千億ドルを売り上げました。そのうち自動車産業が6,200億ドル、石油産業が560ドルです。ウォルマートの売上2450億ドルはベルギーの経済力に、ゼネラルモーターズの1,860億ドルはポーランドの経済力に匹敵しました。超国家企業上位10社の売上は世界の上位33国の経済よりも多くなりました。

発展途上経済

2003年輸出額：2兆2千億ドル

工業製品輸出の1/5は今やハイテク産業によります。1993年から2003年の間に、輸出額はアフリカ88％、中南米135％、アジア98％の割合で上昇しましたが、外貨を得て、借金返済するために外国貿易に頼っている貧しい国々は富裕な国々の農業や繊維などに関する保護貿易主義に直面しています（P.232～33）。平均すると、貿易障壁の高さは工業国の2倍です。商品と人材の輸出額は国内総生産の1/3にあたります（富裕な国々では1/5）。

輸入商品の内訳
- 食糧 ─ 一次産品
- 燃料
- その他
- 機械および輸送機器
- その他の製品

輸出商品の内訳
- 燃料、金属、鉱物 ─ 一次産品
- その他
- 繊維および衣類
- 機械および輸送機器
- その他の製品

世界の製品輸出額（兆ドル）

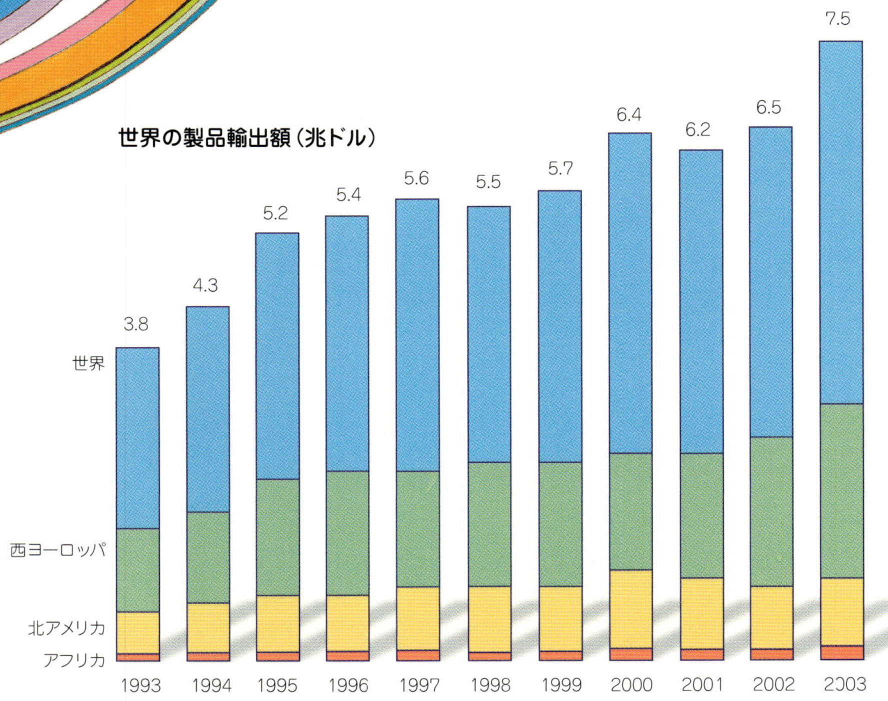

年	額
1993	3.8
1994	4.3
1995	5.2
1996	5.4
1997	5.6
1998	5.5
1999	5.7
2000	6.4
2001	6.2
2002	6.5
2003	7.5

地域区分：世界、西ヨーロッパ、北アメリカ、アフリカ

資産と収益をあげる力

地球の富は途方もなく大きなものです。そのなかで人類の持ち分は、文明という記念碑的な資産を含めて相当なものです。とはいえ、この資源をどう使ってきたかということは、明らかにまた別の問題です。

2003年、1人あたりの国民総所得（GNI、以前はGNP）は、高所得の国々が低所得の国々の60倍以上になりました。低所得の国々の人口は地球上の人口の1/3以上であるにもかかわらずです。このような世界の不均衡についての純然たる指標だけでは、相対的な貧富の差や潜在的な可能性について、すべてを教えてはくれません。GNIは国の繁栄の度合いを調べるとき、よく使われる物差しです。私たちはまた、国の富そのものを知る必要がありますが、それは未開発の資源や、鉄道、工場、労働技術、子どもたちの健康と教育などの形をとります。この種の富はいわゆる才能に似ていて、増進させることも、使い減らすこともできる資産の蓄積ですが、これで所得を得ることもできます。その意味では、ザイールのような南側の貧しい国は、広大な未開発の天然資源をもっており、たいへん豊かになる可能性を秘めています。これと対照的に、高い所得をあげている日本が豊かであるのは、国民の器用さに加えて、厳しい仕事をできる能力によっています。

GNIの値が高くなると、権力や勢力を伴いがちです。たとえば、国際通貨基金（IMF）で一国の持株を決定するのはGNIであり、そしてその持株の大きさが議決権や借入権を決定するのです。富める国々は、それほど多額な資金を借り入れることはないかもしれませんが、政策決定を行い、意のままに国際経済体制を動かすことを確実にするのです。とはいえ、利用価値のある天然資源が駆引きの対抗力になることは、たとえばOPECの産油国によって引き起こされた世界の経済情勢の分裂や、注目をひきはじめている南側の遺伝子資源の価値を見ればわかることです。

貧しい国々にとって問題なのは、たとえ資源があっても、その開発に資金がかかることなのです。彼らはわずかな稼ぎをためるか、借り入れをしなければなりません。1970年代に銀行がおもな資金源であったのは、使いきれないほどの額の、莫大なオイルマネーの大部分が銀行に預金されたためで、銀行もそのとき南側の信用できる顧客を求めていたのです。しかしいまでは、高金利のため負債がほとんど払えなくなったので、銀行貸付けは完全に行き詰まっています。

2003年には、発展途上国の一部において国際債務が2兆3千億ドルにまでなりました。数十年にわたる振興開発計画にもかかわらず、11億人に及ぶ絶対的貧困者数は減りません（P.240〜41）。貧富の差が私たちの地球文明の根底を脅かしています。

世界の富

国家の繁栄は、世界の権力構造やそこに優先権があるかどうかにかかっています。国家収入は商取引や、援助、信用度、投資の世界順位の伸びにますます左右されるようになりました。世界銀行とIMF（国際通貨基金）に関する1944年のブレトン・ウッズ協定以来、世界の富の流れや、だれが何をどういう条件で受け取るかという基本原則を決めてきたのは、北側諸国に拠点を置く大企業のグループで、これが金融界を形成しているのです。うまく管理されれば世界の富の流れは、貧しい国々を助けて潜んでいる力を引き出すことができます。しかし富というものは、それを最も必要とするところへではなく、豊かなところへ豊かなところへと流れるものなのです。

GDPの世界比率

2003年、世界の国内総生産（GDP）の合計は36兆ドルでした。高所得の国々の合計が29兆ドルで、そのなかにアメリカ1国での11兆ドルが含まれます。サハラ以南のアフリカは4,170億ドルでした。低所得の国々（23億人が住み、その多くが世界でも貧しい人々）は1兆1千億ドルでGNIの平均は450ドルです。しかし、購買力平価（PPP）で考えれば、世界のGDPは合計54兆ドルになり、そのうち高所得国は28兆6千億ドル（米国は規格通りの額とPPP評価の額は同じ）、サハラ以南のアフリカは1兆3千億ドル、低所得国すべてをあわせて5兆1千億ドルになりました。中国は規格通りのドル換算では世界第6位の経済大国ですが、PPP評価ではアメリカに次いで2位になります。2020年までに中国は世界第一級の経済国になるでしょう。

融資と投資

国が融資を増やしたり、多国籍企業の投資を受けたりできるのは、その国の融資や投資の必要度というよりも、多くは国力によります。融資は、民間銀行と、二大姉妹機関である世界銀行とIMF（国際通貨基金）が行います。世界銀行は資本投資を行い、IMFは困窮している国に集中的に短期資金を援助します。信用度は返済の履行しだいというわけではありません（経済が急速に成長して、きちんと返済してきた国もあります）。信用度は政治的安定や「選択された」経済政策によっても決められます。一握りの豊かな工業国が、IMFの投票権を支配しているのです（P.250〜51）。

資産対収入

国家と同様に個人も、収入と資産は必ずしも一致しないものです（図参照）。

科学技術と援助

国が発展するためのさまざまな技術を手に入れるには資金が必要で、発展途上国は民間企業や援助に頼ることがますます多くなります。援助には、ユニセフのような機関からの多数国が出資した基金や、2国間の協定があります。2003年の政府開発援助（ODA）は700億ドルでしたが、供与国のGDP比率0.25％というのは1970年に決定した0.7％の目標にははるか届きませんでした。64,000の超国家企業があり、それらの外資系会社が5,300万の仕事を生んできました。海外直接投資は発展途上国にとって大きな外部財源です。

IMF、融資機関、商業銀行

融資条件

PPP 2,3700ドル

PPP 3,850ドル

1人当りのGNIの平均（2002年）
- 発展途上国
- 先進国

2003年、後発発展途上国の国際収支の赤字

製品輸出440億ドル
輸入540億ドル

取引条件

科学技術の移転

科学技術

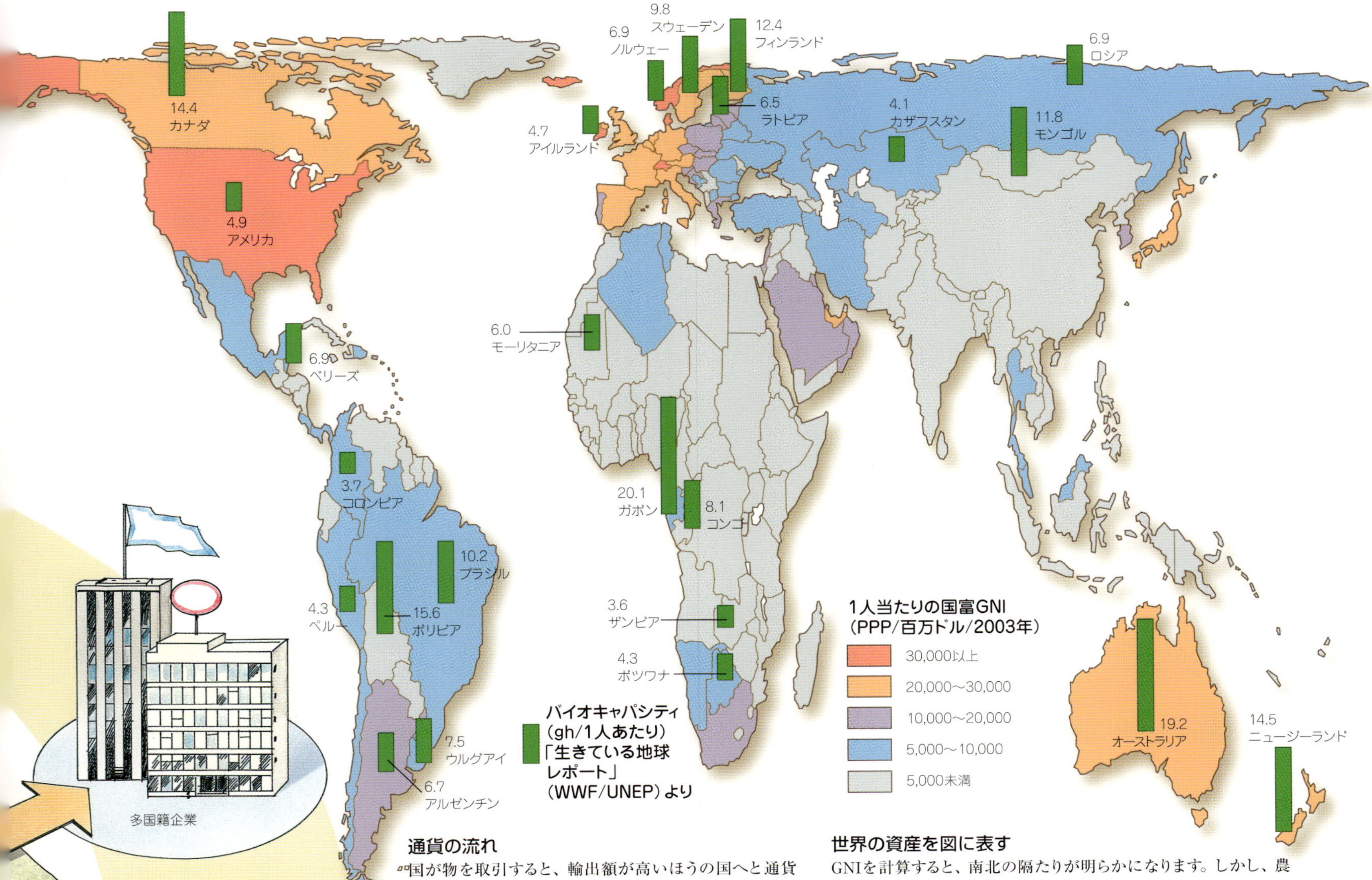

14.4
カナダ
4.9
アメリカ
6.9
ベリーズ
3.7
コロンビア
4.3
ペルー
15.6
ボリビア
10.2
ブラジル
7.5
ウルグアイ
6.7
アルゼンチン
4.7
アイルランド
6.9
ノルウェー
9.8
スウェーデン
12.4
フィンランド
6.5
ラトビア
6.9
ロシア
4.1
カザフスタン
11.8
モンゴル
6.0
モーリタニア
20.1
ガボン
8.1
コンゴ
3.6
ザンビア
4.3
ボツワナ
19.2
オーストラリア
14.5
ニュージーランド
バイオキャパシティ
(gh/1人あたり)
「生きている地球
レポート」
(WWF/UNEP)より
1人当たりの国富GNI
(PPP/百万ドル/2003年)
30,000以上
20,000〜30,000
10,000〜20,000
5,000〜10,000
5,000未満

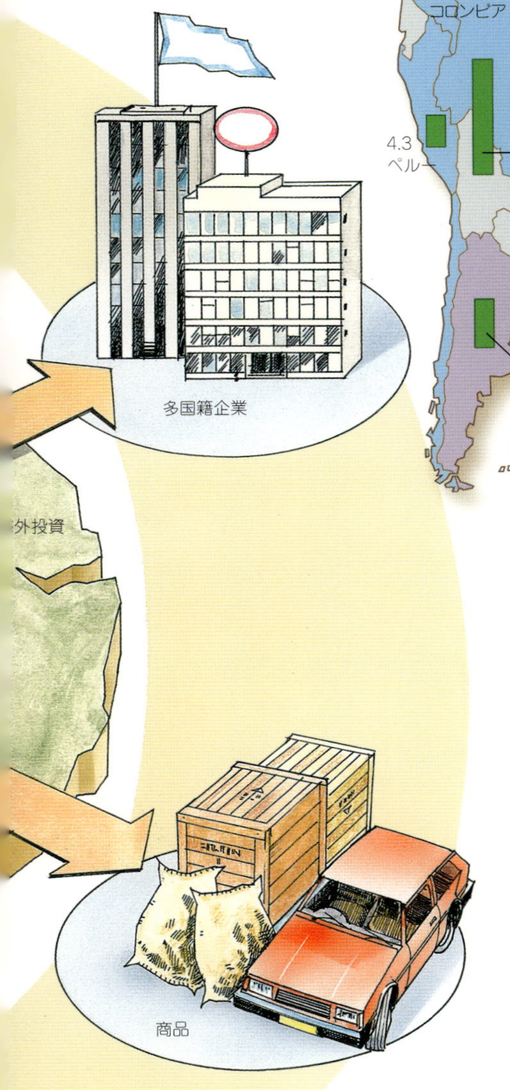

多国籍企業
外投資
商品

通貨の流れ

国が物を取引すると、輸出額が高いほうの国へと通貨が流れていきます。1970年代の石油価格の高騰により、北側諸国からOPECへ巨額の資金が流れました。南側では、輸出での利益が少ないことも手伝って、経常収支は慢性の赤字に悩まされています。これは交易の構造上の問題からくるもので（下図）、悪化の一途をたどっています。貧しい国がなんとか輸入できるように、銀行や各種機関が資金を貸し付け、利息を受け取ろうとします。しかし貿易赤字が増えたため、資金の返済はおろか、利息の支払いもできなくなる事態が発生しはじめています。

世界の資産を図に表す

GNIを計算すると、南北の隔たりが明らかになります。しかし、農耕地、牧草地、森林、漁場など生物学的生産が可能な面積（バイオキャパシティ）で測れば、まったく異なる図を示します。上図は1人あたりのGNIをPPP評価で表し、またバイオキャパシティを1人あたりの地球ヘクタール（gh）で示しています。世界の平均バイオキャパシティは1人あたり1.8ghで、ガボンでは11倍、フィンランドでは7倍を示し、どちらも森林が豊かです。残念ながら、地球のエコロジカルフットプリントはすでに2.2ghになっており、私たちはすでに地球に負担をかけすぎていて、1人あたり0.4ghの損失を抱えていることになります。

製品の支払い
原料の支払い
製品輸出
黒字
赤字
原料輸出
国際融資機関
民間銀行
多国籍企業
利息
利息
投資
投資と貸付け

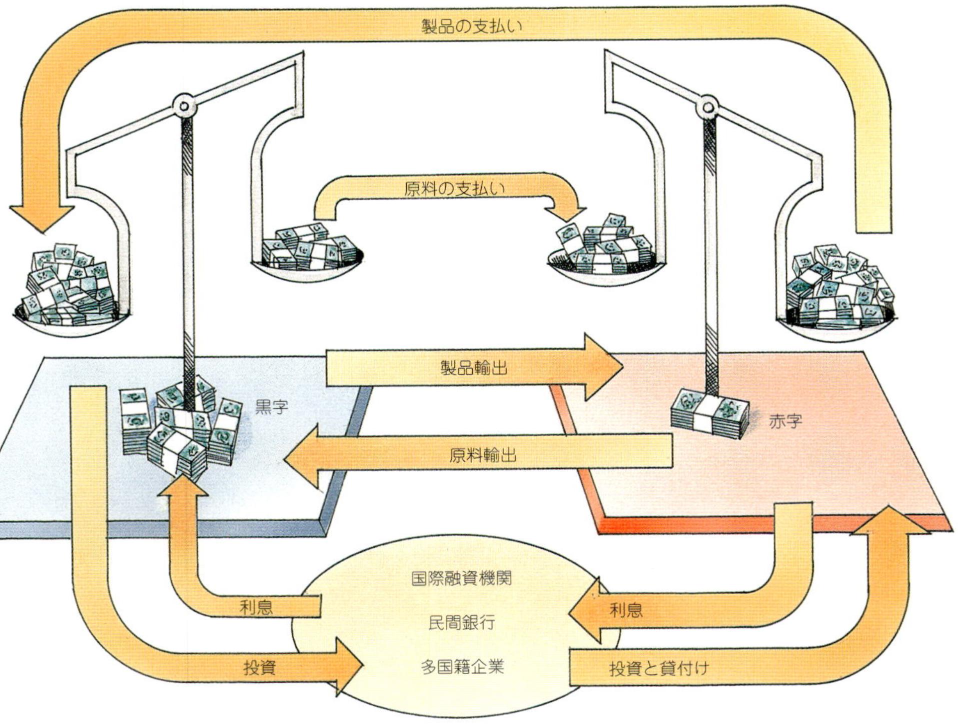

商品の取引

国家間の取引の場合、輸入と輸出を同額にすることが望ましいとされ、それは資金の流れと国際収支で表されます。南北間の貿易ではおもに北から南へ製品が、南から北へ原料が流れています。原料の取引環境は、石油や製品に比べて悪化し、貧しい国に不利なものになっています。輸出による収益は落ちてきて、輸入はだんだん高くつくようになってきました。

分裂した世界

1952年、ウィンストン・チャーチルは「私はずっとカンボジアのような遠くてよく知らない国のことは気にもかけずに生きてきた」といいました。意識するしないにかかわらず、世界の裏側の人々とつながりをもって生活している現代とはなんと異なることでしょう。私たちは毎日さまざまにお互いに影響を与え合っています。たとえば1人の英国人が必要以上の湯を沸かすと、化石燃料から得られる電力をむだに消費し、温室効果ガスを排出し、それゆえにバングラデシュの地盤沈下を早めることになります。中国人が毎年数百万台ずつ自動車を増やすことが発展を最も顕著に表すと考えるとすれば、これもまた地球温暖化の一因となり、いつかは英国の農業を脅かし、食糧の自給ができなくなるでしょう。

私、ノーマン・マイヤーズは空港に行くたび、手にしたパスポートと呼ばれる厚紙が前時代の遺物のように感じます。国家という200の管理体制から成る1つの世界で生活し働いてきましたが、その世界は経済、環境、政治、文化、安全において連なり合い、ますます分割できなくなってきました。私たちは英国人、米国人というだけでなく、正真正銘の地球共同体市民なのです。飛行機による化石燃料汚染とそれが引き起こす地球温暖化を思い、自分が1人の英国人以上の存在だと気づきます。

経済のグローバル化について考えましょう。証券取引所が休むことなく株式取引をしているおかげで、毎日国境を越えて1兆5千億ドルもの資金が移動しています。私の資産の一部もその流れにのり移動していますが、その資金が水平線の彼方でどんな活動に役立てられているかはわかりません。熱帯森などの天然資源を破壊していることがあるかもしれません。自分の資産が地球規模の影響を引き起こす可能性について考えることはほとんどないでしょう。頭の中の古い水平線の先は見ていないのです。

世界の経済団体を見ると、上位100位のうち政府は49にすぎず、残りは多国籍企業です。世界はもはや政府だけが支配しているのではありません。地球規模の視野をもつ政府間組織が存在します。国連、世界銀行、世界自然保護基金、クリスチャンエイド、セーブ・ザ・チルドレンなどです。

グローバル化は、史上はじめて、私たちが人類（人間であり、地球に優しい）（ヒューマンカインド ヒューマンカインド）という1つの統一体として行動することを意味します。これから先の私たちの共通の未来はグローバル化していきます。永遠にです。

グローバル化

グローバル化した生活

望むと望まないとにかかわらず、誰もがお互いの問題にかかわるような世界に生きています。著者も含めて私たちのほとんどは生命という深遠な事実に十分気づいてはいません。本書では、これまで予測しなかったオゾン層の破壊、エイズ、テロといった問題を取り上げ解説しています。予測しなかったからといって、この先起こる問題から目をそむけますか。目を向けるところを誤れば、探しものは見つからないのではないでしょうか。聞き逃しているのはどんなメッセージですか。どうすればより鋭く知ることができるのでしょう。グローバル化の全貌とは何なのか、どこまで私たちが貢献できるのか（たとえ大半が知らぬ間であっても）を自分に問うてみませんか。

多様な形態のグローバル化

本文に掲げた項目以外に、
- 銀行、保険、輸送など、サービス業市場の急速な成長。
- 規制緩和され、国際的に結合し、24時間体制で機能する新しい金融市場。ニューヨーク、ロンドン、チューリッヒ、東京などに別れて証券取引所がありますが、それらはクローズすることのない世界で1つの証券取引所として機能しています。毎日、世界の証券市場は1兆5千億ドルの資金を動かしており、これは1975年の10倍の額です。
- 独占禁止法の規制緩和を受けて、合併買収が急増。
- 世界的ブランドの消費市場。これは、とくに、2000年にはPPP（購買力平価）6兆3千億ドルの総体購買力をもつ"新しい消費"国の参入を反映しています（P.240〜41）。
- 政府に規約を守らせるように要求する権力をもった、初の多国間機関である世界貿易機関の設立。
- 欧州連合（EU）、東南アジア諸国連合（ASEAN）、北米自由貿易協定（NAFTA）など、超国家的権力をもつ地域組織の出現。
- 世界各地での意識の高まりを反映する人権会議。
- 砂漠化、気候変化、オゾン層、有害廃棄物、生物多様性など、地球環境の局面を議題にした会議。
- 行動指針をともなうミレニアム開発目標（P.251）。

グローバル化の代償

「空間、時間、境界の崩壊は、地球市民村を生み出しつつあるようだが、誰もが市民になれるわけではない。グローバルエリートにとっては、垣根は低くても、その他大勢にとってその垣根は相変わらず高い」
　　　　　　　　　国連開発計画第10回人間開発報告書

インターネット

グローバル化をもっとも促進している要因のひとつがインターネットです。2000〜2001年までの間だけで利用者は23％増加、2004年には9億3千万人に達しました。2000年には全人口の14人に1人であったのが、7人に1人へと増加したことになります。

グローバル化 225

宇宙から見た光景
はじめて宇宙飛行士たちが宇宙から地球を見たとき、山、川、海、平原は予測どおりの場所にありました。ただ1つなかったのは国境でした。

海外直接投資（FDI）
FDIと呼ばれる金融の流れは依然として大きく、主要経済に著しい影響を与えています。2000年、FDIは1兆4千億ドルに達しましたが、2001年に8,180億ドル、2002年に6,790億ドル、2003年には5,600億ドルへと大きく減少しています。投資を受けている上位20ヵ国で4,390億ドル（全体の78％）を占めています。20ヵ国には中国（540億ドル）、メキシコ、ブラジル（共に100億ドル）が含まれます。2003年には、発展途上国および新興経済国へのFDIの資金流入は35％でした（合計では対外援助の2倍以上）。

外来種の侵入
グローバル化は、環境に優しい旅行客ばかり生むわけではありません。何千という外来種が飛行機や船に乗って世界中を巡っています。たとえば、ゼブラ貝は、18世紀から19世紀の初頭にかけて運河の発達とともにヨーロッパ中で広がり、1988年はじめて米国に現れました。外来の植物／動物種にかかる環境また社会経済的なコストは、米国だけでも年間1,370億ドルになります。ヒヤシンスのような水草の管理にかかるコストは、アフリカ諸国で年間6,000万ドルです。世界侵入種プログラム（GISP）がこの問題に取り組んでいます。グローバル化により世界的威力をもつ別種の旅行者も生まれています。国際ネットワークのゆるみから恩恵を受けている旅行者、つまりテロリストです。

先住民族の人々
グローバル化は、いまだ貧困にある3億5千万人の先住民族の生活の改善にも貢献しています。仕事、薬、安価な商品を供給できるものの、同時に彼らの文化や基本的な幸福感を混乱させているともいえます。

世界貿易
グローバル化は、貿易を通じてなされます。2003年、アジアと移行経済との間でひじょうに活発な貿易実績が記録されました。2003年にはドイツと米国が7兆5千億ドルという世界の輸出額のほぼ10％を占め、それに日本と中国が続きそれぞれ6％となりました。中国の輸入は2003年には40％もの急激な伸びを見せ、輸入額が4,130億ドルで上位3位に入りました（輸出額は4,380億ドル）。

米国の力
アメリカ人は、経済、技術、軍事、いずれの力も有する国に属しています。その力で、アレキサンダー大王もジュリアス・シーザーも、ナポレオン、またはスターリンですら夢にも見なかったほどの影響を世界に与えています。米国人の5人のうち4人がパスポートを所持していません。今日のグローバル化によって昨日の世界がまったく色あせて見えることに彼らは気づいているのでしょうか。

巨大企業の権力
2002年、米企業、ゼネラルモーターズの売上は1,860億ドルに達しました。これはポーランドの経済力に匹敵します。日本の三菱は1,090億ドルでイランの経済力、ロイヤルダッチ／シェルは1,800億ドルでデンマークの経済力に匹敵します。またウォルマートは2,450億ドルで、ベルギーの経済力に匹敵する額です。外国資産の首位はゼネラルエレクトリックの2,300億ドル、次いでボーダフォンの2,080億ドル、フォードモーター社の1,650億ドル、BP（ブリティッシュ・ペトロリアム）の1,260億ドル、ゼネラルモーターズの1,080億ドルです。

海外旅行
航空機など高速輸送網の発達で、海外旅行者数が1950年の2,500万人から2002年には7億150万人に増加しました。旅行先はフランスがトップで、スペイン、アメリカ、イタリアが続きます。中国は2001年にそれまでの英国に代わって5位になり、2020年までには年間1億3,000万人の旅行客を受け入れ1位になるかもしれません。2002年、旅行に伴う支出は4兆2千億ドルでした。

海外送金
グローバル化の1つの進んだ形といえますが、2億人もの人々（世界人口の30人に1人以上）が自国以外の地で人生を送る選択をしています。その多くが、家族や親戚など国に残してきた人々に相当額の仕送りをしています。2000年、インドからの移民は116億ドルの送金をし、その73％が南アジアに送られました。その額は商品やサービスの輸出額の15％に等しく、外国直接投資の5倍です。メキシコ移民においては66億ドルで、その40％が中南米諸国へ送られました。2000年、送金を受け入れた国は、中国とフィリピンが60億ドル、トルコが50億ドル、エジプトが40億ドル、スペインとポルトガルが30億ドル、モロッコ、バングラデシュ、ヨルダン、エルサルバドル、ドミニカ共和国、ギリシャがそれぞれ20億ドルでした。

都市の危機

発展途上国の都市は人口の圧力で爆発しそうです。その急激な増加は、19世紀の先進諸国における工業化のときと似ていますが、それより大規模です。毎日、何万人もの貧しい人々が職を求めて農村地域から流入し、都市の施設や行政機関は圧倒されています。新来の人たちの多くが行くところは、都市のはずれにある特別な居住区やスラム街、また南アフリカのケープタウンのような（右ページ参照）波形鉄板やプラスチックや荷箱でつくられた掘立て小屋の町です。

恐ろしいほど劣悪きわまる環境に、何百万という人々が住んでいます。2000年、発展途上国の都市で、安全な飲料水を得られない人は2億人、必要な衛生設備を持たない人は4億人にものぼりました。これでは下痢（P.133）や赤痢や腸チフスが蔓延するのは避けられません。失業卒が高くなり、都市の貧困は悪循環に陥っています。幸運にも職を得た人は、長時間の労働と低賃金に耐え、化学物質やほこり、はなはだしい騒音や危険な機械に身をさらすのです。

膨れ上がるスラム地帯が手に負えなくなった行政機関は、残酷な政治的措置を進めてきました。最もひどい場合は、不法に土地を占拠している人々を即座に立ち退かせ、その居住地にブルドーザーをかけてしまいます。多くの都市の役所はまた、生活保護や関係団体や組織による救いの手を拒否しています。これを改善するようなことをしたら、いっそう多くの新しい転入者をひきつけるのではないかと恐れているのです。

2000年から2030年の間に世界の都市人口は発展途上国で21億人の増加が予想されます。これに加えて、発展途上世界の労働力は急速に増加し、年間4千万の新しい仕事が必要になります。多くの人がより良い商機を求めて都市に向かうことになり、都市の基礎構造や交通システムに負担をかけるでしょう。この多くが発展途上国の多くの都市の周辺にある掘立て小屋の町やスラム地区に集まることになります。スラム地区の住民の多くは収入をインフォーマル労働に頼っていますが、インドやナイジェリアの一部ではスラム住民の人口に大学生や講師、公務員、民間セクターの労働者も含まれます。カルカッタのスラム住民の2/5以上はスラムに30年以上住んでいます。

後発発展途上国では都市人口の3/4がスラムに住んでいます。地球規模で見れば、約1/3の割合になり、10億人近くになります。アジアではおよそ5億5千万人、アフリカは1億8,700万人、中南米とカリブ諸国あわせて1億2,800万人がスラムに住んでいます。これは発展途上国だけの問題ではありません。高所得の国々でも5,400万の都市住民が依然スラム地区のような状態で暮らしています。早急にこの問題に取り組まなければ、10億人は今後30年のあいだに20億人になるでしょう。

無秩序な都市の構図

発展途上世界の主要都市は、ほとんど実際には2つの都市から成り立っています。1つは、金持ちのエリートが住み、豊かな北側の生活様式や外観をまねた中心部の都市で、もう1つは、貧困者が自分たちでつくった広大な周辺の都市です。南側の都市での所得は平均して地方の数倍になり、ここでは医者や教師、衛生施設、清潔な水や電気といった近代的なサービスは少なくとも手に入れることができます。そこで、地方に住む貧困者は都市を「魅力的なもの」とあこがれるのです。生活状態はひどいものではありますが、いなかよりはよほどましなのです。建売住宅など手がとどかないので、流れ込んで来た人々は掘立て小屋の建ち並ぶ町に住むよりほかなく、そこの人口増加率は都市全体の増加率に比べて急激に上がり、もはや手に負えない状態になっています。この地域の多くは洪水など天候による被害を受けやすい場所でもあります。

都市人口の比率
2003年までに、世界人口の約半分が都市部に住むようになりました。人口700万を超える都市は30を数えます（先進国にあるのは8都市だけ）。

大都市
1920年の世界の都市人口は3億6千万人でした。かつては5百万人以上の都市を「大都市」と考えていました。1950年にはその大都市が9つありました。ニューヨーク、シカゴ、ロンドン、パリ、モスクワ、ライン・ルール、ブエノスアイレス、東京、上海です。1980年には26都市に増え、そのうちの19都市は700万人を超えました（図参照）。2005年には30都市になり、2015年には39都市まで増えるでしょう。ロンドンは1950年には3番目に大きい都市でしたが、2015年には30位にも入らないでしょう。ムンバイ（ボンベイ）は1980年には900万人でしたが、2005年には1,800万人に増え、2015年までには3,600万人の東京に次いで2,300万人に達すると予想されます。ナイジェリアのラゴスは1980年には300万人足らずでしたが、2015年までに1,700万人に達する見込みです。

都市人口
- 2015年予測
- 2005年
- 1980年

世界の都市化人口 2030年：61%
世界の都市化人口 2003年：48%

都市化傾向

地域	1950	2000	2030
世界	29%	47%	61%
アフリカ	15%	37%	54%
アジア	17%	37%	55%
中南米／カリブ諸国	42%	76%	85%
中進地域	53%	74%	82%

都市人口％

無秩序な都市の構図　227

都市人口の増加

世界の都市人口は2000年から2030年の間にほぼすべての発展途上地域で21億人の増加を見込んでいます。発展途上地域の都市部で20億から40億人に、つまりほぼ2倍になるということです。それに比べて、先進国の都市人口の増加は1億3,200万人（15％）です。

1　ブエノスアイレス／アルゼンチン
2　ダッカ／バングラデシュ
3　リオデジャネイロ／ブラジル
4　サンパウロ／ブラジル
5　北京／中国
6　上海／中国
7　天津／中国
8　武漢／中国
9　香港／中国
10　ボゴタ／コロンビア
11　キンシャサ／コンゴ民主共和国
12　カイロ／エジプト
13　パリ／フランス
14　バンガロール／インド
15　カルカッタ／インド
16　チェンナイ(マドラス)／インド
17　ハイデラバード／パキスタン
18　デリー／インド
19　ムンバイ(ボンベイ)／インド
20　ジャカルタ／インドネシア
21　テヘラン／イラン
22　バグダッド／イラク
23　大阪、神戸／日本
24　東京／日本
25　メキシコシティ／メキシコ
26　ラゴス／ナイジェリア
27　カラチ／パキスタン
28　ラホール／パキスタン
29　リマ／ペルー
30　メトロマニラ／フィリピン
31　ソウル／韓国
32　モスクワ／ロシア
33　リヤド／サウジアラビア
34　バンコク／タイ
35　イスタンブール／トルコ
36　ロンドン／イギリス
37　シカゴ／アメリカ
38　ロサンジェルス／アメリカ
39　ニューヨーク／アメリカ

スラムと無断居住者の住まい：南アフリカのケープフラッツ

ケープタウンの人口の1/3は「ケープフラッツ」に住んでいます。多くがブリキの小屋に住み、電気も水もなく、天災から守るものもほとんどない状態です。石油ストーブで料理をする人がほとんどです。これまで6年間、南アフリカ政府は民間セクターと貧しい人たちをあわせて活用し、この問題に取り組もうとしてきました。ケニアではナイロビの人口の3/5がスラムや非公式の居住地に住んでいます。

監視革命

ICT時代は常に監視されています。ショッピングモール、交通量の多い道路、駅、空港などでは数多くの監視カメラがこちらを向いています。携帯電話は持ち主の特定ができ、インターネットでも多くの利用者が追跡可能です。クレジットカード取引も多くのファイルに記録され、その他の個人情報も同様です。日常生活の多くの場面で私たちは記録を残します。このように多様な監視システムは安全と保護のために行われ、警察など私たちの行動に正当に関与する人々の役に立っているのは確かです。

必要に応じたものは結構です。しかし、望むと望まないとにかかわらず、他人の生活を覗き見る機会というパンドラの箱を開けることでもあります。デジタルカメラが普及し、あらゆる所でいろいろな監視が行われています。一般市民が1日に300回もカメラに映されています。世界中で2,500万台のCCTVカメラが利用されており、5年後には10倍に増えあらゆる公共の場で見かけることになるでしょう。

このように多くのカメラが広く利用されることには賛否両論あります。店の監視カメラは万引きの防止にはなりますが、公共の場のカメラをいかに徹底しても薬物など隠れた場所で取引する行為を抑える効果はほとんどありません。街角の監視カメラとオーウェル並に室内まで入り込んでくるカメラとの間には大きな違いがあります。

監視革命は、テロにまつわる戦争によって激化しました。IDカードが自爆テロリストの追跡に役立つといわれて、指紋押捺、網膜データ、DNA素材の提供を拒める人がいるでしょうか。多くの殺人犯が被害者の体に残っていた髪の毛1本からDNA鑑定によって割り出されています。しかし、警察の捜査が"被疑者"特定のために、重罪人すべてにDNAサンプルをホストコンピュータに提供させる必要があるでしょうか。罪人Xは推定される犯罪で無罪と証明されるまで灰色と考えられるということではないでしょうか。こうした動きは、文明の法の根源とそれによりなされるべき個人の保護を揺るがすことにもなります。社会全体の利益のため、個人は自由を差し出す覚悟をするべきなのでしょうか。あるいは、民主主義の終焉に続く安易で危険な道への第一歩ではないのでしょうか。

法定的な監視の増加は、さまざまな面で人権団体からの反発を招き、やがては民主主義の本質について世論を二分することになるでしょう。衛星画像のデモンストレーションを見たことがあります。スクリーンに映し出されたのはインドネシアでした。首都の映像、次に郊外が映り、低木地帯の一画、その一画の一画、やがて潅木の茂みが現れました。茂みの中で男性がしゃがんで用を足していました。まさか見られているとも知らずに。

技術に脅かされる人権

スマートラベル

ピンの頭ほどの小さいチップがまもなく日常生活の一部となるでしょう。記憶容量500ビット、電波に反応するアンテナをもち、遠隔で読み取り可能なデータを蓄積します。バッテリーやDC、現在バーコードを読み取るのに使われている光学スキャナーなど必要ありません。このような「スマートラベル」は、非接触で物の情報を得られるようにします。電子荷札（RFID）として知られるこの基礎技術は多くの利点があると同時に市民の自由を脅かしもします。製品の在庫管理に役立ち、コストを削減でき、倉庫からレジまで追跡することで盗難を防止できます。また、レジを待つ長い列に並ばずにすみます。買い物かごの中身を1度無線スキャンするだけで確認できるからです。また自動でごみ分別を促進しリサイクルにも一役買うでしょう。米国の巨大スーパーマーケットチェーン、ウォルマートとドイツの小売業者、メトロは2005年倉庫の管理にRFIDを導入し、やがては店頭でも使用する計画をたてています。また欧州中央銀行は紙幣にRFIDを利用することを考えています。しかし——そう"しかし"です——スマートラベルによって、1日に何度もあらゆるところで個人データが記録されることになります。気づかないうちに、とても個人的な情報が目に見えない"監視者"によって蓄積されるのです。

バイオメトリック情報

技術が進歩し、RFIDによって、国境内のすべての人々の居所を政府が調べられるようになり、不法入国の監視の強化を目指します。2004年2月18日は歴史的な日です。ECはEU以外の国の国民向けのビザと居住許可証にデジタル写真と指紋のバイオメトリック情報を含むRFIDを埋め込むという提案を採択しました。その後、ヨーロッパ全域のパスポートにも利用を拡大します。この一連の動きは、2003年フランス上院議会で、「外国籍の移民および旅行者の管理」に関する法案の一部として承認されました。

"ロイヤルティカード"

チェーン店のカードには消費者にさまざまな選択を提供しますが、それゆえに個人情報が流出する可能性があります。

サイバー犯罪

東ヨーロッパで始まったフィッシング詐欺は、違法に利益を得るため被害者を騙してパスワードやクレジットカード番号、口座名や口座番号などの個人情報を引き出すオンライン上の詐欺行為です。有名企業からと思わせるようなeメールを大量に送ったり、その企業のようなサイトのポップアップメニューが出るようにしたりして、個人情報を入力させるように仕組んでいます。英国だけでも1,400万人がオンラインで銀行取引をしていますし、イーベイなどのオークションサイト（毎日200万件のオークションが行われ、2004年までに20億ドルの売り上げを記録）もまた格好のターゲットになっています。

GPS（全地球測位システム）

軍事目的で考案されたGPSは、車両追跡（自動車犯罪）、ルートプラン（労働者生産性）、故障時の援助、人間／動物の位置測定など、さまざまな利用が増えています。ユーロトンネルは、GSMを用い、英国とフランス両国の採掘者が中心でうまく会えるようにしました。また、GPS搭載のバルーンを用いて、極地のオゾン層を監視しています。

インターネットの長所と短所
　インターネットは多くの長所を持ちますが、個人のプライバシーの問題を引き起こしもします。もともと"開かれた"調査・研究の道具として生まれたものですから、プライバシーやセキュリティを考慮されたものではありません。逆に、インターネットの専門家が「"現実"世界でしそうもないことをオンラインではいったりする」というように、インターネット利用者は完璧な匿名性を得ると考えています。不幸なことに、インターネット上のプライバシーの問題は、現在、相反する利益、誤った情報、およびテクノロジーの混乱に焦点が当てられています。ネットユーザーは概して自分の情報を与えたくないと考え、ウェブサイトは顧客の情報を知りたいと思っています。インターネットのチャットルームは、IDを売り買いし、証券市場のオプションのように取り引きされています。ネット世界はハッカーにとっては天国です。うかつに携帯電話で通信するたびにプライバシーは失われていきます。金融情報、医療、その他の個人記録にアクセスするたびに犯罪者によってデータが悪用されるのを助長しているようなものなのです。オンラインではクレジットカード番号は1件1ドルで取り引きされています。ネットが原因で、女性や子どもが男性ストーカーの餌食になる可能性もあります。

経済危機の可能性

私たちは過去の経験から学習できているでしょうか。今、世界市場が多くの国にとっていかに上向きであろうと、いつ状況が暗転しないともかぎりません。予期せず起こった過去の混乱について考えてみてください。1980年代前半、世界経済が悪化しはじめると、国際貿易の見通しも悪くなりました。経済成長は下向きになり、先進国では失業率が高まり、インフレーションも高まりました。ある部門での過剰生産と対照的に、他の部門では操業中止の工場が現れました。物価はどんどん上がり、発展途上国はますます借金に追いやられ、主要通貨の為替レートの維持が困難になってきました。

こうした経済の悪化と並んで、北側諸国に新しい保護貿易主義が出現しました。ある種の製造工程が費用の安い発展途上国に移転したことや、「第二、第三の日本」が興隆したことが、いまやヨーロッパや北アメリカの技術を要する高給の仕事を脅かしはじめています。労働者と雇用者はともに保護と輸入割当の要求に向かい、その手投としてしばしば策略的な協定を結ぶことを求め、南側諸国の輸出業者はこれを受け入れざるをえませんでした。

保護貿易主義と不安定な価格設定は、いたるところで貿易と生産活動の効率を低下させています。北側諸国にとっては、良くない結果を招きます。もし発展途上世界の稼ぎ高が制限されるとすると、消費もまた制限されるようになり、世界経済にデフレ傾向が始まるからです。発展途上国自身も保護貿易を行っています。貿易の障壁は未発達な産業、ことに先進技術にからんだ産業のまわりにつくられます。そうしなければ、北側諸国の強力な競争力を受けて衰退することになるからです。

債務が問題を悪化させました。多くの発展途上国では豊かな北側諸国に借金を返済するため、やむなく輸入を切り詰めました。1996年から2005年までの間に、世界の生産高は1年に平均3.8％の増加であるのに対して、新興成長市場と発展途上経済の海外債務は年間2兆2千億から2兆8千億ドルに膨らみ、債務返済は3,120億ドルから4,540億ドルでした。

2兆8千億ドルの約1/4は中央・東ヨーロッパ、旧ソ連、西半球諸国（ブラジルやメキシコなど）、アジアの発展途上国が占めており、中東は11.5％、アフリカは10％です。1996年重債務貧困国（HIPC）イニシアチブにより債務救済を受けられたのはこれまで27国だけでした。2005年、G7（世界で最も豊かな7国で構成されている）は貧しい国々にもっと、時には100％近く、債務救済をするように求められています。

南側の新興工業国（NICs）が、優位を誇ってきた北側諸国に経済攻撃をかけてきたために、市場は大きく変動し、保護貿易論者の声が急速に高まってきました。しかし、この保護主義というのは、長い目でみればけっして有効なものではありません。世界貿易は減退し、経済にひずみを生じ、南北間の格差を拡大するのです。

世界の貿易とシェアの変化

2003年、英米両国は売った以上に買いました。こうして起こる通貨の流出は海外投資家による保障がなければ、乏しい投資利益を招き、その結果世界市場において、以前経済バランスを整えるのに力を貸した投資家たちを退却させることになります。このような市場の揺らぎはハイテクバブル崩壊後両国で起こり、続いて米ドルと英ポンドと、ユーロにまで下向きの圧力をかけました。これは英米の価格をつけられた商品だけでなく、輸入経費、海外販売価値、自国での利ざやにも影響を与えます。貿易不均衡によって米ドルが弱くなると、修復できないような"崖っぷち"にアメリカ経済を追いやることになりかねません。それがいつなのかを予測することは難しいですが、貿易不均衡が大きくなればなるほど、国際通貨を世界に供給し、ほかの国々の収益黒字と投下資本の受け皿になるという米ドルの役割が失われる可能性は高くなります。ドルは2002年から2004年までの3年間で6大通貨に対して26％弱まり、2003年の米国の貿易赤字は約6千億ドルでした。さらに、米国は7兆6千億ドルの借金をしています（国家経済は約11兆ドルです）。

新興工業国（NIC）

新興工業国は繊維製品からコンピューターまでさまざまな商品を輸出しています。韓国などNICの第一の波に台湾が第二の波として加わりました。それらの国が製造業の力を伸ばして北側の確立したハイテク市場に挑戦してきたら、いったいどうなるのでしょうか？ 2002年、フィリピンの製品輸出の65％はハイテク商品でした。マレーシアでは58％、タイは31％でした。2001年にWTOに加入した中国は近年大量の商品を米国に輸出しており、2003年には1350億ドルの貿易黒字を手にしました。この大黒字は、中国に比類なき経済力とそれにより生まれる政治的影響力を与えています。遅かれ早かれ、インド、ブラジル、メキシコ、ロシアなども経済大国となり、同じようなことが開かれるようになるでしょう。これらの国は世界の地政学的ルールを書き換えるほどの力を持つでしょう。中央・東ヨーロッパの移行経済は今のところ製品輸出の5％だけに充当しています。

開発のひずみ

輸出先導型の経済成長というものが、すべてに平等に恩恵を与えるはずがありません。北側諸国の輸入嗜好に魅せられて、多くの発展途上国が、農業改革、地方の開発、健康といった基本的な問題の解決をないがしろにし、空港や病院、高速道路の連続建設計画に威信をかけ、その支払いのために、現金決済の輸出に力を注いだのです。しかし市場には恵まれず、途上国はいまや手痛い報いを受けることになりました。二国間援助（援助をする国と受ける国の間で直接やりとりする援助）を受けることがなかったのです。これは援助のお返しに高価な北側諸国の商品を買うというものです。負債の累積と、「商品のわな」にかかって増える一方の貧困を抱えて、多くの発展途上国は開発政策の一からの見直しを迫られています。

先進国

2003年の製品輸出の割合：64.5％

1960年から2002年までの平均年間成長率：10.7％

先進国
古くからの工業国は、過去10年間、経済が良好で、労働力は仕事をして稼ぎたい多くの発展途上国や移行経済の国からの競争に直面しています。最も打撃を受けたのが繊維、自動車、鉄鋼といった斜陽産業です。北側は新しい仕事習慣や工業などいまだかつてない規模での経済計画の修正が必要でしょう。

後発発展途上国

2003年の製品輸出の割合：0.6％

1960年から2002年までの平均年間成長率：6％

後発発展途上国
グローバル化による利益はまだ後発発展途上国まで届きません。商品輸出がわずかしかないのは主に物理的・社会的な基盤構造の悪化、技術面・制度面の能力の欠如、北側諸国の保護貿易主義がもたらした有害な結果が原因でした。商品取引のGDPに対する割合は45％です。2003年、後発発展途上国49ヵ国の商品輸出は440億ドルで、輸入は540億ドルでした。

発展途上国

2003年の製品輸出の割合は30％。1990年から2000年までの平均年間成長率は9％。商品輸出依存からの脱却は取引制限規則によって妨げられました。一方、中国やインドのように強い内部経済を持つ国々は工業製品とサービスを中心に多様化することに成功してきました。1960年代、燃料を除いた一次産品は発展途上国の輸出額の2/3近くを占めましたが、次第に減少し、2001年にはほんのわずかになりました。同じ期間に、輸出における工業製品の割合は5倍以上に増えました。

日本

2003年、総製品輸出高4,720億ドル（6%）で世界第3位になった日本は、7,240億ドルのアメリカと7,480億ドルのドイツ（ともに10%）に次いでいます。隣国の中国は4,380億ドルで4位に迫っています。1990年と2000年の間に輸出の平均伸び率は年間5%、2003年には純輸出国となりました。

OPEC：石油の力

1973年と79年の2回、OPECは加盟国の購買力を高めるため石油価格を引き上げました。最も打撃を受けたのが貧困国で、石油はもちろん、高騰した北側諸国の製品も買えなくなってしまいました。近年、テロやイラクでの戦争、中国のような国々でのエネルギー需要の増加によって、安定した石油供給が脅かされ、価格上昇を余儀なくされました。この傾向を正すには、石油産出力をゆっくりと使っていくほかないでしょう。当面、OPECは利益をあげつつ安定した価格幅で十分な量の石油を供給することに同意しました。これは世界で景気後退が起きるのを防ぐためであり、また再生可能エネルギーなどの代替エネルギーの開発に新たな勢いがつくのを遅らせるためでもあります。

凡例:
- 日本
- 古くからの先進工業国
- 新しい先進工業国
- 取り残された国
- 非市場経済国と新興市場経済国

上位1兆ドル企業

世界経済は一部、過度の力を持つ数部門に支配されています。たとえば2兆8千億ドルに及ぶ発展途上国／移行経済国の借金や、1日に1兆5千億ドル動く国際金融、1年1兆4千億ドルの保険業、1年に約1兆ドル使われている軍事費などです。2003年、上位7ヵ国のGDPは全世界の合計36兆3千億ドルの2/3以上にあたります。2002年、非金融の超国家企業上位10社の売上をあわせると1兆3千億ドルでした。

経済的激変の先に

サハラ以南のアフリカ数ヵ国はエイズの流行を抑えないかぎり、目の前にあるのは崩壊です。ウガンダだけが対策をたてています。インドが経済大国として頭角を現すこともエイズが妨げとなるでしょう。インドにはすでに4百万人のHIV患者がいます。中国でも感染率を早く下げなければ、6年の間に少なくとも1千万人が感染するでしょう。2005年にはエイズ対策に少なくとも120億ドルの資金を投じ、さらに2007年には500億ドルまで上げる必要があります。

貿易障壁

発展途上国の工業製品に対する「新たな保護貿易主義」では、目にみえない多くの障壁が立ちはだかっています。輸入数量割当て、認証制度、衛生検査、関税手続きと、さまざまなつまらない制約があるのです。そのほか、「市場秩序維持協定」や「自主規制」（けっして輸出する側の自主ではありません）もあります。政府の補助金は、豊かな国々で国内製品の保護を目的に使われています。2003年農業の補助金は合計3500億ドルで、納税者と消費者が負担しました。これにより世界の食経済にひずみが生じました。3500億ドルというのはサハラ以南のアフリカ諸国の国民総所得（GNI）の合計とほぼ同じです。先進国ではカルテル（生産者連合）が増えました。発展途上国のバナナやコーヒーなどの同様の団体はほとんど効果をあげていません。裕福な国々での農業に対する保護主義は、南側にも北側にも大きな損失です。北側諸国の人々は、世界の食糧や商品の価格が数倍になっても支払う力があり、一方、余剰品をダンピングすることもできるのです。巨大な農業関連産業は貧困に陥った小規模農業に携わる人々を犠牲にして成功してきました。食品は2003年の世界貿易の7%でしかありませんでした。

商品というわな

タンザニアのジュリアス・ニエレレ元大統領が、かつて次のように語りました。「1965年には、麻17.25tを売ってトラクター1台買うことができました。74年には、麻は57%多く必要になりました。いまでは、麻の値段はまた下がったのに、トラクターの値段はさらにいっそう上がっています」。

世界市場　1960〜2001年

（凡例：非燃料商品／原油）

歪んだ補助金

経済の害悪

私たちの経済には"歪んだ"補助金という害悪がはびこっています。たとえば、ドイツでは炭鉱への補助がとても大きいのですが、政府が全鉱山を閉鎖して失業した労働者たちに生涯給付金を支払ったほうが経済的に有効でしょう。そうすれば、酸性雨、都市のスモッグや地球温暖化など石炭による汚染も軽減されます。補助金は経済と環境を害するという点で歪んでいるといえます。

漁場についても同じことがいえます。年間漁獲高は持続可能な収穫高よりはるかに多い1,000億ドルにもかかわらず、売上は約800億ドルにしかなりません。その不足額と利益は政府補助金によってまかなわれています。結果として、どんどん少なくなっていく魚を漁師は捕り続け、水産資源がなくなり漁業の衰退へとつながります。1992年に、世界でも豊かな漁場とされていた米国北東部のグランドバンクとニューファンドランド沖のタラの漁場は、魚不足のため閉鎖されなければなりませんでした。何十もの企業は倒産し、42,000人が職を失いました。米国のその他多くの漁場も乱獲により商業的枯渇の危機にありますが、これらの漁場すべてが回復すれば、持続可能な捕獲量で国の経済を1年につき80億ドル増加させ、30万人に職を提供できるでしょう。

歪んだ補助金は、世界で年間2兆ドル以上におよび、三大経済大国の経済力にほぼ匹敵します。この補助金があるせいで、経済と環境両面での持続可能な発展という聖杯を手に入れられる日は遠のいています。2兆ドルという額は、リオ地球サミットで持続可能な発展のための予算として要求した額の3.5倍にあたりますが、関係各国政府はその予算の金額を用意できないとして退けました。

裕福な先進工業国は、歪んだ補助金全体の2/3を計上し、米国だけで1/5以上を占めます。平均的な米国納税者はこの補助金のために、年間少なくとも2,500ドルを払い、消費財の釣り上げられた価格を通して、または環境破壊を通してさらに1,000ドルを負担します。それでも、補助金は実質的に手つかずのままです。これは補助金が特殊利益団体や圧力団体を生み出す傾向があるからで、そのため全盛期はもう終わっているからといって補助金を廃止するのが難しくなっています。ワシントンDCには14,000人のロビイストがおり、国会議員1人につき25人が存在します。彼らは、補助金という狭いセクター別の利益を上げることに熱中し、月に1億ドルかけて取引を進めています。

段階的にでも、歪んだ補助金を半分廃止すれば、現在使われている資金のちょうど半分で多くの政府が一挙に財政赤字をなくせます。原点にもどり財政的優先順位を再び整理でき、何より環境を大いに回復できます。国をあげて一週間にわたる祝賀行事を行う余裕さえできるでしょう。

漁業　　農業

「貧困のメキシコ：神よりも米国に近い」

メキシコのトウモロコシ部門は、補助金を受けた米国からの安価な輸入トウモロコシによって、深刻な危機に直面しています。1,500万人の貧しいメキシコ農民は100億ドルもの補助金を受けている米国の生産者に太刀打ちできません。米国の補助金はメキシコの総農業予算の10倍です。1990年代初頭より、メキシコに輸出される米国のトウモロコシの量は3倍に拡大し、現在メキシコの需要の1/3にあたります。1994年、このような輸入品の急増によって、物価が70%以上下降しました。メキシコ農民の収入は激減し、栄養失調者が急増しました。何百万ものメキシコ人は農村部の貧困を逃れて移住しはじめ、多くが米国に移っています。この危機は、発展途上世界に広がる弱い立場の農村部が直面している巨大な危機のほんの一部にすぎません。富める世界の農業生産品による「農業ダンピング」が大量の貧困を招いているのです。

世界貿易機関（WTO）

WTOは、メンバー国（ほとんど開発途上国）に対して、経済を世界に拡大することを念頭において自由貿易を行うように推進しています。「私は自動車製造が得意で、あなたはコーヒー生産が得意だから、交換して、ともに豊かになりましょう」素晴らしい志ではないですか。発展途上国からの製品を締め出しながら、富める国々で製品を売りあっています。あるいは、自国の産業に補助金を出して、発展途上国の競争相手よりも製品を安価で提供しています。

メキシコに輸出される米国のトウモロコシ

米国に向かうメキシコ移民

林業　　　　　　　　　　　水　　　　　　　　　化石燃料　　　　　　　運輸

6つの主要部門への補助金

歪んだ補助金は6つの主要部門においてとくに顕著です。化石燃料、道路・運輸、漁業、農業、水、および林業です。いずれにおいても補助金が経済的に無用な仕事を促進し、そうでなければ国家経済を落ち込ませます。また化石燃料への補助金は大規模汚染を、道路・輸送のための補助金は大気汚染と交通渋滞を引き起こします。漁業の補助金は減少する水産資源の乱獲を助長します。農業への補助金は耕作地に負荷をかけすぎ表土の浸食を招き、合成肥料と農薬による汚染と温室効果ガスの放出にもつながります。水のための補助金は、必需品である水の誤った利用と使い過ぎを助長し、多くの土地でさらなる水不足を招きます。林業の補助金は過剰な森林伐採につながり、森林破壊を起こします。

サクセスストーリー

歪んだ補助金をなくすことなどできないとよくいわれます。それは補助金を支える特殊利益団体があるからです。しかし、先進国のなかでニュージーランドは、経済的に農業に依存しているにもかかわらず（あるいは、そのため）、実質的にすべての農業補助金を排除したのです。同様にロシア、中国、インドは化石燃料補助金を大幅に削減しました。オーストラリア、メキシコ、南アフリカは、水道施設について費用を全額使用者に負担させる方向へと進んでいます。

ドイツの炭鉱

2002年、ドイツにはEU内の86,000人の炭鉱労働者の3/5がいました。石炭部門は大きな政治的影響力をもちます。補助金の額は1998年の47億ユーロから2002年には37億ユーロに減少したとはいえ、同部門の労働者1人あたりの支給額は77,000ユーロです。2005年の予測では36,000人の労働者に対して27億ユーロ、つまり1人あたり75,000ユーロの補助金が支給されるでしょう。太陽、熱、バイオマスのような再生可能なエネルギー部門に補助金を向ければ、2010年までに9,000人分の新しい仕事ができるはずです。さらにその投資を建築物のエネルギー効率などの部門に向ければ、さらに3万人を雇用できるはずです。

行き過ぎた農業補助金

米国のある政府機関は農作物の灌漑に補助金を出し、別の機関は生産させないように農民に補助金を出します。経済学者ポール・ホーケンの言葉によると、「政府がエネルギー費に補助金を出すことで、農民はアルファルファを育てて帯水層を枯渇させられますが、アルファルファを食べた牛の出す牛乳は余剰チーズとして倉庫に保管され、飢えた人たちの口には届きません」。OECDは、2001年に合計3,110億ドルの補助金を支給しました（対外援助は520億ドル、サハラ以南のアフリカのGDPは3,150億ドルです）。補助金に対する批判が多く集まっているにもかかわらず、2003年の補助金合計は3,500億ドルにのぼりました。米国は綿花栽培農家に多大な補助金を支給し、その結果世界市場の40％を占め、価格を大幅に下げたせいで西アフリカの1千万人はもはや綿花の収穫で生計を立てられなくなったのです。EUはサトウキビなど発展途上国のほうが多く栽培する作物の輸出については、1ユーロ分に対して3.3ユーロを補助しています。ガーナの国内市場で、EUに補助金を受けたイタリア産トマトの缶詰は、ガーナ産のものより安価です。日本（農業不足が顕著）は、米に約500％の関税を課しています。発展途上の国々で新しく作ったG20は、米国とヨーロッパに、補助金、なかでも貿易を歪ませるものについて真剣に考えるよう求めています。WTOは、ブラジルからの強い不満を受けて米国産綿花に対する輸出補助金の仮規制を支持しています。次は大豆補助金でしょうか。

スイス 1,560ドル
ノルウェー 1,313ドル
日本 1,297ドル
EU 436ドル
アメリカ 152ドル
オーストラリア 9ドル
ニュージーランド 2ドル

乳牛1頭あたりの年間補助金（2001年）

多くの西欧諸国では、サハラ以南のアフリカの人々の1年の収入（GDPは、1人あたり467ドル）より多額の補助金を乳牛に対して支給しています。

新しい経済エリート

　発展途上国17ヵ国9億5,000万人と移行経済国3ヵ国1億1,500万人が、新しい消費者となって、注目すべき現象を起こしています。彼らは家庭電化製品、とくに冷蔵庫、フリーザー、洗濯機、エアコン、テレビ、ビデオなどを買うのに十分な収入を得ています。これら一般的な品物が「新製品」として新たに注目されているのです。彼らはまた、肉を中心とした食事をとるようになり、かつては多くても週に1度であったのが、今では少なくとも毎日楽しんでいます。さらに重要なことはかなりの割合で自動車を購入していることです。

　もちろん彼らが40億人にものぼる貧困層から自力で抜け出したことは称賛に値します。2000年の四半期で世界の消費の大部分を占めました。高所得の国々では、世界人口の15％の人口でほぼ80％の個人消費（公共消費と区別）を占めます。サハラ以南のアフリカでは、11％の人口で消費は1％にすぎません。

　良い面もありますが、新しい消費者は、消費活動には少なからず深刻な環境的影響があることに留意しなければなりません。まず、家庭電化製品は多くの電力を消費し、その大部分は化石燃料から生じ、その結果広範囲にわたる汚染を引き起こします。第二に、多くの肉牛を育てるには穀類を大量に消費するため、限られた潅漑水と国際的な穀物糧食を圧迫します。人より家畜に餌を与えるために大量の穀物を輸入している国もあります。第三に、11億人の新しい消費者は1億2,500万台の自動車を持ち、これは世界全体の1/5にあたり、その増加の割合は加速しています。二酸化炭素（地球温暖化の原因の半分）は、他のどの発生源よりも自動車からの排出量が急増しています。この点で、世界は新しい消費国における新しい自動車に無関係ではなく、新しい消費国ははるかに多い先進国の自動車台数に無関係ではないのです。

　2000年、新しい消費国は6兆3千億ドル（PPP）の購買力を有し、米国とほぼ並びました。2010年までには1.5倍から2倍程度に増加すると見られ、かつてないほどの消費ブームになるでしょう。

　新しい消費者が持続可能な方法で高価な物に囲まれた生活を楽しむにはどうすればいいでしょう。まず、将来、消費パターンが必然的に変化するであろうことを誰もが自覚することです。それが環境世論の高まりによってなら申し分ありません。さらに、世界中の消費パターンを変える努力もしなければなりません。消費パターンは固定したものに見えますが、意外に順応性があるとわかってくるかもしれません。たとえば、最近の20年間に、5,500万のアメリカ人が喫煙をやめました。これは社会にとって一夜の地震ほどの影響を与えます。

消費：新しい消費者の登場

新しい規範：持続可能な消費

　持続可能な消費を規範として確立する必要があります。原料とエネルギーの使用量の縮小についてだけではなく、許容範囲内の生活の質は保持しながら、持続可能な消費を生活様式に反映する方法を考えるべきです。たとえば、どうすれば仕事、収入、支出の間のバランスをより良く調整できるでしょうか。どうすれば昨日の贅沢品が今日の必需品になり明日の遺物になるのを防げるでしょう。また、流行を持続可能なものに、持続可能なものを流行らせるにはどうすればいいでしょう。必要とされる大きな変化を受け入れるのがいかにつらいものになろうと、現在の消費による環境破壊のせいで衰えた世界に住むつらさに比べれば大したことはないでしょう。

新しい消費国

	新しい消費者 2000年（100万人）	購買力 2000年（PPP/10億ドル）
中国	303	1,267
インド	132	609
韓国	45	502
フィリピン	33	150
インドネシア	63	288
マレーシア	12	79
タイ	32	179
パキスタン	17	62
イラン	27	136
サウジアラビア	13	78
南アフリカ	17	202
ブラジル	75	641
アルゼンチン	31	314
ベネズエラ	13	87
コロンビア	19	136
メキシコ	68	624
トルコ	45	265
ポーランド	34	206
ウクライナ	12	44
ロシア	68	436
合計	1,059	6,305

ドルとPPPドル

経済は、長く「国際通貨」であるドル、つまり国家間の為替レートに使われるドル価値で測られてきました。しかし、同じ1ドルで、ニューヨークのスーパーマーケットでは3、4本のバナナしか買えないのに、ニューデリーの街角では少なくとも20本は買えます。基本的な品目を見れば、生活費に大きな差があることがわかります。世界の経済は、現在従来のドルと同様に購買力平価（PPP）ドルで測られています。これによると世界の国々の順位が大きく変動します（下表参照）。

2002年経済大国上位12ヵ国

単位：10億ドル		単位：10億PPPドル	
1 アメリカ	10,138	1 アメリカ	10,138
2 日本	3,979	2 中国	5,732
3 ドイツ	1,976	3 日本	3,261
4 イギリス	1,552	4 インド	2,695
5 フランス	1,410	5 ドイツ	2,172
6 中国	1,237	6 フランス	1,554
7 イタリア	1,181	7 イギリス	1,511
8 カナダ	716	8 イタリア	1,481
9 スペイン	650	9 ブラジル	1,312
10 メキシコ	637	10 ロシア	1,142
11 インド	515	11 カナダ	902
12 韓国	477	12 メキシコ	879
世界合計	32,000		47,000

消費：新しい消費者の登場 235

所得集団ごとのGNI比率
- 下位40%
- 中位20%
- 上位40%

各国の数値：
- 韓国 17,300
- 米国 34,100
- ロシア 8,010
- フィリピン 4,220
- 中国 3,920
- マレーシア 8,330
- インドネシア 2,830
- メキシコ 8,790
- ポーランド 9,000
- ウクライナ 3,700
- タイ 6,320
- コロンビア 6,060
- イラン 5,910
- インド 2,340
- ベネズエラ 5,740
- トルコ 7,030
- パキスタン 1,860
- サウジアラビア 11,390
- ブラジル 7,300
- 南アフリカ 9,160
- アルゼンチン 12,050

5大経済国

新しい消費国5ヵ国、中国、インド、ブラジル、メキシコ、ロシアは、2010年までに世界の経済地図、および地政学的地図を書き換えるほど繁栄すると見られています。2000年、この5大国で、新しい消費者10億6千万人の61％、新しい消費国20国の人口の74％、および世界のPPP値の24％、世界の購買力の22％を有しました。2010年までに、これらの5ヵ国は11億人、つまり人口の36％にあたる新しい消費者、新しい消費国20国の16億人に及ぶ新しい消費者の68％、および世界の購買力の21％を占めるようになるでしょう。

北と南：分裂した惑星

過去2世紀にわたり、いわゆる北側の富める国と、アフリカ、アジア、中南米の大半の国との間にひじょうに大きな格差がありました。1800年代半ばまで、1人あたりの所得の差はおよそ2対1でした。20世紀、とくに1950年代以降、格差は拡大しました。今日、高所得国の国民総所得（PPPドル）は低所得国の13倍、メキシコとマレーシアなど急速に発展中の国の3倍です。このような数字で分裂した世界を示しても、国の経済以外の分野でより大きい格差があることは見えてきません。

国内の影響

二酸化炭素排出量の増加以外にも、「自動車文化」の発展による悪影響が出ています。インドでは、主要都市で自動車が大気汚染の原因の半分になっています。世界でも最悪の汚染都市であるデリーでは大気汚染によって年間7,500人が死亡し、120万人が治療を受けています。幸い、新しい消費者は、意識して二酸化炭素排出量を軽減した自動車を購入できるはずです。トヨタのプリウスやホンダのインサイトがよく知られています。

収入の歪み

新しい消費国20国のうち16の国で、全人口の所得上位1/5の人々が国民所得の半分またはそれ以上を占めています。20国すべてでは上位2/5の人々が国民所得の3/5またはそれ以上の所得を得ています。ブラジルでは全人口の所得上位40％の人々がGNIの82％、下位40％の人々が8％の収入を得ています。ロシアでは74％と13％（上図が示すように米国は69％と16％）です。

中国──新たな超大国

目覚める巨人

中国は人口の多さだけで世界の国々の先頭にたっているわけではありません。世界第2位のPPP経済力を持ち、今後20年その経済波及力を維持できれば2020年までに世界一の経済国になるでしょう。人類史上比類なき規模と速度で、今も成長し続ける新しい超大国の出現です。はたして、新しい消費者の数は他国よりも多く、2000年には3億人になりました。それは、第二の新しい消費大国、インドの優に2倍はあり、2010年までにはさらに倍増するでしょう。考えてもみてください。新しい消費者数が、かつて北米と西欧にいた古い消費者数とほぼ同じになるのです。

中国の経済は、肉、穀物、石炭、鋼、セメント、綿布、織物およびテレビの世界一の生産国としてすでに突出しています。また、穀物、肉、石炭、鋼、肥料など基本品目の世界有数の消費国でもあります。成功の大きな理由は、米国、日本、ドイツと並ぶ最大の産業国であることによります。米国への主要な産業輸出国となり、日本を追い越しました。世界のコンピューター・モニターの10％、冷蔵庫の20％、洗濯機の25％、エアコンとテレビの30％、カメラの50％を製造しています。まさに中国は世界の工場です。これから先も需要が急増し続けるであろうハイテク製品が中国の製品輸出の1/5以上を占めています。これは1997年から2002年までの5年間で2/3増加しました。

中国は少なくとも5億台のテレビと4千万台の冷蔵庫を有しています。携帯電話は2004年に3億3千万台を上回り、世界最大の携帯電話市場となりました。また、米国と日本に次いで世界第3のパソコン市場でもあります。

しかし、この急速な進歩には環境コストが伴います。たとえば、13億人の食べる穀物を生産するための農業用水、また家庭用水や中国経済を支える工場用水が瞬く間に不足してきています。中国は、世界でも主要な小麦と米の生産国で、トウモロコシの生産でも世界第2位です。世界の農耕地の1/14の土地で世界の1/5の穀物を生産しています。

他国が目をそむけても、これが目覚める巨人の実体です。このような超大国が世界舞台に現れたことで、どのような地理的・政治的交代劇が始まるのでしょう。中国は、将来、経済と環境の両方を動かす可能性があります。すでに二酸化炭素排出量は米国に次いで多くなっています。ただし1人あたりの量は1/8です。今後ますます大勢の中国人が成功をおさめ、沿岸地帯の中産階級が3億人になれば、二酸化炭素排出は急増するでしょう。やがてアメリカとヨーロッパの人々はこの東洋の巨人に注目することになります。

世界の生産量に対する中国の割合

- エアコンとテレビ 30%
- 洗濯機 25%
- カメラ 50%

2003年の中国の力
人口：13億
経済：6.4兆PPPドル（10.9兆PPPドルの米国に次いで2位）
CO_2排出量：33億トン（米国は58億トン）
IT：インターネット利用者1億人、携帯電話3億3,500万台
穀物消費量：3億8,200万トン（世界最大の輸入国となる）
食肉消費量：6,300万トン（米国は3,700万トン）

中国の食肉

1990年代、中国では食肉の摂取がほぼ2倍になりました。米国の4/5多い量を摂取し、世界一の肉食国になりました。養豚ではすでに世界の中心となり、中国人の人口3人に対して1匹の豚が飼育されています（一方、牛は世界の1/10が中国で、米国の1/8を下回ります）。問題ないように見えますが、中国の食肉の多くは穀物を餌にして飼育するため灌漑水不足を悪化させます。さらに国際市場からの穀物の需要も増加しています。もし中国人が現在の平均的なアメリカ人と同量の牛肉を消費するようになり、牛が主に穀物で飼育されているならば、米国の全収穫量より多くの穀物が必要になるでしょう。

豊かさが増し、人口も増加したことで（後者よりも前者の増加が著しい）、国の穀物需要は少なくとも年間300万トンずつ上昇しています。しかし、2000年から2002年の間に中国の穀物収穫量は落ち込みました。消費量に対して生産量が毎年3,000万トン以上不足しました（世界の収穫量不足の大部分を占めています）。2003年も世界の収穫は消費に追いつかず9,300万トン不足し、中国も4,700万トンの不足を記録しました。中国の輸入需要は、米国の穀物を輸入する100以上の国が新しい巨大な穀物消費国と争わなければならないことを意味しています。

中国の自動車

中国政府は、自動車部門が将来の経済を支える主要な柱であり、自動車を第一の輸送手段とすると宣言しました。それまで交通手段の中心であった自転車は過去のものだというのです。中国は、すでに世界第4位の自動車市場になっています。2000年には800万台であったのが2010年までには2,300万台に、さらにこの傾向が続けば4,000万台にまで増加するでしょう。もし中国の車が米国車同様の燃費の悪さで燃料を消費するなら、中国は世界で生産されるよりも多くの石油を毎年必要とするでしょう。最小限の道路と駐車場を提供するのに、少なくとも15万平方キロの土地を舗装しなければならず、そのほとんどが農耕地で、国の稲田の半分近くに及びます。また主要都市の深刻な大気汚染問題の少なくとも半分は、自動車が原因になっています。最近のクリーンアップ作戦まで、北京の大気汚染はロサンジェルスの5倍でした。

中国――新たな超大国　237

10%　コンピューター・モニター

冷蔵庫　20%

のどが渇いたドラゴン
中国華北平原には中国の人口の2/5が住み、農耕地の2/3がありますが、地表水はわずか1/5しかありません。帯水層から過度に水を汲み上げるせいで、水位が1m、またはそれ以上低下してきています。

上海
北京
中国

59
26
100世帯あたりの
コンピューター台数
(上海／ニューヨーク)

3.8　4.5
1,000人あたりの
医師の数
(上海／ニューヨーク)

4,000万台以上？
2,300万台
中国の自動車台数
800万台
2000年　2010年(予想)

自動車競争
2000年、中国の保有自動車数は800万台で、シカゴ1都市分にも満たなかったのですが、今後世界で有数の自動車国になろうとしています。2010年には合計4,000万台を超すことが予想されます。これは現在の米国の保有台数の1/4にあたります。

中国の海岸の行政区
沿岸地方は経済と商業においてだけでなく、社会的、文化的な意味でも国の中心となっています。上海市民の食費はニューヨーカーの1/13にすぎないのですが(食料への補助金が多い)、コンピューター保有台数は100世帯につきニューヨークが59台、上海は26台です。また1,000人につき3.8人の医師がおり、ニューヨークの4.5人に近い数字となっています。ここには中国製のテレビ、ビデオ、DVDプレーヤー、携帯電話、高級車と流行の服が溢れています。上海の浦東地区には開発途上のアジアで最大の統合小売店舗である新しいスーパーブランドモールがあり、中国および日本のチェーン店、マクドナルドやスターバックスが入っています。さまざまな面で、豊かな上海は中国の内陸の都市よりもデトロイトやマドリードと多くの共通点をもっています。

貿易は環境問題

　環境問題の多くは、貿易や累積債務危機と結びついています。負債の利子を払うのに必要な外貨を得るため、輸出を拡大しようと躍起になり、ただでさえ、さまざまな圧力のかかっている天然資源に追い討ちをかける結果になっています。国の債務返済政策などのために、人々が貧困に追いやられ、物価が所得以上に急騰すると、最貧層の人々は、その日その日を何とか生き延びるために、生態学的に弱い環境を開発せざるを得ません。

　今日の経済学では、発展途上国は輸出によって繁栄への道を切り開くことができるという考え方が主流です。融資機関は輸出主導型の成長を促すことに力を注いでいます。もっと自由な貿易が行われれば、貧しい国々も世界市場に参入しやすくなり、収入も増えて、環境を保護することも、貧困を緩和することもできるようになるというわけです。いずれにしても、それがほぼ全世界の貿易のルールを規定している国際組織、世界貿易機関（WTO）の考え方です。WTOは、自由貿易の障害を取り除き、輸出入の管理をなくすことを目的としています。世界の210あまりの国のうち、現在WTOに加盟しているのは148ヵ国で、さらに31ヵ国がオブザーバーとなっています（オブザーバー参加後5年以内に加盟交渉を開始しなければならない）。これらの、欧米市場経済、新興工業化経済、新興成長市場経済、それに低所得の発展途上経済（148ヵ国の3/4以上が発展途上国あるいは後発発展途上国）の国々は、世界市場において同じ条件で商取引する資格があると認められています。この意味で、WTOは、世界貿易機関というよりも、世界市場経済の集まりであり、世界市場の枠組みなのです。

　主な国際協定では、国の間の商品や資源の自由な流

環境と引き替え？

　国際貿易は長きにわたり経済成長の主動力でした。利益の多くはいわゆる「比較優位」に依存しています。概して、国際貿易が多いほど世界は繁栄します。とりわけこの数十年間はそれが顕著で、貿易管理の規定を緩める傾向もありましたが、ほんのわずかなものでした。国際貿易のマイナス点は、国々がよく受け入れがたい生産様式で競い合うことです。とくに発展途上国は、多国籍企業によって、不当な雇用慣行、労働組合の規制などの社会的不利益を強いられてきました。環境面においても、貿易強化はしばしば耕作地に負担をかけすぎ、過度の森林伐採や汚染をもたらします。もしも北の政府が汚染に対する法律を制定すれば、産業は主に南のより貧しい国に移転する傾向が強まるでしょう。だからこそ地球環境を保護する法律を維持し、貿易管理に対する支配を強化することが重要なのです。

貿易自由化

貿易自由化により、発展途上国の利益は1,400億ドルになると見積られています。とはいえ、市場の失敗はさらなる貧困を招くため、自由化を注意深く監視する必要があります。ドーハ貿易交渉は、発展途上国の必要性に焦点をあわせ、後発発展途上国が援助に頼るよりも貿易によって貧困から抜け出すための方法を生み出すことを目指しています。

れを妨げる規制を緩和または撤廃して、貿易の自由化を図ろうとしています。しかしこれは諸刃の剣になりかねません。途上国が世界市場に進出しやすくなる一方で、とくに物価の下落が生じた場合、環境破壊を加速させる可能性があります。発展途上世界の政府は、新型の「環境保護主義」が自国の開発努力を脅かしていることを知っています。南北の不均衡に向き合うことなしには世界環境を考えられません。自由貿易が環境に利点をもたらすには、まずフェアトレードでなければいけません。債務負担の軽減と商品価格の改善（価格に天然資源の実価を反映する）により、過度の環境開発を抑えられます。南側諸国の貧困への取り組みは、地球環境にも世界貿易にも利益をもたらすでしょう。

このように、貿易の規定や協約こそが、天然資源の使い道、環境への圧力、そして毎年商品と交換に国境を越える7兆5千億ドルから最終的に利益を得るのが誰かを決める主要因なのです。貿易は通常、世界経済の成長の約2倍の速さで成長してきたことを忘れないでください。貿易と環境の相互作用についての認識は高まりつつあります。エネルギーを大量消費し、貿易に基づいた北側の成長は、オゾン層の破壊、温室効果ガスの排出、有害廃棄物という形で地球汚染の大半を引き起こしています。一方南側は、借金にあおられながら、輸出拡大によって天然資源基盤の破壊の一部を担っているのです。

貿易保護主義

保護貿易の一例として、富める国々での農業について考えましょう。あきれるほど高額な補助金を受けた自国の産物を、貧しい国々にその国で生産するよりも安い価格で売ります。2005年の初め、南アフリカで小麦1トンを生産するのに325ドルかかりましたが、農家はそれをたった160ドルでしか売れませんでした。南アフリカはWTOの規定により、小麦に最大72％（トウモロコシ50％）の関税をかけることができましたが、最新の関税はたった2％（同じく13％）になりました。収入の大半を国家から受けている富める国の農家には、貧しい国々が太刀打ちなどできないのです。

貿易の傾向

かつての多国間貿易交渉では、商品に対する貿易障壁に焦点が置かれていました。しかし、最近では、サービス、海外投資、知的所有権などについても話し合われることが多くなりました。いずれも北側諸国が「比較優位」を有していて、その産業を保護し、投資の機会を拡大し、その技術を模倣から守ろうとしている分野です。

マキラドーラと自由貿易

アメリカに接するメキシコの国境地域が好景気に沸きました。1990年から1999年にかけて、外資企業は2千社から4千社に膨れ上がり、従業員の数は百万人を超えました。この「マキラドーラ（輸出保税加工区）」は、主に電気製品や衣料品、プラスチックや自動車部品を製造したり、輸入部品を組み立てて製品を完成したりしていました。特別の貿易協定によって、米国の関税など、さまざまな規制を免除されているため、それらの企業は低コストで生産した商品を市場に出せるのです。従業員には生きていくのに必要なだけのわずかな賃金を払い、有毒物質に体をさらした仕事をさせます。メキシコに移転すれば、米国民の健康や安全、環境基準を満たすのに必要な高額の汚染防止設備も導入せずにすみます。2001年、北米自由貿易協定（NAFTA）の貿易政策修正により、NAFTA以外の輸入における関税免除制度が廃止されたため、マキラドーラの事業はより困難になり、費用がかさむようになりました。このため、電機メーカーをはじめとする、アジアから輸入し、メキシコで組み立て、アメリカに輸出していた会社は、一夜にして費用が膨れ上がることになり、一部は別の場所に事業を移転するようになりました。中国が競争に加わったことも、工場の移転に拍車をかけました。マキラドーラは、メキシコの輸出において大きな割合を占めていたのです。

世界の貧困

1日の収入が1ドル未満の絶対的貧困に苦しむ人は11億人にのぼり、世界の6人に1人にあたります。東南アジアやサハラ以南のアフリカの国々が「世界の発展の危機の中心」になっています。貧困という現象の前には「公正」の観念は砕かれ、容易に改善できるはずであるのに改善されていないところが恐ろしい問題です。

絶対的貧困の撲滅は、2002年に発表され国連加盟国の元首たちの承認を得た国連ミレニアム開発目標（MDG）のひとつです。MDGは他にも、健康、教育、雇用など7項目（P.251）を取り上げています。これらの目標を達成するため、富める国々は至急対外援助を2倍にし、訓練や教育の基盤、食物の栄養、健康、公的部門の管理などに多くを費やさなければなりません。1千億ドル多くしても大したことはなく、富める国々の納税者が2、3日ごとに1ドル負担するだけであり、1ヵ月の軍事費よりも少ないのです。より大きな安全をもたらすのはどちらですか。より持続できる安全、より総合的な安全はどちらですか。

絶対的貧困者のほとんどが土地をもたない労働者や、生産性の低い土地で働く農業従事者、都市の非熟練労働者です。彼らの苦境を軽減するための、国の救済制度はほとんど存在していません。彼らにはおそらく、病気を治療する医療機関がなく、読み書きの水準を高める学校がなく、もっとよい働き口を得る希望がないのです。彼らは物質的に孤立の極点にいるだけでなく、欲せざる存在として、社会的にも孤立させられています。ことに女性はこのような重荷から逃れることがむずかしくなっています。さらにまた、貧しい家庭は社会的に低い階層に属し、社会的風習によって、低い賃金や蔑視された仕事を受け入れることを余儀なくされており、肉体的にも差別を受けています。彼らの子どもたちも、同じような低い地位に運命づけられているのです。

発展途上世界の貧困は自然増殖しています。北側の先進諸国では、貧しい人々でも全面的とはいえないまでも、さまざまな社会福祉が安全網の役割を果たすので、生きていくことぐらいはできます。つまり北側では、「きわめて社会的な落後者」とみなすのです。一方、南側の発展途上国ではまさに絶対貧困という状態です。たとえ栄養不足の幼年期を生き延びても、人間のもてる力を十分に発揮できずに終わる人々が何億人もいるのです。教育、技術や資金の援助、雇用の機会、上下水道、医療、そして交通通信、これらすべてが不足しているのだから、このわなから逃げ出す方法はまったくないといっていいのです。

世界は富と力の両面で、ますます分断を深めていますが、これは人類すべての利益に反することです。相互依存が当てはまるのは、南北に存在する地球規模の方式だけではなく、国のなかの、都市と地方との間にも当てはまります。都市と農村の不均衡な発展は政府の都市偏重政策によりますが、その処方せんが悲惨な結果に終わったことは立証されていることです。管理すべき対象と資源は、国と国との間、また国民と政府の間で、互いの信頼に基づいて公平に配分されなければなりません。

貧困という名の爆弾

持てるものと持たざるもの

北側諸国の豊かさの源についてよく議論されます。工業化や気候による要因、文化的価値観、あるいは南側諸国からヨーロッパやアメリカへ資源をもたらす植民地主義などさまざまなことがらに原因があるとされています。この10年間に、新植民地主義というものが目立ってきました。1970年代、西側の銀行は何十億ものオイルダラーの投資先として、発展途上世界に大きな期待を寄せたようです。しかし借金を使いきるや、石油価格は下落し、金利が上がりました。2001年には発展途上国は2兆3千億ドル以上の国際債務を抱えていました。借金の利息を払うため、南側から北側へ膨大な資金が移動しました。借金問題は病気の人から健康な人への輸血と似ています。

低所得労働者

5億人以上が「1日1ドルの低所得労働者」、14億人が「1日2ドルの低所得労働者」とされています。多くの人が苦しい労働状況に長時間耐え、基本的な権利もなく、意見をいうこともなく、自分と家族を貧困から救い出せはしない仕事をただ続けているのです。貧困を軽減するのに大切なのは単なる雇用ではなく、「適度な収入のある生産的な」雇用です。2015年までに1日の収入が1ドルと2ドルの低所得労働者を1990年の半分に減らすというミレニアム開発目標を達成するためには、GDPの伸び率を年間平均4.7％と10.4％にする必要があるでしょう。前者は可能でも、後者は不可能です。

飢餓の力学

発展途上世界の8億もの人々が栄養失調に陥っています。しかし、ひどい栄養失調と食物の不足の間には、必ずしも関連があるわけではありません。1970年代エチオピアとバングラデシュで貧民を餓死にまで追いつめたのは、飢餓というよりもむしろ必要な物さえ入手できない購買力のなさだったのです。最も危うい立場にいるのは土地のない者や、未熟練工です。

アフリカの窮状

サハラ以南のアフリカでは少なくとも人口の半分は絶対的貧困の状態で暮らしており、とくに深刻です。40年前よりも貧しく、食糧も乏しくなっているところが多く、絶望的な地域となったのです。後発発展途上国、つまり1人あたりのGNIが1年に300ドルという国のほとんどがこの地域にあります。1980年から1990年までにこの地域の経済は年平均1.6％、また1990年から2002年には2.6％伸びました。しかし、人口の急激な増加を考えれば、1人あたりのGNIの伸び率が低い国がほとんどです。その地域には今、世界人口の11％以上が住んでいますが、経済力は世界の1％未満にすぎません。国連が示した絶対的貧困人口の割合の目標を2015年までに達成するためには、経済成長率を現在の年3％から少なくとも7％にまで上げなければなりません。ウガンダのように手の届くレベルの国々の成功物語から学んでも、このような並外れた目標を達成するにはかなりの努力を要することでしょう。G8の「アフリカ行動計画」には、平和維持軍の開発、2005年までにポリオの撲滅、2005年までに貿易障壁と農業補助金に取り組むことによる世界市場でのアフリカの輸出品への取引増加、正しく治められている国に対する開発援助に向けた働きかけなどが盛り込まれています。

力

家のない人は、選挙権を得られないことがあります。貧困者は自分たちの声を反映させる力がないのです。

融資

都市の貧困者にはいくつかの融資計画がありますが、人里離れた地方の貧困者にはその望みすらありません。

燃料

世界で約30億人がエネルギー源として、薪、炭、バイオマス（糞、作物、ごみなど）を使っています。多くの発展途上国では、薪を探す仕事が日々の暮らしで大部分を占めています。20億もの人々が電気のない生活をしています。

先住民

3億5千万人いる世界の先住民の多くは深刻化する貧困に直面しています。

貧困という名の爆弾 241

点火された導火線
貧困という爆弾（左図）には、人口増加、政治的な不公平、環境の誤用といった多くの導火線が付いています。

文盲
文盲の成人は世界で8億人といわれますが、大半は南側の発展途上国の女性です（P.198）。

生活水準
典型的な貧困家庭は、小屋や粗末な家に住み、家具はないに等しい状態です。電気もなければ上下水道、便所、安全な飲み水さえありません。彼らはおそらくは零細農民か低賃金労働者でしょう。水くみや薪集めなど家庭の雑用に、ひどく時間がかかります。貧困というのは賃金水準や作物の値段、利率について論じる能力ももっていないということです。

貧富の差
富裕な国々の世界人口に対する割合は19%、二酸化炭素、フロンガス、その他の環境汚染物質の割合は70から87%です。1990年代、4,300万人増加した北側諸国の人々は、7億6,000万人増加した南側諸国の人々よりも多く地球を汚染しました。

ブラジルの重荷
ブラジルは世界最大の債務国です。1990年には、すでに1,110億ドルの負債を抱えており、2002年にはおよそ2倍の2,280億ドルにまでなりました。農村や悪名高い掘立て小屋街に住み、職を求める何百万もの貧しいブラジル人にとって、経済危機は過酷な日常の現実です。

住む場所
適切な家のない人が10億人います（P.187）。

低所得者
新興の工業国数ヵ国が確実な進歩を遂げてきた一方で、人類の相当の部分は取り残されています。悪くなっていることさえあり、現在、多くのアフリカ人は1960年代よりも貧しくなっています。世界中の1日2ドルの低所得者数は1990年の26億人から2001年の27億人に増加し、1日1ドルの低所得者数は1990年からほとんど減少していません。

発展途上国における貧困の尺度
- 11人に1人の子どもが5歳の誕生日を迎える前に死んでいます。
- 1億1,500万人の学齢児童が学校に通っていません。
- 約8億人が栄養失調で、その多くが餓死寸前の状態です。

東ヨーロッパと中央アジア: 93（2ドル未満） / 17 / 53%

中東と北アフリカ: 70（2ドル未満） / 7 / 63%

南アジア: 1,064（2ドル未満） / 431 / 77%

東アジア: 865（2ドル未満） / 271 / 80%

サハラ以南のアフリカ: 516（2ドル未満） / 313 / 73%

凡例:
- 2001年1日1ドルの貧困線を下回る人々の数と2001年1日2ドル未満の人々の数（単位：百万人）
- 農村部に住む貧しい人々の割合

文明の運営と管理

都市の無秩序に対して

　都市問題の運営管理は、より広範囲の問題点——社会集団間および国家間の所得の分配、国際経済、将来にわたって持続できる開発、人間の尊厳などと切り離すことはできません。都市生活を改善するための革新的な計画はいくつあってもよいのですが、それらすべては都市の経済力と都市が社会的基盤や公共サービスにかけることができる財源や意志をもっているか否かにかかっているのです。

　発展途上国は北側諸国が150年前に経験した農民離村をいま経験しています。人々はよりよい機会を求めて都市に流れていき、富と貧困が共存する巨大都市を作り出すのです。発展途上世界のスラム街の貧民たちに最も欠乏しているのは、都市運営管理に対する発言権であり、絶え間ない追いたてにおびえている住民たちへ土地の保有を保証することです。極貧の居住地にさえ、はじけるような人間のエネルギーがあります。安い材科と道具を支給すれば、これらの家族も家を建てたり改造したりできるでしょう。何よりもまず、さし迫って必要なのは、安全な飲料水と下水設備であり、それに加えて、汚染と廃棄物の不法投棄を防ぐための環境対策です。新しい手頃な家と安心できる土地の保有権、社会の中でもっとも貧しくもっとも弱い地域の求めに留意した都市計画も必要です。

　こういうことの多くは、政府の支援なしでは実現しませんし、また国の開発計画の枠組みのなかで行わなければなりません。その実現には、都市と地方の利害対立の間で、つり合いのとれた調整が必要だからです。たとえば、都市の食品の価格を抑えれば、農村の経済は混乱状態に陥るかもしれません。そうなると、ますます多くの農村から貧民の群れが都市に流入し、掘立て小屋街が膨張します。都市の衛生、教育、交通、その他の公共サービスの改善は、地方を犠牲にして実施してはならないのです。発展途上国のなかには、農村の土地改革や農業開発によって、都市へ人口が殺到するのを緩和したり、食料の供給を改善したりした国もあります。

　結局のところ、たいていのことは、国家が何を優先するかにかかっています。この問題は、財政的圧迫がそれほどきびしくない北側にも当てはまります。先進国の都市もまた、開発のための投資のほか、補助金や融資の制度が必要であり、また新しい企業を誘致するための商工業地区の整備が必要です。

　上から一方的に計画を押しつけるより、担当者とスラム街住民の対話を進めるほうが効果的です。地域に根づいた技能や組織を活用すれば、少ない経費で大規模計画が実現可能になります。行政センターを設立することは、住民の共同体意識を明確にし、住民による地方自治もある程度現実のものになります。

都市の再生と活性化

南側の持続可能性

　クリティバ市は「ブラジルの環境首都」といわれてきました。30年前、市は環境を考慮した公共の交通機関と社会計画に焦点をあて、都市問題と取り組み始めました。当時、1人あたり1m²以下の緑地しかありませんでしたが、今では公園や森林地帯があり、街路には100万本以上の木が植えられ、以前の50倍もの緑地があります。奨励金によって、新しい建設計画に緑地が積極的に取り入れられています。とりわけ大切なことは、路線バス網が定められ、人々が自動車を車庫に置いておくようになったことです(市民3人につき1台は車を持っているにもかかわらずです)。このバスを1日に200万人以上が利用しています。70kmもの範囲を一定の安い運賃で乗れるため、都市周辺地域から通勤する貧しい人々の役に立っています。「グリーン・エクスチェンジ・プログラム」はごみやがらくたをバス乗車券や食べ物に交換できます。子どもはリサイクルできるごみを学用品に換えることができます。市のごみの約3/4はリサイクルできます。紙の再生だけでも1日に1,200本相当の木を救えます。環境のためになるだけでなく、市民は資金を使ってゴミ分別場でのホームレスの人たちの雇用計画と社会計画も行います。市の公開大学は将来の機械整備士、美容師、自然保護論者のために低い受講料のコースを設けています。クリティバ市は都市の再生と活性化のアイディアの宝庫となっています。

北側の持続可能性

　1960年代と70年代のスラムの掃除とビル建設ラッシュは終わりました。社会生活上も建築構造上も暮らしづらい高層建築に人々を押し込めたことにより、地域社会が根絶しそうになりましたが、その犠牲があまりに大きいことがはっきりしました。現存の建築物を再利用し、気のきいたビルを新築して衰退しつつある都心部を再生する試みが進められてきました。私たちは都市再生を様々な形で経験し、そのうちのいくつかは成功もしました。「ワン・プラネット・リビング」共同体は、ごみゼロ、(化石燃料による)二酸化炭素排出ゼロ、エネルギー効率、環境保全型農業、野生生息地、公正取引製品をはじめ、全般的な持続可能性などの指針を強調しています。詳細は英国WWFで調べてください。

都市における雇用

発展途上国の多くの大都市では、膨れ上がった裏の世界の経済機構が雇用の大部分を提供しています(全体経済の40〜60％)が、現在これに対して政府融資による援助はほとんどありません。中小企業への融資や用地の提供、信用組合貯金の設立と、都市貧困層を助けるための職業訓練などに対する要求は根強いものがあります。少額の短期融資計画はバングラデシュのグラミン銀行などで行われています(P.250〜51)。

都市中心部に的を絞る

伝統的な都市の荒廃しつつある地区の再生には、さまざまな角度からの取組みが必要で、個人や任意団体、そして公的機関が運動に参加しなければなりません。まだ使える家屋の手直しは、新しい住宅とも古くからの街並みとも調和することが大切です。廃屋となった工場は、小さな作業場や事務所もしくは市場や体育館のような商業的・公的なセンターに改築して再利用できます。地域を再び活性化するには、地元の雇用促進対策と軽工業の役割が大きいのです。また生活道路の計画から植樹や造園計画までを考え合わせたゆとりの空間、公共施設、環境改善対策が必要です。こうした努力に基づいてヨーロッパや、米国全土で、「都市の中の村」が生まれつつあります。

南側諸国の住宅政策

1,2. 新旧住宅地のための基本的サービス：下水道、汚物だめ、安全な飲料水、電気の供給。
3. 屎尿処理。
4. 長期融資と政府の補助金や開発機関の援助を受け、住人がみずから建てる家。
5. コミュニティセンターと地域開発計画局。
6. 基本的なサービスの整備を待つ古いスラム街。
7. 街路整備：ごみ収集、街灯、街路樹の充実。
8. 市場周辺と新しい井戸の整備。

北側諸国の住宅街の再開発

左図は英国の都市のビクトリア地区における「段階的な再開発」のようすを示しています。市当局は住宅供給機関や協同組合と協力し、最も荒廃した地区の修復を行いました。補助金が復興に役だつのは当然ですが、雇用の増加と環境政策がこの地区に活気を取り戻させています。住宅の改善といえば、骨組みの修理、断熱材使用による省エネ対策、衛生施設の整備がほとんどです。

先進国の住宅政策

1. 地元の人々が運営する新しく建てられたコミュニティセンターと託児所。
2. 低価格住宅所有制度によって建設、販売され、老朽家屋にとって代わった近代的住宅。
3,4,5. 個人所有者に対する補助金や、非営利団体、市当局が請け負って着手される修繕作業。
6. バスルームや台所の増築。
7. 街路整備：スピード防止のための路面凹凸の設置、駐車規制、景観の美化。
8. コミュニティアート：地元の画家や子どもたちによって描かれた壁画。
9. 地元での買物のための商店、あるいは市の出張所のための建物として保存された街角の店。
10. 子どもの遊び場も兼ねた新しい近隣公園。
11. 修繕を待つ家並み。
12. 地元民を雇用する目的で建設された小さな工場。
13. 路線バスによる輸送。
14. 廃棄物のリサイクル場。

都市交通

都市が農村部の住民数の合計よりも多くの人口を抱えている場合があります。急速に膨張する都市は交通問題の解決が必要になります。大気汚染や交通渋滞などの外的影響があり、このどちらもが南北両側の都市経済に大きな負担となります。最近まで、バンコクの運転手は1年に44日交通渋滞にあっていました。新しい渋滞緩和の方法として、立体交差や高速道路や大量輸送手段などが紹介されています。ロンドンでは、5ポンドの渋滞税（中心部21km²）が2003年に導入されました。馬車の時代とかわらない速さでしか動けないことがよくあったからです。1年後には、交通量は18％、遅れは30％減りました。

住民参加

ケニアの住民団体「アバリミ・ベゼカヤ」はスラム地区の住民のために都市農園を促進しています。非営利の農園センターが、種、道具、害虫駆除など必要なものを低料金で用意し、学校、ユースクラブ、地域の農園と協力しあって、空き地を耕し、都市での農業を支えています。

南側諸国の住宅街再開発

1987年カナダの環境保護論者、ボブ・マンロはマサーレ青少年スポーツ協会（MYSA）を創設し、16,000人を超すマサーレ・ヴァリーの若者たちの力をスポーツで生かすようにしました。マサーレ・ヴァリーは50万人以上が暮らすナイロビ最大の掘立て小屋街です。そこでは水を得るために早朝3時から共同の配水塔に並び、公共のトイレを使うためにもまた並びます。ほとんどの若い人々は働き口がありません。住民の70％が働く母親とその子どもたちです。MYSAはスポーツをすることと、街路の清掃から子どもの世話まで地域の活動とのつながりを持たせます。男女あわせて25のサッカーチームを持ち、アフリカで最大の青少年スポーツの団体になりました。そのような成功があり、MYSAはノーベル平和賞の候補にあげられました。

電力サービス

太陽熱発電は各地で都市再生の機会を与えています。南側諸国では、家庭用、公用、商業用の電気の供給に役立っています。また学校の子どもたちに電力とインターネットを供給します。北側諸国では新しい住宅や商業地に作りつけられています。

南側の都市の再生

都市への人口移動が異常なレベルに達すると、それまでの住宅政策や社会基盤事業では対処できなくなります。スラムや不法居住地に流入する10億もの人々は、粗末な永住用住宅を得る金すらありません。そのため、当局は方針の転換を余儀なくされ、きわめて基本的な問題についてのみ手を貸し、後はほとんど居住者任せにしています。彼らが抱える難問のひとつに水の供給問題があります。ここでは水の所有権が個人にあることが多いうえに、きわめて水が不足しています。しかし早急に必要なのは、都市への大量の流入を防ぐため農村部への投資を増やすことです。

南アフリカ政府は民間部門と貧しい人たちをあわせて使ってスラム地区の問題に取り組もうと試みてきました。所得のある人は改良の費用面で貢献し、働いていない人は新しい家を建てる「労働提供」や、自らの手を使った仕事を提供します。北側同様、地元民の参加とリーダーシップの発揮は重要です。こうした努力も、収入をもたらす雇用機会の増大があってはじめて成果があがるものです。

国連人間居住計画（UN-HABITAT）の持続可能な都市計画は数ヵ国で行われている計画を盛り込んでいます。それは中国、チリ、エクアドル、ガーナ、インド、マラウイ、ナイジェリア、フィリピン、ポーランド、ロシア、セネガル、スリランカ、タンザニア、チュニジア、ザンビアです。北側では42ヵ国2,000を超す都市や地域の団体が持続可能性をめざすヨーロッパ都市の憲章として、1994年、オールボー憲章に署名しました。

コミュニケーション戦略

大量に蓄積した人間の知識を伝え、共有する能力が今ほど大きかったことはありません。情報通信技術（ICT）は私たちが学び、話し、考える手段に革命を起こしました。先進のICTは開発過程の助けとなる大きな力を提供します。すでにアフリカでは、イナゴの被害の防除に使われています。ケニアでは放牧地の管理の改善のために、ペルーでは熱帯雨林の研究に利用されています。また、自然保護、道路や鉄道の設計、鉱物資源の探査、天気予報、凶作予告などでも役立っています。人工衛星の技術は教育の分野を促進し、遠くに孤立している人にも、医療、栄養、農業などに関する助言を送り届けることができます。

とはいえ、だれもがコミュニケーション革命の恩恵を受けられるようにするには、その技術を広く利用できるようにしなければなりません。たとえば、情報源の多様化を確立して世界中で情報を入手できること、思想の伝達にあたって最大限の参加を達成することなどです。インターネットとワールドワイドウェブによる莫大な情報の宝庫はキーボードにちょっと触れるだけで手が届き、南北間の情報格差を減らすのに役立っています。とりわけ、コミュニケーション革命は、情報の独占を打破できます。今では多くの政府機関がインターネットを通じてデータを自由に入手できるようにしていますが、まだ検閲を行っている国も多くあります。ICTは大いに多様なメディアをつくり出しました。たとえばケーブルテレビ、ビデオやDVD、家庭用コンピューター、ソフトウェアのプログラムの急増によって、本棚のたくさんの本のように、選択の幅が途方もなく広がりました。

将来はコミュニケーションの役割全体も変わらなければならないでしょう。いままでの、北から南への一方通行の情報の流れは南北の豊かな対話へ変化し、その結果、富める国々の現在の情報の優位は、残りの世界の国々と共有されるようになるのです。人々の考えや情報をより良く伝達できることが、どれほど重要であるかはいうまでもありません。それは地球の危機管理をするうえでも不可欠です。少数意見や情報伝達網からとり残されている人たちの声は、なかなか聞こえないものです。南側にとっては、情報そのものもさることながら、とりわけマスメディアを活用できるようになることが重要です。また南側は、その資源に関して北側の人工衛星が集めた豊富な情報も、必要としています。

コミュニケーションと情報活用

コミュニケーション力のおかげで（P.218〜19）、誰もが誰かになれ、誰も名もない人でいなくてよい時代になりました。技術を与えられ、大きな地球という社会の一人前の市民として機能でき、地球の裏側の人と共通の目的——とりわけ人類の未来に関する目的——を持つこともできます。意見を発し、見解を共有し、ともに行動を起こす計画をたてることもできます。インターネットは時と場所の制約がなく、境界線も国境もなく、社会的差異もないバーチャル国を作りました。実際、かつてよりある国家を分ける伝統的境界もありません。インターネットによれば、国民国家制度はとても昔のものに思えます。バーチャル国についての記事にはっきりと記されているように（2002年「ザ・フューチャリスト」誌）、「世界に存在している国々への直接的挑戦をもたらすことで、バーチャル国は世界の経済的、政治的、社会的構造における大きな変化の原因となり結果となるでしょう。またこのような新しい国は世界の協力、安全、資源利用への希望に対する脅威、刺激にもなるでしょう」。

情報網の拡大

情報技術の利用

一定地域で技術を共同利用すれば、外部の干渉を排除し、経費を切り詰めることができます。発展途上国が人工衛星で集めた情報やデータバンクの情報をフルに活用しようとするとき、情報を処理し、分析する能力も備えることが必要となります。多国籍企業は発展途上国に情報処理の子会社を設立し、蓄積してきた技術やデータを分け合うことで役立っています。

流れを変える

世界全体としてみれば、南側に関するニュース報道や、そこで起きている事態についての分析は、北側にとっても必要です。ペイノス研究所は地域共同事業プログラムに着手し、南側諸国のメディアや民間グループの技術を向上させました。インター・プレス・サービスは1964年にラテン・アメリカ問題を扱っていたジャーナリストたちによって創設され、今では120ヵ国に広がりました。この世界通信社はとくに南側諸国と人々の経済的、社会的、政治的発展に影響を及ぼすような世界の変化のニュースと分析を発信しています。

人工衛星を教育に利用するインド

1975年、6つの州の2万4,000の村に人工衛星からの放送がとどきました。インド-アメリカ衛星教育テレビ実験（SITE）による合併事業は、NASAの打ち上げたATS-6型衛星を使用して、送信用地上局と僻村に置かれる受信装置の両者をインドみずからが製造し維持できることを証明しました。それまでテレビを見たこともなかった地方の人々は、健康や衛生や家族計画に関する知識を得たり、政治への関心を増大させたりしました。またこの実験を通して、異なる言語と問題をもつ広い範囲の地域を対象に番組を制作するという体験をもしたのです。遠隔地の村々に情報と教育をとどけることができるため、人工衛星を利用したテレビ放送は発展途上国にとってきわめて有益なものです。

SITEの放送を受けるインドの僻地

情報独占の打破

情報は政府機関と多国籍企業の手に握られ、それによって彼らは絶大な力を得ました。彼らは人工衛星にどのような種類の情報を収集させるかを決め、またメディアの支配を続けました。コミュニケーションは、適切な管理・運営を行えば乱用を防ぐことができ、政府の意思決定過程における住民の参加を促進することにもなります。ICT革命によって「独占のダム」の水門を開けさせることで（下図）、大量に蓄えられた情報が放出しました。政府や企業の説明義務が多くの国々で社会規範となりつつあります。

情報のフィードバック

ビジネスの世界では、情報のフィードバックが健全経営に欠かせません。適切な情報提供がないと、圧力団体、マスコミ、一般大衆は、政府や大企業の行動を規制したり正したりすることができなくなります。そうした場合大衆は、高い地位の人々のあいだの不正や腐敗による危機を、ダムの割れ目からかすかに漏れてくる情報（上図）によってしか知ることができません。私たちは情報が両方向に流れるよう（右図）努力しなければなりません。

独立したメディア

今日のメディアは、アルビン・トフラーのいう「社会の脱大衆化」を助長し、少数意見も放送され、厳しい規制を防いでいます。

地域の情報利用

草の根レベルのコミュニケーションは、先進技術など必要としません。自動車用のバッテリー2個を電源とした500Wの小形送信機は、20kmの範囲に電波をとばせます。地方新聞も少ない経費で刊行できます。こうした簡単な方法でも、あらゆる種類の情報を提供し、コミュニケーション技術の進歩を促します。

言語と新技術

人類史の長きにわたり、人の群れが分散し、異なる個性を発達させていくにつれて、言語も分化し多様なものになっていきました。マスメディアは言語を統一し、公用語を強める傾向にありました。私たちは今、言語の多様性をケーブルテレビとインターネットによって支えることができます。2004年には英語を話す人たちがオンライン人口の1/3以上、中国語が14％、スペイン語が9％、日本語が8％、ドイツ語が7％、韓国語、イタリア語、フランス語はそれぞれ約4％を占めました。

新しい技術をめざして

北の先進国で産業革命以来開発された科学技術は、パンドラの箱に似ていると思うことがあります。それには人間のはかない希望とともに、過ちと悲しみとが詰まっているのです。私たちの文明と思われるものが生み出した最新の成果は、昔からの知恵や人道主義的な関心に、多くはまったく背いています。たとえば、最新のミサイルの破壊的な精度、核実験、ついに人間の胎児まで使うようになった科学実験。どれも疑問を起こさせないものはありません。科学とは何なのでしょうか。人間に必要なものとは何なのでしょうか。現代の技術は、世界のエリートと多数の貧民との間の深いギャップを拡大する道具になっているのではないか、そして先進国の政府や企業に過度の支配を可能にさせるのではないか、とさえ思えてきます。

もちろん科学技術は本来邪悪なものでなく、情報の場合と同様、だれがその糸を操るかが問題なのです。科学的な研究や開発は病気や食糧不足にすばらしい解答を出しました。たとえば人工衛星は、南側と北側のコミュニケーション問題に、うまく適合してきました。いますぐに論争すべき点は、私たちが「進歩」と呼んでいるものの本質だけではありません。技術的支配をともに分担することも論点になります。ブラント委員会が1970年に結論を下しているように、「まさに論議されてしかるべきことは、最新技術に接することのできない点が、彼ら（発展途上国）にとって第1の弱点になっているということです」。

技術の循環

技術は、もはや一方通行ではありません。逆の方向へ流れることもあるでしょう。技術の移転は、会話のようなものになっています。発展途上国の政府や民族社会の住民が、自分たちの文化の価値に気付けば、それらは有望な商品になります。シャーマンや伝統的な農耕社会の知識は、先進国の研究所が持っている知識と同じくらい、地球規模の平安に不可欠なものかもしれません。

技術の移転と配分

技術を伝える方法はいろいろあります。出版物、個人的な交流、開発援助などのほか、あからさまなスパイ行為まであります。しかし、ほとんどの場合は企業活動によるものです。発展途上国に移転される技術はたいへん役に立ちますが、一方で目を光らせることも必要です。というのも、移転された技術が、まるで20世紀によみがえるトロイの木馬のように政治、社会、環境などの面で予期せぬ問題をひき起こすことがないようにするためです。ただ、現在の先進国からの技術移転は、がっかりするほど遅いペースです。私たちは技術移転のスピードを速め、南側の研究・開発体制を確立し、新技術を育成し、そして技術移転を妨害するものを抑えなければなりません。

南側の技術開発の原動力

南側の技術不足を克服するには、北側と南側双方がともに多大な財政支出を惜しんではなりません。現在の北側の研究開発費のうち発展途上国のために使われるのはごくわずかです（防衛や宇宙開発にはずっと多くつぎ込まれています）。南側が自分たちのために、自分たちの手で研究開発能力を向上させようとするならば、南側の政府や企業は先進国の多国籍企業と教育関係を説得し、南北関係のうえで支持的役割を果たさせなければなりません。大学のカリキュラムがみずからの必要課題を反映することができれば（インドの民衆科学運動のように）、末端の農村にまで技術を浸透させようとする進行中の計画を、さらに発展させることが可能になります。

技術と（誤）開発

技術によって情報通信がグローバル化するだけでなく、グローバル化そのものが、新しいルールを伴い、新技術へと進む道を形作っています。この2つの過程が研究開発の民営化を、さらには市場の自由化と一般的な知的所有権保護の強化を促進してきました。この3つの要素が「知識を民営化する」競争を生み、マイナス面では、南側の利害が徹底的に無視されています。こうした残念な傾向は避けようのないものではありません。国連開発計画によれば「技術の分岐点は収入の分岐点と必ずしも同じである必要はない」のです。これまでの歴史において、技術は人類の発展と貧困の緩和にとても役立ってきました。

加速する技術

今日の技術の進歩は急速です。コンピューターチップの性能は18ヵ月で倍になります。1メガビットの容量の値段は1970年の5千ドルから1999年には17セントまで下がりました。同様に、インターネットは市場をより開き、広く収入を生み出す場を作り、増加する地域参加を可能にし、何世紀にも及ぶ地理的な壁を破ろうとしています。

北側の「拠点」

ケニアのアフリカ技術開発センターは「持続可能な開発のために、アフリカの国々の力と科学技術を利用する機関を強める」方法を模索しています。同センターは北側に拠点を設立しました。それは、オランダのマーストリヒトにあり、バイオテクノロジーと生物多様性の保護について研究を行っています。

環境保護

先進国の都市技術

伝統技術

新しい技術

研究・開発

技術の吸収

先進国の技術を導入するにしても、それ一色にするのではなく、伝統的な技術との融和を図るべきです。たとえば世界保健機関（WHO）は、中国やベトナムで、伝統的な医学と西洋医学の結合を推進してきました。

インターネット利用格差

2002年、世界のインターネット利用者は8億1,500万人でした。そのうちアフリカは2%未満、中南米とカリブ諸国は7%であるのに対して、ヨーロッパと北米はそれぞれ28%でした。

北側諸国における前進

工業化がもたらしたひどい弊害をくぐり抜けて、北側諸国はようやく環境の保護や公害の規制、情報技術の分散化、代替エネルギー開発などの分野で先導的な役割を演じています。京都議定書の「クリーン開発メカニズム」(P.144〜45)に基づけば発展途上国で高度な再生可能技術を開発する機会は豊富にあります。発展途上国の多くは太陽光、風、海流などに富みますが、必要な投資資金が不足しているのです。

原子力や武器を含む南側に移転された多くの新技術に、南北の不均衡が反映されています。「適正技術」を開発しようと、関係機関が努力を重ねたにもかかわらず、それは南側にとって金がかかりすぎ、無用の長物か、はっきりいって有害であることがわかりました。適正技術というのはE・F・シューマッハーが表した概念です。

国際機関はその一方で、技術移転の社会的・経済的・環境的意味合いに関心を募らせてきました。たとえば国際労働機関(ILO)は、新技術(とりわけ太陽エネルギー、マイクロエレクトロニクス、生命工学、新素材など)を発展途上国の伝統的技術と融合させるため、世界的規模の研究計画を行っています。一連の先導的事業は、失業その他の混乱を招くことなく、生産性と競争力が向上するような技術融合を探求しています。

人類は複合技術の時代への途上にあります。このとき、宇宙時代のノウハウは伝統技術と手を組み、高次と低次の技術がいっしょに機能するのです。そして労働集約型技術も適宜使い分けられます。しかし、私たちの技術は両刃の剣であると地球規模で認識して、開発には条件をつけるべきです。資源の有効利用、汚染の規制、環境保全に全力を注がなければなりません。人類が必要としているのは、あの女神ガイアのような技術です。すなわち、持続可能で、エネルギーの無駄のない、多様で無害、平和的な、人間本位の技術が必要なのです。もちろん、どれひとつ欠けることがあってはいけません。

北側の先進諸国

公害の規制

農業と農村地帯

特許の公開
新しい製品を守るための特許は、ほとんどは北側に登録されています。世界知的所有権機関は、世界中でこれまでに100万件出願された特許の登録をしてきました。発展途上国は、特許協力条約(PCT)に署名している123国のうちの69国にあたり、2003年の出願は11%増しでした。

南側の発展途上国

地方の技術　都市の技術　農業と環境

多国籍企業からの技術移転
先進技術を得る道はたいていが工業国で生まれています。多国籍企業が南側諸国に移転する場合、「適した」経済環境をもつ国々に集中します。それ以外は対外援助に大いに頼ることになります。主導企業は発展途上国が基礎研究と応用技術の両面で独自の技術的な基盤をつくる手伝いも行なうこともできます。アメリカの多国籍企業はインドに研究開発センターを作り、ソフトウェア開発、幹細胞研究、製薬などの先進技術の研究にまつわる活動をするインドの科学者たちの技術的専門知識を活用しています。知的資本に富む発展途上国に研究開発を移すことは21世紀初頭の世界の資本主義企業の筆頭事項となっています。

多国籍企業

環境

適正技術
北側の社会的基盤、風習、教育制度のもとで生まれた技術は必ずしも南側の役にたつとは限りません。とくに地方の生産性の向上や雇用の改善に関してはなおさらです。1960年代にE.F.シューマッハーは、より実用的な援助を、と知恵をしぼっているうちに、適正技術という考え方を思いつきました。やがて適正技術の成果は広く認められるようになりました。中間技術開発集団は、小型発電機など、どこでも使える安価な器具の開発プロジェクトを援助しているのです。

248 文明の運営と管理

貿易と開発

世界の危機は複雑にからみ合っていますが、それを除こうとする試みは大抵その時々の市場の状況によって脅かされます。世界的規模で拡大する経済的不安をなんとか解決することは、需要をつくり出す点でも、供給手段を分担する点でも、南北が互いに依存し合っているということを認識することでもあります。そのために無数の方策が提案され、そのなかで議論に値するものが3つあります。その3つを要約すると「市場がいちばんよく知っている」「市場は変わらなければならない」「南の市場は北の市場とのつながりを切るべきだ」となります。「市場派」は根本問題を政府の過度な介入であり、これが市場本来の機能をさまたげていると見ます。価格統制や保護貿易や補助金政策は、企業家にとってはよくない印で、資源の配分を誤らせます。市場派は、最も貧しい国から最も富める国にいたる、発展の連続という見地で考えているのです。その裏の意味は、最貧国でも自力ではい上がることができるということです。

これに対して、「改革派」の主張によれば、国々は平等な立場で競争してはいません。立場の弱い国を動かすには、全地球規模の方策が必要です。彼らの見解は、ブラント委員会の報告に、説得的に述べられています。たとえ自由市場が貧しい国に恩恵をもたらすとしても、それはあまりにも時間がかかるでしょう。「分離派」は、改革に失敗して幻滅している人たちと、国際的資本主義制度は改革しようとしまいと発展途上国にとっては有害だと信じている人とが連合しています。分離派のなかには、北側の富裕な経済から南側の完全分離を目ざすものもあれば、南側どうしの貿易や協力の拡大を選ぶものもあります。あるものはまた、この道も最終的に北側の利益になると信じています。北側の貿易の取り分は比率的には小さくなりますが、地球全体の経済のパイが大きくなるというのです。

1980年代の初めまでは改革派が最大の票を集めていましたが、最近では市場本位の解決のほうへ重心が移ってきています。北では不規則な経済成長、南では債務問題の長期化といった経済問題の今後を展望すると、南側の苦境はさらにひどくなることがわかります。

このような現状の世界市場を管理しようとするならば、市場自身の調整機能、ブラント流の改革、発展途上国間の協力の拡大などを組み合わせた、多少実際的な方策をとらなければならないとの点に関する合意はしだいに広がっています。成功するか否かは、進んで経済上の独断を捨て去り、それに代わる管理方法を実行するかどうかにますます左右されるのです。

相互依存と共生の時代へ

北側のなかには、発展途上国なしでもやっていけると思い込んでいる人もいますが、彼らは間違いをおかしています。先進国は、発展途上国へ製品や技術を輸出して金を稼ぐだけでなく、南側から輸入する燃料、鉱物、食糧に頼らざるをえないのです。北アメリカと日本の工業製品輸出のうち、発展途上国向けの占める割合はそれぞれ40%と60%です。仮に南側の国で需要が低下すれば、すぐさま北側にも大きな影響が現れます。北側と南側の国々は、互いにまったく拘束されず独立していると思いがちですが、自給自足が望ましい場合があるとはいえ、地球レベルで考えた場合、大切なのは相互依存にほかなりません。

地域別の世界輸出に占める割合の変化

−20 / +20
−15 / +30
−10 / +40
−5 / +50
0 / +60
+5 / +70
+10 / +80
+20

北米 合計9,960億ドル 米国7,240億ドル 13%

中南米 合計3,770億ドル メキシコ1,650億ドル 5%

北側／分離／南側／バーター取引

より公正な貿易へ

関税や見えざる保護主義の障壁、政府補助金、不利な交易条件や不安定な価格——これらはすべてからみ合っています。そして小さくなりつつあるパイの分け前をめぐる争いの兆候であり、またおもな原因でもあるのです。ダンピングや南北間の輸出入束縛も、国内の食糧生産に水をさします。世界全体のパイが大きくなる前に、より公正な貿易が各国共通の目標とならなければなりません。貿易障壁を取り除き、工業製品の価格を物価桁数に連動させ、産業基盤を再結成する必要があります。とりわけ重要なのは、国内の開発と、食糧の安定供給の促進です。

より大きなパイの共有

今日の国際貿易には多少その名が知られるようになりましたが、バーター貿易といわれる物々交換取引があります。広い意味では、現在世界貿易で占める割合が増えているかもしれません。純粋な意味でのバーター貿易は、たとえば、生ゴムとカカオ豆、材木と輸送機器、石油とあらゆる物品の交換などを指します。おもに外貨不足で通常の取引ができない発展途上国間で行われています。「求償貿易」は輸出者が輸入者から見返りに商品を買います。「買いもどし」は生産施設の輸出者がその施設でできた物をいくつか買うことになります。

世界の製品輸出に対する割合

1990年
- オセアニア 1.4
- 中南米 4.3
- 北米 15.1
- アジア 21.6
- 中東 4.0
- アフリカ 2.4
- 中央・東ヨーロッパ 5.5
- 西ヨーロッパ 47.6

2003年
- オセアニア 1.1
- 中南米 5.2
- 北米 13.3
- アジア 26.9
- 中東 4.0
- アフリカ 2.3
- 中央・東ヨーロッパ 5.3
- 西ヨーロッパ 42

1990年から2003年の貿易

世界の商品輸出における発展途上国の割合が確実に増加し、2003年には29%になりました。伸びが顕著だったのは中国で、輸出額が620億ドルから4,400億ドルに増えました。先進国では、北アメリカの割合がやや減少して13%になりました。2003年の上位輸出国を見ると、ドイツとアメリカがともに10%で首位、次いで日本と中国が6%でした。30位以内には、東ヨーロッパで唯一ロシアが2%未満で入りました。世界の商品貿易のうち、工業製品は約3/4、農業製品は9%、鉱業製品が13%を占めました。

北側と南側の分離

植民地時代に確立した伝統的な市場構造は、速いテンポで変化しています。それゆえ、いたるところで「新たな保護主義」が台頭してきました。ところが、先進国は現在の地位を守るためには、貧しい発展途上国を「経済的従属」の状態においておかなければならず、すすんで不公平な取引を改善することなどけっしてないだろうと主張する経済学者もいます。発展途上国にとって最後の望みは、先進国経済から完全に分離し、国際資本主義の束縛から逃れることであると信じている者もいます。

貿易の利益

過去20年、世界貿易は年間平均6%成長してきました。これは世界生産高の2倍の速さです。発展途上国内の世界貿易の成長がもっとも速く、他の発展途上国を相手にした輸出は1990年の28%からおよそ40%にまでなりました。自国の経済をオープンにすることが、特定の品の生産について比較優位性を発展させるために不可欠となりました。このように"新しいグローバライザー"(世界銀行による呼び名)の国々において、絶対的貧困は1993年から1998年にかけて1億2千万人以上減少しました。貿易自由化による利益は10のうち1つ以上の項目において経費を上回ることができます。商品貿易の壁を取り除くことで得られる予想利益は、1年あたり2,500億ドルから6,800億ドルまで幅があります。この利益の2/3は工業国のものとなるでしょう。

西ヨーロッパ
合計3兆1,450億ドル
ドイツ7,480億ドル
42%

中央・東ヨーロッパ/バルト諸国
合計4,000億ドル
ロシア1,340億ドル
5%

中東
合計2,990億ドル
サウジアラビア890億ドル
4%

アジア
合計2兆190億ドル
日本4,720億ドル
27%

アフリカ
合計1,730億ドル
南アフリカ360億ドル
2%

自給自足

新NIC　旧NIC

バーター取引

オセアニア
合計920億ドル
オーストラリア720億ドル
1%

世界の製品輸出に対する割合

2003年、20ヵ国が世界の製品輸出の4/5近くをしめました。左図に地域ごとの主要国を示しています。

発展途上国のための安全網

国際的な価格協定はいくつも結ばれましたが、価格安定にはほとんど役だちませんでした。価格の下落による途上国の輸出所得の減少分を補償する制度が、ロメ貿易援助協定で試みられています。こうした画期的な試みが、すべての貧しい国に安全網の役割を果たして、最低限の収入を保証しうるかもしれません。発展途上国のための共同基金を設立しようという動きもあります。低所得国によって輸出される主要品目の生産者と消費者で中央金融機関を創設し、余剰を買い上げ、そしてあらかじめ協議した水準に価格を維持するのです。

独立独行と発展途上国間の貿易

最近増加してきたものの、発展途上国間の貿易は、常識的に考えてもまだ少ないものです。1990年には途上国全体の輸出量の28%を占め、2001年には37%まで増えました。途上国間の取引が少ない理由には、他の途上国がつくった製品を「二流品」として偏見をいだいていることや、輸送・伝達が不便なことなどがあります。さらに事態を悪化させているのは、北側の豊かな市場で売れる限り、どの途上国も相互に補充的な製品を生産するのではなく、競合するものを生産しがちなことです。先進国の貿易障壁に対抗するために、特恵関税制度をつくることは有効です。

新工業国

韓国では労働力の約1/3が製造業に従事しており、賃金は上昇し、サービス産業が伸びています。インドや中国など人件費の安い第二の波の国々が、労働集約的な製品の生産を引き継ぎつつあります。アジアは2003年の世界の製品輸出の29%を占めました。ちなみに西ヨーロッパは47%でした。

世界の富の管理

過去2世紀にわたり、いわゆる北側の裕福な国々とアフリカ、アジア、中南米の多くの国々とのあいだの格差が広がりました。1800年代半ばまでに1人あたりの国民所得の違いはおよそ2対1になりました。この1世紀、とくに1950年代以降に差は大きくなりました。1960年代には、経済専門家によって高い経済成長率が強調され、その恩恵は貧しいものにまでトリクル・ダウンする（したたり落ちる）であろうと信じられていました。しかし1970年代の初めになると、それはできたとしても時間がかかりすぎ、あまりにも不十分なことが明らかになりました。当時の世界銀行総裁ロバート・マクナマラは、1973年の演説で、「富の再分配を伴った成長」へ転換するように指示しました。その新しい目標が保証したのは、貧困者が土地改革によって開発の恩恵に直接あずかり、金融機関をもっと利用できるように改善し、土地も技能もない者には雇用と適切な収入を与えることで、あるはずでした。

この新しい方策の基本原理は、貧困者のために、教育、保健、職業訓練について援助を集中することでした。このほかにも、「基本的要求」を含む実行策や、のちには地域の総合開発計画などの考えも出てきましたが、80年代に世界的な景気後退に襲われました。貧しい国々は相次いで借金に走り、収支の悪化に苦しむようになりました。そのため、社会奉仕、賃金、輸入などを削減し、資源を輸出部門にまわさざるをえなくなったのです。

新興工業国が実質的な進歩を遂げてきたあいだに、人類の相当部分はほとんど進歩していません。後退すら見られ、北側との差を縮めるのに何百年もかかる場合もあるでしょう。6人に1人は最低限生きていくのに必要な収入限度を下回っています。

たとえ世界的貧困を軽減する希望があるとしても、広い範囲にわたって大きな努力が求められることは明らかです。それには貿易および金融組織の改革が必要ですが、これと連携して末端地域の段階でも、所得の分配を促進する遠大な政策や、貧困に対する全面的対策が不可欠となります。国際経済システムは再構築されなければなりません。貧しい国々に輸出の正当な見返りを与え、その天然資源の持続的な開発に投資する財源を与えなければなりません。そして、それは、もっと公正な発展をもたらし、貧困をなくすことのできるような援助プログラムに沿って行われることが肝腎です。国際通貨基金の内部における議決は、南北の利害をもっと公平に反映することが必要で、融資条件の改善を促す必要があります。

格差が広がる危機に対する遠大な提案のなかに、軍事費に課税する方策があります。軍事費は2003年、合計8,800億ドルで、対外援助の13倍にもなります。つまり5％の税金でも440億ドルになるということです。それをODAに回しても、1970年に同意した目標額（援助を受ける国のGDPに対して0.7％）にまだ不足するでしょう。第三世界の貧困はもはや私たちにはまかないきれない贅沢品なのです。

夢のギャップを埋める

GDPの1人あたり年平均成長率（1990～2001）
- 0.0％未満
- 0.09％
- 1.0～1.9％
- 2.0～2.9％
- 3％以上
- 資料なし

受けた対外支援の正価（2002年十億米ドル）

富める国から受けた対外支援の正価（2002年十億米ドル）

団結

現在、貧富の格差を埋めるための組織には、政府をはじめ、国連や各種の援助機関があります。しかし、広がる官僚政治や腐敗政治、その他の政治の無能状態を防ぐよう、南側の発展途上国の努力なくしては、GNP格差を埋めることは不可能なのです。富める国と貧しい国の溝は急速に広がっています。かつては国レベルの問題だとされていた、この貧富の差については、実際には地域的にも国際的にも存在する問題だというのが世界の受け止め方になってきました。世界全体の問題を解決するには、あらゆる組織や団体の活動を通じて、世界レベルでの努力が必要です。クリーンな再生可能エネルギーなどの新技術を発展途上国へ移転すれば、切望されている働き口を作り、輸入石油への依存が減少する効果を生むでしょう（P.246～47）。

海外直接投資（FDI）

FDIは技術の移転や仕事口を作る支援をし、生産性を上げ、さらには輸出額とGDPを高めます。世界中の64,000の超国家企業のうちの外資企業は2003年までに5,400万の仕事口を作りました。これは1990年の2倍にあたります。

中南米とカリブ諸国

「汗の資本」

持続可能な開発の中心には、地方の貧困者の生活水準を高める方策が必要です。小農や村の小工場主は、力仕事や労働対価資本である「汗の資本」の仕事を容易く引き受け、新しい考えを取り入れます。ただし外部からの公正な取引条件が与えられなければなりません。

「裕福なアメリカ人2,500万人の収入は、世界中の貧しい人々20億人分の収入と同じである」
UNDP『人間開発報告書』2003年

2003年1人あたりの国民総所得を見ると、高所得国は低所得国の63倍でした。米国では80倍以上、メキシコなどの急速な発展途上の国でさえドル為替に換算して14倍でした。このように分裂した世界の証拠を示しても、国家経済以外のレベルでの隔たりがさらに大きくなっていることまでは見えません。後発発展途上国は世界人口の11％（7億300万人）が住んでいるにもかかわらず、2,320億ドルの経済力を持っているにすぎません。高所得国は世界人口の15.5％（9億7100万人）が住み、29兆3千億ドルの経済力があります。高所得国が世界のGDPの81％を占め、後発発展途上国は0.6％にすぎません。すべての低所得国（1人あたりのGNIが765ドル以下）、とりわけ後発発展途上国（1人あたりのGNIが310ドル）は所得格差の隔たりを認識しています。これらの低所得国は23億人の人口を抱え、1人あたりのGNIは450ドルです。世界の持てる国と持たざる国とのあいだの著しい格差は、爆発しそうな「貧困という名の爆弾」と同じく、相互に強めあう危機の兆候のひとつです。この危機は幅広い解決策には免疫ができてしまい、悪くなる一方だったことがわかっています。富める国と貧しい国の格差を埋めるにはこれ以上どうすればいいのでしょう。

	FDI流入額正価の GDPに対する割合 （2002年）	債務元利未払金の GDPに対する割合 （2002年）	債務元利未払金の商品・ サービス輸出額に対する 割合（2002年）
発展途上国	2.5%	4.8%	17.8%
後発発展途上国	2.9%	2.3%	7.7%
アラブ諸国	0.6%	2.3%	6.7%
東アジア／太平洋沿岸諸国	3.6%	3.4%	12.1%
中南米／カリブ諸国	2.7%	8.2%	30.8%
南アジア	0.6%	2.5%	11.9%
サハラ以南のアフリカ	2.4%	4.1%	10.6%
中央・東ヨーロッパ／CIS	3.5%	7.3%	17%

移りゆく格差

1984年に本書の初版が出版されてから、格差の輪郭は大きく変化してきました。実際、北と南という言葉の理解さえも変わってきています。現代、いわゆる発展途上国17国に住む10億の人々は中流階級と呼ぶに足る豊かさを手にしています（P.234〜35）。南側諸国の1/4は全体で、アメリカに匹敵する購買力を持っています。さらに、これからの10年間で購買力が倍になり、順位も半分の位置まで上がるでしょう。こうして「発展途上世界」という言葉はますます時代遅れになっていきます。

また、北側のなかに相当数の「南」が存在します。平均的な市民よりもずっと少ない所得しか得られず、この点からいえば貧しいといえる人々がたくさんいます。富める国々にも4,000万人近い失業者がいます。米国に住む3,600万人の人々は公式な貧困ラインより下にいます。とはいえ、最下層の10％の世帯のうち90％以上がカラーテレビを持ち、74％が電子レンジ、55％がビデオデッキ、42％がステレオ、23％が食器洗い機、21％がコンピューターを持っています。南側諸国の住人にとっては、夢にも思わない裕福さと言えるでしょう。

IMFの改革

184の加盟国は、GNPを基準にして出資します。また同じ基準で、「特別引き出し権」（IMFの準備資産）や投票権も決定されます。富める北側先進国が政策を独占しているので、激しい論争が起きています。借り手である発展途上国は、南側の経済に与えられる「治療薬」はいまや経済計画ではなく、北側先進国のマネタリズムと市場志向の利害をむき出しにしたものだと非難しています。少なくとも南側から見れば、包括的な開発の害になるというのです。

私たちはどうなる？

ここ数年の間に絶対的貧困にある人々の割合は減る一方、実際の人数は1990年以来ほとんど減少していません。国連のミレニアム開発目標（MDG）の1は世界の絶対的貧困にある人々を1990年時の半数まで減らすことです。つまり、低所得層と中間所得層の人口の28％であった絶対的貧困者数を2015年までに14％に減らします。2001年には1日1ドル未満で生活している人の数は11億人でした。これは1990年の12億人からほとんど減っていません。

貧国に標的を

最優先すべきことは貧しい国にあらゆる方法で直接働きかけることです。2000年、国連は貧困、疾病、社会的不平等について2015年までに達成すべきミレニアム開発目標（MDG）に同意しました。2002年の持続可能な開発に関する世界サミットにおいて、さらに持続可能な開発に向けて目標を掲げました。MDG1：絶対的貧国と飢餓の撲滅。MDG2：初等教育の完全普及。MDG3：ジェンダーの平等の推進と女性の地位向上。MDG4：子どもの死亡率の削減。MDG5：妊産婦の健康の改善。MDG6：HIV／エイズ、マラリア、その他の疾病の蔓延防止。MDG7：持続可能な環境の形成。MDG8：開発のためのグローバル・パートナーシップの推進。ワールドウォッチ研究所によると、援助国政府の軍事費の7.4％をMDG支援に回せば、年間500億ドルが有効に使えます。2003年、アメリカが対外援助に使った金額は、イラクに対して使った軍事費の1/10でした。アメリカで化粧品に費やすのは80億ドル、ヨーロッパとアメリカでペットフードに費やすのは1年に170億ドルです。援助を受ける国々は、軍事にはなるべく少なく、食糧、健康、教育、雇用に重きをおき、自国の最優先すべきことに適用することが大切です。

負債による破産を防ぐ

南側諸国が経済の発達と持続可能な開発を両立させるには、債務負担の大幅な削減とときには廃止がなければ困難なものになります。千年の節目に、ジュビリー2000というNGOが世界銀行とIMFに対し、返済金が大きくなりにっちもさっちもいかなくなった42の重債務貧困国（HIPC）の債務の帳消しを求めました。2003年1月現在、6ヵ国だけが債務からのがれ、21ヵ国は債務免除の資格を受けはじめたところです。

GNPに関する問題

経済の一般的な指標である国民総生産(GNP)を愛用する人たちがいます。政治家、経済学者、株式市場、メディアをはじめ、経済は絶えず成長しており、市民の富も増える一方だという人たちです。困ったことに、GNPの概念には問題があります。ひじょうに不正確なだけでなく、誤解を招くこともあります。

まずGNPは経済価値を減少させることのある環境と社会の多くの外部性を反映していません。公害や犯罪などの外部性が、GNPの算出法では、小麦畑の農作や子どもの教育と同じように人間の幸福に貢献するものと見なされます。従来のGNPの計算方法では、建設的な経済活動と相反する経済活動を区別しないのです。米国では、廃棄物だけでも公にされている経済の1/10に相当するのではないでしょうか。さらにすべての外部性を合わせると、1/3は占めるかもしれません。米国の企業によっては外部不経済性が営業利益より大きい場合もあるでしょう。たとえばファーストフード産業はコストが膨らみ、経済の動きを邪魔する網のようになっています。また、悲惨な自動車事故に巻き込まれたり、強盗にあったり、離婚問題が長引いていたり、長期間ガンを患ったりすることで、1人の市民がGNPにとても貢献することになります。なぜならいずれの場合も経済活動を生むからです。多くの北側社会で実際に目にすることですが、うつ病の増加により、抗うつ薬と精神療法に使われる金額が上昇し、産出額が大きくなります。

同時に、GNPは市場で見られないプラスになる経済活動と価値の多くを反映していません。つまりGNPは生活の"量"については多くを語り、健康や余暇、治安、環境、その他快適さなどの生活の"質"についてはほとんど語りません。また、脱税、盗品、麻薬などのドラッグ、非合法ギャンブル、詐欺、売買春をはじめとするあらゆる違法な活動は秘密裏に行われ、市場経済活動には含まれません。これらの活動は多くの国でGNPの10%を占めます。インドでは非公式の経済は公式な経済とほぼ同じ30%を占め、ロシアでは多くの市民がやみ取引で生計を立てていることもあり、半分を占めているかもしれません。ロシアは裕福な人であふれた貧しい国ではないでしょうか。GNPは、国民純所得、持続可能な経済福祉指標、真の進歩指標などのより現実的な指標にとってかわられるべきでしょう(P.254～55)。

以上のことから、GNP概念の抜本的改革なくしては「持続可能な開発」という課題を達成できないでしょう。主流となっている経済学の考え方でシステムを微調整できるとはいえ、私たちが経済というエンジンの大部分を再設計する必要があります。人間の幸福はもちろん、「持続可能な開発」をいかに熱心に確立しようとしても、現在の経済モデルでは大きな岩を険しい山に積み上げているだけなのです。

真実の経済

真の進歩指標(GPI)
GDPの下方コストを考えるとき、アメリカ人1人あたりの生活レベルは1950年に比べてほとんど上昇していません。リディファイニング・プログレスというNGOの「真の進歩指標」では、家事とボランティアは経済にプラスの貢献をし、環境低下、所得不均衡、社会的機能停止はGNP価を減らすとしています。

成長経済
政治指導者は、私たちが経済を無限に成長させる努力を何がなんでも続けなければならないといいます。しかし、成長の量を無限に増大させ続けることはできません。それに対応できるほど地球は大きくありません。しかし、より少ないものからより多いものを得ることを可能にするエコテクノロジーのおかげで、成長の質を伸ばし続けることはできます。地球を開発するために地球を拡大する必要はないように、社会を開発するために経済を拡大する必要はありません。

経済成長と人間開発
つきつめた問題は、経済成長が必然的に人間の幸福を促進するかどうかです。過去も現在も、発展途上国の場合、経済の進歩が人間の幸福を高めるということは正当です。しかし、いわゆる先進国(誤って、または過度に進歩した国ともいえます)では疑問です。いくつかの国は、過労、ストレス、ラッシュ、地域価値の低下、希薄な人間関係、大規模汚染、ごみ、原料と主要な天然資源の使い過ぎなどによって、経済の進歩を人間の幸福で買ってはいないでしょうか。現在の平均的なアメリカの家庭は1980年の半分しか収入がありません。それでも生活様式を満たすことにおいて同じような向上を期待するのでしょうか。

英国の暗黒街

英国の組織犯罪は国に年間400億ポンドの負担をかけています。ギャングがドラッグの取引、密入出国請負、詐欺などで利益を得るのです。この額は英国の防衛費に相当し、組織犯罪、VATおよび間接税の詐欺による歳入損失、産業コストなどから得られる利益に基づいて推定されています。

外部不経済性

環境汚染やごみ、犯罪など、多くの外部性はGNPに反映されません。

壁の穴——行方不明のレンガ

GDPは、健康、余暇、治安、環境、さまざまな快適さなど生活の質を考慮にいれません。また裏のビジネス、つまり脱税、盗品や麻薬などのドラッグ取引、違法ギャンブル、詐欺、売春など多くの違法な非市場活動も含みません。

「GNPは詩情の美しさ、人間関係の強さ、公衆の議論にある知力、公人の誠実さを含みません。裁判所の正義、互いのやり取りの公正さも含みません。大気汚染、煙草の広告、医療費は考慮に入れますが、子どもたちの健康、教育の質、遊びの楽しさは考慮に入れません」

ロバート・F・ケネディ、元米国上院議員

幸福の経済学

自国が不足の問題から過剰の問題に移行していると多くの国が自覚しています。道路には自動車があふれ、運転する場所が足りないほどです。食べものは豊富で、肥満に悩む人も増えています。買うもの、見るもの、することが多すぎて忙しく、それらを楽しむ時間がありません。その結果、最近は、経済進歩が確実に人々の幸福感を高める方法という、奥深く、また差し迫った分野の研究が増えています。

問題は、過去数十年の間に報告された幸福感はほぼ同レベルだったとはいえ、なかには下降しているものもあることです。低所得の人は所得が上がると幸福感も上がりますが、収入が年間1万ドルに達すると、多少の増収があってもさほど幸福感は得られません。それでも政府はずっと経済を前進、上昇させるべきでしょうか。

100年後のGNP成長を推定します。複合成長のおかげで、多くの政府の目標である3.0%の年間経済成長率を持続し、人々は19倍豊かになるでしょう。だからといって、19倍の自動車、19倍の住宅、19倍の休暇が必要でしょうか。19倍の時間不足、19倍のストレス、19倍の不幸が待ってはいないでしょうか。

環境の価値

環境にまつわる物もサービス（給水、土壌保持、遺伝子資源、大気や気候そのもの、など）も市場では売られず、それゆえ値段もつけられず、価値がないとされてきました。これが、資源が広範囲に乱開発されてきた主な理由です。幸い、国際的な経済学者チームが「シャドウプライス」という計算法を思いつきました。それによると市場価格のないものは世界中で年間33兆ドル（1988年）の価値があり、GNPに含まれる市場商品の価値とほぼ同じでした。つまり、世界中の天産資源は、世界中の国民生産と同様に価値があるのです。

発達する経済と成長する人間

経済は人間にたとえることができます。新生児は成長に必要な原料をただただ求めます。その後もなお多くの原料を求めます。こうしてハイティーンまで身体的な成長が続きますが、突然永久に止まります。しかし、だからといって人間がさらなる成長を得られないわけではありません。それどころか、最も豊かで最も長い成長の段階が待ち受けているのです。心理的、感情的、精神的な成長です。私たちの経済に青春期の旅を終わらせ、より大人の成長に乗り出させるにはどうすべきでしょうか。

新しい経済学

「経済学」という言葉の語源となったギリシャ語は、本来「一家の切り盛り」を意味しており、地球という我が家を損なわないように保護することが必要だとの新たな認識にぴったりの意味といえます。しかし、北側諸国主導の経済構造は、私たちの「家」を切り盛りするどころか破壊しており、経済を支える環境資源に荒廃をもたらすだけでなく、人間社会も大いに混乱させています。

それでもなお、私たち「ホモ・エコノミクス」は今まで経済的成長と定義されてきたものを求めてやまず、経済発達と幸福の間に存在するとされてきた関係を強化しました。同じく「エコノミック・アニマル」はGNPをはじめとする物質的な指標で発展を測ろうとします。人生で最良のことは物質ではないという考えには目をつぶるのです。

しかし、そういった従来の経済指標では、終わることのない経済成長の価値を見極めることも、それによりだれが最も得をするのかを問うこともできません。社会において保証されている自由や、メディアの普及率、所得の配分についても示されず、砂漠化や酸性雨、オゾン層の破壊といった気候変化の問題についての考察もありません。たとえば、国中の樹木を伐採し、それで儲けた金を投機に使い果たした国でも、1人当たりのGNPから判断すれば、国民経済計算の上では豊かになったように見えるでしょう。しかし、他の多くの点で、自国の未来を完全に投げ出したともいえるのです。

新しい経済学の大前提は、環境に配慮し、持続可能なレベルでの経済成長を促すことです（P.252～53）。そうしたシステムのもとでは、生産や処分の過程で環境に与えた影響が直接に商品やサービスのコストに反映されるでしょう。貧困の罠をなくすこともまた重要な目的です。

新しい経済学は、貧しい人々も自分たちの需要を満たすことができ、個人のレベルであれ、国や地域のレベルであれ、持てる者と持たざる者の差が縮まるようなシステムを生み出す方法を探求しています。新しい経済学のもとでは、金銭が本当の意味で人間を幸福にしてくれる豊かさを反映し、持続可能な経済活動を刺激するものでなければなりません。金は断じて富そのものではないのです。

今、必要とされているのは、人々が持続的に自活する能力を高めるような新しい経済学です。それは、企業利益本位の経済学ではなく、人々や地球の幸福を第一に考えるものでなければなりません。毎晩歯をみがきながら自分に問うてください。1本のバナナ、1ガロンのガソリン、1杯のコーヒーの生産にかかった費用を完全に払っただろうか。環境や社会に対して、またその他の「目に見えないもの」の費用を払っただろうか。私たちは数年に1度しか政治指導者に投票できませんが、「善良なる人々」への支持を表すため1日に何度も金で投票することはできます。

ゲームの新しいルール

「"国民総生産"のような狭い指標に基づいて複雑な社会を運営しようとするのは、油圧計以外の計器を用いずにボーイング747機を操縦するようなものだ。」
　　　　　　　　　　　　　　　　　ヘイゼル・ヘンダーソン

世界経済とそれが人や地球に与える影響をゲームにたとえると、競技の方法を規定する新しいルールが久しく待ち望まれています。実際、「勝ち」と「負け」の概念自体、根本から考え直さなければなりません。経済活動に点数をつける主な方法として、国民総生産（GNP）があげられてきました。この方法は基本的に市場の商品やサービスの販売価格を反映しています。GNPの向上は、経済成長を意味するため、善とみなされています。しかし、その成長の環境面での意味はまったく斟酌されません。エクソン社のタンカー「バルディーズ号」が流出した石油を除去するのにかかった費用30億ドルもあいにくGNPの増加とみなされます。論理的な計算方法に基づけば、この事件には非常に辛い点がつくでしょう。

幸いにも、今、いくつかの予備的な指標があります。リディファイニング・プログレスの「真の進歩指標」や地球の友／新経済財団の「持続可能な経済福祉指標（ISEW）」などは幅広い見方をします。UNDP（国連開発計画）の人間開発指数は経済成長だけでなく、平均寿命や識字率、購買力などの指標により人間の幸福度も測ります。

新しい経済学は、人と地球の「非市場的」需要に経済価値を与えることで現行の経済計算体系のバランスを正すことを目指しています。ブルントラント委員会（国連環境特別委員会）も指摘するとおり、「どんな企業も資本勘定なしに生き残ることはできません。地球もまたしかりです」

スタート
新しい経済学における私たちの「ヘビとはしご」すごろくは、人類の存続を賭けたいちかばちかの大博打です。うっかりヘビの尻尾にコマを進めた場合は、環境と人間の衰退の道をたどることになります。逆に、はしごの下にうまくコマを進めることができた場合には、私たちの活動の本当のコストを修正するような新しい経済評価体系の確立に向けて前進することができます。

ゴール
新しい経済のルールを学ぶことは基本です。その成功のためには、私たち全員が地球というひとつの共同体に属しているとの認識が不可欠です。不平等が存在すれば、その影響は貧しい人々ばかりでなく、めぐりめぐって豊かな人々にも跳ね返ってきます。私たちの生活は、地球が健康な状態であり続けるかどうかにかかっているのだと認識しなければなりません。新しい経済学はゴールではなく、新たなスタートなのです。

社会の荒廃
1960年から1993年の間に凶悪犯罪件数は7倍に増えました。2000年の件数は1960年の5倍でした。薬物の違法取引は4千億ドルを超えています。薬物は犯罪を引き起こします。

グリーン・クレジット
ごみをリサイクルしたり省エネ商品を買ったりすることで、スーパーマーケットの値引きに使えるポイントを集められます。

健康と教育
健康と教育は、人々の精神的、創造的、肉体的な必要を満たすことによって、誰もが社会に貢献できるようにします。

グローバル税
革新的な開発資金調達源を生む手段として、化石燃料にかかる炭素税の徴収、武器販売の課税、グローバル・ロッタリー（くじ）、飛行機搭乗にかかる税、日に1兆5千億ドルにも及ぶ通貨交換にかかる税などがあります。

ゲームの新しいルール 255

エネルギー効率と省エネ
クリーンで再生可能なエネルギーを支持し、エネルギー効率という比較の場を公平にし、化石燃料から移行します。省エネはとても簡単。

社会的責任投資
金の使い道を、社会的・環境的基準に従い企業審査する基金に向けます。あるいは企業の方針に影響を与える株主行動主義に働きかけます。

化学汚染
10万種にものぼる化学物質が使用されていますが、その毒性についてのデータはほとんど手に入りません。完全に禁止されているものはわずかしかなく、化学物質どうしで、また人や環境との間に起こる複雑な作用についてもほとんど理解されていません。

新しい経済の5段階
◎個人:倫理にかなった購買活動や投資を行い、社会コストや環境コストも考慮に入れた価格の設定を求めます。
◎地方政府:リサイクルを促進し、エネルギー効率のよいサービスを導入します。
◎企業:製品や加工、サービスの内容を改め、環境に与える影響を縮小します。
◎国の政府:環境税や経済的優遇策を導入して、持続可能な経済を奨励します。
◎世界:国際条約によって、汚染や環境破壊、輸入超過を調整します。

環境破壊
環境はあらゆる面で消耗し、傷ついてきています。表土が流出し、砂漠は広がり、漁場は減り、森林は破壊されています。原因の多くは環境と経済をともに衰えさせる歪んだ補助金のせいです。

税
上流からの美しい水を利用しながら、下流にごみを流す汚染者に課税してはどうでしょう。EU指令にはすでに包装やごみ、有害物質、廃車についての規制があります。

エネルギーの過剰消費
現在の化石燃料への依存が、気候変化をもたらす汚染ガスを大気中に大量に蓄積することになります。

誤った消費と過剰な消費
「多いほどいい」から「適量が一番いい」へ、前進しましょう。

より公正な取引と早急な技術移転
この2つがあれば、発展途上国が貧困の罠から出るのを助けられます。

ファクター4と10
新しい産業システムは製品がいかに長持ちするかと材料の少なさ、リサイクル／再製品化できることを強調します。

貨幣外経済
家庭や地域を維持する無給の労働者によって、有給の仕事が支えられていることがあります。良い生活は素敵な物を蓄えることにあるとはもはや信じていない人は、自発的簡素化やダウンシフティングを試しましょう(P.268〜69)

地球の管理
ガイア

【序文】ジェームズ・ガスターヴ・スペス
エール大学森林環境学部・学部長

　環境管理とは何でしょう。深い意味で、人間の営みを自然界と調和させる新しい取り組みといえます。喜ばしいことに、私たちは今環境管理について考えるにあたり、必要かつ時機を得たパラダイムシフトのただ中にいます。1970年、近代における環境への関心が芽生えましたが、そのスタイルは対立的でした。つまり、企業は敵だ、「訴えろ」がモットーだったのです。今日、私たちは対立するよりも協調すべきであることを知っています。企業も同じ船の乗客であり、船の外に追い出してはなりません。私たちみなが、環境保護主義者でなければなりません。

　1970年、私たちは反対派でした。今は賛成派でなければなりません。当時、問題を明らかにしましたが、今は解決策を考えなければなりません。当時、起きたことに対応していましたが、今は先を見なければなりません。

　1970年、技術は私たちを混乱に陥れた悪魔でした。今は技術によって混乱から抜け出なければなりません。当時、市場の力は私たちを崖から突き落とすものと映りました。今は経済的目標だけでなく環境的な目標にも向かって市場を導くことができ、またそうすべきであることがわかっています。

　1970年は「汚染者に足枷をせよ」でした。今はより良い解決策を示せるなら、がんじがらめの規制から汚染者を解放します。

　1970年は環境保護でした。今は持続可能な開発です。とりわけ貧困国での持続可能な開発が重要で、貧困国が貧困から抜け出る目標を達成しない限り、生物圏の持続はできません。もちろん、富裕国の持続可能な開発も大切で、GDPを3％成長させることよりも大きな目標です。

　1970年は国家規模でした。今は地球規模です。汚染は地球規模になり、種も地球規模になりました。私たちもそれにならわなければいけません。環境にもグローバル・ガバナンスが必要です。世界貿易機関に匹敵する世界環境機関も必要です。とはいえ、すべての行動は足元からです。

　1970年、環境部門を独立させてつくりました。今は経済部門を環境部門にしなければなりません。政府機関は、環境保護機関でなければならず、問題ごとに対処していたアプローチは、混乱とそれに伴う変化のなかで生物圏を持続しようとする立場にたつ包括的アプローチに取ってかわらなければなりません。

　1970年、上意下達のアプローチでした。今は革新的な下意上達の、草の根型のアプローチをとらなければいけません。つまり即興で、創造的、楽譜なしの環境のメロディを奏でるのです。

　1970年はあまりにエリート主義でした。今は平等を強調しなければなりません。国の内外の平等、男女間の平等です。加えて未来の世代のための平等も必要です。私たちは貧者、マイノリティー、先住民をことあるごとに無視してきました。今彼らの環境権を擁護すべきです。

　1970年、私たちは政府にリーダーシップを求めました。今は政府が一緒であろうとなかろうと、自分たちが行動を起こさねばなりません。企業が政府より進んでいることはよくあり、科学者が政府より進んでいることもよくあります。また消費者と環境保護主義者も政府より進んでいることが多いのです。

　1970年、私たちは火星人でした。今は金星人とならねばなりません。当時、物事を要素に分割し、その個々の問題に対処するために合理的な攻撃計画をたてました。今は最も重要な資源が人間の動機づけ、つまり希望、好み、自然や仲間の人間に対する思いであると知っています。今必要なのは、伝道者、哲学者、心理学者、さらに詩人でもあります。W・S・マーウィンは次のように述べました。「世界が終わる日、私は木を植えたい」。

　環境管理の古いパラダイムは、当時には必要で適切でした。今、より良いパラダイムを手に入れなければなりません。

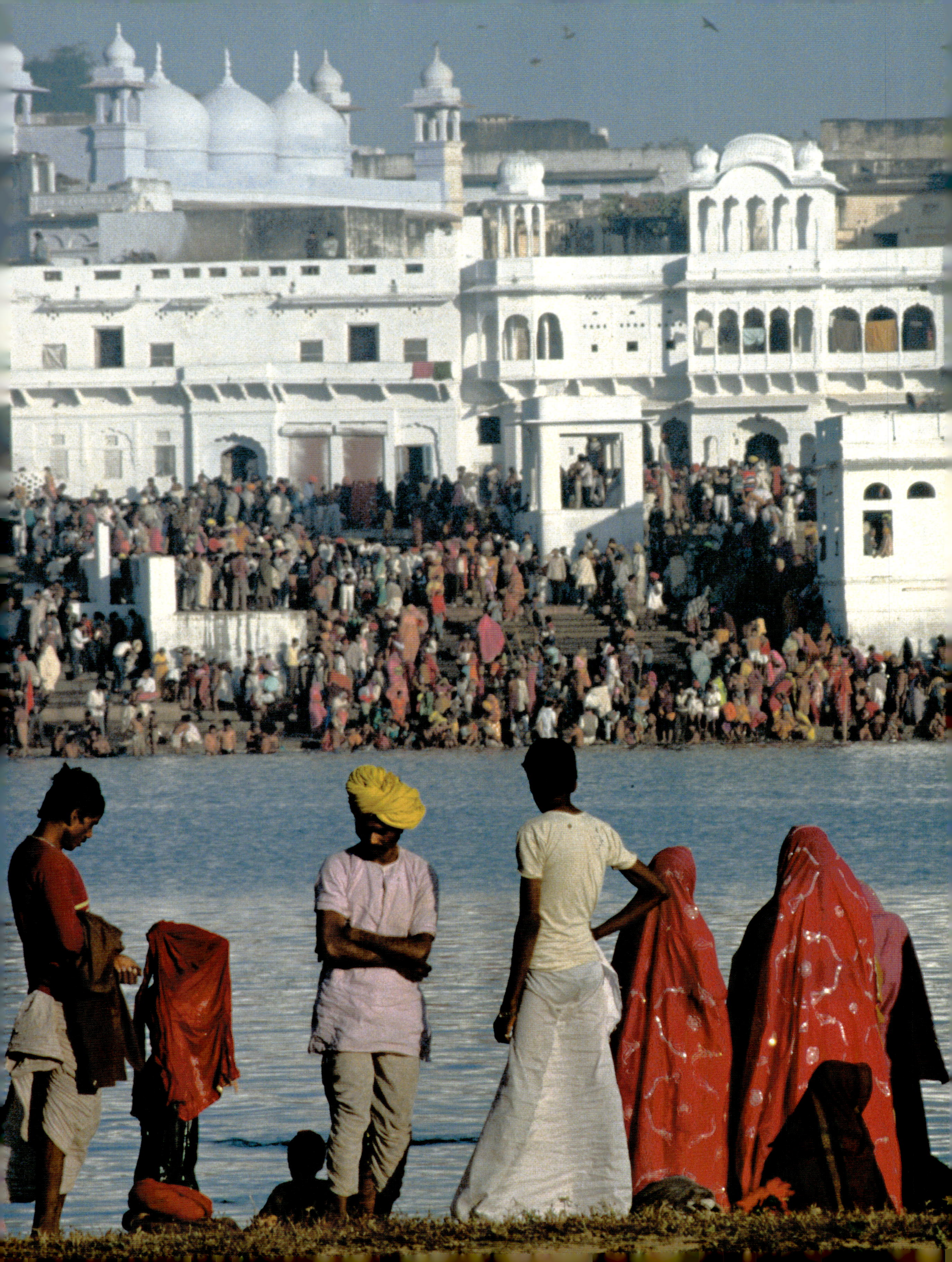

地球管理の可能性

　私たちが住んでいる世界は、小国から超大国までの、230を超える国家に支配されています。この国家体制は今でも主要な役割を演じており、好むと好まざるに関わらず、これからもしばらくは続きそうです。わずかながら古い国家もあり、たとえばエジプトは5000年も前から続いてきた国家でした。しかし、大半は新しい国々で、およそ150が建国からわずか50年の若い国家です。

　典型的な国家とは、多数の人々が決まった領土に住みつき、主に共通の歴史、文化、言語、宗教などによって結ばれています。とはいえ、多くの国家では統一はうわべだけのものです。民族集団（ネイション）としばしば呼ばれる大きなマイノリティー集団が、国家内に事実上、独立の民族（ネイション）を形成していますが、ただ彼らを適切に代表する政府を持っていません。

　表面だけの国家統一がいかに脆いものかは、旧共産圏の東欧や旧ソ連で起こったことに表われています。かつて、内部にあった民族主義は、共産主義という蓋をされていました。ところが、独裁体制の崩壊、ソビエト連邦の解体、共和国の独立によって、民族主義の熱い渦が解き放たれ、いつ爆発してもおかしくない時代に入りました。それでもなお、国際レベルで国民国家が貿易、商業、通信の耐久性のある道具であることは実証済みです。他のいかなる管理体制も、集団生活の基盤としては国家に及びません。

　国家も他の家族的な集団と同じように、ささいな喧嘩、不和、全面的な衝突に苦しんでいます。悪くすれば、国民国家は致命的な分裂の道具にもなりかねません。しかし、国家指導者の多くは、自主権を宣言しているものの、それは美辞麗句にすぎず、実は国どうしの関係の処理に日々追われているのが現状です。貿易の流れ、貨幣の流通様式、インフレの連鎖、その他無数の関係によって、国々はそれぞれ、他国の事件にいっそう深く巻き込まれるようになっています。

　現代国家は多くの難題に直面しています。これをうまく処理するには互いに協力し合う以外になく、独立を相互依存に置き換えていかざるを得ないのです。これらの問題には、戦争やテロリズムの脅威をはじめ、エネルギーと食糧供給の問題、二酸化炭素の蓄積の増大といった環境問題などが肩を並べています。

　新国家の形成は今もまだ終わっていません。民族の対立によって既存の国家は崩壊し、小さな国民国家が多数生まれました。しかし一方で、各国政府が主権の一部を超国家的機関に委ねる動きも見られます。内的な崩壊と外的な集合は、新しい地球規模の体制へと向かう産みの苦しみと言えるでしょう。

再生する国民国家

　私たちは変革の時代に生きています。それは大きな希望とチャンスの時代です。私たちは今、国民国家が不死鳥のように冷戦後の灰の中から蘇ってくるのを目にしているのです。古いイデオロギーは自由を求める激流に押し流されていきます。世界のいたるところで、人々はより公正で公平な未来を要求しており、これを民族自決、個人の自由、民主政権の確立という形で求めています。独裁政権でさえ、もはや立ち上がった民衆を無視することはできなくなりました。しかし、チャンスは移ろいやすいものです。混乱の長期化が民主化を遅らせ、外からの介入を招いている地域も少なくありません。より安定した、新しい国家の仲間という関係を築くことは非常に困難です。政府がみずから変革を行うことは稀で、民主化あるいは革命といった圧力を受けてやっと動き出します。旧ソ連のような超大国が突如、内から崩れ去ったことはかつてありませんでした。これに、巨大な非市場経済から自由市場経済への急激な移行によって生じる混乱が伴ったとき、その結果起こる物資の欠乏、国内経済の危機、民族紛争、大規模な無秩序状態が、外国嫌いの攻撃的な政権の出現につながってもおかしくありません。

民族主義の時限爆弾

民族紛争が最大の緊張要因となり、民主化の進展をはばんでいる地域は少なくありません。東欧諸国はいずれも相当人口の少数民族を抱えています。たとえば、ユーゴスラビアにははっきりした支配的民族集団がなく、流血の末に多数の独立国家に分裂し、泥沼状態です。チェコとスロバキアの両共和国とルーマニアにはハンガリー系の民族集団が存在し、また100万人以上のポーランド系住民が旧ソ連全域に散らばっています。民族主義の暴力は旧ソ連からの各共和国の独立に汚点を残しました。ナゴルノ＝カラバフ自治州、クルディスタンがその例です。東欧や旧ソ連における国内の民族紛争は国家間の対立に発展する可能性をはらんでおり、一部が武力衝突に至ることもあるでしょう。

再生する国民国家 259

地方、地域、地球

国民国家は、地方と地域と地球という各レベルの利益と権力を結ぶ水路として、中心的な役割を果たしています。議論と意思決定においては、その影響を受ける人々がなるべく密接に関われる仕組みが必要です。地球規模の問題には地球規模の話し合いの場が必要なのです。しかし、地方の問題にはその町や地域社会の会合のほうが、遠い中央官庁から来る命令よりふさわしいでしょう。たとえばスイスは23の郡に別れ、それぞれが独自の憲法を持ちます。中央政府は住民投票によって住民全体の意見を調べる行政機関として機能します。

湧き起こる民主主義

専制的な支配は影をひそめつつあります。全世界的に見ても、民衆は平和と民主主義と人権と効率的な経済システムを求めているのです。一世代前にはラテンアメリカの人口の大多数が独裁政権下で暮らしていましたが、現在ではほとんど全員が民主的に選ばれた政権のもとで暮らしています。東欧と旧ソ連の共産主義体制は崩壊しました。また、東西ドイツは平和的に統一を果たしました。中国、キューバ、北朝鮮、ベトナムでも共産主義体制は変化を迫られています。

国際機構と地域機構

この数十年の間に、国の数は多くなり、国家主義の気分が高まってきましたが、同時に国際主義も成長しました。国際間で必要なことの世話を一手に引受ける目的で設立された組織が、いまではたくさん存在しています。

国と国との相互依存がひろがるにつれ、それを反映して国際組織の網の目もひろがっています。このことは、私たちに勇気を与えてくれます。たとえ超大国であっても、何もかも自分の思い通りにする力はありません。国の間や国のなかの論争は、世界の世論によって、しばしばその結果が左右されます。それは、ほとんどの国の政府がすっかり知りぬいている事実です。よい広報活動は、火器よりも、多くの戦いに勝ち得るのです。このように、国と国とが、共同社会としての相互依存を急速に拡大したことは、現代の最も目ざましい変革のひとつです。地球村がますます複雑になっていくことに、私たちは気おくれすることはありません。常に増大する人類の要求に適合するための、たいへん多様な材料に出会っているのだとみるべきでしょう。

事実、2つの大きな試みが、切迫した危機の時期がきっかけになって生まれました。第1次世界大戦は国際連盟を、第2次世界大戦は国際連合を生んだのです。1991年の湾岸戦争では結束を強くしました。今日の人類は、さらに偉大な挑戦に向かっています。将来のどんな危機にも先んじて、共同の努力が劇的に可能になるような、よりすぐれた組織を築く必要があります。

すべて悪い兆しばかりではありません。敵意がふき出すことはあっても、国と国との共同社会は、協力について相当な力量を示しています。事実、国際関係の網のなかで、どの国も自発的に自分の役割を果たしています。すでにたくさんの地域的機構とより広域の諮問機関があります(右図)。国家主権にまで踏み込んだ、結合の強い集団として、北大西洋条約機構(NATO)があり、また南北をつなぐ組織としては、英連邦があげられます。全世界的段階では国際連合があり、はば広い活動、団体、専門機関とともに、おおよそ全世界の関心にこたえて、ほぼ全世界の国々が加盟する組織になっています。

さらに、国際関係の基本的単位である国民国家はその権威と自主性の大半を国際機関に移しつつあります。また権力も市民社会やあまたある市民団体に移行しています。市民団体はそれぞれ統治の手段を持ち、政府と肩を並べています。このように国民国家の役割の減少は、500年前にはじまった国民国家の制度史上、最大の変化になりつつあります。

何十年もかけて国家政府が努めて多くの成功談を生んできたにもかかわらず、これまでにない速さで後退しはじめています。問題が次から次に生じ、巨大な岩を急勾配の山の上まで押し上げることを求められているのです。どうすればこのゲームを有利に運び、諸問題がそもそも問題になるのを防ぐことができるのでしょう。

かけがえのない地球の、いくつかの基本的資源のなかでも、社会はかけがえのない存在です。経済的にも環境的にも意味のある方法で、国々の協力体制をさらに拡大し、ジグソーパズルのピースを1つにまとめるには、私たちはいかにしたらよいのでしょう。その答えは、組織の障害となる惰性と近視眼的思考に取り組むことです。

国際主義者のためらい

世界は綱渡りをしているようなものです。ですから危険防止の安全網が必要になります。自国の利益という視点で、大きな生物圏という機関をみているかぎり、戦争ばかりでなく、ほかにも環境破壊の危険をおかすことになります。私たちは、以前にも安全網をつくったことがあります。たとえば第1次世界大戦を契機にして生まれた国際連盟、第2次世界大戦で生まれた国際連合です。しかし、私たちはこれから起こりうる第3次世界大戦の核爆発を待って、それから有効に改良された安全網を張るという悠長なことをいってはいられません。

すでに安全網を編む材料である撚り糸ともいえる多くの協力組織が存在しています。1つの中心は、国際連合と多くのその専門機関であるにちがいありません。そのほかの撚り糸になるものは、1950年以降生まれた多くの地政学的組織です。たとえば、EUやOAU、コメコン、ASEANなどです。NATOのようにより結合の強い集団やOECDなどより広域の諮問機関があります。これらは新たな地球の安全網に織り込まれる必要があります。新しい国際秩序を作るための積み木を供給する助けとなります。ためらう国際主義者たち、つまりこの50年で新しくできた機関は、500年の間にできたどの機関よりも大きな改革をもたらすと思われます。

毎日、宇宙での国際共同研究や航空郵便から、eメールやインターネットで知識を広げたり商売をしたり、細い糸のような地球的な活動が、人類を1つに結びつける一助となっています。しかし、新しい安全網は完全というにはほど遠く、すでに多くの場所ですりきれています。新しい撚り糸をすぐにも足さなければなりません。というのも、私たちには綱渡りの長い道が続いているからです。

破れやすい安全網

過去の安全網は、政治協定や外交協定という切れやすい撚り糸にあまりにも頼りすぎてきました。ナポレオン戦年の後、ウィーンで外交官の手でつくられたウィーン体制は、不安定な平和を維持してきましたが、1914年にはばらばらに破れてしまいました。国際連盟は機能的な関係に基づく、より強い撚り糸を考え出しましたが、中心の糸がまだ政治的、外交的すぎました。この安全網は第2次大戦で、寸断されました。3度目の試みは機能的関係をいっそう強化したもので、FAO(国連食糧農業機関)やUNESCO(国連教育科学文化機関)、UNEP(国連環境計画)、WHO(世界保健機関)、世界銀行グループなどの国連機関で結びついています。これらの撚り糸は、半ば完成した安全網をうまく支える助けとなっています。

国際連合

国連組織には数本の肝心な撚り糸があります。それは、総会、事務局、信託統治理事会、国際司法裁判所、経済社会理事会、安全保障理事会、そして、国連環境計画（UNEP）など、大きな成功を収めてきたその他の国連機関です。UNEPはオゾン層保護のためのモントリオール議定書への道を固め、気候変動に関する政府間パネルを設立しました。国連組織は1年に100億ドル使います。これは地球市民1人あたり2ドル以下、世界経済の0.03％以下、軍事費のわずか1％です。しかし、国連は何年もの間、財政危機の状態にあり、重要な活動の削減を迫られています。多くの加盟国が分担金を全額払わず、自発的拠出金も減らしています。2004年9月について見れば、加盟国の未払い金は35億ドルでした。こんなことで国の「連合」と言えるのでしょうか。

誰が気候を救うのか

多くの専門家が地球温暖化は経済発展を最低50年遅らせ、絶対的貧困の状態に多くの人を追いやると認めています。国際テロリズムよりもずっと大きな脅威であると見なされています。気象学者によれば私たちが今地球温暖化を望まないと決めたとしても、現在の状況に気候をもどすためには少なくとも1000年はかかるといいます。政治指導者たちは気候変化が紛れもなく現在のもっとも大きな問題であると考えるものの、何もできないに等しいのです。短期的な視野の選挙周期のため、気候を救おうとすることは政治家個人の利益と合致しません。京都議定書が効力を発するまで数年かかりました。米国は同意せず、国際社会の懸念（化石燃料の排出）より自国の関心（石油）に重きを置きました。米国は世界人口の5％で、世界の二酸化炭素排出量の1/4を排出しています。

新世界秩序とは

私たちは、湾岸戦争時にみずから先導役を担ったアメリカ率いる一極型の世界に向かって進んでいるのでしょうか。あるいは、環境面の健全さ、社会的公平の広がりを願う新しい地球社会の声を、国連が有効に代表する真の多極的な世界へと向かっているのでしょうか。

北と南

国連が地球の安全網のただ1本の撚り糸というわけではありません。英連邦は、政治、経済、文化の様相を異にする多くの国々が一堂に会します。英連邦は、首相の言をいいかえれば、世界の協定を取り決めることはできなくても、世界が協定を結ぶ手助けはできるのです。

地域的な政治グループ

アフリカとアジアのかつて植民地であった地域に、新しい組織ができてきました。アフリカ連合、アラブ連盟、アフリカ経済委員会、南部アフリカ開発共同体、東南アジア諸国連合、アジア太平洋経済社会委員会などです。これらはライン川委員会のような初期の地域機構に続くものです。

法の糸

網の結び目のように、法は大きくなった地球の管理網のさまざまな要素をつなぎとめています。人権や国際関係に関する国際法の本文と同様に、環境問題に関する国際協定もその数が増加しています。たとえば、海洋、湿地、生物多様性、大気汚染、気候変化などに関する条約があります。しかし、各国の支持は十分とはいいがたいものがあります。また熱帯雨林のような多くの重要な地域は、ほとんど扱われていないのです。

諮問の場

先進国にはOECDがあり、これは「先進国クラブ」と呼ばれています。発展途上国には77ヵ国グループがあります。

超国家的連合体

EUなど超国家的集団が生まれ、その数も増しています。しかし、その仕事はけっして容易ではありません。

統合：緊急事態

組織の障害は根が深く、蔓延しており、政府の多くの部門で悪化しています。とくに環境問題にあてはまります。経済的、政治的、あるいはそれ以外の面で、政府の主要組織とその他の統治組織とのあいだで統合が欠けていることに起因します。

問題の核心は、政府が厳密な部門に分割され、私たちが悪影響を被ったことにあります。その分割は、政府の制度を通して環境を政策に取り入れるよう求める変化とは相容れないものです。エネルギー、輸送、および農業の各縄張りには、それぞれの利益と課題があり、互いの活動の邪魔をしあうこともよくあります。需要と供給両方の縮小に重きをおき、まとまった枠組みで機能するのではなく、エネルギー政策はエネルギー供給に対してばらばらのアプローチを行なうことになるのです。輸送政策は自動車文化を推奨し、それ以外の交通手段に損失を与えるほどです。農業政策は、エネルギーを大量につぎこみ、さらに肥料と農薬を過度に使用する持続不可能な農業形態を促進しています。

重要な問題は、環境への関心が明白な常識に照らしてより良く公共政策に反映されないのはなぜかということです。これは、さらに基本的な疑問を浮かばせます。適切な政策イニシアティブが、常日頃から政府制度の特徴になり得ないのはなぜでしょう。これらの疑問は何千年ものあいだ政策アナリストと政治指導者を悩ませてきました。それでも、主要な政治家と政策立案者が真っ向から、こうした挑戦に立ち向かうことは少ないのです。

政府をより良く機能させるには、誰がそこで働いているかを知ることです。主な実力者は誰で、どうすればその人たちに最も影響を及ぼせるのでしょうか。官僚機構の神経節の主要な急所はどこでしょうか。どうすれば短期間（「政治の1週間は長い」）で政府の最優先課題に対抗できるでしょうか。何千年とはいわないまでも何世紀後の将来の世代の権利をいかに制度化すべきかも関わっています。

政府が有機的統一体として全体で合致した政策によって機能できるようにするにはどうすればいいでしょうか。いいかえると、どうすれば部門同士が競い合わず、協調しあえるかということです。どうすれば縄張り競争と帝国樹立に反対できるでしょうか。自ら行動を起こすよりも、反応して行動しがちな政府にどのように対処すべきでしょう（特殊利益団体と有力なロビイストに扉を震わせられる症候群）。環境問題についていえば、通常通りの業務を続けられなくなることを政府にはっきり理解させるのに、大災害の一つや二つ必要なのでしょうか。選択の自由は周囲の状況の力（ますます強くなっていく）によって狭められていくにもかかわらずです。何もしないことは急速に変化していく世界で著しく影響を与えるということを、どうやって政府に理解させればいいのでしょう。新しい変化の本質についていかにして政府を教育すればいいのでしょう。変化はしばしば直線的ではなく、曲線的というより、むしろ飛躍的に生じるものです。

組織の障壁

2つの主要な障害

まず懸念されるのは、政府の経済的統合の欠如です。たとえば、輸送政策はしばしばエネルギー政策と無関係に遂行されます。農業政策は土地の保護政策と無関係になされ、その両方が気候の要因を考慮せず実行されます。加えて、国家政策はそれらがもつ国際的な影響に対して関心が薄いまま案出されます。なによりも重要なのは連携です。それは、国家レベルか世界的レベルかに関わらず、環境という客観的な世界が示すとおりです。英国政府は無公害エネルギー源の支援より、はるかに多く化石燃料に補助金を支給しています。

第2の主要な障害

組織の惰性は、多くの面でこり固まった官界の態度と認識を表します。これはひじょうに強い力で、変化させるためにはいっそう強い対抗力が必要でしょう。主要な障害を引き起こす歪んだ補助金（P.232）の問題を思い出してください。これらの補助金がいまだに残っているのは、例外なく政治的影響力に利益をもたらすためです。また持続可能な開発に関する世界サミット（WSSD）で、政治指導者が問題提議をして美辞麗句をならべながらも、具体的な計画と時間目標を示した特定の政策措置という形で実際の行動を約束するのは慎重に避けたことを思い出してください。その結果、先進国の過剰消費に対抗するイニシアティブは存在せず、発展途上国の過度の人口増加を抑えるには対策は不十分なままになっています。世界の大部分で、森林伐採と種の損失を止める行動はほとんどなされず、温室効果ガスを削減するための努力はおろか、エネルギー効率を高める努力さえなされていません。

WSSD以来、メディアでも、有力な委員会でも、その他の公の議論の場でも、環境原因への言及はあまりありません。WSSDまでの道のりが険しかったとすれば、著しい無関心と、組織の惰性をそのままにしようという潜在的な意識を前にしては、WSSDからの道のりはさらに険しくなるでしょう。政治体に感染する惰性に対する処置を遅らせるほど、部門化された政府の現在の形態はより制度化していくでしょう。

組織の障壁 263

権力の梃

米国政府における環境についての責任の所在は、米国環境保護局といった特別な組織にあるわけではありません。局長が閣僚の地位を与えられることになったとしても、環境問題に対する真の権限は大統領経済諮問委員会委員長、行政管理予算局長、そして財務長官、また貿易、エネルギー、輸送、農業の長官など、総じて経済を司る人々にあります。環境保護局長官ができるのは、環境に害をもたらす経済行為を変えることではなく、事が起こってから被害を抑制することです。基本的な政府の制度は変わらず、組織全体に及ぶ問題に合う規模と範囲で改革が導入される日を先送りするだけです。政策力は組織の惰性にかかっています。

組織のハンディキャップ

政府のリーダーたちは専門という台座の上で孤立し、さらにお互いは有刺鉄線で遮断されています。彼らはまた組織のさまざまなハンディキャップによって拘束されてもいます。そのハンディキャップはこの図が示すように、限られた世界観(頭が地球儀になっている)、長期的展望がない(頭に袋をかぶっている)、限られた自由(両手を結ばれている)、進歩に無関心(耳をふさぐ)、官僚主義に埋もれる(手におえない山積みの書類)などです。

近視眼的思考

「X線はインチキだ」ケルヴィン卿(1900年)

「ラジオの流行はすたれるだろう」トーマス・エジソン(1922年)

「コンピューター約5台分の世界市場がある」トーマス・ワトソン、IBM社長(1943年)

「宇宙旅行は不可能だ」リチャード・ウーリー、英国の王立天文台長(1956年)

「個人は自宅にコンピューターを必要としない」ケン・オルソン、デジタルエクイップメント社社長(1977年)

「誰でも640kのメモリで十分だ」ビル・ゲイツ、マイクロソフト社CEO(1981)

新しいパラダイム

「新しい秩序は作ることより、実行することのほうが困難であり、成功が疑わしく、扱いも危険だ。変化を起こそうとする人たちは古い秩序で利益を得ている人たちのなかに敵をもち、新しい秩序で利益を得る人たちのなかに不熱心な味方がいるだけだ」
ニッコロ・ディ・マキャヴェリ(1490年)

「人口、経済、環境のシステムが、度重なるフィードバックの遅れや、ゆっくりとした物質的反応、限界と崩れつつある構造をもつ場合はいずれも扱いにくい。コンピューター解析において、世界の土地、食糧、資源、また汚染吸収能力は尽きることがない。対処する能力が尽きるだけだ」
ドネラ・メドウズほか(1992年)

「惰性の本質は、規模の利益が生じうることだ。1つの考えが成功すれば、その成功は容易に進められ、社会的政治体制に定着し、それによってさらに拡大することになる。やがて追随者に有利である時と場所を超えてまで普及する。『イデオロギーの固定化』の一例である。愚にもつかぬ考えが正論になることが多く、社会的政治体制にとらわれ、たとえ費用が高くつくようになっても取り除くのが難しくなる」
J・R・マクニール
『サムシング・ニュー・アンダー・ザ・サン』(2000年)

より良いニュース

幸い、生産的な惰性も存在します。それは組織制度内の転換によって引き起こされ、漸進的な規模の多様な利益を生み、建設的な機運を招きます。政府が環境を促進する政策に関われば関わるほど、利益はより明らかになり、政府の各部門と社会の各部に浸透します。一度方向性を抜本的に変えることができれば、伝統主義者の抵抗も組織という有機体の支持に道を譲るでしょう。

地球支持者

　市民社会は多くの体をもつ現象です。宗教団体や消費者団体、株主の団体、労働者の団体、スポーツクラブ、科学関係の団体、サービスに関係する団体、研究センター、慈善基金をはじめ、多種のより専門的な事がらを扱う非公式な団体があります。それらは地方、国、国際間、全世界のそれぞれのレベルで機能します。環境NGOは、メンバーが数人いるだけの草の根団体から、世界自然保護基金のような50ヵ国に事務所を持ち500万人のメンバーを抱える団体まであります。NGOはかつて裕福な国だけに限られたものでしたが、今では中央・東ヨーロッパにも3千の環境NGOがあります。最たる国はハンガリーで、人口1千万人に726ものNGOがあります。

　ほとんどのNGOは活動も影響を及ぼすのも国内だけである（P.266～69）のに対して、INGOと呼ばれる国際的な視野を持つNGOが何万かあり、活動範囲も全世界に及びます。彼らは象のように巨大な機関と、どう見ても動きがにぶい官僚制を、前に引っ張る重要な任務に長けています。（国連貿易開発会議の頭文字UNCTADは、見方によっては「いかなる状況においても何も決定しない」の頭文字だという考えもあります）多くの数と豊かな技能をもってすれば、INGOは重くなりすぎた政府の団体を行動に駆り立てることができます。

　INGOの数は1983年には5千足らずでしたが、2001年には5万にまで急増しました。INGOが世論を喚起し、1972年ストックホルム人間環境会議が開かれたとき、はじめて多大な影響力を発揮しました。これが国連環境計画（UNEP）の設立につながり、大きな成果を上げた数々のキャンペーンが展開されました。ストックホルム人間環境会議では、すべてのNGOが1部屋に収まりましたが、1992年のリオ地球サミットでは数ホールを埋め、さらに2002年の持続可能な開発に関する世界サミットで参加を認可されたNGOは3千にのぼりました。

　NGOには政治力はありませんが、軽々しく無視できない道徳的権威をもっています。重要なことは、NGOは「全地球に広がる仲間」という精神を生むことで、国境や偏見や政治の壁を越えられるという点です。実際、INGOが世界中に拡大することは、将来大きな希望がもてる前兆です。世界共同体を代理する良心として行動し、公的諸機関の陣容拡充に拍車をかけるだけではありません。それはまた、地球市民が育ちつつあることの端的な現れでもあるのです。

世界の声

　国家や国際的な企業は、象のように力はありますが、動きが鈍くやっかいなことがしばしばあります。しかし、世界は声をあげ始めました。市民が国境を越えて語り合い、互いに他の手を結び、権力に対して陳情運動をしています。この地球的な「咳払い」の兆候は、この数十年間にINGOが急激に増えたことではっきりとわかります。それには、赤十字からベトナム戦争反対の抗議グループ、さらに現在第一線で活躍しているアムネスティ・インターナショナル、OXFAM、グリーンピース、地球の友、世界自然保護基金などがあります。これらすべての団体は私たちの地球と世界の健康と財産に最善となる方法で、個人と社会に働きかけることができます。

企業の声

　超国家企業（TNC）はその規模も影響力も巨大です。非金融のTNC100社だけで、2002年には7兆ドルの資産があり、1,400万人の社員を抱えていました。TNCは需要の形成から資源の採取、生産から最終用まで産業の全過程をも支配しており、取引を通じて政府の決定を著しく左右する影響力をもっています。多国籍企業がどんな行動をとるかで、持続可能な社会への人類の未来は大きく変わってくるのです。この挑戦を受けた産業界の答えは、持続可能な発展のための世界経済人会議（WBCSD）の設立でした。その会議は、商業の目標と環境と社会の要請との間に折り合いをつけようとするものです。

INGOの増加

2001年、INGOの数は5万近くに達しました。INGOは地球社会にとってこれから発達を待たれる神経組織であり、一定の敏感な反応性を持っていて、外交上の微妙な点にこだわってものも言えない国民国家とその政府間機関よりはるかにましです。

環境にやさしいビジネス

消費者はその購買行動のもつ影響力に気づき始め、環境に悪い商品を買わないようになってきています。市場の喪失、企業間の競争激化に直面した企業は、みずからの生産過程や基準を見直しにかかっています。米国を拠点とする企業、3M社はさまざまな事務用品（スコッチテープが有名）の製造を行っており、企業活動によって生じる環境への影響を減らすという点で先頭に立っています。1975年「汚染防止は採算がとれる（3P）」というプログラムを導入しました。その基本となった考え方は、汚染を防止する一番の方法は広がるのを防ぐことではなく、そもそも発生させないことだというものです。1975年から2001年までのあいだに、3M社は82万トン以上の環境汚染物質の排出を抑え、8億5千万ドルを節約したのです。さらに2005年までにGHG（温室効果ガス）の排出量を1990年の値の50％以上減らすことを目指します。

家族計画

50年前、産児制限についての情報をひろめることは多くの国で違法でした。50年前には世界の人口爆発が問題になるとは考えられていませんでした。今日では、ほとんどすべての国に産児制限の便宜が図られ、世界の大半の国家が人口計画をたてています。この劇的で歴史的な180度の方向転換に道しるべをつけたのは、1952年に設立された国際家族計画連盟（IPPF）です。政府高官や医師会、カトリック教会との衝突を経て、IPPFは国連と協議に入りました。実際の転換点は74年の世界人口会議で、このときはじめて産児制限に焦点をあてられました。今日、166のIPPF連盟国は性と生殖に関する健康についての支持を増やし、その権利の確立を目指しています。

ザ・ボディショップ社

設立以来、一貫して環境を守り、大切にしてきたのが、ザ・ボディショップ社です。創業者、アニータ・ロディックが英国ブライトンに第1号店を出したのが1976年でした。今では50ヵ国に2,000近い店舗があり、そのどこかで毎秒2品売れているといわれています。ザ・ボディショップ社は動物実験をしていない化粧品を売り、再生可能な包装・容器を使い、発展途上世界の地域から天然産物を調達し、熱帯雨林の人々を支援して小企業の設立に役立っています。

INGOとICT

地球規模での市民社会の出現は、インターネットと携帯電話というまったく別のものの出現に助けられました。これらの道具は個人や団体が情報を得て、共有し、行動を起こすこと、しかも即座に行うことを可能にしました。これらはINGOのさまざまな努力を容易にしています。国際協力、環境変化の観測、団体、とくにTNCに説明を求めること、政府支配を回避することなどです。INGOはすべてのNGOと同じく、官僚にありがちな行動力の悪さはなく、ヨーロッパの数国の政府は、海外支援の1/3をこのような機関に向けることに決めました。

森林管理協議会（FSC）と海洋管理協議会（MSC）

これら2つの認証マークを商品につけることで、正しい情報に基づいた消費者の選択が可能になります。FSCは30ヵ国、MSCは20ヵ国に広がっています。

持続可能な社会と世論――有望な兆し

「文化創造者」はアメリカだけで5千万人います。わずか10年のあいだに社会的責任投資は運用資産の1％から15％になりました。「自発的簡素化」の動き（P.268〜69）、クリーンで再生可能なエネルギーやハイブリッドカーなどの最先端技術も有望な兆しと言えます。

権力基盤を広げる

　繰り返しになりますが（P.212〜23）、世界を動かしているのは国家組織と巨大企業です。しかし、第三の力である市民社会が勢力バランスを変えつつあります。多くの市民グループが開発や環境に関するあらゆる局面での決議に決まって参加しています。地球管理の協議の場でどんどん発言力を高めてもいます。

　以前はこうではありませんでした。チャーチル首相とルーズベルト大統領が作り上げた国連憲章の前文は「我ら連合国の人民は……」で始まっています。しかし実際は「我ら連合国の政府は」となっており、さまざまな問題を引き起こしました。何十年もの間、非政府組織、すなわちNGOと呼ばれる市民グループは、国際的な会議での発言をほとんど許されませんでした。現在彼らは当然の権利として交渉に参加しています。

　数多く展開しているNGOの中で、より国際的に地球規模で活動しているもの（P.264〜65『世界の声』参照）と比較して、国の枠組みの中で活動しているNGOに注目してみましょう。「大衆の声」であるNGOがすべて全国的に活動しているわけではなく、その多くは、1人の声が集まればより影響力を持つと気づいた人々による地域に根ざした団体です。

　NGOは、安価な通信技術を利用して民主主義や報道の自由を結集させる名人です。情報を提供し、世論をまとめ、市場に影響を与え、政治的行為を結集し、その他多くの民間サービスも提供します。とくに、環境に関する意思決定においては、より包括的な代弁者となりました。

　この新しい市民の力を示す実例はたくさんあります。多くの発展途上国において、教会団体がコーヒー農家を援助して西欧の消費市場と連携させ、その結果、フェアト

地域社会の声

「ほんのわずかの、思慮深い、結束した市民たちが世界を変えられることを決して疑ってはいけない。実際、世界を変えてきたのは彼ら以外にないのだから」

マーガレット・ミード

NGOの成功
　ケニアのグリーンベルト運動は、市民が自らの責任で木を植えることを可能にしました。最初の1年でこの運動により植えられた木は、政府が10年間に植えた木よりも多くなりました。

チプコは根を守る
　北インドで、商業主義的な大規模な伐採が始まったとき、チェーンソーはまさに地域社会の根を切り取り、地域共同体の生計を脅かしました。村人たちは伐採から木々を守るために腕を組み合って木々を囲みました。これがチプコ運動（抱き込み運動）の発端となったのです。結局、調査が行われ、政府はその地域の1万2,000㎢にわたる損なわれやすい流域を林業関係者「立入禁止」と通告しました（P.58〜59）。現在、チプコ運動は、伐採により生計が脅かされている他の村々でも、多くの再植林計画を進めています。

レードやイコールエクスチェンジの運動を通じて生計をまかなえるようにしました。

インドでは、伝統的な漁法の漁師たちが全国運動を行い、政府に環境を破壊するトロール漁船の許可の発行を止めさせました。アジアの別の地域では、大きな経済的利益があるにもかかわらず、NGOが巨大ダムの計画を食い止めました。他の環境保護グループも、効果的に熱帯林地域を買い上げて、ぞんざいな開発から守りました。

これらの事例は、多くの国家組織や国際機関による上意下達の取り組みと対照して、下意上達の運動による影響を示しています。このような運動は発展途上世界だけにとどまりません。ポーランドでは、民主主義を確立する際に労働組合が重要な役割を果たし、やがて環境保護活動へと広がりました。また米国とECでも、現地の住民が自分自身の手で事態を引き受けてきたのです。都市の中心部や、自分たちが住んでいる地域や建物の荒廃に直面すると、住民は借家人組合や小規模な協同組合を結成して、これに対応しました。地元の住民団体はまた、動植物の生息地を保護したり、地域の工場やごみ焼却場から出る汚染に反対したりして、めざましい成功をおさめています。米国だけでも、何千もの草の根の団体が「環境の正義」を求める声で団結しています。

バングラデシュのグラミン銀行

このNGOは、非常に低い利息で貸付を行い、貧困地域を支援します。借り手のほとんどは貧困にあえぐ女性たちです。返済率なんと99％で、世界銀行を青ざめさせました。典型的な貸付により、借り手は新しい作物を植えたり、牛を1頭増やしたり、製粉機を買って小さな事業を始めたりできます。この銀行は現在、4万6,000の村々に1,260以上の支店を持っています。銀行の援助により、400万以上の人々が貧困ラインから引き上げられたのです。

宗教の役割

世界中でおよそ20万の教会共同体がさまざまな環境保護活動に携わっています。ローマ教皇、ヨハネ・パウロ2世はカトリック教徒たちに資源消費の削減を促しましたが、それは信徒の物質主義を諌めようとする運動の一部としてだけではなく、過度の消費は地球の生命維持体系の危機を招くという理由によるものです。バーソロミュー総主教は、公害やその他の環境破壊を「創造に反する罪」と述べました。中国道教協会は、4千万人の会員に対し、パンダ、トラ、サイといった絶滅寸前の種の漢方薬への利用をやめるよう呼びかけました。日本の神道本庁は、総括する8万の神社に、持続可能性を考慮して育てられた材木のみ利用するよう申し合わせました。何百もの類似の事例が、世界の20億人のキリスト教徒、14億人のイスラム教徒、7億5千万人のヒンドゥー教徒、7億人の仏教徒、そして1,300万人のユダヤ教徒の間で起こっています。

エコビレッジ

エコビレッジとは、環境への負荷の少ない暮らし方と、支援的な社会環境を融合させようと試みる人々の共同体です。彼らはエコロジカルデザイン、パーマカルチャー、環境に優しい建物、グリーンプロダクション、代替エネルギー、コミュニティビルディングなど、さまざまなものを取り入れています。世界エコビレッジネットワークのメンバーには、サルボダヤ（スリランカの11,000人規模の持続可能な村）、エコヨフとコルフィファ（セネガルの350人規模の村）、チベット高原のラダック・プロジェクトが含まれます。他にも、南インドのオーロヴィル、イタリアのダマンフール、オーストラリアのニンビンのようなエコタウン、メキシコのウェウェコヨトルとアルゼンチンにあるガイア・アソシエーションのような田舎の小さなエコビレッジ、ロサンジェルス・エコビレッジやコペンハーゲンのクリスティアニアのような都市再生プロジェクト、また、オーストラリアのクリスタル・ウォーターズ、ボリビアのコチャバンバ、ブラジルのバルスのようなパーマカルチャー実践地区、それに、スコットランドのフィンドホーン、ウェールズのセンター・フォー・オルタナティブ・テクノロジー（CAT）、マサチューセッツのアースランズといった教育センターが加わっています。

社会の基本的な単位

社会のもっとも基本的な単位は市民1人1人であり、その個人が社会変化の中心にいます。個人は自分の意見を表すのに主に2つの声を持っています。一般市民としての声と商品やサービスの消費者としての声です。個人はどちらの役割でも、環境、社会、政治、とくに経済の分野での広大な勢力範囲に入り込むようになりました。その結果、この10年間、個人の発する声のもつ力が大きくなってきました。とくに環境についての新しい考え方は政府、国際機関、企業の一部に圧力をかけ変化を起こさせました。

さらに進んだ視点で見ることもできます。地域社会や都市や国家を構成するものは何でしょうか。それらを一番根本で動かしているものは何でしょうか。答えは、個人です。これは社会の最も基本的な単位です。国民国家や企業はたしかに経済と社会を作るものですが、それらを動かし作っているのは個人なのです。

過去20年の間に、自由な多党制の民主国家に生きる人々の数がひじょうに増えました。かつてないほど多くの市民が政党を支持し、入党し、選挙に立候補し、投票する機会を得ました。そうして自分の見解を表すための選択の幅が大きく広がったのです。多くの新生民主国家では、環境への懸念が改革を求める民衆を強く動かす力となってきました。投票箱を通して表現された、このような懸念は力をもちます。今や80ヵ国以上に「緑」の党があります。

個人の声は消費者の選択にも表されます。政治的な意見を表せるのは時折であるのに対して、こちらは毎日何回もドルやユーロで「投票」できます。大多数の市民は中身も生産方法も環境にやさしい製品を望んでいます。「グリーン・コンシューマー」運動は産業界に相当の影響を及ぼしてきました。ある投資会社が、預かった金を環境にやさしい企業向けに投資する倫理的な信託資金を扱っています。

また、過剰消費が地球の資源に負荷を与えていることに気づいて、個人消費者が自分の生活を変えています。ガラス瓶、古紙、空缶などの回収を求める消費者の声は、しばしば対応が追いつかないほどです。ブレントスパー事件のあとのシェル社製品のように、消費者の製品不買運動は、強力な武器なのです。

エネルギーの浪費を続ける国々にとっては、エネルギー需要の削減が欠かせません。すでに多くの個人がこれに応えて、エネルギー効率のよい製品を使ったり、全般的な消費を減らしたりし始めています。車の使用が環境に与える打撃の大きさを認識し、自転車や公共交通を使う人も増えています。また、ヨーロッパ、北アメリカ、アジアなどで、カーシェアリング計画が登場してきています。

個人の声

倫理的投資

多くの個人が「グリーン」な信託資金を好んで利用しています。これは武器売買、抑圧的体制の企業を避け、そのかわりに途上国や労働者の権利に対して前向きの方針をもっている企業に投資するものです。社会的責任投資（SRI）の考え方は19世紀にさかのぼります。英国での宗教運動で、奴隷制度廃止のための活動を支持して投資を集めました。運動は1920年代に入り加速しました。その頃、米国の多くの教会がアルコールと煙草には投資しないことにしました。1971年、ベトナム戦争関連の投資を避けるためにアメリカのパックス・ワールド・ファンドが設立されました。1980年代前半、南アフリカのアパルトヘイトに反対する倫理的投資が行われました。最近では、教会と慈善団体が倫理的投資調査サービス（EIRS）を設立し、投資決定を通じて、信条を実行に移すことについて研究する包括的な組織を作りました。EIRSは上記のもの以外にも40以上の分野を対象に独立した調査を行っています。また北米、英国、ヨーロッパ、オーストラリア、日本の企業2,500社も調査しています。SRIはほとんどが環境基準を扱っています。正確にはヨーロッパに40、北米にも25ある環境基金に関わっています。

文化創造者

米国では5千万人、つまり成人の4人に1人が「文化創造者」といわれています。ヨーロッパではさらに多いでしょう。この人たちは環境保護の強い視点を持っており、人間関係を大切にし、精神の発達と精神世界そのものにも熱心で、大きな機関（政治的に極左や極右の団体を含む）に背を向け、なにより誇示のための消費に反対します。再生可能エネルギーと資源効率のよい製品、代替交通手段、自然保護、オーガニック商品、代替健康法、社会的責任投資、エコツーリズム、生涯教育を大切に考えています。一般的な人々に比べて、テレビは半分しか見ず、ラジオは2倍聴きます。雑誌と同じぐらい本も多く読み、インターネットにふけります。中でもヨーガをしているアメリカ人は3千万人おり、1990年の4百万人より増えています。文化創造者の2/3は女性です。

4つのR

1人1人が4つのRを取り入れることを考えましょう。効率が悪い、長持ちしない製品は拒否（refuse）しましょう。捨てる前にできる限り再利用（reuse）しましょう。長持ちするよう製品を修理（repair）しましょう。資源の輪を完結させるため再生（recycle）を行いましょう。

教育

読み書きの能力は個人に力を与えます。それは、真の選択をする基礎になるのです。教育を通して、私たちは新しい技術を、産業界や政治家の主張を、民主制の質を、そしてメディアを評価する力を得ます。

ボランティア活動

オランダのボランティア活動は、44万5千件のフルタイムの仕事136億ドル分に匹敵します。韓国では4百万人が1年に平均4億5千万時間のボランティア活動をし、これは20億ドル分の労働に匹敵します。ブラジルでは、成人の1/6が余暇をさいてボランティア活動をしています。世界の環境NGOに従事するボランティアの数は10年でひじょうに増加しました。

個人の声　269

（図中ラベル）
労働／倫理／法律／生産者／消費者／家族／経済／参加者／環境

「ほんの少ししかできないからと何もしなかった者ほど大きな過ちを犯した者はいない」
エドマンド・バーク

参加

より無駄のない暮しをするために個人としてできることも少なくありませんが、私たちが声を上げていくなら、そうした行動も力をもちます。黙っているのは同意したのと同じだと忘れてはいけません。政治的主導者や新聞社に支持や反対を表明する手紙を書くなど、行動を起こすだけでも、変化に対する真の貢献ができることに個人が気づきはじめています。有意義な団体の中には、個人の関心から生まれたものもあります。大きな影響力をもつ有害廃棄物市民情報センターも、あるひとりの女性が悪名高いラブカナル汚染地区に反対して行動を起こしたことから始まったのです。センター・フォー・ア・ニュー・アメリカン・ドリームの「流れを変えろ」キャンペーンにそって、日常生活の中で行える簡単な9ステップの選択をすれば、個人の行動が集まれば大きな変化を生むことができます。

自発的簡素化

ダウンシフティングとも言われますが、裕福さを抑えた、より簡素な生活様式を取り入れるのが自発的簡素化です。過当競争（ラットレース）はネズミにさせておこうということです。1990年代初頭、知的職業や管理職につく人を含む何百万ものアメリカ人は、雇い主に労働時間を減らし、賃金も減らしてほしいと申し出ました。そうなることで、配偶者、子ども、友人、隣人と過ごす時間が増え、ゆったりとした夕食を食べたり、夕日を眺めたりする時間を楽しむことができるからでした。この傾向は大変人気が出て、翌年には倍の広がりを見せました。まだ米国全体を見ればごく一部にすぎませんが、かつて公民権運動やベトナム戦争反対運動をした米国人もごく一部にすぎませんでした。シンプリー・リビング・ネットワーク、リアル・シンプル、リブ・シンプル、フルーガリティ・ネットワーク、センター・フォー・ア・ニュー・アメリカン・ドリーム、オールタナティブ・フォー・シンプル・リビング、シンプル・リビング・リソース・ガイド、シンプル・アバンダンス、ハビング・モア・ウィズ・レス、ボランタリー・シンプリシティ・オーバービューなどで、さらに詳しい情報を得ることができます。

戦争の危機

国民国家は小さな問題を扱うには大きくなりすぎ、大きな問題を扱うには小さくなりすぎました。人類は究極の破局点に達しています。もし、すみやかに協同の行動を起こして、ここから脱出しなければ、人類は、協同ではなく対立、調和でなく抗争といった管理の挫折をきたし、そのあげく、これまで予想もしなかったような激烈な戦争が起こるでしょう。地球の管理を果たすために、何かうまい方法はないものでしょうか。

危機にある危機の知覚

この地球の天然資源の基板に、人類があまりに過度の力を加えた結果、社会に分裂を起こすほどの圧迫と緊張が生じています。このような環境の破局点は、国の内外でしばしば紛争の引き金になります。

人間の社会は、その暮しを自然界に依存しており、草原、森林、土壌などの生物資源や、水、化石燃料、鉱物などの非生物資源に左右されています。もし社会が、自分たちの資源を使いつくすか、他からまともに入手できなくなれば、経済は足もとから崩れ、政治体制はぐらつき、社会組織はぼろぼろになってしまいます。

こうした問題は、たいてい国家制度によって折りあいをつけられますが、その国家制度も、地球の生命維持体制に出現する新たな脅威を管理するようになったときには、危険な限界を持っているのです。尊敬すべき例外はありますが、国家指導者たちは、多くの場合、新しい紛争の火種に気づくのが遅すぎました。要するに、何がいちばん危機であるかを検認する、知覚作用そのものが危機に陥っているのです。新しい脅威に対応する政治的手腕がないと、私たちは、慢性的な無秩序とその土地固有の災厄へ絶えずすべり込んでしまうのです。それは処理できる問題を処理不可能な争いに悪化させるでしょう。

中央アメリカを考えてみましょう。この地域を苦しめている動乱は、表面上は政治的なものにみえるにしても、主要な問題の原因をたどると、資源の分配の誤りであることが多いのです。農地のたいへん不公平な分配はこの地域の大半の国にあてはまります。このような誤認による悲劇は、東南アジア、「アフリカの角地帯」、中東など、いくつかの他の危機的な地域でも、そっくり繰り返されてきました。イスラエルはヨルダン川西岸に水を分け与えることに乗り気ではありませんが、それは、この水が自国の農業発展の死活にかかわるとみているからです。たぶん、この水の問題が、将来の中東全域の安全を決定する主要な因子になるでしょう。これらの係争が爆発する前に、迅速に想像力を働かせて危険を除かなければ、限りある資源の争奪がさらに多くの対立に火をつけるでしょう(P.138〜39)。

人類生存の分岐点

「世界の状況をみると、真の安全は、大量の兵器(狭義の防衛)によって達成されるのではなく、社会の基本条件を整えて、人類を脅かす非軍事的な問題を解決することによって達成され得ます。人類が生き残れるか否かは、軍事力のバランスにではなく、いつまでも生き残れる生態環境を守るために、世界中の協力が得られるか否かにかかっているのです。」
ブラント委員会報告

安全保障の問題は、大きくなりすぎて国家の手におえなくなってきました。地球自体が危険なときに、安全な国家や国民などありえません。各国の生命線が地球そのものの生命につながっているからです。右の世界地図にこの状況が表されており、地図には穀物地帯、牧草地帯、森林、漁場、巨大な世界共有の海、大気、気候、南極大陸、そして生命を支える自然のサイクルが示されています。人類はこうした地球のシステムのなかで生きているのであり、それを一国だけの問題として管理しようとしてもむりがあります。

1972年のストックホルム人間環境会議以来、砂漠化、人口、エネルギー、食糧、健康、生物の多様性、気候変化という地球の問題を扱う一連の会議が開かれました。どれも軍事力で解決する問題ではありません。また一国内の問題ではないうえ、国家間の問題でもなく、国家という枠を超えた地球の問題というべきです。会議のたびに世界行動計画が採択されるのに、各国政府は、そんなことはたちまち忘れてしまい、相も変わらず勢力争いにうつつをぬかしています。人類共通のこうした問題では、共同責任は無責任ということになりがちです。たとえば米国は京都議定書に背を向け続けています。

米国対"ならず者"国

2003年、アメリカの軍事予算は4,170億ドルでした。イランは190億ドル、北朝鮮は18億ドル、シリアは59億ドルでした。

自然のしっぺ返し

発展途上国では、再生不可能な資源に対する人口増加の圧力によって、農村から都市へと絶えず人口が流入します。大規模な都市化のもとでは、暴力、テロ、政情不安が多発します。地球の管理に失敗したための危険きわまりない結果は、下図に示すように、戦争という形になって現れています。干ばつ、汚染、森林の減少、そして平均寿命の著しい南北格差なども、地球の管理にひずみが生じていることを如実に示しています。

南アジアの核対決

インドのヒンドゥー教とパキスタンのイスラム教が互いの格差を解消するために核兵器を使うことについて言及してきました。この地域一帯が、ある日、あるいはある一瞬で、放射能を浴びた瓦礫の山となりくすぶることになる可能性はゼロではないのです。

将来起こりうる衝撃

核の拡散、不安定な世界経済、人口過剰、大気や海洋の汚染などが私たちの日常生活を脅かしています。危険はほかにもあります。大気中に排出される二酸化炭素濃度が高まれば、農業や世界経済まで崩壊しかねません。移民への圧力が高まると、南側諸国の都市部は人口が膨れ上がり、南から北への人口の移動につながりかねません。南北間の争いもまた将来ショックをもたらすでしょう。この世界の両極はすでに、遺伝子資源をめぐる戦いに突入しています。遺伝子資源は、発展途上国にとって強力な武器となりうるのです。メキシコとエチオピアという原種の2大供給国は、北の先進国が南の発展途上国の多様な遺伝子資源に依存する関係を利用して、なんとか道を開いていきたいと考えています。もし、いまこれらの危機を処理しなければ、いっそう激しい対立に陥ってしまう危険があります。

海洋での対立

海洋や南極大陸という人類共有の資源をめぐって、諸国が対立しています。すでに南極大陸では、各国間の管理権の線引きが行われ（下図）、一方、海洋の40％には排他的経済水域が設定されて、各国の支配下におかれています。英国とアイスランドは、タラ漁をめぐり戦争寸前になったこともあります。世界中で同様の対立が多数報告されています。一方、発展途上国が深海底の鉱物資源を確保しようとして、海洋法をめぐる南北対立も続いています。世界中の海で、船をねらった海賊行為が驚くほど増加してきています。

一触即発の危機：エチオピア

アフリカの角（東アフリカ）で、天然資源の基盤のはなはだしい破壊が、1974年に皇帝ハイレ・セラシエを退位させ、70年代後半のオガデン砂漠での衝突をひき起こしました。超大国は、すぐ近くのペルシア湾から西へ向かう石油タンカー航路の安全に脅威を感じ、神経をとがらせました。

凡例：
- 山
- 川・湖
- 氷冠
- 森
- プレーリー・ステップ
- サバンナ
- 砂漠
- ツンドラ
- 国境
- EEZ（排他的経済水域）
- 戦場
- テロ
- 海賊行為
- 干ばつ
- 森林破壊
- 放射能漏出
- 犯罪組織網
- 平均寿命40歳以下
- 平均寿命80歳以上

不連続性

「不連続性とは何？ 聞いたことがない」という人は多いでしょう。それもそのはず、これまではまれな現象でした。しかし大部分の読者が生きている間にはこれまで以上に頻繁に起こる可能性があります。この概念を心にとめるようにすべきです。

何かが突然起こって、かつての様相から深刻な変化を遂げるとき、不連続性は起こります。たとえば、水が冷えると、液体から固体に変わります。一瞬で変化します。それが温まり、ガスに変わる場合も同じく変化です。その変化は、進化ではありません。線のように規則的に続いていたものが革命的ともいえるほど突然変わります。それゆえに非線形性ともいわれます。わかりやすいように、誰もが経験した絶対的な不連続性を考えてみましょう。きわめて個人的な経験、つまり誕生（関連した不連続性が待ち受けています）です。

不連続性はあらゆる分野、とくに経済（たとえばOPECの出現）、政治（たとえば南アフリカのアパルトヘイトの崩壊）、環境（たとえばペルーのアンチョビ漁場の崩壊）の分野で見られます。

これらの出来事すべて（右参照）が予測できなかったことです。あるいは、これらは現在の予測能力を超えているともいえます。完全に予測できるのは、時を重ねたあとに、不意うちを食らう覚悟です。エイズの出現に驚いたとよく公言されますが、本当に驚くべきは「驚いた」ということです。多くの人間が新しい病原体が大量に蓄積される熱帯林の奥深くに入り開発を進めたのですから、結果としてその1つが野生の動物から人間に移ることは必然的でした。病原体はバクテリア天国に居場所を見つけ、人間という宿主とともに国内外を広く旅しているのです。人間が次々と「外国の」生態系に侵入しているのですから、事前に病気災害が蔓延することを予想できないはずはありません。

こういうことは、環境保護主義者、経済学者と政治アナリストが研究計画の最優先にしなければならない重要な問題点を引き出します。私たちは近未来にどんな不連続性が起こると予測しなければならないのでしょう。また、その不連続性によって危機に瀕したとき、方向を変えさせるために何ができるでしょう。中国が6つの「中国」に分かれることになったらどうでしょうか。あり得ないことではありません。あるいは非課税および石油補助金で贅沢な暮らしをしているサウジアラビアが、よくても半安定しているだけで、実は純債務国であることを考えてください。その独裁的な体制をハーヴァード大学やオックスフォード大学で教養を積んだ王子が徐々に弱らせることになったらどうでしょうか。加えて、同じように教育を受けた王女たちがベールを着用させられ、自動車の運転も許されず、数多くの規制を受けたらどうでしょうか。サウジアラビアの体制が崩壊ないし、クーデターによって転覆したら、原油価格が上昇し、現金取引市場が1バレルあたり少なくとも60ドル、あるいは75ドルになるのは十分考えられ、さらには100ドルもあり得ないことではありません。

予測不可能な展開

自然の不連続性

ときに生態学者によって「ジャンプエフェクト」といわれるように、生態系が長期間にわたって外的には被害の様相を見せないままストレスを吸収すると、環境の不連続性が起こります。これはやがて対処の域を越え、崩壊レベルに達し、ストレスの累積的な結果が重大な衝撃をともなって姿を現します。酸性雨被害の場合、森の生態系は長期間ストレスをうまく緩和するため外的な変化はほとんど見えません。しかし生態系が不変で健全なままに見えても、回復力の限界は近づいており、突然の崩壊を迎えることになりかねません。

ほかに、サンゴ礁の漂白、イルカとアシカの大量死、広い地域でのウニ減少、植物プランクトンの増加、魚のガンの流行をはじめ、ペルー沖でのアンチョビ漁、北米の鳴き鳥、米国南西部と北部メキシコでのサグワロサボテン、世界中の両生類の数が急激に減少しています。

経済の不連続性

経済分野では、1989年、日本の「バブル経済」が突然崩壊しました。OPECの突然の結成、米国証券取引所の「ブラック・ウエンズデイ」、1990年代後半、アジア金融市場の大変動もありました。実際、経済学者は最近の3度の不況についても半分も予測できていませんでした。いずれの変動も交通事故のように経済学者を不意に襲います。何度起ころうと、これらは確立されたものごとの秩序外にあるのです。

政治の不連続性

ベルリンの壁の崩壊と南アフリカのアパルトヘイトの終焉、加えて、チェコスロバキアの平和的な解体とフィリピン、韓国、アルゼンチンとブラジルの民主化、またインドネシアのスハルト政権の平和的な終わりを思い出してください。

環境の不連続性

環境問題においては、酸性雨とオゾンホールの出現、また1970年代のペルーのアンチョビ漁業と1990年代初期のニューイングランドにおけるタラ漁業の崩壊などが含まれます。人口変動も広い意味で環境問題として見られます。とくに1960年代から100以上の国で急激に人口が増えたことです。最近急に減少している国もあります（タイ、イラン、ケニヤ）。イスラム原理主義のイランは以前から変わらず性差別主義の国ですが、人口増加率を年間3%から1%に下げるのに14年しかかからないと予測した人がいたでしょうか。

海水温度とハリケーン

熱帯大西洋では、激しい嵐を起こさず海水温度が高くなることがあります。しかし、いったん28℃を超すとハリケーンが発生します。たとえ上昇がほんのわずかでも、不連続性を起こすには十分で、未曾有の影響を起こすことにもなります。また十分あり得ることですが、カリブ海のハリケーンがマイアミを迂回せず、市の真上に上陸したらどうなるでしょうか。その損害は優に1,000億ドルを超え、不連続性はたちまち環境的なだけでなく経済的なものにもなるでしょう。

ドミノ効果

何かが突然かつての様相から深刻な変化を起こすとき、不連続性が起こります。何かが最初のドミノを傾けると、その後その列は倒れはじめます。速度があがり、別の道のドミノも倒しますが、その別の道で速度を落とします。オゾンホールの連鎖効果がこれに例えられます。

津波災害

2004年12月26日の津波災害で大規模な不連続性が起こりました。この津波による影響が及んだ範囲は過去最大級でした。"どこからともなく現れて"、12ヵ国で少なくとも30万人の命を奪いました。震源地から1,000kmも離れている地域にも被害をもたらしました。500万人が難民となりました。これによってもまったく異種の不連続性が起きたのです。たった数週間で世界中の人々が40億ドルの災害基金を集め、このような短期間にしては最高金額となりました。このように、津波災害自体は悲劇ですが、先例のない規模で人間の団結を活性化するという良い機会も与えました。

「突然の」土地喪失

フィリピン、コスタリカをはじめ、熱帯森の国数ヵ国では最近従来の農業にすぐ使える状態の土地がもはやないという事態になりました。小規模農民の従来の耕地にも「休止点」が生じました。その結果、農地を求めて、森林に多大かつ急激な圧力がかかったのです。

前途の不連続性

人間の数と活動が過去にないほど増加し、その圧力によって、将来世界的な大変動が何度も起これば、環境変化はより早く現れ、規模もより大きく、より激しくなることは明らかに予想できます。さらに、これらは経済的および政治的、また社会的で文化的な種類の多量の不連続性を招き、それらすべてが同時に起こり、超大型の不連続性になるでしょう。2000年、ジョン・マクニールが著書『サムシング・ニュー・アンダー・ザ・サン』で示したように、関係する不連続性が次々に、あるいは並行して、加速度的に私たちに降りかかり、大規模な生態系から国民国家まであらゆる地球のシステムに根本的変化をもたらすこともあるでしょう。

こうしたことが人々の理解にも急激な変化をもたらすかどうかは、疑問の余地があります。現時点ではどんな不連続性が待ち受けているかはわからず、起こり始めてやっとわかってくるでしょう。意見を求められることの多い専門家も驚く結果になるはずです。大切なのは、表面下で泡立っている力が長期間蓄積され、究極の下落に向かっていく傾向を見つけることです。読者のみなさん、専門家になる腕試しをしてみませんか。見出しだけでは見えない世界の真のニュースを探すのです。世界は直線ばかりでなく、ジグザグでも進んでいます。あなた自身の考え方で不連続性を予想してください。

第三世界の戦争か、第三の世界戦争か

第2次世界大戦以後、200以上の戦争があり、そのほとんどが発展途上国で起きました。発生回数は1950年に13だったのが、1970年には31に増え、1990年に50、1992年に55で最高になりました。発展途上国における戦争の多くは内戦であり、形はいろいろですが、多くは部族や宗教の争いがきっかけです。しかし、そのほんとうの根源は、しばしば国内的にも国際的にも、資源の不公平な配分にみられるような、資源の基本的問題にあるのです（P.138～39）。

痛ましいことに、いわゆる「銃後」の市民より、戦う兵士のほうが、むしろ安全なのです。1945年以降の戦死者は推定5千万人で、そのほとんどは一般市民でした。いまや戦争は、社会全体を巻き込み、消耗させ、いままでに例をみないほど全体的なものになっています。現代の戦争は、たとえ表面は局地的事件であっても、非常に多くの場合、超大国を巻き込んでいます。事実、ますます多発する発展途上国の戦争は代理戦争になりがちで、大国のブロックにかわって現地で戦闘が行われ、外部から武器や軍事顧問が大量に供給されます。もし外国の支援がなければ、衝突の大半は、こんなに長期的にも、破壊的にもならなかったでしょう。

冷戦の終結は、東西関係に雪解けをもたらしましたが、それと同時に新しく独立した国家間に対立をもたらしました。また、昔の東西の対決という図式自体も、北側対南側に変わりつつあります。北側の防衛計画の立案者たちは世界情勢が非常に不安定なものになると見ています。富と貧困の隔たりが広がり、最新兵器の拡散が進み、世

地雷

地雷はすぐに解決すべきでありながら解決されていない大きな問題のひとつです。少なくとも10ヵ国で約2億5千万の地雷を持ち、その国々の大部分が1999年に発効された地雷禁止条約に調印していません。1億以上の地雷を持つ中国を筆頭に、ロシア(6千万)、アメリカ(1,100万)と続きます。5千万もの地雷がおよそ60ヵ国に埋められ、今すぐにも損害を与える準備ができています。2000年、地雷による死傷者の数は1万人以上、あるいはその2倍かもしれません。過去10年間に10億ドル以上が地雷除去作業に費やされました。

暴力の惑星となるか

私たちの住む世界は、ますます暴力的な傾向を強めています。現代の戦争は、かつてないほど徹底的、壊滅的です。20世紀、戦死者は1億3千万から1億4千万でした。それ以前の400年間の戦死者数の10倍近い人が死んでいるのです。1945年以降、およそ5千万の人々が犠牲となり、そのほとんどは一般市民です。

戦争の犠牲は、死者の数だけでは語りつくせません。このほか何百万人もの人々が負傷し障害を受けました。過去20年間に、戦争による難民の数は1千万から2千万に膨れあがり（1990年代半ばが最高の2千7百万人）、ほとんどが難民キャンプで悲惨な生活を強いられ、故郷に帰りたくても帰れない状態にいます。難民の避難の理由は戦争だけではありませんが、全員がUNHCR（国連難民高等弁務官事務所）にとって重要な立場にいます。1,200万人が、「人種、宗教、国籍、特定の社会集団の構成員であること、または政治的意見を理由とした迫害に対し正当な恐れを抱く」難民として公的に認められています。2001年には20万のアフガニスタン人がパキスタンに、さらに20万人がイランに避難しました。また34万のコロンビア人は政治的暴力から避難することを強いられ、2万6千のパレスチナ人はガザ地区とヨルダン川西岸地区からヨルダンに避難しました。

過去10年間、世界中の難民の86％は発展途上国で生まれました。なかには避難先の国々がこのような増加する負担を受け入れる余裕がほとんどない場合もあります。多くの国で、政府が自国民に対し武器を向けました。恐怖政治に走り、法を踏みにじった政府も少なくありませんでした。冷戦の終結にもかかわらず、世界は今も兵器とともにあるのです。

殺人は続く

1990年代、63ヵ国で107の武力衝突がありました。資源戦争の戦いで何百万人もが死にました。

戦争と紛争による犠牲

戦争による死者。1年から1900年まで3,800万人。1900年から1995年、1億1,000万人。(第一次世界大戦、2,600万人、第二次世界大戦、5,400万人)

1968～1998年 北アイルランド 3,250人

1976～1993 アルゼンチン 9,000～30,000人

1960～1996 グアテマラ 200,000人

1983～1999 スーダン 150万人

1983～1999 スリランカ 57,000人

1998～1999 激しい国境紛争で、何万人ものエチオピア人とエリトリア人

1989～1997 リベリア 150,000人

1991年 湾岸戦争 4,500～45,000人（多国籍軍の爆撃による一般市民の死者は約2,500人とされ、イラクの報告では35,000人にも及ぶという）

1992～1998 アルジェリア 75,000人

1984～1999 トルコ 37,000人

1993～1999 ブルンジ 200,000～250,000人

1990年代 東コンゴ 250万人

1994 4月～7月 800,000人 フツ族とツチ族の民族紛争でルワンダ人が殺された。

1992～1999 シエラレオネ 14,000人（ダイアモンドなどの天然資源の利益が内戦に使われる）

1979～1992 アフガニスタン 200万人

1991～1995 ボスニア 250,000人

1994～1996 チェチェン 18,000～100,000人

1948～19 イスラエル 125,000人

2000～ パレスチナ人 3,400人 イスラエル人 990人

界秩序を不穏なものにしていると言います。世界の核兵器備蓄は1986年に最も多い弾頭数6万5千となり、2002年にも3万でした。この弾頭数はアメリカの10,640とロシアの18,000を含みますが、イスラエルの推定50から100、インドの60以上、パキスタンの24から48と、量のわからない北朝鮮の弾頭数は含んでいません。2001年9月11日以後、テロリズムが世界中でその醜い頭を持ち上げ（P.270〜71）、アメリカの軍事費が大幅に増加しました。とはいえ、イラク戦争は最近では石油供給との関連が取りざたされています。エネルギーの専門家、エイモリ・ロビンスによるとテロには他の対処法があったはずです。ロビンスは、2015年までにアメリカはエネルギー効率を上げることで、ペルシア湾から現在得ているよりも多くの石油を節約することができるといいます。

戦争はたいてい資源を浪費しますが、皮肉なことに、この資源をもっと賢明に利用すれば、衝突の根底にある原因も、はるかに犠牲の少ない方法で処理することができたはずです。政治的指導者たちが、国家や個人の威信がかかった命令より、国民が欲していることに耳を傾けたなら、戦争にかわる進路を選ぶことができたのです。

1991年の湾岸戦争でアメリカと同盟諸国は約840億ドル（2004年度価格）を費やしました。これは世界中の海外支援価格をはるかに上回っています。2003年のイラク戦争で費やされた金額はこの3倍以上にもなるでしょう。ブラジルは対照的に安全保障制度をまったく別のものと考え始めています。2003年には7億6千万ドル分のジェット戦闘機の購入を禁止し、そのかわり栄養不良のブラジル国民1,700万人が苦しむ飢餓に取り組むことにしたのです。

- ― 争われる国境線
- ★ 国際紛争
- ☆ 内戦
- ● 激しい内戦
- ○ 交渉成立または交渉中
- ■ 独立運動
- ● テロ
- ▨ 核兵器保有国

対立をあおるもの

1つの侵略国を37ヵ国の多国籍軍で撃退した1991年の湾岸戦争から、1990年代の数ヵ国を巻き込んだ数々の内戦、さらには2003年イラクでのサダム・フセイン拘束まで、紛争は今なお世界を苦しめています。共産体制崩壊後の独立国の誕生には常に流血がつきまとい、特にユーゴスラビア分裂に伴う暴力は深刻です。しかし、1945年以降の戦争の大半は南側で起こっており、そのほとんどが内戦です。紛争の火は自由市場で売買される兵器によって一段とあおられています。政治紛争の数（暴力的手段によるものは1/4にすぎません）は1992年に108でしたが、2002年には173に増えました。

1999（3月〜6月）コソボでユーゴスラビア軍によって10,000人のアルバニア系住民。（8月）東ティモールで何百人（あるいは何千人）も。

2003年3月〜2004年11月イラクでの死者。多国籍軍1,406人、イラク人20,492人（100,000人近いとの非公式の推定もある）

戦争の変貌

少なくとも1個の正規軍がある程度の継続性をもって、武力衝突を交えた組織的戦闘に実地に従事することを戦争と呼ぶなら、1945年以降、200回以上も戦争が起こっています。その大部分は発展途上世界で起きました。2002年、戦争は"たった"28件、ほかの武力紛争は17件ありました。コソボ、タジキスタン、ウズベキスタン、ギニアなど紛争が終結したところもあれば、コートジボワール、マダガスカル、コンゴ・ブラザビル、中央アフリカ共和国など、新たに勃発した地域もあります。

- 戦争
- 戦争と武力紛争

恐怖の世界的な広がり

テロリズムは国際化してきて、世界を股にかけより巧妙になっています。もはやイスラエル、パレスチナ、インド、パキスタン、コロンビア、チェチェンに限ったものではありません。これまでは局地的に恐ろしい衝撃を与えるものの、より広い世界にとっては限定的な意味しかもたない付随的なニュースでした。9・11テロのあと、国際テロはケニア、スペイン、インドネシアとトルコで市民の生活圏を巻き込み、国境を越えた大きな影響を与えました。テロリストの狂信ぶりはこれまでより激しくなり、武器も強力になるにつれ、標的の数は確実に増え、犠牲者数も増えています。ソビエト連邦崩壊後、中央アジアに残された何千もの核弾頭を思い出してください。

テロリスト集団は名前のわからないまま、ひじょうに多くなっています。アフガニスタンやイランなど"ならず者"の国に援助を受けている宗教的狂信者で構成されているようです。また、他国から派遣されていることもあるようです。いずれの場合も「ようです」の推測の言葉は欠くことができません。なぜなら最高の情報機関でさえ、テロリストが誰であるか、どこにいるのか、資金と武器を誰から供給されているかをつきとめるのが難しいからです。彼らの事実関係の多くは追跡不能なままです。最も頻繁にあげられる特質はイスラム教、あるいはその見解に対する忠誠です。彼らはコーランの平和的な指示を忘れてしまっています。事実イスラム教の穏健派は、テロリズムとそれが支持する全てを否定しています。私たちが目にしているのは、イスラム教と西洋文明間の無期限戦争のはじまりではないことは確かです。

テロリストを動かすのはどんなイデオロギーでしょう。周知のとおり、答えはイスラム教のなかの歪められた形態以外のなにものでもありません。テロ行為の犯人は捕えるのが困難です。通常誰も犯行の名乗りをあげないからです。テロリストは貧困に対する抗議をするわけではなく、個々の犯人は中流階級に属すると思われます。彼らはイスラム教の勝利(真のイスラム教は掲げていない目標)以外に要求はありません。どの政府や統治体制を支持しているわけでもありません。しかしながら標的国で主要な公共交通機関などに事実上条件を突きつけます。これは表明されない目的を達する手段に見えますが、大惨事にいたらずとも経済危機は引き起こすでしょう。テロリストは政府に保安活動を厳罰主義の傾向に向かわせ、これによって社会秩序と個人の自由の保たれていた均衡を揺るがします。彼らの手口は純然たる恐怖です。

私たちがテロリズムに応じる方法は2つに1つです。打ち勝つためにともに働くか、生じた結果にこれもまたともに苦しむかのどちらかです。

国際的なテロリズム

相対的な死亡

ワールドウォッチ研究所が示すように、9・11テロで3,000人以上が死亡しました。しかしながら非軍事的発砲によって年間その10倍の人が米国で死亡しています。テロリストが毎月飛行機を1機衝突させると仮定すると、月に1度商用で航空機を利用する米国人が2005年に事故を通して死ぬ確率は54万分の1です。9・11テロの4機の飛行機の乗客の死を悼む一方、ジャンボジェット1機相当分の子どもが30分ごとに飢えまたは病気によって死んでいるのです。富める世界の納税者が2ヵ月に1回コーラ1本を我慢すれば、治療または予防できることを忘れないでください。

地球規模のテロリズム

9・11テロの卑劣さは、米国人だけでなく、41ヵ国の人々をも殺したことです。攻撃者たちは、異なる経済、異なる政治観、異なる価値観をもつ、世界の一部から来ました。彼らは攻撃の計画中、私たちと同じテクノロジーを利用しました。eメール、インターネット、コンピューターネットワーク、金融システム、そして容易な世界旅行です。テロリズムは何にもましてグローバル化されています。

テロリズムと世界経済

テロは世界経済に思わぬ損害を与えます。米国がテロに対する軍事行為に多額の特別出費をし、結局金利を上げることになれば、第三世界の負債が何百億ドルも増えることになります。そうなると第三世界が米国の輸出品を買う資力は減少します。米国の製造業の1/3の仕事は発展途上国との貿易に関わりがあります。これまで以上に、第三世界の負債は私たちにはまかないきれない贅沢品となります。

視点の狭さ

9・11テロは多くの人がいうように、世界を1日で変えてしまいました。確かにそうですが、それは、私たちが頭で考えている世界をも変えたでしょうか。我々の内なる世界から外の世界の見方を変えたでしょうか。いつまでも時代遅れの視点に固執するのでしょうか。それは、世界を9・11テロが起きた、異常な速さで変化しつつある世界としてではなく、過ぎ去った世界として見てきたせいなのです。たとえば、飛行機がミサイル、それも最大の軍事ミサイルに匹敵する破壊力をもつものに変わるなどと誰が予測できたでしょうか。テロリスト並みの洞察力で飛行機を見ていたならば、テロリストにハイジャックなどさせないようにできたはずです。また、1980年代、ロシアのアフガニスタン侵攻と戦ったビン・ラディンを支援することが、米国の将来の敵に資金を提供することになるかもしれないと予測できた米国の指導者はいたのでしょうか。

サイバーテロリズム

テロリストはウイルスとゾンビコンピューターを使ってインターネットを停止させることまでするでしょうか。数個の爆弾を使えるような集団であれば、ルートサーバーを使用不能にし、インターネットを作動不能にすることができるでしょう。1つのコンピューターウイルスでルーターを侵したり、ボーダー・ゲートウェイ・プロトコル（ルーター間の通信で使う言語）を攻撃したりできるのです。それに加えて、大きい接続ポイントもまた物理的に攻撃されるでしょう。

アンチテロリズム

180ヵ国（世界の80％）以上が、テロに対抗する国際的連携に加わっています。連携の名のもと、数ヵ国が軍事支援をし、ほとんどの国が人道支援と空域など他の支援を行っているのです。

武器貿易

"ならず者"政府や、多くの国々の反逆グループによる大量殺人を遺憾に思うと同時に、心にとめておくべきことは、北米やヨーロッパの多くの武器取扱業者がさまざまな武器の供給を拒めば、戦闘員は生命と身体に恐ろしい危害を加えられなかっただろうということです。2001年に、"テロへの戦い"として、米国は、民兵や反逆グループと戦うフィリピンに1億ドルの軍備費を供給しました。ミンダナオの街ではリヴォルバーが15ドル、機関銃が375ドルで買えます。アフリカ、アジア、中東、中南米では、1年につき220億ドルが兵器に使われます。この金額があれば、ミレニアム開発目標を達成できるのです。年間100億ドルですべての子どもたちに初等教育を受けさせ、年間120億ドルで乳幼児と母親の死亡率を低下させます。1999年、武器貿易は520億ドルにのぼり、先進諸国が輸出の96％を占めました。

9/11後30ヵ月のテロ攻撃

1　アメリカ合衆国 01/9/11
ニューヨーク、ワシントンDC、シャンクスヴィル
3,000人以上死亡

2　チュニジア 02/4/11
ジェルバ　21人死亡

3　イエメン 02/10/6
オイルタンカー上　1人死亡

4　インドネシア 02/10/12
バリ　202人死亡

5　ヨルダン 02/10/28
アンマン　1人死亡

6　ケニア 02/11/28
モンバサ　15人死亡

7　サウジアラビア 03/5/12
リヤド　34人死亡

8　モロッコ 03/5/16
カサブランカ　41人死亡

9　インドネシア 03/8/5
ジャカルタ　13人死亡

10　サウジアラビア 03/11/8
リヤド　17人死亡

11　トルコ 03/11/15
イスタンブール　23人死亡

12　トルコ 03/11/20
イスタンブール　27人死亡

13　スペイン 04/3/11
マドリード　200人死亡

何がテロリストを動かすか

これは愚問です。なぜなら意味のある答えはほとんどないからです。多くのテロリストが何らかの抗しがたい衝動に動かされているのは確かです。さもなければ自分たちの目的を支えるために命を捨てることはないでしょう。何に反対しているのかを表明することもあります。たとえば、米国人、西欧人一般、富裕階級の生活様式、キリスト教、反宗教、民主主義、個人主義と女性（男性の快楽の対象以外）などです。しかし、無差別暴力を除けば、何に賛成しているかについてはめったに語りません。

安全保障の値段

読者が、この本の1章を読む数分の間にも、各国政府は軍事活動に数百万ドルをつぎ込んでいることでしょう。2003年、世界は人口1人当り150ドル(PPP換算)近くも軍拡競争に使っているのです。この世界の軍事予算のわずか10％を、建設的な事業に転換することができると仮定してみましょう。そうすれば、重荷をかかえている地球上で私たちの直面する問題の多くはずいぶん軽減されるはずです。1991年クウェートに使われた軍事費のわずか24時間分で、子どもの予防接種計画5年分の費用がまかなえ、年間100万人の死を防げるのです。なるほど、冷戦が終わってから軍事費は減ってはいますが、その後の支出は多くも少なくもなく一定でした。しかし、1999年以降、とりわけ9・11以降、大幅な増加がありました。同時に軍事的な研究開発(R&D)に向けられる資源はむしろ増加し、軍事技術で優位に立とうとする意欲が依然、衰えていないことを反映しています。毎年、軍は、科学技術能力を吸い取っているのです。さらに、豊かな武器生産国で軍事予算が削られつつあることは、地球規模で武器を海外へ売ろうとすることへの圧力の高まりという結果を生んでいます。冷戦が終わり、アメリカは旧ソ連を抜いて兵器輸出の第1位に躍り出ました。北側は南側に自発的買い手を見つけることが多く、2001年には米国から、中南米、アフリカ、アジア、北アフリカ、中東に140億ドル分の武器が輸出されました(イギリスからは46億ドル、フランスとロシアからは各34億ドル)。

皮肉きわまりないことに、世界の政治家たちは1㎡の土地も外国の侵略者にわたさないと宣言している一方で、かつて肥沃だった広大な表土を毎年、流失させているのです。もし政治家が軍事にあててきた資金を、たとえば天然資源を守り、人材開発を進めるなど国の未来がかかった事業に使うなら、言葉本来の意味での、より確かな安全保障が得られるに違いありません。

イラク侵攻以降支出が増え、世界の軍事費は2003年に8,800億ドル(PPP換算9,910億ドル)に達しました。たった15国で世界合計の4/5に、米国1国で47％にあたります(発展途上世界は28％)。PPP換算で、これらの国の経済力を見ると、中国、インド、ロシアが上位5位に入ります(あとの2国はアメリカとフランス)。事実、PPP換算で見た上位15国のうち9国は新しい消費国です(P.234〜35)。

国際連合は「国際協力と集団安全保障」による平和維持を目的にかかげ、世界の軍事費の1％あまりを提供しています。2002年から2003年まで平和維持に費やされたのは26億ドルで、そのうちシエラレオネに7億ドル、コンゴに6億8,000万ドル、コソボと東ティモールに3億ドルずつ、エチオピアとエリトリアに2億ドルを支援しました。しかし、その同じ年、国々が"手をとりあう"国連の"手をとりあわない"側面を露呈し、平和維持の費用に13億4千万ドルの赤字を出しました。アメリカは5億3,600万ドル、日本は3億1,200万ドル、イタリアは4,100万ドル、中国は3,900万ドル、スペインは3,200万ドル、ブラジルは2,800万ドルを負担しました。

軍備拡張の代償

アフガニスタンとイラクでの米国の出費

1991年の湾岸戦争で出費した840億ドル(2004年現在ドル価)のほとんどは連合国でまかなわれ、アメリカの納税者も約64億ドル負担しました。一方、2003年のイラク戦争での出費はすでに1,500億米ドル(2004年末現在)に達し、米国民1家族あたり推定3,400ドルの長期負担をかけています。同じ1,500億ドルがあれば、アメリカの子どもたち8,200万人に適切な健康管理を行えます。地球規模で考えれば、1,500億ドルがあれば、世界中の飢餓を半減させ、さらに発展途上世界に2年以上HIV/エイズワクチン、子どもへの予防接種、清潔な飲み水、下水処理を供給できます。巡航ミサイル1基は80万ドルです。バグダードで320基発射されました。アメリカはまたアフガニスタンの軍事行動で少なくとも500億ドル費やしました。イラク再建には500億ドルから750億ドルかかることでしょう。第二次世界大戦後のヨーロッパ再建のためのマーシャルプランで、アメリカは2004年現在のドル価で900億ドルの支援をしました。

軍事費 2002ドル

軍事費とエイズ

2003年、HIV/エイズ感染者は約4,000万人、世界の軍事費は8,800億ドルでした。南アフリカは530万人の感染者を抱え、HIV/エイズと戦う一方で、同時に軍事費に80億ドル費やしました。2005年にエイズ対策にかけられた資金は推定で120億ドル足らずでした。少ない費用で多くの人が危うい命を生きています。

軍備拡張の代償

世界中で、60秒間に3人の割合で子どもたちが安全な飲み水や下水施設の不足から死んでいきます。さらに60秒数えて、この2分間で、世界は軍備に340万ドルの金を投じています。実に、年8,800億ドルもの金額が人殺しの道具のために使われ、現在も、社会を無視した新しい戦場が広がっています。1945年から2000年の間に、5,000万人の生命が戦争やさまざまな暴力による紛争で失われました。社会の無関心により死んで行く人の数と比べてください。食糧不足により370万人、安全な飲み水と下水施設の不足により170万人、室内煙により(調理用熱源)により160万人が亡くなっています。

古代ローマ人は、平和を守るただ1つの方法は費用をいとわずに戦争に備えることだ、と最初に主張した人々です。しかし、いまの世界では、その費用が増大する一方なのです。1991年の湾岸戦争後のイラク復興費用は、最近のイラク侵攻を入れるまでもなく、2,000億ドルを超しています。一般市民から何万人もの死傷者を出したことに加え、多国籍軍の爆撃によって給水、浄化、下水設備が著しい被害を受けました。5歳以下の子どもの死亡率は4倍近くに跳ねあがりました。

軍事費か海外援助か

世界の軍事費と開発援助の差は非常に大きく、しかも拡大しています。2000年、先進国の軍事費は海外援助額の10倍になりました。2004年の米国の予算は、海外援助1ドルに対して、防衛費は19ドルの割合でした。2000年から2005年の間に、米国は軍事費におよそ2兆2千億ドルを投じることになるでしょう。悲劇といえば、持続的な経済発展は戦争につながるような緊張を未然に防ぐことができたはずなのに、それができなかったことです。

1965年　1970　1975　1980　1985

軍備拡張の代償 279

軍事費と「進化」の代償
軍事費3日分：80億ドル、酸性雨対策。
軍事費10日分：240億ドル、土壌浸食対策。
軍事費3週間分：400億ドルから600億ドル、国連ミレニアム開発目標（P.286〜87）の達成。

単位＝10億ドル

生命をはかりにかける
軍備拡張の代償がいかに大きくなっているかが左図に示されています。私たちは生命を守る保健衛生費より、死に追いやる兵器により多く支出しているのです。米国は断然、最も多額の軍事費をかけている国です（2003年世界全体の47％）。しかし国連開発計画は、人間開発指数の順位づけで、アメリカを175国中7位であるとしています。上位は、ノルウェー、アイスランド、スウェーデン、オーストラリア、オランダ、ベルギーです。

爆弾か書物か
教育よりも軍事に重きがおかれることがあります。2002年、エチオピアはGDPの5.2％を軍事に、4.8％を教育に、1.8％を健康のために費やしました。一方、コスタリカは教育と健康に4.4％、軍事には0％の支出でした。2004年アメリカは1年分の軍事・防衛費とほぼ同じ莫大な財政赤字を抱えました（4,130億ドルと4,370億ドル）。そのとき教育にあてられた予算は600億ドル程度でした。2003年、発展途上諸国は全体で軍事活動に2,450億ドル費やしましたが、学校に通っていない子どもたち1億1,500万人に教育を受けさせるために使われた金額はたった60億ドル強でした。

ステルス爆撃機
B2ステルス爆撃機の価格は30億ドルを超します。2001年、米国の人口の12％は貧困ライン以下の生活を送っていました。

「人々はとても平和を望んでいるのですから、近日中に政府はそのじゃまをしないようにして、平和を実現すべきであると私は思います。」
アイゼンハワー大統領

軍事費8ヵ月分で
世界の資源が非生産的な軍事部門に信じ難いほど浪費されています。それは、世界の軍事費のたった8ヵ月分があれば、発展途上世界全体の1年間の持続可能な発展にかかる費用をまかなえることを考えてみれば分かります。この約6,000億ドルという額は、1992年の地球サミットの執行部が、「アジェンダ21」で提言された行動計画を実現するのにかかる全費用として挙げたものです。「アジェンダ21」は、人口政策から有毒廃棄物の処理まで包括的に取り上げた計画です。

軍事費6ヵ月分で
世界の軍事費6ヵ月分は、2003年の米国の軍事費4,170億ドルよりもわずかに多いだけです。米国は、これほどの額を仮想敵国から身を守るためと称し投資しているのです。しかしその裏には、多くの市民が夜間は危険なため、家から1km以内の所へさえ、ひとりで出かけたがらないという現実があります。軍事問題以外で安全を脅かすものが世界中に増えている今日、「安全保障」の概念そのものを定義し直す必要があります。

軍事費2時間分で
2時間足らずの軍事費、2億ドルがあれば、サハラ以南のアフリカで毎年約100万人（ほとんどが5歳未満の乳幼児）を死に至らせるマラリアに取り組むことができます。国境なき医師団によれば、従来の抗マラリア薬では以前のような効果がなくなってきていますが、新しいアルテミシニンとほかの薬を組み合わせる治療は1ドル50セント（2000年ドル価）かかります。従来使われているクロロキンは10セントです。

海外援助

1990　1995　2000　2003

大量殺人

現在の兵器は、一瞬で何千人、何百万人もの人々を、毒殺や焼殺、あるいは単に蒸発させてしまうことができます。しかも必要があれば、もう一瞬で同じことを繰り返すこともできるのです。大量破壊兵器（WMD）は、ベトナム戦争と2度の湾岸戦争で登場しましたが、その潜在能力は戦争の規模をはるかに超えていました。主なWMDは核爆弾で、とりわけ恐ろしいのは核交戦です。一般に考えられるような戦争とは違い、数分以内で交戦国は互いに一掃されるでしょう。そしてそれ以外の国々も「付随被害」を受けるのです。

核保有国と非保有国の間の深刻な論争はもとより、核兵器にはさらなる脅威をもたらす危険があります。兵器のほんの一部が爆発することで大気中に巻き上げられる煙、すす、ちりなどの破片は、交戦国ばかりでなく地球の大部分から太陽を覆い隠して「核の冬」を引き起こします。その氷点下の気温と暗闇は地球上の植物の生育を阻みます。農業、森林、その他の主な生態系は大打撃を受け、その結果、環境は徹底的に破壊されます。数メガトン級の爆弾1つで、我々の文明を消し去ることができるのです。

加えて、新たな戦争兵器が私たちの暮らしを脅かすようになりました。計画的な病気の利用です。2001年、アメリカで炭疽菌入りの手紙によって数人が死亡し、多くの人が感染しました。歴史を振り返ると、戦時中は、武器による死者と同じくらいの人々が病気で死んでいますし、軍部はしばしば敵の間に病気を蔓延させる作戦をとっていました。生物戦は、ウイルスや細菌などの病原微生物を利用します。また、リシンなどの毒素や有毒物質の配備も含まれます。これらにはすさまじい破壊能力があります。世界の全死亡者数の1/4は感染症が原因です。その多くはテロリストでも容易に広めることができるのです。多くの国が生物・毒素兵器禁止条約に署名しましたが、監視や強制はひじょうに困難です。

窒息性、神経性のガス、毒物、枯れ葉剤などの化学兵器についても困った問題があります。これらは、核兵器よりも安く簡単に開発保有できるため、途上国の間で人気があるのです。核爆弾ほどの破壊力はありませんが、金のかからない戦争抑止力と映るのでしょう。途上国の中で化学兵器の保有を表明しているのはイラクだけですが、他にもおよそ12ヵ国程度がひそかに保有している疑いがあります。少なくとも、化学兵器の開発をもくろむ国の数が急激に増えているという点で識者の見解は一致しています。また、相当量が先進国にもあることが知られており、その一部は第二次世界大戦の遺物です。中でも、アメリカと旧ソ連はそれぞれ何万トンもの化学兵器を抱えています。

大量破壊兵器

核保有国

2002年、完全な核保有国は5ヵ国で、核弾頭の総数は3万でした。ピークであった1986年の半数以下になっています。しかし、アメリカはまだ1万640、ロシアは1万8,000の核弾頭を保有し、それ以外の3ヵ国——イギリス、フランス、中国——は合わせておよそ1,000を保有しています。インド、パキスタン、イスラエルの保有数はずっと少ないです（P.275〜76）。1945年以来、少なくとも12万8,000の核弾頭が製造されました（アメリカが7万、旧ソビエト連邦が5万5,000）。世界には8万5,000の核弾頭を補給するのにじゅうぶんな兵器級のプラトニウムがあります。アメリカとロシアの4,600もの核弾頭はいまも即座に発射可能な「一触即発」の警戒状態にあり、警告と同時に偶発戦争の高い危険性を含んでいます。最終的な目標は、アメリカとロシアが備蓄している戦略核弾頭の数を2,500以下に減らすことですが、最近の交渉で合意した数は3,500でした。

44もの国々が原子炉、研究炉を保有しています。核拡散防止条約に加盟したすべての国は、「核兵器廃絶への明確な約束」に合意していますが、5大保有国が自国の核兵器を廃絶する気配はまったくありません。この不履行は、核保有国と非保有国との間で深刻な論争の種となるに違いありません。

大量破壊兵器（WMD）の発見

2003年のイラク戦争で実証されたように、兵器査察官が敵国をしらみつぶしに探してWMDを見つけることは事実上不可能です。ヴァーモント州かウェールズ程度の比較的小さな範囲で、テニスコートほどの大きさの区画までも見逃さずに探すことがどれほど困難か考えてみてください。

大量破壊兵器の小型化

革新的な科学の発達により、核兵器は車のトランクに隠せるまでになりました。数粒の炭疽菌であればより小型になるし、片手いっぱいの致死的な細菌やウイルスならさらに小型化できます。ほんの微量の病原菌で、都市全体を思いのままにできるのです。

核拡散防止条約（NPT）

1970年にはほんの数十国しか加盟していませんでしたが、2004年現在は188の国が加盟しています。インド、パキスタン、イスラエルを除いたすべての国が正式に加盟または誓約しています。条約の目的は、「核兵器と兵器技術の拡散を防止して、原子力の平和利用における協力を促進し、やがては核軍縮、そして全面的かつ完全な軍備縮小を達成する」ことです。

世界の核兵器備蓄（1945〜2000）

年	核弾頭の数
1945	2
1950	303
1955	2,490
1960	20,368
1965	39,047
1970	39,691
1971	41,365
1972	44,020
1973	47,741
1974	50,840
1975	52,323
1976	53,252
1977	54,978
1978	56,805
1979	59,120
1980	61,480
1981	63,054
1982	64,769
1983	66,979
1984	67,585
1986	69,478
1987	68,835
1988	67,041
1989	63,645
1990	60,236
1991	55,772
1992	52,972
1993	50,008
1994	46,542
1995	43,200
1996	40,100
1997	37,535
1998	34,535
1999	31,960
2000	31,535

大量破壊兵器　281

40万倍のヒロシマ
1Mtは広島型原爆の80個分に匹敵するので、今では広島型40万個分の5,000Mtの破壊力をもつ核兵器が保有されていることになります。核爆発の火球（左図）は現在の核兵器により破壊される程度を表しています。世界のミサイルの正確さ、質はどんどん高まるため、その大量破壊能力は途方もないものになっていくでしょう。

第二次世界大戦
3Mt。左図の1つのます目は、第二次大戦で使われた銃火器の破壊力の総量を示します。

都市よ、さようなら
100ますは300Mtに相当し、これで世界の全都市が破壊されます。

地球の新しい代替管理法

 私たちは、まさにガイアと人類の物語をつむぐ大きな転換点を生きる特権的な世代です。いよいよ困難さを増す数々の危機を前に、過去のどんな時代にも要求されたことのない壮大な規模で、創造的な努力をする機会に直面しているのです。生き延び、繁栄するため、ホモ・サピエンスはその出現当初の、攻撃的、繁殖的で、資源に対して貪欲であった生物の種から、環境の制約を知り、自己主張を捨てて協力し、己を律することを黄金律とする最高の種へと前進しなければなりません。私たちは自然と遊離して暮らしてきましたが、これからはもう一度、自然の一部となることが必要です。自然と休戦し、条約を結び、和解するのです。そして、それを通して、真に人間的な種にならなければなりません。確かにたいへんな挑戦です。そのためには、私たちの行動の仕方、ものの考え方、感じ方を、あるいは技術の利用の仕方を、そして何より自分自身をどう管理していくかを根本から大転換する必要があります。

 現在の国際的な機関や法律は、人と人ではなく、政府間の契約によるものであったため、経済政治、環境の圧力に合わせて発展してきたわけではありませんでした。私たちが迫り来る危機をくぐりぬけ、舵取りをしていこうとするなら、こうした機関をより良い「統治(ガバナンス)」を行えるよう造り替える必要があります。

 より良い統治とは、改良された政府という意味ではありません。それは、ひとりひとりの協力的な自己管理を意味します。それは地球規模で参加のメカニズムの「網」を創り出すことであり、そこには地域から地球全体まで、社会のあらゆる分野、あらゆるレベルの人々が加わります。政府(ガバメント)は国家にかかわるものですが、統治(ガバナンス)は私たち全員にかかわるものなのです。

 今日の統治の要となる機関は、国連です。波乱の歴史を経て、国連は今、環境と安全保障問題にますます大きな役割を果たすようになっています。したがって、国連の民主化が、地球規模での意思決定の過程を広げる上で最重要課題です。目標は、自律的な社会のための国際的な統治を促すことです。新しい非政府の集まりは、NGO、労働組合、職種別団体、女性団体、都市、企業、財政団体、その他の代表とともに加えることができるでしょう。国連を表決権のある「上院」とすれば、この新たな集まりは先駆的かつ比較的非同盟中立の立場で、より地球的な視野をもったものとなるでしょう。もちろん、国連の政策の大半を決めるのは総会になるでしょう。しかし、最も小さな村でさえも、世界全体の問題に影響力をもつことになるのです。

 国連改革の主眼は、持続可能な発展とならなければいけません。私たちに必要なのは、紛争を未然に防ぎ、環境の脅威を回避できる集団的安全保障体制としての国連です。1992年の地球サミットを受けて設立された持続可能開発委員会(CSD)は一例で、2002年の世界サミットでは持続可能な開発を議題にし、さまざまな約束事を生みました。

地球統治(グローバル・ガバナンス)

 世界はいっそう相互依存の度合いを深めており、国際化の傾向が強まっています。そのことはNGOや職種別団体の国境を越えたつながりを見ればよく分かります。しかし、政治にも変化が必要です。地球的規模の自己統治を築くという挑戦に立ち向かうために、環境面でも健全で社会的にも公平な開発を保障する体制が必要なのです。この新しい地球統治の権威は、力を得た地域社会に由来するものであり、国や地方の政府が正当性をもち、責任をもって統治を行うこと、そして、国際機関がすべてのメンバーについて責任をもつことといった形で表れます。つまり、私たちは地球統治を実現する歴史的チャンスを迎えるという、すぐれてダイナミックな時代を生きているのです。

計画と基金

UNCTAD
国連貿易開発会議

ITC
国際貿易センター
UNCTAD/WTO

UNDCP
国連薬物統制計画

UNEP
国連環境計画

UNHSP
国連人間居住計画

UNDP
国連開発計画

UNIFEM
国際婦人開発基金

UNIV
国連ボランティア

UNFPA
国連人口基金

UNHCR
国連難民高等弁務官事務所

UNICEF
国連児童基金

WFP
世界食糧計画

UNRWA
難民救済事業機関

不死鳥の新生国家

政治家がいくら口先で国民国家の主権を唱えようと、現実は国家が相互依存の度合いを深めるにつれ、国家主権は確実に冒されつつあります。国家主権をすでに縮小している要因としては、地域法(EUを統制する法規など)、人権、環境、軍縮にかかわる超国家的法規があります。国民国家が近い将来に「滅びる」ことはないでしょうが、その主な役割は地球規模の団体によって考案される方針を反映するものとなるでしょう。

世界市民

市民が目を光らせることが、政治家や企業の活動に対する究極のチェック機能として働きます。統治がうまく機能するかどうかは、個人が権利と責任を行使して政府の行動を監視し、国際法上のルールを守るよう圧力をかけるかどうかで決まります。良き「世界市民」は、政府やメディアの宣伝に躍らされません。消費を持続可能な開発に見合ったものに抑える必要を敏感に感じ取り、選挙権を行使することによって経済面、金融面の政策に地球資源の適切な管理をきちんと反映させます。

地球統治　283

新しい国連の網
国連は、人権分野では大きな功績を果たしてきたものの、その機構は安全保障、政治、思想上の問題の解決にとって適切なものではありませんでした。東西の思想的対立が過去のものとなった今、国連改革の機は熟しました。国連民主化国際会議が先頭に立ち、安全保障理事会の採決法を変えるという案から、現在の国連総会とのバランスをとる意味で、新しい国連機関として人民のあるいは議会制の集まりを創設するという案まで、多くの提案がなされています。

村の声
有効な国際統治を進める主な目的は、国家の利益だけではなく地球全体の利益に則って、持続可能な開発の方法を編み出していくことにあります。このためには、土地の人間のもつ知恵を最大限に生かす必要があります。問題に最初に立ち向かうのは、そして、解決法が見出されるのは地方のレベルです。そうした草の根の参加と住民の行動は、どんな新しい国連の2次総会が生まれようとそれに影響を与えるような市民の運動へと発展していくことでしょう。

NGOと世界の声
NGOの成長は、20世紀を彩る政治的特徴のひとつでした。1948年、国連の組織と協議できる立場にあったNGOはたった41でしたが、2002年の持続可能な開発についての世界サミットに認可されたNGOは約3,000になりました。NGOは国際的な行動の成果によって発言権を高めています。2001年、約5万のINGOが活動しています（P.264〜65）。

主要な現象：相乗作用

私たちの気づかないうちに、相乗作用は世界でよく見られる現象になりつつあります。力の結びつきを意味し、それらはひじょうに重要です。たとえば、あるストレスがかかっている植物の耐性は、同時に他のストレスがいくつか働いていると、低くなる傾向があります。つまり太陽光を少なく浴び、そのせいで行う光合成も少ない植物の場合、通常の生育をし、じゅうぶんに伸びている植物より、寒さに弱いということです。拡大される効果は、同様に反対にも働きます。それは、4＋4＝8ではなく、4×4＝16です。ある状況においては、相乗作用によって導き出された結果は、作用を成す1つ1つの要素の単純な合計より10倍大きいのです。つまり1つの問題を他の問題と一緒にすると、問題が2つになるのではなく、超大化するのです。

それでも、科学者たちの多くは、人一倍相乗作用を知っていなければならないにもかかわらず、その現象をじゅうぶんな視野で理解しようとしないようです。たとえば、彼らは種の絶滅の主な作用——とくに種の減数、遺伝子プールの減少、枯れた生息地、汚染された環境、競争種（とくに外国からの"侵略"種）の脅威など——をよく知ってはいるのですが、これら1つ1つを個別に研究する傾向にあるのです。私たちは個々の問題の間に大きな相乗作用が働くことを知りもしなければ、理解もしていません。

相乗作用は生物の多様性という面においてとりわけ顕著であり、その程度は一般に想定される以上の規模の絶滅事例にまでつながるほどです。相乗作用はその事例を時間的に圧縮することもあるでしょう。それはつまり完全な生命の危機が予測より早く起こりうることを意味します。いくつかの相乗作用を識別できるところまでくれば、種の絶滅が進行する際の潜在的パターンとプロセスをより理解できるようになります。そうなればいくらかは予想し、防ぐことができるようになります。

一例をあげましょう。世界のある地域で多くの両生類の種が減少し、その原因が汚染（酸性雨、水銀毒など）、生息地の破壊または断片化（とくに水生の富栄養化）、土壌化学性の変化（土中水、pH、沈泥、有機物質）、植物損失（とくに森林伐採）、大気温度の変動といった要因の相乗作用によると考えられています。また、オゾン層破壊により増加したUVB照射量、初期の地球温暖化による生態系の枯渇も含まれます。両生類全般の減少は、生態系と、関連する共同体に大きな影響を与えるでしょう。

いくつかの環境要因は互いに強め合い相互に作用することがますます現実となるでしょう。その要因には、森林伐採、砂漠化、酸性雨、異常気象、地球温暖化、オゾン層減少、野生生物生息地の変化、化学汚染物質が含まれます。もたらされる結果は、生物多様性のためには明らかに好ましくないものとなるでしょう。

相乗作用

地球温暖化へのリンケージ

気候変化は地球の表面の温度を高めます。このとき対照的に、成層圏では低温になります。この低温が、オゾン層破壊を進行し、それによってより多くのUVBが地球の表面に届くことになります。さらに、UVBは海の最上層で植物プランクトンに大きな損害をもたらし、それが空気から二酸化炭素を吸収する植物プランクトンの能力を低下させます。このようなことが、成層圏の低温化を含む地球温暖化プロセスに伴っているのです。これらのフィードバック・ループ・プロセスは、ある日、互いに作用しあっているものの結びつきを強めることになり、ついにはかつてないほどの速度で、私たちに地球温暖化の影響をもたらします。そのときになって地球温暖化を拒むと決意したところで、逆転することはもちろん、減速するために何かをするにも遅すぎるのがわかるでしょう。

湿潤熱帯の酸性雨

酸性雨は、すでに中国南部の森林の問題になっており、まもなくインドネシア中部、タイ中南部、インド南西部、西アフリカ、ブラジル南部、コロンビア北部の熱帯森のいくつかの地域にも影響を及ぼすことは確実のようです。過度の伐採や農業開発など、熱帯森への現在の負荷は、酸性雨による被害からの影響を受けやすくしています。また森林資源枯渇へのプロセスも同様にマイナスに機能します。

遺伝子の減少と農作物

温室効果が進んだ後の変動した気候と降水型は、現在の気候型に適合している多くの作物には適さないことでしょう。地球温暖化に起因するさまざまな問題の中で、もっとも重要なのは、作物の遺伝的基盤の充実によって、多雨や乾燥、新しい病気や病原体への耐性を高めることです。しかしながら多くの作物の遺伝子プールは、近縁の野生種がほとんど絶命してしまったため、かつてないほど急激に減少しつつあります。

フィンボスの保存

アフリカ南端のフィンボスの植物群落は植物種が豊富なため、世界の6つの植物界の1つにあげられています。この特別な生物多様性にとっての最大の脅威は、マツやワットルなど外国からの植物の侵入です。外来種は、水質保全、土地の生産性、自然の生態系の健全さを脅かす害悪にもなります。また野生の火事と浸食をも悪化させます。政府の「ワーキング・フォー・ウォーター」プログラム——2004年8千万米ドルの予算で33,000人を雇用したアフリカ最大の保護プログラム——は、これらの外来種と戦っています。一石二鳥の方法です。

プラスの相乗作用

もちろんプラスの相乗作用も存在します。たとえば、ゴルバチョフが最高権力にのぼったのと、旧ソビエト連邦で広がる環境破壊に対する市民の怒りが高まったのは同時期でした。この2つはともに作用し、ゴルバチョフにベルリンの壁を壊すという英断をくださせました。両方の要因が同時期に相乗効果を発揮して作用したのでなければ、ベルリンの壁崩壊のような大変動を突如起こすのに十分な政治の力があったかどうかは疑わしいでしょう。さらに、壁の崩壊は他の政治的および経済的な現象と結びつき、ソビエト連邦と共産主義の崩壊、さらには冷戦の終結をも確かなものにしました。

同様の相乗作用はもっと早期に米国で起こりました。公民権運動は長年苦しみ戦ってきた何百万もの運動支持者を結集し、マーティン・ルーサー・キングの明らかな指導力によってついに着火されました。それまでも、カリスマ的なリーダーの強い力によって着火されてはじめて市民運動が成し遂げられる例は多くありました。たとえば、チャーチルや、ヒトラーもある意味そうです。

各国の市民は、草の根の行動主義が同じベクトルの別の作用と結びついたとき、いかに生産的になるかというこれらの事例に注目すべきです。

リンケージ

リンケージは、日常生活に普及した特徴になりました。より多くの人々がより多くの活動にかかわることで、つながりが増え、重要さも増すでしょう。リンケージは、日常生活のなかに時折存在する個別の側面などではなく、ほとんどとはいわないまでも多くの人間活動に影響を与える常在の特徴です。たとえばハンバーガー・コネクション、キャッサバ・コネクション、熱帯材木取引があります。これらは温帯先進国の市場メカニズムがいかにして熱帯地方の発展途上国に天然資源を過剰消費させるかについて示しています。

リンケージの1つの例に、北米の「鳴禽コネクション」があります。毎年秋には、北米の鳴禽150種以上、森林地帯に棲む鳥のおよそ2/3は、北米から中南米の越冬地へと飛びたちます。これら数十億羽の鳥が越冬地にたどり着くと、森の住環境が劣化しているのです。これは主にハンバーガー・コネクションが原因です。その結果、春に北米の繁殖地に戻ってくる鳥は年々少なくなっています。鳴禽が戻って来るのと同時期に、いくつかの昆虫種が冬の生活を終えて出てきます。このころ昆虫の多くはちょうど幼虫段階など、ライフサイクル上の危機にあり、鳴禽をはじめ食虫性の鳥の被害にあいやすい状態にいるのです。

このリンケージは特に東カナダの北方林にあてはまります。そこでは、35種の食虫性の鳥がハマキガの幼虫を自然に抑制する働きをし、森林再生に役立ちます。すでにこれらの鳥の数種はその数が50％減少しています。75％減少することになれば、機能的な多様性が失われ、北方林の再生パターンはまったく別の状態に変わってしまうでしょう。

国際的な砂糖貿易

米国は、効果的に世界市場の数倍の価格になるよう補助金を使い、砂糖の生産者を保護しています。これはフィリピンの主な輸出市場の低下につながり、それによって多数のサトウキビ労働者が仕事を失いました。それがさらに、失業中の多数のフィリピン人を国内の高地に移住させることになり、そこで多くの森林破壊を起こし、国内の高地に集中していた3,700の植物種の一部と関連する動物種の生息地を減少させました。このように、米国政府の砂糖補助金は、何千マイルも離れた国での種の焼失に大きな影響を及ぼしているのです。

持続可能性とは高価なもの？

経済、環境、開発それぞれの持続可能性についてよく耳にします。私たちに必要なものは長期的な持続可能性であり、それがなければこの地球を失うのです。それならば、なぜ政府や企業をはじめとする主要な立場にある人たちはこの仕事に取りかからないのでしょう。その答えは、費用がかかりすぎると考えるからです。政治的リーダーや企業トップなどは何もしないことに潜伏するコストを考えもせず、何かをすることでかかる経費をたびたび強調します。持続不可能になったことにかかるコストをいくつか示しましょう。

ガソリン1ガロンを燃焼させると、アメリカ人がガソリンスタンドで払う2ドルよりもずっと多くのコストがかかります。大気汚染、交通渋滞などの「外部性」はアメリカ経済に1年約7千億ドルの出費をさせ、市民1人あたり2,500ドルの負担をかけます。ガソリン以外の化石燃料を燃焼させても環境問題が起こり、世界中でおおよそ2千億ドルの負担がかかります。地球温暖化にかかるコストははっきりとわからないままですが、1年に1兆ドルは優に超し、その何倍もの可能性もあるという意見にほぼ一致しています。その他の環境問題である土壌浸食や砂漠化、農業の虫害、種の絶滅などは合計すると、少なくとも1年に8,500億ドルです。他の見積もりと同じく、これはかなり控えめな数字であり、実際はもっと高いコストがかかるはずです。

これらの環境問題の多くは、ひじょうに費用効率よく解決できることもあるでしょう。たとえば、1990年代、砂漠化は世界中で年間420億ドルの食糧不足を招くだろうと予想されました。一方、適した土地の再生（約50％）はたった110億ドルでできるとの予想でした。アメリカの土壌浸食は年間440億ドルの負担がかかりますが、土壌保護には80億ドルかかるだけです。

ほかの見積もりを見てみましょう。特定の問題だけを重視するのではなく、牧草地、森林、海、大気、野生種（昆虫が穀物に授粉すれば年間2千億ドルの利益があります）などを含む私たちの環境全体から得られる利益を合計します。世界中の経済学者のグループによれば、無料で供給されたものの利益の合計は1990年代後半、年間33兆ドルになりました。つまり、世界の自然による総生産額は経済的な総生産額とほぼ同じになったのでした。

1992年のリオ地球サミットは年間6千億ドルの持続可能な開発のための予算を提案しましたが、出席していた163ヵ国の政府はそんな高額を出す余裕はないと反対しました。しかし、彼らが正しい見方をしていれば、資金は十分にあったはずです。歪んだ補助金は世界中で少なくとも年間2兆ドルに及びます（P.232）。

地球と環境資源を利用している現在の状態は、元金を取り崩していく会社のように自分たちの惑星を見ていることを示します。「利子」が手に入れば、ずっと増加していくにもかかわらずです。いわば、週末に訪ねてくるようにではなく、ずっと滞在することを考えて、地球に住むべきではないでしょうか。つまり、世界経済を、世界環境という親会社の運命に完全に支配される子会社なのだと考えるべきなのです。

待ったなしの大転換期

私たちは、地球という限りある世界に生きているにもかかわらず、まるで資源が無限にあるかのように、また、まるで宇宙のどこかにもう1つ別の惑星をもっているかのように、地球の資源を食いものにしてきました。このようなことが長く続くわけはありません。人間に何か不都合なことが起こるというときには、手遅れになる前に、すぐにも危険な傾向を抑えなければなりません。危険な傾向とは、人口過剰、エネルギーの枯渇、環境破壊、無駄な軍事費など、右のグラフの幾何級数的な曲線で示したものです。この持続不可能な成長をこのまま続けるなら、私たちの文明はある日突然、終末を迎えることになるでしょう。地球全体の暮らしをガイアと私たち自身とのバランスのとれた持続可能で公平なものに転換できる日までは、この異常な成長率を抑え、消費と再生のサイクルを安定した、「定常状態」に持っていく必要があります。それ以後、一切の経済成長は効率を高め、資源をより上手に使うことによって達成されなければなりません。

2015年までに達成すべきミレニアム開発目標

- 絶対的貧困と飢餓の半減
- 初等教育の完全普及（2005年までにインドでは子どもの95％を学校に入れる）
- 女性のエンパワーメントとジェンダーの平等（世界の識字能力がない人の2/3は女性で、世界の難民の80％は女性と子ども）
- 5歳未満の子どもの死亡率を2/3に削減（1980年の1,500万人から減少したとはいえ、毎年1,100万人の子どもが死んでいる）
- 妊婦の死亡率を3/4に削減
- HIV／エイズ、マラリアをはじめとする疾病の蔓延防止（ブラジル、セネガル、ウガンダ、タイでHIVが止められることが示されている）
- 安全な飲み水と下水処理施設の供給（1990年代には10億人の手に届いたが、今なお10億人以上が安全な飲み水を持たない）
- 栄養失調の問題の半減（年間2,800万人の削減にあたる。現在までの達成は300万人）

人口増加

持続可能な地球の運用へと転換していけるように励ましてくれる予言や処方の含まれた文があります。

「つまり持続的な開発とは調和のとれた固定的状態ではなく、むしろ、変化の過程なのです。それは現在および未来の世代の欲求を満たすことと、資源の開発、投資の方向、技術発展の方向、そして制度的な変化との間で、矛盾なく調和を保っていくことなのです。」

『われらが共通の未来』
国連環境特別委員会（WCED）1987

新しい安全保障

　持続可能な社会への転換は、「安全保障」という言葉の定義を、「4つのE」に基づくものに塗り替えることになるでしょう。すなわち、エネルギー（energy）、環境（environment）、経済（economics）、公平（equity）の4つです。エネルギー面の安全保障を確保するには、供給サイドでますます拍車のかかる石油や天然ガスの乱開発に歯止めをかけ、一方でエネルギー効率を高め、更新可能なエネルギー源の利用を進めることです。これによって、産油国への依存を減らし、温室効果ガスの排出を削減し、環境面の安全保障にも貢献できます。経済面の安全保障を高めるには、資本と人的資源を軍事から民間部門に移転することが求められます。持続可能で、エネルギー効率の高い、社会的に公平な社会基盤の創造と維持は、地球規模で今よりはるかに多くの雇用を生むでしょう。1990年代前半、誘導ミサイルの生産に10億ドル使っても12,000人分の雇用しか生まれませんでしたが、同じ額を汚染防止に使えば22,000人分、教育に使えば85,000人分の雇用を生んだのです。

世界の最優先事項

以下の事項実現のために追加支出が必要です。

初等教育の完全普及	150億ドル
基本的な健康と栄養の完全普及	210億ドル
飲み水と下水処理施設の完全普及	230億ドル
性と生殖に関する健康を全女性に	110億ドル
成人の識字能力向上キャンペーン	40億ドル
第三世界での農業の改善	400億ドル
砂漠化の進行を遅らせる	110億ドル
土壌浸食の防止	180億ドル
25の生物多様性ホットスポット保護	10億ドル
合計	1,400億ドル

約60日分の軍事費に相当します。

参考

世界の年間軍事費	8,800億ドル
欧州のアルコール消費額	1,050億ドル
欧州の煙草消費額	500億ドル
欧州のアイスクリーム消費額	110億ドル
欧州と米国のペットフード消費額	170億ドル
欧州と米国の香水消費額	120億ドル
米国の化粧品消費額	80億ドル

合計1兆830億ドル。1年に1兆ドルということです。

エネルギー消費量　　環境破壊　　軍事費　　一次資源の消費量

転換への道具

持続可能な社会への転換は大いに可能です。私たちはその道具を持っています。しかし決意がないのです。まずは、人口と消費を安定させることが必要です。発表されている予想では、安定する前に、人口が50％ずつ増加していきます。自然のほうが先に、私たちに代わって人口調節の仕事を好ましからざる方法で済ませてくれるという事態を避けたいなら、私たち自身で早めに手を打つ必要があります。それには家族計画と生活の安定を万人に行きわたらせるための努力を倍していくことが必要です。

最も大きな希望の印は、ゆっくりと、世界の世論がより健全で責任ある資源管理に向かって変化している点です。国連環境と開発に関する世界委員会（WCED）が1987年に出した報告書『われらが共通の未来』で定式化された、持続可能な開発という原則は、大多数の政府、数々の主要なNGO、すべての主要な国際機関の間で承認されました。1987年以来、環境と開発という2つの問題は一躍、国際レベル、国家レベル、地域レベル、個人レベルの最優先課題となりました。1992年の地球サミットと2002年の持続可能な開発に関する世界サミットにより、大きな関心のうねりが明らかになりました。

管理か医療か

多くの文明が環境の衰えとともに滅び、荒涼たる風景を残して私たちに警告を与えています。かつて庭園や灌漑による畑を持ち、大いに栄えた古代シュメール文明の跡も、今は不毛の砂漠と化しています。サハラ砂漠の何か所かは、ローマ人がやってくる前は豊穣な森林地帯だったのです。今日の環境科学はこうした過去の事例に、新たな光を当てています。これらの文化は、環境をその回復力を超えて収奪したために自ら滅亡を招いたというのです。こうして見ると、人類全体の歴史は同じ失敗の繰り返しで、しかも打撃のみが大きくなっているようです。これは、目先の利益だけを考えて環境を利用する、ご都合主義的なひとつの種がもたらした打撃です。

今やシュメール人の運命は、地球規模で私たちのものと

修復の可能性は見えている

人間の数が増え、活動が増えすぎたことが、地球に長い影を落としてきました。しかし、持続可能な社会への転換を図る道具が、今、私たちの手の届くところにあります。それは、影ではなく、光を与える社会です。下の図の示すように、人間の文明がガイアの働きの中に包摂され、適切に管理された大地と自然が調和をもって響き合う社会です。われらが共通の未来についての数々の新しい発想から、多くの希望の印が見えてきています。持続可能な開発への道は数多くあり、多くの団体や個人がすでにその道を歩み始めています。

なるのでしょうか。それとも、私たちは適切な管理によって、その運命を避けることができるでしょうか。「地球の管理」は今、確立された用語となり、政府や企業による大規模な衛星通信および長期環境監視のプログラムでも採用されています。ただ、こうした強力な集団がこの言葉を、人間による地球の統制ないし支配という意味で使い始める危険性はあります。ここでもまた、彼らは人間を自然より「上」に見るという罠におちいっています。私たちは自然の一部であり、ジェームズ・ラブロックの言う「きわめて民主的な存在」であるガイアの構成員です。生態系を支配するなどということは、到底できることではありません。私たち自身、生態系の支配を受けているのです。このように、地球の管理は自分たち自身の管理という意味も含むものでなければなりません。

　地球の管理という技は、ガイアの健康（現在と未来の人々が含まれます）を第一に考えて、私たちの人間活動を管理していくということです。なぜなら、私たちひとりひとりが生き延び得るかどうかは、全体にかかっているからです。こうした自己管理を、政府によって上から押しつけることはできません。それが有効に機能するためには、人間文化の多様性のすべてを利用する必要があります。ちょうど、ガイアの生物的多様性を利用して進化が起こったように。

　今後しばらく、地球という惑星に対する人間の役割がいかなるものであるべきかをめぐる議論が活発化するでしょう。「支配人(manager)」より「世話役(steward)」ないし「管理人(caretaker)」と捉えたほうがよいという意見もあります。ラブロックも、人間がきわめてお粗末な支配人であった過去の実績に触れて、「職場代表(shop steward)」として積極的にすべての種の代表を務めるという役割を提案しています。ラブロックはまた、「地球への医療」という新たな実践の必要を唱えています。それは、ガイアの健康状態への実際的なアプローチであり、ちょうど家庭医の行うそれに似ています。傷口やあざになったところをきれいにし、処方としては新鮮な空気、栄養のある食事を指示し、後は自然が傷を癒してくれるのを待つのです。このような地球の医師として、私たちが負わせた傷を癒し、空気や水を汚すのをやめ、土壌の栄養を奪い尽くすのをやめ、森やその他、地球の生態系が私たちの与えた打撃から立ち直るための休息を与えるのです。それによって、ガイア全体が本来もつ強靭な健やかさを取り戻せるようにするのです。

オーロヴィルの試み

　南インドのコミュニティが未来に向けてきわめて持続可能な道を示しています。「夜明けの町」という意味のオーロヴィルには1,500人が住んでいます。そのうち500人がインド人で、他は世界40ヵ国から来た人たちです。彼らの最終的な目標は5万人までメンバーを増やすことです。最初に開拓した人たちが持っていたのは地球上での新しい生活様式を目指す理想だけで、簡素化された生活、自立、環境についての知識に重きをおいていました。そして割り当てられたのは、これ以上ないほど望みのない場所でした。10平方キロメートルの土地はとても荒れており、「人間の居住地には不向き」であるといわれていた土地でした。木は数十本植わっているだけで、川はなく、小川さえほとんどありませんでした。また表土もないに等しかったのです。今では表土は十分に回復し、川の水は豊かになり、200万本の木々が植えられています。コミュニティ内で有機肥料と有機的な殺虫法を使った農業を行い、それにより食糧の半分をまかなっています。エネルギーは主に太陽熱と風力から得ています。家々を明るくし、水をくみあげ、熱し、料理する電気の供給には太陽電池を利用しています。とくに印象的であるのは、オーロヴィルの生活様式が「地球上で身軽に生きる」ことに集約されていることです。住民たちは現金収入が1ヵ月100ドルだけであることに同意しています。加えて、1ヵ月250ドル分の食糧、住居、水、衣服、その他の必需品の補助と、終身雇用が保障されます。

オーロヴィルの都市計画

- 産業ゾーン
- 国際ゾーン
- 文化ゾーン
- 平和ゾーン
- 居住ゾーン
- グリーンベルト

「野放図な原子力は、思考法以外のあらゆるものを変えてしまいました……。もしや人類が生き残るべきのであるならば、何か本格的に新しい考え方が必要です。」
アルバート・アインシュタイン

「私は人類そのもの、つまり、生物圏の構成員としての初々しさや、未成熟さのすべてに強い関心をいだいています。進化の時間で限れば、人類はほんのわずか前にこの地球に現れたにすぎず、まだまだ成長しなければなりません。うまくすれば、英知を集めて、地球の精神と呼べるものになれるでしょう。人類はいま少年期にあたるのですが、確かに地球の最も利発で聡明な構成員です。私は、人類が永続的に生きるという意志をもち、全力をあげて地球の生命を維持していくことを信じています。」
ルイス・トーマス

290 地球の新しい代替管理法

必要な新しい倫理観

　生物の種の中で人間だけが、生物圏を離れて、外側からそれを眺めることができるようになりました。私たちは今や、ガイアというこのこわれやすい奇跡を、そして人類自身のふるまいを、より鋭敏な知覚でのぞき見ることができます。

　私たちの視野がはっきりし、危険がはっきりとしてくるにつれ、本来なら調和に満ちていたはずの世界における人類の役割がいっそう厳しく問われるようになってきました。人類が実に大きな力を身につけたということは、はっきりしています。私たちは今、人間の経済活動や技術がもたらした結果を目にしています。それは、地球全体のエネルギーや物質の循環、すなわち過去40億年にもわたって生命と共に進化し、生命を支えてきた循環にまで影響を与えたのです。

　私たちが今、行おうとしている挑戦は、明日の世代への展望を損なうことなく、今日の人々の生活の質を高めながら、同時に人間活動を地球を支える生態系の許容範囲内に抑えることです。これが、持続可能性の挑戦なのです。これを達成するには、私たち皆がニーズをいかに評価するか、私たちがどう生きたいか、人間同士や他の生物をいかに捉えるかについての変化が要求されます。

　産業革命以前の人類は利用し得る資源の限界以上に人口を増やし、飢餓や移住を余儀なくされることがよくありました。やがて、都市の人口増加に伴って、集約的な農業が求められ、それは余剰と、さらなる生産の拡大をもたらし、そこには征服、あるいは植民地化、あるいは技術の改良が伴いました。地球とその生物はますます人類の持ち物と見なされるようになりました。支配し、統制し、搾取し、ついには自然全体を人間の利益に適うように設計された巨大な機械かなにかのように見なしました。

　私たちは自然の一部であるにもかかわらず、自然とは「別物」であるという見方、言いかえれば人間中心の哲学が、現在、支配的な世界観の本質的部分になってきました。

　幸運にも私たちは新しい倫理を創り出すことはできます。すべての種とすべての人類を尊重する、新たなヒューマニズム、新たな世界観、地球への新たな気遣いです。そうした倫理の創造は些末な問題ではなく、すでに世界的な機関でも緊急課題だと認識されています。たとえば、それはIUCN、UNEP、WWFが1991年に発表した報告書『かけがえのない地球を大切に──持続可能な生活様式実現のための戦略』にはっきりと打ち出されており、そこに掲げられた諸原則の基礎として「持続可能な生き方のための世界倫理」が提唱されています。もはや自然と切り離されたものではなく、「すべての人間は、あらゆる生物からなる生命の共同体の一部なのです。この共同体は、現在と未来の世代を含むすべての人間社会を相互に結ぶものであり、そして人類と人類以外の自然とを結ぶものです。そして、文化と自然の多様性をともに大切にするものです」

　さらに一歩進んで、すべての生き物が相互に依存している以上、自然界には未来の生存権を含めた一定の権利が備わっており、そのことは人類にとっての実用的価値によって、なんら左右されるものではないと強調する分析家も少なくありません。

　人間中心の見方をめぐる論争に大きく貢献したのが、ジェームズ・ラブロックのガイア仮説でした。この仮説は、地球全体がひとつの「超個体」であり、そこでは生命と環境が生命の維持を保障するような方向に「共進化」してきたとする考え方です。このように地球を「有機体」のように見なす考え方は大きな力を発揮します。それは新たな成熟した視点の目覚めを告げています。それは、世界に君臨することなく、そこに参加しようとする文化と技術、自然に悪影響を及ぼすことなく、自然と共同作業を行おうとする文化と技術という視点です。この考え方をさらに一歩進めて、命ある地球ガイアとの病める関係を癒していこうとする倫理を提唱する科学者もいます。

　人類は今や、自然のシステムから、自己再生力を損なうことなく、恩恵を得る技術を手にしています。人類は、生態系の持つ財産を食いつぶすことなく、そこからの収入で暮らすことができるのです。人類が手にした、この技術をもってすれば、たとえば不毛の土地に森林を蘇らせ、絶滅の縁に立たされている種を守り、土壌を再び肥沃にし、海洋や大気の汚染進行を逆転させ、再生可能な太陽エネルギーを利用し、資源の消費を最小限にとどめることができるはずです。

　ポール・ホーケンとエイモリ・ロビンス、ハンター・ロビンスは著書『ナチュラル・キャピタリズム』(『自然資本の経済』のタイトルで邦訳が出版されています)でこのように述べています。

　「都市が平和で静かになった世界を少しのあいだ想像してください。車とバスは騒音を出さず、車は水蒸気を吐くだけ、不要になった高速道路は公園と緑豊かな歩道に変わっています。石油は1バレル5ドルまで低下し、買う人もほとんどおらず、OPECは機能しなくなっています。石油に頼っていたサービスを、より安く、より良い方法で手に入れられるようになったのです。人々の生活水準、とくに貧しい人々と発展途上国の人々の生活水準は目覚ましく向上しています。望まざる失業はなくなり、所得税はほぼ全廃されます。住宅は、低所得層向けの住居も含めて、そこで生産されるエネルギーによって住宅ローンを一部支払うことができます。ゴミの埋め立て地は少なくなり、世界中で森林が増加、ダムは解体されてきています。二酸化炭素の大気中濃度は200年ではじめて低下し、工場から流出される水は工場に入れられる前よりも澄んでいます。工業国では、生活の質は向上させながら資源の使用量を80％減らしています。

　技術面の変化とともに、重要な社会的変化も起きます。西側諸国の古ぼけた社会保障制度が改善されます。家族を支えられる仕事が増加し、福祉援助の需要が減ります。進歩的かつ活動的な労働組合は、企業、環境保護主義者、政府とともに、石炭、原子力、石油の使用を徐々に減らすことによって、労働が労働者にとって適切であるように変化させようとします。地域社会では、教会、企業、労働団体が中心となり、社会資本の成長とその保全を保証するできるだけ安上がりな方法として、生活賃金の新しい社会契約を推進しています。こんな世界はユートピアなのでしょうか。いいえ、すでに表れはじめている経済的、技術的傾向の結果として、いまここで描いた変化が数十年のうちに実現することもありえなくはないのです」

エピローグ

　私たちはこの地球という惑星についてほとんど何も知りません。私たちの理解には無数の欠陥があり、環境の損失によるコストと何もしないでいることのコストの両方を正しく算出する能力も欠陥だらけです。環境に関する世界のデータベースは不完全で情報の質も一定ではありません。たとえば、地上には植生がどのくらいあるのか、科学者の間でさえ、まだ一致した見解がありません。しかし、これは、どこで穀物をつくり、家畜を育て、木の伐採をどうすればいいかを知るためにきわめて重要なことなのです。原野の植生については、科学者たちはさらに無知です。その存在が発見もされないうちに、絶滅に追いやられた種がたくさんあることはわかっているにもかかわらずです。実際、地球上の生命の総数のおよその数でさえ大きな食い違いがあります。人間の犯した行為がどのような影響をおよぼしているかを考えてみても、土壌の損失、森林伐採、汚染の程度が本当はどの程度のものか知っている国は、ほとんどありません。自国の飢餓、貧困、失業に苦しむ人の数を正確に把握していない国さえあるのです。海洋に関しては、枯渇してきた水産資源の量や、人間が流す毒物がどの程度拡散しているかもわかっていません。人間が知らないことはあまりにも多く、多すぎるがゆえに知らないことにも気づいていないのです。

　たしかに宇宙船から写した地球の姿はよく知られるようになりました。それは虚空に浮かぶ寂しげな球体で、生命を支える生態系に覆われており、それゆえ比べるものもないほど美しく、また脆く見えます。いまや、DNAや生命のもととなる分子の秘密が解明されてきたというのに、有機的統一体として見た地球の生命体については、やっとその性質が分かりはじめたばかりです。科学者は今、「生命を支えるひとつのシステムとしてのこの生態系を維持するために、すべての生物のネットワークが全体としてどの程度、大気の成分や気温の調節に積極的に関与しているか」といった問いをようやく立て始めたばかりです。言いかえれば、それはわれらが惑星ガイアの働きはどのようなものか、という問いでもあります。私たちは本質的な解答を出すどころか、何を問うべきなのかさえよく分かっていません。そして、初歩的な理解しかないまま、地球規模の不注意な実験をし、地球の気候を変え、地球上のすべての生物に今だけでなく何百年にもわたって影響を与えるような結果になっています。

　人間が地球の生態系にどれほどの速度で負担をかけているか、それを想像する事さえ、難しくなっています。私たちは池に広がっていくスイレンの葉を思い出すべきです。もしスイレンの葉が1日に2倍の広さで池を覆い、池がすっかりスイレンの葉で覆い尽くされるのに30日かかるとすると、池の半分がうまるには何日かかるでしょうか。答えは29日です。

　さらに困ったことには、現在進行している悪化の過程は、すっかりはずみがついてしまっているため、急には止まらないことです。人類のおかれている状況は、超大型タンカーの船長に似ています。たとえば、船長が船の方向を変えようと決めても、方向転換するまでもなく、船の速度を落とすだけで半時間はかかるでしょう。

　加速化する地球の衰微という背景にもかかわらず、たしかな希望の印も見えます。環境面の行動計画は大いに前進を見せ、とどめようのない勢いがついてきました。これは主として、NGOなど「普通の人々」が先頭に立って、環境保護、リサイクル、汚染除去計画、あるいは活発な意識啓発や政策立案者に対する請願など何であれ、それぞれの領域で進めてきた運動の成果です。以前は片隅に押しやられていた環境と開発の問題は、地域から地球規模にまたがる、政治、経済、安全保障など、さまざまな問題の最前線に移ってきました。政府は環境基準の強化にとりかかり、着実に環境への配慮を政策に盛り込むようになってきました。こうした動きすべての背後には、いかなる国家も環境破壊の影響をうまく免れることなどできないという認識が、すべての国家に浸透してきたことがあります。人間の経済活動の及ぶ範囲が地球規模に広がるにつれ、環境に国境はないことを理解すべきです。風にパスポートは要りません。

　世界は今、急激な変化に直面しています。持続可能な社会を造るというのは、あらゆることの作り直しがともないます。経済、政治、生活様式、価値観をすべて塗り替える作業です。時は、そうした「革命」を成し遂げるのに、私たちの味方にはついてくれません。規模においてこの革命に匹敵するのは、人間の文明をすっかり変えた2つの大革命があるのみです。農業革命は約1万年前に始まりました。産業革命が起こったのはたかだか300年前です。どちらも完全な進展に数世紀を要しました。対照的に、私たちがいま必要としている革命、すなわち環境革命は、長くても数十年に短縮して行う必要があるのです。

　環境革命がいっぱいに花開くことで、私たちの思想はずいぶん変化するでしょう。最初は来るべき変化に心ひるむことがあるかもしれませんが、われらが惑星ガイアとの調和に生きるという前途の希望は、人類が洞穴から出て以来直面してきたなにものよりも心をひきつけることでしょう。

ノーマン・マイヤーズ、ジェニファー・ケント

Appendices

For this new edition of *The Gaia Atlas of Planet Management* all existing text was fully revised and updated by Norman Myers and Jennifer Kent, and all new text was provided by them.

Dr Norman Myers is a best-selling author and Norman Myers is an Honorary Visiting Fellow at Green College, Oxford University, an External Fellow at the Said Business School, Oxford University, and an Adjunct Professor at Duke University. He is a foreign associate of the U.S. National Academy of Sciences and an Ambassador for WWF/UK. He has received the Volvo Environment Prize, the UNEP/Sasakawa Environment Prize, the Blue Planet Prize and a Queen's honour for "services to the global environment." His 18 books span a wide range of issues and disciplines. Jennifer Kent is an environmental researcher and analyst specializing in interdisciplinary studies. Norman Myers and Jennifer Kent have co-authored *Environmental Exodus: An Emergent Crisis in the Global Arena* (1995), *Perverse Subsidies: How Tax Dollars Can Undercut the Environment and Economy* (2001), and *New Consumers: The Influence of Affluence on the Environment* (2004).

Acknowledgements
Our thanks to the many people who have provided very helpful insights to previous editions of this book. Special thanks now to our colleagues Ed Wilson, David Pimentel, Carl Safina, James Lovelock, Paul Ehrlich, Sunita Narain, Crispin Tickell, and Gus Speth, whose writings we esteem, and whose pages in this book will surely illuminate the reader; to our production team of Lucy Guenot, Philip Morgan and Bill Donohoe, for helping us to present complex issues in un-complex style; to David Duthie and Matthew Prescott, who helped us crucially when the finishing line seemed elusive; and, finally, to Patrick Nugent, who was there for the first edition and without whom this latest edition would have remained a dream.

Consultants and Contributors for previous editions:
Peter Adamson, Stewart Ainsworth, Raul Hernan Ampuero, Brian Anson, David Baldock, Barry Barclay, Frank Barnaby, Pamela Berry, Patricia Birnie, John Bowers, Tom Burke, Julian Caldecott, William Clarke, Trevor Davies, Erik Eckholm, Paul Ehrlich, John Elkington, Scarlett Epstein, Peter Evans, Graham Farmer, Lois Marie Gibbs, John Groom, David Hall, Jeremy Harrison, Paul Harrison, Tony Hill, Colin Hines, Sidney Holt, Mick Kelly, Gillian Kerby, Derrick Knight, Ken Laidlaw, Roy Laishley, Jean Lambert, Alan Leather, Stephanie Leland, James Lovelock, Simon Lyster, Donald Macintosh, Peter Marsh, Simon Maxwell, Hugh Miall, Stephen Mills, Barbara Mitchell, Dorothy Myers, Uma Ram Nath, Adrian Norman, David Oliver, Peter O'Neill, Timothy O'Riordan, Philip Parker, David Pearson, Joss Pearson, David Pimentel, Brian Price, John Rowley, Peter Russell, Nafis Sadik, David Satterthwaite, Steve Sawyer, Viktor Sebek, Paul Shears, Jonathan Simnett, Robin Stainer, Kaye Stearman, Hugh Synge, Jorge Terena, Harford Thomas, Jane Thornback, John Valentine, Karl Van Orsdol, Janos Vargha, Melvin Westlake, Peter Willets, Thomas Wilson.

The following websites have proved invaluable sources of statistics and information:

American Cetacean Society Fact Sheets (www.acsonline.org)

Center for a New American Dream (www.newdream.org)

Central Intelligence Agency (CIA) World Fact Book (www.cia.gov/cia/publications/factbook/geos/xx.html)

Centre for Science and Environment, India (www.cseindia.org)

CITES Secretariat (www.unep.ch/cites)

Clean Development Mechanism (CDM) (www.cdm.unfccc.int)

Commission for the Conservation of Antarctic Marine Living Resources (CCAMLR) (www.ccamlr.org)

Commission on Sustainable Development (CSD) (www.un.org/esa/sustdev/csd/csd13/csd13.htm)

Conservation International (CI) (www.conservation.org)

Convention on Biological Diversity (CBD) (www.biodiv.org)

Convention on Migratory Species (www.cms.int/about/intro.htm)

Coral Health and Monitoring Program (NOAA) (www.coral.noaa.gov)

Development Goals (www.developmentgoals.org/tmaps.htm)

Earth Policy Institute (www.earth-policy.org)

European Conservation Agriculture Federation (ECAF) (www.ecaf.org)

European Environment Agency (EEA) (www.eea.eu.int)

Fair Trade (www.fairtrade.org.uk)

Food and Agriculture Organization (FAOSTAT) (www.fao.org)

Forest Stewardship Council (FSC) (www.fsc.org)

Friends of the Earth (FOE) (www.foe.org)

Global Environment Facility (GEF) (www.gefweb.org)

Global Forest Watch (GFW) www.globalforestwatch.org

Global Resource Information Database (GRID) (www.grid.unep.ch)

Global Terrestrial Observing System (GTOS) (www.fao.org.gtos)

Greenpeace (www.greenpeace.org)

Intergovernmental Panel on Climate Change (IPCC) (www.ipcc.ch)

International Energy Agency (IEA) (www.iea.org)

International Food Policy Research Institute (IFPRI) (www.ifpri.org)

International Institute for Applied Systems Analysis (IIASA) (www.iiasa.ac.at)

International Institute for Environment and Development (IIED) (www.iied.org)

International Institute for Sustainable Development (IISD) (www.iisd.ca)

International Labour Organization (ILO) (www.ilo.org)

International Maritime Organization (IMO) (www.imo.org)

International Monetary Fund (IMF) (www.imf.org)

International Organization for Migration (IOM) (www.iom.int)

International Tropical Timber Organization (ITTO) (www.itto.or.jp/live/index.jsp)

International Whaling Commission (IWC) (www.iwcoffice.org)

IWC. Whale Population Estimates. (www.iwcoffice.org)

Man and the Biosphere (MAB) (www.unesco.org/mab)

Marine Stewardship Council (MSC) (www.msc.org)

National Association of Farmers Markets. (www.farmersmarkets.net/newsviews/news/default.htm)

National Geographic (www.nationalgeographic.com)

National Oceanographic Data Center (www.nodc.noaa.gov)

Natural Environment Research Council (NERC) (www.nerc.ac.uk)

New Economics Foundation (NEF) (www.neweconomics.org)

New Roadmap Foundation (www.newroadmap.org)

Organization of Petroleum Exporting Countries (OPEC) (www.opec.org)

Organic Trade Association (www.ota.com)

Organization for Economic Co-operation and Development (OECD) (www.oecd.org)

Oxfam (www.oxfam.org.uk)

Pesticides Action network (www.pan-uk.org)

Panos (www.panos.org.uk)

Population Action International (PAI) (www.populationaction.org)

Population Coalition (www.popco.org)

Population Reference Bureau (www.prb.org)

Ramsar Convention on Wetlands (www.ramsar.org)

Redefining Progress (www.rprogress.org)

Rocky Mountain Institute (www.rmi.org)

Sarvodaya Network. (www.sarvodaya.org)

Species 2000 (www.sp2000.org)

Stockholm Environment Institute (SEI) (www.sei.se)

Stockholm International Peace Research Institute (www.sipri.org)

SustainAbility (www.sustainability.co.uk)

TATA Energy Research Institute (TERI) (www.teriin.org)

TRAFFIC (www.traffic.org)

UNEP/GRID-Arendal (www.grida.no)

United Nations (UN) (www.un.org)

United Nations Centre for Human Settlements (www.unchs.org)

United Nations Children's Fund (UNICEF) (www.unicef.org)

United Nations Conference on Trade and Development (UNCTAD) (www.unctad.org)

United Nations Convention on the Law of the Sea (UNCLOS) (www.unclos.cm)

United Nations Development Programme (UNDP) (www.undp.org)

United Nations Economic Commission for Europe (UNECE) (www.unece.org)

United Nations Educational, Scientific and Cultural Organization (UNESCO) (www.unesco.org)

United Nations Environment Programme (UNEP) (www.unep.org)

United Nations Fund for Population Activities (UNFPA) (www.unfpa.org)

United Nations Human Settlements Programme (UN-Habitat) (www.unchs.org)

United Nations High Commissioner for Refugees (UNHCR) (www.unhcr.ch)

United Nations Industrial Development Organization (UNIDO) (www.unido.org)

United Nations Population Information Network (POPIN) (www.un.org/popin)

United Nations Statistics Division http://unstats.un.org/unsd/default.htm

U.S. Department of Energy (Energy Information Administration-EIA) (www.eia.doe.gov)

U.S. Geological Survey (www.usgc.org)

World Bank (www.worldbank.org)

World Bank Data and Statistics (www.worldbank.org/data/maps/maps.htm)

The World Conservation Union (IUCN) (www.iucn.org)

World Conservation Monitoring Centre (www.wcmc.org)

World Energy Agency (www.worldenergy.org)

World Health Organization (www.who.ch)

World Meteorological Organization (WMO) (www.wmo.ch)

World Resources Institute (www.wri.org/ earthtrends.wri.org)

World Trade Organization (www.wto.org)

Worldwatch Institute (www.worldwatch.org)

World Wide Fund for Nature (www.panda.org)

World Wildlife Fund (WWF) (www.wwf.org)

Wuppertal Institute (www.wupperinst.org)

References and reading:

Abramowitz, J. and A. Mattoon. Paper Cuts: Recovering The Paper Landscape. Worldwatch Institute (1999).

ActionAid. Farmgate: The Developmental Impact of Farm Subsidies. www.actionaid.org.

American Association for the Advancement of Science. AAAS Atlas of Population and Environment. University of California Press (2000).

American Friends Service Committee. Human Costs in Wars of the 1990s. www.afsc.org/pwork/0599/0509.htm

American Wind Energy Association. Windpower Outlook 2004. American Wind Energy Association, Washington DC.

Annamraju A. et al. Financing Water and Sanitation, WaterAid, London (2001).

Atomicarchive.com Nuclear Accidents. www.atomicarchive.com/Reports/Japan/Accidents.html

Ausubel, J.H. The Great Reversal: Nature's Chance to Restore Land and Sea (2000). http://phe.rockefeller.edu/great_reversal

AVERT.Org. World HIV and AIDS Statistics: The Impact of HIV and Aids on Africa. www.avert.org.

Balmford, A. et al. Why Conserving Wild Nature Makes Economic Sense. Science 297: pp.950–953 (2002); The Worldwide Costs of Marine Protected Areas. PNAS 101 (26): pp.9694–9697 (2004).

Barber, C.V. et al. (eds.) Securing Protected Areas in the Face of Global Change: Issues and Strategies. World Conservation Union/IUCN (2004).

Bartolomeo, M. and G. Familiari. Green, Social and Ethical Funds in Europe. (2004). www.avanzi-sri.org/pdf/Complete_report_2004_final.pdf

Baxter, J. Cotton Subsidies Squeeze Mali. www.doublestandards.org/baxter1.html

Benedick, R. Ozone Diplomacy. Harvard University Press (1991).

Better World for All. Poverty. www.paris21.org/betterworld/poverty.htm

Beyond Pesticides. What's Your Poison? (2003) www.beyondpesticides.org.

Bigg, T. The World Summit on Sustainable Development: Was it Worthwhile? IIED, London (2003).

Blacker, J. Kenya's Fertility: How Low Will it Go? www.un.org/esa/population/publications/completingfertility/RevisedBlackerpaper.PDF

Bland, J. The Water Decade. People and Planet. www.peopleandplanet.net/doc.php?id=679 (2001).

Bot, A.J. et al. Land Resource Potential and Constraints at Regional and Country Levels. FAO (2000).

Botkin, D. and E. Keller. Environmental Science: Earth as a Living Planet. Wiley (1998).

BP Statistical Review of World Energy. BP/AMOCO, London (2003 and 2004).

Bright, C. Life Out of Bounds: Bio Invasion in a Borderless World. Norton (1998); Why Poison Ourselves: A Precautionary Approach to Synthetic Chemicals. Worldwatch Institute (2000).

Brown, L.R. Record Temperatures Shrinking World Grain Harvest. Earth Policy Institute, Washington DC (2003); Plan B: Rescuing a Planet Under Stress and a Civilization in Trouble. Norton (2003); Outgrowing the Earth: The Food Security Challenge in an Age of Falling Water Tables and Rising Temperatures. Norton (2004); World's Rangelands Deteriorating Under Mounting Pressure (2002); Record Temperatures Shrinking World Grain Harvest (2003); Glaciers and Sea Ice Endangered by Rising Temperatures (2003); Troubling New Flows of Environmental Refugees (2004); Europe Leading World Into Age of Wind Energy (2004); Earth's Ice Melting Faster Than Projected (2004); China Replacing the United States as World's Leading Consumer (2005) – all at www.earth-policy.org.

Brown, L.R. et al. Vital Signs 1995–2000 (annual publication); State of the World 2000. Norton (2000).

Brown, P., ed. Sustainable Agriculture and Common Assets: Stewardship Success Stories. Redefining Progress, San Francisco (2002).

Bryant, D. et al. The Last Frontier Forests: Ecosystems and Economies on the Edge. WRI, Washington DC (1997).

Bryant, D. et al. Reefs At Risk: A Map-Based Indicator of Threats to the World's Coral Reefs. WRI, Washington DC (1998).

Carson, R. Silent Spring. Penguin (1965).

Carstens, A. Twenty Years Without a Crisis in Costa Rica: The IMF's View. www.imf.org (2004)

Center for a New American Dream. Turn The Tide: Nine Actions for the Planet. www.newdream.org/tttoffline/actions.html

Certified-forests.org. Global FSC (18 June 2004). www.certified-forests.org

Chape, S. et al (compilers). 2003 United Nations List of Protected Areas. IUCN/UNEP-WCMC (2003).

CIDA Forestry Advisers Network (CFAN). Deforestation: Tropical Forests in Decline. www.rcfa-cfan.org/english/issues.12-3.html

Cincotta, R. and R. Engelman. Nature's Place: Human Population and the Future of Biological Diversity. Population Action International (2000).

Cincotta, R., R. Engelman and D. Anastasion. The Security Demographic: Population and Civil Conflict After the Cold War. Population Action International (2003).

Climateark.org. Carbon Dioxide Emissions from Land Use Change. www.climateark.org/vital/10.htm

Colborn, T. et al. Our Stolen Future. www.ourstolenfuture.org

Compassion in World Farming Trust. The Global Benefits of Eating Less Meat. CIWFT (2004).

Conservation International. Top 10 Coral Reef Hotspots Fact Sheet; High-Biodiversity Wilderness Areas; Biodiversity Hotspots. www.conservation.org.

Conservation Technology Information Center. Conservation Tillage and Plant Biotechnology. http://www.ctic.purdue.edu/CTIC/Biotech.html

Convention on Biological Diversity Secretariat. The Value of Forest Ecosystems (2001); Global Biodiversity Outlook (2001); Invasive Alien Species: Introduction; Sustaining Life on Earth: How the Convention on Biological Diversity Promotes Nature and Human Well-being. www.biodiv.org.

Costanza, R. et al. The Value of the World's Ecosystem Services and Natural Capital. Nature 387: pp.253-260 (1997)

Daily, G.C. ed. Nature's Services: Societal Dependence on Natural Ecosystems. Island Press (2000).

Deen, T. UN to Put Global Taxes Centre Stage. www.un.org/esa/ffd/media-ipsnews-0704.htm (2004).

Delgado, C.L. et al. Livestock to 2020: The Next Food Revolution (2001); Outlook for Fish to 2020 (2003); and Outlook for Food to 2020: Meeting Global Demand (2003). IFPRI.

Devarajan, S., M. Miller and R.E. Swanson. Development Goals: History, Prospects and Costs. World Bank (2002)

Diao, X., E. Diaz-bonilla and S. Robinson. How Much Does It Hurt?: The Impact of Agricultural Trade Policies On Developing Countries. IFPRI (2003).

Dillard, M. et al. The Approaching Age of Virtual Nations. The Futurist, July 1st (2002).

Dixon, R.K. et al. Carbon Pools of Global Forest Ecosystems. Science 263: pp.185-190 (1994).

EEA. State and Pressures of the Marine and Coastal Mediterranean Environment (1999); Indicator Fact Sheet Signals 2001 – Chapter Households (2001); Oil Spills from Tankers.

Ehrlich, P.R. Human Natures: Genes, Cultures and the Human Prospect. Island Press (2000).

Ehrlich, P. and A. Ehrlich. One with Nineveh: Politics, Consumption, and the Human Future. Island Press (2004).

Emerson, C. Aquaculture Impacts on the Environment. www.csa.com/hottopics/aquacult/oview.html (1999).

Engelman, T. et al. People in the Balance: Population and Natural Resources at the Turn of the Millennium. Population Action International (2000).

Ethical Investment Research Service. The Ethical Investor. www.eiris.u-net.com.

European Commission. On the Monitoring of Illicit Vessel Discharges: A Reconnaissance Study in the Mediterranean Sea. European Commission (2001).

EWG. Farm Subsidy Database: Farms Getting Government Payments by State. www.ewg.org/farm/subsidies/farms_by_state.php

FAO. Agriculture: Towards 2015 (1995); Dimensions of Need: An Atlas of Food and Agriculture (1995); Human Induced Soil Degradation (1996); Forests, Fuels and Food (1996); Global Climate Change and Agricultural Production: An Assessment of Current Knowledge and Critical Gaps (1996) www.fao.org/docrep/W5183E/w5183e0f.htm; Direct and Indirect Effects of Changing Hydrological, Pedological and Plant Physiological Processes (1996); Mapping Nutrition and Malnutrition (1998); Global Forest Products Consumption, Production, Trade and Prices (1998); Cleaning up the Pesticides Nobody Wants (1999); Analysis of the Vessels Over 100 Tons in the Global Fishing Fleet (1999); World Soil Report (2000); The State of Food and Agriculture (2001); Forest Resources Assessment 2000 (2002); The State of World Fisheries and Aquaculture (2002); The State of Food Insecurity in the World 2002 (2003); The State of Food and Agriculture 2002 (2003); The State of the World's Forests (2003); World Agriculture: Towards 2015–2030 An FAO Perspective (2003); Kenya: Geography, Population and Water Resources (2003); Gender and agricultural support systems (2003); Regional Fishery Bodies: World Oceans Coverage (2003); Aquaculture: Not Just an Export Industry (2003); Shutting the Door on Illegal Fishing (2004).

Fisher, S. et al. Climate Change and Agricultural Vulnerability. IIASA (2002).

Francis, D.R. Has Global Oil Production Peaked? Christian Science Monitor. Jan 29 (2004).

Friends of the Earth. Main EU Directives on Waste. FOE, London (2001).

Gardner-Outlaw, T. and R. Engelman. Forest Futures: Population, Consumption and Wood Resources. Population Action International (1999).

German, T. and J. Randel. Global Pledges Sacrificed to National Interests. In The Reality of Aid (2004). www.realityofaid.org/content/RoA.htm

German Federal Environmental Agency. Reduction of Coal Subsidies. Federal Environmental Agency (2003).

Gleick, P. The World's Water 2000–2001, 2002–2003, 2004–2005. Island Press; Soft Water Paths. Nature 418: 373 (2002); Dirty Water: Estimated Deaths from Water-Related Diseases 2000–2020 (2002); Water Fact Sheet Looks at Threats, Trends, Solutions. www.pacinst.org.

Gleick, P.H. et al. Threats to the World's Freshwater Resources. www.pacinst.org

Global AIDS Alliance. Taking Stock of the Global Fight Against AIDS. www.globalaidsalliance.org/bangkok_background.cfm

Global Desertification Dimensions and Costs – in H.E. Dregne, ed., Degradation and Restoration of Arid Lands. Texas Tech. University Press (1992).

Global Ecovillage Network. www:gen.ecovillage.org/about/index.html.

Global Forest Watch. Indonesia's Forests in Brief and Brazil's Forests in Brief. www.globalforestwatch.org

Global Fund to Fight AIDS, Tuberculosis and Malaria. www.theglobalfund.org/en/.

Global Policy Forum. UN Financial Crisis (2003). www.globalpolicy.org/finance/tables/core/un-us-04.htm

Global Reach. Global Internet Statistics by Language www.glreach.com/globstats

Goddard Space Flight Center. Ozone 'Hole' Approaches, But Falls Short of Record (2003); Arctic and Antarctic Sea Ice Marching to Different Drivers (2003). www.gsfc.nasa.gov/

Goddard Institute for Space Studies. Soot's Effect on Glaciers. www.giss.nasa.gov/research/stories/20031222

Goreau, T.J. and R.L. Hayes. Coral Bleaching and Ocean 'Hot Spots'. New Scientist (April 12th 2002).

Grameen Bank Bangladesh: Bridging the Digital Divide. www.microcreditsummit.org/press/grameen.htm

Gray. D.D. Asia's Wildlife Hunted for China's Appetite. www.forests.org/articles/reader.asp?linkid=30716 (2004).

Greenpeace. Whales. www.whales.greenpeace.org/whales/fin_whale.html; Dumping and Discharging Radioactive Waste into the Ocean: What's the Difference? www.greenpeace.org (2000).

Groombridge, B. and M.D. Jenkins, eds. Global Biodiversity: Earth's Living Resources in the 21st Century. UNEP-WCMC (2000).

Halweil, B. Organic Gold Rush. World Watch May–June (2001); Home Grown: The Case for Local Food in a Global Market. Worldwatch Institute (2002); Eat Here: Homegrown Pleasures in a Global Supermarket. Norton (2004).

Hansen, J. Defusing the Global Warming Time Bomb. Scientific American March: pp.3–11 (2004).

Hansen, K. A Plague's Bottom Line. Foreign Policy, July/August (2003).

Hawken, P. et al. Natural Capitalism. Little/Brown (1999).

Heap, R. and J. Kent, eds. Towards Sustainable Consumption: A European Perspective. The Royal Society, London (2001).

Hermida, A. Smart Homes on Trial (2002). www.bbc.co.uk/2/hi/science/nature/1776047.htm

Hinrichsen, D. The Oceans are Coming Ashore. World Watch (Nov/Dec 2000). pp.26–35; Down to the Last Drop: The Fate of Wildlife is Linked to Water, But too Many People are Sucking it up. International Wildlife (Nov–Dec 2001).

Hughes, P.P. et al. Biodiversity Hotspots, Centers of Endemicity and the Conservation of Coral reefs. Ecology Letters 2002 (Issue 5) pp.775–784.

ICLEI. Orienting Urban Planning to Sustainability in Brazil. www.iclei.org (2002).

ICSU/SCOPE. The Global Carbon Cycle. ICSU (1979).

ID21 Insights. Cost of US Military Operations in Afghanistan and Iraq (2004). www.id21.org

IEA. Key World Energy Statistics (2003); Renewables in the Global Energy Supply (2002); Renewables Information (2002). www.iea.org

IFPRI. Agriculture and Trade Facts. www.ifpri.org/media/trade/tradefacts.htm; Global Water Outlook to 2025: Averting an Impending Crisis, Factsheets (2004). www.ifpri.oprg/media/water_facts.htm

IIED. Breaking New Ground. Mining, Minerals and Sustainable Development (2003). www.iied.org/mmsd/

ILO. Global Employment Trends (2003); Key Facts on Child Labour (2003); HIV/AIDS and Work: Global Estimates, Impact and Response (2004); World Employment Report 2004–2005 (2004); Economic Security for a Better World (2004); Employment in the Informal Economy (2004); More Women are Entering the Global Labour Force than Ever Before, But Job Equality & Poverty Reduction Remain Elusive (2004); Youth Unemployment at All Time High (2004); Key Indicators of the Labour Market (2004). www.ilo.org

IMF. Global Trade Liberalization and the Developing Countries (2001); Primary Commodity Prices (2005); World Economic Outlook (2004); Globalization: Threat or Opportunity? (2000). www.imf.org

IMO. Prevention of Pollution by Garbage from Ships. www.imo.org/Environment/mainframe.asp?topic_id=297

INFORM. Strategies for a Better Environment. Community Waste Prevention Toolkit: Carpet Fact Sheet. www.informinc.org

Institute for International Mediation and Conflict Resolution. World Conflict and Human Rights Map 2001–2002. www.iimcr.org/info/conflictmap.asp

Institute for Policy Studies and Foreign Policy in Focus. A Failed 'Transition': The Mounting Costs of the Iraq War. www.ips-dc.org/iraq/failedtransition/

Interamerican Development Bank. IDB Celebrates 25 years of Support for Microenterprise in Latin America and the Caribbean (2004). www.iadb.org

Intergovernmental Panel on Climate Change (IPCC). The Regional Impacts of Climate Change: An Assessment of Vulnerability (2001); Climate Change 2001. The Scientific Basis, Summary for Policymakers (2001); A Report of the Working Group I of the IPCC, Geneva. www.ippc.ch

International Forum on Globalization. Globalization: Effects on Indigenous Peoples. www.ifg.org/programs/indig/IFGmap.pdf

International Fund for Agricultural Development (IFAD). Ghana – Rural Women's Micro and Small Enterprises (2000); Desertification as a Global Problem. www.ifad.org/pub/desert/scheda1.pdf

International AIDS Vaccine Initiative. The State of Global Research. www.iavi.org/viewpage.cfm?aid=13

International Atomic Energy Authority. Number of Reactors in Operation Worldwide as of 15 February 2003; Nuclear Power Reactors in the World (1990). www.iaea.org

International Fund for Animal Welfare. Conservationists Stunned: Iceland to Hunt 250 Whales in the Name of Science (2003); Think Twice Before Buying Souvenirs: The Exotic Pet Trade. www.ifaw.org

International Publishers Association. Annual Book Title Production (2003). www.ipa-uie.org.

Internet World Stats. Internet Usage Statistics: The Big Picture. www.internetworldstats.com/stats.htm

IOM. World Migration Report (2003). www.iom.int

ITTO. For Services Rendered: The Current Status and Future Potential of Markets for the Ecosystem Services Provided by Tropical Forests (2004). www.itto.org

IUCN-UNEP-WWF; Caring for the Earth: A Strategy for Sustainable Living. Earthscan (1991).

IWMI/CGIAR. Pesticide Use and Abuse in Irrigated Areas (2003) www.iwmi.cgiar.org/health/pesticide/

James, C. Global Status of Commercial Transgenic Crops (2003). International Service for the Acquisition of Agri-Biotech Applications (ISAAA).

Kaimowitz, D. Hamburger Connection Fuels Amazon Destruction. CIFOR (2004).

Kane, H. Microenterprise: The Other Half of the World's Economy. World Watch Magazine (March/April 1996).

Kapsos, S. Estimating Growth Requirements for Reducing Working Poverty: Can the World Halve Working Poverty by 2015? ILO (2004).

Khan, S. Arsenic: Bangladesh Remains Worst Affected Region. OneWorld South Asia (11 March 2004).

Kidd. S. Uranium: Resources, Sustainability and Environment. The World Energy Council. www.worldenergy.org

Klare, M. Resource Wars: The New Landscape of Global Conflict. Metropolitan Books/Henry Holt (2001).

Krebs, J.R. et al. The Second Silent Spring? Nature 400: pp.611-612 (1999).

Lammers, G. A Third Way for the Electricity Industry. Environmental Defense Fund, Washington DC. www.un.org/esa/sustdev/sdissues/energy/op/nepadlammers-ppt.pdf

Langrock, T. et al. 2003. Environmentally Friendly ICT Products – in D. Pamlin (ed.). Sustainability at the Speed of Light: Opportunity and Challenges for Tomorrow's Society. WWF (2002).

Laporte, A. Water Wars: Conflict and Cooperation Along the Nile. (2003). www.interaction.org/library/detail.php?id=1982

LaRovere, E. The Brazilian Ethanol Program: Biofuels for Transport (2004) www.renewables2004.de/ppt/Presentation4-SessionIVB (11–12.30h)-LaRovere.pdf

Larsen, J. Forest Cover Shrinking (2002); Record Heatwave in Europe Takes 35,000 Lives (2003); Glaciers and Sea Ice Endangered by Rising Temperatures (2004). www.earth-policy.org.

Laurance, W.F. et al. Deforestation in Amazonia. Science 304: 1109 (2004).

Layard, R. Happiness: Has Social Science a Clue? London School of Economics (2003).

Leitenberg, M. Deaths in Wars and Conflicts Between 1945–2000 (2001). www.pcr.uu.se/conferences/Euroconference/Leitenberg_paper.pdf

Lerner, J. What are Sustainable Communities? Case Study of Curitiba, Brazil. National Council for Science and the Environment, Washington DC (2001).

Levy, E. and M. Fischetti. The New Killer Diseases: How the Alarming Evolution of Mutant Germs Threatened Us All. Crown (2003).

Lineback N.G. U.S. Coasts Vulnerable to Sea Level Rise (2001). www.geo.appstate.edu/536_090800tidec.pdf; Chernobyl: World's Worst Nuclear Accident. www.geo.appstate.edu/553_010501nuclearc.pdf

Lloyds Register of Shipping. World Fleet Statistics. www.coltoncompany.com/shipping/statistics/wldflt-growth.htm

Lovelock, J. Gaia: A New Look at Life on Earth. Oxford University Press (1979); The Ages of Gaia. Norton (1988).

Lovins, A.B. US Energy Security Facts for a Typical Year (2000); US Security Linked to Efficiency (2003). www.rmi.org.

Makower, J. et al. Clean Energy Trends. Clean Edge, San Francisco (2004).

Maps of world.com World Map of Major Air Routes. www.mapsofworld.com.

Mastny, L. Status of Coral Reefs Around the World. World Watch May/June 20-21 (2001); Coming to Terms with the Arctic. World Watch Jan/Feb (2000).

Mastny, L. and H. French. Crimes of (a) Global Nature. World Watch pp.12–23 (Sep/Oct 2002).

Matthews, E. Understanding the Forest Resources Assessment 2000. WRI (2001).

McGinn, A.P. Why Poison Ourselves: A Precautionary Approach to Synthetic Chemicals. Worldwatch Institute (2000); From Rio to Johannesburg: Reducing the Use of Toxic Chemicals Advances Health and Sustainable Development. Worldwatch Institute (2002); Malaria, Mosquitoes, and DDT: The Global War Against a Global Disease. World Watch May/June (2002).

McNeely, J.A. Costs and Benefits of Alien Species. IUCN/World Conservation Union (2001).

Meadows, D. The Global Citizen, Island Press (1991);

Meadows, D. et al. Beyond the Limits, Earthscan (1992).

Midgeley, G., M. Rutherford and W. Bond. Impacts of Climate Change on Plant Diversity in Southern Africa. SANBI (2001).

Millennium Development Goals: Promote Gender Equality and Empower Women (map); People Living on Less than $1 and $2 a Day (map); Freshwater Resources Per Capita (map); Deaths Among Children Under 5, Global. www.developmentgoals.org.

Mittermeier, R. et al. Setting Priorities for Saving Life on Earth: Megadiversity, Countries, Hotspots and Wilderness Areas. Asahi Glass Foundation, Tokyo (2001).

Mittermeier, R. et al. Wilderness and Biodiversity Conservation. PNAS 1073 (2003).

Mongaybay.com. Deforestation in the Amazon 2004. www.mongabay.com/brazil.html

Mulongoy, K. and S. Chape. Protected Areas and Biodiversity: An Overview of Key Issues. UNEP/WCMC (2003).

Multilateral Environmental Agreements Repository: Deforestation and the Unsustainable Use of Forests. www.gdrc.org/ngo/mea/factsheets/fs6.html

Murray, R. Creating Wealth from Waste (1999). www.grrn.org/zerowaste/demoschap14.html

Myers, N. The Gaia Atlas of Future Worlds: Challenge and Opportunity in an Age of Change. Doubleday/Robertson McCarta (1990); The Primary Source, Norton (1992); Ultimate Security: The Environmental Basis of Political Stability. Island Press (1996); Biodiversity's Genetic Library – in G.C. Daily, ed., Nature's Services: Societal Dependence on Natural Ecosystems: 255–273. Island Press (1997); Population Dynamics and Food Security. – in A.E. el Obeid, S.R. Johnson, H.H. Jensen and L.C. Smith, eds., Food Security: New Solutions for the 21st Century: 176–208. Iowa State University Press (1999); The Management and Repercussions of Nuclear Power. Ditchley Conference Report (1999); Environmental Refugees: Our Latest Understanding. Philosophical Transactions of the Royal Society B: 356: 16.1-16.5 (2001); Institutional Roadblocks – in G. Tyler Miller, ed. 'Living in the Environment', 13th edition (2005).

Myers, N. and J. Kent. Environmental Exodus: An Emergent Crisis in the Global Arena. Climate Institute (1995); Food and Hunger in Sub-Saharan Africa. The Environmentalist 21: 41–69 (2001); Perverse Subsidies: How Tax Dollars Can Undercut the Environment and the Economy. Island Press, Washington DC (2001); The New Consumers: The Influence of Affluence on the Environment. Island Press (2004).

Myers, N. and J. Kent et al. Biodiversity Hotspots for Conservation Priorities. Nature 403: pp.853–858 (2000).

Myers, N. and A. Knoll. The Biotic Crisis and the Future of Evolution. PNAS 98: pp.5389–5392 (2001).

Myers, N. and S. Pimm. Mass Extinction of Species. Foreign Policy March/April: pp.28–29 (2003).

Nadir A.L. Mohamed. Civil Wars and Military Expenditures: a note (1999). www.worldbank.org/research/conflict/papers/civil.pdf

NASA Goddard Space Flight Center. Mt. Kilimanjaro (2000). www.svs.gsfc.nasa.gov/vis/a000000/a002700/a002701/

National Botanical Institute and the Global Invasive Species Programme. Invasive Alien Species: A Challenge to NEPAD. SANBI, Cape Town (2004).

Natural Resources Defense Council (NRDC). Nuclear Weapons and Waste. www.nrdc.org/nuclear/nudb/datab19.asp

NEF. The Price of Power: Poverty, Climate Change, The Coming Energy Crisis and the Renewable Revolution. New Economics Foundation (2004).

Nepal Ministry of Population and Environment. State of the Environment (Eco-Tourism Sector) (2004). www.mope.gov.np/environment/state2004.php

Newscientist.com. The World's Disappearing Forests (map). www.newscientist.com/hottopics/climate/img/spread-2-4.jpg

Norris, R.S. and W.M. Arkin. Nuclear Notebook: Known Nuclear Tests Worldwide 1945–1998. Bulletin of the Atomic Scientists Nov–Dec (1998).

Ocampo, J.A. United Nations Asia-Pacific Leadership Forum: Sustainable Development of Cities (2004). www.un.org/esa/20040402HongKong.html

OECD. Modest Increase in Development Aid in 2003; Total Net Flows of DAC ODA; Economic Outlook; Statistics on the Member Countries (2004); The World Economy: Historical Statistics (2003). www.oecd.org.

Offshore-Environment.com. Global Conventions on Protection of Marine Environment. www.offshore-environment.com/conventions.html

OPEC Annual Statistics Bulletin (2003). www.opec.org

Orozco, M. Worker Remittances: The Human Face of Globalization (2002). www.thedialogue.org/publications/country_studies/remittances/worker_remit.pdf

Orr, D.W; Ecological Literacy. State University of New York Press (1992).

Owen, J. Antarctic Wildlife at Risk from Overfishing (2003). news.nationalgeographic.com/news/2003/08/0805_030805_antarctic.html

Oxfam. Mugged: Poverty in Your Coffee Cup (2002); Shattered Lives: The Case for Tough International Arms Control (2003); Stop the Dumping: How EU Agricultural Subsidies are Damaging Livelihoods in the Developing World (2004); Trading Away Our Rights (2004); Poor are Paying the Price of Rich Countries Failure (2004); The Cost of Childbirth: How Women are Paying the Price for Broken Promises on Aid (2004); The Asian Tsunami: Three Weeks On (2005); Do the Deal: The G7 Must Act Now to Cancel Poor Country Debt (2005). www.oxfam.co.uk

Pamlin, D. (Ed.) Sustainability at the Speed of Light: Opportunity and Challenges for Tomorrow's Society. WWF (2004).

PAN-UK and FOE. Breaking the Pesticide Chain. PAN UK/FOE (2003).

Patz, J.A. et al. The Effects of Changing Weather on Public Health. Annual Review of Public Health 21 pp.271–307 (2000).

Pauly, D. and R. Watson. Counting the Last Fish. Scientific American 289 (1): pp.42–47 (2003).

PeopleandPlanetnet. Cape Flats are Going Green (2002); Nairobi's Silent Majority Fights Back (2004). www.peopleandplanet.net.

People's Daily Online. Acid Rain Costs China Annual Loss of 110 billion yuan. (2003) www.english.people.com.cn/200310/11/eng20031011_125803.shtml

Persson, R. Fuelwood: Crisis or Balance. www.handels.gu.se/econ/EEU/chapter1.pdf

Pew Center on Global Climate Change. Climate Change Activities in the United States: Update (2004); The Main Greenhouse Gases; Sources of Anthropogenic GHG emissions. (2004). www.pewclimate.org.

Pimentel, D. Genetically Modified Crops and the Agroecosystem. Conservation Ecology (2000). www.consecol.org/vol4/iss1/art10; Renewable Energy: Current and Potential Issues. BioScience 52 (12): pp.1111–1120 (2002); Land Degradation and Environmental Resources – in G. Tyler-Miller, ed., Living in the Environment: pp.232–233. Thomson/Brooks Cole (2002); World Population, Food, Natural Resources, and Survival. World Futures 59: pp.145–167 (2003).

Pimentel, D. and M. Pimentel, eds. Food, Energy, and Society. University Press of Colorado (1996).

Pimentel, D. et al. Environmental and Economic Costs of Soil Erosion and Conservation Benefits. Science 267: pp.1117–1123 (1995); Economic and Environmental Benefits of Biodiversity. BioScience 47: pp.747–757 (1997); Water Resources: Agricultural and Environmental Issues. BioScience 54 (10) pp.909–918 (2004).

Planet Ark. EU Ministers Clear German Coal subsidies. www.planetark.com/dailynewsstory.cfm/newsid/16354/story.htm

Ploughshares. World Hunger and Armed Conflict (map). www.ploughshares.ca/imagesarticles/ACR02/hungermap.02.pdf

Population Action International. Why Population Growth Matters to the Future of Forests (2003). www.populationaction.org.

Population Reference Bureau. World Population Data Sheet 2002 and 2004. Population Reference Bureau, Washington DC.

Postel, S. Dividing the Waters: Food Security, Ecosystem Health, and the New Politics of Scarcity. Worldwatch Institute (1996).

Pretty, J.N. 1995. Regenerating Agriculture: Policies and Practice for Sustainability and Self Reliance. Joseph Henry Press (1995); Agri-Culture: Reconnecting People, Land and Nature. Earthscan (2002); The Real Costs of Modern Farming (2001) www.resurgence.org/resurgence/issues/pretty205.htm; The Rapid Emergence of Genetic Modification in World Agriculture: Contested Risks and Benefits. Environmental Conservation 28 (3), pp.248–262 (2001).

Prindle, B. How Energy Efficiency Can Turn 1300 Power Plants into 170. The Alliance to Save Energy, Washington DC (2001). www.ase.org/media/factsheets/facts1300.htm

Project Ploughshares. Armed Conflicts Report 2004. www.ploughshares.ca/imagesarticles/ACR04/ACRPoster2004.pdf

Rabalais, N. Oil in the Sea. Issues in Science and Technology (Fall) pp.74–78 (2003).

Raloff, J. Dead Waters: Massive Oxygen-Starved Zones are Developing along the World's Coasts. Science News (June 5, 2004).

Ramirez-Vallejo, J. A Break for Coffee. Prime Numbers. Foreign Policy (13 August, 2002).

Ray, P.H. and S.R. Anderson. The Cultural Creatives: How 50 Million People are Changing the World. Three Rivers Press (2000).

Reality of Aid. World Aid Trends. www.realityofaid.org/content/RoA.htm

Redefining Progress. Genuine Progress Indicator (2004 update); Ecological Footprint of Nations. www.rprogress.org

Reeves, R. et al (compilers). Dolphins, Whales and Porpoises: 2002–2010 Conservation Action Plan for the World's Cetaceans. World Conservation Union/IUCN. Gland, Switzerland (2003).

Regmi, A. and M. Gehlhar. Consumer Preferences and Concerns Shape Global Food Trade. Food review 24(3): pp.2–8 (2001).

Rehydration Project. What is Diarrhoea and How to Prevent It. www.rehydrate.org/diarrhoea/

Renner, M. Swords Into Plowshares: Converting to a Peace Economy. Worldwatch Institute (1990).

Riggs, P. and M. Watles. Accountability in the Pesticide Industry. Rockefeller Brothers Fund (2002).

Roberts, C.M. et al. Marine Biodiversity Hotspots and Conservation Priorities for Tropical Reefs. Science 295: pp.1280–1284 (2002).

Romm, J. The Hype About Hydrogen: A Realistic Primer on the Promise of Hydrogen. Island Press (2004).

Rosegrant, M. et al. Global Food Projections to 2020: Emerging Trends and Alternative Futures (2001); World Water and Food to 2025: Dealing with Scarcity. IFPRI and International Water Management Institute (2002).

Rosemann, N. Financing the Human Right to Water. www.choike.org/cgi-bin/choike/nuevo_eng/jump_inf.cgi?ID=1767.

Rosenberg, M. Maquiladoras in Mexico. www.geography.about.com/od/urbaneeconomicgeography/a/maquiladoras_p.htm

Royal Botanic Gardens (Kew). The Millennium Seed Bank Project. www.kew.org/msbp/

Royal Society (London). Nuclear Energy: The Future Climate. The Royal Society (1999).

Safina, C. The World's Imperiled Fish. Scientific American 273(5): pp.46–53 (1995). Song for the Blue Ocean: Encounters Along the World's Coasts and Beneath the Seas. Blue Ocean Institute (1999).

Sampat, P. and G. Gardner. From Grassroots to Boardrooms: Slashing Raw Materials' Use to Increase Profits and Protect the Environment. Worldwatch Institute (1998).

Sawin, J.L. Mainstreaming Renewable Energy in the 21st Century. Worldwatch Institute (2004).

Scherr, S. Soil Degradation: A Threat to Developing-Country Food Security by 2020? IFPRI (1999).

Schneider, F. Size and Measurement of the Informal Economy in 110 Countries Around the World (2002). www.economics.uni-linz.ac.at.

Schneider, S.H. and P. Boston. Scientists on Gaia, MIT (1991).

Schorr, D.K. Healthy Fisheries, Sustainable Trade: Crafting New Rules on Fishing Subsidies in the World Trade Organization. WWF (2004).

SeaWorld/Busch Gardens Animal Information Database. Balleen Whale Population Estimates. www.seaworld.org/infobooks/Baleen/estimatesbw.html

Seedquest. 2025: A European Vision for Plant Genomics and Biotechnology. www.seedquest.com/News/releases/2004/june/9089.htm

Sehrt, M. Digital Divide into Digital Opportunities. UN Chronicle. www.un.org/Pubs/chronicle/2003/issue4/0403p45.asp.

SEI. Comprehensive Assessment of the Freshwater Resources of the World. SEI (1997).

Sheehan, M.O. Gaining Perspective. World Watch (March/April 2000) pp.14–21.

Silvarolla, M.B. et al. A Naturally Decaffeinated Arabica Coffee Nature 429: p.826 (2004).

SIPRI. SIPRI Yearbook 2003 (Major Armed Conflicts; The Nuclear Confrontation in South Asia); World Military Expenditure 1993–2002; Biotechnology and the Future of the Biological and Toxic Weapons Convention (2001). www.sipri.org.

Smith, C. Pesticide Exports from US Ports 1997–2000. International Journal of Occupational Environmental Health 7(4) pp.266–268 (2001).

Soel. The World of Organic Agriculture (map). www.soel.de/oekolandbau/weltweit_grafiken.html (2005).

Speth, G. Red Sky at Morning: America and the Crisis of the Global Environment. Yale University Press (2004).

Statistics Canada. Unpaid Work. www.statcan.ca/english/research/71F0023XIE/71F0023XIE.pdf

Sullivan, B. Online Privacy Fears are Real: More People are Tracking Than You Think (2004). www.msnbc.msn.com.id/3078835/.

SustainAbility Ltd. A Responsible Investment? SustainAbility (2001).

Swedish EPA. Facts About Swedish Policy: Acid Rain; Acidification. www.internat.naturvardsverket.se.

Thinley, L.J.Y. Gross National Happiness and Human Development: Searching for Common Ground. Centre for Bhutan Studies, Thimphy, Bhutan (1999).

Third World Academy of Sciences. Safe Drinking Water: The Need, the Problem, Solutions and an Action Plan. Third World Academy of Science (2002).

Thompson, J. et al. Drawers of Water: 30 Years of Change in Domestic Water Use and Environmental Health. IIED (2002).

Tickell, C. Sustainability and Conservation: Prospects for Johannesburg. Speech to Society for Conservation Biology at Canterbury, Kent (2002).

Tilton, J.E. Depletion and the Long-Run Availability of Mineral Commodities. Colorado School of Mines (2001).

TRAFFIC. Recent Study Shows Ivory Use and Trade Shift Underground in India (2003); Growing Passion for Exotic Pets in France. Dispatches 21 (2003); Far from a Cure: The Tiger Trade Revisited. Bulletin 20 (1) (2004). www.traffic.org.

Twentieth Century Atlas. Deaths by Mass Unpleasantness: Estimated Totals for the Entire 20th Century. www.users.erols.com/mwhite28/warstat8.htm#Total;

Tyler-Miller, G., ed. Living in the Environment, 12th edition. Thomson/Brooks Cole (2002)

UK Government. Developing Countries and WTO (www.dti.gov.uk); Environment. Habitat Loss (www.environment-agency.gov.uk); Climate (www.environment-agency.gov.uk); Climate Change and Agriculture (2000) (www.maff.gov.uk); North Sea Fish Stocks (www.statistics.gov.uk); Safety (www.statistics.gov.uk); Measuring Foodborne Illness Levels (www.food.gov.uk); GM Food (www.food.gov.uk); DEFRA. Key Facts about: Global Atmosphere & Key Facts about: Coastal and Marine Waters (www.defra.gov.uk); The Costs and Benefits of Genetically Modified (GM) Crops (2002) (www.strategy.gov.uk); H.M. Treasury Spending Review (July 2004) (www.hm-treasury.gov.uk).

UNAIDS. Global Summary of the AIDS Epidemic (December 2004); The 2004 Report on the Global AIDS Epidemic. www.unaids.org

UNCCD. Financing Action to Combat Desertification. www.unccd.int/piblicinfo/factsheets/showFS.pho?number=8; 2002.

UNCHS. The Sustainable Cities Programme. www.unchs.org.

UNCTAD. World Investment Report 2004: The Shift Towards Services; Foreign Direct Investment: A Rebound In the Offing. www.unctad.org.

UNDP. Human Development Report 1999–2004 (annual Publication). www.undp.org

UNEP. Introduction to Climate Change: Carbon Dioxide Emissions from Land Use Change. www.grida.no/climate/vital/10.htm; Global Environment Outlook 2 (GEO2); Global Environment Outlook 3 (GEO3). Earthscan, London; Status of Ratification/Accession/Acceptance/Approval of the Agreements on the Protection of the Stratospheric Ozone Layer; Multilateral Environmental Agreements; An Assessment of the Status of the World's Remaining Closed Forests (2001); Potential Impact of Sea-Level Rise on Bangladesh (map); Protecting Our Planet, Securing Our Future (1997); Caribbean Environment Programme: Land-Based Sources of Marine Pollution. www.cep.unep.org/issues/lbsp.html#Sewage.

UNEP/WCMC. Global Maps and Statistics (Forest, Dryland and Freshwater Programme). www.unep-wcmc.org/forest/world.htm; World Atlas of Coral Reefs www.enn.com/new/enn-stories/2001/10/10032001/s_45158.asp

UNESCO. Regional Youth and Adult Literacy Rates and Illiterate Population by Gender for 2000–2004; Adult Literacy by Gender and Region, 2000–2004; Illiteracy Rates Worldwide, 2000 (map); Education For All Global Monitoring Report: Is the World on Track? (2002); Youth (15–24) and Adult (15+) Literacy Rates by Country and by Gender for 2000–2004; Expenditure on education as a percentage of GDP (1999). www.unesco.org

UNFCCC. Framework Convention on Climate Change. Sea Levels, Oceans and Coastal Areas. www.unfccc.int/2860.php

UNFPA. Measures Taken by Countries to Increase Access to Quality Reproductive Health Services (map). www.unfpa.org/icpd/10/survey/map.htm; Water: A Critical Resource (2002); State of World Population (2003). www.unfpa.org

UN-Habitat. Slum Population Projection 1990–2020; Water and Sanitation in the World's Cities; City Level Statistics About Water and Sanitation; The Challenge of Slums: Global Report on Human Settlements 2003. www.unhabitat.org

UNHCR. Refugees by Numbers (2003); Estimated Number of Persons of Concern Who Fall Under the Mandate of UNHCR 1 (2003); Map: Major Refugee Populations Worldwide 1999.

UNICEF. End Decade Databases. www.childinfo.org/eddb/water/current.ht; Water Coverage 2000 (map) www.childinfo.org/eddb/water/printmap.htm; State of the World's Children (annual publication). www.unicef.org.

Union of Concerned Scientists/USA. A Rogue's Gallery of Foodborne Illness. See also Monarch Butterflies and Toxic Pollen. www.ucsusa.org

United Nations. Atlas of the Oceans; World at 6 Billion (2000); Millennium Indicators. http://millenniumindicators.un.org/unsd/mi/mi_goals.asp; Kyoto Protocol: Status of Ratification (25 November 2004); System-Wide Earthwatch. Forests; System-Wide Earthwatch: Desertification. www.earthwatch.unep.net; Convention on the Law of the Sea. Facts and Figures About the Oceans; Oceans: The Source of Life/UN Convention on the Law of the Sea. www.un.org.

United Nations Economic Commission for Europe (UNECE). Convention on Long-Range Transboundary Air Pollution: Protocol on heavy Metals. www.unece.org

United Nations Economic Commission for Europe and FAO. Trade, Environment and Forests: Working Together for Sustainable Development. FAO (2003).

United Nations Population Division. World Population Prospects Database; World Urbanization Prospects: The 2003 Revision; World Population to 2300 (2004); International Migration Report (wall chart) (2002); World Contraceptive Use, 2003 (wall chart) (2003).

UN Volunteers. Volunteerism and the Millennium Development Goals. www.worldvolunteerweb.org/development/mdg/volunteerism/UNV_mdg.htm

Uranium Information Centre (UIC). World Nuclear Power Reactors 2003–2004. Plans for New Reactors Worldwide (2004). www.uic.com

U.S. Center for Disease Control. About Childhood Lead Poisoning. www.cdc.gov/nceh/lead/about/about.htm; Health Care Spending is on the Rise. www.cdc.gov/nccdphp/power_prevention/pop_spending.htm

U.S. Department of Agriculture. Agriculture Fact Book 2001–2002; Census of Agriculture: United States Data. Market Value of Agricultural Products Sold (2002); Natural Resources Conservation Service. Natural Resources Inventory (2001); Land Degradation. www.nrcs.usda.gov; Economic Research Service. Global Resources and Productivity: Questions and Answers (2000). www.ers.usda.gov

U.S. Department of Energy (EIA). Energy and Emission Forecasts Database, reference case; Commercial Nuclear Power 1990: Prospects for the United States and the World; Maps of Nuclear Power Reactors; Nuclear Timeline; International Energy Database; International Energy Outlook 2002 and 2004; Annual Energy Outlook with Projections to 2025. www.eia.doe.gov

U.S. Dept of State. Military Expenditures and Arms Transfers 1999–2000. Department of State (2003).

U.S. Environmental Protection Agency. The Effects of Ozone Depletion. www.epa.gov/ozone/science/effects.html; Eutrophication. www.epa.gov/maia/html/eutroph.html

U.S. Geological Survey. Uranium-Fuel for Nuclear Energy (2002); Minerals; Obsolete Computers, 'Gold Mine' or High-Tech Trash? (2001); Mineral Commodities Summaries (annual). www.minerals.usgs.gov.

Water Year 2003: International Year Aims to Galvanize Action on Critical Water Problems; Facts and Figures: Desertification and Drought. Freshwater. Water Resources During Armed Conflicts. www.wateryear2003.org

Vannuccini, S. Overview of Fish Production, Utilization, Consumption and Trade, Based on 2001 Data (2003). FAO, Rome.

Von Braun, J., A. Gualti and D. Orden. Making Agricultural Trade Liberalization Work for the Poor. IFPRI (2004).

Von Weizsacker, E. et al. Factor Four: Doubling Wealth, Halving Resource Use. Earthscan (1998).

Wackernagel, M. et al. Tracking the Ecological Overshoot of the Human Economy. PNAS (USA) 99: pp.9266–9271 (2002).

Wakefield, J. Watching Your Every Move. BBC News Online (7 February 2002). www.news./bbc.co.uk/1/hi/sci/tech/1789157.stm

WasteOnline: Plastics recycling Information Sheet; Glass Recycling Information Sheet. www.wasteonline.org.uk.

Wateraid.org. Mega Cities and Mega Slums in the 21st Century. www.itt.com/waterbook/mega_cities.asp

Waterandhealth.org. What are the Costs/Benefits of Global Water and Sanitation Improvements? www.waterandhealth.org/newsletter/new/winter_2005/cost_benefits.html

Water Resources e-Atlas. Watersheds of the World: Annual Renewable Water Supply Per Person By Basin, 1995–2025. WRI.

WEHAB. A Framework for Action on Water and Sanitation. UN, New York (2002).

Whale and Dolphin Conservation Society. Managing Antarctica, CCAMLR and the Antarctic Treaty System. www.wdcs.org

WHO. Schistosomiaisis (1996); Reducing Mortality from Major Killers of Children. Fact Sheet 178 (1998); What is Malaria? Fact Sheet 95 (2000); World Health Report (2002); Risk Factors (2002); Climate Change and Human Health: Risks and Responses (2003); Global Atlas of Infectious Diseases (2004); World Health Report (2004); Water, Sanitation and Hygiene Links to Health Fact Sheet; Mental and Neurological Disorders (2001); Disease Portfolio (2004); Childhood Pesticide Poisoning: Information for Advocacy and Action; Roll Back Malaria: 2001–2010 UN Decade to Roll Back Malaria (2002); World Facing "Silent Emergency" as Billions Struggle Without Clean Water or Basic Sanitation (2002); Water-Related Diseases (2005). www.who.int.

WHO and UNICEF. Global Water Supply and Sanitation Assessment. WHO and UNICEF (2000).

Willer, H. and M. Yussefi, eds. The World of Organic Agriculture: Statistics and Emerging Trends (2004). www.fibl.org

Wilson, E.O. (ed). Biophilia. Harvard University Press (1984); Biodiversity. National Academy Press (1988); The Diversity of Life. Belknapp/Harvard University Press (1992); The Future of Life. Knopf (2002).

Wolfe, T.J. Waste Not. Environmental Law Institute (2002). www.capanalysis.com/docs/200201wastenot.pdf

Women in Parliaments: World Classification. www.ipu.org/wmn-e/classif.htm

Woodward, C. A Run on the Banks: How 'Factory Fishing' Decimated Newfoundland Cod (2001). www.emagazine.com/march-april_2001/0301feat2.html.

World-Aluminium.org. Aluminium Recycling (2000). www.world-aluminium.org/production/recycling/

World Bank. World Development Indicators 2004; China-Yangtze Flood Emergency Rehabilitation Project (1998). www.worldbank.org.

World Cities Alliance. Cardiff. www.worldcitiesalliance.com/index.cfm/5924

World Commission on Environment and Development; Our Common Future, OUP (1987).

World Commission on Forests and Sustainable Development. Our Forests Our Future (1999). www.whrc.org/policy/world_forests.htm.

WCMC. Certified Forest Sites Endorsed by FSC (August 2002). www.wcmc.org.uk/forest/ffl/fis/fsc_small.htm

World Conservation Union (IUCN). Nepal. www.iucn-nepal.org/context/Default.htm

World Food Summit. Forests, Fuels and Food. World Food Summit (1996).

World Nuclear Association. Nuclear Share Figures 1995–2003. www.world-nuclear.org/info/printable_information_papers/nshareprint.htm (2002); World Nuclear Power Reactors 2002–2004 and Uranium Requirements. www.world-nuclear.org/info/printable_information_papers/reactorsprint.htm (2004).

World Organization for Animal Health. Geographical Distribution of Countries that Reported BSE: Confirmed Cases from 1989 to 2002. www.oie.int/Cartes/BSE/a_Monde_BSE.htm

Worldwatch Institute. State of the World. Norton (2000–2004, annual publication); Vital Signs. Norton (1995–2005, annual publication); Melting of Earth's Ice Cover Reaches New High (2000); Map in World Watch (Nov/Dec 2000); Signposts 2003: Envisioning a Sustainable Future (2003); International Environmental Treaties 1921–1999; Death Tolls of Selected Wars 1500–1945; War-Related Deaths by 5 Year Period 1951-1995. Chesapeake Bay Oyster Catch 1880–2001; World Oil Production and Estimated Resources 1900–2100; The Impacts of Weather and Climate Change (2003); Good Stuff? A Behind-The-Scenes Guide to the Things We Buy (2004); Worldwatch University: Internet Host Computers Worldwide, 1981–2003; State of the World Trends and Facts: Purchasing for People and the Planet (2004). Watching What We Eat (2004). www.worldwatch.org

WRI. World Resources Report 1998–1999: Environmental Change and Human Health. OUP (1998); World Resources Report 2000–2001: People and Ecosystems: The Fraying Web of Life. OUP (2000); World Resources Report 2002–2004: Decisions for the Earth: Balance, Voice, and Power. OUP (2003); Biodiversity and Protected Areas: Nepal (2003); Mining and Critical Ecosystems: Mapping the Risks (2003); Earth Trends: Public Health: Physicians per 100,000; Global Livestock Density; Global Population Density; Armed Conflict, Refugees and the Environment; Global Extent of Grassland; Undying Flame: The Continuing Demand for Wood as Fuel; Per-Capita Total health Expenditure; Laden with lead; Acid Rain Downpour in Asia?; Numbers of Adults and Children Infected; Endangered Species: Traded to Death; Dirty Water: Pollution Problems Persist; Stratospheric Ozone Depletion: Celebrating Too Soon; Fragmenting Forests: The Loss of Large Frontier Forests; Bioinvasions: Stemming the Tide of Exotic Species; No End to Paperwork; Wasting the Material World: The Impact of Industrial Economies; More Democracy: Better Environment; Sustainable Cities, Sustainable Transportation. www.earthtrends.wri.org

WTO. The WTO in Brief, Part 4 Developing Countries (2004); World Trade Report (2004). www.wto.org.

WWF. Living Planet Report 2002 (2002 and 2004); Flagship Species: The Great Whales (2001); Forests for Life: Working to Protect, Manage and Restore the World's Forests; Wildlife Trade. CITES. The 10 Most Wanted Species; Souvenir Alert Highlights Deadly Trade in Endangered Species. (19 Sept 2001); Working to Protect, Manage and Restore the World's Forests; Food for Thought: The Use of Marine Resources in Fish Feed (2003); Spain Oil Spill: Potential Impacts (2002); Spain Oil Spill: Single v Double Hulls (2000); PASSAs Particularly Sensitive Sea Areas; The Prestige: One Year On, a Continuing Disaster (2003); Marine Pollution; Global Warming and Terrestrial Biodiversity Decline (2000); WWF/Bioregional. One Planet Living www.oneplanetliving.org; Death by Drowning (2003); A Whale of a Tragedy (2003); Marine Turtles: Global Voyagers Threatened with Extinction (2003).

WWF-Norway. 2004. The Barents Sea Cod: Last of the Large Cod Stock. www.wwf.no/core/pdf/wwf_codreport_2004.opdf

WWF South Pacific Whale Campaign. Flow-on Benefits of Sanctuaries. www.wwfpacific.org.fj/whales_campaign_benefits.htm

Yearbook of International Cooperation on Environment and Development. Agreements on Environment and Development; Areas Covered by the UNEP Regional Seas Programme. www.greenyearbook.org

Yudelman, M. et al. Pest Management and Food Production: Looking to the Future. IFPRI (1998).

Yunus, M. The Grameen Bank. Scientific American November 1999: pp.114–119 (1999).

Note: Because of space constraints the editors are unable to include a comprehensive reading list and weblinks. Readers are welcome to contact Jennifer Kent (jenniekent@aol.com) for further information.

索引

あ

ICT(情報通信技術) 218, 228, 244
青空市場 72
亜寒帯林 28, 160, 161
アグリビジネス 54-6
亜酸化窒素 125
アザラシ
　混獲／死 95, 97
　北極 86
アジア
　高収量作物 62
　耕地 33
　砂漠地域 45
　商品作物の輸出 53
　食料供給 37
　森林の消失 41, 42
　生物多様性ホットスポット 177
　富の分布 223
　土壌の浸食 38, 39
　土壌の肥沃度 25
　難民 200, 201
　木材の輸出 57
土壌の肥沃度 25
新しい消費者 234-5
新しい大国 204, 235
アフリカ
　遺伝子資源センター 179
　エネルギーの消費と資源 112, 113
　HIV／エイズ要因 206
　汚染された水 130, 132-3
　加工漁業の問題 88, 89
　耕地 32, 33
　鉱物の埋蔵 119
　砂漠地域 45
　原住民 225
　山地の生態系 161
　商品作物の輸出 53
　食糧の供給 37
　森林の消失 39, 40, 122
　石油の埋蔵 121
　富の分布 222-3
　土壌浸食 38, 39, 61
　土壌の肥沃度 25
　難民と移民 126, 200-1
　熱帯林 30-1
　貧困に悩む地域 240-1
　南アフリカのスラム 227
　木材の輸出 57
　労働力 188, 189
アフリカ連合 261
アマゾン，森林伐採 41, 43
アムネスティ・インターナショナル 264
アメリカ 参照→北／中央／南アメリカ
　耕地 32
　生物多様性ホットスポット 176
土壌の肥沃度 24
新たな世界秩序 214-15
アラブ連盟 261
アルゼンチン
　南極大陸の領土権(1943年) 100
アルミニウムの貿易 118-19, 153
安全保障 287
　危機 50, 270-1
硫黄酸化物による汚染 130
30%クラブ 146
硫黄をエネルギー源とする生態系 78
遺産 156

種の損失 170-1
遺伝子革命 69, 70
遺伝子銀行の選択 69, 178-9
遺伝子組み換え(GM)作物 67, 70, 72
遺伝子工学の技術 165
遺伝子資源 164-6
　保存 178-9
遺伝子の侵食 172-3
遺伝子プールの多様性 164
移動生物の保護 181
移動野生動物に関する保護協定(1970年代) 180
移民 参照→難民
イラク 220, 231
　戦争による出費(2003年) 278
イルカの混獲 95, 97
イワシクジラ 94-5
インターネット 190, 198, 208-9, 218, 219, 224, 229, 244, 245, 246
インターネット経済 218
　テロリズム 277
　ハッカー 229
インド
　オーロヴィルの試み 289
　家族計画 202, 203
　環境の重要性 184
　漁業 267
　高収量作物 62
　洪水の被害 42
　耕地 33
　雇用の状況 189
　新超大国 214
　自営業女性協会 205
　人口密度 192, 193
　チプコ運動 266
　TV教育 198
　土壌の浸食 37
　民衆科学運動 266-7
インドネシア
　原住民 225
　人口密度 193
牛の祖先 162-3
牛の分布 34-5
海 参照→海洋
ウミガメの混獲 95
英国
　遺伝子資源センター 178
　人口密度 193
　生息地の破壊 168
　地域社会の資源の利用 208
　南極大陸の領土権(1943年) 100
　廃棄物の再生 152-3
　保護の認識 182
　水の消費 117
英国の暗黒街 253
栄養不良 46-7, 198
英連邦 260, 261
eonycteris spelaea(コウモリ) 171
エクソン社「バルディーズ号」の石油流出事故 91, 254
エコビレッジ 267
エチオピア
　家族計画 202
　飢餓 240
NGO 266
エネルギー
　エネルギー源 110-11
　温室効果 122, 124-9
　海洋の転換方式 84, 85, 104
　価格上昇の危機 120
　核のジレンマ 136-7
　管理 140-5
　効率 140-4

再生可能エネルギー 140-2
　植物による転換 157
　需要と供給 140-3
　政策 262
　貯蔵と分布 112-13
　都市の需要 213
　薪の危機 122-3
援助，途上国の 222
塩生沼沢の生態系 80, 81
エンバクの生産 33
OECD(経済協力開発機構) 260, 261
オーストララシア
　参照→「オセアニア」
　人口密度 193
　生物多様性ホットスポット 177
　富の分布 223
　熱帯林 31
　水の消費量 117
オーストラリア
　鉱物の埋蔵 119
　砂漠地域 45
　石油の埋蔵 121
　土壌の浸食 39
　南極大陸の領土権 100
OTEC方式 85, 104, 111
欧州連合(EU) 224, 260, 261
　新超大国 214
　ロメ協定 249
大麦の生産 32, 33
オキアミ 79
　食物連鎖 97, 105
　南極地域 87
オセアニア
　エネルギーの消費と資源 113
　耕地 32
　食糧供給 36
　生物多様性ホットスポット 176, 177
汚染 215
　「汚染防止は採算がとれる(3P)」プログラム 265
　海洋 90-1
　危険な化学薬品 134-5
　大気 128, 130-1
　軟体動物の公害センサーとしての役割 165
　農薬 64
　ヘルシンキ協定(1974年) 98
　水 132-3
オゾン層
　汚染 130
　減少 128-9, 272
　破壊する物質 128-9
　保護 146
温室効果 42, 48, 124-9, 262
　参照→「地球温暖化」
温室効果ガス 124-5, 129
　主な発生源 125
温度，海水 272

か

海外直接投資(FDI) 225
海外旅行 225
海草 80
海底，鉱物資源 77
開発の理論と実行 184
回遊魚 82, 83
海洋 74, 76-8
　新しい管理 96-107
　硫黄排出量 130
　エネルギー源 84, 85, 111
　沿岸の生態系 80-1
　汚染 90-1
　海流 76-7

危機 88-95
　気候の影響 114
　極地方 86-7
　技術 84-5
　漁業の管理 96-7
　クジラの危機 94-5
　国連海洋法条約 102-3
　ごみの焼却 99
　焼却／投棄 90, 99
　塩一栽培の問題 65
　援助，途上国の 222
　生息地破壊 92
　絶滅に瀕する種 94-5
　動植物群 78-9
　排他的経済水域(EEZ) 96, 100, 102, 103
　保護の法律 96-7, 102-5
　未来の展望 104-7
　油田のプラットフォーム 84-5
　乱獲の影響 94-5
海洋が与える気候への影響 114
海洋生物 18, 78-9, 82-3
　汚染の被害 90-1
　減少する食糧資源 88-9
　絶滅の瀕する哺乳類 94-5
　米国の漁場 232
海洋の自由(1609年) 102
海流 76-7, 79
改良品種 62
貝類，海 82, 83
科学の発展 190
化学兵器 280
核拡散防止条約(NPT) 280
核戦争の脅威 271, 280-1
核のジレンマ 136-7, 140
核廃棄物の問題 137
核保有力 276, 280
河川
　管理 148
　森林破壊の影響 42
風 114-15
　酸の移動 130
課税の選択 254
家族 240-41
家族計画事業 202-3, 207, 265
家畜 34-5
　改善の提案 60, 61
　過放牧の影響 45
　希少種センターの選択 178
　人類の協力 162-3
家畜の糞，燃料としての利用 122, 123
カナダ，酸性雨の被害 130
紙の再生 58, 153
カメラつき携帯電話 219
カヤポ族，ブラジル 267
カリフォルニアのラッコ 96, 97
カリブ海，海洋汚染 104
灌漑 117
　過剰 65
　将来の需要 149
　点滴灌漑技術 69, 148-9
環境
　新しい管理の選択 286-91
　開発 184
　核戦争による被害 280-1
　環境を巡る争い 138
　管理 256
　軍事費とどちらを選択するか 278-9, 287
　権利 256
　宗教 215, 267
　生命維持の要因 160, 184
　難民 51, 200
　非政府組織(NGO) 264-7
　不連続性 272
　保護戦略 182-3
　乱開発 253
環境と開発に関する世界委員会(WCED) 288

監視 228
乾燥地 24-5, 44-5
官僚 262, 263
ガイア 10-11, 108
害虫管理 48
　化学薬品に対する耐性 135
　総合的 68
　単一栽培の問題 65
学校教育
　就学者の増加 190
　地域社会の寄与 208-9
　発展途上国 198, 199
ガンジス平野の洪水 42
気温
　気候帯の移動 48
　上昇の予測 11, 124, 126, 111
　生命の要因 144, 160
　地表 11
　バイオームの要因 27
飢餓と飽食 22, 46-7
飢餓の影響 240
危機
　遺伝子の侵食 172-4
　沿岸の破壊 92-3
　温室効果 124-9
　海洋汚染 74, 90-1
　核のジレンマ 136-7
　管理の破局点 270-1
　飢餓と飽食 46-7
　危険な化学薬品 134-5
　漁獲の減少 88-9
　クジラの絶滅 94-5
　軍事費 276, 278-9
　経済の悪化 230-4
　コミュニケーション 228-9
　砂漠の拡大 44-5
　仕事の飢饉 194-5
　種の損失 170-1
　消費主義の高まり 16
　森林の消失 40-3
　情報源の管理 228-9
　人口の増加 16, 17, 192-3
　生息地破壊 168-9
　石油埋蔵量の限界 120-1
　戦争の脅威 270-81
　大気汚染 128, 130-1
　移民と難民 200-1
　都市人口の爆発的増加 226-7
　土壌の浸食 38-9
　貧困 240-1
　病気とストレス 196-7
　薪の欠乏 122-3
　水の汚染 132-3
　読み書き能力 198-9
　惑星の崩壊 174-5
気候 114-15
　海による影響 76
　温室効果 42, 124-9
　核の冬 280
　管理 146-7
　森林破壊の影響 42
　バイオームの要因 27, 28
　変化 49, 50, 200, 201, 210
　水の循環 116
　気候変動枠組み条約(1992年) 146-7
気候変動に関する政府間パネル(IPCC) 104
北アジア，土壌の肥沃度 25
北アメリカ 参照→「メキシコ」「カナダ」「米国」
　遺伝子資源センター 179
　エネルギーの消費と資源 112
　研究開発 214
　鉱物の埋蔵 119
　高収量作物 62

砂漠地域 44
商品作物の輸出 52
食糧供給 36
森林の消失 39, 41
人口密度 192, 193
生物多様性ホットスポット 176
石油の埋蔵 120
富の分布 223
土壌の肥沃度 24
木材の輸出 56, 57
北側諸国
　失業の危機 194, 195
　人類の状況 186-7
　地域社会の再生 208-9
　都市の再生 242-3
　富 222-3, 238-9
　南側諸国との経済的な相互依存 248-51
　メディア利用の利点
揮発性有機化合物（VOC）130, 46, 147
キャッサバの生産 32-3, 165
キューバ
　家族計画 203
　健康管理事業 207
　女性に対する平等 204
旧ソ連 214
　新しい消費国 235
　遺伝子資源センター 179
　エネルギーの消費と資源 113
　軍事費 278
　鉱物の埋蔵 119
　耕地 33
　商品作物貿易 53
　生物多様性ホットスポット 177
　石油の埋蔵 120, 121
　ソ連崩壊と共和国の独立 258
　富の分布 223
　北極の鉱物資源 86
教育 190-1, 198-9
　eラーニング（オンライン学習）190, 218
　人工衛星の技術 198, 199, 208, 209, 218, 244
　地域社会の資源 198, 208-9
　発展途上国 190, 198, 199
共生 158, 159
協定, 保護 154, 180-1
京都議定書 106, 126, 147
協同組合, 運動 209
極地方 86-7
巨大企業 225, 266
キング, マーティン・ルーサー 285
近視眼的思考 263
金属
　汚染物質 134
　廃物の再生 152, 153
　埋蔵量 118-19
技術
　遺伝子工学 165
　監視 228
　急速な進歩 246
　教育 218
　交換 244-7
　工業国 216
　コミュニケーション 218-9, 246-7
　雇用 218
　中間技術開発グループ（ITDG）の援助 208
　犯罪防止 228
　プライバシー侵害 228, 229
　無線 219
漁業 82-3, 88-9
　入江 92

オキアミの収穫 87
海洋性哺乳類 94-5
極地方 86, 87
資源量の減少 88-9
割当（漁獲） 96-7
銀行業 222, 223
9月11日（9・11テロ） 276, 277
クジラ
　南極 87
　乱獲 94-5
clibadium sylvestre（薬草）166
クロイツフェルト・ヤコブ病 66
クロロフルオロカーボン（フロン, CFC）125, 126, 127
グアテマラの難民の受入れ 200
グリーン経済 254-5
グリーン・コンシューマー 268
グリーン税 255
グリーンピース 264
グレートバリア・リーフ 104, 105
グローバル化 210, 212, 214, 224-5, 256
グワユール 165
軍事産業
　研究 216
　費用 276, 277, 278-9
軍備競争の費用 276, 277, 278-9
景気の循環 217
経済
　新しい経済学 254-5
　エリート 234-5
　軍事費 276, 278-9
　景気の循環 216-17
　幸福 253
　国際貿易 220
　穀物生産量 62, 64
　食品貿易 54-5
　持続的な 19
　製造業 198, 200
　相互依存 248-52
　地域社会の選択 208-9
　つりあいのとれた富の選択 254-5
　富の管理 210
　富の分布 222-3
　貧困の危機 240-1
　不連続性 272
　貿易の衰退 230-33
　持てる国と持たざる国 238-9
携帯電話 190, 218, 219, 228, 236
ケニア
　キュー王立植物園 178
　グリーンベルト運動 266
　人口密度 193
研究と開発 216-17
健康
　栄養不良 46-7
　汚染された水 132-3
　管理 206-7
　危険な化学薬品 134-5
　出費 196, 197
　清潔な水の供給 150-1
　大気汚染 131
　地球温暖化の影響 126, 128
　病気とストレス 196-7
　下水, 海洋汚染 92, 93
　下水設備 187, 207
　汚染された水 132-3
　国際連合の目標 150-1
　下痢による死 132, 133, 197
　原核生物 159
　原初真核生物 159
コーヒー 173
　コストの分析 54

紅海の鉱物資源 84
甲殻類, 海の 82, 83
公共政策 262
工業化 220
耕作適地, 分布 24-5
鉱山開発
　浚渫 84
　マンガン団塊の堆積 85
工場と技術 216-17
降水量
　異常降雨 201
　生命の要因 160
　熱帯林 31
　バイオームの要因 27, 31
洪水
　影響 201
　危険の監視 148
　森林破壊の被害 42
耕地 22, 32-3
　改良策 60-1
　高収穫穀物 62, 173
　商品作物の落し穴 52-3
　分布 24-5
口蹄病 66
購買力平価（PPP） 234
鉱物
　海 77, 84, 85
　海水 84
　極地方 86, 87
　資源保護と再生利用 153
　備蓄 119
　埋蔵量 118-19
過剰, 土壌 24, 25
国際海底機構（ISA） 102
国際海洋機構（IMO）102
国際家族計画連盟（IPPF） 265
魚
　漁獲の減少 88-9
　生産量 36-7, 88-9
　世界の漁獲量 82-3
　淡水魚の養殖 89, 164
　プランクトンの食物連鎖 78-9
　保護立法 180
国際機構 264-5
国際通貨基金（IMF） 222
国際的な条約／協定
　漁獲割当 96-7
　南極条約加盟国 100-1
国際的に重要な湿地に関する協定（ラムサール） 180
国際連合 214
　改革 282-3
　開発計画（UNDP） 66
　海洋法条約 102-3
　環境計画 260, 261
　国連の支出と軍事費の比較 278, 279
　世界自然資源保全戦略（1980年） 182
　組織 261
　難民の定義 201
　貧困に対する援助計画 254-5
　水と下水設備充実の10年（1981年～1990年） 150-1
国際労働機関（ILO） 194, 195
国民国家の挑戦 258, 260
国民純所得 252
国民総生産（GNP） 222, 252
国連海洋法会議（UNCLOS）
　国際海底機構（ISA）102, 103
　第3次 90-2
　マンガン団塊の採取 85, 103
国連海洋法条約 102-3
国連環境計画（UNEP）の地域海洋計画 98
国連気候変動枠組み条約（UNFCCC） 147
国連食料農業機関（FAO） 22, 32
国連難民高等弁務官事務所（UNHCR） 200, 201
コスタリカ, 生活の質 187
国家権力

国際的な相互依存 260-1
都市 197
国家集団 256
子ども
　栄養不良の統計 46
　感染症の危機 197
　教育の広がり 190
　乳幼児死亡率 187, 192, 197
　水の汚染 132-3, 151, 197
コミュニケーション 218-19
　脅かされる人権 228-9
　管理の戦略 244-5
　近代技術 218-19
小麦, 単一栽培の危機 65, 172
　生産量 32-3, 36
コメの生産量 32-3, 36-7, 48
雇用 188-9
　仕事の飢饉 194-5
　女性の進出 204-5
　地域社会に基づいた解決 208, 209
　都市地域の必要 242
コロンビア, 家族計画 203
根菜, 生産量 36-7
コンピューター技術 218-19
ごみの再生 152-3, 268

さ

SARS（重症急性呼吸器症候群） 67, 201
再植林計画 144
サイバー犯罪 228
作物のグラフ 163
作物の不稔 48
サツマイモの生産 33
サトウキビからの燃料 144
砂糖貿易 285
砂漠 160, 161
　拡大 44-5, 61
　気候帯 114
　砂漠化 44, 50, 60, 286
サヘル地方
　砂漠化の被害 45
　商品作物の輸出 53
産業革命 218
産業大国 236
産業廃棄物汚染 90, 92
サンゴ礁の生態系 80-1, 272
　生息地破壊 92, 93, 106
産児制限 202-3, 265
酸性雨 130, 131, 169, 232, 272, 284
酸素の循環 28
山地の気候帯 115
山地の生態系 161
財源 222-3
　管理の選択 254-5
　軍事費 276, 278-9
　債務問題の選択 254-5
　第一世界（西側諸国）の富 222
ザトウクジラ 94-5
ザ・ボディショップ社 265
ザンビア
　鉱物の輸出 118
　女性の労働問題 204
CFC 参照→クロロフルオロカーボン（フロン）
CLRTAP（長距離越境大気汚染条約） 146
CCTVカメラ 228

紫外線（UV-B）の放射 101, 128-9
識字率 186, 187, 198-9, 268
　識字率と貧困 240
資源 108-53
資源 50
　国家の優先事項の誤認 270-1
　持続可能な開発 256
　天然 19
　資源を巡る戦争 138-9
仕事の飢饉 194-5
死者
　栄養不良による 46-7
　汚染された水による132-3
　社会的放置による 196-7
市場 220-2
　相互依存 248-9
市場資本主義 214
自然総生産（自然による総生産額） 184, 286
自然保護戦略 182-3
　湿地, 生息地の保護 180, 181
歯痛の木 167
失業, 危機 194-5
湿潤林 参照→森林, 熱帯
社会的責任投資（SRI） 268
社会の幸福 187, 206-7
社会の変化, 地域社会の道具 208-9
種
　多様性の損失 48, 170-1
　分類 156
宗教の影響 213, 215, 267
主権, 国家の 270, 282
出版の爆発的増加 190-1
シュメール 288-9
狩猟規制の選択 180-1
浚渫, 海洋開発 84
生涯教育の増加 190-1
商業と製造業 216-18
消費
　安定 288
　持続可能性 234
消費者
　新しい 188-9, 218, 224, 234-5, 236
　グリーン・コンシューマー 268
消費者経済 234
消費主義の危機 16
商品交換のわな 231
植生
　栄養分の循環 28, 30
　沿岸／沖 80-1
　環境の要因 160
　極地方 86, 87
　砂漠化 44, 50, 60, 286
　生命の戦略 160
　地球村エネルギーパートナーシップ（GVEP） 144
　分布 26-7
食品貿易 54-5
植物
　人類の協力 162-3
　生命体の多様性 156
　保護 178
　成長 26-31
植物プランクトン, 海 78, 86
植物園の重要性 178
食物連鎖
　海の 78-9, 97
　植物を基礎にした 157
食糧
　アグリビジネス 54-6
　安全 73
　海からの 82-3
　栄養の水準 187
　各地域の資源 36-7
　加工コスト 55
　カロリー摂取 46-7

飢餓と飽食 46-7
供給 22
コストの分析 54-5
産業大国 236
商品作物の構図 52-3
食事の改善 206, 207
食品が原因の病気 66
新品種 68, 69
生産のパターン 32-3
都市の依存 213
肉食の減少 69
分布 34, 36-7, 46-7
牧畜 34-6
所得格差 235
シロナガスクジラ 94-5, 97
進化 12-15, 154-75, 174
　危機か挑戦か 20-1
　真核生物 158, 159
浸食
　入江の生態系 80-1
　森林破壊の被害 42-3
　生息地の破壊 92
　土壌の消失 38-9, 60-1, 63, 168
　熱帯の土壌 30
真の進歩指標(GPI) 252, 254-5
森林 28-31
　亜寒帯林 28, 160, 161
　汚染による被害 130
　温帯林 28-9
　化石燃料エネルギー 111, 141
　管理 58-9
　再生, 熱帯林の 30-1
　生産物 28-9, 31, 56-7
　淡水の供給 116-17
　熱帯林 30-1
　伐採 50, 66, 262
　フィトマス 26-7, 28
　分布 24-5
　薪の危機 123
　面積の縮小 40-3
育成, 地域社会の 58, 59
GSM(グローバル・システム・フォー・モバイル・コミュニケーションズ) 218
GDP(国内総生産) 222-3
G20(発展途上国グループ) 233
自営業女性協会(SEWA) 205, 209
持続可能性 210, 232, 252, 256, 286-91
　消費 234
持続可能な開発に関する世界サミット(WSSD) 280, 288
持続可能な経済福祉指標 252, 254
持続可能な発展のための世界経済人会議 264
持続不可能な成長 286-7
自動車文化 234, 235, 236, 237, 262
自発的簡素化 269
ジャガイモ 32-3, 173
ジャワ
　人口密度 193
　農業 60
　ホホバ 砂漠の植物 68, 164
住居, エネルギーの節約
住血吸虫症 132, 133
住宅
　水準 187
　都市地域 242
　貧しい国々 241
樹木
　浸食の防止 61
　森林の再植林 58-9, 61
情報の急増 190-1

コミュニケーション 218-19
女性
　平等 204-5
　読み書き能力の問題 198, 199
　労働問題 195
人口
　移住者の危機(サヘル地方) 45
　家族計画 202-3
　環境の損失 166-7
　森林破壊の影響 42
　増加 14, 16, 17
　増加の管理 202-3, 288
　増加の危機 16, 17, 18, 22, 192-3, 273
　都市人口増加の危機 226-7
　都市への集中 212-13
　難民と移民 200-1
　不安定 271
　薪の危機 122, 123
人工衛星, 教育 244
人的資源の可能性 186-7
人類
　管理の選択 286-91
　危機にある貧しい人々 223
　参加できぬ人々 192-201
　進化 156
　進化の立役者 162-3
　寿命 187
　情報の増加 190-1
　人類自身の管理 202-9
　世界の声 264-5
　地域社会の声 266-7
　地球支持者 264
　貧困の危機 240-1
　文明 13, 14-15
　労働状況 188-9
人類のエネルギー 111
スーダンの難民 201
水素経済 140
水力エネルギー 111, 140, 145
スウェーデン
　酸性雨による汚染 130, 131
　女性に対する平等 204
ストレスとそれに関連する病気 196
スモッグによる汚染 131
スリランカ
　家族計画 202
　サルボダヤ・シュラマダナ運動 208, 209, 267
　人口密度 193
ズーマス 26
生活水準 241
政治
　消える国境 225
　代表の不均衡 240
　都市 212
　富の分布 222
　不連続性 272
生息地
　沿岸の破壊 92-3
　破壊の危機 168-9
　保護立法 180-1
製造業 216-17
製造業産品の輸出 221
生態開発の概念 182
生態系
　亜寒帯林 29, 161
　沿岸と沖の 80-1
　温帯林 29
　海洋の変化 96, 97
　環境に優しい技術 18
　異なる 184
　砂漠 161
　深海 78

淡水 160
熱帯林 29, 161
保存 176-7
成長経済 252
生物圏
　こわれやすい奇跡 10-11
　森林の役割 28
　生息地破壊 168-9
　生命のプール 156-9
　生物圏保存 154
生物戦 280
生物多様性 49, 162
生命
　出現 12-13, 156-9
　生存の戦略 160-1
　相互に関連する構造(生命のタペストリー) 171
世界遺産協定(WHC)
世界銀行
　資本投資 222
　世界銀行の支出と軍事費の比較 278-9
　保護の認識 182
世界自然資源保全戦略(1980年) 182
世界自然保護基金 224
世界保健機構(WHO) 150, 206, 207
世界貿易機関(WTO) 224, 232
赤十字 264
石炭, エネルギー源 111
エネルギー源 111
石油の採掘
　海洋汚染 90-1, 98, 99
　南極の可能性 101
　貿易 231
　埋蔵量の限界 120-1
石油輸出国機構(OPEC) 112, 120, 234, 235, 272, 291
貿易のシェア 220
セミクジラ, 鯨製品の利用 94
先史時代の生命 12-13, 156-9
戦争 274-5
船舶公害防止国際協定(MARPOL)(1973年)の航行規制 98, 99
絶対主義 214
絶滅の危機 170-2
草原, 生態系の保護区 176, 177
草原, バイオーム 27
相乗作用 284
藻類による製品 81
底魚 82, 83
組織の障害 262-3
ソビエト連邦崩壊 285
村落／地域社会の参加 266-7

た
対外援助 240
大気
　汚染物質 128, 130-1
　オゾン 128-9
　二酸化炭素 124-5
　変化 18
大気汚染 130, 131
　アルベド効果, 地表の 11
　地球全体の大気循環 146
太陽エネルギー 110, 111, 140-1
　気候の要因 114
　植物による転換 157
太陽電池 111, 141, 145
対立
　管理の選択 282-91
　破局点にある危機 270-1
　暴力の増大 274-7

大量破壊兵器(WMD) 280-1
多国籍企業
　改革の選択 245
　技術移転 247
　市場における力 220-1
　と持続可能な開発 220, 225, 264, 265
タサダイ族, フィリピン 43
多様性の危機 170-4
炭疽菌 280
炭素の循環 28
第三次世界大戦の脅威 274-5, 280
大豆の生産 32-3, 173
大都市, 予想される人口 213, 226
第二次世界大戦, 銃火器の破壊力 281
脱工業化社会 214
段々畑 60
断熱材の技術 142, 143
地域海洋計画(UNEP) 98, 260, 261
地域機構 260-1
地域社会の参加
　重要性 266-7
　都市地域 22, 243
　道具と考え方 208-9
チェサピーク湾の汚染 92
チェルノブイリ 136, 137
地球温暖化 48, 49, 50, 106, 126, 200, 224, 232, 234, 284 参照→「温室効果」
　汚染 91, 99
地球サミット(リオ, 1992年)180, 182, 264, 282, 286, 288
地球統治(グローバルガバナンス) 282-3
地球の管理 288-9
地球の友 264
畜産 34-5
地形, 海の 76, 77
知識の爆発的増加 190-1
地勢, バイオームの要因 27
地中海領域
　生物多様性ホットスポット 177
窒素酸化物(NOx) 130, 146, 147
　30%クラブ 146
窒素循環 28
固定速度 18
地熱エネルギー 110, 111
知能の出現 12
チプコ運動 59, 184, 204, 266
中央アジア, 土壌の肥沃度 25
中央アメリカ
　遺伝子資源センター 179
　エネルギーの消費と資源 112
　汚染された水 132
　鉱物の埋蔵 118
　砂漠地域 44
　食料供給 37
　人口密度 192-3
　生物多様性ホットスポット 176
　石油の埋蔵 120
　移民と難民 200, 201
　富の分布 222-3
　土壌の肥沃度 24
中間技術開発集団 208, 247
中国
　新たな超大国 214, 236-7
　エネルギーの消費と資源 111, 113
　健康の改善 186, 207
　耕地 33
　鉱物の埋蔵 118, 119

雇用の状況 189
酸性雨 131
産業大国 236
人口密度 186, 193
生活の質 186, 187
石油の埋蔵 120
TV教育 208
富の分布 222-3
中東, エネルギーの消費と資源 113
汚染された水 132
教育の改善 199
富の分布 223
土壌の浸食 39
長距離越境大気汚染条約(CLRTAP) 146
超国家企業 参照→「多国籍企業」
超大国 214, 225
調理に使用する薪燃料 122
潮力, エネルギー源 110, 111
チリ
　鉱物の埋蔵 118
　南極大陸の領土権(1943年) 100
津波(2004年12月) 198, 201, 273
　早期警報システム 219
ツルニチニチソウ 164
ツンドラのバイオーム 27
ティラピアの養殖 164
テキスト・メッセージ 219
テレコミュニケーション 218-19
テレビ
　遠隔地学習 208, 209
　管理 244-5
　教育 208, 209
　ケーブル 218, 245
テロリズム 225, 228, 231, 271, 276-7
天気の予測 126
　保険への影響 127
天然ガス
　海 84
　エネルギー源 111
　北極 86, 87
DNA(デオキシリボ核酸) 12, 156
DDT汚染 135
電力
　原子力のジレンマ 136-7
　水力 111, 145
頭足類, 海の 83
東南アジア
　遺伝子資源センター 179
　汚染された水 133
　核保有能力 271
　鉱物の埋蔵 119
　高収量作物 62
　人口密度 193
　生物多様性ホットスポット 177
　石油の埋蔵 121
　富の分布 205
　土壌の肥沃度 25
　熱帯林 31
　木材の輸出 57
トウモロコシの進化 162-3
トウモロコシの生産 32, 162-3, 172
都市 212-14
　海洋汚染の原因 90-1
　管理 242-4
　再生計画 242-4
　仕事を求めての移入 186, 195, 200, 271
　人口増加の危機 226-8
　水道工事の改善 149
　大気汚染 130-1

索引

土地
- 海と陸地の比較　76-7
- 塩分による不毛化の被害　38, 148
- 管理の選択肢　52-71
- 気候を形づくる要素　115
- 北側の管理モデル　63-4
- 洪水の危険　126, 127
- 作物の収穫量　32-3
- 砂漠化　44-5
- 森林面積の減少　40-1
- 喪失　273
- 土壌の管理　58, 60-1
- 南極　87
- 人間の影響　22, 32
- 熱帯林　30-1
- 肥沃な土壌　24-5
- 保全　38, 68

特許, 法律の改革　247

富
- 管理の選択　254-5
- 危機　238-41
- 分布　222-3, 240

トラコーマ　132, 133

鳥　157
- 農薬　135
- 保護協定　181

鳥インフルエンザ　201

ドイツ
- 原子力　136
- 雇用　188
- 酸性雨による被害　131
- 森林　58
- 人口問題　203
- 炭鉱　232, 233

銅の貿易　118-19

動物
- 海洋生物　78-82
- 生命の戦略　160-1

動物園, 遺伝子資源　178

動物プランクトン, 海の　79

独占
- コミュニケーションの改革　245

土壌
- 塩分による不毛化の被害　22, 38, 148
- 管理　60-1
- 形成の速度　39
- 構成　24-5
- 浸食　参照→浸食
- 生産性　22
- 熱帯林　30
- バイオームの要因　27
- 肥沃度　24-5, 30
- 米国の損失　38, 38, 63-4

な

内共生　158, 159
内戦　198, 200-1
ナガスクジラ　94, 95
77カ国グループ　261
鉛による汚染　131, 134
"ならず者"国家　276, 277
南極海洋生物資源保存協定（CCAMLR）(1982年)　100, 101
南極収束帯　79
南極条約(1961年)　100
南極大陸　86-7
- 環境保護条約　86-7, 100-1
- 管理　100-1
- 資源をめぐる対立　271
- 保護　87, 176

軟体動物, 汚染の監視　165
難民問題　200-1
肉の生産　18, 34, 36-7, 69
野生種の利用　179

二酸化炭素
- 温室効果　11
- 排出　234, 235, 236, 241
- 発がん性物質　134
- バランス　18, 42, 124-5

日本
- エネルギーの消費と資源　113
- 鉱物の埋蔵　119
- 耕地　33
- 産業大国　236
- 食料供給　36
- 人口密度　193
- 廃物の再生　153
- バブル経済　272

ニュージーランド
- 生物多様性ホットスポット　177
- 南極大陸の領土権(1943年)　100
- 補助金の排除　233

ニューヨーク
- 財政　206
- 都市の建築　196
- ハーレム　206

人間開発指数(HDI)　202, 203
人間開発指数(UNDP)　254
人間の影響, 景観　38-45
人間の寿命　187

熱帯地域
- 沿岸の生態系　80-1
- 魚の資源量の減少　89
- 森林　30-1, 161
- 森林管理　58-9
- 森林減少　18, 40-1, 42
- バイオーム　27
- 保護区と公園　176-7
- 薪の管理　144

熱電併給（コージェネレーション, CHP）　141

ネパール, 保全戦略　176, 183

燃料
- 温室効果　124-30
- サトウキビ　144
- バイオマス・エネルギー　111
- 貧しい国々　240

農業　30
- 新しい方法のモデル　68-9
- 遺伝子組み換え(GM)　69-72
- 遺伝子の侵食　172-3, 284
- エネルギーのコスト　64-5, 68-9
- 海洋汚染の原因　90
- 気候的要因　114-15, 126
- 北側のモデル　63-6
- 高収穫　62, 173
- 耕地　32-3
- 商品作物のパターン　52-3
- 商業の支配　54-6
- 森林の管理　56-9
- 人類の協力　162-3
- 政策　262
- 単一栽培の危険　64, 172
- 地球温暖化の予測　47, 126
- 土壌の管理　60-1
- 農村の改革　209
- 牧畜と牧草地　34-5
- マングローブ林　93
- 緑の革命　61-3
- 水の需要　117, 149
- 焼畑農業　40-1
- 有機農業の広がり　72-3
- 労働力　188-9

農耕
- 新しい農業モデル　68-9
- 北側(米国)のモデル　63-5

農村　218, 232

農薬
- 汚染の危険　64, 134, 135
- 発がん性物質　134
- バランス　18, 42, 124-5
- 禁止された農薬の輸出　135

ノルウェー
- 酸性雨による汚染　130
- 生活の質　187
- 南極大陸の領土権(1943年)　100

は

排他的経済水域(EEZ)　103, 104
廃物の再生利用　152-3, 268
発展途上国　参照→「南側諸国」「第三世界」
- 先進国との比較　214

バイオーム　27, 160
- 保護　176-7

バイオガス・エネルギー　145
バイオマス　26, 28
- エネルギー源　111, 144

海洋　78
バイオメトリック情報　228
バクテリア　158-9
バリ島の農業　60
バルセロナ条約(1976年)　99

バングラデシュ
- グラミン銀行　218, 267
- 再植林　183
- 森林破壊の影響　42
- 人口密度　193

パーオキシアセチルナイトレート(PAN)　131

パキスタン
- 家族計画　203

東ヨーロッパ
- エネルギーの消費と資源　113
- 食料供給　37
- 干潟の生態系　80-1

人と生物圏(MAB)プログラム　183

肥満　67

肥料
- 高収量作物　62
- 商業の支配　55
- 消費, 米国　64
- 窒素固定する野菜　68
- 水の汚染　64, 92

広島の原爆による被害　281

貧困　198, 240-1
- 都市　212
- 負債のわな　238

BSE(狂牛病)　66, 67, 70

微生物　158-9

病気　196-7
- 遺伝子資源　164-5
- 栄養不良の影響　46-7
- 植物から得られる治療薬　164-5, 167
- 人類の健康の危機　196-7
- 清潔な水の要因　150-1
- 単一栽培の危険　172, 173
- 作られる病気　280
- 水の媒介　132-3
- 予防接種計画　207
- 予防の鍵　206-7

病気の予防　206-7

PCB
- 汚染の危険　134, 135

PPPドル　参照→「購買力平価」

ピタゴラス　175
フィトマス, 分布　26-8
風力　140-1, 145
フェアトレード　参照→「貿易」
不況　272

負債
- 第三世界の負債　238, 239
- 農業の　64

不買運動　268

不連続性　272-3

ブラジル
- 雇用　189
- 債務の重荷　241
- 森林の消失　40, 41, 43, 168
- 新超大国　214
- 人口増加　227
- 農業開発　41

ブラント委員会報告書　246, 248
ブルキナ・ファソ　187
- ナーム運動　208

ブルントラント報告（われらが共通の未来）　182, 254

文明　13, 18, 210
- 管理　242-55
- 文明の力　212-223

プライマリー・ヘルス・ケア　206-7

プランクトン, 海　78-9
平和のための抗議行動　205
ヘルシンキ協定(1974年)　98

米国　参照→「北アメリカ」
- 環境についての責任　263
- 金利　277
- 軍事費　270, 275, 277, 278-9
- 研究開発　216-17
- 穀物輸出　63, 64
- 雇用　188
- 産業大国　236
- 商品作物貿易　52
- 食品加工のコスト　55
- 超大国　214, 215
- 土壌の浸食　38, 39, 64
- 農業の管理モデル　63-4
- 廃物の再生利用　152, 153
- 水の消費　117

ベンガル湾の新しい島　39
ペイノス研究所　244
ペルー, アンチョビ漁　272
放射性汚染物質　90, 136-7
放射能の危険　136, 137

保護
- 遺伝子資源　178-9
- エネルギー源　142-3
- 国別の戦略　182-3
- 廃棄物の再生　152-3
- 法　180-1
- 保護貿易主義　184
- 野生生物　176-7, 180-1

保護区, 野生生物　176-7, 178, 183

財政の選択　178, 179
保護地と公園　176-7, 183
補助金　232-3

北海
- 海上での焼却　99
- 魚の個体数の変化　88
- ニシンの減少　88-9

北極　86

ホモ・サピエンス　156, 190-1
- 新しい管理の選択　286-91
- 進化　12-13, 14-15

貿易　220-1
- 環境問題　238-9
- 北側と南側の相互依存　248-9
- 経済の危機　230-3
- 工業　216-17
- 鉱物　118-19
- 国際収支　223
- 資金の流れの問題　223
- 商品作物　52-3
- 障壁　231, 240
- 自由貿易　232
- 世界貿易　225
- 世界貿易機関(WTO)　232
- 絶滅の恐れのある種　164
- 都市の依存　212-13

バーター取引　248
フェアトレード　215, 244, 248, 267
負債　238-9
保護主義　230
亡命希望者　201
亡命の危機　200-1
暴力の増大　274-7
牧畜　34-5
ボランティア活動　268
ボン協約(1969年)　98
ポーランド, 労働組合　267
ポドフィルムから作られる薬品　167
ポメロの可能性　69

ま

マーケティング, アグリビジネス　54-5

薪　28
- 環境の破壊　39, 40, 41, 43
- 不足の危機　122-3
- プランテーション　56, 144

マキラドーラ　239
マスコミュニケーション　190, 208, 209

マダガスカル, 人口の増加　203

町　参照→都市

Manihot glasiovii（キャッサバ）　165

豆類の生産　32-3

マラウィ, 清潔な水に関する計画　151

マラリア　48, 133

マリ
- 雇用　189

マンガン団塊の堆積　84, 85

マングローブの生態系　80, 81
- 生息地破壊　92, 93

ミサイル　280-1

水
- 消費量　18
- 不足　22
- 紛争　138
- 水が媒介する病気　132-3
- 水資源　116-7, 138
- 汚染の危機　134-5
- 管理　148-51
- 酸による汚染　130, 131
- ミトコンドリア　159
- 緑の革命の影響　62-3
- 緑の党　268

南アフリカ　227　参照→「アフリカ」
- アパルトヘイト崩壊　272

南アメリカ
- 遺伝子資源センター　179
- エネルギーの消費と資源　112
- 汚染された水　132
- 鉱物の埋蔵　118
- 高収量作物　62
- 砂漠地域　44
- 商品作物の輸出　52
- 食糧供給　37
- 森林の消失　41, 43
- 人口密度　192-3
- 生物多様性ホットスポット　176
- 石油の埋蔵　120
- 追放された人々と難民　43, 200
- 富の分布　223
- 土壌の肥沃度　24
- 熱帯林　30
- 貧困に悩む地域　240
- 負債　277
- 部族　43

南側諸国

栄養不良 46-7, 192
エネルギーの効率化 144-5
北側諸国との経済的な相互依存 248-51
教育の危機 198-9
技術援助 246-7
軍事費 278
健康の改善 206-7
コミュニケーション 244-5
魚の資源量の減少 89
市場の危機 230
失業 194-5
社会的排除 192
商品作物の輸出 52-4
女性に対する平等 204-5
情報の不足(メディアの不均等) 190
人類の状況 186-7
戦争 274-5
大気汚染 130
地域社会の解決 208-9, 266-7
都市の危機 226
都市の再生 242-3
土地資源 193
富 222-3
鉛汚染 131
貧困の危機 240-1
掘立て小屋の町 212
薪の消費 56, 122-3
水が媒介する病気 132-3
水の管理 148-51
水の消費 116-17

緑の革命 62-3
有害化学薬品 134, 135
ミレニアム開発目標(MDG) 224, 240, 251, 277, 286
民主主義 214, 258-9, 268
民族の不安 258, 276
無脊椎動物 24, 25
ムダ川の開発 63
村のヘルスケア 207
メキシコ
　新しい消費国 235
　遺伝子資源センター 179
　トウモロコシの輸出 232
　農耕の危機 53
　農村部の貧困 232
メキシコ湾流 76, 106
メタン 125
メディア
　教育の役割 199
　技術 218-19
　サービス 190, 208, 209, 244-5
　南北の格差 199
木材産業 28-9, 31, 40-1, 56-7
木材の消費 28-9, 31, 40-1, 56-7
森 参照→森林
もろこし類の生産 32-3
モントリオール議定書(オゾン層を破壊する物質に関する) 146
文盲 198-9, 240, 241

や
薬学の起源 164-5, 166-7
薬品
　植物から得られる 164-5, 167
　補完/代替療法 206
野生生物
　地球温暖化の影響 129
　保護区と公園 176-7
　立法による保護 180-1
野生生物の保護
　海洋 94-7, 102-3, 105
ユーゴスラビア, 民族紛争 258
ユートピア 291
有機農業の広がり 72, 73
有毒な化学物質 134-6
歪んだ補助金 232-3, 262, 286
輸出の分布 221
輸送政策 262
ユネスコ(UNESCO), 人と生物圏(MAB)プログラム 183
ヨーロッパ
　遺伝子資源センター 178, 179
　エネルギーの使用と資源 112, 113
　鉱物の埋蔵 119
　高収量作物 62
　耕地 33

商品作物貿易 53
食料供給 36, 37
人口密度 192, 193
生物多様性ホットスポット 177
石油の埋蔵 120, 121
富の分布 223
土壌の肥沃度 25
ヨーロッパの野生生物と自然生息地の保護に関する協定(CCEWNH) 180
葉緑体 159
予防原則 99

ら
らい病のワクチン 165
ラジオ, 遠隔地教育 209
ラテンアメリカ 参照→中央/南アメリカ
ラブカナル事件, ニューヨーク州 134, 269
ラブロック, ジェームズ 289, 291
リオ地球サミット(1992) 232
リシン 280
立法
　海洋生物の保護 96-9, 102-3
　国際的な支援 260-1
　船舶公害防止国際協定(MARPOL)(1973年, 1978年) 98, 99

第3次国連海洋法会議(UNCLOS III) 102-3
都市の規制 212
南極大陸 100-01
野生生物の保護 180-1
林産物 56-7
倫理的投資 268
冷戦の終結 214
老人福祉の危機 196
労働, 人類の可能性 188-9
労働力
　女性 204-5
　推定 188, 189
ロサンゼルス
　スモッグ 131
ロシア 参照→旧ソ連
ロディック, アニータ 265
ロビンス, エイモリ 19
ロメ貿易援助協定 249

わ
ワールドウォッチ研究所 72
ワシントン条約(CITES, 1973年) 154, 180-1
湾岸戦争(1991年) 278

ガイアブックスの出版企画は……

「自給自足に生きる地球」という生命体としてのガイアの視点から地球と人間の共存に役立つ企画本です。
自然の法則に従って、ナチュラルライフ、自助努力、そして自然な生き方を志向する人々の為に。

The New Gaia Atlas of Planet Management
65億人の地球環境

発　　行　2006年9月10日
本体価格　14,000円(税別)
発 行 者　平野 陽三
発 行 所　産調出版株式会社
　　　　　〒169-0074 東京都新宿区北新宿3-14-8
　　　　　TEL.03(3363)9221　FAX.03(3366)3503
　　　　　http://www.gaiajapan.co.jp

Copyright SUNCHOH SHUPPAN INC. JAPAN2006
ISBN 4-88282-492-2 C3036
Printed and bound in China

落丁本・乱丁本はお取り替えいたします。
本書を許可なく複製することは、かたくお断わりします。

監　修：ノーマン・マイヤーズ(Norman Myers)

執　筆：ジェニファー・ケント(Jennifer Kent)
　　　　環境問題の研究者でアナリスト。ノーマン・マイヤーズとの共著に、『Environmental Exodus: An Emergent Crisis in the Global Arena』など。

まえがき：エドワード・O・ウィルソン(Edward O. Wilson)

翻訳者：竹田 悦子(たけだ えつこ)
　　　　東京外国語大学外国語学部卒業。訳書に『ガイア—地球は生きている』(産調出版)など。

　　　　藤本 知代子(ふじもと ちよこ)
　　　　大阪市立大学文学部卒業。訳書に『オーラを活かす』(産調出版)など。

　　　　桑平 幸子(くわひら さちこ)
　　　　京都女子短期大学英語学科卒業。訳書に『木工技術シリーズ⑤接ぎ手』(産調出版)など。

GAIA BOOKS 出版企画/ガイアブックス